Mythos Alchemie

Jürgen Hollweg

Mythos Alchemie

Austauschprozesse und Netzwerkstrukturen
frühneuzeitlicher Chemiker um 1600

Bibliografische Information der Deutschen Nationalbibliothek
Die Deutsche Nationalbibliothek verzeichnet diese Publikation
in der Deutschen Nationalbibliografie; detaillierte bibliografische
Daten sind im Internet über http://dnb.d-nb.de abrufbar.

Zugl.: Bayreuth, Univ., Diss., 2019.

Bei der Abbildung auf der Titelseite handelt es sich um eine Bearbeitung des Ouroboros aus dem Buch „Chrysopoeia" der legendenumwobenen„Kleopatra die Alchemistin".

Quelle: Codex Marcianus graecus 299, fol. 188v:
https://commons.wikimedia.org/wiki/File:Chrysopoea_of_Cleopatra_1.png
(Zugriff am 21.04.2019).

Gedruckt auf alterungsbeständigem, säurefreiem Papier.
Druck und Bindung: CPI books GmbH, Leck

D 703
ISBN 978-3-631-83013-0 (Print)
E-ISBN 978-3-631-83019-2 (E-PDF)
E-ISBN 978-3-631-83020-8 (EPUB)
E-ISBN 978-3-631-83021-5 (MOBI)
DOI 10.3726/b17319

© Peter Lang GmbH
Internationaler Verlag der Wissenschaften
Berlin 2020
Alle Rechte vorbehalten.

Peter Lang – Berlin · Bern · Bruxelles · New York ·
Oxford · Warszawa · Wien

Das Werk einschließlich aller seiner Teile ist urheberrechtlich geschützt. Jede Verwertung außerhalb der engen Grenzen des Urheberrechtsgesetzes ist ohne Zustimmung des Verlages unzulässig und strafbar. Das gilt insbesondere für Vervielfältigungen, Übersetzungen, Mikroverfilmungen und die Einspeicherung und Verarbeitung in elektronischen Systemen.

Diese Publikation wurde begutachtet.
www.peterlang.com

„Was bei den Rechtsgelehrten und Ärzten schändlich ist, die beide vorsätzlich ihre Kunst schwierig gestaltet haben, damit zugleich der Gewinn reichlicher und das Ansehen bei den Laien größer sei, das ist bei der Philosophie Christi noch weit schändlicher. Es ist im Gegenteil angemessen, dass wir sie, was ja möglich ist, sehr fasslich und allgemein verständlich gestalten."

(Erasmus von Rotterdam: Brief an Paul Volz)

Inhaltsverzeichnis

Vorwort 11

1. Teil: Einleitung 13

2. Teil: Gelehrtenrepublik und Wissenschaftsrepublik 31
    2.1. Wissenschaft als gemeinschaftliche Praxis und als Prozess 31
        2.1.1. Wissensproduktion in wissenschaftlichen
             Gemeinschaften 31
        2.1.2. Netzwerke in wissenschaftlichen Gemeinschaften 35
        2.1.3. Soziale Netzwerke und soziale Netzwerkanalyse 37
    2.2. Die Gelehrtenrepublik 42

3. Teil: Überblick Chemie: Geschichte, Bedeutung,
         Definitionen 47

4. Teil: Informationsaustausch frühneuzeitlicher Chemiker 67
    4.1. Andreas Libavius 67
        4.1.1. Leben und Wirken 67
        4.1.2. Bücher und Briefe 71
        4.1.3. Inhalt und Form 80
        4.1.4. Das egozentrierte Netzwerk 101
    4.2. Joseph Du Chesne 112
        4.2.1. Leben und Wirken 112
        4.2.2. Bücher, Briefe und chemische
             Herstellungsanweisungen 119
        4.2.3. Inhalt und Form 122
        4.2.4. Das egozentrierte Netzwerk 138
    4.3. Oswald Croll 145
        4.3.1. Leben und Wirken 145

4.3.2.	Bücher, Briefe und chemische Herstellungsvorschriften	149
4.3.3.	Inhalt und Form	152
4.3.4.	Das egozentrierte Netzwerk	160
4.4.	Théodore Turquet de Mayerne	167
4.4.1.	Leben und Wirken	167
4.4.2.	Tagebücher und Briefe	175
4.4.3.	Inhalt und Form	179
4.4.4.	Das egozentrierte Netzwerk	192

5. Teil: Netzwerkstrukturen frühneuzeitlicher Chemiker 197

6. Teil: Netzwerkstrukturen und Entwicklungen in der Chemie 225

- 6.1. Chemische Briefe: Gegenstand und Zielsetzung 225
- 6.2. Nomenklatur, Symbolik, Systematisierung 231
- 6.3. Präzisierung, Quantifizierung, Theoriebildung 245
- 6.4. Evolutionäre Änderung 248
- 6.5. Disziplinäre Entwicklung 254

7. Teil: Fazit 263

8. Anhänge 269

- 8.1. Andreas Libavius: Rerum Chymicarum 269
  - 8.1.1. Liber primus 269
  - 8.1.2. Liber secundus 274
  - 8.1.3. Liber tertius 287
- 8.2. Johannes Hornung: Cista Medica 296
  - 8.2.1. Liste der Korrespondenten 296
  - 8.2.2. Liste der Briefe 302

Inhaltsverzeichnis

8.3. Weitere Briefe von Libavius in Büchern 304
    8.3.1. Alchymia triumphans 304
    8.3.2. Briefe von Penot 304

8.4. Handschriftliche Briefe Libavius 305
    8.4.1. Bibliothek der Friedrich-Alexander-Universität Erlangen-Nürnberg, Sammlung Trew, Ms. 1284, 1–159 305
    8.4.2. Universitätsbibliothek Johann Christian Senckenberg Frankfurt, Ms. Ff. JH. Beyer. A105–155 306
    8.4.3. Universitätsbibliothek Basel 307
    8.4.4. Staats- und Universitätsbibliothek Hamburg, Sup. ep. 4^0 30, 17r-22r 307
    8.4.5. Sonstige Archive 308

8.5. Handschriftliche Briefe Du Chesne 309
    8.5.1. Staats- und Universitätsbibliothek Hamburg, Sup. ep. 4^0 30 309
    8.5.2. Chemische Korrespondenz des Landgrafen Moritz, Universitätsbibliothek Kassel, 2^0 Ms. chem. 19[5 317
    8.5.3. Universitätsbibliothek Basel 318
    8.5.4. Det Kongelige Bibliotek, Kopenhagen, GKS 1792, Chymica Varia und GKS 1776 319
    8.5.5. Bibliothèque nationale de France 320
    8.5.6. Bibliothèque de Genève 320
    8.5.7. Brief von Fabricius Hildanus an Du Chesne 321

8.6. Joseph Du Chesne, Freunde und Bekannte 321

8.7. Die Briefe Oswald Crolls 329
    8.7.1. Alchemomedizinische Briefe 1585 bis 1597 329
    8.7.2. Brief aus dem Jahr 1605 im Germanischen Nationalmuseum, Nürnberg, Historisches Archiv. 329
    8.7.3. Briefe aus den Jahren 1607 und 1608 im Landeshauptarchiv Sachsen-Anhalt, Abteilung Dessau 330
    8.7.4. Weitere Briefe in Büchern 336

8.8. Oswald Croll: Korrespondenten und Bekannte 337
8.9. Briefe und Briefpartner Théodore Turquet de Mayernes 343
    8.9.1. British Library, Sloane Add. MS 20921, 3r-82v 343
    8.9.2. British Library, Sloane Add. MS 20921, 83r-92v 351
    8.9.3. Wissenschaftliche Briefe in MS 444 des Royal College of Physicians 352
    8.9.4. Gedruckte Briefe 355
    8.9.5. Théodore Turquet de Mayerne: Freunde und Bekannte in der Wissenschaft 357
8.10. Versionen der Manuskripte von Madame de Martinville 371
    8.10.1. La demie once de poudre que [vous] me donnâtes en l'an 1589, ... 371
    8.10.2. Encores que toutes choses, qui sont sous le ciel étant composées de 4 éléments, ... 373
    8.10.3. Pratiques 374
    8.10.4. C'est un arrêt que tous les vrais philosophes chimiques en général prennent pour matière et sujet de leurs œuvres le mercure 375
    8.10.5. Sonstige 376
    8.10.6. Weitere 377
8.11. Verzeichnis einiger chemischer Fachwörter 377

9. Archive 383

10. Quellen- und Literaturverzeichnis 385

11. Personenregister 429

Vorwort

Die vorliegende Arbeit wurde an der Universität Bayreuth unter der Betreuung von Frau Prof. Dr. Susanne Lachenicht angefertigt. Sie wurde von Frau Prof. Dr. Lachenicht und Frau Dr. Gisela Boeck, Universität Rostock, begutachtet und am 13. November 2019 von der Promotionskommission der Kulturwissenschaftlichen Fakultät der Universität Bayreuth ohne Auflagen angenommen. Die Arbeit wurde anschließend unter Berücksichtigung eines Teils der in den Gutachten formulierten Hinweise auf notwendige Erweiterungen und Präzisierungen überarbeitet.

Mein besonderer Dank gilt Frau Prof. Dr. Susanne Lachenicht für die Betreuung der Arbeit, für ihre wertvollen Hinweise zu deren Konzeption und Aufbau sowie für ihre Ratschläge zu treffenden Formulierungen. Auch bei den Mitarbeitern der konsultierten Archive, die fast ausnahmslos freundlich, hilfsbereit und auskunftsfreudig spezielle Anfragen bearbeitet haben, möchte ich mich ganz herzlich bedanken. Mein persönlicher Dank gilt Herrn Studiendirektor i.R. Werner Link und Herrn Archivar i.R. Walter Bartl, beide in Bayreuth, für ihre Unterstützung bei der Transkription und der Übersetzung von lateinischen Briefen in einigen schwierigen Fällen. Und last but not least danke ich Frau Dr. Gisela Boeck, Herrn Prof. Dr. Wolf-Dieter Müller-Jahncke, Herrn Prof. Dr. Christoph Meinel und Herrn Prof. Dr. Jean-Pierre Vittu für die Diskussion spezieller Fragestellungen.

1.Teil: Einleitung

„Die größten Veränderungen in der Geschichte gehen oft auf kaum dokumentierte, informell organisierte Gruppen von Menschen zurück."[1] Mit diesen Worten beschreibt der Historiker Niall Ferguson, der in Stanford und Harvard lehrt, die Bedeutung von Netzwerken, die in der Geschichte oftmals öffentlich gar nicht, oder aber nur in beschränktem Umfang, in Erscheinung traten. In vielen Beispielen trennt er den Einfluss von Hierarchien, die Macht sicherten, von dem lateraler Netzwerke, die demgegenüber Einfluss verschafften. Er beklagt außerdem, dass die Netzwerkforschung in der Geschichtsschreibung bis in unsere Tage eine untergeordnete Rolle gespielt hätte. Besondere Bedeutung haben Netzwerke in der europäischen Geschichte nach seiner Meinung nicht nur für Philosophie und Kulturwissenschaften, sondern insbesondere auch für die Naturwissenschaften.[2] Der Soziologe Bruno Latour betont in seinem „sechsten Prinzip" die Bedeutung von Netzwerken in der Arbeitsweise und für die Entwicklung der Naturwissenschaften: „History of technoscience is in a large part the history of the resources scattered along networks to accelerate the mobility, faithfulness, combination and cohesion of traces that make action at a distance possible."[3] Er belegt seine Aussage mit Beispielen aus dem 20. Jahrhundert. Die Anwendung dieses „Prinzips" auf die Frühe Neuzeit wirft zwei Fragen auf. Zunächst wird die Verwendung des Begriffs „technoscience" kontrovers diskutiert. Bensaude-Vincent und Klein verteidigen die Anwendung speziell für die Chemie, da sie viele Parallelen zwischen der Chemie der Frühen Neuzeit und des späten 20. Jahrhunderts auf Grund des Zusammenspiels von Theorie und Praxis, von Wissenschaft und Technologie sehen.[4] Homburg betont hingegen, dass die drastische

---

1 (Ferguson 2018, S. 11 f.).
2 Ebd. S. 126: „- zeichnete sich die europäische Geistesgeschichte durch eine Abfolge von Innovationswellen aus, die durch Netzwerke angetrieben wurden; die wichtigsten waren die wissenschaftliche Revolution und die Aufklärung. Die Weitergabe neuer Ideen innerhalb von Gelehrten-Netzwerken brachte in beiden Fällen bemerkenswerte Fortschritte in den Naturwissenschaften und der Philosophie."
3 (Latour 1987, S. 259).
4 (Bensaude-Vincent 2014, S. 300–304). Bensaude-Vincent zitiert dabei Klein, die den Begriff für das 18. Jahrhundert belegt (Klein, Ursula 2005). Klein formuliert die Grundlagen für „technoscience" an einem Beispiel: „The example clearly demonstrates the hybrid technological-scientific careers of eighteenth-century German chemists, whose activities extended from the writing desk and teaching laboratory to the apothecary's shop, mining board and manufactory." (S. 229). Wie zu zeigen sein wird, trifft diese

Veränderung der Bedeutung der Begriffe „chemistry", „industry", „science" und „technology" zwischen 1750 und 1850 den Gebrauch für die Frühe Neuzeit verbiete.[5] Zum Zweiten ergibt sich das Problem, ob die Aussage sachlich auf das 20. Jahrhundert beschränkt ist, oder ob Netzwerke auch in der Vergangenheit eine ähnlich wichtige Rolle spielten.

Die Bedeutung von Netzwerken für die Gelehrtenrepublik und viele ihrer einzelnen Wissensgebiete wurde in einer Vielzahl von Publikationen untersucht (Kap. 2.2.). Bisher ist in der Literatur allerdings sehr wenig über die Struktur von Netzwerken in der wissenschaftlichen Gemeinschaft der frühneuzeitlichen Chemiker bekannt. Die Existenz einer „res publica chemica" innerhalb der frühneuzeitlichen Gelehrtenrepublik wird von Telle angenommen, aber nicht weiter ausgeführt.[6] Keller führt Beispiele für die zeitgenössische Verwendung dieses Begriffs an. Sie versteht unter der „res publica chemica" die Gemeinschaft aller, die etwas mit dem Buchwesen von Schriften über die Chemie zu tun haben: Autoren[7], Verleger, Übersetzer, Agenten, Käufer, Leser und Rezensenten.[8] Kahn sieht in Joseph Du Chesne (1546–1609), einem der Leibärzte des französischen Königs Heinrich IV. (1553–1610), einen der Ausgangspunkte für eine „res publica chemica" im 17. Jahrhundert.[9] Die angesehene Zeitschrift für Wissenschaftsgeschichte der amerikanischen „History of Science Society" widmete der frühneuzeitlichen Chemie im Jahr 2014 eine Sonderausgabe unter dem Titel „Chemical Knowledge in the Early Modern World".[10] Damit sollte der aktuelle Forschungsstand zu diesem Thema dargestellt werden. Bezeichnenderweise ist jedoch kein Artikel enthalten, in dem Netzwerkstrukturen eine Rolle spielen.

Beschreibung bereits auf die frühneuzeitlichen Chemiker um 1600 zu, natürlich mit den zeittypischen Einschränkungen.
5 (Homburg 2018, S. 567). Allerdings verändert sich die Bedeutung vieler Begriffe zu dieser Zeit, so dass sich die Anwendung einer Vielzahl von heutigen Ausdrücken für die Frühe Neuzeit verbieten würde.
6 (Telle 2006).
7 In dieser Arbeit beziehen geschlechtsspezifische Bezeichnungen im Regelfall männliche und weibliche sowie alle anderen möglichen Identitäten mit ein. Zur besseren Lesbarkeit wird auf eine Bindestrich-, Schrägstrich- Sternchen- oder andere Kennzeichnung verzichtet.
8 (Keller, Vera 2008, Kap. 7). Ich danke Frau Prof. Keller für die elektronische Übermittlung des relevanten Kapitels aus ihrer Dissertation.
9 (Kahn 2007, S. 259). „On voit qu'autour de Du Chesne, dès cette date, commencent à se tisser les premiers réseaux d'une *respublica chemica* qui, vingt ans plus tard, s'étendra sur l'Europe entière."
10 (Eddy 2014a).

Da dieses Forschungsfeld in der Vergangenheit nahezu unbearbeitet geblieben ist, soll in dieser Arbeit zunächst die Frage geklärt werden, ob sich überhaupt Netzwerkstrukturen[11] im Informationsaustausch der frühneuzeitlichen Chemiker um 1600 aufzeigen lassen. Als Quellenmaterial werden dazu ihre Briefe, aber auch andere Schriften herangezogen.[12] Es ergeben sich folgende Forschungsfragen: Wer war an den Netzwerken beteiligt? Welche Art von Kontakten fand statt? Wodurch wurden die Verbindungen beeinflusst? Welche geographische Verteilung lässt sich aufzeigen? Welche Rolle spielten sprachliche, politische und religiöse Einflüsse? Was lässt sich über Inhalte aussagen? Daran anschließend sollen die Auswirkungen der aufgefundenen Netzwerke auf die Entwicklung der frühneuzeitlichen Chemie ermittelt werden. Wurde das chemische Wissen in den Netzwerken weiterentwickelt? Lassen sich Aussagen über seine Verfestigung treffen? Welche Erkenntnisse ergeben sich über die Art und den Verlauf der Entwicklung? Welchen Einfluss hatten die Netzwerke auf das Selbstverständnis der Chemiker? Lassen sich Hinweise auf die Entwicklung der Chemie zu einer eigenständigen Disziplin aufzeigen? Zur Beantwortung der Fragen sollen die Detailstrukturen der Netzwerke vor allen Dingen über eine Auswertung des Briefverkehrs, aber auch durch die weiteren Bekanntschaften der betrachteten frühneuzeitlichen Chemiker erfolgen.[13]

Die Bearbeitung der Korrespondenzen von frühneuzeitlichen Chemikern ist bisher nur in wenigen Fällen erfolgt. Krauße erweitert diesen Befund für die Wissenschaftsgeschichte im Allgemeinen: „Auch für die Wissenschaftsgeschichtsschreibung blieben Briefe lange Zeit von untergeordneter Relevanz und werden erst in jüngster Zeit stärker thematisiert und theoretisch hinterfragt."[14] Häufig beschränken sich neuere Briefeditionen auf „Leuchtturmprojekte" wie

---

11 Der Netzwerkbegriff (s. auch Kap. 2) wird im Folgenden in seiner allgemeinen Form als bildliches Instrument zur Erklärung von sozialen Beziehungen genutzt. Dabei spielen weder die Größe noch der Grad der Verzweigung eine Rolle. Grundlage ist die Definition des Begriffs Netzwerk nach Fuhse: „Ein Netzwerk (engl. network) besteht graphentheoretisch aus einer Menge von Verbindungen (Kanten) zwischen festgelegten Knoten. … Die Verbindungen zwischen ihnen bestehen aus *Sozialbeziehungen*, also beobachtbaren Regelmäßigkeiten der *Kommunikation* bzw. des sozialen *Handelns* zwischen den Akteuren." (Fuhse 2014).
12 Zur Problematik der unvollständigen Quellenlage im Vergleich zu modernen sozialen Netzwerkanalysen siehe Kap. 2.1.3.
13 Allumfassende Antworten sind in einer einzigen Arbeit nicht möglich. Fragestellungen und Antworten betreffen exemplarisch den gewählten Untersuchungsgegenstand.
14 (Krauße 2005, S. 1).

Einleitung

z.B., ohne Anspruch auf Vollständigkeit, auf die Briefe der Astronomen Johannes Kepler (1571–1630)[15] sowie Nicolas Claude Fabri de Peiresc (1580–1637),[16] auf die Briefe der Mathematiker und Philosophen Marin Mersenne (1588–1648)[17] sowie Gottfried Wilhelm Leibnitz (1646–1716),[18] auf die Briefsammlungen des „Great Intelligencer of Europe" Samuel Hartlib (ca. 1600–1662)[19] sowie des Sekretärs der Royal Society Henry Oldenburg (1618–1677)[20] oder auf die Briefe der Ärzte und Botaniker Carolus Clusius (1526–1609)[21] sowie Albrecht von Haller (1708–1777).[22] Während die Briefe von Naturwissenschaftlern der letzten zwei Jahrhunderte mittlerweile größere Beachtung fanden, gilt dies nicht uneingeschränkt für die Frühe Neuzeit, auch wenn Briefsammlungen von Medizinern zu allen Zeiten in Büchern veröffentlicht wurden.[23] Eine der wenigen frühen Ausnahmen ist die Bearbeitung der Briefe des „Lausitzer Alchemisten" Georg Goer (Lebensdaten unbekannt) an einen nicht weiter ermittelten Adressaten.[24] Aus neuerer Zeit stammen z.B. die Edition einiger Briefe von Johann Crato von Krafftheim (1519–1585)[25] oder die Bearbeitung der Briefe von Joachim Camerarius I d.Ä. (1500–1574).[26] Klein hat in seiner Dissertation die gedruckten Briefe[27] von Daniel Sennert (1572–1637)[28] bearbeitet und darüber in einem Beitrag zu einem Sammelband berichtet.[29] Der Briefwechsel fand überwiegend mit einem einzigen Adressaten statt, dem Arzt und Professor Michael Döring (????–1644), seinem Schwager.[30] In ihrer Dissertation hat sich Bartkowski ausführlich mit der „alchemistischen Praxis" des sächsischen Kurfürstenpaares August von Sachsen

---

15 https://kepler.badw.de/das-projekt.html (Zugriff am 23.01.2019).
16 (Broer 1994, S. 110).
17 Ebd.
18 https://leibnizedition.de/ (Zugriff am 23.01.2019).
19 https://www.dhi.ac.uk/hartlib/ (Zugriff am 23.01.2019).
20 http://emlo-portal.bodleian.ox.ac.uk/collections/?catalogue=henry-oldenburg (Zugriff am 23.01.2019).
21 http://clusiuscorrespondence.huygens.knaw.nl/ (Zugriff am 23.01.2019).
22 http://www.albrecht-von-haller.ch/d/korrespondenz.php (Zugriff am 23.01.2019).
23 (Siraisi 2013) und (Pomata 2010).
24 (Ganzenmüller 1935).
25 https://www.droz.org/eur/en/6375-9782600018753.html (Zugriff am 23.01.2019).
26 http://www.medizingeschichte.uni-wuerzburg.de/forschung.html (Zugriff am 23.01.2019).
27 (Sennert 1676).
28 (Priesner 2010).
29 (Klein, Joel A. 2016).
30 (Hirsch 1877).

(1473–1541) und seiner Frau Anna von Dänemark (1532–1585) beschäftigt. Anhand der Quellen, hauptsächlich in der Sächsischen Landesbibliothek und im Sächsischen Hauptstaatsarchiv in Dresden, beschreibt sie sowohl die wissenschaftliche Seite der chemischen Versuche im Labor wie auch den umfangreichen Briefwechsel des Fürstenpaares. Dabei hat sie die Kontakte zu anderen Fürstenhöfen, aber auch zu vielen, meist betrügerischen, Goldmachern, sowie zu mehreren Iatrochemikern untersucht.[31] Grosser hat in ihrer Dissertation den Briefwechsel zwischen den Ärzten Peter Christian Wagner (1703–1764) und Christoph Jacob Trew (1695–1769) nicht nur ediert, sondern ihn in Hinsicht auf seine Funktion, sowie sachlich, ausgewertet. Sie bezeichnet ihn als „Unterbau" frühneuzeitlicher Gelehrtennetze.[32] Briefsammlungen über chemische Inhalte sind aus der Frühen Neuzeit nur vereinzelt überliefert. Die bekannteste Ausnahme ist dabei wohl die dreibändige Ausgabe der „Rerum chymicarum epistolica forma ad philosophos et medicos quosdam in Germania excellentes descriptarum" von Andreas Libavius (nach 1555–1616).[33] Neuere Briefeditionen auf dem Gebiet der frühneuzeitlichen Chemie sind nur in wenigen Fällen erfolgt. Ausnahmen sind die „Alchemomedizinischen Briefe 1585 bis 1597" von Oswald Croll (ca. 1560–1608), herausgegeben von Kühlmann und Telle,[34] sowie der umfangreiche dreiteilige Sammelband der gleichen Autoren. In diesem sind 170 Briefe über die Chemie aus der Zeit von 1550–1612 enthalten.[35] Mit der detailreichen Edition der Briefe verbunden sind viele ausführliche Biographien. Allerdings sind die Briefe unter literarischen und kulturgeschichtlichen Gesichtspunkten bearbeitet worden und nicht, um sachliche Veränderungen in der Chemie aufzuzeigen oder Netzwerkstrukturen sichtbar zu machen. Außerdem ist das Konzept für die Auswahl der Briefe schwer erkennbar. Dieser doch recht spärliche Bearbeitungsstand ist umso erstaunlicher, als in den Gelehrtenbriefen das „wissenschaftliches Hauptmedium im 17. Jahrhundert"[36] gesehen wird. Relativ wenige der in großer Zahl in Archiven, Bibliotheken,

---

31 (Bartkowski 2017). Der Untertitel des Buches: „Das Netzwerk des Kurfürstenpaares August und Anna von Sachsen" kann allerdings nur als Metapher verstanden werden. Die Briefe und weiteren Schriftstücke sowie die Kontaktpersonen des Kurfürstenpaares werden detailliert beschrieben und ausgewertet, eine weiterführende Darstellung und Analyse des Netzwerks wird demgegenüber vermisst.
32 (Grosser 2015).
33 (Libavius 1595–1599).
34 (Kühlmann und Telle 1998).
35 (Kühlmann und Telle 2001, 2004 und 2013).
36 (Krauße 2005, S. 3).

akademischen oder privaten Einrichtungen und Museen zerstreut vorliegenden Wissenschaftlerkorrespondenzen sind bisher vollständig erfasst und der Öffentlichkeit zugänglich gemacht worden. Die Suche nach überlieferten handschriftlichen Briefen einzelner frühneuzeitlicher Chemiker gestaltete sich für diese Arbeit recht schwierig. Eine Suche in bekannten online-Datenbanken wie „Early Modern Letters Online", „Cultures of Knowledge", „Electronic Enlightenment" oder „Mapping the Republic of Letters"[37] brachte nur ein unvollständiges Ergebnis. Die oft mühevolle und auch durch Zufälle geprägte Suche erstreckte sich anhand der elektronischen und gedruckten Kataloge, in Einzelfällen durch eine direkte Kontaktaufnahme, über eine Vielzahl von Archiven, in denen Briefe und weitere Schriftstücke aufgefunden oder vermutet wurden (Kap. 9). Dabei ging es zunächst darum, den beteiligten Personenkreis zu ermitteln. Zur sachlichen Auswertung wurde auf unterschiedliche Art und Weise an die aufgeführten Archive herangetreten.[38] Es ist möglich und sogar wahrscheinlich, dass weitere Briefe vorhanden sind und bisher noch nicht aufgefunden wurden. Des Weiteren ist zu beachten, dass Briefe aus dem Zusammenhang gerissen, neu angeordnet oder fehlerhaft übersetzt sein können. Und letztendlich muss die unvollständige Überlieferungslage bei der Auswertung in Betracht gezogen werden, die oft sehr einseitig die Briefe eines Korrespondenten überbetont.[39]

Aus praktischen Gründen musste die Vielzahl der Briefkontakte zwischen den Chemikern der Frühen Neuzeit bei ihrer Erfassung und Beschreibung gegliedert und eingeschränkt werden. Es hat sich als nützliche Vorgehensweise erwiesen, von den Kontakten einer zentralen Person in ihrem egozentrierten[40] Netzwerk auszugehen.[41] Hierbei werden die Austauschprozesse einer Zentralperson zu einer Mehrzahl von Korrespondenten betrachtet: „Unter einem egozentrierten

---

37 http://emlo.bodleian.ox.ac.uk/, http://www.culturesofknowledge.org/, http://www.e-enlightenment.com/index.html und http://republicofletters.stanford.edu/. (Letzter Zugriff am 19.11.2018).
38 Wenn bereits digitalisierte Quellen vorlagen, wurden diese ohne weitere Kontaktaufnahme heruntergeladen. Die große Mehrzahl der zur Auswertung herangezogenen Quellen wurde aber auf eigene Kosten digitalisiert. In einigen wenigen Fällen bestand die Kontaktaufnahme in Fragen nach dem Vorhandensein von relevanten Schriftstücken oder Nachfragen zur Klärung von speziellen Sachverhalten. Genauere Angaben sind im Text oder in den jeweiligen Anhängen (Kap. 8) zu finden.
39 (Daybell 2016, S. 9 f.).
40 Auch wenn die Verwendung des „Ego-Begriffs" für die Frühe Neuzeit aus Historikersicht problematisch erscheint, wird der soziologische Fachbegriff für ein „persönliches" Netzwerk im Folgenden verwendet.
41 (Stuber 2008, S. 351) und (Dauser 2008, S. 21).

Netzwerk versteht man die Beziehungen einer fokalen Person (Ego) zu anderen Personen (Alteri), mit denen sie in einem direkten Kontakt steht. Statt von einem egozentrierten Netzwerk wird manchmal auch von einem persönlichen Netzwerk gesprochen."[42] Anschließend kann versucht werden, außer den direkten Verbindungen auch noch diejenigen der anderen Personen untereinander mit einzubeziehen.[43] In einer aus Umfragen entstandenen Netzwerkanalyse lässt sich dies sicherlich leicht durchführen. Die Lückenhaftigkeit der Überlieferung von Briefmaterial aus der Frühen Neuzeit schränkt eine derartige Weiterführung der Auswertung jedoch stark ein. Die egozentrierten Netzwerke bieten aber einen ersten Ansatz zur Rekonstruktion von übergreifenden Netzwerkstrukturen in der wissenschaftlichen Gemeinschaft der frühneuzeitlichen Chemiker (Kap. 5). In einem Folgeschritt kann untersucht werden, welche Stellung die „res publica chemica" in der allgemeinen „res publica litteraria" einnahm, und wie sie mit ihr verbunden war. Einige Grundlagen über die gemeinschaftliche Entwicklung von Wissen und verwendete soziologische Auswertungen werden im Folgenden kurz dargestellt. Sie werden mit einer kurzen Einführung in Organisation, Verhaltensprinzipien und Struktur der Gelehrtenrepublik verbunden (Kap. 2). Dabei liegt das Hauptgewicht in dieser Arbeit auf den Netzwerkstrukturen der Chemiker, über die Gelehrtenrepublik ist vielfach und ausführlich publiziert worden.[44]

Natürlich konnten auch nicht die Briefkontakte aller Chemiker der Frühen Neuzeit mit einbezogen werden, eine konkrete Auswahl musste getroffen werden. Hierzu wurden etwa zwanzig bekannte Chemiker, die zwischen 1546 und 1715 lebten, in Betracht gezogen. Als Auswahlkriterien dienten folgende Überlegungen:

- Natürlich müssen als erstes Briefe in ausreichender Anzahl und möglichst an eine Vielzahl von Korrespondenten erhalten sein.
- Die Briefe sollten aus einem recht kurzen Zeitraum stammen.

---

42 (Wolf 2010, S. 471).
43 (Pappi 1987, S. 13): „Man kann sich dabei auf die direkten Beziehungen egos beschränken oder wenigstens noch die Beziehungen zwischen diesen mit ego direkt verbundenen Personen mit einbeziehen. Dann ergibt sich die *first-order zone* in der Terminologie von Barnes (1972)."
44 In kurzer Auswahl: (Goldgar 1995), (Daston 1991), (Goodman 1994), (Bots 1997), (Passeron 2008), (Grafton 2011), (Füssel 2015), (Fumaroli 2015), (Jaumann 2001) und (Neumeister 1987).

- Die Chemiker sollten bereits zu ihrer Zeit als Wissenschaftler anerkannt sein und in der weiteren Chemiegeschichtsschreibung große Beachtung gefunden haben.
- Ihre Tätigkeiten sollten das ganze Gebiet der frühneuzeitlichen Chemie überstreichen.
- Ihre Aktivitäten sollten so weit wie möglich über Europa verteilt sein.

Anhand dieser Kriterien wurden für diese Arbeit vier frühneuzeitliche Chemiker ausgewählt (Kap. 4).[45] Alle vier lebten und wirkten in der letzten Hälfte des 16. und in der ersten Hälfte des 17. Jahrhunderts. Durch ihre Lebensumstände waren sie nicht an einem Ort sesshaft, sie hielten sich hauptsächlich in England, Frankreich, der Eidgenossenschaft und im Heiligen Römischen Reich unter Einbezug Böhmens auf. Die Untersuchung beschränkt sich dabei auf das chemische Wissen in Europa, Vergleiche mit anderen Erdteilen wurden nicht vorgenommen. Die vier Chemiker finden nicht nur in der Chemiegeschichtsschreibung große Beachtung, sie wurden auch von ihren Zeitgenossen auf Grund ihrer Werke gewürdigt. Im Einzelnen handelt es sich dabei um:

1. Andreas Libavius (nach 1555–1616)

Andreas Libau latinisierte während des Universitätsstudiums seinen Namen zu Libavius, unter dem er in der gelehrten Welt bekannt wurde. Er war ein typischer Universalgelehrter seiner Zeit und beschäftigte sich mit Medizin und Chemie, aber ebenso mit Theologie und Dichtkunst. Vor allem aber muss er als einer der großen „Schulmeister" bezeichnet werden[46], der seine Berufung in der Verteidigung des Lehrens als Grundlage einer stabilen kulturellen und gesellschaftlichen Ordnung sah. In die Chemiegeschichtsbücher ist er durch sein bekanntestes Werk, die „Alchemia", eingegangen,[47] das als erstes Lehrbuch der Chemie angesehen wird. Partington nennt es „the first systematic text-book of chemistry".[48]

---

45 Eine größere Anzahl würde das Ergebnis zwar quantitativ erhöhen, aber die Beantwortung der Forschungsfragen qualitativ mit höchster Wahrscheinlichkeit nicht verändern.
46 (Hannaway 1975, S. 112): „Libavius belonged to the golden age of schoolmasters, that tribe who swarmed through European society in the second half of the sixteenth century to capture, form, and tyrannize the minds of *burgelische* youths."
47 In dieser Arbeit wird die deutsche Übersetzung zu Grunde gelegt: (Libavius, Die Alchemie des Andreas Libavius. Ein Lehrbuch der Chemie aus dem Jahre 1597. Zum ersten Mal in deutscher Übersetzung. Gesamtbearbeitung Friedemann Rex 1964).
48 (Partington 1998, Band 2, S. 247).

Das Buch wird insbesondere gerühmt als „systematische Zusammenfassung des chemischen Gesamtwissens aus verschiedensten Teilgebieten ... zu einer eigenständigen Lehrdisziplin nach einheitlicher Methode."[49] Moran sieht in ihm die Grundlage für die Chemie als eigenständige Disziplin: „Libavius not only shaped alchemical practice into the form of an art and science, but helped to construct the cultural paradigm, with its social norms and linguistic practices, that made viable and durable a new disciplinary domain."[50] Der „Schulmeister" Libavius und seine Chemie sind in vielen Publikationen dargestellt. Neben der „Neuen Deutschen Biographie" befindet sich eine Zusammenfassung seines Lebenslaufs in einigen anderen Sammelwerken.[51] Sein Wirken war Gegenstand einer Reihe von Publikationen in Zeitschriften und Sammelbänden.[52] Moran hat seine Forschungen über Libavius in einer umfassenden Monographie zusammengefasst,[53] während seine didaktische Sprache von Hannaway beleuchtet wurde.[54] Als „Schulmeister" war Libavius von Bedeutung für die beiden Orte in denen er lehrte: Rothenburg und Coburg. Deshalb ist es nicht verwunderlich, dass er in mehreren Publikationen von Heimatforschern Erwähnung findet.[55] Über seine Arbeit und seine Stellung in der Gemeinschaft der frühneuzeitlichen Chemiker wurde viel publiziert. Deshalb ist es erstaunlich, dass seine handschriftlichen Briefe wenig erschlossen sind, und jegliche Betrachtung seines persönlichen Netzwerks fehlt. In seiner Zeit wurde Libavius als „Verteidiger der wahren Chemie" angesehen, wie eine Beschreibung seines französischen Zeitgenossen, Joseph Du Chesne nahe legt.[56] Und auch wenn man die wohlmeinenden Übertreibungen eines Nachrufs berücksichtigt, lässt sich erahnen,

---

49 (Rex 1985, S. 441).
50 (Moran 2007a, S. 2).
51 (Rex 1985), (Schnurrer 1993), (Hubicki 1981), (Müller-Jahncke 1998) und (Darmstaedter 1974).
52 Z.B.: (Debus 1972), (Forshaw 2008), (Kühlmann 2000), (Moran 1998), (Moran 2007b), (Moran 2015) und (Wels 2013).
53 (Moran 2007a).
54 (Hannaway 1975).
55 (Bauer 1979), (Holstein 2000), (Schnizlein 1913/1914), (Schnurrer 1978), (Blittersdorf 1966), (Gruner 1930) und (Schneider, Walter 1985).
56 (Du Chesne 1605, S. 8): „Andreas Libavius Halensis Sax. Medicus Doctor celeberrimus, rerumque naturalium perscrutator fidissimus & diligentissimus, verae Chymiae defensor acerrimus, cuius doctissima scripta, si Anonymus noster perlegisset, non ita in veram Chymiam debacchatus fuisset." Der äußerst berühmte Doktor der Medizin, Andreas Libavius aus Halle in Sachsen, [ist] der glaubwürdigste und gewissenhafteste Erforscher der Natur,

welche überragende Wertschätzung Andreas Libavius bei seinen Zeitgenossen gehabt haben muss. Es heißt dort in verkürzter Übersetzung: „Durch den Tod des Libavius verlor die studierende Jugend ihren Vater, das Casimirianum seinen Leiter, die Philosophie ihren Aristoteles, die Theologie ihren Beistand gegen die Jesuiten; die Ärzte nicht nur Deutschlands, sondern ganz Europas verloren ihren Hippokrates, ... die Dichter ihren Vergil, ... alle aber einen unvergleichlichen und unbezahlbaren Mann."[57]

2. Joseph Du Chesne (1546–1609)

Joseph Du Chesne, Sieur de la Violette, auch Quercetanus genannt, besaß bereits zu seiner Zeit einen sehr hohen Bekanntheitsgrad als wirkmächtiger Wissenschaftler, Dichter und Diplomat im „medizinisch-alchemischen Europa".[58] Moran bezeichnet ihn als: „... one of the most important representatives of Paracelsian medicine and alchemical-chemical practice in the early seventeenth century."[59] In der Nachfolge von Paracelsus (1493–1541) ist er den bekanntesten Iatrochemikern seiner Zeit zuzurechnen.[60] Allerdings existiert außer Einträgen in den älteren französischen Biographiesammlungen von Haag, Hoefer sowie Michaud und wenigen neueren kurzen Beiträgen[61] keine zusammenfassende Monographie über sein Leben und Wirken, es musste auf unterschiedlichste Publikationen zurückgegriffen werden. Neben der nicht als Buch erschienenen Dissertation von Lordez[62] wurde auf die noch ältere, allerdings in Buchform digitalisiert vorhandene Dissertation von Dubédat[63] zurückgegriffen. Daneben wird das Wirken Du Chesnes in einigen wenigen, zum Teil auch älteren Publikationen und Büchern, beschrieben.[64] Interessant sind zwei Arbeiten

---

    der erbitterte Verteidiger der wahren Chemie, [und] wenn unser Anonymus dessen hochgelehrte Schriften gelesen hätte, hätte er sich nicht so gegen die wahre Chemie ereifert.
57 (Blittersdorf 1966).
58 (Kahn 2004, S. 641): „Mais lorsqu'on étudie de près le personnage, on ne peut qu'être frappé par la multiplicité de ses activités et par la grande estime qu'il suscita à partir des années 1590 dans tout l'Europe médico-alchimique."
59 (Moran 1991, S. 71).
60 (Partington 1998, Band 2, Seite vii).
61 Z.B.: (D'Amay 1967) und (Debus 2008).
62 (Lordez 1944).
63 (Dubédat 1908).
64 (Gautier 1906), (Gautier 1912), (Gilly 1994), (Kahn 2001b) und (Kahn 2004).

über die Quellengeschichte einiger seiner Schriften.[65] Kahn hat seine ausführlichen Forschungen zu Du Chesne in seiner als Buch veröffentlichten Dissertation zusammengefasst.[66] Des Weiteren findet sich eine tabellarisch gehaltene Zusammenfassung der wichtigsten Lebensdaten und der zugehörigen Quellen bei Gibert in der Einleitung zur Neuedition von Du Chesnes Gedichtband „La Morocosmie".[67]

3. Oswald Croll (ca. 1560–1608)

Zusammen mit Petrus Severinus (1540/2–1602)[68] und Joseph Du Chesne gebührt Oswald Croll ein herausragender Platz unter den führenden Chemikern in der Nachfolge Paracelsus'. Sein Ruhm gründet sich auf sein Hauptwerk, die „Basilica Chymica". Von ihr wurden zwischen 1609 und 1690 sechzehn lateinische Ausgaben aufgelegt. Genauso wichtig waren aber die Übersetzungen in fast alle europäischen Sprachen: deutsch, französisch, englisch, niederländisch, spanisch und russisch. Sogar eine arabische Fassung könnte erstellt worden sein. Kühlmann und Telle fassen zusammen: „Die ‚Basilica' fand in der „res publica litteraria" des 17. Jahrhunderts eine ungewöhnlich starke und international geprägte Resonanz", und sie sprechen von einem „publizistischen Triumphzug". Die „Basilica Chymica" wurde an vielen Universitäten als „Grundlagenwerk" der chemischen Arzneimittelkunde genutzt.[69] Sie beruht auf den Lehren von Paracelsus, stellt diese aber im Gegensatz zu diesem in systematischer und geordneter Form dar.[70] Trevor-Roper bezeichnet Croll zusammen mit Libavius als einen der Gründerväter der modernen Chemie.[71] Trotz seiner Bedeutung in der Nachfolge

---

65 (Kahn 2013) und (Principe 2013a).
66 (Kahn 2007).
67 (Gibert 2009).
68 (Shackelford 2004).
69 (Kühlmann und Telle 1996, S. 1 f. und S. 10 f.).
70 (Peuckert 1967, S. 275): „Ich will jetzt zeigen, wie dann Croll – auf Grund des paracelsischen Bemerkens – gerade dieses Kapitel in den Aufriß einzufügen wußte, den er bei Paracelsus lieh, und wie er es vereinheitlichte, zu einem in sich geschlossenen und begreiflichen Bau zusammenfügte, was vorher jäh, nur hingeworfen, nur aufblitzende Gedanken waren. Das – freilich pansophisch eingetönte – Hauptbuch der magia naturalis, das ihr geschlossenes System gab, schrieb auf Paracelsi Basis Croll." und (Hannaway 1975, S. 1): „Amongst the German disciples of the Swiss medical reformer Paracelsus, Oswald Croll (ca. 1560–1609) stands out as the one who developed and systematized the chemical therapy of the master."
71 (Trevor-Roper 2006, S. 85): „With his [Libavius'] fellow-Saxon Oswald Croll, he ranks as a founding father of modern chemistry."

von Paracelsus gibt es bisher keine zusammenfassende Monographie über sein Leben und Wirken. Ein erster Anfang wurde von Kühlmann und Telle mit der Editierung des Buches „De signaturis rerum" und eines Teils seiner Briefe in „Oswald Crollius. Alchemomedizinische Briefe 1585 bis 1597" gemacht.[72] Allerdings sind dort mittlerweile einige Angaben in Einzelfragen fehlerhaft und überholt. Hannaway hat die Rhetorik Crolls der Sprache von Libavius gegenüber gestellt.[73] Neben einigen, zum Teil allerdings äußerst kurzen Biographien[74] werden die Schriften und die Chemie Crolls in mehreren Buchabschnitten und Publikationen besprochen.[75]

4. Théodore Turquet de Mayerne (1573–1655)
„The princes of Europe competed for his services. The doctors of Europe acknowledged him as their chief, and competed with each other in their elaborate compliments to him. He was 'Hippocrates alter', 'ce grand et illustre flambeau de la médecine', 'the oracle and ornament of the healing art'."[76] Der von Trevor-Roper unter Verwendung zweier Zitate von Zeitgenossen gepriesene war kein anderer als Théodore Turquet de Mayerne, Baron d'Aubonne. Seine Zeitgenossen schätzten ihn als Arzt, der versuchte, die galenische Medizinlehre mit der Anwendung von paracelsischen Heilmitteln zu verbinden, und sie rühmten seine Heilungserfolge. Er begründete keine neuen Theorien wie die zur gleichen Zeit wirkenden Mediziner William Harvey (1578–1657) mit der Beschreibung des Blutkreislaufs und Thomas Willis (1621–1675) mit seinen Arbeiten zur Neurologie, noch publizierte er bahnbrechende Werke wie Thomas Sydenham (1624–1689); er hinterließ der Nachwelt aber eine riesige Menge an Informationen auf Tausenden von Seiten in seinen Notizbüchern. Trevor-Roper stellte das vielgestaltige Leben und Wirken von Turquet de Mayerne in seiner Zeit und seinen Lebensumständen äußerst umfangreich und bis ins Einzelne gehend in einer Monographie dar,[77] während Nance sich mehr seiner Medizin zuwandte.[78]. Neben den Einträgen in den älteren französischen Biographiesammlungen von Haag, Hoefer sowie Michaud gibt es nur einige

---

72 (Kühlmann und Telle 1996) und (Kühlmann und Telle 1998).
73 (Hannaway 1975).
74 (Schröder 1957), (Priesner und Figala1998, S. 102 f.) und (Telle 2008).
75 (Hausenblasova 2002), (Hausenblasova 2016), (Hirai 2005), (Hirai 2016), (Kühlmann 1992), (Peuckert 1967), (Trunz 1992) und (Wels 2013).
76 (Trevor-Roper 2006, S. 349).
77 (Trevor-Roper 2006).
78 (Nance 2001).

neuere Kurzbiographien.[79] Mit einer sehr speziellen Handschrift Turquet de Mayernes, dem sogenannten „Mayerne Manuskript", die chemische und andere Rezepte für die Malerei enthält und in der British Library aufbewahrt wird, beschäftigen sich zwei weitere Publikationen.[80] Turquet de Mayerne wird in nahezu allen Werken über die Geschichte der Chemie erwähnt, daneben gibt es einige speziellere, zum Teil ältere Veröffentlichungen über sein Leben und Wirken.[81]

In der älteren chemiehistorischen Literatur werden die Beiträge zur Chemie von Robert Boyle (1627–1692), Georg Ernst Stahl (1659–1734) und Antoine Lavoisier (1743–1794) oft als Beginn der „modernen Chemie" oder als Anfang der Chemie als eigenständiger Disziplin beschrieben.[82] Die Einschätzung einer „Chemischen Revolution" durch Lavoisier ist nach Eddy und anderen in den letzten Jahrzehnten revidiert worden. Sie sehen vielmehr eine Aufeinanderfolge kleinerer „Revolutionen, die bereits gegen Ende des 17. Jahrhunderts begannen."[83] Dieser Arbeit liegt die Hypothese zu Grunde, dass sich die Chemie noch längerfristiger entwickelte, und die Grundlagen für eine eigenständige Disziplin bereits in der zweiten Hälfte des 16. Jahrhunderts gelegt wurden. Diese Entwicklungsprozesse sind nicht durch eine einzelne „revolutionäre" Entdeckung bestimmt, sondern bestehen aus vielfältigen, oft widersprüchlichen, unregelmäßigen und uneinheitlichen Vorgängen.[84] Daran sind viele Chemiker beteiligt, die miteinander kommunizierten und zusammenarbeiteten. Die Auswirkungen dieser Netzwerkstrukturen auf die Entwicklung des chemischen Wissens und der chemischen Praxis soll untersucht werden. Die Auswertung der Vorgänge in den Netzwerken verbindet die Darstellung der sachlichen chemischen Erkenntnisse mit einer Betrachtung der Wissenschaftsentwicklung als sozialem Prozess. Diese Entwicklung wird als gemeinschaftliches, kulturhistorisches Unternehmen über einen längeren Zeitraum begriffen (Kap. 6). Dabei werden anscheinend unverrückbare Anschauungsweisen in Frage gestellt, die sich in der Chemiegeschichte etabliert haben.

Für diese Arbeit wurde eine klassische hermeneutische Vorgehensweise gewählt. Es wurde versucht, die Quellen zu verstehen und zu erklären. Der Aufbau der Arbeit ist dabei eher an ein naturwissenschaftliches Vorgehen angelehnt.

---

79 (Trevor-Roper 2004), (Hannaway 2008) und (Netz 2012).
80 (Berger 1901) und (Bischoff 2002).
81 Z.B.: (Gibson 1933), (Scouloudi 1940) und (Kahn 2007).
82 (Bensaude-Vincent und Stengers 1993, S. 6).
83 (Eddy 2014, S. 8). Schon Holmes hatte sich 1988 kritisch mit der „Chemischen Revolution" auseinandergesetzt. (Holmes 1989).
84 (Shapin 1996).

Im ersten Schritt werden die Schriften und die egozentrierten Netzwerke[85] beschreibend dargestellt (Kap. 4), da erst die Kenntnis der Einzelheiten weiterführende Auswertungen ermöglicht. Die Vielzahl der Anhänge spricht über die Menge der Einzelangaben eine beredte Sprache (Kap. 8). Anschließend erfolgt eine sachgebietsorientierte Auswertung, die übergeordnete Zusammenhänge und Entwicklungen beinhaltet (Kap. 6). Dabei soll eine heuristische[86] Herangehensweise mit kausalen Erklärungen verbunden werden. Es werden einzelne, kleinere Erkenntnisse überprüft und weiterentwickelt, um sie in einen systematischen Zusammenhang bringen zu können. Vor dem wissenschaftsgeschichtlichen Hintergrund finden dabei Methoden und Gedanken aus Soziologie und Erkenntnistheorie Berücksichtigung. Die Arbeit erhebt allerdings nicht den Anspruch, Soziologie und Philosophie in vollem Umfang einzubeziehen. Aber eine Untersuchung von Netzwerken, in denen die Entstehung und Verbreitung von naturwissenschaftlichem Wissen betrachtet wird, kann nicht allein mit den Methoden des Historikers durchgeführt werden. Beachtenswert, wenn auch wegen ihrer „vage[n] Begrifflichkeiten und Verallgemeinerungen" kritisiert,[87] ist in diesem Zusammenhang die Studie von Burke „Papier und Marktgeschrei", in der eine Synthese von Wissensgeschichte und Wissenssoziologie versucht wird.[88] Dabei spielt die Theorie und die Systematik des Transfers von Wissen eine große Rolle, wie sie von Behrs u.a. dargestellt worden ist. Es wird zwischen dem „präsentistischen" und dem „heuristisch-restringierten Wissensbegriff" unterschieden. Mit ersterem wird ein Wissen bezeichnet, das als „wahr" gilt und durch argumentative Begründung von der Umwelt als „wahr" angenommen wird. Mit letzterem werden zusätzlich die Diskussionen über „Überzeugungen und Methoden, Theorien und Normen" der „zeitgenössischen Akteure" betrachtet.[89] Detel und Zittel sprechen in diesem Zusammenhang von Wissensidealen, „ideals of

---

85 Der Netzwerkansatz ist zwischen Handeln und Struktur, zwischen Interaktion und System angesiedelt. Deshalb wird versucht, eine personen- und handlungsorientierte hermeneutische Vorgehensweise mit dem strukturellen Ansatz der Netzwerkanalyse zu verbinden.
86 Mit Heuristik ist hier nicht nur das geschichtswissenschaftliche Aufspüren von Quellen gemeint, sondern auch in allgemeiner Bedeutung ein erkenntnistheoretisches und methodisches Verfahren zur Gewinnung neuer wissenschaftlicher Erkenntnisse meist anhand unvollständiger Datenlage.
87 (Füssel 2007, S. 274).
88 (Burke 2001).
89 (Behrs 2013).

Théodore Turquet de Mayerne (1573–1655)   27

knowledge", und Wissenskulturen, „cultures of knowledge".[90] Die Betrachtung von Kommunikations- und Netzwerkstrukturen erfordert sowohl eine Hinwendung zu den Wissensidealen, wie natürlich auch zu den Wissenskulturen.

Bei den betrachteten Briefen handelt es sich zum größten Teil um bisher noch unerschlossenes Textgut. Zum besseren Verständnis der Zusammenhänge ist deshalb viel Basisarbeit erforderlich gewesen, die oft mit einer beschreibenden Darstellung des Inhalts beginnt.[91] Dabei kann auf Grund der Vielzahl der Briefe in dieser Arbeit natürlich keine volle Editierung vorgenommen werden, auch wenn Kühlmann und Telle bereits vor längerer Zeit die „defizitäre Situation der Grundlagenforschung auf dem Gebiet der Wissenschaftsgeschichte" beklagten.[92] Trotz der umfangreichen dreibändigen Edition von Briefen des Frühparacelsismus dieser beiden Autoren[93] hat sich diese Beurteilung der Situation nicht wesentlich geändert. Die Darstellung der chemischen Grundlagen in den Briefen birgt natürlich die Gefahr des Positivismusvorwurfs, wie Kühlmann und Telle angemerkt haben: „Der Widerspruch zwischen editorischer Zurückhaltung, ja Resignation und dem mittlerweile in zahlreichen Monographien bzw. Sammelbänden ablesbaren Interesse an einer Geschichte des Wissens im Einzugsbereich der `scientific revolution´ hat vielleicht mit der Scheu vor philologischer Detailarbeit, vielleicht auch mit der – hier geradezu verhängnisvollen – Abkehr von einem leicht missverstandenen `Positivismus´ zu tun."[94]

Ein besonderes Problem besteht in der Veränderung des Bedeutungsinhalts von Begriffen über die Zeit. In seinem Buch über das Leben und Wirken von Paracelsus beschreibt Webster die Schwierigkeit für die Frühe Neuzeit wie folgt: „All writers on this period face some awkward problems in their use of terminology for conceptual categories."[95] Koselleck thematisiert in seiner Begriffsgeschichte den Wandel vom frühneuzeitlichen zum heutigen Sprachgebrauch für die „politisch-soziale Sprache".[96] Dieser Wandel lässt sich aber genau so auf wissenschaftlichem Gebiet nachvollziehen. So ist zum Beispiel zu berücksichtigen, dass es die „Naturwissenschaften" in der heutigen Bedeutung in der Frühen

---

90 (Detel 2002, S. 7 f.).
91 Wenn nicht anders gekennzeichnet, handelt es sich bei den Übersetzungen aus dem Lateinischen um eigene, zum Teil freie Übertragungen. Die französischen und englischen Texte wurden nicht übersetzt, zur besseren Verständigkeit aber meist in der modernen Sprachform wiedergegeben.
92 (Kühlmann und Telle 1998, S. 3).
93 (Kühlmann und Telle 2001, 2004 und 2013).
94 (Kühlmann und Telle1998, S. 3).
95 (Webster 2008, S. xiii).
96 (Brunner 1979, Band 1, S. XV).

Neuzeit nicht gab. Wenn man diesen Begriff „ex post" verwendet, muss man sich bewusst sein, dass man in der Frühen Neuzeit eigentlich von „Naturphilosophie" sprechen müsste. Diese beinhaltete einen ganzheitlichen Ansatz für die Natur im weitesten Sinn, das heißt eine Mischung von Wissenschaft, Theologie und Metaphysik.[97] Und auch der „Wissenschaftler" war in der Frühen Neuzeit unbekannt. Shapin sieht aber trotzdem im Gebrauch des Wortes „scientist" keine „tödliche historische Sünde", auch wenn der Begriff erst im 19. Jahrhundert in Gebrauch kam.[98] Gleiches gilt für das Wortpaar Diplomat/Diplomatie, es taucht in der heute gebräuchlichen Form erst im 19. Jahrhundert auf.[99] Der Ort, an dem in der Chemie das Wissen erzeugt und überprüft wird, wird allgemein als „Labor" bezeichnet. Klein hat die vielfältigen Ausprägungen und die Entwicklung von Laboratorien über die Zeit dargestellt.[100] Alle diese Begriffe werden in dieser Arbeit für die Untersuchung der Netzwerkstrukturen in der Frühen Neuzeit verwendet. Selbstverständlich muss man sich des Zeitbezugs bei jeglicher Verwendung „avant la lettre" bewusst sein. Kierkegaard vergleicht die unabdingbare Veränderung von Begriffen mit der von Lebewesen: „Die Begriffe haben nämlich ebenso wie die Individuen ihre Geschichte und vermögen ebensowenig wie diese der Gewalt der Zeit zu widerstehen."[101] Das größte Problem liegt aber im Bedeutungswandel der Begriffe „Alchemie" und „Chemie". Da diese Veränderungen von hoher Komplexität und Bedeutung sind, sollen sie detaillierter an späterer Stelle zusammen mit einigen für diese Arbeit relevanten Hintergründen aus der Geschichte der Chemie besprochen werden (Kap. 3). Eine weitere Schwierigkeit besteht bei der Identifizierung von Personen innerhalb der Netzwerke. Ungenaue

---

97 (Pagel, Walter 1985, S. 11): „- with the result that „Philosophia Naturalis" Nature in her entirety, cosmology in its widest sense – that is a mixture of Science, Theology and Metaphysics – formed the subject of the studies of early scientists."
98 (Shapin 2006, S. 179 f.): „So the man of science was not a „natural" feature of the early modern cultural and social landscape: One uses the term faute de mieux, aware of its impropriety in principle, yet confident that no mortal historical sins inhere in the term itself." Demgegenüber betrachtet Harris den Gebrauch der Begriffe „scientist" und „scientific community" für die Frühe Neuzeit als anachronistisch. Er begründet dies mit dem nicht existenten Berufsbild und der fehlenden Kohärenz der wissenschaftlichen Gemeinschaft. (Harris 2008, S. 346). Ich möchte in dieser Arbeit Shapin in dem Bewusstsein folgen, dass die Anwendung moderner Begriffe für die Frühe Neuzeit problematisch sein mag, aber keine allzu großen Irritationen hervorrufen sollte, wenn man sich der Unterschiede bewusst ist.
99 (Externbrink 2010, S. 135, Fußnote 5).
100 (Klein, Ursula 2008).
101 Zitiert nach: (Toulmin 1983, S. 8).

Eintragungen, Schreibabweichungen, aber auch die Latinisierung von Namen stellten eine große Herausforderung dar. Turquet de Mayerne z.B. unterschrieb seine Briefe meist nur mit „Mayerne". In der Matrikelliste von Heidelberg findet man ihn unter dem Eintrag „Theodorus Maernius", in Montpellier unter „Theodorus Turquetus". Des Weiteren wurden häufig Pseudonyme benutzt oder zugeschrieben. Joseph Du Chesne war in der gelehrten Welt auch unter dem Namen „Quercetanus" bekannt, in seinem engsten vertrauten Goldmacherkreis wurde er „Druide" genannt. Die Zuordnung vieler anderer Deck- oder Künstlernamen ging demgegenüber verloren.

2. Teil: Gelehrtenrepublik und Wissenschaftsrepublik

2.1. Wissenschaft als gemeinschaftliche Praxis und als Prozess

2.1.1. Wissensproduktion in wissenschaftlichen Gemeinschaften

Die Tatsache, dass Wissenschaft als gemeinschaftlicher Prozess betrachtet werden muss, ist seit Francis Bacons (1561–1626) wissenschaftstheoretischem Hauptwerk „Novum Organum Scientiarum" aus dem Jahre 1620 Grundlage aller Betrachtungen über das Entstehen und die Weiterentwicklung der Wissenschaften.[102] Besonders einprägsam beschreibt Bacon den Gemeinschaftsprozess in seiner utopischen Novelle „New Atlantis".[103] Dort wird in „Salomon's House" eine arbeitsteilige Wissensproduktion in vielen Einzelheiten ausgehend von der Sammlung von Beobachtungen und Experimenten bis hin zur Aufstellung einer Theorie beschrieben, und auch die Weitergabe des Wissens wird nicht vernachlässigt. In der ersten Hälfte des 20. Jahrhunderts hat sich Fleck mit der soziologischen Analyse der Entstehung und Entwicklung von Wissen beschäftigt.[104] Er beschreibt die leitende Funktion von „Denkstilen", die von einer Gemeinschaft von Wissenschaftlern gepflegt werden: „Definieren wir »Denkkollektiv« als Gemeinschaft der Menschen, die im Gedankenaustausch oder in gedanklicher Wechselwirkung stehen, so besitzen wir in ihm den Träger geschichtlicher Entwicklung eines Denkgebiets, eines bestimmten Wissensbestandes und Kulturstandes, also eines besonderen Denkstils."[105] Dieses Denkkollektiv wird nach Fleck durch vielfältige Beziehungen seiner Mitglieder untereinander geprägt. Es dominiert die Ansichten und Forschungsrichtungen auf einem eingegrenzten wissenschaftlichen Gebiet und wird in zwei weiteren Kapiteln eingehend beschrieben und charakterisiert.[106] Es ist nicht das Hauptthema Thomas Kuhns, die Zusammenarbeit der Wissenschaftler zu untersuchen, auch wenn ihre Gemeinschaft bei der Akzeptanz eines neuen Paradigmas die entscheidende Rolle spielt. In seinem Hauptwerk „Die Struktur wissenschaftlicher Revolutionen" finden

---

102 (Bacon 1660).
103 (Bacon 1659).
104 (Fleck 1980).
105 Ebd. S. 54 f.
106 Ebd. S. 129–164.

wir einige Aussagen über die „wesentlichen Eigenschaften" von wissenschaftlichen Gemeinschaften in der „normalen Wissenschaft".[107] Kuhn beschreibt, dass sich die Mitglieder dieser Gemeinschaften durch eine ähnliche Ausbildung und einen vergleichbaren Erfahrungsschatz auszeichnen. Sie sind die Fachleute einer wissenschaftlichen Disziplin und beurteilen die Ergebnisse und Problemlösungsvorschläge ihrer Mitglieder. Für Kuhn spielt der später wegen fehlender Präzision kritisierte Paradigmabegriff eine zentrale Rolle. Er definiert kurz: „Ein Paradigma ist das, was den Mitgliedern einer wissenschaftlichen Gemeinschaft gemeinsam ist, und umgekehrt besteht eine wissenschaftliche Gemeinschaft aus Menschen, die ein Paradigma teilen."[108] Toulmin lehnt Kuhns revolutionäre Entwicklung der Wissenschaft ab und schlägt als Modell in Anlehnung an Darwin einen „evolutionären" Prozess vor, in dem er besonders seine Geschichtlichkeit betont. Für die Akzeptanz und anschließende Weitergabe neuer Ideen ist die relevante wissenschaftliche Gemeinschaft verantwortlich.[109] Der Soziologe Latour hat sich intensiv mit der Entstehung wissenschaftlichen Wissens in wissenschaftlichen Gemeinschaften beschäftigt. Er hat einige Ergebnisse in seinem Buch „Science in Action" in sechs Prinzipien zusammengefasst. Im ersten betont er die wissenschaftliche Zusammenarbeit, wenn er schreibt: „The fate of facts and machines is in later users' hands; their qualities are thus a consequence, not a cause, of a collective action."[110] Das Konzept der wissenschaftlichen Gemeinschaften ist nach Gläser überwiegend anerkannt, er führt allerdings auch einige Kritikpunkte daran auf.[111] In der vorliegenden Arbeit sollen diese kurz geschilderten Grundlagen als Basis zur Untersuchung dienen, ob sich das Konzept der wissenschaftlichen Gemeinschaft auf die Chemiker um 1600 anwenden lässt. Bildete sich zu dieser Zeit bereits eine wissenschaftliche Gemeinschaft, und welchen Einfluss hatte sie auf die Entwicklung der Chemie innerhalb der frühneuzeitlichen Naturwissenschaften?

Was ist nun der Grund dafür, dass die Wissensproduktion als Gemeinschaftsprozess stattfindet? Welche Erfolgsgrundlage sieht der einzelne Wissenschaftler darin, mit den Ergebnissen seiner Arbeit in Zusammenarbeit mit anderen zu einem öffentlichen Gut beizutragen? Verschiedene Motivationsmodelle sind dafür in den letzten Jahrzehnten des vergangenen Jahrhunderts diskutiert

---

107 (Kuhn 1976, S. 179–181 und 187–193).
108 Ebd. S. 187.
109 (Toulmin 1967, S. 470): „The carrier of scientific thought, at any particular stage, is the relevant „generation" of original young research workers."
110 (Latour 1987, S. 259).
111 (Gläser 2006, S. 36).

Wissenschaft als gemeinschaftliche Praxis und als Prozess   33

worden.[112] Allen Modellen gemeinsam ist die Erkenntnis, dass der Hauptgrund in der Gewinnung von Reputation gesehen werden muss. Dieser „Reputationsgewinn kann entweder als Selbstzweck oder als Mittel für die Befriedigung anderer Bedürfnisse angesehen werden."[113] Oder wie Bourdieu es ausdrückt, erzeugt das Bemühen um die wissenschaftliche Anerkennung innerhalb eines wissenschaftlichen Feldes ein „soziales Kapital", das in andere Formen von Kapital umgewandelt werden kann.[114] Zunächst ist die persönliche Anerkennung ein entscheidender Motivationsfaktor für die Handlungen des Einzelnen.[115] Diese Wertschätzung kann zunächst durch eine kleine begrenzte Gruppe erfahren werden. Es ist aber das Bestreben des Wissenschaftlers, dass seine Arbeit durch die Gesamtheit der relevanten wissenschaftlichen Gemeinschaft gewürdigt wird. Wie schon Woolgar in seinem „interest model" 1981 formulierte: „In other words, scientists themselves can be seen to be constantly engaged in monitoring, evaluating, attributing (in short, in ‚accounting for') the potential presence or absence of interests in the work and activities both of others and of themselves."[116] Die Würdigung der eigenen Arbeit durch die wissenschaftliche Gemeinschaft führt zu einem Prestigegewinn, der anschließend in die Hochachtung der gesamten Gesellschaft umgesetzt werden kann.

Aufbauend auf dem „interest model" ist von Callon, Law und Latour die „actor-network theory" vorgeschlagen worden.[117] Im Grunde genommen weniger eine Theorie zur Erklärung der soziologischen Struktur eines Netzwerkes, als vielmehr ein Untersuchungsmodell, versucht sie, die Entstehung wissenschaftlicher Fakten aus Untersuchungsergebnissen zu beleuchten. Sie fragt nicht nach den tieferen Gründen für die Entstehung von wissenschaftlichem Wissen, sondern betrachtet Funktion, Eigenschaften und die Faktoren, die ein Netzwerk in der Praxis beeinflussen. Sie ist dabei kein rein beschreibendes Werkzeug, sondern schafft auf ihre Art in der Rekonstruktion von Netzwerkzusammenhängen neue Wirklichkeiten.[118] Sie steht in der soziologischen Tradition, dass die

---

112 Ebd. Kap. 1.2.
113 Ebd. S. 166.
114 (Bourdieu 1975, S. 95). Allerdings ist die Umwandelbarkeit der Kapitalsorten nach Bourdieu angezweifelt worden: (Gläser 2006, S. 23).
115 Nach Merton soll das „Verlangen nach Ehre" sogar die „Suche nach Gewinn" übertreffen. (Merton 2017, S. 138): (was Sie aus meiner eigenen Arbeit zu der Frage ersehen, wie Wissenschaftler in ihrem Handeln eher von einem sozial bedingten Verlangen nach Ehre als von der Suche nach Gewinn bestimmt werden).
116 (Woolgar 1981, S. 371).
117 (Callon 1982), (Latour 1987) und (Latour 1996).
118 (Law 2009, S. 154 f.).

Naturwissenschaften kulturell, gesellschaftlich und historisch gebunden sind. Wissenschaftler benötigen nach dem „Glaubwürdigkeitszyklus" von Latour und Woolgar[119] vertrauenswürdige Ergebnisse von Fachkollegen, um selbst wieder weitere neue Forschungen durchführen zu können. Hierzu wird nach Callon ein Netzwerk von Fachkollegen geschaffen, in das nicht nur Personen, sondern zusätzlich möglichst viele Hilfsmittel und weitere Grundlagen eingebaut sind. Dabei werden nicht nur die Verbindungen menschlicher „Akteure" in dem Netzwerk untersucht, sondern insbesondere auch materielle und immaterielle „Aktanten" berücksichtigt.[120] Die „actor-network theory" zieht die Konsequenz, „dass eine strikte Trennung zwischen sozialen, natürlichen und technischen Komponenten nicht aufrechterhalten werden kann."[121] Darüber hinaus hebt sie die Unterscheidung zwischen handelndem Subjekt und behandeltem Objekt auf. Sie verbindet unterschiedlichste materielle und immaterielle Elemente miteinander, indem sie ihre ontologischen Unterschiede aufhebt und als Effekte eines Übertragungsprozesses ansieht.[122] Sie berücksichtigt, dass alle Komponenten voneinander abhängig sind und sich gegenseitig beeinflussen. Am Schluss gelingt die soziale Anerkennung von Untersuchungsergebnissen dem „stärkeren" Netzwerk. Die „Stärke" beruht dabei nicht auf seiner Einheitlichkeit und Dichte, sondern auf seiner Heterogenität und der weitgestreuten Verflechtung schwacher Verbindungen.[123] Die Entwicklung der Wissenschaft wird durch eine Vielzahl von Netzwerken, ihre Überlagerung und wechselseitigen Beziehungen sowie durch ihre Auseinandersetzungen erklärbar.[124] Trotz der von einigen Wissenschaftshistorikern geäußerten Kritik[125] soll die „actor-network theory" anhand der hier nur kurz geschilderten Grundlagen für diese Arbeit einige Anregungen liefern.[126] Es soll dazu keine vollständige soziologische

---

119 (Latour und Woolgar 1986).
120 (Law 2009, S. 141).
121 (Wieser 2012, S. 45).
122 (Law 2009, S. 147).
123 (Latour 1996, S. 370).
124 (Gläser 2006, S. 37 f.).
125 S. z.B. die Beiträge von Schmidgen, Schüttpelz, Lindemann u.a. in (Kneer 2008).
126 Findlen betont die Bedeutung der „actor-network theory" für die wissenschaftsgeschichtliche Untersuchung von Netzwerken: „Historians of science interested in studying human interaction and social organisation are explicitly indebted to the work of sociologists such as Bruno Latour, John Law, and Mark Granovetter. It is rather hard to envision a sociology of knowledge without eventually discussing networks." (Findlen 2019, S. 9).

Analyse erfolgen, sondern die „actor-network theory" dient als Werkzeugkasten, aus dem je nach Bedarf einzelne Elemente herausgenommen werden können.[127] Dazu gehört insbesondere, dass neben den Akteuren auch der Einfluss anderer Aktanten im Netzwerk betrachtet werden muss. Außerdem wird dem Modell gefolgt, dass sich die Entstehung größerer Zusammenhänge und Theorien aus einer Vielzahl von kleinen Verfahrensbeschreibungen und Untersuchungsergebnissen ergibt. Daneben kann der stufenweise Aufbau von Entwicklungs- und Übertragungsprozessen im Netz wichtig werden. Callon beschreibt dazu einen vierstufigen Prozess.[128] In der ersten Stufe, die Callon „problematisation" nennt, versuchen die Wissenschaftler, ein Netzwerk aufzubauen, das gemeinsame Gegenstände und Probleme untersucht, und sie selbst wollen für dieses Netzwerk unentbehrlich werden. In der Stufe des „interessement" werden die Rollen der Akteure festgelegt und im „enrolment" erfolgt die Integration in das Netzwerk. Die abschließende Phase der „mobilisation" führt dann zur Stabilisierung des Netzwerks. Callon betont, dass dieser Übertragungsprozess ein Prozess und seine Ausführung nicht abgeschlossen ist.[129] Die Größe der Netzwerke ist sowohl für den Übertragungsprozess wie auch für den Erfolg von untergeordneter Bedeutung, „sie reichen bloß mehr oder weniger weit und sind mehr oder weniger verflochten."[130]

2.1.2. Netzwerke in wissenschaftlichen Gemeinschaften

Das englische Wort „network" taucht vereinzelt bereits Ende des 16. Jahrhunderts in Bibelübersetzungen auf und wird daneben in der Bedeutung eines Gittergeflechts verwendet, das aus unterschiedlichen Materialien bestehen kann.[131] Neben dem offensichtlichen Mittel für Jagd und Fischfang sowie dem Spinnennetz hatte der Begriff eine übertragene theologische Bedeutung. Er stand sowohl

---

127 Eine vollständige Analyse gemäß der „actor-network theory" wäre wegen ihres antiindividualistischen und dekonstruktivistischen Hintergrunds schwer mit der angewendeten klassischen Hermeneutik zu verbinden.
128 Callon bezeichnet diesen Prozess als „translation". Im Deutschen findet man dafür häufig das Wort „Übersetzungsprozess". Meiner Meinung nach wäre es besser, von „Übertragungsprozess" zu sprechen.
129 (Callon 1986, S. 196). Der Vorwurf eines „whiggish realism" gegenüber der „actor-network theory" (Golinski 1998, S. 42) kann durch diese Vorgehensweise nicht entkräftet werden.
130 (Latour 2013, S. 162).
131 https://www.etymonline.com/search?page=1&q=network und http://keithbriggs.info/network.html (Zugriff am 04.03.2019).

für den Zusammenhalt der Christenheit, wie aber auch für die Befangenheit der Menschen in der Sünde. Gegen Ende des 18. Jahrhunderts wird der Begriff Netzwerk dann für technische Errungenschaften gebraucht. Es wurden Pläne für Systeme von Straßen- und später auch Schienenverbindungen entworfen. Der General-Wegeplan für Deutschland aus dem Jahre 1779 sowie die Konzeption eines deutschen Schienennetzes im Jahre 1835 sind dafür treffende Beispiele. Gleiches gilt wenig später für das Telegraphen- und das Telefonnetz sowie für die Ver- und Entsorgungsnetze für Wasser, Gas oder Elektrizität.[132] Im 20. Jahrhundert trat dann eine vollständig neue Definition des Netzes auf: das „soziale Netz". Als Ausgangspunkt wird sehr häufig die psychologische Untersuchung der Zwangsinternierten in einem österreichischen Lager während des Ersten Weltkriegs von Moreno genannt. Die erstmalige Verwendung des Begriffs „Soziales Netzwerk" wird dem Anthropologen Barnes zugeschrieben.[133] „Netzwerk": ein Begriff, der nicht zum allgemeinen Wortschatz frühneuzeitlicher Wissenschaftler gehörte.[134] Und wenn man die Unbeständigkeit, ja Flüchtigkeit und Oberflächlichkeit, von Beziehungen im heutigen World Wide Web betrachtet, ist ein Netzwerk in einer geordneten Ständegesellschaft mit Patronats- und Klientelbeziehungen sicherlich ein ganz anderer Untersuchungsgegenstand.[135] In diesem Bewusstsein soll jedoch der moderne Begriff für die Analyse und Beschreibung von Kommunikationsstrukturen in der Frühen Neuzeit verwendet werden, da er ein einprägsames Bild zeichnet.

Die Wörter „Netz" und „Netzwerk" werden auf verschiedenste Art und Weise verwendet. Böhme breitet das Wortfeld mit vielen Einzelbeispielen aus. Er nennt Begriffe aus Natur sowie Kultur und führt einige lexikalische Definitionen an. Anschließend definiert er: „Netze sind biologische oder anthropogen artifizielle Organisationsformen zur Produktion, Distribution, Kommunikation von materiellen oder symbolischen Objekten. Netze bilden komplexe zeiträumliche dynamische Systeme."[136] Damit hat er eine umfassende, sehr weitläufige inhaltliche Beschreibung unterbreitet. Allerdings beklagt er im Weiteren auch die „uferlose Ausweitung des Netzbegriffs, die seine terminologische Trennschärfe immer schwieriger macht."[137] Gerade in den letzten Jahren ist ein außerordentlicher

---

132 (Neurath 2008, S. 64 f.).
133 Ebd. S. 66 f.
134 (Findlen 2019, S. 8 f.): „We recognize that „network" was not exactly an early modern actor's category, even if the word existed in Bacon's England."
135 (Rohmer 2013).
136 (Böhme 2004, S. 17–19).
137 Ebd. S. 30.

Anstieg in der Verwendung des Begriffs zu beobachten, was nicht immer dem besseren Verständnis dient und auch seiner Wichtigkeit nicht gerecht werden kann. Eine erste bedeutungsmäßige Einschränkung wird durch die Hinzufügung des Adjektivs „sozial" erreicht und Pappi erklärt inhaltlich in Bezug auf soziale Netze und Netzwerke: „… sei ein *Netzwerk* hier definiert als *eine durch Beziehungen eines bestimmten Typs verbundene Menge von sozialen Einheiten wie Personen, Positionen, Organisationen usw.*"[138] Genauso wie die betrachteten sozialen Einheiten unterschiedlicher Natur sein können, trifft dies auch auf die betrachteten Beziehungen zu. Einerseits können diese einen materiellen oder immateriellen Austausch betreffen, worunter auch die Weitergabe von Informationen einzuordnen ist. Der Austausch wird dabei im Netzwerk gesteuert und koordiniert. Andererseits kann das Beziehungsgeflecht eine Rollenverteilung darstellen oder durch Einstellungen beziehungsweise Gefühle geprägt sein. Hierarchien und Machtstrukturen jeder Art, aber auch Familienbande können betrachtet werden genauso wie Bewunderung und Freundschaften. In Bezug auf die Wissenschaften lässt sich die Gesamtheit einer wissenschaftlichen Gemeinschaft nicht durch eine einzelne Netzwerkstruktur beschreiben, sie kann mehrere Netzwerke enthalten, ist aber nach Gläser selbst kein Netzwerk.[139] Crane hat für zwei Wissenschaftsgebiete im 20. Jahrhundert Netzwerke identifiziert, die aber nie alle Mitglieder miteinander verbanden.[140] Dies trifft auch auf andere Studien zu. „In keinem Fall wurden alle mit anderen Methoden erfassten Mitglieder einer Gemeinschaft als Mitglieder eines Netzwerks identifiziert."[141]

2.1.3. Soziale Netzwerke und soziale Netzwerkanalyse

Insbesondere im angelsächsischen Raum hat die soziale Netzwerkanalyse in den letzten Jahrzehnten eine außerordentliche Verbreitung gefunden.[142] Im Mittelpunkt stehen dabei nicht nur Einzelpersonen, sondern in gleicher Weise andere soziale Einheiten wie Familien, verschiedenste Gruppierungen und Organisationen, Städte oder Nationen. Genauso vielfältig wie die betrachteten Objekte sind in den Untersuchungen auch die betrachteten Beziehungen. Grundlage der Untersuchungen sind dabei nicht der eigeninteressierte, rational handelnde

---

138 (Pappi 1987).
139 (Gläser 2006, S. 29): „Das legt den Schluss nahe, dass wissenschaftliche Gemeinschaften zwar Netzwerke enthalten, aber keine Netzwerke sind."
140 (Crane 1975, S. 44–47).
141 (Gläser 2006, S. 29).
142 (Trezzini 1998, S. 511).

„homo oeconomicus", sondern soziale Einheiten, die sich in ihren Entscheidungen und Handlungen gegenseitig beeinflussen. Diese Betonung der Beziehungen gegenüber dem Einfluss der Akteure kann unterschiedlich stark ausgeprägt sein. Im Netzwerkansatz von White werden die Bindungen konsequent in den Mittelpunkt gestellt.[143] Sie beeinflussen die handelnden Personen dermaßen, dass diese nicht „der Ursprung, sondern selbst das Produkt von Netzwerken"[144] sind. White spricht in diesem Zusammenhang von „Identitäten" und nicht von Akteuren und verbindet diesen Begriff mit dem Streben nach Kontrolle.[145] Ziel der sozialen Netzwerkanalyse ist es einerseits, Beziehungen zwischen den betrachteten Einheiten aufzudecken, die nicht offensichtlich sind und sich nicht auf einfache Art und Weise offenlegen lassen. Andererseits können Netzwerkmodelle dazu dienen, Aussagen über eben diese Beziehungen zu überprüfen. Üblicherweise sind Umfragen die Grundlage einer sozialen Netzwerkanalyse. Zur Analyse ist ein umfangreiches mathematisches Instrumentarium entwickelt worden, das auf der Graphentheorie beruht. Ein ausführliches Handbuch zur Datenanalyse ist von Wasserman und Faust publiziert worden.[146] Die betrachteten sozialen Einheiten werden zu „Knoten", die bestehenden Beziehungen zu „Kanten" reduziert. In dieser Form lassen sich Netzwerke anschließend visuell darstellen. Krempel beschäftigt sich mit der Darstellung sozialer Strukturen und erläutert die Ordnung der Daten, die Abbildung der Strukturen sowie die Integration zusätzlicher Informationen.[147]

Fachübergreifend ist die Methode der sozialen Netzwerkanalyse auch in den Geschichtswissenschaften in Mode gekommen. Anscheinend setzt sich dafür der Begriff der „Historischen Netzwerkanalyse" durch, wie er von Müller und Neurath definiert worden ist.[148] Mittlerweile ist bereits ein, wenn auch nicht sehr umfangreiches, „Handbuch Historische Netzwerkforschung" erschienen.[149] Grundlage der Auswertung in der vorliegenden Arbeit können naturgemäß keine aktuellen Umfrageergebnisse sein, sondern aus den Quellen erzeugte Listen und Tabellen, die dann mit mathematischen Methoden behandelt werden. Hiermit können Ergebnisse über verschiedenste Beziehungen und Verbindungen

---

143 (White 1992).
144 (Holzer 2010, S. 83).
145 Ebd. S. 84: „Indem man Erwartungen über andere Akteure (und deren Erwartungen) bildet, »kontrolliert« man die Umwelt im Hinblick auf mögliche Überraschungen."
146 (Wasserman 1999).
147 (Krempel 2005).
148 (Müller 2012, S. 12).
149 (Düring 2016).

Wissenschaft als gemeinschaftliche Praxis und als Prozess 39

gewonnen werden, die bei einer einfachen Quellenauswertung vielleicht nicht gefunden worden wären. Ein oft zitiertes Beispiel[150] ist die Untersuchung des Aufstiegs der Medici in Florenz, der durch ihre Netzwerkbeziehungen begünstigt wurde. Überwiegend an Hand von Sekundärliteratur wurde versucht, das soziale Netzwerk durch Eintragungen in verschiedenen Registern zu rekonstruieren und seine Bedeutung zu analysieren. An statistischen Verfahren kamen die Aufstellung von Verteilungen, Korrelationsmatrizen und agglomerative Clusteranalyse zum Einsatz.[151] Allerdings wurde in vielen geschichtswissenschaftlichen Untersuchungen keine ausführliche soziale Netzwerkanalyse durchgeführt. Es wurden vielmehr Ansätze oder Einzelverfahren aus dem gesamten Methodenkanon verwendet.[152] Dafür gibt es vielfältige Ursachen. Auch wenn hin und wieder bestritten,[153] bietet sich meiner Meinung nach die oft unvollständige Quellenlage weniger zu einer umfangreichen quantitativen, mathematisch-statistischen Auswertung an, selbst dann, wenn enge Grenzen definiert werden oder versucht wird, die Unvollständigkeit der Daten durch statistische Verfahren zu berücksichtigen.[154] Sicherlich wird es in vielen Fällen möglich sein, einzelne formale Auswertungsverfahren anzuwenden, insbesondere wenn es um gut dokumentierte Vorgänge geht, wie zum Beispiel Handelsbeziehungen. Auf der anderen Seite ist die Überlieferung von Briefen oft so unvollständig, dass es nicht geraten erscheint, durch mathematische Berechnungen eine nicht vorhandene Genauigkeit vorzutäuschen. Deshalb kommen in dieser Arbeit nur einige wenige quantitative Methoden[155] aus der sozialen Netzwerkanalyse zur Anwendung.

In einfachster Weise kann der Netzwerkbegriff bildhaft als „Beschreibungskategorie"[156] dienen. Oft handelt es sich in den Geschichtswissenschaften um egozentrierte Netzwerke, in denen eine einzelne soziale Einheit, meist eine Einzelperson, im Mittelpunkt steht. Ihre sozialen oder anderweitigen Beziehungen zu den Kontaktpersonen werden dargestellt und in formalen Strukturen

---

150 S. z.B. (Lemercier 2012, S. 21) und (Neurath 2008, S. 68).
151 (Padgett 1993).
152 (Reitmayer 2010, S. 869): „Dabei ist bereits eingangs darauf hinzuweisen, dass es sich in der historiographischen Forschungspraxis ganz überwiegend um die Verwendung von Ansätzen und Einzelverfahren der Netzwerkanalyse sowie um Argumentationsfiguren und Grundannahmen der Netzwerktheorie handelt, nicht um Netzwerkanalysen im strengen, sozialwissenschaftlichen Sinne."
153 (Lemercier 2012, S. 31).
154 S. dazu auch (Düring und Keyserlingk 2015, S. 347).
155 Eigenvektorzentralität, Betweenness-Zentralität und Clusteranalyse.
156 (Boyer 2008, S. 48–51).

abgebildet. Dies lässt sich bildlich gut im Knoten/Kanten-Modell der sozialen Netzwerkanalyse darstellen. Einige einfache Kenngrößen, wie Netzwerkumfang oder Netzwerkdichte können leicht berechnet werden. Sie haben aber in egozentrierten Netzwerken nur dann einen Sinn, wenn auch die Verbindungen der Kontaktpersonen untereinander bekannt sind. Wenn die Datenlage ausreicht, ist die Berechnung weiterer Werte möglich.[157] Das Netzwerkkonzept stellt einen Katalog von Auswertungsmöglichkeiten zur Verfügung, der in mehr oder weniger systematischer Weise angewendet werden kann. Es zeigt sich jedoch, dass schon allein die bildhafte Beschreibung des Netzwerks in den Geschichtswissenschaften von Vorteil sein kann. Ausgehend von einer ersten Beschreibung kann das Netzwerk anschließend in der Untersuchung von Ursache-/Wirkungsbeziehungen zu einem „Erklärungsinstrument" werden.[158] Je nach übergeordneter Fragestellung wird versucht, eine Reihe von „Wie- und Warum-Fragen" zu klären. Wie ist das Netzwerk organisiert und wie funktioniert es? Warum ist das Netzwerk entstanden und welche Vorteile bietet es gegenüber den Organisationsformen eines offenen Marktes oder, am anderen Ende der Skala, einer hierarchischen Struktur? Welche zeitlichen Dimensionen und welche Veränderungen der Netzwerkstruktur lassen sich aufzeigen und ergründen? Hat das Netzwerk den gewünschten Erfolg und wie wurde dieser erreicht? Diese Fragestellungen werden mit den Methoden des Historikers untersucht, eine Anwendung des formalen mathematischen Methodenkanons der sozialen Netzwerkanalyse ist hierbei weniger angebracht. Das „Beschreibungselement Netzwerk" hilft aber mit seiner Anschaulichkeit und ausgeprägten Strukturierung.

Um die Probleme bei der praktischen Anwendung der sozialen Netzwerkanalyse in den Geschichtswissenschaften zu diskutieren und Lösungswege vorzustellen, ist die Webseite „Historical Network Research" von jungen Geschichtswissenschaftlern aufgebaut worden.[159] Zunächst als Organisations- und Informationsmedium für die Workshop-Reihe „Historische Netzwerkforschung" gedacht, ist sie zu einer Plattform für einen breiten Gedankenaustausch geworden. Anwendungs- und Abgrenzungsprobleme nehmen einen breiten Raum in den Workshops ein, und man ist sich der „Tücke des Objekts"[160] sehr

---

157 Vgl. z.B. (Hyden-Hanscho 2012).
158 (Boyer 2008, S. 51–57).
159 https://sites.google.com/site/historicalnetworkresearch/contact-about (Zugriff am 11.01.2013). Neue Adresse: http://historicalnetworkresearch.org/ (Zugriff am 15.03.2019).
160 http://historicalnetworkresearch.org/hnr-events/workshop-series/the-sixth-workshop-in-dresden-on-hnr-specific-challenges/ (Zugriff am 15.03.2019).

Wissenschaft als gemeinschaftliche Praxis und als Prozess 41

wohl bewusst. Lemercier ist im Jahr 2012 der Ansicht, dass der Netzwerkbegriff in den meisten Arbeiten überwiegend metaphorisch genutzt wird.[161] Sie sieht den Grund für eine mögliche Zurückhaltung von Historikern auf dem Gebiet der Netzwerkanalyse in einer Unbestimmtheit des Netzwerkbegriffs: „Historiker/innen scheinen häufig zu befürchten, dass ihre mühsam erschlossenen, oft fragmentarischen Quellen den Anforderungen der Netzwerkanalyse nicht entsprechen können. Dies dürfte seine Ursache in einer Mehrdeutigkeit der Terminologie haben, da ein Teil der formalen Netzwerkanalysen als ‚Untersuchung vollständiger Netzwerke' beschrieben wird. Daraus folgt jedenfalls nicht, dass Netzwerkanalysen alle Bindungen eines Akteurs oder zwischen einer Menge von Akteuren beschreiben oder kartieren."[162] In der vorliegenden Arbeit wird der Netzwerkbegriff in der bereits beschriebenen Bedeutung verwendet: „Ein Netzwerk (engl. network) besteht graphentheoretisch aus einer Menge von Verbindungen (Kanten) zwischen festgelegten Knoten. … Die Verbindungen zwischen ihnen bestehen aus Sozialbeziehungen, also beobachtbaren Regelmäßigkeiten der Kommunikation bzw. des sozialen Handelns zwischen den Akteuren."[163] Damit sind nicht nur „vollständige Netzwerke", sondern Netzwerke aller Art erfasst. Die Betrachtung in dieser Arbeit umfasst das System zum Austausch von wissenschaftlichen Informationen sowie Stoffen und Gerätschaften zwischen frühneuzeitlichen Chemikern um 1600. Auch wenn aus soziologischer Sicht von untergeordneter Bedeutung,[164] geht es zum Ersten um die Frage, ob sich überhaupt Netzwerkstrukturen auffinden lassen. Aus der sozialen Netzwerkanalyse werden dann zweitens einzelne Begriffe und Darstellungsmethoden entlehnt. Dabei werden einige wenige, einfache statistische Verfahren angewendet, auf die Vielzahl komplexer Methoden wird verzichtet. Ob sich dann drittens die abschließende Fragestellung, welchen Erfolg netzwerkartige Strukturen bei der Weiterentwicklung der noch jungen Wissenschaft Chemie aufwiesen, und ob diese anderen Formen der Wissensdiskussion überlegen waren, muss sich im Einzelfall zeigen. Der Netzwerkbegriff wird also überwiegend zur Beschreibung

---

161 (Lemercier 2012, S. 18): „Die Anzahl von Artikeln oder Büchern, die Netzwerk-Graphen zeigen, spezifische Netzwerkstatistiken benützen oder sich auch nur einer präzise definierten Netzwerkterminologie bedienen, ist jedenfalls viel geringer als jene, die das Vokabular bloß schlagwortartig verwenden."
162 Ebd. S. 24.
163 (Fuhse 2014).
164 (Düring und Keyserling 2015, S. 21): „Der Punkt formaler Netzwerkanalyse ist es tatsächlich nicht, zum Schluss zu gelangen, dass Netzwerke existieren und wichtig sind, …."

der Strukturen und als Erklärungsinstrument benutzt. Es soll in dieser Arbeit in keiner Weise der Eindruck erweckt werden, dass dem Modetrend „Netzwerkanalyse" blind gefolgt worden ist. Boyer beschreibt nämlich mit drastischen Worten zu Recht: „Manche Studie schreitet, in Nacheiferung der Elaborate von Unternehmensberatungen und Werbeagenturen, mit wolkigen Netzwerkmetaphern modisch aufgeputzt einher."[165]

2.2. Die Gelehrtenrepublik

„La République des Lettres fut un grand rêve, jamais réalisé mais toujours réalisable,"[166]. War die „res publica litteraria" nur ein „großer Traum" oder bestand sie in der Realität? Das erste schriftliche Auftauchen des Begriffs wird allgemein einem Brief des Humanisten und Diplomaten Francesco Barbaro (1390–1454) an seinen Freund, den namhaften Humanisten Poggio Bracciolini (1380–1459) zugeschrieben, der am Konzil in Konstanz teilnahm. Aber schon die Wörter „res publica litteraria" umschreiben alleine nicht, was damit gemeint war und ist. „Res publica" kann als „Republik", also als Gemeinwesen mit eigenen Vorschriften und Gesetzen, aber auch ganz wörtlich als „öffentliche Sache" verstanden werden. Und „litteraria" muss nicht unbedingt Briefe oder auch nur die Schriftform erfordern, sondern kann ganz allgemein „Gelehrtheit" bedeuten. Im Deutschen wird der Ausdruck „Gelehrtenrepublik" verwendet, wobei der Schwerpunkt hierbei weg von der Sache auf die Personen gelenkt wird. Müsste man deshalb nicht besser von „Gelehrsamkeitsrepublik" sprechen? Bots und Waquet diskutieren sieben Charakterisierungen der Gelehrtenrepublik.[167] Sie beginnen mit der Organisationsform eines „Staats" mit eigenen Vorschriften und Gesetzen, räumen allerdings gleichzeitig ein Legitimitätsproblem im Vergleich mit der politisch-juristischen Gemeinschaft ein.[168] Anschließend betonen sie unter dem Stichwort „Universalität" die Nichtberücksichtigung von politischen Grenzen. Sie beschreiben, dass selbst Kriege den Briefverkehr nur bedingt unterbrechen konnten.[169] Bots und Waquet sprechen dann von einer „kollektiven Verantwortung" verbunden mit einem gewissen Korpsgeist. Die Wichtigkeit der „Gleichheit" wird besonders durch einen Satz von Pierre Bayle (1647–1706) im ersten

---

165 (Boyer 2008, S. 47).
166 (Bots 1997, S. 6).
167 Ebd. S. 23–27.
168 Allerdings entwarfen einige Autoren „Gesetze" für die Gelehrtenrepublik. S. (Burke 2000, S. 82).
169 (Bots 1997, S. 86).

Band seiner „Nouvelles de la République des Lettres" hervorgehoben: „Nous sommes tous égaux, nous sommes tous parens, comme enfans d'Apollon".[170] Selbstverständlich sollte die Konfessionalität in der Gemeinschaft keine Rolle spielen. Das wichtigste Kriterium ist dann aber die Freiheit: „La liberté est l'âme de la République des Lettres".[171] Und letztendlich erwähnen Bots und Waquet die Vorherrschaft der Vernunft in der Gelehrtenrepublik, die sie mit einem Zitat beschreiben: „servir, enseigner et défendre le véritable savoir et la véritable érudition,".[172] Die Rolle der ungeschriebenen Gesetze in dieser Republik beschreibt Goldgar in ihrem Buch „Impolite Learning".[173] Sie sieht als oberstes Verhaltensprinzip das moderate und bescheidene Verhalten eines „gentleman": „The conduct of gentlemen thus became a crucial component of seventeenth-century science."[174] Dazu gehörten insbesondere die Unbefangenheit und Objektivität innerhalb der Gemeinschaft sowie der Gerechtigkeitssinn.[175] Hervorzuheben für die Gelehrtenrepublik sind weiterhin das Gegenseitigkeitsprinzip,[176] die Betonung des Gemeinwohls[177] und der Fortschrittsgedanke in den Wissenschaften. Das Gegenseitigkeitsprinzip spielte zudem eine große Rolle im Austausch von Geschenken, wobei dem materiellen Wert keine große Bedeutung zugemessen wurde; der Erwartungshaltung des Empfängers sollte man allerdings gerecht werden.[178] Das Gegenseitigkeitsprinzip beruhte auf dem Vertrauen in die moralische Integrität des „gentleman". Vertrauen ist in diesem Zusammenhang allerdings nicht als moralphilosophischer Begriff zu verstehen, sondern es „bezieht sich auf eine positive Erwartung zukünftigen Verhaltens".[179] Mauelshagen sieht demgegenüber allerdings einen Zusammenhang mit der Moralphilosophie und misst Vertrauen eine entscheidende Bedeutung für die Entstehung und den Erhalt von Netzwerken bei. Er bezieht sich dabei auf die Rechtschaffenheit

---

170 (Bayle 1684, Préface).
171 (Bots 1997, S. 25).
172 Ebd. S. 26.
173 (Goldgar 1995).
174 Ebd. S. 7.
175 Ebd. S. 99: „The issue of fairness and impartiality exercised the learned community for much of this period."
176 Ebd. S. 13: „The scholarly community was a community of obligation: mutual assistance between members was a constant theme,"
177 Innerhalb der Gelehrtenrepublik hebt Goldgar allerdings die Bedeutung der persönlichen Stellung des Einzelnen hervor. (Goldgar 1995, S. 6 f.).
178 (Findlen 1991).
179 (Frevert 2003, S. 8).

und Redlichkeit der Netzwerkteilnehmer.[180] Einen ökonomischen Hintergrund für die Gelehrtenrepublik nimmt Mokyr an. In einem politisch und konfessionell zersplitterten Europa soll sie diejenige Organisation gewesen sein, die die Regeln für Produktion und Verteilung von Wissen sowie der damit verbundenen Gewinnerzielung aufstellte.[181] An den Beschreibungen der Gelehrtenrepublik ist ersichtlich, dass es sich um eine Idealvorstellung handelt, die in ihrer absoluten Form nie realisiert worden sein kann.[182] Zum Beispiel konnten die persönlichen Lebensumstände der Akteure nicht vollständig ausgeblendet werden. Das Idealbild konnte aber als Richtlinie dienen, die es anzustreben galt. Im 16. und 17. Jahrhundert war die Kommunikation in der Gelehrtenrepublik nicht nur auf Grund der Entfernungen innerhalb Europas begrenzt. Sie beschränkte sich in der Hauptsache auf Briefe und diesen beigelegte Dinge, auf andere Schriftstücke wie Bücher oder Flugschriften und natürlich auf den persönlichen Kontakt. Erst ab Mitte des 17. Jahrhunderts traten die periodischen Zeitschriften hinzu, die aber zunächst die Kommunikation durch Briefe nur ergänzten und nicht ablösten. Daneben wurden in dieser Zeit den persönlichen Kontakten das Berichtswesen zwischen Institutionen hinzugefügt.[183]

Die Rolle der Frauen in der Gelehrtenrepublik untersucht Goodman.[184] Sie betont die Rolle der „Salonnières" in der Zeit der französischen Aufklärung und sieht deren Wirken als eine ihrer Grundlagen an. Leider schränkt sie auch die Zeit der Gelehrtenrepublik ein, wenn sie behauptet, dass das Konzept dafür zu Anfang des 17. Jahrhunderts entwickelt wurde und erst gegen Ende des Jahrhunderts zur vollen Blüte kam.[185] Allgemein werden allerdings die Anfänge der „res publica litteraria" schon mit Erasmus von Rotterdam (1466/69–1536) im 16. Jahrhundert gesehen.[186] Der späten Beteiligung von Frauen widersprechen außerdem die Arbeiten von Ray, in denen aufgezeigt wird, dass die Gelehrtenrepublik auch schon im 16. Jahrhundert nicht ausschließlich auf männlichen Beiträgen beruhte. Sie kann anhand von Beispielen aufzeigen, dass es bereits zu dieser Zeit umfangreiche Briefwechsel gelehrter Frauen zu wissenschaftlichen

---

180 (Mauelshagen 2003).
181 (Mokyr 2016, S. 185–187).
182 (Grafton 2011, S. 14): „The Republicans of Letters were not uniformly distinguished for integrity and generosity."
183 (Waquet 1983).
184 (Goodman, Dena 1994).
185 Ebd. S. 6 und 15.
186 (Schalk 1977, S. 144): „Und hier gebraucht, ja prägt Erasmus den Ausdruck *res publica literaria*, der sich zum ersten Mal in seinen Schriften findet."

Themen gab.[187] Pal beschreibt anhand einiger Fallstudien, dass der Beitrag von Frauen besonders im 17. Jahrhundert von großer Bedeutung war.[188]

Die Gelehrtenrepublik wird hin und wieder als einheitliche Gemeinschaft beschrieben, die hauptsächlich durch Philosophie, Philologie sowie von Geschichts-, Rechts- und Wirtschaftswissenschaften geprägt war.[189] Bots und Waquet führen demgegenüber einige Unterteilungen nach einzelnen Ländern oder Wissensgebieten an und erwähnen im Speziellen die „res publica medica",[190] einen Begriff, dessen Entstehung sie dem 17. Jahrhundert zuordnen. Ogilvie erwähnt, dass viele einzelne Korrespondenznetzwerke innerhalb der Gelehrtenrepublik aufgezeigt wurden: „Within the early modern Republic of Letters, many distinct scientific correspondence networks have been identified and studied."[191] Grafton betont die Vielfältigkeit noch stärker und bezeichnet die Gelehrtenrepublik als „a kaleidoscope of people, books, and objects in motion".[192] Er meint, dass „Spezialisten" ihre eigene Wissenschaftsrepublik gründeten oder zumindest ihre eigene „Provinz" darin besetzten.[193] Eine gegliederte Struktur in einem System sich überlagernder Einzelnetzwerke wird von anderen Autoren angeführt.[194] Pal verfeinert dieses Bild und beschreibt die Gelehrtenrepublik nicht als monolithisches Ganzes, sondern sieht eine komplexe Struktur miteinander verwobener kleinerer Einheiten.[195] Diese kleineren Netzwerke konnten aus den Netzwerken einzelner Personen gebildet oder durch bestimmte Themenkreise erzeugt werden.[196] Sie vergleicht die Struktur der Gelehrtenrepublik im 17. Jahrhundert mit einem Gebilde aus übereinander gelagerten Schichten, die untrennbar

---

187 (Ray 2015). Allerdings führt der Titel des Buchs „Daughters of Alchemy" in die Irre. Das Buch besteht aus literaturwissenschaftlich-sozialen Auswertungen über den Beitrag von Frauen zur Diskussion über die Naturwissenschaften im Allgemeinen.
188 (Pal 2012).
189 (Maclean 2008, S. 15).
190 (Bots 1997, S. 16).
191 (Ogilvie, Brian 2016, S. 360). Ogilvie bezieht sich dabei auf: (Harris 2008).
192 (Grafton 2011, S. 18).
193 Ebd. S. 133.
194 (Stuber 2008, S. 347): „Aus einer solchen Perspektive beginnt man das gelehrte Europa der Frühen Neuzeit als ein Netz von sich überlagernden Korrespondenznetzen zu sehen, mit unzähligen großen und kleinen Knotenpunkten, neuralgischen Stellen und Endpunkten."
195 (Pal 2012, S. 1) und (Pal 2019, S. 127).
196 Delisle sieht die gesamte Gelehrtenrepublik aus einzelnen persönlichen Netzwerken zusammengesetzt. (Delisle 2008, S. 53). Eine weitere Unterteilung in kleinere, regionale Netzwerke beschreibt Dal Prete: (Dal Prete 2019).

miteinander verbunden waren. Die in einer horizontalen Schicht ausgetauschten sachbezogenen Ideen wurden durch andere Gedanken vertikal zwischen den Schichten vermittelt und führten auf diese Art und Weise zu dem Ganzen der Gelehrtenrepublik.[197] Pal unterteilt die Gelehrtenrepublik in Untergruppen, deren Thematik durch einzelne Gebiete der Wissenschaft oder durch Personengruppen mit einheitlichen Berufen bestimmt wurde. Spezielle Beachtung findet in der Literatur die Gruppe der Ärzte mit ihren medizinisch begründeten Korrespondenzen. Delisle untersucht einen erbittert geführten Streit in der „Republic of physicians" im 16. Jahrhundert. Sie sieht die Entstehung kleinerer Untereinheiten und begründet die Unterteilung mit den inneren Gegensätzen innerhalb der Gelehrtenrepublik.[198] Der offen ausgetragene und zum Teil mit verletzender Wortwahl geführte Streit führte ihrer Meinung nach zur Bildung kleinerer Expertengruppen. Siraisi untersucht innerhalb der Wissenschaftsrepublik der Mediziner den Briefwechsel anhand von zwei Fallstudien.[199] Sie betont den praktischen Charakter der Briefe, die auch als eine Art Konsilium dienen konnten. Dabei dienten die Korrespondenzen aber nicht nur der medizinischen Beratung, sondern sollten auch die eigene Karriere fördern. Das Netzwerk der „Medical Republic of Letters" soll nach Maclean denselben Kommunikationsregeln gefolgt sein wie die übergeordnete Gelehrtenrepublik. Ausgehend vom Beginn des 16. Jahrhunderts betrachtet er die Zeit bis zum Dreißigjährigen Krieg anhand von gedruckten Briefsammlungen.[200] Wie bereits erwähnt, ist über die „res publica chemica" recht wenig bekannt. In der vorliegenden Arbeit soll ermittelt werden, ob sich Aussagen über vorhandene Regeln in der Gemeinschaft der frühneuzeitlichen Chemiker treffen lassen. Welche Rolle spielten zum Beispiel politische Grenzen oder die konfessionelle Einstellung? Welchen Einschränkungen unterlag der Informationsaustausch und wie frei war er? Außerdem soll, soweit es der gewählte Untersuchungsgegenstand zulässt, untersucht werden, welcher Art die Bindungen zwischen der „res publica chemica" und der allgemeinen „res publica litteraria" waren.

---

197 (Pal 2012, S. 12).
198 (Delisle 2004, S. 164).
199 (Siraisi 2013).
200 (Maclean 2008).

3. Teil: Überblick Chemie: Geschichte, Bedeutung, Definitionen

Diese Arbeit versucht, Netzwerkstrukturen der frühneuzeitlichen Chemiker um 1600 aus ihren Briefen und Schriften aufzufinden und zu erforschen. Dabei taucht die Frage auf, was mit dem Wort Chemie im Jahre 1600 bezeichnet werden soll. Gab es überhaupt Chemiker zu dieser Zeit? Müssen wir nicht vielmehr von der Alchemie sprechen? Und welche Rolle spielen Hermetik, Iatrochemie oder Chemiatrie und Spagirik, vier heutzutage weniger geläufige Begriffe? Zur Beantwortung dieser Fragen müssen einige Entwicklungen der Chemie aufgezeigt werden. Dabei kann es sich nicht darum handeln, eine Geschichte der Chemie in Kurzform vorzulegen. Zum besseren Verständnis der folgenden Kapitel sollen jedoch einige Voraussetzungen beschrieben werden, um später Wiederholungen zu vermeiden. In Ergänzung sind im Anhang einige zeittypische chemische Fachwörter ohne Anspruch auf Vollständigkeit aufgeführt.[201]

In der Frühen Neuzeit galt die Chemie als die älteste Wissenschaft überhaupt und wurde als die „Wissenschaft von der Natur selbst" bezeichnet,[202] wobei eine Bezugnahme auf die Bibel selbstverständlich war. Und Justus von Liebig (1803–1873) schrieb im 19. Jahrhundert in seinen „Chemischen Briefen": „Der verbreitete Glaube an das jugendliche Alter der Chemie ist ein Irrthum, welcher zufälligen Umständen seine Entstehung verdankt; sie gehört zu den ältesten Wissenschaften".[203] Die Anfänge der Chemie in der westlichen Welt liegen in Ägypten vor der Zeitenwende und beruhen auf den Kenntnissen in der Bearbeitung von Metallen und Edelsteinen, aber auch in der Herstellung von Arzneien, kosmetischen Produkten und Farben.[204] Dies war priesterliches Wissen, und sicherlich waren auch zur Mumifizierung chemische Erfahrungen

---

201 S. Anhang 8.11.
202 (Le Febure (Le Fèvre) 1685, Vorbericht oder kurtzer Begriff dieses Chymischen Tractats): „Diejenigen / so heut zu Tage die Chymische Kunst für eine neue Erfindung ausgeben / bezeugen dadurch ihre Unwissenheit in natürlichen Dingen; wie auch / daß sie die alten Authores wenig gelesen. Ich sage Erstlich / daß sie die Natur nicht kennen / weil die Chymische Kunst die Wissenschaft selbst der Natur ist: ... Zum Andern / sage ich auch / daß...... / besagte Kunst schier eben so alt ist / als die Natur selbsten. Dieses kan man aus der H. Schrifft beweisen: ...".
203 (Liebig 1851, Dritter Brief, S. 34).
204 (Schütt 2000, S. 28 f.).

notwendig. Vor diesem Hintergrund und den Kenntnissen der Metallkunde in Griechenland wird versucht, das Wort Chemie abzuleiten. Zum einen bedeutet das koptische Wort „keme" schwarz und steht für das „schwarze Land" Ägypten. Zum anderen bezeichnet das griechische Wort „chéō" das Gießen von Metall. Das latinisierte Wort „chemeia" tauchte zuerst in einem Befehl des römischen Kaisers Diokletian (Kaiser von 284–305) auf, alle ägyptischen Bücher über die „chemeia" von Silber und Gold zu verbrennen.[205]

Erste schriftliche Dokumente über die frühe Chemie finden sich zu Anfang unserer Zeitrechnung in einem fragmentarisch erhaltenen griechischen Werk „Physika kai mystika" und in zwei Papyri, die in den Museen von Leiden und Stockholm aufbewahrt werden und nach den beiden Orten benannt sind. Weitere Schriftstücke aus ägyptisch-griechischer und auch römischer Zeit sind nicht im Original erhalten, sondern nur als mehr oder weniger schlechte Textzusammenstellungen aus dem frühen Mittelalter überliefert.[206] Hierzu gehört die mit den Tafeln der Zehn Gebote verglichene „Tabula Smaragdina" des legendären mythologischen Hermes Trismegistos als „Grund- und Gesetzbuch ihres[207] Glaubens an die Möglichkeit der Metallverwandlung".[208] Sie galt als die grundlegende Beschreibung zur Transmutation von unedlen Metallen zu Gold und wurde von vielen Gelehrten bis hin zu Isaac Newton (1642–1726) einer Unzahl von Auslegungsversuchen unterworfen. Von Hermes Trismegistos abgeleitet wurde das Wort Hermetik, das im engeren Sinn über lange Zeit deckungsgleich mit der mittelalterlichen Chemie war. In erweiterter Bedeutung werden generell alle Geheimwissenschaften darunter verstanden.[209] Der erste besser fassbare antike Chemiker ist Zosimos von Panopolis, der um 300 n. Chr. gelebt haben soll. Für unser Verständnis der Chemie als Wissenschaft ist er deshalb von Bedeutung, weil bereits in seinen Schriften theoretische Überlegungen die praktische Arbeit leiteten und die gemachten Beobachtungen in seine Theorien einflossen.[210] Es bleibt festzuhalten, dass die Chemie von Anfang an eine Verbindung von wissenschaftlichen Theorien und praktischen Arbeiten beinhaltete, oder wie es Telle ausdrückt: „Eine zwischen *scientia* und *ars* einst schwankende Klassifikation indiziert Alchemie als einen von *theorica* und *practica* gleichermaßen geprägten Komplex. Sie war theoriebewußte, um Naturerkenntnis ringende

---

205 (Principe 2013b, S. 22–24).
206 Ebd. S. 10–13.
207 der mittelalterlichen Alchemisten.
208 (Ruska 1926).
209 (Smith 1998).
210 (Principe 2013b, S. 16).

spekulativ-metaphysische *philosophia* und zugleich praxisbezogene *ars*."[211] Zosimos schrieb, die Suche nach dem „Stein der Weisen" habe nicht durch Magie, sondern durch die Erkenntnis der Natur und ihre Nachahmung zu erfolgen. Andererseits war er einer der ersten, der anscheinend großen Wert auf Geheimhaltung gelegt und zu Verschlüsslungen und Sinnbildern gegriffen haben soll.[212] Die oftmals beschworene Geheimhaltung trifft aber nicht auf alle in der Folgezeit erschienenen Schriften zu, auch nicht auf die Beschreibung von Verfahren zur Goldmacherei. Die Begriffe „Goldmacherei" und „Goldmacher" werden in dieser Arbeit wertfrei für die Versuche zur Transmutation von Metallen zu Gold benutzt, da sie auch in den untersuchten Quellen so verwendet werden.[213] Auf deutlich erkennbare betrügerische Absichten wird dabei im Einzelfall eingegangen.[214] Je nach Autor schwankte der Stil zwischen größtmöglicher Offenheit und Klarheit sowie bewusst unklaren Formulierungen unter Verwendung von Geheimcodes, Bildersprache und bewussten Irreführungen.[215] Es wurden Begriffe benutzt, die der Verschleierung hätten dienen können, aber vielleicht auch nur in späteren Zeiten nicht mehr verständlich waren. Diese werden in der Literatur als „Decknamen" bezeichnet.[216] Die Geheimhaltung ist allerdings kein Alleinstellungsmerkmal der Chemie, sondern betraf alle „artes".[217]

Wie das gesamte antike Kulturgut ging auch die Chemie aus dem alexandrinischen und byzantinischen Raum in den arabischen über: aus „chemeia" wurde „al-kīmiā". Der Legende nach war es der aus seiner Heimat geflohene Fürstensohn Khalid ibn-Yazid, der in Alexandria den weisen Mönch Marianos, latinisiert Morienus, traf. Morienus führte Khalid in die Geheimnisse der Chemie ein, die dieser dann in mehreren Büchern niederschrieb und ihr erster

---

211 (Telle 1978, S. 199).
212 (Haage 1996, S. 84 f.).
213 „chrysopoeia" und „aurifaber".
214 Diese Verwendung geschieht im Gegensatz zum Lexikon von Priesner und Figala, in dem mit „Goldmacherei" nur „das (scheinbare) Erzeugen von Edelmetallen mittels betrügerischer Manipulationen" verstanden wird. (Priesner und Figala 1998, S. 161–165). Der negative Bedeutungswandel ist aber allenfalls ein Ergebnis späterer Zeiten.
215 S. dazu auch: (Telle 2006, S. 422).
216 (Principe 1998).
217 (Telle 1978, S. 201 f.): „Die sprachliche Fassung alchemistischer Lehren bewegt sich in einem zweipoligen Spannungsfeld: Sie schwankt zwischen sachlich-nüchterner Darstellung, bei der konventionelle Fachwörter für technisch-chemische Prozesse, Stoffe und Geräte überwiegen, und absichtsvoller *obscuritas*. ... Den änigmatischen Sprachstil befestigte sein Zusammenhang mit dem „Schweigegebot" für Alchemisten, das den Geheimhaltungsbräuchen von anderen *artes* entspricht."

arabischer Autor wurde. Leider ist die Geschichte wohl vollkommen erdichtet, da die Bücher der beiden lange Zeit nach ihrem Tod erschienen.[218] Auch der nächste arabische Chemiker befindet sich noch im Dunkel der Wissenschaftsgeschichte: Jabir ibn-Hayyans. Principe schreibt dazu treffend: „For now we come to a person who played as large a role in Arabic alchemy as Zosimos did in the Greco-Egyptian – one Jabir ibn-Hayyans. Or, to speak more accurately, several Jabir ibn-Hayyans. Or perhaps none at all."[219] Es hatte sich anscheinend eine erste Schule von Chemikern entwickelt, die an der Produktion der über 3000 Bücher[220] des Jabir-Corpus beteiligt war. Fundamental wird im „Buch der Abstraktion" der experimentelle Charakter der Chemie beschrieben: „Die wesentliche Voraussetzung für die Vollkommenheit in dieser Kunst ist die Praxis und das Experiment."[221] Als grundlegende Theorie zum Aufbau der Materie galt die Lehre von den vier Elementen von Aristoteles (384 v. Chr.-322 v. Chr.), die sich gegenüber den ersten atomaren Betrachtungsweisen von Leukipp (5. Jahrhundert v. Chr.) und Demokrit (ca. 460 v. Chr.-ca. 400 v. Chr.) durchgesetzt hatte. Jabir fügte dem die Sichtweise hinzu, dass alle Metalle aus den Prinzipien „Quecksilber" und „Schwefel" entstanden seien.[222] Unter diesen Prinzipien dürfen aber nicht die realen Stoffe verstanden werden. Sie müssen als Träger und Vermittler von Eigenschaften gesehen werden. Sie sollen als Wirkprinzipien bei der Ausformung der Dinge von Bedeutung sein. Um eine Verwechselung mit den realen Stoffen zu vermeiden, werden die Prinzipien in dieser Arbeit in Anführungszeichen gesetzt.

Greifbarer und besser belegt wird „al-kīmiā" in den über 20 Werken des persischen Arztes und Chemikers Abu Bakr Muhammad ibn-Zakariya al-Razi (ca. 865–ca. 925), im Lateinischen als Rhazes bekannt. Rhazes baute auf der Physik des Aristoteles und der Medizin von Galen (ca. 131–ca. 201) auf und wurde im Mittelalter als eine der größten Autoritäten in Medizin und Chemie betrachtet. Er verband Ansätze einer Korpuskulartheorie mit den Grundlagen der „Quecksilber-Schwefel-Theorie", der er bisweilen ein drittes Prinzip hinzufügte, das „Salz".[223] In seinen Büchern, insbesondere in seinem Hauptwerk,

---

218 (Principe 2013b, S. 29).
219 Ebd. S. 33.
220 Ebd.: „... these books [kutub] were akin to chapters or short essays of a few pages, not whole volumes."
221 (Garbers 1980, S. 10).
222 Ebd. S. 34: „Wir meinen auch, daß die Metalle allesamt der Substanz nach Quecksilber sind, das sich mit mineralischem Schwefel verfestigte,".
223 (Haage 1996, S. 129–131).

dem „Buch der Geheimnisse",[224] beschrieb er die praktische Vorgehensweise zur Goldherstellung sehr genau. Eher eine Gegenposition zu Rhazes in Fragen der Metalltransmutation bezog Abu Ali al-Husain ibn-Abdallah ibn-Sina (980–1037), besser unter dem lateinischen Namen Avicenna bekannt. Ganz im Sinne von Aristoteles unterschied er zwischen natürlichen und künstlichen Dingen, und schrieb: „nur daß die Kunst in dieser Hinsicht die Natur nicht erreicht und einholt, selbst wenn sie sich anstrengt. Was das betrifft, was die Anhänger der Goldmacherei für sich in Anspruch nehmen, so muß man wissen, daß es nicht in ihrer Macht steht, eine echte Transmutation der Arten zu vollbringen. In ihrer Macht liegen vielmehr ausgezeichnete Imitationen,".[225] Während Rhazes und Avicenna sich einer recht klaren Sprache bedienten, bleibt vieles in einem der wirkmächtigsten Werke dieser Zeit, der „Turba philosophorum",[226] im Dunkeln. Die um 900 entstandene arabische Originalfassung ist eine Bearbeitung und Zusammenführung griechischer Texte, sie ist aber nur in Fragmenten erhalten.[227] Im Gegensatz zu den Schriften von Rhazes und Avicenna ist die Turba keine praktische Anleitung, sondern sie beschreibt eher den theoretischen Ursprung der Dinge auf Basis der aristotelischen Theorie der vier Elemente. Deshalb wurde sie eine wichtige Grundlage für spätere Goldmacher, obwohl sie eigentlich weniger von der Goldmacherei handelt. Eine spätere Version, die „den Kern der Alchemie klar und deutlich darstellt",[228] wurde 1572 in Basel gedruckt.

Bleibt über die Anfänge der antiken und arabischen Chemie noch vieles im Dunkeln, so soll sich dies beim Übergang ins Mittelalter ändern: „Alchemy, we are told, arrived in Latin Europe on a Friday, the eleventh of February, 1144. That was the day that Robert of Chester, an English monk at work in Spain, completed his translation from Arabic of a book often given the title *De compositione alchemiae.*"[229] Allerdings sind weder die Annahme, dass es sich um eine Übersetzung der Schrift von Morienus handelt, noch die Zuschreibung der Übersetzung ganz unumstritten.[230] Außerdem macht sich Principe mit dem genauen Tagesdatum und der Bemerkung „we are told" wohl über einen gleichlautenden Eintrag in

---

224 Geheimnis muss hier im Sinne von „technisches Wissen" verstanden werden. (Haage 1996, S. 130).
225 (Garbers 1980, S. 38).
226 „Versammlung der Philosophen".
227 (Haage 1996, S. 135 f.).
228 (Ruska 1931, S. 3 und 8).
229 (Principe 2013b, S. 51).
230 (Ruska 1924, S. 31–38).

Wikipedia lustig.[231] Es bleibt aber festzuhalten, dass die Beschäftigung mit der Chemie als Wissenschaft im mittelalterlichen Europa angekommen war.[232] Und dies war nur der Anfang. In einem Klima des gesellschaftlichen und intellektuellen Aufbruchs folgten weitere Übertragungen der arabischen Schriften über die „al-kīmiā" ins Lateinische. Nach ihrem antiken Ursprung und ihrer Überlieferung über das Arabische wurden die beiden Ausdrücke „Chemie (chymia, chemia)" und „Alchemie (alchymia, alchemia)" nun mehr oder weniger gleichbedeutend verwendet oder von einzelnen Autoren mit einer bestimmten Bedeutung belegt,[233] wobei den Chemikern zu dieser Zeit natürlich klar war, dass es sich bei der Vorsilbe „al" um den arabischen Artikel handelt.[234]

Der Ursprung vieler anderer Schriften des Mittelalters befindet sich aber noch im wissenschaftsgeschichtlichen Dunkel. Hierzu gehört der lateinische Autor Geber, dessen berühmtestes Werk, die „Summa perfectionis magisterii", im 13. oder 14. Jahrhundert entstand, und dem anschließend weitere Schriften untergeschoben wurden.[235] Geber übernahm vieles von Jabir, aber auch von Rhazes, und legte sich ganz bewusst den latinisierten Namen Jabir zu, um sich mit der Autorität des arabischen Wissenschaftlers zu schmücken. Sein Buch wurde zu einer Grundlage der nachfolgenden Goldmacher, weil er das „Opus magnum" zur Goldmacherei detailliert beschrieb und auch die Behauptung widerlegen wollte, dass es unmöglich sei, die Natur nachzuahmen.[236] Genau wie Geber nutzten weitere Autoren die Berühmtheit anderer Wissenschaftler und übergaben unter deren Namen ihre Schriften der Öffentlichkeit. Hierbei handelt es sich insbesondere um den in Spanien geborenen Arzt und Chemiker Arnaldus de Villanova (ca. 1240–1311), den Leibarzt der Könige von Aragon und der Päpste in Avignon und späteren Rektor der Universität in Montpellier, sowie um den mallorquinischen Philosophen Raimund Lull (ca. 1232–1316), der selbst eine Vielzahl

---

231 „The introduction of alchemy to Latin Europe may be dated to 11 February 1144, with the completion of Robert of Chester's translation of the Arabic *Book of the Composition of Alchemy*." https://en.wikipedia.org/wiki/Alchemy (Zugriff am 20.03.2017).
232 Die Robert von Chester zugeschriebene Übersetzung des „Liber de compositione alchimiae" wurde 1559 in Paris und 1593 in Basel gedruckt.
233 S. dazu z.B. (Libavius 1964, S. 2).
234 (Libavius 1595–1599, Band 1, S. 83): „Unde Alchymia dicta Arabibus & Aegyptiis, quos a Graecis consentaneum est id nominis accepisse." Daher wurde [sie] von den Arabern und Ägyptern Alchemie genannt, die diesen [Namen] übereinstimmend von den Griechen übernommen haben.
235 (Newman 1998a).
236 (Darmstaedter 1922, S. 23–28).

von Schriften zu Philosophie, Medizin und Mathematik verfasst hatte.[237] Für das Schreiben unter dem Namen der berühmten, aber auch bereits verstorbenen Autoritäten, mag es aber auch eine Rolle gespielt haben, dass sich immer mehr Widerstand gegen die Täuschungsversuche der Goldmacher richtete. Bereits Albertus Magnus (ca. 1200–1280) hatte einigen Chemikern Täuschungsversuche unterstellt, da sie nur eine Gold- oder Silberfärbung erzeugten, aber kein echtes Edelmetall.[238] Insofern ist es nicht verwunderlich, dass, genau wie einst Diokletian, Könige von Frankreich und England die Praxis der Goldmacherei verboten.[239] Für die Goldmacher des Mittelalters ist zusammenfassend festzuhalten, dass sie die Metalle nicht als Elemente, sondern als zusammengesetzte Stoffe betrachteten, und ihre Versuche, Gold herzustellen, auf zwei unterschiedlichen theoretischen Grundlagen beruhten.[240] Nach der aristotelischen Elementenlehre musste zunächst der „Stein der Weisen" hergestellt werden. Dies sollte über eine Rückführung in die „prima materia" geschehen, die ganz materiell gesehen wurde, was im Widerspruch zu Aristoteles steht, für den die „prima materia" ein gedankliches Konstrukt in seiner Theorie war. Der „Stein der Weisen" sollte in der Multiplikation vermehrt werden können und in der abschließenden Projektion zur Transmutation des unedlen Metalls zu Gold dienen.[241] Legte der Goldmacher jedoch die Prinzipienlehre zu Grunde, so musste es darum gehen, die richtig wirkenden „Quecksilber" und „Schwefel" zu bereiten oder zu erzeugen und beide im richtigen Verhältnis zusammenzuführen. Die Versuche der frühneuzeitlichen Chemiker beruhten also auf den theoretischen Grundlagen der damaligen Zeit; sie als „unwissenschaftlich" zu bezeichnen ist das Produkt späterer Zeiten. An dieser Stelle muss allerdings betont werden, dass sich die Chemie in dieser Zeit nicht nur in Medizin und Goldmacherei erschöpfte. Weniger öffentlich sichtbar hatte sich eine „Rezeptliteratur" entwickelt, in der Verfahrensvorschriften für die Herstellung von Stoffen niedergeschrieben wurden, die von den sich entwickelnden Handwerkskünsten benötigt wurden.[242]

Der Übergang der Chemie in die Frühe Neuzeit ist untrennbar mit dem Namen von Philippus Aureolus Theophrastus Bombast von Hohenheim verbunden, der besser unter dem selbst zugelegten Namen Paracelsus bekannt

---

237 S. dazu (Calvet 2008) und (Telle 2009).
238 (Haage 1996, S. 9 f.).
239 (Priesner und Figala 1998, S. 39 f.).
240 Zur Metalltransmutation s. auch (Karpenko 2016).
241 Dieser Prozess sollte allerdings den Göttern vorbehalten und außerhalb des menschlichen Vermögens sein. (Kahn 2016, S. 30).
242 (Principe 2013b, S. 81) und (Moran 2019, S. 70–72).

ist. Paracelsus lebte in einer Zeit der größten Veränderungen in Europa. Neue Kontinente waren entdeckt worden, der einheitliche christliche Glaube wurde durch die Reformation gespalten, und das alte Weltbild wurde durch den Vorschlag des heliozentrischen Systems von Nikolaus Kopernikus (1473–1543) auf den Kopf gestellt. Paracelsus kommt ein nicht zu vernachlässigender Anteil an diesen Veränderungen zu, viele Zeitgenossen stellten ihn sogar in eine Reihe mit Luther.[243] Er begehrte mit seiner Lehre gegen die überkommene Philosophie auf. Sie ist eine folgerichtige Verbindung von Kosmologie, Theologie, Naturphilosophie und Medizin in einer gegenseitigen Abhängigkeit von Makro- und Mikrokosmos.[244] An den Universitäten wurden weiterhin die antike Physik des Aristoteles und die Medizin von Galen mit scholastischer Methode diskutiert. Gegen die aristotelische Elementenlehre entwickelte Paracelsus die Theorie der Prinzipien zu seiner „tria prima" Lehre weiter, indem er die Notwendigkeit des Prinzips „Salz" in Ergänzung zu den beiden Prinzipien „Quecksilber" und „Schwefel" betonte.[245] In der universitären Medizin herrschte die Lehre der Humoralpathologie, die Galen aus ihren Anfängen bei Hippokrates (ca. 460 v. Chr.-ca. 360 v. Chr.) weiterentwickelt hatte. Gesundheit wurde als ausgewogene Mischung der vier lebenswichtigen Körpersäfte[246] verstanden, während eine Krankheit durch die Störung des Gleichgewichts entstehen sollte. Dagegen stellte der Praktiker Paracelsus seine Meinung, dass jede Krankheit einen externen Grund hätte und spezifische Organe befallen würde. Als Heilmittel machte er nicht nur von pflanzlichen Stoffen Gebrauch, sondern bevorzugte mineralische, das heißt anorganische Substanzen. Verbindungen aus dem Mineralreich wurden zwar bereits seit der Antike gegen Krankheiten verwendet, Paracelsus setzte sich aber verstärkt für ihren Einsatz ein und benutzte insbesondere durch chemische Verfahren hergestellte Produkte.[247] Hierfür wurde der Begriff „Iatrochemie" geprägt.[248] „Iatrochemie" oder auch „Chemiatrie" ist in Anlehnung an

---

243 (Webster 2008, S. 2).
244 (Pagel, Walter 1982, S. 50).
245 (Hohenheim 1924–1933, Band 8, S. 147 f.): „Nun merken in dem: sie sagen nach der alten philosophischen ler, aus mercurio und sulphure wachsen alle metall, item vom reinen erdrich wechst kein stein, nun secht was lügen! Dan ursach, wer ist der, der do die materia der metallen allein sulphur und argentum vivum fint zu sein, dieweil der metall und alle mineralischen dinge in drei dingen standen und nit in zweien?"
246 Blut, Schleim, gelbe Galle und schwarze Galle.
247 (Müller-Jahncke 2005, Kap. 3.1.3) und (Moran 2019, Kap. 3).
248 (Zedler 1735, Spalte 278): „Iatrochymicus ist ein Arzt, der mit Chymischen Artzeneyen heilet."

das griechische Wort „iatros", der Arzt, entstanden. Der Begriff wird in dieser Arbeit für die mit der Medizin verbundene Chemie verwendet, was insbesondere die Untersuchung und Herstellung von chemischen Heilmitteln betrifft. Nach Paracelsus' Meinung waren die eigentlichen Wirkstoffe zur Heilung der Krankheiten in den Dingen verborgen und mussten durch chemische Methoden geläutert werden. Diese Verfahrensweise wird Spagyrik[249] genannt, abgeleitet von den griechischen Wörtern „spao", ich trenne und „ageiro", ich führe zusammen. Die Professoren an den Universitäten stieß Paracelsus nicht nur durch die radikale Ablehnung der Lehren Galens vor den Kopf, sondern auch dadurch, dass er nicht auf Lateinisch, sondern auf Deutsch lehrte und schrieb, und als Zeichen seines Bruchs mit den alten Autoritäten ihre Bücher öffentlich verbrannte.

Die Schriften von Paracelsus wurden größtenteils erst nach seinem Tod veröffentlicht. Seine Lehren bestehen aus einem komplexen Gemisch unterschiedlichster Richtungen, nicht nur aus Medizin und Chemie. Sie sind eher als eine vollständige Ideologie zu bezeichnen, die auf neoplatonischen, vitalistischen und mystischen Grundlagen beruht und mit einer Endzeiterwartung verbunden ist. Diese Denkweise verbreitete sich rasch und wurde durch seine Nachfolger wirksam verstärkt: es entwickelte sich die europaweite Bewegung des Paracelsismus. Diese wurde hauptsächlich von protestantischen und insbesondere calvinistischen Kräften getragen und entwickelte dadurch auch politische Implikationen.[250] In dieser Arbeit sollen allerdings in erster Linie nur die naturwissenschaftlichen Grundlagen weiter verfolgt werden. Unter den Nachfolgern Paracelsus' ist an erster Stelle der Herausgeber vieler seiner Schriften, Johannes Huser (ca. 1545–ca. 1600),[251] zu nennen. Diese wurden dann in der Nachfolge von Adam von Bodenstein (1528–1577) von weiteren Ärzten und frühneuzeitlichen Chemikern übersetzt und interpretiert. Das bei Paracelsus sehr ungeordnet und verworren dargestellte Lehrgebäude wurde anschließend von einigen der führendsten Wissenschaftler der Zeit weitergeführt und klar dargestellt. Hier sind an erster Stelle Peder Sørensen, besser bekannt unter seinem latinisierten Namen Petrus Severinus, Oswald Croll, Joseph Du Chesne und Johan Baptista van Helmont (1579–1644)[252] zu nennen. Nicht vergessen werden darf in diesem Zusammenhang der Baseler Universitätsprofessor Theodor Zwinger (1533–1588).[253] Zwar zunächst kein Anhänger Paracelsus' öffnete er aber die

---

249 Nach neuer deutscher Rechtschreibung „Spagirik".
250 (Trevor-Roper 1985, S. 149–199).
251 (Telle 1991).
252 (Clericuzio 1998).
253 (Kühlmann und Telle 2001, 2004 und 2013, Teil 2, S. 767–774).

medizinische Fakultät der Baseler Universität für dessen Ideen und bezeichnete ihn später sogar als „einen in seiner Art ganz großen Mann".[254] Des Weiteren ließen sich aber eine Vielzahl weiterer Ärzte und frühneuzeitlicher Chemiker in der Nachfolge Paracelsus' anführen.[255]

Der Erfolg des Paracelsismus musste natürlich seine Gegner auf den Plan rufen, angeführt von dem „Paracelsistenfresser"[256] Thomas Erastus (1524–1583), der an der Heidelberger Universität lehrte[257] und für Paracelsisten die Todesstrafe forderte.[258] Aber auch der Rothenburger und Coburger Schulmeister Andreas Libavius[259] kann zu den Gegnern der Paracelsisten gerechnet werden, auch wenn er an den meisten Stellen mehr die Form als den Inhalt kritisierte. Abgesehen von einigen fortschrittlichen Universitäten, wie z.B. Montpellier, Basel oder auch Straßburg, lehnte das altehrwürdige „Universitätsestablishment" die Neuerungen aber vehement ab. Besonders tat sich dabei die Universität in Paris im sogenannten Pariser Paracelsistenstreit hervor.[260] Hierbei ging es aber nicht nur um wissenschaftliche Fragestellungen. Der französische König Heinrich IV. war vom Calvinismus zum Katholizismus übergetreten, um die Königswürde zu erlangen. Allerdings umgab er sich mit vielen calvinistischen Beratern, was insbesondere auf seine Leibärzte, Jean Ribit de la Rivière (~1546–1605)[261], Joseph Du Chesne und Théodore Turquet de Mayerne zutraf. Wenn vielleicht auch kein politischen Umsturz, so wurde dennoch das Anwachsen des hugenottischen Einflusses befürchtet.[262] Außerdem besaß die Fakultät das Recht der Zulassung von Ärzten, über das sich Heinrich IV. hinweggesetzt hatte. Insofern waren auch wirtschaftliche und politische Einflüsse zu berücksichtigen. Äußerer Anlass des Streits war die Publikation von Du Chesnes Buch „Liber de priscorum philosophorum verae medicinae materia" im Jahre 1603.[263] Der Streit wurde mit aller

---

254 (Bachmann 1999, S. 152).
255 Eine der umfassendsten Darstellungen des Paracelsismus ist die dreibändige Ausgabe des „Corpus Paracelsisticum" von Kühlmann und Telle. (Kühlmann und Telle 2001, 2004 und 2013).
256 (Kühlmann und Telle 2001, 2004 und 2013, Teil 3, S. 610).
257 (Wesel-Roth 1959).
258 (Gilly 1977, S. 68).
259 (Moran 2007a).
260 In der englischsprachigen Literatur wird dieser Streit als „antimony wars" bezeichnet. S. z.B. (Principe 2013b, S. 130).
261 (Trevor-Roper 1985, S. 200–222).
262 Ebd. S. 172.
263 (Du Chesne 1603).

Heftigkeit und in beleidigender Form geführt, mit dem ehemaligen Dekan Jean Riolan d.Ä. (1539–1605) und seinem Sohn Jean Riolan d.J. (1580–1657)[264] an der Spitze.

Trotz allen Streits hielt die Chemie Einzug in den Universitäten. Landgraf Moritz von Hessen-Kassel (1572–1632), genannt der Gelehrte, errichtete 1609 in der medizinischen Fakultät der Universität Marburg einen Lehrstuhl für Chemiatrie, der mit Johannes Hartmann (1568–1631) besetzt wurde.[265] Und in Leipzig beschäftigte sich der Professor für Anatomie und Chirurgie, Joachim Tancke (1557–1609),[266] seit etwa 1600 mehr und mehr mit der Chemie. Er und Hartmann waren die wohl Ersten, welche die „Alchemia medica" an ihren Universitäten unterrichteten.[267] Aber auch die Universität in Basel öffnete sich unter der Obhut von Felix Platter (1536–1614)[268] und Theodor Zwinger der paracelsischen Iatrochemie.[269] Inwieweit bereits zu dieser Zeit an anderen Universitäten die Professoren der Medizin oder Philosophie sich der Chemie näherten, kann an dieser Stelle nicht weiter verfolgt werden. In Paris wurde neben der konservativen Universität im Jahre 1635 der „Jardin du Roi"[270] eröffnet und mit einer ersten Professur für Chemie ausgestattet, der bereits 1648 ein zweiter Lehrstuhl folgte. Neben den Anfängen der Bildung einer eigenen Disziplin an den Universitäten darf aber der Erfolg der Chemie in anderen gesellschaftlichen Bereichen nicht vergessen werden, auch wenn er publizistisch gegenüber den gelehrten Streitereien in den Hintergrund gedrängt wurde. In ihren Anwendungen im Bergbau und den Handwerkskünsten stand der Nützlichkeitsaspekt im Vordergrund, wie schon Tancke in der Vorrede seines „Promptuarium Alchemiae" bestätigte: „Uber dieses ist sie vielen Künsten dienstlich / so ihrer nicht wol entrahten können / alß Goldschmieden / Mahlern / Bergleuten / daß ich geschweige / daß dadurch groß Reichthumb kan erlanget werden."[271] Es darf aber auch nicht vergessen werden, dass die direkte Beschäftigung mit den Materialien theoretisches Wissen erzeugte.[272] Die Chemie begann sich mehr und mehr von der Medizin zu lösen und versuchte, sich vom „Handlanger der Medizin" zu einer

---

264 (Bylebyl 2008).
265 (Moran 1991, S. 50–60).
266 (Benzenhöfer 1987).
267 (Wollgast 2013).
268 (Pastenaci 2001).
269 (Bachmann 1999, S. 152 f.).
270 Später „Jardin des Plantes".
271 (Tancke 1610, Vorrede an den Liebhaber der herrlichen Kunst Alchymey).
272 (Smith 2004, S. 6 f.).

58   Überblick Chemie: Geschichte, Bedeutung, Definitionen

eigenständigen Disziplin zu entwickeln. Dabei gab es für die frühneuzeitlichen Chemiker im 17. Jahrhundert einige Schwierigkeiten zu überwinden. Auf Grund ihres von Anfang an experimentellen Charakters wurde die Chemie nicht zu der an den Universitäten gelehrten „scientia" gerechnet, sondern als sozial darunter stehende „ars" betrachtet, die außerhalb der Universitäten durch Künstlergelehrte und Künstleringenieure die Wissenschaft beflügelte.[273] Des Weiteren wurden die Versuche zur Goldmacherei mehr und mehr mit Skepsis betrachtet, zumal sich unter den Adepten neben den seriösen Wissenschaftlern auch einige Betrüger verbargen. Wissenschaftsgeschichtlich sollten diese betrügerischen Absichten jedoch von untergeordneter Bedeutung bleiben, wie Feuerstein-Herz bemerkt.[274]

Bisher hat sich die Chemiegeschichte nur ansatzweise mit den Beiträgen von Frauen beschäftigt, obwohl bereits in der Medizinschule von Salerno „eine beunruhigende [sic!] weibliche Präsenz zu verzeichnen ist".[275] Beispielhaft für das Wirken von Frauen in der Chemie ist die Publikation von Nummedal über Anna Maria Zieglerin (ca. 1550–1575) am Hof in Wolfenbüttel zu nennen.[276] Etwa zur gleichen Zeit erschienen in England zwei Graduierungsarbeiten. Bayer beschäftigt sich in ihrer Dissertation mit den Schriften von drei frühneuzeitlichen Chemikerinnen.[277] Sie beginnt mit dem Buch „I Secreti" von Isabella Cortese (????–1561), die sich vermutlich in der Nähe von Venedig mit der Herstellung von Heil- und Kosmetikmitteln beschäftigte.[278] Es folgen die Manuskripte von Madame de Martinville (ca. 1545?–1596), die von der Goldmacherei handeln. Und abschließend behandelt sie am Beispiel von Lady Margaret Clifford (1560–1616) die Beteiligung englischer Frauen in der Chemie als Autoren, Übersetzer, Förderer und Praktiker. Neben der Dissertation von Bayer ist eine etwas ältere, bisher aber nicht in Buchform veröffentlichte Doktorarbeit über Frauen und Chemie in England bekannt.[279] Beide Arbeiten haben später

---

273 Diese Unterscheidung ist heutzutage verloren gegangen. Deshalb wird in dieser Arbeit der Begriff „ars" nicht mit „Kunst" oder „Handwerk", sondern mit „Wissenschaft" übersetzt, falls dies angebracht erscheint.
274 (Feuerstein-Herz 2014a, S. 338): „Auch wenn es zu allen Zeiten die Goldverfälschung in betrügerischer Absicht gegeben hat, stellt sie eher eine Randerscheinung in der Geschichte der Alchemie dar und hat kaum etwas mit ihren naturphilosophischen Hintergründen und ihrem reichen praktischen Wissen zu tun."
275 (Cardini 1991, S. 32 f.).
276 (Nummedal 2001).
277 (Bayer 2003).
278 (Strohmeier 1998, S. 76).
279 (Archer 1999).

Eingang in den Sammelband von Long gefunden.[280] Umfangreicher ist das Buch von Gordon, der versucht, „Leben und Wissenschaft weiblicher Chemiker von der Antike bis in die Gegenwart" darzustellen. Allerdings ist das Buch teilweise spekulativ, und Gordon stellt sich selbst mit der Betonung der Psychologie in die Nachfolge von Jungs Verständnis der „Alchemie".[281] In sachlich gehaltenen Kurzporträts werden „European Women in Chemistry" von der Antike bis in die Gegenwart in einem Sammelband von Apotheker vorgestellt.[282] Allerdings ist ihre Zahl bis zum Ende des 17. Jahrhunderts sehr begrenzt. Zunächst werden die beiden legendenumrankten Frauen aus der Frühzeit der Chemie im 3. Jahrhundert, „Maria die Jüdin" und „Kleopatra die Alchemistin", erwähnt. Mit Perenelle (????–1397)[283] folgt die Frau des französischen Schriftstellers Nicolas Flamel (ca. 1330–1418), der in späterer Zeit zu einem erfolgreichen Adepten hochstilisiert wurde. Es gibt allerdings keine gesicherten Anhaltspunkte, dass sich Flamel jemals mit der Goldmacherei beschäftigte.[284] Insofern muss auch die Tätigkeit seiner Frau in Frage gestellt werden. Die italienische Adlige Caterina Sforza (1463–1509) hinterließ ein umfangreiches Rezeptbuch über chemische und pflanzliche Heilmittel sowie Salben und Tinkturen kosmetischer Art, aber auch mit Anweisungen zur Goldmacherei.[285] Ihre Sammlung von Rezepten ist unter dem Namen „Gli Experimenti de la ex.^{ma} S.^{ra} Caterina da Furlj. Matre de lo inllux.^{mo} Sr Giovanni di Medici" bekannt. Während eine Zusammenstellung ihrer Briefe bereits vor längerer Zeit erfolgte,[286] wurde eine Auswertung des chemischen Inhalts bisher nur ansatzweise, und auch mehr aus literaturwissenschaftlicher und sozialer Sicht in Angriff genommen.[287] Zu ergänzen wäre an dieser Stelle noch Grace Sherrington Mildmay (1552–1602), die sich in England mit pharmazeutischer Chemie befasste.[288] Bekannt geworden ist dann Marie Meurdrac (Lebensdaten unbekannt) durch ihr Buch „La Chymie charitable et facile en faveur des Dames", das erstmalig 1666 erschien und mehrere weitere französische und auch deutsche und italienische Auflagen erlebte. Am bekanntesten waren im 16. Jahrhundert jedoch die chemischen und medizinischen

---

280 (Long 2010).
281 (Gordon 2013, S. 1, 5 und 6).
282 (Apotheker 2011).
283 Ebd. S. 7 f.
284 (Kahn 1998).
285 (Ray 2010).
286 (Pasolini 1893).
287 (Ray 2015).
288 (Ogilvie, Marilyn 2000, S. 894).

Aktivitäten der sächsischen Kurfürstin Anna von Dänemark, die in Annaberg, aber wohl auch in anderen Residenzen, über ein gut ausgestattetes Labor verfügte.[289] Dort hatte Anna außerdem eine umfangreiche Bibliothek.[290] Sie und ihr Ehemann, August von Sachsen, standen in regelmäßigem Briefverkehr mit einer Vielzahl von Höfen mit pharmazeutischen Interessen im Heiligen Römischen Reich, aber auch mit einer Reihe von Goldmachern und Iatrochemikern.[291] An vielen Fürstenhöfen spielten ranghohe Frauen eine Rolle bei der Entstehung und Verbreitung von „autoritativem Wissen" in der Medizin,[292] wobei es sich meistenteils aber mehr um die heilende Wirkung von Stoffen als um ihre chemischen Eigenschaften handelte. Eine auf der vorhandenen Literatur beruhende, größere Anzahl von „33 Alchemistinnen" in Kurzportraits wurde erst kürzlich von Anders zusammengestellt.[293]

Wie beschrieben wurden die Begriffe „Alchemie" und „Chemie" in den Landessprachen und in der Gelehrtensprache ohne große Unterschiede verwendet. Beginnend in der zweiten Hälfte des 17. Jahrhunderts sollten sich die Wortinhalte dramatisch verändern. Mit „Chemie" wurde die wissenschaftliche Richtung im Sinne Francis Bacons bezeichnet, während die „Alchemie" mit den Dimensionen der Unwissenschaftlichkeit und des betrügerischen Handelns belegt wurde, wie dies Newman und Principe ausführlich beschrieben haben.[294] Dieselben Autoren legen außerdem überzeugend dar, dass die übertriebene Betonung des spirituellen und geheimnisvollen Charakters der „Alchemie" ein Produkt der romantischen Verklärung und der okkultistischen Strömungen des 19. Jahrhunderts ist.[295] Im 20. Jahrhundert finden wir dann die weitestgehende Verfremdung der „Alchemie" in der tiefenpsychologischen Interpretation des „Opus magnum" durch Carl Gustav Jung.[296] Sicherlich waren alle diese Merkmale in der Chemie

---

289 (Apotheker 2011, S. 9–11).
290 (Keller, Katrin 2010, S. 155).
291 Ebd. S. 161. Erste Ansätze zur Beschreibung des Netzwerks von Anna und ihrem Mann, August von Sachsen s. (Stahl 2016). Ausführlich wertet Bartkowski die Briefe und weiteren Schriftstücke des Kurfürstenpaares aus: (Bartkowski 2017).
292 (Arenfeldt 2012).
293 (Anders 2016). Allerdings berücksichtigt Anders im kurzen Kapitel über „Madame de la Martinville" nur die Arbeit von Bayer und nicht die von Kahn (Kahn 2001b), was in der Verkürzung zu der falschen Behauptung führt, dass „sich leider – wie so häufig – keinerlei biographische Hintergründe von Madame de la Martinville ermitteln lassen."
294 (Newman und Principe 1998).
295 (Principe und Newman 2001).
296 (Jung 1972).

Überblick Chemie: Geschichte, Bedeutung, Definitionen 61

des Mittelalters und zu Beginn der Frühen Neuzeit vorhanden, aber die Durchdringung betraf alle Bereiche des Lebens und somit auch die Wissenschaften, sie war kein Alleistellungsmerkmal der Chemie.[297] Im Gegensatz zur Naturwissenschaft der Neuzeit gehörte zum Wissen in der Frühen Neuzeit auch das Wissen über Magie und Zauberei.[298] Die Betonung des magischen und okkulten Charakters der „Alchemie" und die Vernachlässigung der wissenschaftlichen Seite ist ein Produkt der Wissenschaftsgeschichtsschreibung des 18. und 19. Jahrhunderts.[299] Es wird ein falsches Bild gezeichnet, das sogar als „Karikatur" bezeichnet worden ist.[300] Die Auftrennung der Begriffsbedeutung wirkt aber noch bis in unsere Zeit nach und soll nach Schütt die rationale Naturwissenschaft Chemie von der „Alchemie" mit mystischem, vitalistischem und „axiologischem Weltbild" unterscheiden.[301] Auf die soziale Bewertung der Chemie trifft aber zu, was Meinel über die okkulten Wissenschaften schrieb: „Die Differenz von Okkult und Exakt ist jedenfalls nicht Bestandteil des Objektbereichs der Naturwissenschaft, sondern Ergebnis sozialer Prozesse der Ab- und Ausgrenzung."[302]

Newman und Principe ziehen auf Grund ihrer Erkenntnisse aber nicht die einfache Schlussfolgerung, den wissenschaftlich und gesellschaftlich bedingten Wandel des Fachgebiets zu akzeptieren und den Begriff Chemie mit all seinen zeitgemäßen Besonderheiten auch für das Mittelalter und die Frühe Neuzeit zu verwenden. Sie schlagen stattdessen vor, das Kunstwort „chymistry" zu verwenden, um Missverständnisse beim Gebrauch der Wörter „Chemie" und „Alchemie" zu vermeiden. Im anglo-amerikanischen Sprachbereich wird dieser Begriff des Öfteren verwendet.[303] Nahezu durchgängig, aber auch nicht ohne gravierende Ausnahmen, geschieht dies in den Beiträgen zur Sonderausgabe der Zeitschrift für Wissenschaftsgeschichte der amerikanischen „History of Science Society" unter dem Titel „Chemical Knowledge in the Early Modern World".[304]

---

297 (Principe und Newman 2001, S. 400).
298 (Burke 2001, S. 21).
299 (Kühlmann 2001, S. 22).
300 (Martinon-Torres 2012, S. 33).
301 (Schütt 1997).
302 (Meinel 1992, S. 43).
303 (Eddy 2014b, S. 1) Ob der Begriff in der Wissenschaft „weitgehend akzeptiert" worden ist wie Eddy behauptet, muss zunächst dahingestellt bleiben.
304 (Eddy 2014a). Aus dem Inhaltsverzeichnis des Buches muss man den Eindruck gewinnen, dass die Chemiegeschichte in vier feste Abschnitte unterteilt werden soll: 1. vor 1450: „alchemy", 2. 1450–1700: „chymistry", 3. 1675–1750: Übergang von „chymistry" zu „chemistry" und 4. ab dem 18.Jahrhundert: „chemistry". Müsste der Titel des Buches deshalb nicht konsequenterweise eigentlich „Chymical Knowledge in the

Der Begriff „chymistry" hat aber auch kritische Stimmen auf den Plan gerufen.[305] Im Deutschen ist eine Unterscheidung zwischen „alchemistisch/Alchemist" und „alchemisch/Alchemiker" vorgeschlagen worden.[306] Diese Trennung der Begriffe hat sich aber meiner Meinung nach bisher nicht durchgesetzt. Außerdem bedeutet sie eine künstliche, wertende Deutung und verlangt nach einer umfangreichen Definition, sie bleibt für Nichtfachleute unverständlich. Um den Unterschied zwischen heutigen Chemikern und denen der Frühen Neuzeit zu betonen, verweisen Kühlmann und Telle auf die medizinische Ausbildung der meisten Wissenschaftler an den Universitäten und nennen sie „Arztalchemiker".[307] Damit haben sie aber ein weiteres Kunstwort eingeführt, dass außerdem dem vollen Umfang des Arbeitsgebiets der Chemiker in der Frühen Neuzeit nicht gerecht wird. Meiner Meinung nach führen alle diese Vorschläge in eine Sackgasse. Jedes Wort wie auch der bezeichnete Gegenstand oder Sachverhalt unterliegen im Laufe der Zeit Veränderungen, da sich der wissenschaftliche aber auch der gesellschaftliche, politische und kulturelle Wandel unvermindert auswirkt.[308] In dieser Hinsicht hat die Chemie auch kein Alleinstellungsmerkmal. Wie Foucault überzeugend dargestellt hat, beherrschen in der Frühen Neuzeit die Analogie von Mikro- und Makrokosmos sowie die Signaturenlehre alle Wissenschaften gleichermaßen in einer Mischung aus Magie und Gelehrsamkeit.[309] Er schreibt: „Bis zum Ende des sechzehnten Jahrhunderts hat die Ähnlichkeit im Denken (savoir) der abendländischen Kultur eine tragende Rolle gespielt. Sie hat zu einem großen Teil die Exegese und Interpretation der Texte geleitet, das Spiel der Symbole organisiert, und die Erkenntnis der sichtbaren und unsichtbaren Dinge gestattet und die Kunst ihrer Repräsentation bestimmt."[310]

Early Modern World" heißen? Und ist eine derartige feste Periodisierung mit starren Grenzen sinnvoll?
305 (Martinon-Torres 2011, S. 222).
306 Siehe dazu (Feuerstein-Herz und Laube, Stefan 2014, S. 14, Anm. 3).
307 (Kühlmann und Telle 2001, 2004 und 2013).
308 S. auch: (Levere 2001, S. IX f.): „Chemistry has, historically, been in constant flux, both in its self-image and in relation to other disciplines that sought to co-opt or absorb it. ... But from antiquity to the present, there have been men and women (formerly few women, now many) engaged in seeking to understand the way in which different substances are formed, how they react, and how they may be used." Trotz dieser klaren Definition benutzt Levere im Folgenden die Begriffe „chemistry", „alchemy" und „chymistry", wobei die jeweilige Bedeutung unscharf und unklar ist.
309 (Foucault 2012, S. 46–77).
310 Ebd. S. 46.

Die vorliegende Arbeit beschäftigt sich mit der Chemie und den Chemikern um 1600. Die meisten Chemiker dieser Zeit benutzten die beiden Begriffe „Alchemie" und „Chemie" bedeutungsgleich und waren sich der Tatsache bewusst, dass die Vorsilbe „al" nur der aus dem arabischen übernommene Artikel war. Wie Pricipe schreibt, sollen sie das Wort „Chemie" häufiger als „Alchemie" benutzt haben.[311] Ich halte deshalb eine Trennung in die „mittelalterliche Alchemie" und die „moderne Naturwissenschaft Chemie" in dieser Arbeit für nicht angebracht.[312] Auch eine sachliche Aufspaltung der beiden Begriffe, wie sie Goltz in ihrer „Grenzziehung" versucht,[313] ist nicht zielführend.[314] Es erklärt sich aus der geschichtlichen Entwicklung, dass die „Alchemie" weder eine Art Vorläufer der Chemie[315] noch ihr betrügerischer Zweig gewesen ist. Eine Einschränkung der „Alchemie" auf die Goldmacherei, wie sie Weyer in neuerer Zeit vornimmt, wird dem Begriff in keiner Weise gerecht.[316] Diese Begriffskonzepte widersprechen der gleichbedeutenden Verwendung der Wörter „Chemie" und „Alchemie" in Mittelalter und Früher Neuzeit bis zur Mitte des 17. Jahrhunderts. Beide Begriffe bezeichneten gleichbedeutend die „Naturwissenschaft, die sich mit dem Aufbau und der Umwandlung von Stoffen beschäftigt", wie es eine heutzutage gebräuchliche Worterklärung beschreibt.[317] In den meisten Definitionen ist dabei die „Lehre von der stofflichen Veränderung" die über lange Zeit gültige, allgemeine Beschreibung der Chemie,[318] auch wenn die Darstellung eines

---

311 (Principe 2013b, S. 85).
312 Eine wertfreie, zeitliche Aufteilung der Chemie in „Alchemie", „phlogistische Chemie" und „Chemie" schlug bereits Justus von Liebig vor. (Liebig 1851, S. 69 f.).
313 (Goltz 1968).
314 Kahn stellt die Schwierigkeiten kurz dar, die aus dem Widerspruch von zeitlicher und sachlicher Unterscheidung der beiden Begriffe entstehen. Er schlägt die Lösung (Al)chemie vor, verwendet sie aber nicht durchgängig, sondern nur für die Iatrochemie Paracelsus'. (Kahn 2016, S. 62–65).
315 (Schütt 2000) und (Gebelein 2000).
316 (Weyer 2018, S. 11). Im Jahr 1973 verwendete Weyer demgegenüber eine zeitliche, allgemeinere Definition: „Auch heute ist noch weithin die Ansicht verbreitet, die Alchemie sei eine fragwürdige, der Magie nahestehende Kunst gewesen, mit deren Hilfe man Gold oder Silber aus unedlen Metallen herstellen wollte, und der Alchemist oder Goldmacher sei entweder ein Betrüger oder ein Betrogener gewesen. Neuere alchemiehistorische Forschungen zeigen aber, daß dieses zu einem Klischee erstarrte Bild, das wir gedankenlos vom 18. und 19. Jh. übernommen haben, im großen und ganzen falsch ist." (Weyer 1973).
317 (Brockhaus 2006, Band 5, S. 493).
318 (Ruthenberg 1994, S. 304).

festgelegten, inhaltlich genau bestimmten Fachgebiets in neuester Zeit immer mehr überdacht wird.[319] Des Weiteren muss berücksichtigt werden, dass keine scharfen Trennlinien zwischen der Chemie und den verwandten Wissensgebieten gezogen werden können. Principe fasst dies in seinem Epilog auf diese Art und Weise zusammen: „Crucially, the ‚natural' world was not so neatly circumscribed for early modern people as it is for moderns. In a world filled with meaning, where human beings, God, and nature are profoundly intertwined on multiple levels, the alchemists' laboratory investigations and findings had wider scope and ramifications than do the analogous activities of today's chemists."[320] Wenn man heutzutage gebräuchliche Bezeichnungen verwendet, muss es ganz klar sein, dass es selbstverständlich einen Bedeutungswandel über die Zeit gegeben hat. Man sollte deshalb nicht versuchen, die Maßstäbe des 21. Jahrhunderts auf vergangene Zeiten anzuwenden. Wegen des nicht mehr abtrennbaren Bedeutungshintergrunds der Unwissenschaftlichkeit und Scharlatanerie werde ich außerdem das Wort „Alchemie" in dieser Arbeit nur ganz gezielt verwenden.[321] Wenn dies geschieht, soll in erster Linie auf den mystischen, spirituellen und vitalistischen Aspekt oder auf die Bildhaftigkeit der Symbole in Mittelalter und Früher Neuzeit hingewiesen werden.[322]

Natürlich muss man sich auch der Tatsache bewusst bleiben, dass sich der Chemiker in Mittelalter und Früher Neuzeit natürlich von dem Chemiker des 21. Jahrhunderts unterscheidet. Heutzutage wird der Begriff Chemiker in der Umgangssprache entweder als Berufsbezeichnung verwendet oder steht für den Abschluss eines Universitätsstudiums. Beides gab es natürlich in der Frühen Neuzeit nicht: weder existierte der Beruf eines Chemikers noch konnte das Fach als solches an Universitäten studiert werden. Mit den heutigen Ausdrücken werden Spezialisten bezeichnet, die es in der vormodernen Welt nicht gab. Das gesamte Ausbildungssystem wirkte auf die Erziehung von Generalisten hin, den hauptberuflichen Wissenschaftler kannte man um 1600 in keinem Fachgebiet.[323]

---

319 (Bensaude-Vincent 2018) und (Meinel 2017, S. 97).
320 (Principe 2013b, S. 209).
321 Aus diesem Grund möchte ich nicht dem Beispiel William R. Newmans folgen, der aufgrund der synonymen Verwendung der beiden Begriffe in Mittelalter und Früher Neuzeit dies auch in seinem Buch über George Starkey tut. (Newman 2003, Seite x).
322 Das geheimnisumwitterte Wort Alchemie wird auch ganz bewusst zur Verkaufsförderung eingesetzt, wenn Principe in seinem Buch „The Secrets of Alchemy" rhetorisch fragt: „Would you have bought this book if its title were *The Secrets of Chemistry*? (Principe 2013b, S. 85).
323 Zur Entwicklung der sozialen Rolle des Wissenschaftlers in der Gesellschaft siehe die grundlegende Arbeit von Ben-David: (Ben-David 1971).

Aus diesen Gründen konnte es zu dieser Zeit eine soziale Identität der Chemiker in der Gesellschaft nicht geben.[324] Die frühneuzeitlichen Chemiker beschäftigten sich ausführlich mit der Chemie; sie experimentierten zum Teil selbst und beschrieben diese ausführlich in ihren Werken. Wie auch andere Spezialisten, Grafton nennt z.b. die Mathematiker,[325] bezeichneten sie sich in den untersuchten Quellen untereinander als Chemiker,[326] auch wenn sie natürlich ihr Fachgebiet in einem viel größeren Zusammenhang bearbeiteten. Auf Grund dieser Tatsache wird in der vorliegenden Arbeit, die sich mit der frühneuzeitlichen Chemie beschäftigt, der Quellensprache gefolgt, und alle „Wissenschaftler auf dem Gebiet der Chemie"[327] werden „Chemiker" genannt, auch wenn sie sich in der Frühen Neuzeit natürlich nicht ausschließlich der Chemie widmeten und in anderen Zusammenhängen anders bezeichnet werden müssten.

---

324 Sigrist verortet z.b. den Beginn der sozialen Identität für die Botaniker im 18. Jahrhundert. (Sigrist 2011, S. 352 f.).
325 (Grafton 2011, S. 11).
326 Sehr selten verwenden sie den Begriff „Philosoph" zu ihrer Bezeichnung. Nach Bartkowski taucht der Begriff „chymicus" erstmals bei Alexander von Suchten (ca. 1515–1578) auf: (Bartkowski 2017, S. 44).
327 „Chemiker, der: Wissenschaftler auf dem Gebiet der Chemie". https://www.duden.de/rechtschreibung/Chemiker (Zugriff am 15.01.2020).

4. Teil: Informationsaustausch frühneuzeitlicher Chemiker

4.1. Andreas Libavius

4.1.1. Leben und Wirken

Andreas Libau (nach 1555–1616) wurde zwischen 1555 und 1560 als Sohn eines Leinenwebers in Halle an der Saale geboren. Dort besuchte er die Lateinschule und wurde wahrscheinlich kostenlos unterrichtet, da sein Vater mit seinem Beruf eher zum ärmeren Teil der Bürgerschaft gezählt werden muss. Er nahm im Sommersemester 1576 das Studium an der Universität Wittenberg auf und benutzte bei der Immatrikulation erstmals den latinisierten Namen Libavius.[328] Im Matrikelverzeichnis wird er unter „Gratis inscripti" geführt.[329] Im Wintersemester 1577 wechselte er an die Universität Jena. Er studierte dort Philosophie und Geschichte[330] und schloss sein Studium als Magister Artium ab. In Jena begann er etwas später das Studium der Medizin, das er aber 1581 anscheinend ohne Abschluss beendete und stattdessen eine Stelle als Lehrer an der Lateinschule des kleinen thüringischen Städtchens Ilmenau aufnahm. Schnurrer vermutet, dass Libavius bei seinen Studien durch ein Stipendium oder einen Gönner unterstützt wurde, und dass ihn nun fehlende materielle Mittel zu diesem Schritt zwangen.[331] Die hohen Gebühren für eine Promotion[332] mögen zu dieser Entscheidung beigetragen haben.[333] Die Lehrtätigkeit in Ilmenau war von Erfolg gekrönt, und so wurde er 1586 an die Lateinschule der größeren Residenzstadt Coburg berufen. Anscheinend gab Libavius aber den Gedanken an das Medizinstudium nie ganz auf. Im Mai 1588 wurde er unter dem Rektorat von Felix Platter an der Universität Basel immatrikuliert[334]. Schon 3 Monate

---

328 (Schnurrer 1993).
329 (Förstemann 1976, Band 2, S. 263).
330 (Müller-Jahncke 1972, S. 205).
331 (Schnurrer 1993, S. 85).
332 (Seifert 1996, S. 216 f.).
333 Eine Unterbrechung des Studiums auf Grund fehlender Mittel betraf seinerzeit eine relativ große Anzahl von Studenten. (Seifert 1996, S. 217 f.).
334 Universitätsbibliothek Basel, Handschriften, Rektoratsmatrikel der Universität Basel, Band 2, (1568–1653). AN II 4, 46r. http://www.e-codices.unifr.ch/de/ubb/AN-II-0004/46r/medium (Zugriff am 23. 07. 2012).

später,[335] am 5. Juli 1588, wurde seine Dissertation mit dem Titel „Theses de summo et generali in medendo scopo, quod nimirum in omni θεραπεύσει contraria contrariis sint remedia" angenommen. Sie besteht aus 32 Thesen auf nur 6 Seiten.[336] Hubicki betont, dass sich enge Bindungen zu Lehrern und Kommilitonen entwickelten, und dass die Professoren Johann Nicolaus Stuppa (1542–1621)[337], Felix Platter, Caspar Bauhin (1560–1624)[338] und Jacob Zwinger (1569–1610)[339] zu seinen Freunden gehörten.[340] Libavius hat Zwinger nur kurz treffen können, da sich dieser eigentlich zum Studium in Padua aufhielt[341] und wahrscheinlich nur für kurze Zeit aus Anlass des Todes seines Vaters, Theodor Zwinger, im März 1588 nach Basel zurückgekehrt war.

Nach Abschluss des Medizinstudiums erhielt Libavius Ende 1588 einen Ruf als „Professor historiarum et poeseos"[342] an die Universität Jena. Die Medizin wurde erstmals 1591 Grundlage seiner beruflichen Laufbahn, als er vom Rat der Stadt Rothenburg ob der Tauber zum „Physicus Ordinarius" berufen wurde. Allerdings erfolgte die Berufung anscheinend mit dem Hintergedanken, zwei öffentliche Ämter in einer Hand zu vereinen. Bereits 1592 wurde er zusätzlich als „Inspector Scholae"[343] städtischer Aufseher über die dortige Lateinschule, die zu dieser Zeit erweitert und ausgebaut wurde, und er begann, eine neue Schulordnung zu entwickeln. Das zunächst gute Verhältnis zu den Lehrkräften verschlechterte sich jedoch zusehends, insbesondere als 1605 Elias Ehinger (1573–1653) als neuer Rektor ins Amt kam und sich dem Diktat des streitbaren Inspektors nicht unterwerfen wollte.[344] Libavius verließ Rothenburg, als er 1606 ein Angebot aus Coburg bekam. Dort wollte Herzog Johann Casimir von Sachsen-Coburg (1564–1633)[345] die städtische Ratsschule zu einem „Gymnasium Academicum"[346] ausbauen, und diese Aufgabe sollte Libavius anvertraut

---

335 Derart kurze Promotionszeiten waren seinerzeit in Basel nicht unüblich, s. dazu die Studiendaten von Libavius' Kontaktpartnern in Anhang 8.1. bis 8.4.
336 Libavius 1588.
337 (Koelbing 2011).
338 (Buess 1953a).
339 (Michaud 1854–1865, Band 45, S. 646 f.).
340 (Hubicki 1981, S. 309).
341 (Wackernagel 1951–1980, Band 2, S. 311).
342 (Schnurrer 1993, S. 86).
343 Ebd. S. 87.
344 Ebd. S. 91 und S. 95.
345 (Heyl 1974).
346 (Schnurrer 1993, S. 96).

werden. Dieser konnte sich schnell mit dem Herzog sowie dem Rat der Stadt Rothenburg einigen und begann Anfang 1607 seine neue Aufgabe. Er organisierte das Coburger Schulwesen erfolgreich um, trennte das Gymnasium räumlich und organisatorisch von der Ratsschule und schuf das universitätsähnliche „Gymnasium Academicum". Hier wurden im Rahmen des Unterrichts regelmäßig Disputationen unter Leitung von Libavius durchgeführt. Libavius leitete das Gymnasium Casimirianum bis zu seinem Tod am 25. Juli 1616.

Libavius lebte in einer Zeit, die in seinem engeren Lebensraum keine größeren kriegerischen Auseinandersetzungen kannte und durch eine gewisse Konsolidierung in Gesellschaft und Politik, vor allem aber in Glaubensfragen gekennzeichnet war. Die Wirren der Anfangszeit der Reformation mit den Bauernkriegen und dem Schmalkaldischen Krieg waren vorbei; den Beginn des Dreißigjährigen Krieges erlebte Libavius nicht mehr. Der Augsburger Religionsfrieden hatte, zumindest an der Oberfläche, zu einer Beruhigung der Kontroversen geführt und die Macht der Landesfürsten wie auch der Freien Reichsstädte gestärkt. Natürlich waren nicht alle Spannungen abgebaut, sie intensivierten sich über die Zeit, was letztendlich zum Ausbruch des Dreißigjährigen Krieges führte. Die Beruhigung wirkte sich auf alle Lebensbereiche aus, was natürlich insbesondere auf das Schul- und Bildungswesen in einigen Gebieten zutraf. Gerade die Freie Reichsstadt Rothenburg erlebte in einem Klima des Friedens und der Liberalität zwischen 1555 und 1618 eine Zeit der Blüte.[347] Gleiches gilt auch für das Fürstentum sowie die Stadt Coburg. Herzog Johann Casimir hatte die Finanzen des kleinen Fürstentums geordnet sowie Staatsverwaltung, Gerichtsbarkeit und Schulwesen ausgebaut.[348] Seine „kluge Politik sicherte Frieden" gemäß seinem Wahlspruch „Fried' ernährt, Unfried' verzehrt".[349] Auch auf dem Gebiet der Bildung war in vielen Gebieten des Heiligen Römischen Reichs eine gewisse Ordnung eingekehrt. Humanistische Reformen hatten den überkommenen scholastischen Bildungskanon modifiziert:[350] „die Antrittsrede des neuberufenen Philipp Melanchthon (1518) mit ihrer grundsätzlichen Absage an die dreihundertjährige Scholastik kann ebenfalls als ein Epochendatum in der Geschichte des Siegeszugs des Humanismus gelten."[351] Des Weiteren war die „Krise der 1520er Jahre"[352] in der Folge der Reformation überwunden. Insbesondere die

---

347 (Holstein 2000, S. 82).
348 (Schneider, Walter 1985, S. 110–115).
349 Ebd. S. 117.
350 (Hammerstein 2003, S. 12).
351 (Seifert 1996, S. 250).
352 (Hammerstein 2003, S. 21).

Städte, die den protestantischen Glauben übernommen hatten, trieben die Neugründung oder Umformung ihrer Schulen ab Mitte des 16. Jahrhunderts voran, so „daß die Reformation – hier durchaus in Weiterführung humanistischer Anregungen – dem Bildungswesen erheblichen Auftrieb gab."[353] In Rothenburg war das Kirchen- und Schulwesen nach Maßgabe des Tübinger Professors für Theologie und Kanzlers der Universität Jakob Andreae (1528–1590) eingerichtet worden.[354] Andreae ist für seine „Konkordienformel" zur Einigung der lutherisch-protestantischen Landeskirchen bekannt geworden.[355] In der Folge „stand das reichsstädtische Gymnasium in hoher Blüte;"[356] die Schülerzahl hatte sich dermaßen erhöht, dass der Neubau eines Schulgebäudes erforderlich wurde. Bei dessen Einweihung wurde Libavius öffentlich als „Inspector Scholae" vorgestellt, ein Amt, das speziell für ihn geschaffen worden war und auch nur bis zum Ende seiner Amtszeit im Jahr 1607 bestand.[357] Die Überarbeitung der Schulordnung fand also in einem stabilen und gedeihlichen Umfeld statt. Und auch der Aufbau des neuen „Gymnasium Academicum" in Coburg fand in einer wirtschaftlich erfolgreichen Zeit für das kleine Fürstentum statt. Zwar wurde anstelle einer geplanten Universität nur ein „gymnasium illustre"[358] verwirklicht, aber selbst dieses war für die Bedürfnisse Coburgs eigentlich schon zu groß.[359] Auch hier war ein neues Gebäude errichtet worden, der erste Unterricht wurde aber erst zwei Jahre danach im Jahr 1606 erteilt. Dazu wurden 35 Schüler und 2 Lehrer von der alteingesessenen Ratsschule an das Casimirianum versetzt.[360] Die strikte Trennung von der Ratsschule und der Aufbau des universitätsähnlichen „Gymnasium Academicum" oblagen dann ein Jahr später Libavius. Es waren wohl nicht nur die erwähnten Streitigkeiten mit dem neuen Rothenburger Rektor Ehinger dafür entscheidend, dass Libavius nach Coburg wechselte. Er entschied sich mit dem Wechsel nicht nur für eine interessante und fordernde Aufgabe, sondern verbesserte sich sicherlich auch materiell und erhöhte das Ansehen als Schulmeister. Sein Jahresgehalt von 360 Gulden bei freier Wohnung lag deutlich

---

353 (Hammerstein 1996, S. 70).
354 (Holstein 2000, S. 69 f.).
355 (Meinhold 1953).
356 (Schnizlein 1913/1914, S. 56).
357 (Schnurrer 1993, S. 87 f.).
358 (Seifert 1996, S. 292).
359 (Hammerstein, 2003, S. 29).
360 (Gruner 1930, S. 14).

höher als das seiner beiden festangestellten Professorenkollegen. Zusätzlich wurde ihm das Recht eingeräumt, seine ärztliche Praxis fortzuführen.[361]

4.1.2. Bücher und Briefe

Libavius war ein äußerst produktiver Autor, er verfasste an die 50 Bücher auf den verschiedensten Gebieten, was für die Frühe Neuzeit nicht untypisch ist. Neben Chemie und Medizin gilt dies vor allem für Philologie und Poesie, sowie unter dem anagrammatischen Pseudonym Basilius de Varna für die Theologie. In dieser Arbeit finden allerdings nur seine Chemiebücher Beachtung; sowohl seine Lehrbücher zum Unterricht am Gymnasium wie auch seine philosophischen und theologischen Werke werden nicht weiter betrachtet. Sein bekanntestes Werk ist die „Alchemia",[362] die in erster Auflage 1597 erschien und als „Alchymia" 1606 erneut aufgelegt wurde. Wie Libavius selbst in seiner Vorrede an den Leser schreibt, soll es hauptsächlich dem wissenschaftlichen Unterricht dienen, um „die Studien der Jugend auch in diesem Wissenschaftszweig zu fördern."[363] Libavius stellt das Lehrgebäude der Chemie anhand einer Vielzahl chemischer Reaktionen und Verfahren dar. Obwohl er größten Wert auf die Präzision der Beschreibungen legte, führte er nur die wenigsten Versuche selbst durch. Dies wurde ihm sehr bald von einigen Fachkollegen vorgeworfen. So veröffentlichte der in den Niederlanden wirkende, in Italien geborene Arzt Joseph Micheli (Lebensdaten nicht bekannt)[364] eine Streitschrift[365] gegen die Beschreibung der chemischen Verfahren im zweiten Band von Libavius' in Buchform veröffentlichter Sammlung von Briefen, den „Rerum chymicarum …" (s.u.).[366] Libavius weist auf die Tatsache, dass er sein Wissen überwiegend aus Büchern anderer Autoren bezog, in der „Alchemia" hin. Er stellt einen Autorenkatalog an den Anfang, in dem er weit über einhundert Personen auflistet, denen er in diesem Werk folgte.[367]

Unter dem Titel „Rerum chymicarum epistolica forma ad philosophos et medicos" erschienen 1595 und 1599 in Frankfurt eine Sammlung von 199 Briefen

---

361 Ebd. S. 33.
362 (Libavius 1964).
363 Ebd., Vorrede.
364 (Jöcher 1750–51, Band 3, S. 520).
365 (Michelius 1597).
366 (Moran 2007a, S. 43–46).
367 (Libavius 1964, S. XXVI-XXXVII).

in drei Bänden.[368] Sie wird von Moran sogar als noch wichtiger für die Entwicklung der Chemie betrachtet, als das bereits erwähnte Lehrbuch „Alchemia".[369] Der erste Band ist dem Rat der Freien Reichsstadt Regensburg gewidmet und enthält nach der Vorrede an die Leser mehrere Geleitworte. Diese stammen von einigen der bekanntesten Ärzte der Zeit und sollen der Bedeutung des Buches ein größeres Gewicht verleihen. Unter Ihnen sind der Erfurter Arzt, Mathematiker und Kalenderschreiber Bartholomäus Hubner (Lebensdaten unbekannt),[370] der Stifter des Collegium Medicum in Nürnberg Joachim Camerarius II d.Ä. (1534–1598),[371] der Frankfurter Arzt und Mathematiker Johann Hartmann Beyer (1563–1625)[372] und der Jenaer Medizinprofessor Zacharias Brendel (1553–1626).[373] Band 2 ist mit einer langen Widmung an den Herzog von Sachsen-Weimar, Friedrich Wilhelm I. (1562–1602),[374] versehen. Ohne eine weitere Vorrede an den Leser folgen zwei Geleitworte, in diesem Fall von einem heute nicht weiter bekannten Arzt, einem Rothenburger Kollegen, namens Bernhard Stieber (????–1631)[375] und dem Wertheimer Dichter Huldrich Buchner (1560–1602).[376] Anscheinend sollte die Widmung an einen Herzog dem Buch genügend Gewicht verleihen, so dass auf eine Vielzahl von Geleitworten verzichtet werden konnte. Band 3 erschien erst 1599 und ist dem Rat der Freien Reichsstadt Windsheim gewidmet. Auf Vorrede und Geleitworte wird vollkommen verzichtet. Entweder sah Libavius den dritten Band als zwangsläufige Folge der anderen Bände an, oder seine Bekanntheit war durch deren erfolgreiche Verbreitung[377] bereits so angestiegen, dass er meinte, ohne große Einführungen auskommen zu können.

Eine Sammlung von Briefen ist von Johannes Hornung (1573–nach 1626) unter dem Titel „Cista Medica, qua in Epistolae Clarissimorum Germaniae Medicorum, familiares, & in Re Medica, tam quoad Hermetica & Chymica, quam etiam Galenica principia, lectu jucundae & utiles, cum diu reconditis Experimentis asservantur"[378] im Jahre 1626 in Nürnberg veröffentlicht worden.

---

368 (Libavius 1595–1599). Die Titel der Briefe mit deutscher Übersetzung und die Adressaten sind in Anhang 8.1. zusammengefasst.
369 (Moran 2007a, S. 5 und S. 33).
370 (CERL 2012c).
371 (Jöcher 1750–51, Band 1, S. 1594 f.).
372 (Lorey 1955).
373 (Jöcher 1750–51, Band 1, S. 1362).
374 (Beck 1878).
375 (Schnurrer 1993, S. 92).
376 (Jöcher 1750–51, Band 1, S. 1450).
377 (Moran 2007a, S. 6).
378 (Hornung 1626).

Hornung stammte aus einer alteingesessenen Familie in Rothenburg ob der Tauber.[379] Er besuchte die dortige Lateinschule, allerdings vor der Zeit, in der Libavius dort Schulaufseher war. Dennoch wurde er wohl durch Libavius, der ein Freund der Familie war, entscheidend beeinflusst.[380] Er studierte zunächst Philosophie und anschließend Medizin in Tübingen. Das Medizinstudium setzte er in Basel und danach in Padua fort. Anschließend ging er zurück nach Basel, wo er zum Dr. med. promovierte. 1603 wurde er zum Stadtarzt in Bad Wimpfen berufen. Nach weiteren Stationen, z.b. in Heidenheim, wurde er 1624 „Fürstlich Badischer bestellter Medicus auf Hochberg und Emmendingen".[381] Über sein dortiges Wirken ist nichts Weiteres bekannt, und auch sein Todesjahr liegt im Dunkeln. Die Briefsammlung enthält 281 Briefe verschiedenster Korrespondenten;[382] die Themen betreffen sowohl die Medizin wie auch die Chemie. Die Sammlung ist dem zu dieser Zeit bereits zurückgetretenen Markgrafen von Baden-Durlach, Georg Friedrich (1573–1638), gewidmet und sollte daraus sicherlich zusätzlich an Bedeutung gewinnen. Gleiches gilt für die Vielzahl von Geleitworten, die der Widmung folgen. Die Vorrede an den Leser wurde von dem Wittenberger und später Gießener Medizinprofessor Gregor Horst (1578–1636)[383] geschrieben, der einige Jahre davor Archiater in Ulm geworden war. Im Gegensatz zu den „Rerum chymicarum ..." sind die Briefe mit einer Absenderangabe sowie meist mit Ort und Datum versehen. Die Briefe sind zum Teil nicht auf Latein, sondern in deutscher Sprache geschrieben, zumal wenn es sich um Arztbriefe an Patienten handelt. Kernstück der Sammlung sind 70 Briefe, die Libavius mit dem „Fürstbischöflichen Leibarzt" in Bamberg, Sigmund Schnitzer (Lebensdaten unbekannt),[384] austauschte. Die weitere Korrespondenz Schnitzers bildet dann den Hauptanteil des Buches. Allerdings sind zusätzlich neben eigenen Briefen Hornungs auch einige Schreiben anderer Ärzte und Chemiker enthalten. Des Weiteren stellte Libavius vielen seiner Bücher Briefe voran oder fügte sie an, wie es in der Frühen Neuzeit üblich war. In seinem Buch „Alchymia triumphans" ist z.B. ein undatierter Brief von Joseph Du Chesne an ihn abgedruckt.[385] Nach diesem Brief erwähnt Libavius, dass er während des Pariser Paracelsistenstreits auch Briefe von Théodore Turquet de Mayerne, Guillaume Baucinet (Lebensdaten

---

379 (Schnurrer 1978).
380 Ebd. S. 30–32.
381 Ebd. S. 28.
382 S. Anhang 8.2.
383 (Jöcher 1750–51, Band 2, S. 1716).
384 (Jäck 1812–1815, S. 1026) und (Jöcher 1750–51, Band 4, S. 317).
385 (Libavius 1607, S. 15–17).

unbekannt) und Israel Harvet (Lebensdaten unbekannt) erhielt.[386] Zwei an ihn gerichtete Briefe sind außerdem in Büchern von Bernard Gilles (nicht wie in älteren Angaben Georges oder Gabriel) Penot (1519–1617),[387] publiziert.[388]

Neben den in Büchern gedruckten Briefen sind 257 handschriftliche Schreiben, im Original oder in Abschrift, aus der Korrespondenz von Libavius bekannt,[389] von denen allerdings drei im Zweiten Weltkrieg verloren gegangen sind.[390] 251 Briefen aus der Feder von Libavius stehen dabei nur sechs Briefe entgegen, die an ihn gerichtet wurden. Leider sind bisher keine weiteren Briefe an Libavius aufgefunden worden. Selbstverständlich wird er eine große Anzahl von Briefen empfangen haben; er selbst erwähnt Schreiben an ihn etwa in der Einleitung an die Leser des Buches „Alchymia triumphans".[391] Die handschriftlichen Briefe sind in verschiedenen Archiven bewahrt. Sie sind bisher in mehreren Publikationen unvollständig und zum Teil fehlerhaft aufgelistet.[392] In der Sekundärliteratur finden sich aber auch einige Hinweise auf handschriftliche Briefe, die nicht verifiziert werden konnten.[393] Dies trifft insbesondere auf eine in der Literatur mehrfach behauptete Korrespondenz von Libavius mit dem Landgrafen Moritz von Hessen-Kassel zu.[394]

---

386 Ebd. S. 18.
387 (Kühlmann und Telle 2001, 2004 und 2013, Teil 3, S. 569–584).
388 S. Anhang 8.3.
389 S. Anhang 8.4.
390 Private Mitteilung Michal Broda, Universitätsbibliothek Breslau, vom 20.08.2013.
391 (Libavius 1607, S. 18).
392 S. z.B. (Hubicki 1981), (Schnurrer 1993) und (Meitzner 1995).
393 Bei einem Schriftstück in der Landesbibliothek Coburg unter der Signatur Ms 50, B. 59 (s. (Meitzner 1995, S. 277) handelt es sich nicht um einen Brief von Libavius, sondern um einen handschriftlichen Eintrag in das Stammbuch eines gewissen Johann Guntzel, der Schüler am Gymnasium Casimirianum in Coburg war. Und die Handschrift Gym. 8, Bl. 265 (s. (Meitzner 1995, S. 277) in der Forschungsbibliothek Gotha ist kein Brief von Libavius an seinen Kollegen, den Rektor des Gothaer Gymnasiums, Andreas Wilke (1562–1631), sondern ein Lobgedicht zu dessen Ehren.
394 S. z.B. (Schnurrer 1993, S. 105), (Hubicki 1981, S. 312) und (Kühlmann und Telle 2001, 2004 und 2013, Teil 3, S. 611). Nach Auskunft der Universitätsbibliothek Kassel sind in der zitierten Sammlung keine Briefe von Libavius an den Landgrafen enthalten; er wird allerdings mehrfach in anderen Briefen erwähnt (Private Mitteilung Martina Schmidt-Spandern, Universitätsbibliothek Kassel, vom 13.08.2013). Auch bei eigenen Recherchen konnten keine Briefe gefunden werden, weder in der Universitätsbibliothek Kassel noch im Hessischen Staatsarchiv in Marburg.

"Die Briefsammlung Christoph Jacob Trews ist die größte bekannte Briefsammlung mit medizinischem und naturwissenschaftlichem Schwerpunkt – und eine der größten Sammlungen in Deutschland."[395] Sie wird in der Universitätsbibliothek in Erlangen aufbewahrt. Christoph Jacob Trew war ein bekannter, und zu seiner Zeit berühmter, Arzt in Nürnberg und Mitglied des von Joachim Camerarius II d.Ä. gegründeten Collegium Medicum, einer Art oberster medizinischer Behörde der Stadt. Ohne nach Ansbach umsiedeln zu müssen, wurde er zusätzlich Leibarzt des dortigen Markgrafen.[396] Sein medizinischer Erfolg und seine europaweite Bekanntheit schlugen sich auch wirtschaftlich nieder. Sie versetzten ihn in die Lage, neben seiner eigenen Korrespondenz eine der umfangreichsten Sammlungen von Büchern und Briefen aufzubauen. Sein eigenes Netzwerk kann als beispielhaft für die Frühe Neuzeit gelten. „Im Trew'schen Briefkosmos treten exemplarisch Strukturen und Mechanismen zu Tage, die jenseits der Welt der Universitäten als konstitutiv für die Respublica litteraria der Frühen Neuzeit gelten dürfen."[397] In der Sammlung Trew sind insgesamt 159 direkt auffindbare Briefe unter dem Autor Andreas Libavius erhalten, jedoch kein von ihm empfangenes Schreiben. Die bisher besprochenen, in Buchform gedruckten Schriftstücke zeichnen sich zum Teil durch eine große Länge aus. Im Gegensatz dazu sind die handschriftlichen Briefe in der Sammlung Trew überwiegend nur eine oder bis zu höchstens acht Seiten lang, manchmal zuzüglich eines Anhangs. Acht Briefe aus den Jahren 1595 bis 1598 sind an Joachim Camerarius II d.Ä. gerichtet und weitere 6 Briefe aus den Jahren 1597 bis 1613 an dessen Sohn Joachim Camerarius d.J. (1566–1642).[398] Mit 143 Schreiben besteht der Großteil der Sammlung aus Briefen, die für den Nürnberger Arzt Leonhard Dold (1565–1611)[399] bestimmt waren. Über Dold ist recht wenig bekannt. Er wurde in Hagenau im Elsass geboren und studierte zunächst in Leipzig, vielleicht auch in Altdorf, und später in Italien Medizin. Er wurde in Basel promoviert und ließ sich anschließend als Arzt in Nürnberg nieder. Er hatte intensiven Kontakt zu Libavius und übersetzte eines seiner wenigen deutschen Bücher, die „Alchymistische Practic", ins Lateinische. Diese Briefe stammen aus den Jahren 1600 bis 1611. Einer Verwechselung verdanken wir das Schreiben an Sigmund Schnitzer, in dem zwar die Anschrift an Dold, die Anrede und das Schreiben

---

395 https://www.haraldfischerverlag.de/hfv/sammlungen/trew.php (Zugriff am 09. 07. 2012).
396 (Wunschmann 1894).
397 (Schnalke 2012).
398 (Jöcher 1750–51, Band 1, S. 1595).
399 (Siebenkees 1792, S. 411–413) und (Jöcher 1750–51, Band 2, S. 167 f.).

aber an Schnitzer gerichtet sind. Der letzte in der Sammlung enthaltene Brief aus dem Jahr 1604 ging an den fränkischen Prediger Balthasar Schnurr (1572–nach1624).[400] Er handelt von einem Buch mit theologischem Inhalt und wird hier nicht weiter betrachtet. Die Briefe sind überwiegend in der Handschrift von Libavius gehalten, allerdings lassen sich auch Abschriften auffinden. Ein zusätzlicher Brief befindet sich in Abschrift im „Xenium ad D.D. Am Wald" und ist im Katalog von Schmidt-Herrling nicht unter dem Autor Libavius, sondern unter „Am [und vom] Wald" verzeichnet.[401]

Der Frankfurter Arzt Johann Christian Senckenberg (1707–1772) brachte 1763 sein Vermögen in eine Stiftung zur Verbesserung der medizinischen Versorgung und Ausbildung ein. Aus ihr ist unter anderem die Senckenbergische Bibliothek hervorgegangen, die eine Vielzahl von Handschriften bewahrt. Darunter befindet sich die Korrespondenz des Frankfurter Arztes und Mathematikers Johann Hartmann Beyer, der in seiner Heimatstadt eine gewisse Berühmtheit erlangt hatte und Mitglied des Rates und Bürgermeister war.[402] Unter anderen sind 51 Briefe von Libavius aus den Jahren 1594 bis 1611 erhalten. Beyer korrespondierte mit vielen Ärzten, von denen eine große Anzahl auch zu den Kontakten von Libavius gerechnet werden muss, wie z.B. Caspar Bauhin und Jacob Zwinger aber auch die Professoren Gregor Horst und Daniel Mögling (1546–1603)[403] oder Bartholomäus Hubner. Die meist nur einseitigen Libavius Briefe sind in seiner Originalhandschrift erhalten.

Aus den Jahren 1598 bis 1614 sind in der Universitätsbibliothek Basel 3 Briefe von Libavius an seinen alten Bekannten Caspar Bauhin und 15 Briefe an Jacob Zwinger sowie 3 Briefe von Zwinger an Libavius erhalten. Sie stammen aus der historischen Bibliothek des Frey-Grynaeischen Instituts. Die beiden Baseler Professoren Johann Ludwig Frey (1684–1759) und Johannes Grynaeus (1705–1744) überführten eine umfangreiche Privatsammlung von Büchern und Handschriften in eine Stiftung. Die Libavius-Briefe werden dort im Original bewahrt. Zusätzlich sind die Briefe in Abschriften vorhanden, wobei in einigen Abschriften minimale Veränderungen der Originale bemerkt werden können. Die Universitätsbibliothek verfügt über eine umfangreiche Sammlung von Briefen ihrer beiden Professoren. So finden sich in der Korrespondenz von Caspar Bauhin unter anderem Schreiben seiner Wittenberger Professorenkollegen

---

400 (Waldberg 1891).
401 (Schmidt-Herrling 1940, S. 11 f.).
402 (Lorey 1955).
403 (Neumann, Ulrich 1994).

Daniel Sennert und Gregor Horst. In der noch weitreichenderen Korrespondenz von Jacob Zwinger sind, unter vielen anderen, Briefe von Sigmund Schnitzer und Leonhard Dold sowie von Johann Hartmann Beyer erhalten. Eine detaillierte Auswertung dieser medizinischen Korrespondenzen würde eine eigene Abhandlung erfordern und kann an dieser Stelle nicht durchgeführt werden.

Noch umfangreicher als die Briefsammlung von Christoph Jacob Trew ist die Uffenbach-Wolfsche Sammlung, die von der Staats- und Universitätsbibliothek in Hamburg verwaltet wird. Sie enthält etwa 40.000 Gelehrtenbriefe, die von dem Frankfurter Gelehrten, Ratsherrn und Bürgermeister Zacharias Konrad Uffenbach (1683–1734) begonnen wurde. Die Erben Uffenbachs verkauften die Sammlung an den Philosophieprofessor, Orientalisten und Pastor Johann Christoph Wolf (1683–1739), der sie zusammen mit seinem Bruder Johann Christian Wolf (1689–1770) pflegte und erweiterte. Die Brüder vermachten ihre Sammlung der Hamburger Stadtbibliothek. In der Uffenbach-Wolfschen Briefsammlung befinden sich Abschriften von 5 kurzen Briefen, die Libavius in den Jahren 1607 und 1608 an Joseph Du Chesne schrieb. Es gilt allerdings als gesichert, dass ein Briefwechsel bereits seit 1598 bestand,[404] da Du Chesne dies selbst in einer überlieferten Herstellungsvorschrift für ein Schmerzmittel erwähnte.[405]

In der Burgerbibliothek Bern wird die Handschriftensammlung des französischen Diplomaten Jacques Bongars (1554–1612)[406] aufbewahrt. Bongars entstammte einer calvinistischen Familie und kam im Alter von 10 Jahren nach Deutschland. Er besuchte in Marburg und Jena zunächst die Lateinschulen, um später an den dortigen Universitäten zu studieren. Er trat 1585 als Sekretär des französischen Botschafters in Frankfurt in den diplomatischen Dienst ein und wurde ab 1593 vom französischen König Heinrich IV. als Botschafter an verschiedenen Höfen eingesetzt. Er baute eine wertvolle Bibliothek auf, in der den Handschriften ein großer Stellenwert zukam. Sein Erbe vermachte die Bibliothek der Stadt Bern.[407] Unter den vielen Schriftstücken von Bongars befinden sich drei sehr kurze Briefe an Libavius.[408] In diesen bedankt sich Bongars für das bereits erwähnte Eintreten für Du Chesne im Pariser Paracelsistenstreit.[409] In der Forschungsbibliothek Gotha wird die Sammlung des Gothaer Gymnasium

---

404 (Kahn 2001b, S. 252).
405 (Du Chesne 1653–1658, S. 522): „…: communiquée en partie par lettre de mon singulier Amy Libavius, de l'an 1598, …".
406 (Steiger 1983).
407 Ebd.
408 S. Anhang 8.4.5.
409 (Kohlndorfer-Fries 2009, S. 211).

Illustre nach wechselvoller Geschichte archiviert. Darunter befinden sich auch Briefe des zweiten Rektors der Schule, Andreas Wilke (1562–1631), der von 1592 bis 1631 über lange Jahre dort Rektor war.[410] Es ist anzunehmen, dass der Professor Libavius den Studenten und späteren Privatdozenten Wilke bereits in seiner Jenaer Zeit kennenlernte. Wilke studierte ab 1583[411] oder nach anderen Angaben ab 1585[412] an der Universität Jena und erhielt dort 1589 die Magisterwürde. Unter demselben Landesherrn, Johann Casimir von Sachsen-Coburg, war Wilke ein direkter Kollege von Libavius. Daher ist es eigentlich verwunderlich, dass nur fünf Briefe von Libavius erhalten sind, alle aus der kurzen Zeit von August 1608 bis Januar 1609. Die Briefe betreffen in der Hauptsache den Unterricht am Gymnasium, daneben aber auch seine beiden Söhne, Andreas und Michael, was zu dieser Zeit des Öfteren aufzufinden ist. Die Briefe in der Originalhandschrift werden auf Grund ihrer Thematik in der Sache nicht weiter betrachtet. In der Forschungsbibliothek befindet sich außerdem ein Brief von Libavius, der wahrscheinlich an den Jenaer Pfarrer und Superintendenten, Johannes Major (1564–1654)[413] gerichtet war, der ab 1580[414] oder nach anderen Angaben ab 1584[415] an der Universität in Jena studierte. Auch den Theologie- und Philosophiestudenten Major lernte der „Professor historiarum et poeseos" Libavius wahrscheinlich dort kennen. Der Brief betrifft die medizinische Behandlung der Frau des Superintendenten und kann hier auch nicht Gegenstand der weiteren Untersuchung in der Sache sein.

Die Handschriftenabteilung der Universitätsbibliothek Heidelberg bewahrt einen Brief von Libavius an den humanistischen Philologen David Höschel (1556–1617)[416] aus dem Jahr 1602. Höschel war ab 1581 als Lehrer am Augsburger Gymnasium angestellt und wurde dort 1593 Rektor.[417] Der Brief in Originalhandschrift ist also an einen „Kollegen" gerichtet. Da er sich nicht mit Chemie beschäftigt, sondern mit der Publikation von Büchern und den Tätigkeiten von beiderseitigen Bekannten, wird er im Folgenden sachlich nicht weiter ausgewertet. Die Stadtbibliothek Nürnberg ist Besitzerin einer ganzen Reihe von Privatbibliotheken. Darunter befindet sich auch die Sammlung des Altdorfer Professors

---

410 (Berbig 1898).
411 Ebd.
412 (Mentz 1944, S. 363).
413 (Pünjer 1884).
414 (Mentz 1944, S. 130).
415 (Pünjer 1884).
416 (Lenk 1972).
417 Ebd.

Georg Andreas Will (1727–1798), der sich als mehrmaliger Rektor und Dekan sehr für seine Universität einsetzte. Seine Bibliothek vermachte er 1792 gegen eine Witwenrente der Stadt Nürnberg. In ihr sind drei weitere Briefe von Libavius an Joachim Camerarius II d.Ä. enthalten; sie wurden eigenhändig von Libavius geschrieben. Thomas Rehdiger (1540–1576) war ein in der Nähe von Breslau geborener Humanist, dem sein ererbtes Vermögen die Sammlung einer umfangreichen Bibliothek erlaubte. Diese wurde später von seiner Familie an die Stadt Breslau abgetreten.[418] In der Sammlung, die unter seinem Namen von der Universitätsbibliothek in Breslau gepflegt wird, sind drei Briefe von Libavius verzeichnet.[419] Sie waren an den Breslauer Stadtarzt und Professor der Physik Martin Weinrich (1548–1609)[420] gerichtet. Wie bereits erwähnt, sind diese Briefe im Zweiten Weltkrieg leider verloren gegangen.

Einige weitere Briefe, in denen es sich nicht um chemische Fragestellungen handelt, sind in den Stadtarchiven von Rothenburg ob der Tauber und Coburg erhalten.[421] Da sie an deutsche Obrigkeiten gerichtet sind und keinen wissenschaftlichen Charakter haben, sind sie natürlich in deutscher Sprache geschrieben. Bei dem Brief aus dem Stadtarchiv in Coburg handelt es sich um eine Abschrift, da er in einer anderen Handschrift geschrieben ist, die sich auch in anderen Schriftstücken im Archiv wiederfindet. Die Lesbarkeit der Briefe aus dem Rothenburger Archiv wird dadurch erschwert, dass Libavius sowohl deutsche wie auch lateinische Buchstaben verwendet. Bei den Schreiben an den Bürgermeister von Rothenburg handelt es sich erstens um einen Leichenschaubericht vom Juni 1606, zweitens um die Bitte zur Bereitstellung von Fuhrwerken für seinen Umzug nach Coburg aus dem Februar 1607 sowie drittens um ein freundliches Dankschreiben für die gute Zeit in Rothenburg verbunden mit der Widmung und Übersendung einiger seiner Schriften. An den Rat der Stadt Coburg schickte Libavius im Jahr 1595 aus Rothenburg sechs Exemplare seiner neu verfassten „Dialektik" für die studentische Jugend mit einer Widmung. Anscheinend hatte Libavius den Kontakt nach Coburg zu keiner Zeit aufgegeben. Mit Ausnahme der oben erwähnten Briefe an die Räte der Städte Rothenburg und Coburg sind die anderen Briefe auf Lateinisch geschrieben und zum Teil mit griechischen Fachausdrücken gespickt. Die Briefe sind fast alle mit einem Datum versehen, wobei zu berücksichtigen ist, dass Libavius nach dem

---

418 (Markgraf 1888).
419 (Wachler 1828, S. 79).
420 (Pagel, Julius Leopold 1896).
421 S. Anhang 8.4.5.

Julianischen Kalender datierte, wie es in vielen protestantischen Gebieten noch für lange Zeit üblich war. Er macht dies in einigen Briefen durch den Zusatz „nach alter Zeitrechnung" deutlich.

4.1.3. Inhalt und Form

In der „Alchemia" legt Libavius seine eigene Definition für die Begriffe „Alchemie" und „Chemie" fest. Die „Alchemie" ist für ihn das umfassende Gebiet und beinhaltet die „Handgrifflehre (encheria)", in der er die chemischen Verfahren beschreibt, und die eigentliche „Chemie (chymia)". Das Buch ist in antiker Tradition nach dem Prinzip der Zweiteilung gegliedert, eine Übersichtstafel befindet sich direkt nach der Vorrede an den Leser.[422] Im kürzeren Teil des Buches wird die Arbeitsweise der Chemiker eher abstrakt und ohne Anwendung auf bestimmte Stoffe erläutert. Die Verfahren werden dann im zweiten Teil auf praktische Umsetzungen angewendet. Dieser Teil ist untergliedert in die „einfachen" und die „zusammengesetzten" Stoffe, wobei letztere nur auf wenigen Seiten behandelt werden. Die „Alchemia" ist ein Lehrbuch der praktischen Chemie. Libavius beschreibt chemische Substanzen und Substanzgemische in einer Vielzahl von einzelnen Traktaten und erörtert in einigen Fällen die pharmazeutische Wirkung.

Im Band 1 der „Rerum chymicarum ..." wird die Chemie im Allgemeinen besprochen. Beachtenswert ist, dass Libavius im ersten Brief die damals an großer Bedeutung gewinnende Iatrochemie des Paracelsus angreift und erst der zweite Brief „Über die wahre und ehrenhafte Chemie" berichtet. Libavius stellt sich hier zunächst auf die Seite der Antiparacelsisten, die sowohl den Inhalt wie auch die Form der paracelsischen Lehren anfechten. Die weiteren Briefe führen in Definitionen und Bezeichnungen, in die Ordnung des chemischen Wissens sowie in die chemische Prinzipien und Grundstoffe ein. Daneben wird aber auch den medizinischen Anwendungen, die sich aus der Chemie ergeben können, breiter Raum eingeräumt. Die Lehren Galens werden erwähnt, aber auch der „Stein der Weisen" und die Smaragdinischen Tafeln des Hermes Trismegistos. Das zweite Buch enthält mit einhundert Briefen die größte Anzahl und beschreibt die chemischen Arbeiten. Neben heutzutage auch noch angewandten Verfahren, wie Destillation und Sublimation, werden die für die damalige Zeit wichtigen Tätigkeiten besprochen. Dabei handelt es sich zum Beispiel um die Putrefikation oder die Kalzination.[423] Natürlich dürfen auch an dieser Stelle

---

422 (Libavius 1964, S. XII und XIII).
423 S. Anhang 8.11.

die damaligen Begriffe nicht mit den heutigen gleichgesetzt werden. Libavius beschreibt eingehend die aufsteigende sowie die absteigende Destillation und widmet den Unterschieden bei der Destillation von pflanzlichem und tierischem Material mehrere Briefe; Themen, welche die Zeit nicht überdauert haben. Abschließend wird die chemische Analytik, die „Prüfung", mit ihren Verfahren besprochen. Sowohl die Untersuchungsgegenstände wie auch die unterschiedlichen Arbeiten werden eingeordnet und klassifiziert. Der dritte Band enthält zum Abschluss ganz spezielle Themen und Einzelheiten. Nach einigen einführenden Briefen über die Chemie und ihre Stellung in Wissenschaft, Natur und Gesellschaft werden zuerst einige offene Probleme diskutiert. Dabei handelt es sich zum Beispiel um den Magnetismus und andere zur damaligen Zeit nicht erklärbare „okkulte" Eigenschaften. Anschließend werden in bunter Reihenfolge die Herstellung und die Chemie verschiedenster Stoffe erläutert. Das sogenannte „Trinkgold" und das „Trinksilber" sollen zur medizinischen Anwendung benötigt werden. Eigenschaften und Verwendung von Eisen und Blei werden ausführlich beschrieben, und die Sonderstellung des Quecksilbers mit seinen diversen Anwendungen betont. Aber auch die alltägliche Praxis kommt nicht zu kurz. Die Chemie im Handwerk der Färber wird in mehreren Briefen anhand unterschiedlichster Materialien erläutert. Und zum Abschluss werden die Eigenschaften der Stoffe besprochen, die sich mit den Sinnen erfassen lassen und die Libavius den „Magisterien" zurechnet.

Wie beschrieben, lässt die Einteilung der Briefe in den drei Bänden eine klare Gliederung erkennen,[424] ein Vergleich mit der „Alchemia" bietet sich an. Dabei ist zu berücksichtigen, dass nur die ersten beiden Bände der Briefe vor der Erstausgabe der „Alchemia" von 1597 erschienen sind. In der „Alchemia" gliedert Libavius das Gesamtgebiet der „Alchemie" in zwei Teile: die „Handgrifflehre" und die „eigentliche Chemie". In den Briefen sind Reihenfolge und Umfang dagegen genau umgekehrt. Erst im zweiten Band werden die chemischen Verfahren diskutiert. In den einhundert Briefen werden die einzelnen Operationen zwar erst allgemein aufgeführt, dann aber meist auf praktische Beispiele angewendet. Eine klare Trennung zwischen Handgrifflehre und Chemie wird vermisst. Der erste Band der Briefe findet dagegen keine direkte Entsprechung in der „Alchemia". Die Themen der ersten Briefe dieses Bandes weisen deutliche Ähnlichkeiten mit der Vorrede an den Leser in der „Alchemia" auf. Der Inhalt der weiteren Briefe findet sich dann entweder einzelnen Themen der „Alchemia" zugeordnet wieder, oder er ist gar nicht mehr aufgenommen worden. Die „Rerum chymicarum

---

424 S. Anhang 8.1.

…" werden oft als Vorläufer der „Alchemia" bezeichnet und als ein Lehrbuch in Form von Briefen.[425] Ob man allerdings allein daraus den Schluss ziehen sollte, dass sie nicht zum Postversand bestimmt waren, wie Moran schreibt,[426] muss im Weiteren diskutiert werden. Zunächst verneint Moran explicit die Frage, ob die Briefe jemals per Post versandt worden sind,[427] und er versucht, dies durch Libavius' eigene Aussagen zu belegen. Leider ist die anschließend zitierte Literaturstelle 16 falsch, wie Moran selbst einräumt.[428] Moran schränkt seine anfängliche These später aber ein, wenn er einräumt, dass ein bestimmter Brief zuerst abgeschickt und dann in der Sammlung publiziert wurde,[429] oder viele Briefe Fragen zu bestimmten Themen enthalten, auf die Libavius eine Antwort erwartete.[430] Schnurrer sieht es als nicht erwiesen an, dass sie nicht doch abgesandt und später in überarbeiteter Form als Sammelwerk herausgegeben wurden.[431] Wenn die „Rerum chymicarum …" als Vorläufer und Test für die „Alchemia" gedacht waren, erwartete Libavius eine Reaktion seiner Adressaten. Zwar wurde die Erörterung von offenen Fragestellungen auch in Büchern geführt, eine schnellere Reaktion war aber wohl nur über den direkten Postversand möglich.

In den „Rerum chymicarum …" ist jeweils eine ganze Serie aufeinanderfolgender Briefe an einen einzigen Adressaten gerichtet. Das könnte damit zu tun haben, dass er ein bestimmtes Themengebiet durch den dafür bestgeeigneten Fachmann überprüft haben wollte. So richtete er z. B. einige Fragen am Ende des ersten Bandes, die die Praxis des Arztes betreffen, an Felix Platter, den Professor für praktische Medizin und Stadtarzt in Basel. Ebenso betreffen drei Briefe gegen Ende des zweiten Bandes metallurgische Themen und wenden

---

425 (Darmstaedter 1974, S. 112).
426 (Moran 2007a, S. 36).
427 Ebd.: „These letters were, however, intended not so much for the post as for the printer. Publishing them as a whole 'appeared far more prudent and useful than sending letters one at a time to people one by one.' Through the mail, he would have received 'a jumble of opinions, and perhaps I would have written to a certain person things about which another might have propounded judgements more correctly.'"
428 Private Mitteilung Bruce Moran vom 29.09.2012. Auf den dort angegebenen Seiten 8–9 des ersten Buches der „Rerum chymicarum …" bespricht Libavius dieses Problem nicht. Libavius behandelt hier zunächst die Probleme für die Gesundheit und das gesellschaftliches Ansehen derjenigen, die sich in harter Laborarbeit mit Chemie beschäftigen. Er fährt dann aber fort und stellt die Erfolge in der Bekämpfung von Krankheiten und Seuchen der angeblichen Verachtung der Chemiker gegenüber.
429 (Moran 2007a, S. 46).
430 Ebd. z.B. S. 238, S. 252 und S. 261 f.
431 (Schnurrer 1993, S. 101).

sich an den aus Schlesien stammenden Goldkronacher Berghauptmann Franz Kretschmer (Lebensdaten unbekannt).[432] Außerdem sind einige wenige Briefe und deren Antwortbriefe abgedruckt, die nicht aus Libavius' Feder stammen. So ist in Band 2 ein Brief des Iglauer Arztes Johannes Rucardus (Lebensdaten unbekannt)[433] aufgeführt, der wie Libavius in Wittenberg studierte. In Band 3 werden Briefe einiger anderer, allerdings nicht weiter bekannter Personen publiziert, auf die Libavius explizit antwortet und die Themen weiter diskutiert. Zunächst erhält er auf seine Vorstellung der verschiedenen Ziele in der Chemie an Orontius Aretaeus dessen Antwort mit der Besprechung einiger konkreter Fragestellungen. Im Weiteren diskutiert Nicolai Petrini mit Libavius über das spröde Verhalten von Gestein und Libavius' Brief ist explizit als Antwort gekennzeichnet. Später erläutert Libavius das Magisterium des Geruchs. Dazu erhält er von Olympius Virginius Moschatus einige Fragen, die er dann im Folgebrief beantwortet. Und schließlich erhält er auf seine Gedanken zur Natur des Geschmacks an Valerius Glycius Glossometra eine Stellungnahme unter Bezug auf die Chemie. Alle diese Briefe und insbesondere die Diskussion zwischen Libavius und Moschatus mit Aufriss des Themas, Fragen dazu und Beantwortung haben eindeutig den Charakter eines Briefwechsels. Auch wenn sie nicht mit Datum oder Ort gekennzeichnet sind, wie es bei Briefen üblich wäre, kann man wohl davon ausgehen, dass in diesen Fällen Schriftstücke wirklich ausgetauscht wurden. Demgegenüber schreibt Libavius gleich zu Anfang des ersten Bandes zwei Briefe an Tobias Wind (Lebensdaten unbekannt), den er als „Cand. phil. et med." bezeichnet. Ein Student dieses Namens wurde im November 1586 an der Universität Wittenberg immatrikuliert.[434] Libavius hielt weiterhin Kontakt zu seiner ersten Alma Mater, wie auch die Briefe an seinen Lehrer Salomon Alberti (1540–1600)[435] im 2. Band beweisen. In den Briefen an Wind spricht er über die Stellung der Chemie in der Medizin und diskutiert die Frage, ob chemische Präparate zur Bekämpfung von Epidemien angeraten seinen. Es ist aber wenig verständlich, wenn er diese Themen von einem, wenn auch fortgeschrittenen, Studenten überprüft haben möchte. Weiterhin darf auch bezweifelt werden, ob Johann Hartmann Beyer der bedeutendste Fachmann für die Destillation war. Er war in Frankfurt zwar auch als Arzt tätig, wurde aber mehr durch seine Arbeiten zur Mathematik bekannt. Und letztendlich wird ein Brief „Ad amicos quibus illae ascriptae"[436] wohl kaum

---

432 (Kühlmann und Telle 1998, S. 192 f.).
433 (CSBA 2012).
434 (Förstemann 1976, Band 2, S. 344).
435 (Schmid 1953).
436 S. Anhang 8.1.3.

jemals an einen Empfänger ausgehändigt worden sein. Er trägt das Datum vom 12. Dezember 1597 und ist die erste Antwort auf die bereits erwähnte Streitschrift des Joseph Micheli, die sich gegen sein Verständnis von Chemie wendet.

In der Vorrede an den Leser der „Rerum chymicarum ..." äußert sich Libavius an zwei Stellen zum Thema der Briefe. Leider enthält das Original der „Praefatio" keine Seitenzahlen, die folgenden Hinweise beziehen sich deshalb auf eine eigene Nummerierung von I-IX. Am Ende der Seite I schreibt Libavius: „ Deinde me forma epistolica usum potius quam scientifica instructione, & non tam praecepisse, quam consuluisse, ne mirereris."[437] Und an anderer Stelle, auf Seite VII und VIII, fährt er in einem längeren Textteil fort: „Eos tandem ad quos epistolae sunt exaratae rogatos velim, ne putent sua nomina hic ita proponi, quemadmodum agyrtae in nundinis tabulas suas solent. ...... Ratio epistolaris mea tantum abest a consultis Paracelsitarum & fraude extortis literis, invitisque autoribus divulgatis, quantum a fraude doloque honestas, & a turpitudine liberalitas. Ideo etiam non doctorem & magistrum me exhibeo, sed discipulum & consultorem, quasi examini ingenuo amicis & doctrinae egregiae testimonio ornatis me sistens. Rogo autem ut colloqui respondendo non dedignentur. Ita enim speratus profectus emerget."[438] Beide Passagen lassen keine eindeutigen Schlüsse auf die Frage zu, ob die Briefe jemals auf dem Postwege an einen Adressaten geschickt wurden. Sie sind an die Leser des Buches gerichtet und sollen begründen, warum Libavius die Briefform wählte. Weiterhin sprechen sie für die Annahme, dass die Briefe an die aufgeführten Adressaten gerichtet sind und Libavius von ihnen eine Stellungnahme erwartete. Natürlich darf auch nicht vernachlässigt werden, dass die Nennung einer Vielzahl bekannter Wissenschaftler den Büchern ein höheres wissenschaftliches Gewicht verleihen sollte. Und

---

437 Wundere Dich nicht, dass ich eher die Briefform als eine wissenschaftliche Unterweisung gebrauche, [dies] nicht so sehr um vorzuschreiben als zu raten.

438 Ich möchte, dass schließlich diejenigen gefragt werden, an die die Briefe geschrieben sind, damit sie nicht glauben, dass ihre Namen hier so vorgelegt werden, wie die Marktschreier am Markt ihre Tafeln darzubieten pflegen. ..... Die Art meiner Briefe ist so weit entfernt von den orakelhaften Maßregeln der Paracelsisten und von betrügerisch entrissenen Briefen; und [so weit entfernt] von den Briefen, die gegen den Willen der Autoren veröffentlicht wurden, wie die edle Gesinnung von Betrug und List und [auch] von der Schande [entfernt ist]. Deswegen stelle ich mich nicht als gelehrter Lehrer dar, sondern als Schüler und Ratsuchender, wie wenn ich mich einer freien Prüfung bei Freunden und denjenigen stellte, die durch das Zeugnis einer herausragenden Gelehrsamkeit ausgezeichnet sind. Ich bitte aber darum, dass das gelehrte Kolloquium in der Beantwortung nicht in Frage gestellt wird. So entsteht nämlich der erhoffte Fortschritt.

genau so wichtig war es sicherlich für Libavius, diese Wissenschaftler als seine Unterstützer auf der Seite der Antiparacelsisten zu benennen. Die Frage, ob es sich bei den „Rerum chymicarum ..." um eine Sammlung von Briefen oder ein Lehrbuch in Briefform handelt, lässt sich nicht eindeutig beantworten. Es lassen sich sowohl Argumente für die eine wie die andere These finden. Ganz gewiss waren sie aber nicht vertraulich an einen Empfänger gerichtet, sie waren auf jeden Fall zur späteren Publikation bestimmt. Wie viele andere Briefe der Zeit tragen sie den Namen einer einzelnen Person, sie wurden aber geschrieben, um von anderen gelesen zu werden.[439] Außerdem besteht noch die Möglichkeit, dass eine nicht bestimmbare Anzahl von Briefen ihre Empfänger erreichte und durch weitere Lehrmeinungen in Briefform für die Publikation der drei Bücher ergänzt wurde. Ganz gewiss erhielt Libavius eine Vielzahl von Rückmeldungen, wie er selbst in einem Brief des später erschienenen dritten Teils schreibt.[440] Diese Kommentare berücksichtigte er sicherlich beim Schreiben der „Alchemia". Das Lehrbuch besitzt eine andere Ordnung des Sachgebietes und eine sehr viel klarere Struktur. Nebensächliche und wenig konkrete Einzelheiten wurden weggelassen, und es wurde auf die Vielzahl beleidigender Äußerungen gegenüber Paracelsus und seinen Anhängern verzichtet. In der „Alchemia" polemisiert der Humanist Libavius mehr gegen die Form der paracelsischen Lehren als gegen ihren Inhalt. Er übernimmt zum Beispiel mit den „tria prima", den drei stoffbildenden Prinzipien, die Materiekonzeption von Paracelsus uneingeschränkt, erläutert sie und fasst sie in seiner präzisen Art zusammen.[441] Des Weiteren ist es außerdem unerheblich für die später zu diskutierende Frage von Netzwerkstrukturen, ob es sich bei den „Rerum chymicarum ..." um Bücher in Briefform oder Briefe in Buchform handelt. In der Vorrede an den Leser fordert Libavius ein „gelehrtes Kolloquium", durch das er den Fortschritt in der Chemie gewährleistet sieht. Dabei macht es keinen Unterschied, ob die Briefe einzeln an verschiedene Adressaten geschickt worden sind oder Libavius sie durch die Bücher erreichen wollte. Er forderte jedenfalls Kommentare zu seinen Thesen ein und

---

439 (Delisle 2004, S. 161 und 167).
440 (Libavius 1595–1599, Band 3, S. 245): „Binis tuis Epistolis responsum me debere fateor, idque, quanquam sint diversi argumenti, ne tamen expectationem tuam disteram, utque una fidelia duos, ut aiunt, parietes inducam, hoc tibi confectum dabo." Ich gestehe ein, dass ich die Antwort auf Deine zwei Briefe schuldig bin, und damit ich dennoch Deine Erwartungen nicht enttäusche, möchte ich mit einem Brief beide beantworten, obwohl sie unterschiedlichen Inhalts sind, und sie Dir [nun] vollendet übersenden.
441 (Libavius 1964, S. 314–324).

erhielt sie auch allem Anschein nach. Es spricht demgegenüber nichts für die mögliche Vermutung, dass Libavius die Vielzahl der Namen ausschließlich aus Marketinggründen wählte, um den Verkaufserfolg seiner Bücher zu verbessern.

Wegen ihrer Vielzahl konnten im Rahmen dieser Arbeit nicht alle handschriftlichen Briefe im Detail transkribiert und übersetzt werden. Die vollständige Erschließung des gesamten Briefwechsels ist sicherlich eine der „wichtigsten Aufgaben der deutschen Wissenschaftsgeschichte", wie schon Kühlmann und Telle vor geraumer Zeit anmerkten.[442] Stattdessen wird versucht, einige Themen übergreifend herauszuarbeiten. Deshalb wurden zur genaueren Betrachtung Briefe ausgewählt, die den ganzen Zeitraum überstreichen, alle Adressaten berücksichtigen und bestimmte Themen exemplarisch beleuchten. In den Auswertungen muss selbstverständlich auch berücksichtigt werden, dass nur ein Teil der seinerzeit geschriebenen Briefe erhalten ist. In den Briefen wird oft über gemeinsame Bekannte gesprochen, deren Namen aus den gedruckten Briefen bekannt sind, und es ist anzunehmen, dass auch mit diesen ein persönlicher Briefwechsel stattfand. Da außerdem kein Nachlass von Libavius bekannt ist, sind außer den Briefen Schnitzers und einem Brief von Hornung in der „Cista medica ..." nur die drei handschriftlichen Briefe an ihn erhalten, die von Zwinger geschrieben wurden, und die drei kurzen Schriftstücke von Bongars. Ein Briefwechsel mit Théodore Turquet de Mayerne, dem Leibarzt von sowohl Heinrich IV. in Frankreich wie auch von Karl I. (1600–1649) und Karl II. (1630–1685) in England, ist zum Beispiel sehr wahrscheinlich. Es existiert zumindest ein Briefentwurf von Turquet de Mayerne an Libavius aus dem Jahre 1606.[443]

Die überwiegende Zahl der Briefe beschäftigt sich mit Fragestellungen aus der Chemie, persönliche Inhalte kommen erst in der Coburger Zeit hinzu. Bei den Themen handelt es sich erstens um chemische Veränderungen von Stoffen und die dazu notwendigen Verfahren, wobei in vielen Fällen Anwendungen in der Medizin diskutiert werden. Daran anschließend betrifft ein zweiter Themenkomplex bestimmte Stoffe oder auch pharmazeutische wirksame Pflanzen bzw. ihre Extrakte, die Libavius gern von seinen Briefpartnern erhalten möchte. Ein drittes Gebiet ist die wissenschaftliche Beschäftigung mit der Transmutation von Metallen, und hier insbesondere der Goldmacherei. Viertens ist zu berücksichtigen, dass Kontroversen zwischen Gelehrten oftmals äußerst heftig, teils mit persönlichen Beleidigungen, in Büchern und Briefen ausgetragen wurden. Bei Libavius sollen hier exemplarisch die Auseinandersetzungen um die

---

442 (Kühlmann und Telle 2001, 2004 und 2013, Teil 1, S. 13 f., Anm. 47).
443 (Kahn 2007, S. 384).

Panacea Amwaldina, der Streit mit Joseph Micheli sowie der Pariser Paracelsistenstreit Beachtung finden. Und last but not least nimmt die Veröffentlichung von Büchern in Libavius Leben und Briefen einen großen Raum ein. Ihr Schreiben wird angekündigt, ihr Inhalt angerissen und die Probleme bei der Publikation erörtert. Allerdings dreht es sich in den Briefen selten nur um ein einziges Thema. Neben einem Hauptthema werden weitere Sachgebiete angesprochen und häufig das Verhalten und die Meinung von gemeinsamen Bekannten diskutiert. Hierin unterscheiden sich die handschriftlichen Briefe fundamental von den gedruckten Lehrbriefen der „Rerum chymicarum …", in denen selten mehr als ein einziges Thema erörtert wird, dieses dann aber ausführlich und oft in epischer Breite.

Ein gutes Beispiel, in dem Libavius grundlegende Themen aus der Chemie erörtert, ist der Brief vom 24.Juli 1600 an seinen Freund und Studienkollegen Sigmund Schnitzer.[444] Es wird eine Vielzahl von Stoffen mit ihren Eigenschaften, ihren Reaktionen und ihrer Herstellung diskutiert, wobei in den meisten Fällen die pharmazeutische Wirkung angesprochen wird. Ein erstes Beispiel sind die Salze des Eisens. Als Herstellungs- und Umsetzungsverfahren werden Putrefikation, Dekoktion und Kalzination[445] erwähnt, aber auch die Reaktionen mit Säuren und den Sulfaten anderer Metalle; außerdem wird die Möglichkeit einer Sublimation zur Reinigung erörtert. Anschließend wird die Meinung vertreten, dass Eisensalze bei Durchfallerkrankungen eingesetzt werden sollten. Einige Seitenhiebe gegen die Paracelsisten dürfen dabei natürlich auch nicht fehlen. Nach ihren Herstellungsverfahren bespricht Libavius die äußerliche Anwendung von Quecksilbersalzen und beklagt die „temeritas",[446] diese Mittel auch innerlich zu verordnen. Neben den chemischen und pharmazeutischen Sachfragen spielt in diesem Brief aber auch der Austausch von Stoffen eine Rolle. Libavius erwartet von Schnitzer den Erhalt von „torvena belgica" und „bitumen danicum cum norvegico".[447] Dieser handschriftliche Brief unterscheidet sich weder in der Aufmachung noch in der Themenwahl von vielen Briefen aus dem gleichen Zeitraum, die in der „Cista medica …" gedruckt wurden. Ähnlich vielseitig in der Diskussion wissenschaftlicher Fragestellungen ist der Brief an seinen Freund Leonhard Dold vom 12. Mai 1608.[448] Wird zunächst die teilweise betäubende

---

444 S. Anhang 8.4.1.
445 S. Anhang 8.11.
446 Leichtfertigkeit.
447 Belgische Torferde und dänische mit norwegischer Pecherde.
448 S. Anhang 8.4.1.

Wirkung von Wärme und Kälte auf den menschlichen Körper diskutiert, so warnt Libavius anschließend davor, Bilsenkraut, Hahnenfuß oder Tollstechapfel als Schlafmittel zu nutzen. Die narkotische Wirkung dieser Pflanzen dürfe nicht mit dem Schlaf verwechselt werden. Er bedauert, dass sein Basler Lehrer Jacob Zwinger darüber nichts schrieb. Anschließend geht Libavius ansatzlos zur Goldmacherei über und verweist auf die alten Autoren. Er befürchtet, dass die modernen Goldmacher nahezu ausschließlich Betrüger sind. Wie in anderen Briefen wird eine Vielzahl von Kollegen erwähnt. Neben Zwinger sind dies der Freiburger Arzt Johann Schenck (1530–1598),[449] dessen Buch Dold ihm schickte, der Arzt Martin Ruland d.J. (1569–1611),[450] der mit Dold auch einen ausführlichen Briefwechsel führte, und seine Rothenburger Kollegen Bernhard Stieber und Jeremias Seng (1552–1618).[451]

„.....: wie nun das Gefäs ausgeleeret worden, sihe da haben wir nicht mehr Bley, sondern das allerreineste Gold darinnen gefunden, und zwar ein solches Gold, welches nach der Goldschmide Examinierung das Ungarische, oder Arabische Gold weit übertroffen; und ist desselben eben soviel gewesen als zuvor deß Bleys."[452] Mit diesen Worten beschreibt der Freiburger Medizinprofessor Johann Wolfgang Dienheim (Lebensdaten unbekannt)[453] eine angeblich gelungene Transmutation des Goldmachers Alexander Setonius Scotus (Lebensdaten unbekannt)[454] im Beisein von Jacob Zwinger. Dieser diskutierte dieses Ereignis in mehreren Briefen mit Libavius zwischen dem 20. August 1604 und dem 30. September 1607 und stellte seine Zweifel sowohl an der „Wahrhaftigkeit" des Menschen Scotus wie auch an dessen Experimenten dar.[455] Zwinger berichtete an Libavius erstmals am 20. August 1604 von dem Experiment, das nach Aussage von Dienheim im Jahre 1603 stattgefunden haben soll. Zwinger erwähnt in diesem Brief aber weder die Teilnahme Dienheims noch die Anwesenheit eines Goldschmieds. Aus diesem Brief ist auch nicht ersichtlich, dass Zwinger ein Stück Gold behalten durfte,[456] wie es Dienheim behauptet. Libavius antwortete

---

449 (Jöcher 1750–51, Band 4, S. 250).
450 (Neumann 2005).
451 (Jöcher 1750–51, Band 4, S. 504).
452 (Dienheim 1674, S. 82).
453 (Jöcher 1750–51, Band 2, S. 116 f.).
454 (Paulus, Julian 1998c) und (Schmieder 1832, S. 325–346).
455 S. Anhang 8.4.3.
456 „Ego plumbum subministrabam. An ergo quod meum erat, suo licet melius redditum artificio sibi retinere debebat. Ne scilicet pauculorum aureorum accessione ditior evaderem." Ich lieferte ja dazu das Blei. Das, was eigentlich meins und durch seine

in dem ausführlichen Brief vom 8. Oktober 1604. Er hält eine Transmutation für möglich und führt zur Bekräftigung die Schriften mehrerer anderer Autoren an. Anschließend bespricht er in allen Einzelheiten denkbare Täuschungsversuche des Goldmachers. Er stellt einige Fragen zu den Beobachtungen Zwingers und erläutert chemische Umwandlungen von Blei für den Fall, dass es nicht zu Gold geworden wäre. Aus diesem Brief kann man entnehmen, dass Zwinger vielleicht doch ein Stückchen Gold behalten durfte, das er zur Prüfung bekommen hatte.[457] Etwas später empfiehlt er außerdem Zwinger weitere Prüfungen für die Echtheit des Goldes durchzuführen.[458] Auch die zusätzliche Anwesenheit eines Goldschmieds ist nach diesem Brief eher wahrscheinlich; der Name Dienheims wird aber wiederum nicht erwähnt. Zwinger bleibt weiterhin skeptisch und beschreibt den Vorgang erneut am 5. April 1605. Auch er diskutiert die Aussagen anderer Chemiker und fragt Libavius nach seiner Meinung über die Vier-Elemente Materietheorie von Aristoteles sowie die Drei-Prinzipienlehre von Paracelsus. Zwinger versucht an dieser Stelle seines Briefes, die wissenschaftliche Grundlage der Metallumwandlung zu diskutieren. Damit möchte er sich von den vielfach beschriebenen Täuschungsversuchen betrügerischer Goldmacher absetzen und bemüht sich, eine theoretische Grundlage für die Möglichkeit der Transmutation zu definieren. Die folgenden Briefe zwischen Libavius und Zwinger führen den Dialog fort und konzentrieren sich auf weitere Beschreibungen von gelungenen Transmutationen. Dabei fällt auch der Name des Goldmachers Michael Sendivogius (1566–1636),[459] dessen Name und Leben Eingang in die Literatur gefunden haben. Gustav Meyrink beschreibt auf den ersten Seiten seines Romans „Die Abenteuer des Polen Sendivogius" die erdichteten und aufregenden Erlebnisse von Sendivogius mit Setonius Scotus bis zu dessen

---

Kunst veredelt worden war, sollte er behalten. Damit ich durch ein klein wenig Goldzuwachs nicht reicher davonging [als ich gekommen war].

457 „Conflatum est aurum cuius tibi portiunculam explorandi causa atque etiam testem artis reliquit." Das Gold ist entstanden, wovon er Dir ein kleines Stückchen zur Untersuchung gab, wodurch er anderseits auch ein Zeugnis seiner Kunst zurückgelassen hat.

458 „Tu ergo corripe specimen tuum et explora examine aquae causticae, vel etiam ad acus revoca, aut in caementum vel cinereum catillum infer. Verum deprehendes." Du aber ergreife Dein Beweisstück und untersuche es durch Prüfung mit alkalischer Lauge, oder wiederhole sogar den Nadel[test] oder das Zementieren oder das Zinerieren. Du wirst die Wahrheit finden.

459 (Hubicki 2008).

angeblichem Tod in der Heimatstadt des Polen, in Krakau.[460] Die Korrespondenz zwischen Jacob Zwinger und Libavius sowie mit einigen anderen Chemikern zu diesem Thema wurde von Zwingers Urenkel, dem Basler Professor Theodor Zwinger (1658–1724), später als Beweis für die Möglichkeit einer Goldtransmutation publiziert.[461]

Im Zusammenhang wissenschaftlicher Kontroversen ist der älteste Brief interessant, der von Libavius erhalten ist. Er stammt vom 2. November 1591 und ist unter dem Autor „Am und vom Wald auf Dürnhoff" in der Sammlung Trew enthalten.[462] Obwohl es sich um eine Abschrift handelt, lassen Wortwahl und Stil die Annahme zu, dass Libavius diesen Brief tatsächlich schrieb. Im Brief lobt Libavius in einer längeren Einleitung die Tüchtigkeit und Begabung des berühmten Entdeckers und Herstellers Georg Amwald (1554–1616)[463] und das nach ihm benannte Wundermittel, „das sich s.Z. eines außerordentlichen Rufes erfreute."[464] Er wertet das Allheilmittel sowohl als wissenschaftliche Leistung wie auch als vorteilhaft für die Gesundheit der Allgemeinheit und verspricht Unterstützung gegen eventuelle Anfeindungen. Der Brief ist so positiv im Sinne Amwalds formuliert, dass dieser ihn in einer späteren „Werbeschrift" für sein Allheilmittel neben anderen als „Mannigfaltige Zeugnisse der Ärzte" publizierte.[465] Diese positiven Äußerungen stehen in völligem Gegensatz zu den einige Jahre später publizierten Briefen und Büchern, in denen Libavius Amwald und seine Panazee auf das heftigste bekämpft. Als erstes veröffentlichte er wenige Jahre später in dem Buch „Neoparacelsica"[466] einen langen Brief über 172 Seiten an Johann Hartmann Beyer, datiert vom 10. Februar 1994, zuzüglich eines Anhangs über elf Seiten vom 8. April 1994. Wiederum adressiert an Beyer ist dann dem „Tractatus duo physici"[467] ein Brief vom 31. Mai 1594 angehängt. Dieser Brief wurde in gekürzter Form mit dem Datum vom 1. Juni 1595 als letzter Brief des zweiten Teils der „Rerum chymicarum …" erneut publiziert. Nach der anfänglichen positiven Stellungnahme war es Libavius anscheinend sehr daran gelegen, seinen Meinungswandel darzustellen. Eine weitere Auseinandersetzung

---

460 (Meyrink 2012). Einen Überblick über die Schriften von Sendivogius und die Rolle von Setonius gibt Prinke: (Prinke 2016).
461 (Zwinger 1700).
462 S. Anhang 8.4.1.
463 (Müller-Jahncke 1994).
464 (Hirsch 1875).
465 (Am und vom Wald 1594, S. 70 f.).
466 (Libavius 1594a).
467 (Libavius 1594b, S. 393–407).

betrifft den bereits erwähnten Vorwurf des Arztes Joseph Micheli, dass Libavius seine beschriebenen chemischen Verfahren nicht selbst durchgeführt habe. Mit Datum vom 12. Dezember 1597 ließ er eine erste „Apologia" im dritten Band der „Rerum chymicarum …" drucken. Er führt diesen Streit im ersten Teil eines weiteren Buches fort.[468] Dieses beginnt mit einem Brief vom 18. April 1598 an den Senat der Stadt Middelburg, in der Michelis Buch veröffentlicht worden war. Ob dieser Brief vor seiner Veröffentlichung in Buchform den Senat der Stadt in handschriftlicher Form erreichte, kann nicht mehr nachvollzogen werden, da das gesamte Schriftgut des Senats im Zweiten Weltkrieg zerstört wurde.[469] Libavius verteidigt die Methode seiner „Rerum chymicarum …" und erklärt die Unzulänglichkeiten der Ansichten Michelis, wobei er auch vor patriotischen Argumenten gegen den „Italiener"[470] Micheli nicht zurückschreckt. Er argumentiert gegen die sachlichen Ansichten Michelis und kritisiert dessen schlechten Stil. Er äußert seine Verwunderung, dass der Senat Micheli das Recht zum Druck und zur Verbreitung seiner Schrift einräumte.[471]

In einem Brief an Joseph Du Chesne vom 19. August 1608 bekräftigt Libavius seine Unterstützung im Pariser Paracelsistenstreit.[472] In einer längeren „captatio benevolentiae" nimmt Libavius zunächst Bezug auf ein Treffen mit einem gemeinsamen Bekannten, der von Du Chesnes Wohlergehen und dessen erfolgreicher Tätigkeit als Arzt berichtete, und lobt anschließend die „hermetische Kunst" von Du Chesne. Demgegenüber qualifiziert er die Autorität von Du Chesnes Hauptgegner in diesem Streit, Jean Riolan, ab. Er tadelt, dass sich Riolan rühmt, in ganz Europa bekannt zu sein, aber selbst er, Libavius, ihn gar nicht kenne. Und er fragt weiter, ob es überhaupt frühneuzeitliche Chemiker gibt, die Riolans Arbeiten schätzen. Er schreibt: „Sed mihi hominis autoritas et judicium levius est quam ut palinodiam canam."[473] Libavius stellt das Ansehen Riolans

---

468 (Libavius 1599).
469 Private Mitteilung Elly Hündgens, Zeeuws Archief Middelburg, vom 22.08.2013.
470 (Libavius 1599, unnumerierte Einleitung S. 10): „Conficatum itaque & iniuriose intortum convitium facile iudicabitis, & germanam innocentiam a saevitia & maledictis huius Itali, si Germani estis, prohibebitis." Deshalb werdet Ihr Euch leicht ein Urteil über das erdichtete und ungerecht verdrehte Gezänk bilden, und Ihr werdet die wirkliche Rechtschaffenheit gegen die Grausamkeit und die Schmähungen dieses Italieners schützen, wenn Ihr Germanen seid.
471 (Moran 2007a, S. 48).
472 S. Anhang 8.4.4.
473 Aber für mich ist die Autorität und das Urteil [dieses] Mannes unbedeutender als eine alte Palinodie.

in Frage, aber nicht die Autorität der Pariser Fakultät, die er als maßgebliche Institution betrachtete.[474] Die Kontroverse dreht sich in diesem Brief um einen heilenden Stoff, der in einem Buch aus dem Pseudo-Lullus Corpus[475] beschrieben sein soll. Dabei handelt es sich wahrscheinlich um das vielfach aufgelegte Werk „Clavicula quae et apertorium dicitur",[476] das auch in Band 3 von Zetzners „Theatrum Chemicum ..." abgedruckt ist.[477] Riolan hatte Libavius' Meinung dazu kritisiert, was dieser als Chemiker entschieden zurückweist. Zum selben Thema ist ein Brief an einen Arzt in Stade namens Cosman Pegandrus am Ende der „Alchymia triumphans"[478] aufzufinden. Bei dem Adressaten könnte es sich möglicherweise um den Arzt Cosmas Bornemann[479] aus Stade handeln, der ab 1589 in Jena studierte.[480] Schon Hannaway vermutete, dass es sich bei Pegandrus um einen Schüler von Libavius gehandelt haben könnte.[481] Bornemann diskutierte 1590 unter dem Vorsitz von Libavius an der Universität Jena seine Thesen über die Pest und veröffentlichte sie mit ihm zusammen.[482] Der Brief ist eine deutlich gekürzte Version des 2. Briefs „De verae chymiae honore" im ersten Band der „Rerum chymicarum ..." an den gleichen Empfänger.[483] Allerdings ist er um einige spezielle Passagen erweitert. Auch in diesen Briefen bezieht Libavius eindeutig Stellung für seinen Bekannten Joseph Du Chesne und gegen die beiden Pariser Anatomen.

Bücher nehmen einen großen Stellenwert im Leben von Libavius ein. Er kündigt seine Bücher an und legt besonderen Wert auf die Namensnennung von Freunden in Widmung oder Vorrede. Das Erscheinen des ersten Bandes der „Rerum chymicarum ..." im Herbst desselben Jahres kündigt er in einem Brief vom 2. Januar 1595 an Joachim Camerarius II d. Ä. an.[484] Libavius entschuldigt sich dafür, dass er keinen Brief in diesem Teil an ihn richte und er nur durch ein

---

474 S. auch (Moran 1998, S. 70).
475 (Telle 2009).
476 (Rogent 1927, z.B. S. 105 f., 122 f., 129 und 147).
477 (Zetzner 1602-1622, Band 3, S. 309-319).
478 (Libavius 1607).
479 Libavius benutzte anscheinend in vielen Fällen Phantasienamen für Personen. Er folgte damit der Tradition der italienischen Renaissance Akademien. S. dazu (McClellan III 1985, S. 43).
480 (Mentz 1944, S. 28).
481 (Hannaway 1975, S. 75-79).
482 (Bornemann 1590).
483 S. Anhang 8.1.1.
484 S. Anhang 8.4.1.

äußerst kurzes Geleitwort Beachtung finde. Demgegenüber beschreibt Libavius, dass er an den Heidelberger Arzt und Dichter Johannes Posthius (1537–1597)[485] mehrere Briefe richte und betont, dass er sich auch dessen Urteil unterwerfen wolle. Dieser widme sich zwar in erster Linie den schönen Künsten, er sei aber trotzdem als Wissenschaftler zu betrachten. In den meisten, recht kurzen Briefen, die Libavius an Johann Hartmann Beyer schrieb, ist das Hauptthema die Veröffentlichung seiner Bücher. Er nutzt die Freundschaft von Beyer und vertraut ihm Verhandlungen mit dem Verleger wie auch die Überprüfung des Drucks der Bücher an. Libavius bedankt sich immer wieder für die großzügige Unterstützung, die ihm Beyer zukommen lässt. Im zweitältesten erhaltenen Brief vom 12. Februar 1594[486] kündigt er an, dass er seine beiden Streitschriften gegen Amwald und gegen den Erfurter Paracelsisten Johann Gramann (Lebensdaten nicht bekannt)[487] in einem Buch zusammenfassen wolle, damit sie gemeinsam veröffentlicht würden. Unter dem Titel „Neoparacelsica" wurde das Werk dann 1594 veröffentlicht.[488] Libavius zweifelt nicht an dem gewinnbringenden Erfolg des Buches und bittet Beyer, in Verhandlungen mit dem Verleger die erhöhte Anzahl von 40 Freiexemplaren für ihn zu erlangen. Etwa ein Jahr später, in einem Brief vom 27. Februar 1595 ist dann die Publikation der „Rerum chymicarum …" das beherrschende Thema. Libavius bittet seinen Freund, die Publikation mit gleicher Sorgfalt zu betreuen, wie zuvor die Streitschrift gegen Amwald. Außerdem verlangt er wiederum 40 Freiexemplare anstelle der geplanten 30, da er sie an alle verschenken möchte, die in der Widmung und in den Geleitworten erwähnt sind. Libavius bedankt sich wortreich für Beyers Hilfe und meint, dass dessen Freundschaft nicht mit Geld aufzuwiegen sei. Beyer handelte aber nicht ganz uneigennützig. Wie schon Goldgar betonte, stärkte er auch durch die Mittlertätigkeit seine Stellung in der Gelehrtenrepublik.[489] Allerdings lässt sich an diesem Beispiel der von ihr dort beschriebene Hierarchieunterschied nicht erhärten. Es kann schwerlich davon gesprochen werden, dass sich Libavius gegenüber Beyer in einer untergeordneten Position in der Gelehrtenrepublik befand.

Der Stellenwert von Büchern in der wissenschaftlichen Diskussion über die Chemie wird in den beiden Briefen deutlich, die Penot an Libavius schrieb.

---

485 (Karrer 2001).
486 S. Anhang 8.4.2.
487 (Jöcher 1750–51, Band 2, S. 1119).
488 (Libavius 1594a).
489 (Goldgar 1995, S. 32–34).

Auf Grund seines Glaubens führte Penot ein unruhiges, mit vielen Ortswechseln in ganz Europa verbundenes Leben. Es ist zwar nichts über eine persönliche Bekanntschaft zwischen Libavius und Penot bekannt,[490] dennoch erscheint sie eher wahrscheinlich. Die vielen Reisen Penots sowie die Tatsache, dass er in Basel studierte und später im Hause Platters promoviert wurde, sprechen für ein persönliches Zusammentreffen oder zumindest für eine nahe Verbindung über Berichte dritter Personen. Wie Libavius, schrieb Penot eine Reihe von Büchern, hauptsächlich zur Behandlung von Krankheiten durch chemische Medikamente. Die zwei Briefe, die Penot an Libavius richtete und zweien seiner Bücher beifügte,[491] sind weniger aus chemisch-sachlichen, sondern mehr aus wissenschaftstheoretischen und publikatorischen Gründen interessant. Im ersten der beiden Briefe[492] kommentiert Penot eine Bemerkung aus Libavius' 38. Brief im zweiten Buch der „Rerum chymicarum …". Libavius schreibt dort, Penot habe eine spezielle chemische Fragestellung ungelöst gelassen. Auch wenn es sich dabei nicht um ein zentrales Problem der chemischen Wissenschaft handelt, ist es Penot anscheinend doch sehr wichtig, darauf zu antworten. Die Verbreitung von wissenschaftlichen Büchern sowie ihre Wichtigkeit für die Weiterentwicklung der Chemie werden an diesem kleinen Beispiel eindrucksvoll dokumentiert. Im zweiten Brief[493] versucht Penot, Libavius als „Beschützer" gegen erwartete Angriffe auf ein Buch zu gewinnen, das er publizieren will. Auch wenn Penot, ähnlich wie im ersten Brief, sehr langatmig und dabei äußerst devot schreibt, wird erneut die überragende Bedeutung von Libavius auf dem Gebiet der medizinischen Chemie deutlich. Penot schreibt, um Libavius' Unterstützung zu gewinnen: „Als ich überall umherblickte, bist mir allein du, Libavius, Deutschlands und der Wissenschaft Zierde, in den Sinn gekommen, bei dem, gleichsam wie in gemeinsamem Willen vereint, die Künste, Wissenszweige und Tugenden endlich ihren Sitz errichtet haben: reich an Vermögen und Mut, hochberühmt in Deutschland durch den Adel deines Geschlechtes und das Wissen um alle Dinge und Wissenszweige."[494] Auch wenn diese übertreibenden Formulierungen natürlich ihren Zweck zur Gewinnung von Libavius als Gönner erfüllen sollten, sind sie dennoch kennzeichnend für den Ruf, den Libavius genoss.

---

490 (Kühlmann und Telle 2001, 2004 und 2013, Teil 3, S. 615).
491 (Penot 1600) und (Penot 1608). Die ausführliche Edition beider Briefe findet sich in: (Kühlmann und Telle 2001, 2004 und 2013, Briefe Nr. 130 und 137).
492 (Kühlmann und Telle 2001, 2004 und 2013, Teil 3, S. 609–655).
493 Ebd. S. 684–689.
494 Ebd. S. 687, in der deutschen Übersetzung durch Kühlmann und Telle.

Sein Name allein sollte ausreichen, die Bedeutung des Buches zu gewährleisten und die dort vertretenen Ideen mit seiner Autorität zu unterstreichen.

Neben den wissenschaftlichen Gedankenaustausch treten in der Coburger Zeit auch andere Themen und persönliche Inhalte. Es wird über die zeitraubende Arbeit am Gymnasium geklagt, welche die Publikation weiterer Bücher verzögere. Libavius schreibt in einem Brief an Joseph Du Chesne vom 7. Mai 1607[495]: „Impedimento vero est hactenus etiam Gymnasii nostri, ad quod sum non ita pridem vocatus, institutio. Itaque a Musis Chymicis jam mihi sunt feriae, …".[496] Diese Themenverlagerung kann auch in der „Cista medica …" nachvollzogen werden. In der gleichen Zeit, in einem undatierten Brief aus dem Jahr 1608, spricht Libavius dieses Thema mit seinem Freund Schnitzer an. Seine Arbeit als Schulleiter bringt es auch mit sich, Empfehlungsschreiben zu verfassen oder zu erhalten. In einem Brief an Dold vom 27. September 1610[497] antwortet er anscheinend auf ein Empfehlungsschreiben seines Freundes für einen neuen Schüler und bekräftigt, dass er sich für ihn einsetzen will. Aber auch für seinen eigenen Sohn Michael lässt er seine Verbindungen spielen. Er wendet sich am 7. März 1613 an seinen alten Lehrer Caspar Bauhin.[498] Er hatte seinem Sohn das Studium in Basel empfohlen und bittet Bauhin, diesen dort zu unterstützen: „Hoc saltem rogo, ut benevole eum admittas, copiaque doctrinae, experientiaeque tuae ejus inopiam subleves."[499] Das Empfehlungsschreiben ist mit vielen Lobpreisungen auf Bauhin und seine Bedeutung für die Weiterentwicklung des medizinischen Wissens gespickt. Und in der Tat wurde Michael Libavius, nachdem er wie sein Vater in Wittenberg und Jena studiert hatte, im April desselben Jahres an der Universität Basel immatrikuliert.[500] In der „Cista medica …" ist der letzte Brief erhalten, den Libavius am 9. Juni 1616, etwas mehr als einen Monat vor seinem Tod, an Schnitzer schrieb.[501] Nachdem er darin zunächst Ratschläge zur Behandlung und Linderung der Gicht gibt, unter der sein Freund zu leiden hatte, ist das Hauptthema die Bildung von Steinen im menschlichen und

---

495 S. Anhang 8.4.4.
496 Die Einrichtung unseres Gymnasiums, an das ich unlängst berufen wurde, ist nämlich bisher ein echtes Hindernis gewesen. Daher haben die Musen der Chemie bei mir nunmehr Ferien, …
497 S. Anhang 8.4.1.
498 S. Anhang 8.4.3.
499 Wenigstens so viel erbitte ich, dass Du ihn wohlwollend aufnimmst und seine Unerfahrenheit durch die Fülle Deiner Gelehrsamkeit und Erfahrung minderst.
500 (Wackernagel 1951–1980, Band 3, S. 144).
501 S. Anhang 8.2.2.

tierischen Organismus. Für Libavius eher ungewöhnlich wird außerdem über das Thema von Anomalien und Monstrositäten spekuliert.

Getreu antikem Vorbild beginnen viele Briefe mit einer „captatio benevolentiae". Diese fällt umso länger und höflicher aus, je höher Libavius den wissenschaftlichen Rang des Empfängers einschätzt. In den meisten wissenschaftlichen Briefen an seine deutschen Freunde ist die Einleitung auf ein äußerst knappes „vir praeclare", „vir clarissime" oder „vir doctissime" beschränkt. Dies ist umso erstaunlicher, als Libavius durch seine perfekte Beherrschung der lateinischen Sprache und ihrer Ausdrucksformen seine Gelehrsamkeit beweisen wollte. Eine ausgefeilte „captatio benevolentiae" hätte daher eigentlich erwartet werden können. Ganz ohne Einleitungssatz kommt Libavius in fast allen Briefen an seinen Freund Dold in Nürnberg aus. Ohne weitere Floskeln kommt er in ihnen direkt zum Thema. Einzige Ausnahme von dieser Kürze ist der erste Brief der „Cista medica …" an Schnitzer mit Datum vom 7. Juli 1599.[502] Er beginnt mit einer Lobpreisung sowohl der wissenschaftlichen Leistungen Schnitzers wie auch der Freundschaft zu Libavius, die sich über eine ganze Seite erstreckt. Er bedient sich einer äußerst bildhaften Sprache mit großer Neigung zur Übertreibung. Es heißt unter anderem: „Dilexi quidem te antehac ob insignem, quae in te est, Eruditionem, & cum experientia multa conjunctam industriam, quae ut illustre Solis lumen, non potest non, Oculos mentis honestae, ad virtutes ubicunque intentos perstringere, & commovere;".[503] Auch wenn Libavius hin und wieder einige Sätze zur Einleitung schreibt, sind einerseits die Länge und andererseits auch die übertriebene Verwendung von Superlativen auffallend. Es ist anzunehmen, dass dieser Brief ganz bewusst an den Anfang der „Cista Medica ….." gestellt wurde. Da das Original nicht erhalten blieb, kann nicht nachgewiesen werden, ob es sich bei der für Libavius ganz ungewöhnlichen Art einer „captatio benevolentiae" um eine nachträgliche Ergänzung handelt. In dem weiteren Briefwechsel zwischen Libavius und Schnitzer ist die Einleitung aber wieder auf ein Minimum beschränkt.

Anders verhält es sich in den Briefen an die Baseler Professoren Bauhin und Jacob Zwinger. In der Anrede an Zwinger genügt Libavius meistens ein einzelner Satz oder ein kurzes „vir praeclare", allerdings führt er seinen Briefpartner in

---

502 S. Anhang 8.2.2.
503 (Hornung 1626, S. 1): Gewiss habe ich Dich bisher wegen der hervorragenden Bildung geschätzt, die Du besitzt, und wegen Deines Fleißes, der mit sehr großer Erfahrung verbunden ist, [und] der wie das helle Sonnenlicht nicht umhin kann, die Augen des ehrenhaften Geistes zu berühren und zu bewegen, wo auch immer sie auf die Tugenden gerichtet sind;.

der Einleitung gekonnt zum Thema hin. Demgegenüber ist die „captatio benevolentiae" in den Briefen an Bauhin ausgeprägter. Sie besteht aus einem oder mehreren, zum Teil sehr langen Sätzen, wie dies insbesondere im Brief vom 22. Januar 1600[504] deutlich wird. In den bereits erwähnten beiden Briefen an Bauhin vom 7.März 1613 und vom 1. September 1614 dient die Lobpreisung ganz offensichtlich der Bitte um die Betreuung seines Sohns. Ähnlich lang und überschwänglich wie an Bauhin sind die Einleitungssätze in den Briefen an Du Chesne, was besonders in dem Schreiben vom 7. Mai 1607[505] deutlich wird. Libavius lobt die Pharmakopöe von Du Chesne mit den Worten: „Gratum quidem fuit a tanto viro donum tam praeclarum." Und er wird noch überschwänglicher in der Beurteilung des Ergänzungsbands: „.... illud benevolentiae singularis testis est, hoc eximiae doctrinae, solertiae, experientiae argumentum firmum."[506] Du Chesne ist sicherlich einer der bekanntesten frühneuzeitlichen Chemiker seiner Zeit und zusätzlich durch seine Stellung am französischen Königshof herausgehoben. Er kam durch seine Reisen weit herum, und sein Name war durch den Pariser Paracelsistenstreit überall bekannt. Der weniger gereiste Libavius betont mit seinen Worten seine Bewunderung nicht nur für das Werk von Du Chesne, sondern auch für den Kosmopoliten und dessen Bekanntheitsgrad. Allerdings sollte die Stellung von Libavius unter den Gelehrten seiner Zeit nicht unterschätzt werden, wie auch Kahn schon betonte.[507] Libavius genoss auf Grund der Vielzahl seiner Schriften große Anerkennung. Während er seinen deutschen Briefpartnern die Ehre einer längeren Einleitung nicht zukommen ließ, ist es auffällig, dass dies bei seinen drei ausländischen Brieffreunden geschah.

Die wenigen erhaltenen Briefe an Höschel, Wilke und Major lassen zwar kein abschließendes Urteil über die Höflichkeit der Anrede zu, geben aber weitere interessante Hinweise. Höschel wird als „vir praeclare" angeredet. Der Brief enthält keinen einzelnen Einleitungssatz, der gesamte Anfang des Briefes kann aber als äußerst höfliche „captatio benevolentiae" gewertet werden. Libavius zeigt darin eine gewisse Ehrerbietung gegenüber dem älteren und sehr bekannten Kollegen. Demgegenüber kommt Libavius in den meisten Briefen an Wilke

---

504 S. Anhang 8.4.3.
505 S. Anhang 8.4.4.
506 Sie ist gewiss eine willkommene und ausgezeichnete Gabe von einem so großen Mann gewesen. .... dieser ist ein einzigartiges Zeugnis [Deines] Wohlwollens, ein sicherer Beweis [Deiner] hervorragenden Gelehrsamkeit, [Deines] Geschicks [und Deiner] Erfahrung.
507 (Kahn 2007, S. 384): „Mais c'est sans conteste Libavius, de par sa stature internationale, qui donna à l'affaire tout son retentissement."

direkt zum Thema. Ohne Anrede und weitere Worte an den Empfänger werden die Schulprobleme direkt angesprochen. Eine Ausnahme bildet der Brief vom 12.08.1608,[508] in dem Libavius zwar auf eine zurückliegende Unterhaltung und die darin ausgedrückte Zuneigung und wechselseitige Begeisterung Bezug nimmt, die Anrede sich aber auch nur auf „lieber Wilke" beschränkt. Libavius besitzt gegenüber dem ehemaligem Schüler und jetzigem Kollegen unter dem gleichen Landesherrn die herausgehobenere Stellung, was man an den Briefen deutlich ablesen kann. Letztendlich beginnt der kurze Brief an Major mit den Worten „Reverende D. Superintendens", womit nicht so sehr die Person als die Stellung Majors hervorgehoben wird. Selbstverständlich begegnet Libavius seinem Dienstherrn, dem Bürgermeister von Rothenburg, mit großer Ehrerbietung. Die Anrede „Edler ehrenfester fürsichtiger weiser großgünstiger Herr und Bürgermeister" spricht eine eindeutige Sprache.[509] Und auch dem Rat der Stadt Coburg wird ein „unterdienstlicher Gruß mit Wünschung glückliche Wohlfahrt von Gott jederzeit" dargeboten. Der Schulmeister zeigt hier eine deutliche Unterwürfigkeit gegenüber der Obrigkeit, was ganz im Gegensatz zu den Anreden an die Adressaten seiner wissenschaftlichen Briefe steht.

„Non itaque abjectum putes hoc officium, sed suspensum aut repositum, unde posset quasi postliminio si opus foret repeti; ad quod cum tu prior me provoces,* eo impensius amo studium tuum, maxime cum videam etiam sententia et opinione mihi te conjunctiorem, nisi quod scrupulus quidam pusillus assensum pleniorem adhuc cohibeat, quem puto tibi pauxillulo labore posse eximi, detrahique. *(ubi mirabilem quandam vim somni & soporum tuorum, de quibus aliquid luci pol[l]iceris, animadverto, utpote cum te reddant vigilantiorem, alios soliti[o?] tantum non sepelire et fratri suo tradere: Amo vero tales homines cum ipsis dormientibus et somniantibus)".[510] Dieser lange Satz zuzüglich der

---

508 S. Anhang 8.4.5.
509 S. Anhang 8.4.5., Brief vom 10.02.1607.
510 Brief von Libavius an Zwinger vom 08.10.1604, s. Anhang 8.4.3, * = Randbemerkung. Du mögest deshalb nicht vermuten, dass diese Aufgabe aufgegeben wurde, sondern [sie wurde] nur unterbrochen oder beiseite gelegt, weshalb sie gleichsam nach dem Recht auf Heimkehr wieder aufgenommen werden könnte, falls es nötig sein sollte; dazu könntest Du mich umso früher anregen,* je heftiger ich Dein Bemühen einschätze; vor allem weil ich sehe, dass Du mir hinsichtlich Deiner Lehrmeinung recht nahe stehst; außer dass ein gerade einmal winziger Zweifel eine noch größere Zustimmung verhindert, der jedoch, wie ich glaube, von Dir durch ein klein wenig mehr Mühe vollends beseitigt werden könnte. *(zumal ich eine geradezu erstaunliche Kraft der Ruhepause und Deiner Ruhepausen bemerke, von denen Du Dir etwas [mehr] Klarheit versprichst, weil sie Dich aufmerksamer machen, und Du unterdrückst Weiteres mit

Randbemerkung aus einem Brief von Libavius an Zwinger zeigt seinen Schreibstil in besonders deutlicher Weise. Libavius beschreibt eigentlich einen recht einfachen Gedankengang. Er erläutert, dass er im Augenblick keine Zeit zum Schreiben und zur Publikation von Büchern findet und lobt diese Art der Ruhepausen für die kreative Arbeit. Der Gedanke wird durch den Einschub einer Vielzahl von Nebensätzen weiter ausgeführt und erklärt. Wenn man die Randbemerkung mit einbezieht, stellt er sehr hohe Anforderungen selbst an einen gebildeten Leser. Diese Art von Schachtelsätzen war jedoch zeittypisch und lässt sich in vielen Briefen und Publikationen wiederfinden. Der ganze Satz überzeugt außerdem durch seine bildhafte Sprache und ist voller Metaphern. Libavius benutzt das volle Register antiker Stilmittel, um erneut seine „eruditio" gerade hier vor seinem Universitätslehrer zu zeigen. Einige dieser Figuren und Tropen sollen an dieser Stelle aufgezeigt werden. Der angeführte Satz beginnt mit veränderter Satzstellung, einer Inversion, mit der die Aufmerksamkeit des Lesers gesteigert werden soll; zudem wurde das Wort „esse" ausgelassen, eine Ellipse um Prägnanz zu erzeugen. Im nächsten Halbsatz werden mit „suspensum" und „repositum" zwei Worte mit ähnlicher Bedeutung verwendet, eine Synonymie zur Auflockerung. Das Wort „quasi" leitet dann einen Vergleich ein, der zur Verstärkung der Anschaulichkeit dient. Im weiteren Verlauf des Satzes tauchen dann erneut zwei Worte mit ähnlicher Bedeutung auf: „sententia" und „opinione"; man kann hier allerdings auch ein Hendiadyoin zur Begriffsschärfung erkennen, wie die deutsche Übersetzung mit „Lehrmeinung" andeutet. Bevor am Ende des Satzes mit „eximi" und „detrahi" wieder zwei Synonyme verwendet werden, fällt eine P-Alliteration auf: „pusillus", „pleniorem", „puto", „pauxillo" und „posse". Der Wunsch von Libavius, durch Zwinger weitere Anregungen zur Fortsetzung seiner Schreib- und Publikationsarbeit zu erhalten, wird deutlich hervorgehoben. Und nicht nur der eigentliche Satz beginnt mit einer Inversion, auch die Randbemerkung erfährt durch die Anfangsstellung des Wortes „amo" eine verstärkte Betonung.

Interessant ist der beobachtete Unterschied zwischen den Briefen aus der Rothenburger und denen aus der Coburger Zeit von Libavius. Die Rothenburger Briefe beschäftigen sich nahezu ausschließlich mit wissenschaftlichen Themen in jeder Ausprägung. Die Erörterung chemischer und medizinischer Sachverhalte, mit zum Teil aggressiv geführten Auseinandersetzungen, sowie die Publikation von Büchern bilden neben dem Wunsch nach weiteren

---

dieser Gewohnheit gar nicht, sondern berichtest es in seinem Nachfolge[buch]: Ich schätze in der Tat solche Menschen mit ihrer Ruhe und ihren Eingebungen).

Untersuchungsmaterialien die Hauptgegenstände. Daneben treten in der Coburger Zeit private, aber insbesondere schulische Fragen. Dieser auffällige Schwerpunktwechsel könnte in den Aufgaben und der sozialen Stellung von Libavius begründet liegen. Libavius änderte zwar in Rothenburg die Schulordnung und erließ neue Schulgesetze, er blieb dabei aber ohne große Neuerungen im Rahmen des zu dieser Zeit Üblichen.[511] Deshalb konnte er sich neben seinen Aufgaben als „Physicus Ordinarius" und „Inspector Scholae" intensiv der Chemie widmen. Als Mittdreißiger hatte er neben seinem intensiven Forschergeist sicherlich ein ausgeprägtes Karrierestreben und das Verlangen, seine wissenschaftliche Reputation aufzubauen. Die Vielzahl seiner Bücher aus dieser Zeit ist dafür ein deutliches Indiz. Außerdem konnte er auf diese Art und Weise nicht nur sein wissenschaftliches Ansehen erhöhen, sondern auch seine Stellung und Anerkennung in Rothenburg festigen. Ganz anders war die Situation in Coburg. Das Gymnasium Casimirianum war neu erbaut und gegründet worden. Die Einrichtung und der Ausbau des Gymnasium Illustre nahmen Libavius so sehr in Anspruch, dass er sich nur noch in begrenztem Maße der Chemie widmen konnte, was deutlich an den Themen seiner Briefe erkennbar ist. Außerdem sieht es so aus, als ob der nunmehr 50-jährige seine wissenschaftliche Sturm- und Drangperiode verlassen hatte. Die Publikation der 2. Auflage der „Alchemia" aus dem Jahr 1606, deren Titel er in „Alchymia" änderte, bildet einen gewissermaßen krönenden Abschluss seiner Aktivitäten in der Chemie. Er widmete sich in der Folgezeit mehr und mehr den schulmeisterlichen oder auch den Verwaltungsaufgaben seiner Schule. Des Weiteren konnte er sein erworbenes Ansehen gut zur Protektion seines Sohnes oder seiner Freunde einsetzen, was in einigen Briefen deutlich hervortritt.

Der Humanist Libavius war ein äußerst systematischer Schriftsteller. Seine Werke sind nicht nur sachlich logisch aufgebaut, sondern weisen auch formal eine eindeutige Unterteilung auf. Die Bücher sind klar in Kapitel, Unterkapitel und Absätze eingeteilt. Randbemerkungen sind des Öfteren vorhanden und dienen in vielen Fällen einem verweisenden oder erklärenden Zweck. Die publizierten Briefe besitzen zwar keine formale Unterteilung, eine Untergliederung findet aber sehr häufig durch Randtexte statt. Diese erfüllen den Zweck einer Überschrift oder auch einer kurzen Zusammenfassung des Abschnitts. Die handschriftlichen Briefe sind ohne jegliche Gliederung geschrieben. Allerdings enthalten auch sie des Öfteren Randbemerkungen. Diese dienen jedoch nur im Ausnahmefall als Untergliederung durch die Wiedergabe des Inhalts, sondern

---

511 (Bauer 1979, S. 74).

enthalten zusätzliche Bemerkungen und Informationen zu Sachverhalten oder Personen.

4.1.4. Das egozentrierte Netzwerk

Martinus Chmelietzki (Chmielecius), Polonius territorii Lublinensis (1578); Sigmundus Schnitzer Ulmensis (1584); Joannes Fabricius Winshemius – pauper, nihil (1586); Joannes Heinsius (Heintzius) Vratislaviensis (1586); Andreas Libavius, Halensis Saxo (1588); Joannes Stamler Norimbergensis (1588); Mathias Carnorius (Carnarius), Schleswicensis Holsatus (1588); und vielleicht auch noch Hermanus Wolphius (Wolf), Marpurgensis Hassis (1580)[512]: eine Gruppe junger Mediziner studiert in Basel. Hier lehren unter anderen die bekannten Professoren Caspar Bauhin, Heinrich Pantaleon (1522–1595),[513] Felix Platter und Johann Nicolaus Stuppa. Ein Netzwerk entsteht mit den Zentren Andreas Libavius und Sigmund Schnitzer. Eine große Rolle spielt hierin aber auch der spätere Baseler Professor Jacob Zwinger. Des Weiteren bringt Libavius seine Kommilitonen, Kollegen und Studenten aus seinen beiden Zeiten in Jena in dieses Netzwerk ein. Johannes Cuno (1579), Bartholomäus Hubner (1576), Johannes Rubiger (1580) und Paulus Simlerus (1575) studierten zur gleichen Zeit wie Libavius in Jena. Johannes Bierdümpfel (1586), Cosmas Bornemann (1589), Johannes Hartmann (1588), Ludovicus Henckelius (1588), Martin Ruland d. J. (1590) und Johann Conrad Zinn (1590) waren Schüler des Professors Libavius.[514] Georg Limnaeus (1554–1611)[515] als Mathematikprofessor und Zacharias Brendel als Physikprofessor waren ab 1588 seine Kollegen. Weitere Kontakte sind über direkte Bekanntschaften nach Nürnberg und Altdorf wahrscheinlich. Das Netzwerk ist kein anonymes Gebilde, die meisten Mitglieder lernten sich persönlich kennen.[516] Andere kamen als mittelbare Kontakte über gemeinsame Bekanntschaften, insbesondere über die Baseler Professoren oder ein Studium in Padua hinzu. Allein in den wenigen Jahren von 1591 bis 1600 studierten 18 Briefpartner von Libavius

---

512 S. (Wackernagel 1951–1980, Band 2) und Anhang 8.1. und 8.2. (Jahr = Immatrikulationsjahr).
513 (Bolte 1887).
514 S. (Mentz 1944) und Anhang 8.1. und 8.2. (Jahr = Immatrikulationsjahr).
515 Limnaeus, Georg, Indexeintrag: Deutsche Biographie, https://www.deutsche-biographie.de/gnd122363590.html (Zugriff am 05.11.2017).
516 In dieser Hinsicht muss die Behauptung von Hatch, dass „most members of the Republic of Letters never met face to face" (Hatch 2000), sachlich und zeitlich relativiert werden.

an dieser Universität.[517] Padua war neben Basel eines der Zentren, in denen die Studenten, die es sich leisten konnten, ein Medizinstudium aufnahmen oder fortsetzten. Nahezu alle Mitglieder des Netzwerkes hatten ein Studium absolviert und dazu eine Vielzahl verschiedener Universitäten besucht. Neben seinen persönlich bekannten Professoren in Jena und Basel hatte Libavius jedoch nur vereinzelt Kontakt zu den Lehrern anderer Hochschulen. In seiner alten Studienuniversität in Wittenberg hielt er zwar zu seinem Lehrer Alberti Kontakt, aber es ist verwunderlich, dass keine Verbindung zu dem schon damals weitaus bekannteren Sennert nachgewiesen werden kann. Libavius wird in seinem Versuch, den Atomismus Demokrits mit der Elementenlehre von Aristoteles zu verbinden, als Wegbereiter für die Ansichten von Sennert über den Aufbau der Materie gesehen; Sennert zitiert ihn mehrfach in seinen „Institutionum medicinae libri quinque".[518] Außerdem stimmten beide in ihren Ansichten über die praktische Natur der Chemie sowie über die Möglichkeit einer Metalltransmutation überein.[519]

Im Gegensatz zur Universität spielt die Institution der Schule erstaunlicherweise keine übergeordnete Rolle. Libavius wollte das Gebiet der Chemie zwar für den Unterricht klar und fasslich darstellen und weiterentwickeln, für die Entstehung und den Erhalt des Netzwerks kann demgegenüber ihr Einfluss höchstens im Hintergrund gesehen werden. Hohe Bedeutung für die Funktion des Netzwerks muss demgegenüber dem Lateinischen beigemessen werden. In alter Tradition sind alle Briefe und Bücher in dieser Sprache der Gelehrten verfasst und betonen den elitären Charakter der Verbindungen. Kommt der Universität eher die Rolle eines konstituierenden Elements für das Netzwerk zu, so muss die lateinische Sprache in ihrem verbindenden Charakter beleuchtet werden. Gerade in der politisch zersplitterten Landschaft des Heiligen Römischen Reichs besaß das Lateinische als Wissenschaftssprache eine dominierende Stellung. Alle Wissenschaftler des Netzwerks von Libavius hatten die Universität besucht und müssen des Lateinischen uneingeschränkt mächtig gewesen sein. Auch wenn die meisten seiner Korrespondenten selbst nicht die ausgefeilte Rhetorik des Humanisten Libavius verwendeten, wird die Kommunikation im Lateinischen für sie

---

517 Christoph Heinrich Ayrer, Ezechiel Beier, Johannes Bierdümpfel, Cosmas Bornemann, Leonhard Dold, Georg Faber, Hieronymus Fabricius, Ludovicus Henckelius, Johannes Hornung, Jeremias Kuntsch, Johannes Mosellanus, Christoph Müldener, Johann Neudo(e)rffer, Georg Rumbaum, Johannes Rudolph Salzmann, Ernst Soner, Tobias Wind und Johann Conrad Zinn.
518 (Newman 2006, S. 90).
519 (Debus 1972, S. 157 f.).

gang und gäbe gewesen sein. Für die Funktion des Netzwerkes ist das möglicherweise trennende Wesen einer Wissenschaftssprache also von keiner Bedeutung. Um die Verbreitung seiner Bücher aber auch in breitere Schichten zu gewährleisten, wurden diese zum Teil recht zeitnah ins Deutsche übersetzt.

Der Personenkreis innerhalb des Netzwerks ist einigen Einschränkungen unterworfen; dabei muss der heftig geführte Streit zwischen den Anhängern Paracelsus' und ihren Gegnern berücksichtigt werden. Dies trifft insbesondere auf die Universität in Marburg mit dem ersten Lehrstuhl für Chemie und seinen Inhaber Johannes Hartmann zu. Obwohl Hartmann 1588 kurzfristig in Jena studierte, zu der Zeit also, als Libavius dort Professor war, hielt dieser nach der Adressierung von zwei Briefen im dritten Teil der „Rerum chymicarum …" anscheinend keinen weiteren direkten Kontakt. Nach Hubicki soll er bis 1607 allerdings ein gutes Verhältnis zu Hartmann gepflegt haben, das zwischen 1608 und 1610 in Feindschaft umgeschlagen sein soll.[520] Moran macht das Zerwürfnis an der fehlenden Antwort Hartmanns auf die beiden Briefe in den „Rerum chymicarum …" und an einem Brief mit beleidigenden Äußerungen fest, den Hartmann an Martin Ruland d.J. geschickt haben soll.[521] Libavius schildert diesen Brief in der „Praefatio ad I. Hartmanni"[522] ausführlich. Dies kann aber nicht der alleinige Grund gewesen sein, da Libavius nach eigener Aussage erst 1611 von den diskriminierenden Briefen Hartmanns erfuhr. Es müssen daher von Anfang an andere sachliche und persönliche Beweggründe eine Rolle gespielt haben. Hartmann war einerseits strikter Paracelsist und folgte der vitalistischen Einstellung mit spirituellen und okkulten Elementen,[523] was Libavius entschieden ablehnte. Andererseits hatte sich Libavius wohl selbst Hoffnungen auf den Lehrstuhl in Marburg gemacht und musste tief getroffen worden sein, als ihm sein ehemaliger Schüler Hartmann vorgezogen wurde.[524] Es sind außerdem keine Verbindungen zu Joachim Tancke in Leipzig bekannt. Tancke hatte durch sein „Promptuarium Alchemiae" in Deutschland große Anerkennung gefunden,[525] er war aber als Paracelsist bekannt. Es ist daher nicht verwunderlich, dass Libavius zu ihm anscheinend keinen schriftlichen Kontakt pflegte. Gleiches gilt für Heinrich Khunrath (1560–1605),[526] der sich kurz nach Libavius in

---

520 (Hubicki 1981, S. 310).
521 (Moran 2007a, S. 237 f.).
522 (Libavius 1615, S. 88 f.).
523 (Moran 1991, S. 60 und 64).
524 (Schnurrer 1993, S. 103).
525 (Moran 1991, S. 141).
526 (Telle 1998).

Basel immatrikulierte und zu dem er als Kommilitone auch persönlichen Kontakt gehabt haben muss.[527] Khunrath trat als Autor vieler Bücher in Erscheinung, deren Bewertung in der Literatur- und Wissenschaftsgeschichte allerdings unterschiedlich ausfiel.[528] Bachmann und Hofmeier rechnen ihn aber „allein auf Grund seiner Langzeitwirkung zu den bedeutendsten Chemikern deutscher Sprache."[529]

In der Korrespondentenliste von Libavius fehlen des Weiteren drei Wissenschaftler, die im Laufe der Geschichte für ihre Beiträge zur Entwicklung des Gebiets der Chemie besonders anerkannt worden sind. Die Bücher Oswald Crolls, insbesondere sein berühmtestes Werk, die „Basilica Chymica" von 1609,[530] kannte Libavius sehr wohl, lehnte sie aber wegen ihres streng paracelsischen Charakters ab.[531] Auf Grund dieser Zurechnung Crolls zu den verachtenswerten Paracelsisten hatte Libavius keinen weiteren Kontakt zu ihm, auch wenn er Croll wegen seiner praktischen chemischen Arbeiten anerkannte.[532] Gleiches trifft auf den dänischen Paracelsisten Petrus Severinus zu. Severinus hatte mit seiner „Idea medicinae philosophicae fundamenta ..."[533] das für lange Zeit maßgebliche Werk des Paracelsismus geschrieben.[534] Severinus wurde von seinen Zeitgenossen als hohe Autorität anerkannt, wie es Sennert in seinem Lehrbuch „De chymicorum ..." berichtet: „Quantae authoritatis apud multos sit P. Severinus quondam Regis Daniae Medicus, omnibus notum est; ...".[535] Libavius verurteilte wie bei Hartmann die vitalistische Philosophie von Severinus, ja er meinte sogar, dass Hartmann diese von Severinus übernommen habe.[536] Die schroffe Haltung gegenüber den

---

527 (Bachmann 1999, S. 160).
528 (Telle 1998, S. 195).
529 (Bachmann 1999, S. 160).
530 (Croll 1609a).
531 (Hannaway 1975, Kap. 5).
532 (Hornung 1626, S. 157): „Interim Chymicos labores Crollii laudo, quanquam aliqua medicamenta nimium praedicaverit, ut solet id genus hominum." Inzwischen lobe ich die [praktischen] chemischen Arbeiten von Croll, obgleich er irgendwelche Medikamente allzu laut angepriesen hat, wie es diese Art von Menschen zu tun pflegt.
533 (Severinus 1571).
534 (Kühlmann und Telle 2001, 2004 und 2013, Teil 3, S. 325): „Es kann kein Zweifel daran bestehen, daß S.' *Idea medicinae philosophicae* (...), gerade weil S. den historischen Paracelsismus bald aus dem Blick ließ, zu den einflußreichsten Dokumenten des europäischen Paracelsismus gehörte ...".
535 (Sennert 1619, S. 106): Es ist wohl allen bekannt, welch große Autorität P[etrus] Severinus, einst der Arzt des dänischen Königs, bei vielen besitzt; ...
536 (Shackelford 2004, S. 296).

Andreas Libavius 105

beiden verachtenswerten Paracelsisten ließ einen persönlichen Briefkontakt nicht zu. Aber auch zu dem Franzosen Jean Beguin (ca. 1550–1620)[537] ist kein brieflicher Kontakt bekannt. Dieser ist der Autor eines seinerzeit viel beachteten Lehrbuchs der Chemie, des „Tyrocinium Chymicum", eines „best-sellers" wie Partington schreibt.[538] Es wurde in mehrere Sprachen übersetzt und vielfach aufgelegt, darunter viele unautorisierte Raubdrucke.[539] Es diente den Schülern an seinem Pariser Labor als Grundlage. Da Beguin das „Tyrocinium Chymicum" aus ähnlichen Motiven wie Libavius seine „Alchemia" schrieb, muss es verwundern, dass kein brieflicher Kontakt zwischen den beiden bekannt ist.

Es ist dagegen zunächst erstaunlich, dass Libavius sich weniger um Verbindungen zu fürstlichen Höfen bemühte. Die Chemie hatte zu seiner Zeit einen großen Stellenwert in Kassel, wo Landgraf Moritz eine größere Zahl von Medizinern und Chemikern um sich geschart hatte. Wie bereits erwähnt, ist ein direkter Briefkontakt zum Landgrafen nicht nachweisbar. Allerdings hielt sich der Hauptberater des Landgrafen in chemischen und pharmazeutischen Fragen, Jacob Mosanus (1564–1616),[540] auf Wunsch von Moritz im Juli 1606 bei Libavius auf.[541] In Kassel wurde seinerzeit der Paracelsismus vehement vertreten, mit allen seinen magischen und hermetischen Ausprägungen.[542] Hier waren einige von Libavius' Gegnern im Streit um die klarste Darlegung chemischer Prinzipien versammelt, und dieser beklagte gleich im 2. Brief der „Rerum chymicarum ...", wie diese den deutschen Fürsten das Geld „frevelhaft entwenden".[543] Dies gilt insbesondere für den kaiserlichen Hof in Prag unter Rudolf II. (1552–1612), wo eine unübersehbare Zahl von mehr oder weniger seriösen Leibärzten und vagabundierenden Goldmachern Rudolfs Patronage genossen haben soll.[544] Dort war zwar sein

---

537 (Schröder 1966, S. 1248).
538 (Partington 1998, Band 3, S. 3).
539 (Patterson 1937).
540 (Moran 1991, S. 70).
541 Brief von Mosanus an Joseph Du Chesne vom 22.09.1606. S. Anhang 8.5.1. Mosanus muss aber auf Grund der zeitlichen Zuordnung eher in Rothenburg gewesen sein und nicht in Coburg wie Moran schreibt. (Moran 1991, S. 72).
542 (Moran 1991, S. 8): „At the Kassel court, however, where the patronage of Renaissance magical traditions became an all absorbing court preoccupation, *philosophia hermetica* found expression as a way of summarizing alchemical, Paracelsian, and cabalistic beliefs."
543 (Hannaway 1975, S. 118).
544 (Evans 1997, S. 202–212). Eine neuere Untersuchung legt allerdings nahe, dass Rudolf II. weitaus umsichtiger und weniger leichtgläubig war, und dass der Kreis der

ehemaliger Schüler Martin Ruland d.J. ab 1607 als Leibarzt des Kaisers tätig, aber auch in diesem Fall konnte kein schriftlicher Kontakt nachgewiesen werden. Obwohl Libavius von der Möglichkeit einer Metalltransmutation überzeugt war, unterhielt er keine Verbindung nach Prag. Sicherlich widerstrebte dem korrekten humanistischen Schulmeister das aufwendige Gehabe an den Fürstenhöfen und die dortige Günstlingswirtschaft. Er war nicht auf eine gönnerhafte Patronage aus, sondern wollte als Lehrer das Wissen der Menschen vermehren. Sein Interesse galt dem aufstrebenden Bürgertum in den Reichsstädten und nicht den adligen Würdenträgern. Die „soziale Differenzierung der städtischen Bevölkerung",[545] in der die gebildeten Funktionsträger eine immer größere Rolle spielten, war für das Netzwerk von Libavius von Bedeutung und nicht der Adel, der verschiedenen Anpassungsprozessen unterworfen war.

In einem ihrer Hauptwerke zur „actor-network theory" beschreiben Latour und Woolgar den vielstufigen Übersetzungsprozess, in dem aus Experimenten und Beobachtungen wissenschaftliche Theorien entstehen.[546] Libavius führte nur im Ausnahmefall eigene Experimente durch, Grundlage seiner Erkenntnisse war das publizierte gelehrte Wissen der Zeit. Wie bereits beschrieben, weist er in der „Alchemia" selbst auf die Tatsache hin, dass er sein Wissen aus Büchern bezog und nicht anhand eigener Experimente gewann. In dem vorangestellten Autorenkatalog listet er mehr als einhundert Gelehrte auf.[547] Einige seltene Bücher soll er über sein „Freundesnetzwerk" erhalten haben.[548] Darauf aufbauend erscheint die Briefform als ein äußerst wirksames Mittel der wissenschaftlichen Kommunikation und Weiterentwicklung des Fachgebiets der Chemie. In seinem Schrifttum kann ein dreistufiger Entwicklungsprozess erkannt werden. In den handschriftlichen Briefen wird eine sehr offene Diskussion chemischer Probleme geführt. Sie sind an eine Einzelperson gerichtet, die ihm zumeist persönlich bekannt ist. Die Briefe sind überwiegend recht kurz gehalten, betreffen aber in der Regel mehrere einzelne Themen, wobei der Übergang dazwischen meist sehr abrupt und ohne gedankliche Überleitung

---

Iatrochemiker und Goldmacher in seiner Umgebung kleiner war, als es in älteren Publikationen angeführt wird. (Prinke 2018, S. 325).
545 (Schorn-Schütte 2013, S. 74).
546 (Latour und Woolgar 1986).
547 (Libavius 1964, S. XXVI-XXXVII).
548 (Moran 2007a, S. 54): „..., were works whose origins were unknown and had been passed along to him through a network of friends."

geschieht. Libavius doziert in ihnen nicht, sondern verwendet mehrfach die Frageform. Es werden spezielle Einzelfragen oft ohne die Einbettung in einen größeren Zusammenhang diskutiert. In den handschriftlichen Briefen geht es ihm um einen Meinungsaustausch mit einem Kollegen, den er für fachlich kompetent hält. Die in Buchform publizierten Briefe unterscheiden sich dann in mehreren Aspekten von den handschriftlichen. Sie übertreffen diese oft ganz erheblich in ihrer Länge. Sie sind zwar meistens an eine einzelne Person adressiert, diese ist aber nicht als Privatperson, sondern als Träger einer Funktion von Bedeutung. Dabei kann es sich einerseits darum handeln, dass die Adressaten mit ihrem wissenschaftlichen Ansehen die Thesen von Libavius unterstützen sollen. Andererseits fördern sie sicherlich als Multiplikatoren den Verkauf seiner Bücher und tragen dadurch zu seinem wirtschaftlichen Erfolg bei. Des Weiteren wird von ihnen Hilfe bei der Beschaffung von Büchern und von anderem wissenschaftlichen Material sowie eine Unterstützung für eigene Vorhaben erbeten. Diese Briefe sind meist einem einzelnen Thema gewidmet, das in allen Einzelheiten dargelegt wird. Sie dienen weniger einer offenen Diskussion von grundlegenden Fragen, als vielmehr der Darstellung seiner Meinung und Position. Die Frageform wird zwar auch angewendet, besitzt dann aber oft einen rhetorischen Charakter. Libavius erwartet nicht immer eine Antwort, sondern will manchmal auch die Offensichtlichkeit des Irrtums seiner Kritiker betonen. Der in Buchform publizierte Brief richtete sich an die Gesamtheit der Fachkollegen, aber auch an die interessierte Öffentlichkeit sowie an herrschaftliche Gönner und Förderer. Libavius möchte eine Vielzahl Interessierter für seine Position einnehmen und seine Gegner und Kritiker wissenschaftlich besiegen.

Die Bücher sind dann der Endpunkt seiner wissenschaftlichen Arbeit. Sie stellen einerseits eine Zusammenfassung des jeweiligen Gebietes dar und bilden dafür die wissenschaftliche Grundlage. Sie sollen in der Lehre benutzt werden und auf diese Art und Weise der Weiterentwicklung der Chemie dienen. Für den Schulmeister Libavius ist es ein Hauptanliegen, die Aus- und Weiterbildung der Jugend zu fördern. Andererseits spielen die Bücher eine große Rolle als Fortsetzung des wissenschaftlichen Streits in den veröffentlichten und gedruckten Briefen. Sie verstärken seine Positionen und erreichen eine noch größere Öffentlichkeit. Libavius nimmt in ihnen zu den drängendsten Fragen in den damals aktuellen Diskussionen in Medizin und Chemie Stellung. Es fällt auf, dass seine Bücher in den meisten Fällen nicht einem Landesherrn gewidmet sind, Landgraf Moritz von Hessen-Kassel und sein späterer Dienstherr Johann Casimir von Sachsen-Coburg sind zwei der wenigen Ausnahmen. Offensichtlich suchte Libavius nicht die fürstliche Patronage, um seine „intellektuelle Glaubwürdigkeit" und seine „soziale Stellung" zu festigen.[549] Die meisten Widmungen betreffen den Senat einer Freien Reichsstadt, unter ihnen Nürnberg, Regensburg, Augsburg und Ulm. Hier sah er die Kundschaft für seine Bücher, die größeren Städte sollten seine Bücher im Schulunterricht einsetzen. Außerdem war die reiche Bürgerschaft eine weitere Zielgruppe, die sich mehr und mehr mit wissenschaftlichen Themen beschäftigte.

Der Austausch von Büchern ist ein weiterer zentraler Punkt im Netzwerk von Libavius. Nur so ist es zu verstehen, dass er in den Briefen an Johann Hartmann Beyer immer wieder fordert, die hohe Anzahl von vierzig Freiexemplaren von seinem Verleger zu erhalten. Bei den zahlenmäßig eher kleinen Auflagen, wie sie in der Frühen Neuzeit üblich waren, ist dieser Anspruch beachtlich. Dabei ist zu berücksichtigen, dass damit ein großer finanzieller Nutzen verbunden war. Da die Beschaffung neuer Bücher immer noch einen gewissen Aufwand erforderte, kommt diesem Austausch hohe Bedeutung zu. Des Weiteren konnten sich die Empfänger eines Freiexemplars natürlich sehr geehrt fühlen. Sie wurden von Libavius eines so wertvollen Geschenkes für würdig gehalten, was natürlich die eigene Stellung innerhalb der frühneuzeitlichen Chemikergemeinschaft hervorhob. Und letztendlich müssen die Widmungen der Bücher unter dem Gesichtspunkt eines Einbezugs weiterer Personenkreise und Institutionen in das Netzwerk gesehen werden. Wenn Libavius bevorzugt die Magistrate von Reichsstädten erwähnt, berücksichtigt er damit die höchste politische Einrichtung für den Personenkreis, an den seine Bücher gerichtet sind: das städtische Bürgertum. Und ohne die Würdenträger namentlich zu erwähnen, sind alle Magistratsmitglieder natürlich einzeln mit eingebunden. Neben den beteiligten Personen bilden die Bücher also eine weitere Art von herausgehobenen Knotenpunkten des Netzwerks und tragen eindeutig zu seiner Erhaltung und Stabilisierung bei. Demgegenüber ist die Versorgung mit seltenen Substanzen bei Libavius eher von untergeordneter Bedeutung. Nur in einem der betrachteten Briefe ist davon die Rede. Sie scheinen auf Grund geringer empirischer Aktivitäten zur Sicherung des Netzwerks keine Rolle gespielt zu haben.

„Um wissenspolitisch erfolgreich zu sein, war es nötig, den Ansprüchen an Glaubwürdigkeit und Gelehrsamkeit (eruditio) Genüge zu tun. Entsprechend wichtig für die Diskurse der frühen Neuzeit waren Diffamierungsstrategien, Ausschließungsverfahren, Integrationsbestrebungen und Legitimationsbemühungen, die sich auf die Kredibilität und eruditio von Autoren und deren Werken bezogen, ..."[550] Was hier für den Streit von Paracelsisten und ihren Gegnern

---

549 (Moran 1991, S. 9).
550 (Neumann, Hanns-Peter 2011, S. 257).

formuliert wurde, trifft in hohem Maße auf die Bücher und Briefe von Libavius zu. Sicherlich ist er dem Lager der Antiparacelsisten zuzurechnen und damit in diese Auseinandersetzung einbezogen, auch wenn er medizinische Erkenntnisse und auch chemisch-theoretische Grundlagen wie die Prinzipienlehre aus den Lehren von Paracelsus übernimmt.[551] Seine Auseinandersetzungen gehen aber über die Bekämpfung der Auswüchse hinaus, die er den Nachfolgern von Paracelsus vorwirft. Ganz besonders intensiv rechnet er mit einigen wenigen Gegnern ab, die ihn kritisiert haben oder deren Lehren er verdammt. Er versucht deren Wissenschaftlichkeit in Zweifel zu stellen und scheut vor Diffamierungen nicht zurück. Gleichzeitig festigt er den Kreis seiner Anhänger und Freunde zu einem Bollwerk, um gegen weitere Angriffe besser gewappnet zu sein.

In dieser Arbeit ist Libavius als Zentrum eines egozentrierten Netzwerks betrachtet worden. Eine weiterführende Untersuchung aller Korrespondenzpartner in Bezug auf ihre Briefe würde den Rahmen einer einzelnen Untersuchung sprengen. Deshalb soll an einem kleinen, ausgewählten Beispiel die weitere Verästelung dargestellt werden. In der Sammlung Trew sind einige Briefe von Hieronymus Besler (1566–1632)[552] erhalten geblieben. Besler soll das lateinische Vorwort zum Prachtwerk des „Hortus Eystettensis" seines Bruders Basilius Besler (1561–1629)[553] geschrieben haben, da dieser des Lateinischen unkundig gewesen sein soll.[554] In der Sammlung Trew sind Briefe von Besler an Joachim Camerarius d.J., Johannes Hartmann, Gregor Horst und Johann Oberndorffer (1549–1624)[555] erhalten, Korrespondenten, die aus dem Netzwerk von Libavius und Schnitzer bereits bekannt sind. Daneben schrieb Besler einige Briefe an weitere Ärzte und Chemiker. In der Sammlung Trew finden sich Briefe an den Danziger Arzt Joachim Oelhaf (1570–1630), der dort Stadtphysicus und Leibarzt des Königs Sigismund III. von Polen (1566–1632) war,[556] an den jungen Johann Georg Volckamer (1616–1693), der später als Präsident der leopoldinisch-karolinischen Akademie der Naturforscher bekannt wurde,[557] an den Nürnberger Arzt Sebastian Heinlein (1594–1663) sowie den Erfurter Arzt und Mathematiker Johannes Rothmann (Lebensdaten unbekannt).[558] Es ist aber auch ein Brief

---

551 Vgl. (Hollweg 2014, S. 34 f.).
552 (Jöcher 1750–51, Band 1, S. 1048).
553 (Löhlein 1955).
554 (Jöcher 1750–51, Band 1, S. 1048).
555 (Schmidt-Herrling 1940, S. 437).
556 (Bertling 1887).
557 (Günther 1896).
558 (Schmidt-Herrling 1940).

von Besler an Caspar Bauhin in der Universitätsbibliothek Basel erhalten. Eine weitere Netzwerkstruktur lässt sich erahnen, wenn man sich die weitere in Basel erhaltene Korrespondenz der Professoren Caspar Bauhin, Felix Platter sowie Theodor Zwinger und Jacob Zwinger ansieht. Viele Kontaktpartner von Libavius und Schnitzer kann man auch bei ihnen wiederfinden.[559] Wie diese wenigen Beispiele zeigen, können weitere Verzweigungen im Korrespondenznetzwerk von Libavius aufgezeigt werden. Es ist aber auf Grund der Quellenlage unmöglich, ein weit verzweigtes, „vollständiges Netzwerk" zu rekonstruieren. Ein solcher Versuch würde außerdem den Rahmen der vorliegenden Arbeit sprengen.

Leider sind handschriftliche Briefe aus der Korrespondenz von Libavius nur an einen kleineren Personenkreis erhalten geblieben.[560] Die Liste der Adressaten in den „Rerum chymicarum ..." ist demgegenüber deutlich länger und wird durch die Briefpartner Schnitzers in den „Cista medica ..." nicht unbeträchtlich vergrößert.[561] Aus diesem Grund ist die Aktivität innerhalb des Netzwerks schwer zu beurteilen. Sicher ist, dass Libavius mit Schnitzer und Dold einen intensiven Briefverkehr pflegte, was sich nicht zuletzt an den häufigen Namensnennungen dieser beiden Freunde in anderen Briefen zeigt. Auch der Kontakt nach Frankfurt zu Beyer muss sehr intensiv gewesen sein. Es war sehr vorteilhaft, einen Gewährsmann gegenüber Verleger und Drucker vor Ort zu besitzen, was insbesondere für die Rothenburger Zeit mit der Publikation der meisten Bücher zu gelten hat. Des Weiteren wurde die Verbindung nach Basel nie unterbrochen, auch wenn Libavius sich dort nur kurze Zeit aufgehalten hatte. Die Anzahl der handschriftlichen Briefe ist zwar nicht übergroß, sie erstrecken sich aber über einen längeren Zeitraum. Demgegenüber ist eine handschriftliche Korrespondenz mit den meisten Adressaten aus den „Rerum chymicarum ..." nicht bekannt, was aus offensichtlichen Gründen nicht bedeutet, dass die Namensnennung dort die einzige Aktivität innerhalb des Netzwerks war. Ob eine wie auch immer geartete hierarchische Struktur bestand, kann an Hand des ausgewerteten Quellenmaterials nicht beurteilt werden. Ausgehend von Libavius ist zunächst ein egozentriertes Netzwerk betrachtet worden. Durch den

---

559 Neben Hieronymus Besler sind dies: Guillaume Baucinet, Johann Hartmann Beyer, Johannes Bierdümpfel, Cosmas Bornemann, Balthasar Brunner, Joachim Camerarius II d.Ä., Joachim Camerarius d.J., Leonhard Dold, Georg Faber, Johannes Hartmann, Balthasar von Herden, Gregor Horst, Johannes Ingolstetter, Johann Neudo(e)rffer, Bernard Gilles Penot, Georg Rumbaum, Johann Schenck, Philipp Scherbe, Paulus Simlerus, Tobias Wind und Hermann Wolf. S. Anhänge 8.1.–8.4.
560 S. Anhang 8.4.
561 S. Anhang 8.1. und 8.2.

engen Kontakt mit Schnitzer wird deutlich, dass dieser zusätzliche Ergebnisse in der Diskussion medizinisch-chemischer Fragestellungen durch den Einbezug weiterer Briefpartner lieferte. Dieses wiederum egozentrierte Netzwerk wurde jedoch in der Sache nicht weiter untersucht und ist in dieser Arbeit nur durch seine Überlagerung mit Libavius von Bedeutung. Als dritter Schwerpunkt des Netzes müssen die Kontakte nach Nürnberg und an die Universität in Altdorf gewertet werden, die aus einem größeren Personenkreis bestehen. Hier konnte Leonhard Dold nicht als alleiniges drittes Zentrum identifiziert werden. Des Weiteren muss erneut betont werden, dass die Fragestellung nach einer möglichen Dominanz des Netzwerks der Baseler Professoren Caspar Bauhin und Jacob Zwinger in dieser Arbeit nicht untersucht werden konnte.

Die Netzwerke von Libavius und Schnitzer erstreckten sich über Zentraleuropa mit deutlichem Schwerpunkt im fränkischen und sächsischen Gebiet. Es wird durch die Städte dominiert, in denen Libavius lebte und wirkte, was insbesondere auf die Universitätsstädte Wittenberg und Jena zutrifft. Die nachgewiesenen Kontakte nach Padua, Basel, Straßburg, Paris, Leiden, Kopenhagen, Breslau, Oppeln und Iglau und der mögliche Briefwechsel nach London erweitern das Kerngebiet jedoch beträchtlich. Außerdem muss natürlich berücksichtigt werden, dass durch die Uneinheitlichkeit des Heiligen Römischen Reichs Deutscher Nationen eine Vielzahl von Herrschaftsgebieten betroffen war. Neben der räumlichen Netzwerkstruktur ist weiterhin auch die zeitliche Veränderung des Netzwerks von Bedeutung. Auf Grund der unzureichenden Quellenlage ist eine Einschätzung hierfür allerdings problematisch. Die bereits geschilderte Verlagerung von Schwerpunkten auf sachlicher Ebene lässt einen Wandel des Personenkreises vermuten, mit dem intensiv kommuniziert wurde.

Libavius diskutierte chemische Fragestellungen mit seinen Briefpartnern. Leider sind nur wenige Briefe an ihn erhalten, so dass die direkte Weiterentwicklung von Themen nicht direkt nachgewiesen kann. Neben der Korrespondenz mit Schnitzer in der „Cista medica …" ist die Erörterung der Goldmacherei mit Zwinger eines der wenigen Beispiele für einen Dialog. In diesen Briefen werden die Vorbehalte gegenüber Betrügern wie auch die wissenschaftliche Möglichkeit einer Metalltransmutation erörtert. Die Beschreibung der Vorkommnisse in Basel trägt nicht nur zur Reflektion der Goldmacherei bei Libavius bei, sie bestätigt auch seine Haltung, dass die Umwandlung von Metallen mit chemischen Mitteln möglich sei. Libavius war selbst nur begrenzt experimentell tätig. Es ist zweifelhaft, ob er ein gut ausgestattetes eigenes Labor verfügte.[562]

---

562 In den Briefen wird nur an wenigen Stellen von praktischer Laborarbeit berichtet. S. (Moran 2014, S. 60). Ein gut ausgestattetes Labor ist eher unwahrscheinlich, auch

Schriftliche Unterlagen waren die Quelle seines chemischen Wissens. Dies betrifft sowohl seine Sammlung von Büchern, wie aber auch insbesondere die Briefe. Das Netzwerk diente zur Erweiterung seines chemischen Wissens und zur offenen Diskussion chemischer Probleme. Eines seiner Hauptziele war es, das Wesen der Chemie zu ergründen. Das Netzwerk inklusive der Briefe und der Bücher begründete seine anerkannte Stellung in der Gelehrtengemeinschaft. Er hatte sich als Verfechter einer „wahren Chemie" dargestellt und wurde so von seinen Zeitgenossen gesehen und akzeptiert. An diesem Beispiel wird deutlich, dass die Stellung eines Wissenschaftlers in der Hierarchie der Gelehrtenrepublik der Beurteilung durch die wissenschaftlichen Gemeinschaft entspringt, oder wie es Goldgar treffend formulierte: „the ranking of scholars within the hierarchy was a matter of judgement by their fellows. It was not possible to become a great scholar on one's own."[563]

4.2. Joseph Du Chesne

4.2.1. Leben und Wirken

Joseph Du Chesne, Sieur de la Violette (1546–1609), genannt Quercetanus, wurde 1546 als Sohn des Mediziners Jacques Du Chesne in Lectoure in der Gascogne geboren.[564] Du Chesne begann seine Ausbildung in Bordeaux und setzte sie mit dem Studium der Medizin in Montpellier etwa zwischen 1564 und 1566 fort, auch wenn sein Name nicht in den Immatrikulationslisten der Universität verzeichnet ist.[565] Anschließend nahm der „vagabundierende Doktor"[566] Kontakt zu ausländischen Kollegen auf und begann eine mehrjährige Reisetätigkeit. Um 1566 hielt er sich in Tübingen auf und machte dort die Bekanntschaft des Professors der Medizin Jakob Degen, genannt Schegk (1511–1587),[567] der einen großen Einfluss auf ihn gehabt haben soll.[568] Danach reiste er durch mehrere nicht weiter

---

wenn Libavius im Kommentar zur zweiten Auflage der Alchemia den Aufbau eines chemischen Labors theoretisch beschreibt und im Historiengewölbe der Stadt Rothenburg die Nachbildung eines Labors zu sehen ist, das ihm zugeschrieben wird: https://rothenblog.blogspot.com/2014/02/andreas-libavius-im-historiengewolbe.html (Zugriff am 03.02.2019).
563 (Goldgar 1995, S. 156).
564 (Lordez 1944).
565 (Kahn 2007, S. 235).
566 (Lordez 1944, S. 3).
567 (Richter 1877).
568 (Kahn 2007, S. 236).

Joseph Du Chesne 113

spezifizierte Gegenden Europas, wie er selbst in seinem Buch zur Behandlung von Schusswunden „Sclopetarius, ..." berichtet.[569] In der französischen Version des Buches[570] präzisiert er, dass er dabei als Militärarzt den Armeen folgte.[571] Einige Jahre später traf er im Jahr 1572 in Köln den als Paracelsisten bekannten Arzt Theodor Birckmann (1534–1586),[572] bei dem er sich wohl für zehn Monate aufhielt.[573] Von Köln aus reiste Du Chesne nach Basel und immatrikulierte sich, vielleicht auf Empfehlung Birckmanns,[574] gegen Zahlung einer Gebühr von 6 Schilling im April 1573. Im Immatrikulationsverzeichnis wird er als „Medicus" geführt.[575] In Basel soll er 1573[576] oder nach anderen Angaben 1575[577] promoviert worden sein.

---

569 (Du Chesne 1576, S. 2): „..., partim cum varias Europae regiones peragrarem, ..."
570 (Lordez 1944, S. 6).
571 Ob Du Chesne dabei als Arzt oder als damals weniger angesehener Chirurg den Armeen folgte ist hier ohne Bedeutung. Kahn verortet diese Reisetätigkeit in „l'Allemagne" ((Kahn 2007, S. 235). Wahrscheinlich ist, dass Du Chesne entweder den Armeen im Spanisch-Niederländischen Krieg oder vielleicht sogar denen in seiner Heimat im 2. und 3. Hugenottenkrieg folgte.
572 (Kühlmann und Telle 2001, 2004 und 2013, Teil 1, S. 658–660).
573 (Kahn 2007, S. 236).
574 Ebd.
575 Universitätsbibliothek Basel, Handschriften, Rektoratsmatrikel der Universität Basel, Band 2, (1568–1653). AN II 4, 13r-14v. http://www.e-codices.unifr.ch/de/ubb/AN-II-0004/13r/medium (Zugriff am 16. 01. 2014): Eingetragen als „Iosephus Cassius Arminiacensis Medicus. S. VI." Als letzter Eintrag in die Matrikel wurde Du Chesne erst kurz vor dem Rektoratswechsel, der im Mai 1573 stattfand, immatrikuliert. (Private Mitteilung Lorenz Heiligensetzer, Universitätsbibliothek Basel, vom 31.01.2014).
576 (Wackernagel 1951–1980, Band 2, S. 218).
577 (de Vries de Heekelingen 1923, S. 88 f.). Es wird Bezug genommen auf (Platter 1598, S. 45f.) im Staatsarchiv des Kantons Basel-Stadt (und nicht wie bei de Vries angegeben in der Universitätsbibliothek Basel). Hier schrieb Felix Platter im Jahr 1598, dass die Promotion Du Chesnes im Hause von Theodor Zwinger 1575 in seinem Beisein und dem anderer Professoren stattgefunden habe. In dem handschriftlichen Bericht ist die Jahreszahl „75" zweimal deutlich zu erkennen. Inwieweit diese nachträgliche Festlegung zutrifft, kann nicht beurteilt werden, da keine weiteren Unterlagen über die Promotion erhalten sind. Wahrscheinlicher ist es jedoch, dass Du Chesne direkt im Jahr seiner Immatrikulation 1573 promoviert wurde, da er 1574 nach Genf gezogen ist und dort wohnte und heiratete. Allerdings könnte die nicht-öffentliche Promotion im Hause Zwingers für die Möglichkeit sprechen, dass Du Chesne nur zu diesem Anlass 1575 aus Genf nach Basel kam, und nicht eine Geheimhaltung belegen, wie des Öfteren vermutet wurde.

Von Basel zog er nach Genf weiter und heiratete dort am 14.6.1574 in der Kirche St. Pierre die reiche Erbin Anne Trye (????-1616),[578] die Tochter des Magistratsbeamten Guillaume Trye und Enkelin des Humanisten Guillaume Budé (1467-1540). Damit war er in der Lage, im Jahr 1580 die „Baronie und Seigneurerie de Morancé" mit dem befestigten Haus „Lyserable" zwischen Lyon und Villefranche-sur-Saône zu kaufen.[579] Ob er zur selben Zeit einen Besitz im Dorf „La Violette" bei Saint Maurice sur Dargoire südwestlich von Lyon erwarb, ist nicht belegt. Jedenfalls nannte er sich fortan „Sieur de la Violette". Familien gleichen Namens hat Lordez jedoch auch in der Gascogne, im Languedoc und in Genf aufgefunden.[580] Du Chesne behielt seinen Hauptwohnsitz in Genf und fand durch die Familie seiner Frau Eingang in die ersten Kreise der Stadt. So war Theodor Beza (1519-1605), der als Nachfolger Calvins Präsident des Konsistoriums war, der Taufpate seiner Tochter.[581] Im Jahr 1584 erhielt Du Chesne das Bürgerrecht der Stadt und wurde 1587 in die gesetzgebende Versammlung, den „Rat der 200", gewählt.[582] Seit 1576 befand er sich außerdem als Arzt und Diplomat in Diensten von François de Valois, Duc d'Alençon (1555-1584),[583] dem jüngeren Bruder des französischen Königs Heinrich III. (1551-1589). François de Valois verstarb als ernannter französischer Thronfolger im Alter von 29 Jahren vor seinem Bruder. Du Chesnes diplomatische Tätigkeit führte ihn des Öfteren in die anderen Kantone der Eidgenossenschaft sowie nach Frankreich und in Gebiete des Heiligen Römischen Reichs.[584] Einige Jahre später übernahm Du Chesne die gleichen Aufgaben im Dienste des neuen französischen Königs Heinrich IV., auch wenn sich keine Unterlagen über seine Bezahlung in den französischen Archiven finden lassen. Es ist jedoch in einem Brief belegt, dass Heinrich IV. ihm 1591 den Titel „conseiller et médecin ordinaire" verlieh.[585]

1595 war Du Chesne in Genf in die „Affäre Juranville" verwickelt, eine Affäre, in der es vordergründig um Ehebruch und Inzest, damit verbunden aber wohl hauptsächlich um Erbansprüche, ging. Diese Affäre erhielt durch das persönliche Eingreifen Theodor Bezas höheres Gewicht.[586] Du Chesne setzte sich für

---

578 (Kahn 2001b, S. 247, Anm. 53).
579 (Lordez 1944, S. 7).
580 Ebd.
581 (Gautier 1906, S. 195).
582 (Dubédat 1908, S. 12).
583 (Kahn 2004, S. 642 und 647).
584 (Gautier 1912, S. 303-311).
585 (Lordez 1944, S. 10).
586 (Kahn 2001b).

die Beklagte, Louise Robot, Madame de Martinville, ein. Mit ihr war er durch gemeinsame Versuche zur Metalltransmutation eng verbunden, wie spätere Briefe zeigen. Nach dieser Affäre verließ er Genf 1596, um sich als Leibarzt des Königs in Paris anzusiedeln. Im Gegensatz zu Heinrich IV. behielt er aber seinen reformierten Glauben.[587] Zusammen mit einigen anderen Ärzten des Königs, Théodore Turquet de Mayerne und Jean Ribit de la Rivière, folgte er paracelsischen Ansichten und Behandlungsmethoden. Dadurch gerieten die Ärzte des Königs in Widerspruch zu der konservativen, galenistischen medizinischen Fakultät der Pariser Universität, die das alleinige Zulassungsrecht für Ärzte besaß. Du Chesne war eine der Zentralfiguren im Pariser Paracelsistenstreit in den Jahren 1603 bis 1606.[588] In dieser Zeit fand ein weiterer Aufenthalt Du Chesnes in Deutschland statt. Auf Einladung des reformierten Landgrafen Moritz von Hessen-Kassel arbeitete er ab August 1604 für kurze Zeit in einem eigens für ihn eingerichteten Labor.[589] Die letzten Lebensjahre verbrachte Du Chesne in Paris, wo er am 20.[590] oder 21.[591] August 1609 starb. Auf Grund seines schwierigen Charakters, er selbst bezeichnete sich als ungeduldig, cholerisch und reizbar,[592] sowie seiner streitbaren Schriften ist die spätere Würdigung Du Chesnes gespalten. Die Nachwirkungen des Paracelsistenstreits lassen sich deutlich in den Sätzen des Pariser Arztes und Professors am Collège Royal, Guy Patin (1601–1672), über das Jahr 1609 spüren: „Il est vrai que cette même année, il mourut ici un méchant pendart & Charlatan qui en a bien tué pendant sa vie & après sa mort par les malheureux écrits qu'il nous a laissés sous son nom, qu'il a fait faire par d'autres Médecins & Chymistes deçà & delà. C'est Iosephus Quercetanus qui se faisait nommer à Paris, le Sieur de la Violette."[593] Demgegenüber würdigt ihn Michaud als einen überragenden Chemiker seiner Zeit: „On ne peut

---

587 (Gautier 1906, S. 203).
588 Du Chesne versuchte, nicht in die mit dem Paracelsismus verbundenen theologischen Auseinandersetzungen einbezogen zu werden, indem er sich von diesem Gedankengut Paracelsus' distanzierte und sich auf die medizinischen und chemischen Grundgedanken beschränkte. (Gilly 1994, S. 435).
589 (Moran 1991, S. 116).
590 (Lordez 1944, S. 11).
591 (de l'Estoile 1875–1889, Band 9, S. 344).
592 (Du Chesne 1606b, S. 84): „Je confesse librement, que je pratique moi-même très mal le remède de patience, que j'ai mis en avant et ordonné contre la colère: usant de revanche quand on me pique."
593 (Patin 1691, S. 142).

nier cependant que Du Chesne ne fût réellement supérieur à la plupart des chimistes de son temps."[594]

Die zweite Hälfte des 16. Jahrhunderts war in Frankreich durch die sogenannten Hugenottenkriege gekennzeichnet, die das Land einer Zerreißprobe aussetzten.[595] Bereits im Jahre 1547, also ein Jahr nach Du Chesnes Geburt, wurde in Paris ein „Chambre ardente" eingerichtet, ein Sondergericht zur Verfolgung von Häretikern. Diese Sondergerichte wurden 1559 auf alle „parlements" in den Regionen ausgedehnt. 1562 begann dann eine Serie von kriegerischen Auseinandersetzungen, die erst 1598 durch das Edikt von Nantes beendet wurden. Auch wenn der Glaube nicht der einzige Hintergrund für die Kriege war, so spielte er neben dynastischen, machtpolitischen, wirtschaftlichen und sozialen Gesichtspunkten eine große Rolle. Bedingt durch seinen Glauben führte Du Chesne daher ganz im Gegensatz zu Libavius ein unruhiges Leben. Ob er bereits in eine calvinistische Familie geboren wurde, lässt sich nicht nachweisen.[596] Es spricht jedoch vieles dafür, da die Gascogne nach Knecht zu den Provinzen zählte, in denen der reformierte Glaube stark vertreten war.[597] Er soll aber auf jeden Fall protestantisch erzogen worden sein.[598] Außerdem verließ er seine Heimat spätestens 1566 vor Beginn des zweiten Hugenottenkrieges. Es ist folgerichtig, dass er seine Tätigkeit als Militärarzt bei protestantischen Armeen ausführte. Spätestens nach seiner Heirat mit Anne Trye ist er dem calvinistischen Glauben zuzurechnen. Anders wäre es kaum möglich gewesen, dass er in Genf in den „Rat der 200" gewählt worden wäre. Seinen Glauben konnte er auch nach seiner Rückkehr nach Paris beibehalten, da Heinrich IV. den Reformierten die Rückkehr an den Hof in verschiedenen Ämtern ermöglichte.[599] Eine zeitweilige oder auch dauerhafte Rückkehr der geflohenen Calvinisten nach Frankreich war zu jener Zeit nicht ungewöhnlich.[600]

Seit seiner Anstellung in den Diensten von François de Valois führte Du Chesne seine diplomatischen Tätigkeiten bis zu seinem Lebensende weiter;[601] einen kurzen Abriss darüber gibt Gautier in seinem Aufsatz.[602] Wahrscheinlich

---

594 (Michaud 1854–1865, Band 11, S. 389).
595 (Knecht 1989, S. 1).
596 (Gautier 1906, S. 190).
597 (Knecht 1989, S. 8).
598 (Gautier 1906, S. 190).
599 (Knecht 1989, S. 82).
600 (Lachenicht 2010, S. 223).
601 (Kahn 2004, S. 647).
602 (Gautier 1912).

war es eine seiner ersten Aufgaben, seinen Freund Jacques de la Fin, Baron d'Aubusson (ca. 1544–1606),[603] dem er sein erstes Buch, die Streitschrift[604] gegen Jacob Aubert (????–1586)[605] gewidmet hatte, in die Pfalz zu begleiten. Der hugenottische Heerführer Heinrich I. von Bourbon, Prinz von Condé (1552–1588), hatte im fünften Hugenottenkrieg ein Bündnis geschlossen mit Johann Casimir (1543–1592), dem Sohn von Friedrich III. von der Pfalz (1515–1576) und dessen Nachfolger auf dem Thron. Diesem Bündnis wollte François de Valois beitreten und hatte Anfang 1576 seinen Kammerherrn de la Fin[606] und wohl auch Du Chesne zur Ratifizierung gesandt.[607] Des Weiteren reiste Du Chesne nach eigener Aussage in den folgenden Jahren mehrfach aus Genf in seine Heimat, die Gascogne, und traf dort Heinrich III. von Navarra (1553–1610), der als Heinrich IV. im Jahr 1589 König von Frankreich wurde. Seinen Gedichtband „Le grand miroir du monde" widmete er Heinrich III. von Navarra. In dem Widmungsbrief schreibt er: „Je n'espère seulement que vous accorderez ce bien: mais la souvenance du bon accueil qu'il vous plûtes me faire la dernière fois que je fus en Gascogne me le fait encore croire fermement."[608] Es kann nur vermutet werden, dass er als diskreter Bote zwischen Beza und dem König von Navarra diente.[609] In den Jahren 1589–1593 fungierte Du Chesne als Bindeglied zwischen dem Rat der Stadt Genf und verschiedenen Gefolgsleuten Heinrichs IV., wozu er des Öfteren nach Frankreich oder auch nach Bern reiste, wo der französische Botschafter, der spätere „Chancelier de France" Nicolas Brulart de Sillery (1544–1624) residierte.[610] Außerdem war er wohl gerade zu dem Zeitpunkt in Paris, als der französische König Heinrich III. 1589 ermordet wurde.[611] Daneben führte Du Chesne im Auftrag des Rats der Stadt Genf Verhandlungen in Savoyen, das sich 1589–1593 im Kriegszustand mit Genf befand.[612] Seine Reisen führten ihn im Jahr 1593 zusammen mit de la Fin nach Paris, und er war wohl auch zu dem Zeitpunkt in St. Denis, als Heinrich IV. zum Katholizismus konvertierte.[613] Auf

---

603 (Gibert 2009, S. 32 f.).
604 (Du Chesne 1575).
605 (Hoefer 1855–1866, Band 3, S. 562).
606 (Haag 1846–1859, Band 6, S. 200).
607 (Gautier 1912, S. 302 f.).
608 (Du Chesne 1587).
609 (Gautier 1912, S. 303 f.).
610 Ebd. S. 305 f.
611 Ebd. S. 304.
612 (Gibert 2009, S. 27 f.).
613 (Gautier 1912, S. 306).

Grund seiner guten Kenntnis der Eidgenossenschaft und ihrer Kantone war Du Chesne der geeignete Mann, um ab 1593 diplomatische Aufgaben für Heinrich IV. in Genf zu übernehmen. Er hatte das Recht, direkt mit dem König zu korrespondieren.[614] Die Affäre Juranville beendete dann 1596 seine diplomatische Karriere in Genf.

Genau wie Libavius ist Du Chesne nicht nur durch seine chemischen Schriften bekannt. Mindestens ebenso große Aufmerksamkeit erregten seine drei Gedichtbände „La Morocosmie, ou de la folie vanité, et inconstance du monde", „Le grand miroir du monde" und „L'anatomie du petit monde" sowie die Tragikomödie „L'ombre de Garnier Stoffacher, Suisse". Mit diesen Werken soll er sich nach Kahn seinen Platz in der Literatur seiner Zeit gesichert haben.[615] Man kann ihn wohl zu Recht als „poète scientifique" bezeichnen;[616] die Poesie war für ihn die Weiterführung der Medizin mit anderen Mitteln.[617] Da jedoch die Medizin und die damit verbundene Chemie sein Leben beherrschten, und auch die diplomatischen Aktivitäten einen hohen Zeitaufwand erforderten, gab er die Dichtkunst bereits früh auf.[618] Was die reine Anzahl seiner chemisch-medizinischen Schriften angeht, kann Du Chesne nicht mit dem äußerst produktiven Libavius konkurrieren. Die meisten Bücher verfasste er erst in den letzten Jahren vor seinem Tod, als der „alte Höfling" mehr Zeit und Muße dazu fand, wie er selbst in einem Brief an den Landgrafen Moritz schreibt.[619]. Nach den ersten beiden Büchern, der Streitschrift gegen Jacob Aubert und der Anweisung zur Behandlung von Schusswunden aus den Jahren 1575 und 1576 dauerte es bis zum Jahre 1603, bis die nächste Schrift, das „Liber de priscorum philosophorum …", erschien. Seine beiden Hauptwerke, das „Diaeteticon polyhistoricon"[620] und die „Pharmacopoea dogmaticorum restituta"[621] wurden mehrfach aufgelegt und in andere Sprachen übersetzt.[622] Das unterschiedliche Lebensumfeld zu Libavius zeigt sich besonders deutlich in den Widmungen der Bücher. Waren bei diesem Adlige die Ausnahme, so ist dies bei Du Chesne der Regelfall. Alle seine Bücher

---

614 Ebd. S. 307.
615 (Kahn 2004, S. 644).
616 (Gibert 2009, S. 62).
617 Ebd. S. 98.
618 (Kahn 2004, S. 646 f.).
619 S. Anhang 8.5.2., Signatur 249r-250v.
620 (Du Chesne 1606a).
621 (Du Chesne 1607).
622 (Kühlmann und Telle 2001, 2004 und 2013, Teil 3, S. 1196).

sind Mitgliedern des Adels gewidmet, wobei sein Patron François de Valois, Duc d'Alençon sowie Heinrich I. von Bourbon, Prinz von Condé herausragen.

4.2.2. Bücher, Briefe und chemische Herstellungsanweisungen

In der Uffenbach-Wolfschen Sammlung in Hamburg sind die meisten an Du Chesne gerichteten Briefe erhalten.[623] Neben 82 Briefen an Du Chesne, geschrieben von einer Vielzahl von Autoren, findet sich noch ein von ihm an Johannes Hartmann adressierter Brief. Im gleichen Band der Sammlung sind außerdem noch zwei chemische Verfahrensvorschriften, einige Gedichte sowie zwei weitere Briefe anderer Personen enthalten. Die Briefe sind als Abschriften erhalten, die alle von einer Hand angefertigt wurden. Die fünf Briefe von Libavius sind bereits bei diesem besprochen worden und werden an dieser Stelle nicht weiter aufgegriffen. Bereits im Jahr 1580 gründete der lutherische Landgraf Wilhelm IV. von Hessen-Kassel (1532–1592), genannt der Weise, eine Bibliothek zur Förderung der Naturwissenschaften. In ihr sind viele wertvolle Handschriften erhalten, darunter die chemische Korrespondenz seines Sohns und Nachfolgers Moritz, der sich im Laufe seines Lebens dem reformierten Lager zuwandte. In fünf umfangreichen Bänden sind hunderte chemischer Schriften gebunden. Im fünften Band befinden sich einige Briefe und chemische Herstellungsvorschriften von Du Chesne.[624] Drei Briefe sind an den Landgrafen selbst gerichtet und ein weiterer Brief an Jacob Mosanus, einen der Ärzte und Chemiker, die Moritz um sich geschart hatte.[625] Alle Briefe sind in der Originalhandschrift von Du Chesne und in französischer Sprache verfasst. Demgegenüber sind mehrere der chemischen Rezepte auf lateinisch und von fremder Hand. Allerdings fügte Du Chesne in diesen Verfahrensvorschriften eigene handschriftliche Anmerkungen hinzu. Einige dieser Rezepte bzw. Rezeptsammlungen scheinen zudem nicht ganz vollständig zu sein. Weitere Briefe aus der Korrespondenz des Landgrafen Moritz mit „Gelehrten und Künstlern" finden sich im Hessischen Staatsarchiv Marburg.[626] Hier ist allerdings kein Schriftstück von Du Chesne aufzufinden.

Aus der Bibliothek des Frey-Grynaeischen Instituts sind in der Universitätsbibliothek Basel zwei Briefe von Jacob Zwinger an Du Chesne, sowie zwei Briefe von diesem an Theodor Zwinger und ein Brief an Jacob Zwinger im Original

---

623 S. Anhang 8.5.1.
624 S. Anhang 8.5.2.
625 (Moran 1991, S. 68–75).
626 http://www.hadis.hessen.de/scripts/HADIS.DLL/home?SID=BE76-333DCF1-C360B&PID=6A7 (Zugriff am 18.01.2014).

erhalten. Zwei der Briefe von Du Chesne existieren dazu noch in Abschrift von der gleichen Hand wie bei Libavius. Hinzu kommt noch ein Brief an Du Chesne von Guillaume Aragosius (1513–1610), einem Baseler Arzt, der eine Zeitlang als Hofarzt in Wien tätig war.[627] Die Königliche Bibliothek in Kopenhagen verwahrt eine Vielzahl von Handschriften, darunter viele chemische Werke. Der Band mit der Signatur GKS 1792 ist mit dem Titel „Chymica varia" versehen. Er enthält neben einigen chemischen Herstellungsanweisungen verschiedener Autoren einen Brief und zwei chemische Rezepte von Madame de Martinville, die in der „Affäre Juranville" die Beklagte war. Der Brief und die beiden Verfahrensbeschreibungen sind auf Französisch und als Abschriften gekennzeichnet. Unter der Signatur GKS 1776 ist ein Brief von Martinville an Du Chesne in anderer Handschrift erhalten. Er ist eine spätere Übersetzung aus dem Französischen ins Lateinische, die im Jahre 1615 nach Du Chesnes Tod angefertigt wurde. Alle Briefe und Rezepte lassen weder das Datum noch den Ort erkennen.[628]

Ludwig XII. (1498–1515) legte bereits den Grundstein für die Manuskriptensammlung der Bibliothèque nationale de France. Sie wurde von seinen Nachfolgern weiter ausgebaut und enthält neben kostbaren griechischen und orientalischen Handschriften umfangreiche Folianten, in denen die Briefe der königlichen Verwaltung archiviert sind. Darunter befinden sich fünf Briefe von Du Chesne an seinen König sowie ein Brief an de Sillery in der Originalhandschrift von Du Chesne auf Französisch.[629] Einige Bände sind allerdings so schlecht erhalten, dass eine Digitalisierung nicht möglich war, und sie in dieser Arbeit keine Berücksichtigung finden konnten.[630] Die Briefe beleuchten die diplomatische Berichtstätigkeit von Du Chesne und sind mit vielen Anmerkungen über den eigenen Krankheitszustand versehen, der eine Reisetätigkeit erschwerte. Sie werden in dieser Arbeit nicht weiter ausgewertet, auch wenn in Ihnen bedeutende Verhandlungen beschrieben werden. In dem Brief vom 1. August 1594 wird z.B. seine Reise zum Herzog von Savoyen ausgeführt und mit Bemerkungen über Vorbereitungen der spanischen Armee versehen. Interessanter ist im Zusammenhang mit Du Chesnes chemischen Tätigkeiten eine „Confirmation de previlège" in den Akten der königlichen Kanzlei, nach der Du Chesne eine verbesserte Methode zur Herstellung von Stahl aus Eisen erfunden

---

627 S. Anhang 8.5.3. und 8.6.
628 S. Anhang 8.5.4.
629 S. Anhang 8.5.5.
630 Nach (Kahn 2001b) sollen weitere diplomatische Briefe in den „Archives du Ministère des Affaires étrangères" vorhanden sein.

haben soll.[631] Dieses Privileg beschreibt allerdings nicht das technische Verfahren zur Herstellung, sondern begründet die Wichtigkeit eines guten Stahls für die französische Landwirtschaft. Die daraus hergestellten Arbeitsgeräte könnten häufiger geschliffen werden und hielten daher länger.

Die Bibliothèque nationale universitaire in Straßburg besitzt eine umfangreiche Sammlung alter Handschriften, die zum großen Teil erst nach dem Bibliotheksbrand von 1870 erworben wurden. Darunter befinden sich viele Dokumente zur Metalltransmutation, die auf einen Kreis in Paris um den englischen Naturphilosophen und Chemiker Sir Kenelm Digby (1603–1665) zurückzuführen sind.[632] Der Band mit der Signatur „Joffre Réserve MS.0.365" ist überschrieben: „Extraits des œuvres de médecine et d'alchimie de Joseph Duchesne, seigneur de La Violette". Es handelt sich dabei um Notizbücher von Du Chesne mit Verfahrensanweisungen zur Transmutation von Metallen, die entweder von Digby selbst oder einem unbekannten Schreiber kopiert wurden.[633] Kahn versuchte nachzuvollziehen, wie die Notizbücher in den Besitz von Digby kamen.[634] Da es sich ausschließlich um Rezepte, das heißt chemische Verfahrensvorschriften, zur Transmutation von Metallen und nicht um Briefe handelt, werden sie in dieser Arbeit nicht detailliert betrachtet.[635] Sie zeigen aber ganz deutlich, dass Du Chesne nicht nur an medizinischer und pharmazeutischer Chemie interessiert war, sondern sich ebenso intensiv den Metallen, ihren Reaktionen und auch ihrer Umwandlung widmete.

In der Bibliothèque de Genève sind einige Briefe von Du Chesne an Theodor Beza erhalten.[636] Diese werden aber in dieser Arbeit sachlich nicht weiter ausgewertet, da es sich um Briefe mit privatem oder diplomatischem und nicht mit chemischem Inhalt handelt. Glaubensfragen werden, wie in allen Briefen Du Chesnes, nicht erwähnt. Die private Verbindung der Familien zeigt sich auch darin, dass Du Chesne in den Briefen Grüße an Bezas Frau ausrichten lässt. Diese führte den Kontakt nach dem Tod ihres Mannes weiter.[637] Weitere handschriftliche Zeugnisse konnten in Genf nicht gefunden werden, weder in den

---

631 Für die Transkription des Privilegs danke ich Herrn Prof. Dr. Jean-Pierre Vittu, Universität Orléans.
632 (Principe 2013a).
633 (Principe 2013a, S. 16).
634 (Kahn 2013).
635 Private Mitteilung Daniel Bornemann, Bibliothèque nationale universitaire Strasbourg, vom 20.01.2014.
636 S. Anhang 8.5.6.
637 (Kahn 2001b, S. 254).

Archives d'Etat de Genève noch bei der Fondation Louis Jeantet.[638] Auch zwei gedruckte Briefe sind nach Kahn bekannt.[639] Dabei handelt es sich zum einen um einen Geleitbrief Du Chesnes in der „Alchymia triumphans" von Libavius[640] und einen Brief an ihn von einem der berühmtesten Wundärzte und Chirurgen des 17. Jahrhunderts, Wilhelm Fabricius Hildanus (1560–1634),[641] in seinen „Observationum et curationum chirurgicarum centuria quarta".[642] Form und Inhalt dieses gedruckten Briefes lassen annehmen, dass er auch handschriftlich übersandt wurde, auch wenn das Original nicht auffindbar ist.

4.2.3. Inhalt und Form

Inhalt, Art und Charakter der Briefe von Du Chesne unterscheiden sich ganz deutlich von denen des Andreas Libavius. Bei Libavius dienten die Briefe, und hier insbesondere die handschriftliche Briefe, zur wissenschaftlichen Erörterung chemischer Fragestellungen und bezogen sich auf die Eigenschaften und Umwandlungen von Stoffen. Dies galt einerseits für die Herstellung von Heilmitteln, bei welcher der Anwendungsaspekt in den Hintergrund trat. Andererseits wurde die für möglich gehaltene Transmutation von Metallen kritisch und auf chemisch-wissenschaftlicher Basis hinterfragt. Nicht umsonst bezeichnete ihn Du Chesne als „verae Chymiae defensor".[643] In den meisten Briefen von Du Chesne werden viele unterschiedliche Sachgebiete berührt. Wenn es sich um chemische Medikamente handelt, werden neben pharmazeutisch-chemischen Herstellungsvorschriften oft Fragestellungen der Versendung und der medizinischen Anwendung behandelt. Wenn die Herstellung weniger thematisiert wird, wurden den Briefen anscheinend die entsprechenden chemischen Rezepte und Verfahrensanweisungen beigelegt. Die Goldherstellung wird in den Briefen Du Chesnes nicht hinterfragt, sondern in allen Einzelheiten theoretisch erörtert, und vor allem genauestens praktisch dargestellt. Daneben enthalten die Briefe Informationen über den Gesundheitszustand, Besuche von Freunden und Bekannten, die Planung und Durchführung von Reisen sowie diplomatische Berichte.

---

638 Private Mitteilungen Sandra Coram-Mekkey, Archives d'Etat de Genève und Carole Liernur, Fondation Louis-Jeantet, vom 21. 03. und 25.03.2014.
639 (Kahn 2001b, S. 254).
640 (Libavius 1607, S. 15–17).
641 (Rath 1959).
642 (Fabricius Hildanus 1619, S. 407 f., Epistola LXXIV). S. Anhang 8.5.7.
643 (Du Chesne 1605, S. 8).

Beispielhaft für den gesamten Briefwechsel Du Chesnes ist der Brief an den Landgrafen Moritz vom 23. Oktober 1604, den er direkt nach seiner Rückkehr aus Kassel schrieb. Zunächst beschreibt Du Chesne seinen schlechten Gesundheitszustand bei der Ankunft in seinem Haus. Ganz poetisch vergleicht er dies mit einem Schiff, das bei der Ankunft im Heimathafen Schiffbruch erleidet. Anschließend detailliert er seine Erkrankung genau und fügt an, dass er deshalb seinem König nicht nach Fontainebleau folgen konnte, um diesem dort die persönlich mitgebrachten Briefe des Landgrafen zu übergeben und von seinem Aufenthalt in Hessen-Kassel zu berichten. Es wird klar, dass er nicht ausschließlich zu den chemischen Arbeiten im neu errichteten Labor fuhr, sondern die Reise mit einer diplomatischen Mission verbunden war. Er berichtet Moritz nämlich die letzten Neuigkeiten über Einschränkungen im Getreidehandel zwischen Frankreich und Spanien. Der französische König habe die Lieferungen nach Spanien lizenziert, weil der spanische König einen Einfuhrzoll von 30 Prozent veranlasst habe. Aus den Zeilen wird die Anerkennung und die nicht unbedeutende Stellung Du Chesnes am französischen Hof deutlich, wenn er sich „Monsieur de Sillery" als Boten bedienen kann.[644] Im weiteren Verlauf des Briefes kommt Du Chesne dann aber zu seinen Hauptthemen. Zunächst widmet er sich der pharmazeutischen Chemie. Er beschreibt die Herstellung einer Tinktur und verweist auf die Gefahr des Berstens von Gefäßen im Feuer durch Druckentwicklung. Als Anlage fügte er dem Brief eine detaillierte chemische Arbeitsanweisung bei: „Le grand et général dissolvant métallique". Diese wurde allerdings nicht von ihm persönlich, sondern von anderer Hand geschrieben. Er hing aber eine kurze Ergänzung in seiner eigenen Handschrift an. In dem Rezept wird die Herstellung eines „Lösungsmittels" für Metalle beschrieben, das sogar Gold und Silber unter Erhalt ihrer „Kräfte" lösen solle. Die Beschreibung des Herstellungsverfahrens ist so genau, dass es als Vorlage für andere Chemiker dienen kann. Es werden sogar in der Literatur publizierte Alternativen für Einsatzmaterialien diskutiert.[645] Mit dem letztendlich erhaltenen Lösungsmittel könne man Stoffe

---

644 Der spätere „Chancelier de France" hatte zu dieser Zeit bereits als „Garde des sceaux" eine wichtige Stellung am französischen Hof.

645 Man destilliert eine große Menge vegetalischen Essigs, bis man etwa ein Poisson [etwa 0,118 l] erhalten hat: denn das ist die Basis und Grundlage des Werks. … An der Stelle, wo Isaac [Hollandus] das Bleiweiß nimmt und andere [Chemiker] mit Salz calciniertes Blei oder Mennige, nimmt man besser die Asche von Blei, die man gut pulverisiert in mehrere verschieden große, aufnahmefähige Gefäße gibt und darüber das gut hergestellte vegetalische Menstruum gießt, solange bis in jedem Gefäß fünf oder sechs Finger aufschwimmen, man entnimmt auf diese Art und Weise daraus die Kristalle oder das süße Salz, wie man weiß, und gießt auf den Rückstand erneut

herstellen, die nicht nur eine außerordentliche Wirkkraft für die Gesundheit des menschlichen Körpers, sondern ganz im Sinne einer Belebtheit der Natur auch für die Metalle besitzen sollen: „... dissout parfaitement l'or et l'argent sous conservation de leur espèce, d'ou on peut faire d'œuvres admirables pour la santé du corps humain et des corps métalliques." Die Ergänzung von Du Chesnes' Hand beschreibt anschließend mit dem gleichen „Lösungsmittel" die chemische Herstellung einer Korallentinktur zur „Erhaltung der Gesundheit und Behandlung äußerst beklagenswerter Krankheiten." Den Abschluss des Briefes bilden einige Gedanken zur Goldmacherei. Du Chesne verwendet dabei sowohl überkommene chemische Zeichen als auch oft als „Decknamen"[646] bezeichnete Wörter wie „lion étoilé" oder „lion noir". Du Chesnes Rezepte sind allerdings zumeist recht klare und detaillierte Arbeitsanweisungen, die nur in Resten alten, vielleicht geheimnisumwitterten Vorbildern folgen. Es wird an dieser Stelle klar, dass es sich bei den verwendeten Ausdrücken eher um eine Fachsprache zur genauen Beschreibung von Beobachtungen im Labor handelt, denn um den Versuch einer Verschleierung.[647] Anders als Libavius erörterte Du Chesne in seinen Briefen nur selten detaillierte chemische Fragestellungen. Die Briefe dienen eher als organisatorische Hilfsmittel, während die Einzelheiten chemischer Vorgänge oft den beigefügten Arbeitsanweisungen vorbehalten bleiben.

Wie bei einem bekannten und überzeugten Paracelsisten nicht anders zu erwarten, war die Iatrochemie eines der Hauptarbeitsgebiete Du Chesnes und damit auch Gegenstand vieler Briefe. Im letzten erhaltenen Brief an Du Chesne vom 16. Januar 1609 lobte ihn kein geringerer als der Kurfürst und Erzbischof von Köln, Ernst von Bayern (1554–1612),[648] indem er schreibt: „... les vrais Philosophes Hermétistes, entre lesquels on vous peut bien dire le Prince de ce siècle." Ernst von Bayern, bespricht in diesem Brief seinen Gesundheitszustand und die Wirksamkeit der paracelsischen „remèdes métalliques et minéraux"; diese hätten nicht die Nebenwirkungen der Heilkräuter. Über die Herstellung chemischer Medikamente zur Behandlung von Krankheiten entwickelte sich nach dem Aufenthalt Du Chesnes in Kassel ein reger Briefwechsel zwischen ihm und seinen Kollegen am Hof in Kassel bzw. an der Universität in Marburg. Aus den erhaltenen Briefen geht hervor, dass die Korrespondenz weit umfangreicher

---

so viel Menstruum, dass er sich auflöst und erneut Kristalle ergibt, und das [macht man] so lange, wie sich die Materie auflösen lässt. (Eigene freie Übersetzung aus dem Französischen und Interpretation der chemischen Zeichen).
646 (Principe 1998).
647 S. auch (Bachmann 1999, S. 9–12).
648 (Braubach 1959).

Joseph Du Chesne 125

gewesen sein muss. Neben Johannes Hartmann und Jacob Mosanus war auch der Medizinprofessor Hermann Wolf (1562–1620) in den Briefwechsel eingebunden. Man erfährt, dass Du Chesne Heilmittel für den Landgrafen herstellte und übersandte. In vielen Fällen beschreiben die Wissenschaftler des Landgrafen auch eigene Medikamente und Herstellungsverfahren sowie ihre Anwendung zur Heilung bestimmter Krankheiten. Dabei werden chemische Fragestellungen ausführlich erörtert. Man erkennt, dass der Kreis um Moritz dem paracelsischen Lehrgebäude anhängt. Nicht nur die Art der Heilmittel entspricht dem Vorbild Paracelsus', sondern die Ausführungen beruhen zusätzlich auf der Materiekonzeption der „tria prima" Lehre. Neben der Korrespondenz zum Hof in Kassel bzw. zur Universität Marburg pflegte Du Chesne den Austausch von Informationen zur Herstellung chemischer Arzneimittel mit weiteren Ärzten. Zum Beispiel fragt Du Chesnes Kollege in Lyon, der Arzt Sieur de Richardon (Lebensdaten unbekannt),[649] in seinem undatierten Brief detailliert nach der chemischen Herstellung einiger Arzneimittel und diskutiert ihren Anwendungsbereich, bei dem es sich um eine Brechreiz auslösende, abführende oder harntreibende Wirkung handelt. Er nimmt bei seinen Fragen Bezug auf die Verfahrensvorschriften in den Büchern Du Chesnes und zitiert diese mit einer genauen Seitenangabe. Um Du Chesne zu beeindrucken und ihn zu einem Besuch zu veranlassen, erwähnt er, dass ein griechisches Manuskript in seinem Besitz sei, das als Autor den Namen von Arnaldus de Villanova haben soll. Dabei kann es sich nur um ein Buch aus dem Pseudo-Villanova-Corpus gehandelt haben. Ab dem 14. Jahrhundert wurde der Name des berühmten Wissenschaftlers benutzt, um Chemiebüchern ein höheres Gewicht zu verleihen.[650]

In einigen Briefen wird allerdings weniger über detaillierte chemische Sachfragen geschrieben. Hier stehen dann eher der Versand und die Anwendung der Medikamente im Vordergrund. Der älteste Brief aus der Korrespondenz mit den Baseler Professoren stammt vom 12. April 1575[651] und ist an Theodor Zwinger gerichtet. Du Chesne entschuldigt sich in epischer Breite, ein versprochenes Medikament noch nicht geschickt zu haben. Er wolle es aber zusammen mit einem Diaphoretikum zur Behandlung der Wassersucht eines Bekannten von Zwinger bald übersenden. Auch in den beiden undatierten Briefen von Du

---

649 (Krüger, Nilüfer 1978, S. 843).
650 (Calvet 2008).
651 Auch wenn die Jahreszahl im Brief nicht angegeben ist, ergibt sich aus dem Inhalt, dass es sich um 1575 handelt. Die erhaltene Korrespondenz mit Basel ist nicht sehr umfangreich, erstreckt sich aber über einen langen Zeitraum.

Chesne an Theodor und Jacob Zwinger, wie auch in dem einzig erhaltenen Brief von Felix Platter an ihn vom 06. Januar 1592, geht es um die Zusendung von verschiedenen Heilmitteln, und insbesondere um das „Laudanum" Du Chesnes. Hierbei handelt es sich um sein damals wohl berühmtestes Heilmittel. Auch Jacob Mosanus hatte davon etwas angefordert, wie aus Du Chesnes undatiertem[652] Brief an ihn hervorgeht. Allerdings musste das „Laudanum" wohl nicht mehr in allen Einzelheiten in den Briefen diskutiert werden. Eine detaillierte Herstellungsvorschrift ist in der chemischen Korrespondenz des Landgrafen Moritz erhalten. Dies deutet darauf hin, dass Du Chesne seine Verfahren gut dokumentierte und den organisatorisch ausgerichteten Briefen als Anlage beifügte. Neben seinen Büchern führten diese klar und schnörkellos formulierten chemisch-pharmazeutischen Herstellungsvorschriften für Medikamente zu Du Chesnes Anerkennung im Kreise der frühneuzeitlichen Chemiker und insbesondere der Anhänger der paracelsischen Iatrochemie. Wie viele andere Nachfolger Paracelsus' kritisierte auch Du Chesne dessen unklare und geheimnisvolle Ausdrucksweise. Er unterstellt Paracelsus sogar im Brief an den Landgrafen vom 20. September (ohne Jahresangabe)[653] aus Frankfurt, dass Paracelsus wissentlich seine Ergebnisse zu verbergen suchte: „... par où on pourra entendre clairement ce que le dit Paracelse a tâché de cacher totalement." Die präzisen Verfahrensanweisungen zur Herstellung von Medikamenten Du Chesnes können als Vorbild für die weitere Entwicklung des chemischen Schrifttums gesehen werden.

Neben dem Briefwechsel mit dem Hof von Hessen-Kassel hatte Du Chesne wissenschaftlichen Briefkontakt mit einer Reihe weiterer Adliger.[654] Im politischen Bereich am bekanntesten sind dabei der Erzbischof und Kurfürst von Köln, Ernst von Bayern; der Kurfürst von der Pfalz, Friedrich III., genannt der „Fromme" (1515–1576),[655] und der protestantische Heerführer Christian I. von Anhalt Bernburg (1568–1630).[656] Daneben sind Briefe von einigen weiteren, meist niederen französischen Adligen erhalten, die politisch nicht im Rampenlicht standen. Aus diesen wird aber deutlich, dass eine weitaus größere Anzahl von Briefen geschrieben als bisher aufgefunden wurde, und dass der Kreis von

---

652 Aus der gesamten Korrespondenz kann geschlossen werden, dass der Brief Ende 1606/ Anfang 1607 in Paris geschrieben wurde.
653 Es ist anzunehmen, dass Du Chesne die Frankfurter Herbstmesse zur Herausgabe eines seiner Bücher besuchte. Da die meisten Bücher zwischen 1605 und 1608 erschienen, ist eine Einordnung in diese Jahre wahrscheinlich.
654 S. Anhang 8.5.1
655 (Fuchs 1961).
656 (Schubert 1957).

Korrespondenten deutlich größer war. Hauptdiskussionsthema in den Briefen mit dem Adel ist das „grand œuvre" oder „Opus magnum", das heißt die Herstellung des „Steins der Weisen". Christian I. schreibt in seinem undatierten Brief allerdings, dass er die Durchführung zunächst verschoben habe.[657] Stattdessen habe er dazu einige theoretische Überlegungen angestellt, die er Du Chesne mit der Bitte um dessen Meinung und Kritik zusende. Friedrich III. betont mehrfach die Notwendigkeit zur Geheimhaltung und bedauert, dass er wegen seiner herausgehobenen Stellung in der Öffentlichkeit dieser nicht gut nachkommen könne. Er erwähnt ein Pulver, dass Du Chesne ihm für eine Projektion zurückgelassen habe, muss aber zugeben, dass diese nicht gelungen sei. Der Brief ist kurz vor dem Tod von Friedrich III. geschrieben und ist einer der ältesten erhaltenen Briefe an Du Chesne. Ein noch älterer Brief stammt von einem mit Du Chesne bekannten Arzt, dem Sieur d'Esterim (Lebensdaten unbekannt) aus der kleinen Ortschaft Seyssel zwischen Genf und Lyon, dieser datiert vom 12. August 1575. Es wird darin allerdings nur kurz von einem gewissen „de Mond" berichtet, der dort in sechs Tagen aus Kupfer Silber gemacht haben soll. Weit ausführlicher ist der Brief vom 18. November 1601 des zum traditionellen „noblesse d'epée" Adels gehörenden Sieur de Fonpatour (Lebensdaten unbekannt) aus dem Limousin, der als Delegierter bei der protestantischen Generalversammlung 1597–98 in Châtelleraut die Region Aunis vertrat.[658] Aus dem Schreiben geht hervor, dass ein umfangreicherer Briefwechsel stattgefunden haben muss. Fonpatour erwähnt neben den Aufzeichnungen von Du Chesne auch die Arbeiten von Madame de Martinville und einem Sieur de Maurice. Er bittet um weitere Anleitungen, „de participer à la science de si beaux et grands secrets". Die Goldmacherei war für Du Chesnes adlige Korrespondenten ein wichtiges Thema. Sie waren auf Grund ihres chronischen Geldmangels an der Aufbesserung ihrer Einkünfte interessiert. Dabei spielte es keine Rolle, ob es sich um den Hochadel oder den niederen Adel handelte. Insbesondere die Glaubenskriege hatten dermaßen viel Geld verschlungen, dass einige Fürsten auf Seiten der Reformierten eine Lösung ihrer finanziellen Schwierigkeiten von ihrem Glaubensbruder erhofften. Sie waren an der Aufbesserung ihrer finanziellen Lage interessiert und nicht an wissenschaftlichen Fragestellungen, wobei Moritz der Gelehrte unter diesem Aspekt wahrscheinlich auch keine Ausnahme war. Daneben soll die Goldmacherei auch politische Hintergründe gehabt haben. Nach Moran lieferte

---

657 „… depuis que mon grand regret, notre grand œuvre avec Monsieur de Lansac s'est reculé …".
658 (Wada 1998).

sie für die protestantischen Prinzen eine ideologische Grundlage für ihre „separatistische Politik".[659] Und nach Nummedal galt die Goldmacherei neben den wissenschaftlichen und wirtschaftlichen Gesichtspunkten auch als Statussymbol und angeblich sogar als Zeichen für konfessionelle Duldung.[660] Die intensive Beschäftigung mit der Goldmacherei hatte jedoch des Öfteren auch negative finanzielle Folgen verbunden mit dem Verlust an Ansehen, wie die Beispiele von Johann Heinrich Hainzel (ca. 1553–1609) und Raphael Egli (1559–1622)[661] zeigen. Der Augsburger Patriziersohn Hainzel hatte, wohl unter starker finanzieller Mithilfe seiner Schwiegermutter, das Schloss Elgg bei Winterthur gekauft. Ein aufwendiger Lebenswandel sowie die hohen Ausgaben für die chemischen Schriften und Laborgeräte[662] trieben ihn dann jedoch in den Ruin, so dass er das Schloss einige Jahre später wieder verkaufen musste.[663] Demgegenüber geriet sein Freund, der Konviktinspektor und Diakon Egli, durch seine Beschäftigung mit der Goldherstellung zunächst in seiner Züricher Gemeinde in Misskredit. Anschließend befand er sich auch in finanziellen Schwierigkeiten und musste Zürich fluchtartig verlassen. Ihm wurde dann allerdings gnädige Aufnahme in Kassel bei dem Landgrafen Moritz gewährt.[664]

Besondere Beachtung verdienen im Zusammenhang mit der versuchten Goldmacherei die Schriftstücke von Madame de Martinville, die in der Königlichen Bibliothek in Kopenhagen aufbewahrt werden.[665] Über die Beziehung des etwa gleichaltrigen[666] Du Chesne zu ihr ist viel spekuliert worden. Kahn bezeichnet sie als „sa fille spirituelle"[667] und verneint ein weitergehendes Verhältnis. Als allerdings recht schwache Argumente führt er eine eigene Darstellung von Du Chesne selbst an sowie Aussagen von Turquet de Mayerne, der sehr auf seine

---

659 (Moran 1991, S. 25).
660 (Nummedal 2007, S. 9).
661 (Gerber 1992).
662 Der finanzielle Aufwand war nicht nur für die Laborgeräte sehr hoch, sondern auch für Schriften, in denen die Geheimnisse der Goldmacherei vermutet wurden. S. dazu (Kühlmann und Telle 2001, 2004 und 2013, Teil 3, S. 85 f.).
663 (Gerber 1992, S. 138).
664 Ebd. S. 141–148.
665 S. Anhang 8.5.4.
666 Das Geburtsjahr von Martinville ist nicht genau bekannt. Kahn widerspricht sich allerdings in seiner Publikation selbst. Auf S. 232 gibt er das ungefähre Geburtsjahr mit 1545 an, dann wäre sie etwa gleichaltrig mit Du Chesne gewesen. Auf S. 228 schreibt er jedoch, Martinville sei 1595 etwa 40 Jahre alt gewesen, was das Geburtsjahr 1555 ergeben würde. (Kahn 2001b, S. 228–236).
667 (Kahn 2001b, S. 228).

moralische Integrität bedacht gewesen sein soll.[668] Zwei der drei Schriftstücke wurden anscheinend kurz vor dem Tod Martinvilles im Jahr 1596 in französischer Sprache geschrieben.[669] Bei dem ersten Brief handelt es sich um eine theoretische Darlegung in Bezug auf den „Stein der Weisen". Die Grundlagen der Materietheorie von Aristoteles werden genauso erörtert wie neuplatonisches Gedankengut über die Belebtheit der Materie. Martinville versucht, eine Verbindung zwischen beiden Auffassungen zu erreichen, wie es in der Chemie jener Zeit nicht unüblich war. Sie schreibt, dass alle Stoffe aus den vier Elementen bestehen, die wiederum auf dem Prinzip der ungeformten Urmaterie beruhen. Durch geeignete Operationen müsse man nun den richtig gewählten Ausgangsmaterialien ihre Form entreißen, um sie auf dem Weg über die Urmaterie in andere, edlere Stoffe umwandeln zu können. Dies solle durch ein „Ferment" geschehen, das in der Lage sei, wie ein „Samen" neue Strukturen aufzuprägen. An dieser Stelle wird das neuplatonische Konzept der Weltseele verbunden mit einer Belebtheit der Natur deutlich. Auch die gegenständliche Welt setzt sich danach aus Körper, Geist und Seele zusammen. Alle Stoffe und insbesondere die Metalle sollen einer zeitlichen Veränderung, einem „Leben" unterworfen sein. In der Erde „wachsen" die Metalle, und mit der Zeit werden aus den unedleren die edlen Metalle, an deren Spitze das Gold steht. Diesen Prozess müsse nun der „eingeweihte Chemiker" im Labor nachbilden. Es sei deshalb absolut notwendig, die Ausgangsstoffe richtig auszuwählen und mit dem geeigneten „Ferment" zu behandeln, genau wie ein Landmann den geeigneten Samen des Getreides in eine fruchtbare Erde einbringen müsse. Einerseits rückwärtsgewandt, andererseits aber zur historischen Bekräftigung ihrer Aussagen, verweist sie auf den alexandrinischen Weisen Morienus und weiterhin auf die berühmte Schrift „Turba Philosophorum". Es hat den Anschein, dass ihr beide bekannt waren. Demnach müsste sie über lateinische Sprachkenntnisse verfügt haben. Es wäre interessant aufzuklären, wie und wo sie ihre Kenntnisse der Chemie und des Lateinischen erwarb.

Im zweiten Schriftstück wird auf vielen Seiten über die praktische Durchführung zur Herstellung des „Steins der Weisen" berichtet. Martinville beschreibt ihre Versuche äußerst detailliert. Sie spricht zwar häufig von „le dit mercure" oder „notre mercure", also Ausdrücken, von denen häufig angenommen wird, dass sie als „Decknamen" nur dem Eingeweihten verständlich sein sollten.[670] Es hat aber

---

668 Ebd. S. 247 und S. 236.
669 Ebd. S. 239.
670 (Principe 1998).

eher den Anschein, dass sie diese Ausdrücke nicht zu Verschleierungszwecken, sondern aus Gewohnheit im Gebrauch der chemischen Fachsprache benutzte. Sie hatte von Du Chesne ein „rotes Pulver" erhalten, das sie als „Ferment" bezeichnet. Dieses Pulver hatte Du Chesne mehreren Personen zu Versuchszwecken zur Verfügung gestellt. Sie folgt in der Durchführung seinen Angaben, die er in zwei seiner Notizbücher (N und M[671]) niedergelegt hatte. Diese müssen sich anscheinend in ihrem Besitz befunden haben. Im klassischen „Opus magnum" ist der „Stein der Weisen" von roter Farbe.[672] Sowohl in der Herstellung des Steins, wie auch bei der Durchführung einer Transmutation, spielt der Wechsel von Farben eine große Rolle. Martinville geht darauf ein und liefert eine detailgenaue Beschreibung der Arbeitsabläufe. Sie schreibt zum Beispiel in ihrer „Seconde pratique sur l'œuvre entière dès le commencement": „Premièrement j'ai fis par calcination Philosophique assez bonne quantité de terre ou chaux d'or selon la procédure que [vous] avez [écrit] en votre cahier M dont [j'] en gardai $^1/_2$ once pour matrice et le surplus qui était 5 onces ½ fut par moi réduit en mercure coulant selon la même procédure à l'aide de l'huile d'enfer et de l'aigle double volant". Auch an dieser Stelle der Beschreibung werden „Decknamen" verwendet, aber es entsteht nicht der Eindruck, dass sie zur Verschleierung des Sachverhalts dienen sollen. Martinville widmet sich voll und ganz der chemischen Laborpraxis und erwähnt mit keiner Silbe die transzendente und mystische Seite der „Alchemie" bei der Beschreibung ihrer Beobachtungen im Labor. Aus dem Brief wird deutlich, warum man zu jener Zeit der Meinung war, dass sich Du Chesne und seine Vertraute kurz vor dem Erreichen des Ziels der Goldherstellung befunden haben müssten.[673] Bei dem letzten Schriftstück (GKS 1776) handelt es sich um einen Brief, der aus dem Französischen ins Lateinische übersetzt wurde. Wie aus einer seitlichen Anmerkung hervorgeht, wurde der Brief vom Sohn des bekannten Straßburger Uhrmachers Isaak Habrecht (1544–1620), Isaak Habrecht [II] (1589–1633)[674], im Jahr 1615 in Stuttgart übersetzt. Dies könnte darauf hindeuten, dass sich das Original oder wahrscheinlich eine Abschrift in Stuttgart im Labor von Friedrich I. (1557–1608) befand. Der Brief besteht genau wie die vorherige Schrift aus einer genauen Beschreibung von Martinvilles Versuchen. Nach der „actor-network theory" lässt sich nachvollziehen, wie aus den detailreichen

---

671 Auffällig ist, dass später in dem Rosenkreuzermanifest „Fama Fraternitatis" vom „librum M" die Rede ist. (Anonymus 1616, S. 5).
672 (Priesner und Figala 1998, S. 261), s. auch (Bartkowski 2017, Kap. 5.5.7).
673 (Kahn 2001b, S. 273).
674 (Wißner 1966).

einzelnen Beobachtungen und Angaben ein gegliedertes Gesamtverfahren zur Goldherstellung in neun Stufen entsteht: 1. Multiplicatio, 2. Secunda multiplicandi via, 3. Ratio et anima mercurii, 4. Alius impregnandi modus, 5. Anima solis, 6. Conjunctio, 7. Reiteratio, 8. Compositio, 9. Menstruum.[675] Sie weicht mit dieser Beschreibung allerdings von der zwölfstufigen Liste der Operationen ab, die Du Chesne bereits 1575 publiziert hatte.[676] Aus den drei Schriftstücken ergibt sich, dass Martinville über ein eigenes Laboratorium verfügt haben muss, in dem sie selbst arbeitete. Sie führte aber nicht nur praktische Versuche durch, sie verfügte über ein fundiertes theoretisches chemisches Wissen. Sie muss über die finanziellen Mittel für die Einrichtung eines Labors und den Kauf von Fachliteratur verfügt haben. Gegen Ende des 16. Jahrhunderts ist es äußerst bemerkenswert, dass Martinville in einem eigenen Labor arbeiten konnte, das mit den notwendigen Gerätschaften und Chemikalien ausgerüstet war. Außerdem hatte sie zumindest Zugang zur chemischen Fachliteratur. Zur weiteren Analyse ihrer Schriften wird auf das später folgende Kapitel über Théodore Turquet de Mayerne verwiesen, da sich eine noch größere Anzahl von Dokumenten in seinem Besitz befand.

Das Interesse Du Chesnes adliger Briefpartner an der Goldmacherei beruhte uneingeschränkt auf der Hoffnung, ihre finanziellen Schwierigkeiten durch die Herstellung größerer Mengen Gold zu überwinden. Sie betonen deshalb die Vertraulichkeit der in den Briefen übersandten Informationen. Demgegenüber kann es nicht das Hauptinteresse Du Chesnes, und mit ihm auch das von Madame de Martinville, gewesen sein, persönlichen Reichtum zu erlangen. Wäre dies ihr Ziel gewesen, so hätten sie ihre Arbeiten eher im Geheimen durchgeführt und nicht so freigiebig mit anderen geteilt. Eine andere Art der Sicherung des Eigentumsrechts hätte in einer für diese Art von Verfahren eher ungewöhnlichen „Patentierung", zum Beispiel durch Erlangung eines königlichen Privilegs, bestanden. Du Chesne beschrieb aber nicht nur das Vorgehen zur Durchführung einer Transmutation in allen Einzelheiten, er gab auch das ominöse „rote Pulver" an verschiedene Mitglieder seines Freundeskreises und nicht nur an wenige Vertraute weiter. Sowohl durch die ausführliche Beschreibung der experimentellen Vorgehensweise wie auch durch den Besitz des „roten Pulvers", hatte sich im Kreise der an der Goldmacherei interessierten frühneuzeitlichen Chemiker die Ansicht

---

675 1. Vervielfältigung, 2. Zweite Methode der Vervielfältigung, 3. Vernunft und Seele des Quecksilbers, 4. Die andere Art der Imprägnation, 5. Die Seele des Goldes, 6. Konjunktion, 7. Wiederholung, 8. Zusammensetzung und 9. Lösungsmittel.
676 (Du Chesne 1575, S. 65–70).

herausgebildet, dass Du Chesnes Versuche über kurz oder lang zum Erfolg führen müssten. Und hier wird sein eigentliches Interesse deutlich: es muss ihm um den persönlichen Ruhm gegangen sein, als erster eine gelungene Transmutation durchgeführt zu haben.[677] Die künstliche Herstellung von Gold im Labor hätte ihm einen Ehrenplatz in der Hierarchie der Wissenschaftler sowie in den Geschichtsbüchern eingetragen und alle Zweifler an der Möglichkeit einer Transmutation überzeugt. Wissenschaftlicher Ruhm und nicht wirtschaftliche Überlegungen waren anscheinend Du Chesnes Hauptantriebsfeder auf dem Gebiet der Goldmacherei. Bourdieu nennt dies die Bewunderung „des symbolischen Kapitals der anerkannten Autorität". Diese definiert er ganz allgemein: „Das symbolische Kapital ist eine beliebige Eigenschaft (eine beliebige Kapitalsorte, physisches ökonomisches, kulturelles soziales Kapital), wenn sie von sozialen Akteuren wahrgenommen wird, deren Wahrnehmungskategorien so beschaffen sind, daß sie sie zu erkennen (wahrzunehmen) und anzuerkennen, ihr Wert beizulegen, imstande sind."[678] Anerkennung fand Du Chesne dabei zunächst in der wissenschaftlichen Gemeinschaft der Chemiker, die im Besonderen fähig war, seine Leistungen auf dem Gebiet der Transmutation wahrzunehmen. Dieser Ruhm war aber nicht ausschließlich auf die Chemikergemeinschaft beschränkt; er hatte sich bereits auf einen größeren Personenkreis, und hier insbesondere innerhalb des Adels, ausgedehnt.

Diverse Briefe belegen die Anerkennung, die Du Chesne als Chemiker und Arzt bei seinen Zeitgenossen besaß. In seinem Brief vom 16. Mai 1604[679] zollt Landgraf Moritz geradezu übergroße Ehrerbietung für Du Chesnes wissenschaftlichen Ruf. Er lobt seine Gelehrsamkeit sowie die Klarheit seiner Aussagen, die der ganzen wissenschaftlichen Gemeinschaft verständlich gemacht würden und mit denen man zur Erkenntnis der wahren Medizin gelange: „…in iis autem non modo tuam in re Chymica experientiam et solertiam, verum etiam in aperiundis salutaribus viis, quibus recta ad cognitionem verae Medicinae ac tuto iri possit, sinceritatem et candorem singularem deprehendimus. Quae res ut maxime in te viro bono ac erudito praesertim Philosopho, maxime laudanda est, quod scilicet non tibi tantum (ut hodie solent) verum toti studiosae cohorti

---

677 Mokyr beschreibt allgemein diese drei Arten zur Sicherung bzw. Nutzung von Eigentumsrechten: 1. Reputationsgewinn, 2. Nutzung ohne Veröffentlichung, 3. Erzielung einträglicher Provisionen. (Mokyr 2016, S. 184 f.).
678 (Bourdieu 2007, S 108).
679 Der nachfolgende undatierte Brief muss nach diesem, aber vor der Ankunft Du Chesnes in Kassel am 05.08.1604 (s. (Moran 1991, S. 116)) geschrieben worden sein.

rerum Chymicarum sapere velis."⁶⁸⁰ Neben den lobenden Schreiben des Markgrafen ist ein Brief von Johannes Hartmann aus der Zeit vor Du Chesnes Besuch in Kassel erhalten. Er ist in Marburg geschrieben und datiert vom 25. Mai 1604. Hartmann war zu dieser Zeit Mathematikprofessor und bereits zweimal Dekan der philosophischen Fakultät (1596, 1602) und einmal Rektor (1603).⁶⁸¹ Er hatte sich der Chemie zugewendet und möchte mit Du Chesne die „spagyrische Medizin" vertiefen. Auch er erkennt die Autorität Du Chesnes auf diesem Gebiet an und schreibt geradezu unterwürfig: „Deinde vero magnopere rogo, ut has ineptas meas prorsus literas non tam despicere quam animum inde meum suspicere velis. Ardeo enim cupiditate incredibili, neque ut ego arbitror contemnenda, videndi illa mirifica Medicinae Spagyricae arcana, quorum partem maximam tibi uni lubens acceptam referam: id quod bona fide promitto."⁶⁸² Um die große Anerkennung Du Chesnes auf dem Gebiet der Iatrochemie abzurunden, sollen noch zwei weitere handschriftliche Briefe besprochen werden. Dabei handelt es sich zum einen um den Brief vom 10. Februar 1604 des Leipziger Professors für Anatomie und Chirurgie Joachim Tancke. Darin wirbt er um die Unterstützung des noch bekannteren und berühmteren Du Chesne in seinem Kampf gegen die damalige galenische Schulmedizin: „Hermeticae vel Theophrasticae Medicinae defensor sum acerrimus et indefatigandus. Vince per me medicos nostros, qui hanc pejus angue odio habent artem: vince eos per me."⁶⁸³ Dieses Thema wird in

---

680 ... in ihnen [Deinen Büchern] haben wir aber nicht nur Deine Erfahrung und Kenntnis in der Chemie entdeckt, sondern auch Deine Aufrichtigkeit und einzigartige Klarheit bei der Erschließung von Heilverfahren, mit denen man geradewegs und sicher zur Erkenntnis der wahren Medizin gelangen kann. Umso mehr muss an Dir vortrefflichem und gebildetem Mann, und noch dazu an dem Wissenschaftler, vor allem der Umstand gelobt werden, dass Du selbstverständlich nicht nur Dir, sondern der ganzen, in den Dingen der Chemie gelehrten Gemeinschaft verständlich sein willst.
681 (Gundlach 1927, S. 366). Vor diesem Hintergrund ist es sehr stark verkürzt, wenn Moran ihn als „still a medical student in Marburg" beschreibt. (Moran 1991, S. 116).
682 Sodann bitte ich ganz besonders nachdrücklich, dass Du diese meine geradezu törichten Briefe nicht so sehr verachten sowie daraufhin meinen Geist beargwöhnen mögest. Ich brenne nämlich mit unglaublicher Begierde darauf, dass ich nicht als verachtenswert betrachtet werde, alle jene wunderbaren Geheimnisse der spagirischen Medizin zu erfahren, deren allergrößten Teil ich von Dir allein empfangen habe, wie ich berichten werde: das verspreche ich von ganzem Herzen.
683 Ich bin ein äußerst eifriger und unermüdlicher Verteidiger der hermetischen oder auch der theophrastischen Medizin. Besiege durch mich unsere Ärzte, die gegen diese Wissenschaft einen schlimmeren Hass hegen als gegen eine Schlange: besiege sie durch mich.

dem Brief vom 20. November 1606 von Franz Reutz (Lebensdaten unbekannt), der 1601 in Basel zum Dr. med. promoviert wurde,[684] weiter vertieft. Wie Reutz in seinem Brief ausführt, wirkte er zu dieser Zeit in Mähren als Arzt des protestantischen Adligen Ladislaus Velen von Zerotein (1579–1638), der in seinem Herrschaftsgebiet radikal gegen die Katholiken vorgegangen war.[685] Er ist der Meinung, dass Du Chesnes Werke und sogar allein die Nennung seines Namens die dortigen Ärzte überzeugen könnten.

Der Bekanntheitsgrad von Du Chesne bei seinen Zeitgenossen beruhte weniger auf seinen theoretischen Schriften als auf seinen praktischen Arbeiten. Bei ihm bekamen Experiment und Empirie mehr Raum. Im Gegensatz zu Libavius betonte er die Praxis und führte weniger gelehrte Disputationen. In der Folge bekam er von verschiedenen Seiten Einladungen zur Mitarbeit in auswärtigen Labors. Die bekannteste und bedeutendste Einladung an Du Chesne zum Experimentieren an einem fremden Ort stammt vom Landgrafen Moritz. Hierzu sind zwei Briefe des Landgrafen an Du Chesne erhalten. Sie stammen aus dem Jahre 1604 und sind im Gegensatz zu Du Chesnes französischen Briefen an den Landgrafen auf lateinisch geschrieben. Hauptdiskussionspunkt ist die Einladung, nach Kassel zu kommen, wo Moritz eigens aus Anlass des Besuchs von Du Chesne ein neues Laboratorium einrichten wollte. Im Brief vom 16. Mai 1604 bedauert Moritz, dass er darauf verzichtete, bei einer Reise im Jahr 1602 Du Chesne und seinen König persönlich begrüßt zu haben. Er wolle nun jedoch seinen Leibarzt Jacob Mosanus nach Paris schicken, um eine Einladung nach Kassel auszusprechen. In dem bereits erwähnten undatierten zweiten Brief drückt Moritz seine Freude aus, dass Du Chesne die Einladung angenommen habe. Er habe einen passenden Ort für das Labor in der Nähe von Kassel gefunden, wo er selbst frei von seinen Regierungsgeschäften den „wissenschaftlichen Tätigkeiten" nachgehen könne. Er wolle außerdem Johannes Hartmann aus Marburg dorthin einladen. Er stellt es Du Chesne sogar frei, über Anzahl und Qualifikation der benötigten Mitarbeiter zu entscheiden.

War der theoretisch geführte gelehrte Streit bei Libavius eher die Regel so wird er in Du Chesnes Briefen nur selten thematisiert, was auch für die meisten Bücher gilt. Einzige Ausnahmen sind sein erstes Buch, die Streitschrift gegen Jacob Aubert,[686] und die Reaktion auf die Anwürfe im Pariser Paracelsistenstreit.[687] Die

---

684 (Wackernagel 1951–1980, Band 2, S. 503).
685 (Wurzbach 1891). Reutz hier „Rencius".
686 (Du Chesne 1575).
687 (Du Chesne 1605).

meisten seiner Bücher schrieb Du Chesne erst in den letzten Jahren vor seinem Tod. Sie werden in mehreren Briefen angesprochen. Johannes Hartmann spricht am 22. Juli 1605 bereits über das „Diaeteticon polyhistoricon". Er verweist auf die nächste Frankfurter Messe und bittet, ein Exemplar des Werkes zu bekommen. Ob zu dieser Zeit bereits eine gedruckte Version vorlag, kann hier nicht entschieden werden, denn die Pariser Auflage trägt das Datum des Jahres 1606. Gleichzeitig bat Hartmann um die Zusendung anderer ausgearbeiteter Werke. Er muss also schon 1605 über Du Chesnes Pläne zur Herausgabe weiterer Bücher informiert gewesen sein, da diese erst in den Folgejahren erschienen. Vielleicht handelte es sich um das Manuskript zu den „Tetras gravissimorum totius capitis affectuum", das 1606 in Marburg erschien. Dieses Buch ist dem Landgrafen gewidmet und enthält Geleitworte von Mosanus und Hartmann. Mosanus lobt in seinem Brief vom 05. Mai 1607 zunächst, wie gelehrt und geistreich die „Pharmacopoea dogmaticorum restituta" geschrieben sei. Dies diente aber nur zur Einführung, denn es folgen anschließend Fragen zur Erläuterung des Texts. Mosanus bittet Du Chesne in bildhafter Darstellung: „… me ex hoc labyrintho Ariadnaeo ingenii tui filo educas."[688] Neben der Diskussion über „medizinische und alchemistische Geheimnisse" erwähnt Mosanus insbesondere die Vorbereitungen zur Publikation einer Stellungnahme von Libavius zur Verteidigung der „Medizin paracelsischer Schule" in Paris im dortigen Paracelsistenstreit. Wenn er schreibt, dass diese Publikation zur nächsten Frühjahrsmesse in Frankfurt erscheinen solle, kann er wohl nur den bereits besprochenen Brief „De verae chymiae" am Ende der „Alchymia triumphans" meinen, der 1607 in Frankfurt erschienen.

Theoretisch-wissenschaftliche Fragestellungen werden allerdings in den Briefen diskutiert, die Jacob Zwinger an Du Chesne schrieb. Im Brief vom 28. Januar 1602[689] bittet Zwinger um Hilfe bei der Chemie des Antimons und ist sich sicher, dass Du Chesne ihm weiterhelfen könne. Interessanter ist dann die Diskussion der zeitgenössischen Materietheorien im Brief vom 07. September 1608. Zwinger versucht hier, die Vier-Elemente-Lehre von Aristoteles mit den „tria prima" von Paracelsus zu verbinden. Er bittet Du Chesne um die Zustimmung zu seinen Ideen und möchte diese dann durch die Autorität von

---

688 … [dass] Du mich aus diesem Labyrinth der Ariadne mit dem Faden Deiner Klugheit herausführst.
689 Das Original des Briefes befindet sich in Basel (Frey-Gryn Mscr I 22, 6r-6v), eine Abschrift in Hamburg (Sup. ep 4^0 30, 25r-26r).

Libavius untermauern.[690] In diesem späten Brief wird deutlich, dass es zwischen Jacob Zwinger und Du Chesne über lange Jahre einen ausführlichen brieflichen Dialog über dieses theoretische Thema gegeben haben muss: „Frequens inter nos de Hermetica Philosophia sermo fuit: de principiis imprimis Chymice inventis tribus, Sale, Sulphure, Mercurio: quae ut ego nullatenus rejicio, proque non artificialibus duntaxat sed et naturalibus agnosco:".[691] Der Vorschlag, die Gegensätze zwischen aristotelischer und paracelsischer Materietheorie zu überbrücken ist wissenschaftstheoretisch und wissenschaftshistorisch hochinteressant. Zwinger bezeichnet sich selbst als moderaten Verfechter der paracelsischen Ideen und insbesondere der Prinzipienlehre. Leider ist eine Antwort Du Chesnes nicht erhalten, und auch in dem Briefwechsel mit Libavius konnte dieses Thema nicht aufgefunden werden. Zwingers Vorschlag passt zu seiner konziliatorischen Haltung, wie er sie 1606 in seinem Buch „Principiorum chymicorum examen ..." für die Anwendung chemischer Heilmittel durch die antiken Mediziner bewies.[692] Der Brief Zwingers ist aber nicht nur sachlich interessant, sondern wissenschaftssoziologisch exemplarisch. Er zeigt in eindeutiger Weise, dass Zwinger nicht die „Richtigkeit" seiner Ideen in den Mittelpunkt stellte, sondern um den sozialen Prozess der Anerkennung durch die wissenschaftliche Gemeinschaft für seine Auffassung rang. Wie in Woolgars „interest model" beschrieben, war sich Zwinger der Wirkung seines eigenen Vorschlags, aber auch der Positionen von Du Chesne und Libavius, voll bewusst. Wenn er die Zustimmung der beiden angesehenen Experten für seine Theorie gewinnen konnte, sollte die Anerkennung der relevanten wissenschaftlichen Gemeinschaft leicht zu erreichen sein. Die herausgehobene Stellung von Du Chesne und Libavius macht aber auch deutlich, dass es unter den Gelehrten sehr wohl deutliche Rangunterschiede und hierarchische Strukturen gab. Die wissenschaftliche Reputation des einzelnen Chemikers hing von vielen Einflussgrößen ab. Neben den Veröffentlichungen in Form

---

690 „... ubi te pariter in meae opinionis assensum adducere, nostrique Libavii autoritati associare percuperem." ... da ich mir sehr wünschte, Dich in gleicher Weise zur Zustimmung [zu] meiner Meinung hinzuführen und [dies] mit der Autorität unseres Libavius zu verbinden.
691 Häufig fand zwischen uns das Gespräch über die hermetische Wissenschaft statt: besonders über die drei vorgeschlagenen chemischen Prinzipien „Salz", „Schwefel" und „Quecksilber": die ich keinesfalls ablehne und sie nicht nur als künstlich, sondern auch als natürlich betrachte:.
692 (Kühlmann und Telle 2001, 2004 und 2013, Teil 3, S. 656 f.).

von Büchern und der Intensität des Briefaustauschs mit Fachkollegen spielten sicherlich auch die Persönlichkeit und die soziale Stellung eine große Rolle.

Leider ist die Anzahl der bekannten Briefe, die Du Chesne selbst schrieb, sehr begrenzt. Mit wissenschaftlichem Inhalt wurden sie außerdem nur an fünf verschiedene Empfänger geschrieben: an den Landgrafen Moritz, an Jacob Mosanus und Johannes Hartmann sowie an Theodor und Jacob Zwinger. Daneben sind einige diplomatische Briefe an den französischen Hof und die diplomatische bzw. private Korrespondenz mit Theodor Beza erhalten geblieben. Die meisten Briefe beginnen mit einer ausführlichen „captatio benevolentiae". Sie ist am umfangreichsten in den Briefen an Theodor und Jacob Zwinger und nicht, wie man es vielleicht hätte erwarten können, an den hochgestellten Landgrafen. Die langjährige gegenseitige Freundschaft und Wertschätzung wird genauso angesprochen wie die Gelehrtheit der Adressaten. Wie schon bei Libavius werden Anerkennung und herausragende Stellung in der Wissenschaft für die Professoren an der Baseler Universität deutlich. Daneben bittet Du Chesne um Nachsicht, wenn versprochene Briefe oder Medikamente nicht zeitgerecht eingetroffen sein sollten und betont, dass dies nicht aus Nichtachtung geschehen sei. Auch wenn es sich um wissenschaftliche Briefe handelt, sind sie nicht ausschließlich in lateinischer Sprache geschrieben. Du Chesne bediente sich genau so oft seiner Muttersprache. Dies ist einerseits ein Zeichen, dass Du Chesne sich auf diplomatischem Parkett bewegen konnte, wo das Französische Einzug gefunden hatte. Andererseits weist es darauf hin, dass wohl nur im Heiligen Römischen Reich mit seiner Vielzahl von Einzelgebieten die lateinische Sprache als Gelehrtensprache noch für eine längere Zeit Bestand hatte, während in Frankreich die Landessprache das Lateinische bereits mehr und mehr verdrängte. Im Gegensatz zu Libavius sind die lateinischen Briefe recht einfach gehalten. Du Chesne versuchte erst gar nicht, durch einen komplizierten Satzbau oder durch die Verwendung antiker Stilmittel seine Gelehrsamkeit unter Beweis zu stellen. Die Sätze sind meist kurz und einfach gegliedert. Trotz der Tatsache, dass Du Chesne in jüngeren Jahren auch schriftstellerisch tätig war, bediente er sich nur in Ausnahmefällen einer bildhaften Sprache. Er verwendete an vielen Stellen die chemischen Symbole, wie sie in Mittelalter und Früher Neuzeit üblich waren. Diese waren für ihn allerdings kein Mittel zur Geheimhaltung, sondern sind als Teil der damaligen Fachsprache anzusehen. In gleicher Weise benutzte er die Ausdrücke „lion étoilé" oder „lion noir", die in der Sprache der frühneuzeitlichen Chemiker im Gegensatz zum „roten Löwen" und „grünen Löwen" eher unbekannt sind.[693] Er

---

693 (Priesner und Figala 1998, S. 133).

benutzte diese „Decknamen" aber nicht als eine Form der Geheimhaltung, sondern als ganz normale Fachausdrücke. In keiner der in dieser Arbeit untersuchten Briefe und chemischen Verfahrensvorschriften wird deutlich, ob er sich der fehlenden Eindeutigkeit dieser Zeichen und Formulierungen bewusst war. Im Gegensatz zu Libavius ist bei Du Chesne kein Versuch zu erkennen, zu einer Vereinheitlichung der Sprache und der Symbole beitragen zu wollen.

Im Gegensatz zu der Korrespondenz von Libavius wird bei Du Chesne in vielen Briefen das Thema des Überbringens von Briefen erörtert, wie er es in seinem Brief ohne Orts- und Datumsangabe an Hartmann tut.[694] Die verspätete Zustellung, aber auch das Verschwinden von Briefen wird beklagt. Dies ist umso erstaunlicher, als sich Du Chesne auf Grund seiner Stellung am französischen Hof und seines Status als diplomatischer Verbindungsmann anscheinend der Boten des Königs bedienen konnte, während der Stadtbürger Libavius eher auf das allgemeine Postwesen angewiesen war. Allerdings zeigt der Brief von Mosanus vom 10.01.1605 zumindest eine Schwierigkeit auf, die bei der Übermittlung von Briefen durch königliche Boten entstand. Der Bote war nämlich mit der Post von Heinrich IV. an den Landgrafen nach Marburg gereist, wo sich Moritz zu dieser Zeit aufhielt. Dadurch erreichten zum einen die mittransportierten Briefe Du Chesnes an Mosanus diesen verspätet und zum anderen konnte Mosanus dem Boten keine Briefe nach Paris mitgeben und musste auf eine spätere Gelegenheit warten.

4.2.4. Das egozentrierte Netzwerk

„Attexam hic Catalogum illorum, qui mea aetate floruerunt, & cum quorum multis in peregrinationibus meis, consuetudo familiaris mihi intercessit, vel coram, vel per mutuas literas, aut per eorum Commentarios."[695] Dies schrieb Du Chesne im Pariser Paracelsistenstreit in seiner Antwort auf die „Hirngespinste" eines Anonymus. Mit dem Anonymus war natürlich Jean Riolan gemeint, dessen Name aber nicht erwähnt wurde, um seine Bedeutungslosigkeit zu betonen, wie es bereits Libavius getan hatte. Gleich zu Anfang der Erwiderung zählt er alle

---

694 Der Brief muss vor dem Frühjahr 1607 geschrieben worden sein, da Du Chesne die Publikation seiner „Pharmacopoea dogmaticorum restituta" bei der Frankfurter Frühjahrsmesse ankündigt.

695 (Du Chesne 1605, S. 7): Ich möchte hier ein Verzeichnis derer anfügen, die zu meiner Zeit gewirkt haben, und mit denen ein freundschaftliches Verhältnis während meiner vielen Auslandsreisen bestanden hat, entweder persönlich oder durch wechselseitige Briefe oder durch ihre Bücher.

seine berühmten Freunde und Bekannten auf, um seiner Meinung in dem Streit größeres Gewicht zu verleihen.[696] Er beginnt mit seinem Kölner Freund Theodor Birckmann, der durch seine „peregrinatio academica" mit Felix Platter in Frankreich und seine Studien an den berühmten Universitäten von Montpellier, Padua und Bologna[697] in der wissenschaftlichen Welt seinerzeit hohe Anerkennung besaß. Es folgt mit Petrus Severinus einer der maßgeblichen paracelsistischen Autoren des 16. Jahrhunderts, der bei seinen Zeitgenossen als hohe Autorität gewürdigt wurde. Anschließend führt Du Chesne mit Crato von Krafftheim (1519–1585) den ehemaligen Leibarzt der beiden Kaiser des Heiligen Römischen Reichs Ferdinand I. (1503–1564) und Maximilian II. (1527–1576) auf. Dieser war besonders von Maximilian II. mit hohen Ehren überhäuft worden.[698] Es schließt sich mit Winter von Andernach (1505–1574) ein Mediziner an, dessen Autorität zur Verbreitung des Paracelsismus in Deutschland und Frankreich beitrug.[699] Anschließend wendet er sich dem anerkannten universitären Zentrum für die Naturwissenschaften in Basel zu und reiht nacheinander die Professoren Theodor Zwinger, Felix Platter, Isaak Keller (1530–1596), und Johann Nicolaus Stuppa in der Liste seiner Freunde und Bekannten auf. In der langen Aufzählung dürfen natürlich die führenden Chemiker der Zeit, Oswald Croll und Andreas Libavius, nicht fehlen und auch nicht der erst später aufgeführte Jacob Zwinger. Sicherlich diente diese Namensnennung vieler berühmter und anerkannter Wissenschaftler sowie die Bezeichnung als Freunde der Verstärkung des eigenen wissenschaftlichen Gewichts. Du Chesne hätte allerdings sicherlich mit hämischen Reaktionen der Genannten rechnen müssen, wenn er sich mit fremden Federn geschmückt hätte. Inwieweit es sich bei ihnen um persönliche Bekannte oder Korrespondenten handelt, kann nicht beurteilt werden. Allerdings blieben schriftliche Briefe nur an wenige von ihnen erhalten.

Auf diplomatischem Parkett bewegte sich Joseph Du Chesne, Sieur de la Violette, in den allerhöchsten Kreisen Frankreichs. Seine Korrespondenz mit dem französischen König Heinrich IV. begann bereits zu der Zeit, als dieser als Heinrich III. noch König von Navarra war. Daneben war er bis zu dessen frühen Tod mit François de Valois, Duc d'Alençon, verbunden. Engen Kontakt hatte er mit dem französischen Botschafter in der Eidgenossenschaft, dem späteren „Chancelier de France", Nicolas Brulart de Sillery. Diese Kontakte sowie seine

---

696 S. Anhang 8.6.
697 (Kühlmann und Telle 2001, 2004 und 2013, Teil 1, S. 658).
698 (Eis 1957).
699 (Müller-Jahncke 2011).

diplomatischen Verbindungen zu ausländischen Fürsten sollen allerdings nicht Grundlage dieser Arbeit sein, auch wenn in seinen Briefen die diplomatischen Aktivitäten häufig nicht von den wissenschaftlichen zu trennen sind. Seine Stellung am französischen Hof erleichterte es Du Chesne, auch auf chemischem und medizinischem Gebiet mit den höchsten Würdenträgern zu kommunizieren. Allerdings war bei diesen das Interesse an der Chemie oft nur durch die mögliche Aussicht auf die Herstellung von Gold geprägt. Zu den Korrespondenten zählten die deutschen Kurfürsten Ernst von Bayern, Erzbischof und Kurfürst von Köln, und Friedrich III. von der Pfalz, aber auch der hessische Landgraf Moritz und der Fürst von Anhalt-Bernburg, Christian I. Des Weiteren stand Du Chesne in brieflichem Kontakt mit den Ärzten und Chemikern einer Reihe von Fürsten sowie auch mit vielen Mitgliedern des niederen Adels. Das Adelsmilieu spielt eine nicht zu vernachlässigende Rolle im Netzwerk Du Chesnes und steht für seinen elitären Charakter. Allerdings ist es nicht ausschließlich auf Angehörige des Adels begrenzt. Die Stellung Du Chesnes am französischen Hof und der Schriftwechsel mit den hochgestellten Persönlichkeiten fördern sein Ansehen gegenüber den anderen Korrespondenten. Die Bedeutung des Netzes wird dadurch enorm erhöht.

Unter seinen Verbindungen zu Professoren steht die Universität Basel an vorderster Stelle. Du Chesne korrespondierte mit Caspar Bauhin, Isaak Keller, Felix Platter, Amandus Polanus von Polansdorf (1561–1610),[700] Johann Nicolaus Stuppa sowie Theodor und Jacob Zwinger. Damit befinden sich die wichtigsten Dekane der medizinischen Fakultät, die auch mehrfach das Amt des Rektors bekleideten, unter seinen Kontaktpartnern. Neben Basel hatte er aber auch Verbindungen zu einer Vielzahl anderer Universitäten wie Straßburg, Marburg, Helmstedt, Freiburg, Leipzig und Antwerpen. Wenn auch nicht als Universitätslehrer so müssen einige weitere Personen wegen ihrer Bedeutung für die damalige Chemie genannt werden. An erster Stelle stehen hier Petrus Severinus und Oswald Croll, die beiden herausragenden Nachfolger Paracelsus', die durch ihre Veröffentlichungen in der wissenschaftlichen Gemeinschaft hohes Ansehen genossen. Nicht vergessen werden darf an dieser Stelle natürlich Andreas Libavius, über dessen Kontakte zu Du Chesne bereits ausführlich berichtet wurde. Wie man sieht, lassen sich in der Einstellung zum Paracelsismus keine Einschränkungen des Personenkreises erkennen. Du Chesne korrespondierte mit ausgewiesenen Paracelsisten wie Severinus oder Croll, aber auch mit Crato von Krafftheim, dem kämpferischen Antiparacelsisten, sowie mit Libavius, dem

---

700 (Riggenbach 1888).

zumindest in der damaligen öffentlichen Meinung streitbaren Paracelsusgegner. Zwischen den Extrempositionen steht Zwinger mit seinen Vermittlungsversuchen. Wie Libavius korrespondierte Du Chesne mit befreundeten Kontaktpartnern in ganz Mitteleuropa. Im Gegensatz zu diesem ist bei Du Chesne allerdings keine regionale Schwerpunktsbildung erkennbar. Die Vielzahl seiner Briefpartner in Basel und Straßburg bildet die einzige erkennbare örtliche Konzentration. Neben Basel bestehen aber auch Verbindungen in eine Reihe weiterer eidgenössischer Städte. Im übrigen Heiligen Römischen Reich bestehen Kontakte zu Personen in vielen Herrschaftsgebieten. Sie reichen von der näher gelegenen Pfalz und den niederländischen Provinzen bis ins ferne Schlesien und noch weiter nach Krakau ins Königreich Polen. Bemerkenswert ist es, dass Du Chesne anscheinend nur mit vergleichsweise wenigen Kollegen in seinem Heimatland Frankreich korrespondierte.[701] Allerdings bestand natürlich ein direkter Kontakt im Kreis der paracelsistischen Ärzte am französischen Königshof, der durch den Paracelsistenstreit noch enger zusammengeschweißt wurde.

Im Gegensatz zu Libavius spielt die Universität als Institution nur eine untergeordnete Rolle im Netzwerk Du Chesnes. Natürlich war ein wissenschaftlicher Gedankenaustausch ohne eine Korrespondenz mit den gelehrten Professoren nicht denkbar. Aber weder der persönliche Kontakt zu Hochschullehrern und Studenten noch die Erörterung komplexer chemischer Zusammenhänge sind für die Funktion des Netzwerks von besonderer Wichtigkeit. Es kann eher ein System von gegenseitiger Anerkennung und Wertschätzung vermutet werden. Für Du Chesne betonten die Universitätskontakte den Rang seiner wissenschaftlichen Werke, und für die Professoren war eine Verbindung zum französischen Hof für die eigene soziale Stellung förderlich. Konnte das Netzwerk von Libavius als elitär auf Grund des Bildungsgrades seiner Mitglieder bezeichnet werden, so trifft dies bei Du Chesne auf den sozialen Rang zu. Dem Stand des Adels und den Höfen kommt darin eine hohe Bedeutung zu. Neben der gesellschaftlichen Anerkennung spielten auch Privilegien eine Rolle, wie z.B. die Nutzung des diplomatischen Botensystems.

Eine der Hauptantriebsfedern im Netzwerk Du Chesnes ist die Suche nach dem „Stein der Weisen". Der Stein versprach nicht nur grenzenlosen Reichtum, sondern sollte auch das Leben verlängern. Insofern wurde die Goldmacherei mit Iatrochemie und Medizin verbunden, eine Verknüpfung jener Gebiete, denen Du Chesnes Hauptinteresse galt. Der Austausch von Informationen über die Verfahren zur Herstellung des Steins war eine der zentralen Grundlagen des

---

701 Dies kann natürlich auch an der fehlenden Überlieferung liegen.

Netzwerks. Diese Basis wurde zusätzlich durch Nachrichten über den Stand der Arbeiten und erhaltene Ergebnisse, aber auch über Schwierigkeiten erweitert. Aber nicht nur immaterielle Gedanken und Mitteilungen hielten das Netzwerk in Bewegung. Eine große Rolle spielte das geheimnisvolle „rote Pulver", das Du Chesne einigen Bekannten anvertraut hatte. Der Austausch von Erfahrungen bei Laborversuchen mit dem Pulver, aber auch die Anforderung neuer Informationen oder sogar einer Probe des Pulvers waren Kernpunkte vieler Briefwechsel. Dieses „rote Pulver" war ein materieller Zentralpunkt für einen großen Teil des Netzwerks. War das Netzwerk von Libavius durch theoretische Erörterungen geprägt, so stehen bei Du Chesne Praxis und Materialität im Mittelpunkt. Einerseits zirkulierten genaue Versuchsbeschreibungen und chemische Verfahrensanweisungen im Netz und spielten eine wichtige Rolle. Als Anlage zu den Briefen ergänzten sie diese und versetzten die weniger geschulten Empfänger in die Lage, eigene Herstellungsversuche nach den erhaltenen Vorschriften durchzuführen. Auf der anderen Seite sind die iatrochemischen Heilmittel der zweite materielle Zentralpunkt des Netzwerks. Neben den Briefen und Herstellungsvorschriften kursierten sie gleichermaßen im Netz. Diese materielle und praktische Komponente des Netzwerks betrifft sowohl die Goldmacherei als auch die Iatrochemie.

Die Form des Briefes erschien Du Chesne bei der Suche nach dem „Stein der Weisen" wohl als das geeignete Übermittlungsinstrument. Die Zeiten der persönlichen Weitergabe der als vertraulich angesehenen Informationen von Adept zu Adept waren vergangen. Eine derart hierarchisch orientierte Organisation des Wissens war in der Frühen Neuzeit nicht mehr angebracht. Die Briefe und Verfahrensanweisungen geben bei Du Chesne auf genaueste Art und Weise Vorgehensweise und Beobachtungen an. Im Gegensatz zu einer Veröffentlichung in Buchform sind sie diejenige Organisationsform des Netzwerkes, die eine Verbindung zwischen einer ausreichend erscheinenden Vertraulichkeit mit der notwendigen Genauigkeit gewährleistete. Ganz anders als bei Libavius sind daher nur zwei Briefe in Büchern von Du Chesne bekannt. Hinzu kommt die Überlegung, dass sich Du Chesne in vielen Fällen nicht des öffentlichen Postwesens, sondern der Übermittlung durch die Diplomatenpost mit persönlichen Boten bedienen konnte. Dies erhöhte wahrscheinlich den Vertraulichkeitsgrad in seinen Augen und denen seiner Korrespondenten nicht unerheblich. Die Aussicht auf die Herstellung von Gold war der gemeinsame Antrieb, der das Netzwerk leitete. Der „Stein der Weisen" ist in diesem Zusammenhang als Machtinstrument zu betrachten. Sein Besitz versprach nicht nur eine materielle Vorherrschaft gegenüber dem Umfeld, sondern auch eine ideelle Überlegenheit. Der Stein hätte zum Mittel der Politik werden können.

In der Anlage dieser Arbeit werden egozentrierte Netzwerke untersucht. Dabei werden zunächst die Verbindungen der Zentralperson mit ihren Kontaktpartnern aufgezeigt. In einem zweiten Schritt kann die weitere Verästelung betrachtet werden. Im Falle von Du Chesne lässt sich dies am Einfachsten am Beispiel des Schriftverkehrs der Baseler Professoren Caspar Bauhin sowie Theodor und Jacob Zwinger durchführen. Von allen Kontaktpartnern Du Chesnes war fast ein Drittel auch in Verbindung mit ihnen gewesen.[702] Die Erforschung dieser Korrespondenz ist sicherlich äußerst wünschenswert, würde aber wegen der außerordentlich großen Anzahl der erhaltenen Briefe den Rahmen einer einzigen Arbeit sprengen. Des Weiteren ist eine Weiterführung der Netzwerkstruktur aus Gründen der Erhaltung, aber auch der Erforschung von Briefkontakten mit Schwierigkeiten behaftet. So ist z. B. der Briefverkehr des Leipziger Professors und strengen Paracelsisten Joachim Tancke „derzeit nur schemenhaft sichtbar".[703] Neben Du Chesne zählten zu seinen Korrespondenten die Baseler Professoren Caspar Bauhin, Felix Platter und Jacob Zwinger sowie Martin Ruland d.J., Gregor Horst und Johann Thölde(ca. 1565–ca. 1614), dessen Lebensweg bisher nicht in allen Einzelheiten aufgeklärt ist.[704] Thölde gilt als Herausgeber und vielleicht auch Verfasser der mehrfach gedruckten und in viele Sprachen übersetzten „alchemistischen Schriften", die unter dem Namen Basilius Valentinus seit dem frühen 17. Jahrhundert erschienen sind.[705] Wie aus zwei Dedikationsadressen hervorgeht[706] ist zu vermuten, dass Tancke auch Kontakt gehabt haben muss zu Bernard Gilles Penot und Nicolaus Barnaud (1539–vor 1607),[707] dem calvinistischen Autor vieler chemischer Schriften. Die meisten dieser Namen sind sowohl in der Korrespondentenliste von Du Chesne, aber auch von Libavius enthalten. Wie schon bei Libavius ist es anhand dieser Beispiele offensichtlich,

---

702 Jacob Alstein, Guillaume Aragosius, Claude Aubery, Nicolas Barnaud, Simon Berger, Theodor Birckmann, Johann Heinrich Cherler, Johann Crato von Krafftheim, Johann Friederich Eggs, Fabricius Hildanus, Hermann van der Haghen, Johann Heinrich Hainzel, Johannes Hartmann, Johann Ludwig Hauenreuter, Wenceslaus Lavinius, Jacob Mock, Jacob Mosanus, Bernard Gilles Penot, Amandus Polanus von Polansdorf, Philibert Sarrasin, Johann Schenck, Petrus Severinus, Joachim Tancke und Hermann Wolf. S. Anhang 8.5. und 8.6.
703 (Kühlmann und Telle 2001, 2004 und 2013, Teil 3, S. 1004).
704 (Görmar 2002).
705 (Priesner 1986), s. auch (Hollweg 2014, Kap. 5.2).
706 (Kühlmann und Telle 2001, 2004 und 2013, Teil 3, S. 1004.).
707 (Gautier 1906, S. 427), (Haag 1846–1859, Band 1, S. 250–256) und (Kühlmann und Telle 2001, 2004 und 2013, Teil 3, S. 955).

dass weitere Verzweigungen existierten. Eine Vervollständigung der Netzwerkverbindungen wäre wünschenswert, ist aber in einer einzigen Arbeit kaum zu leisten.

Über den Umfang des Briefwechsels von Du Chesne lassen sich keine genauen quantitativen Aussagen machen. Die erhaltenen Briefe sind über mehrere Archive verstreut und es ist nicht auszuschließen, dass noch weitere Schriftstücke an anderen Orten vorhanden sind. Außerdem kann natürlich nichts über den Anteil der verloren gegangenen Briefe gesagt werden. Aus den vorhandenen Schreiben lässt sich jedoch entnehmen, dass zumindest mit einigen Personen ein intensiver Schriftverkehr stattgefunden haben muss. Das Erhalten von Briefen, aber auch ihr Verlust, die zeitnahe wie auch die zeitlich verzögerte Beantwortung sowie die Bezugnahme auf Themen vorausgegangener Schriftstücke werden häufig angesprochen. Es lässt sich vermuten, dass der Umfang der Korrespondenz Du Chesnes die Anzahl der erhaltenen Briefe um ein Vielfaches übertrifft. Natürlich können auch keine abschließenden Aussagen über die Intensität des Kontakts zu den Freunden und Bekannten getroffen werden, die Du Chesne in seinem Buch „Ad veritatem Hermeticae medicinae …" aufführte. Ein Briefwechsel ist nur zu einem Teil der benannten Personen erhalten. Ob eine Korrespondenz mit den anderen stattfand, entzieht sich einer genauen Kenntnis. Über die zeitliche Veränderung des Netzwerks lassen sich naturgemäß keine verlässlichen Aussagen treffen. Hierzu ist die Anzahl der erhaltenen Briefe zu gering und durch die oft fehlende Datierung weiter erschwert. Die wenigen erhaltenen Briefe aus der Genfer Zeit sind überwiegend an Personen gerichtet, deren Wohnsitz sich nicht allzu weit von Genf befindet.[708] Eine zeitliche Fixierung betrifft den Briefwechsel zum Hof in Kassel und damit verbunden zur Universität in Marburg. Dieser begann anscheinend erst nach der Einladung des Landgrafen und der gemeinsamen Arbeit im eigens eingerichteten Labor. Er wurde bis zu Du Chesnes Tod unvermindert weitergeführt. Ein konkreter Anlass zur Aufnahme des Kontakts zwischen dem Landgrafen und Du Chesne ist nicht bekannt. Eine weitere Auswertung der zeitlichen Änderung des Netzwerks wäre spekulativ, zumal die Vielzahl der erhaltenen Briefe nach 1600 geschrieben wurde.

An Hand der Eingangsformulierungen lassen sich keine großen Hierarchieunterschiede im Schriftverkehr Du Chesnes aufzeigen. Selbst so hochgestellte Adlige wie der Erzbischof und Kurfürst von Köln, Ernst von Bayern, loben in überschwänglichen Worten die Erfahrung und die Gelehrsamkeit von Du

---

708 Sieur d'Esterim, Raphael Egli, Johann Heinrich Hainzel, Felix Platter und Theodor Zwinger.

Chesne sowie die Nützlichkeit seiner Bücher. Dem schließen sich alle anderen Korrespondenten in mehr oder weniger langen, meist aber fast ehrfürchtig zu nennenden Einleitungen an. Dies trifft auch auf die gelehrten Professoren zu. Jacob Zwinger spricht im Jahr 1608 zusätzlich zur überragenden Wissenschaftlichkeit das ehrenvolle hohe Alter Du Chesnes an, was natürlich als Zeichen für seine Erfahrung und großen Verdienste gesehen werden muss. Auf der anderen Seite lassen sich in Du Chesnes Einleitungssätzen keine großen Standesunterschiede erkennen. Selbstverständlich begegnet er dem Landgrafen Moritz mit der nötigen Ehrerbietung und dem nötigen Respekt. Aber auch in den wenigen erhaltenen Briefen an Jacob Zwinger und Johannes Hartmann betont er die gegenseitige Freundschaft verbunden mit seiner außerordentlichen Wertschätzung. Diese Höflichkeit im Schreibstil entspringt dabei wahrscheinlich seiner diplomatischen Ausrichtung, und er macht davon anscheinend unabhängig von der Stellung seines Briefpartners Gebrauch. König und Fürsten, Heerführer und Landedelleute, Hofärzte und Professoren: dies ist das illustre persönliche Netzwerk von Joseph Du Chesne, Sieur de la Violette. Selbst Leibarzt des Königs von Frankreich war sein Rat zum Thema Gesundheit gefragt. Als Verteidiger der paracelsischen Lehre wendete er iatrochemische Heilmittel an und beschrieb ihre Herstellung in seinen Verfahrensvorschriften. Oberhalb dieser Ebene wurde das Netzwerk aber von zwei ganz gegensätzlichen Denkmustern geprägt. In der Sache war dies das „Opus magnum", die Suche nach dem „Stein der Weisen". Das geheimnisvolle „rote Pulver" bildete die materielle Basis des Netzes und die Briefe bzw. Herstellungsanweisungen die intellektuelle Grundlage

4.3. Oswald Croll

4.3.1. Leben und Wirken

Oswald Croll wurde um 1560 in der hessischen Kleinstadt Wetter bei Marburg als Sohn des dortigen Bürgermeisters geboren und besuchte hier die Lateinschule.[709] Das hin und wieder in der Literatur zitierte Geburtsjahr 1580 beruht wohl auf einer falschen Angabe bei Plitt.[710] Das genaue Jahr der Geburt ist nicht bekannt, lässt sich aber durch die Tatsache abschätzen, dass Croll am 1. Mai 1576 an der Universität in Marburg immatrikuliert wurde.[711] Weitere in Biographien zu findende Studienjahre in Straßburg und Genf[712] lassen sich nicht bestätigen. In den

---
709 (Schröder 1957) und (Hannaway 1975, S. 1).
710 (Plitt 1769, S. 148).
711 (Caesar 1980, Band 3, S. 20).
712 (Schröder 1957).

Matrikeln der Akademie in Genf ist Oswald Croll jedenfalls nicht aufgeführt, wohl aber seine beiden Brüder Johann, immatrikuliert am 8. November 1580, und Porphyrius, immatrikuliert am 9. April 1981.[713] Beide Brüder hatten vorher auch in Marburg studiert und sich Anfang der 1580er Jahre recht zeitgleich nach Genf zur Fortführung ihres Studiums begeben. Ein Besuch seiner beiden Brüder an ihrem Studienort, vielleicht mit der Absicht, dort seine Studien der Medizin fortzuführen, erscheint sehr wahrscheinlich. Croll nahm das Studium in Genf jedoch nicht offiziell auf und entschied sich anscheinend bald anders. Er trat als Hauslehrer in die Dienste der französischen Adelsfamilie d'Esne ein.[714] Croll berichtet darüber in der Vorrede zu seiner „Basilica Chymica" und benennt seinen Aufenthalt in der lateinischen Ausgabe mit „Esnaea apud Bojos"[715] und auf Deutsch mit „in der Esnaea in Frankreich bey den Bois".[716] Die Verortung dieser Familie im mittelfranzösischen Departement Allier in der Ortschaft Ainay-le-Château bei Kühlmann erscheint spekulativ, da sie nur mit der Namensähnlichkeit von „Esnaea" und „Aynay" begründet wird.[717] Wahrscheinlicher ist, dass es sich um die Familie d'Esne im gleichnamigen nordfranzösischen Ort und Schloss in der Nähe von Cambrai handelt, da dort auch der Name Bois nicht unbekannt ist. In Esne heiratete nämlich Madeleine de Croix am 24. Januar 1584 den „Wallerand de Fiennes, dit du Bois".[718] Für die Verortung in der Nähe von Lyon könnte allerdings die enge Brieffreundschaft mit einem nicht näher identifizierbaren Chemiker aus dieser Stadt sprechen. Um wen es sich dabei handelt, liegt im Dunkeln, Kühlmann und Telle bezeichnen ihn als „N.N. in Lyon".[719] Wahrscheinlich noch in Diensten der Familie d'Esne hielt sich Croll 1585 in Paris auf und widmete sich weiterhin dem Studium der Medizin,[720] allerdings lässt sich auch dafür keine offizielle Bestätigung finden.[721] Ob er hier bereits zu dieser Zeit den „königlichen Leibarzt und späteren Brieffreund" Du Chesne kennenlernte,[722] ist nicht weiter belegt.[723] Anfang 1589 reiste Croll nach Italien, besuchte dort mehrere

---

713 (Stelling-Michaud 1959–1980, Band 2, S. 600).
714 (Telle 2008, S. 504).
715 (Croll 1609a, S. 107).
716 (Croll 1623, S. 111).
717 (Kühlmann und Telle 1996, S. 41).
718 (Boniface 1863, S. 261).
719 (Kühlmann und Telle 1998, S. 198).
720 (Kühlmann und Telle 1996, S. 41).
721 (Kühlmann und Telle 1998, S. 115).
722 (Kühlmann 1992, S. 109).
723 Im Jahr 1585 war Du Chesnes Hauptwohnsitz Genf und nicht Paris. Außerdem ist es auch spekulativ, ob er bereits zu dieser Zeit königlicher Leibarzt war.

Städte und hielt sich bei David Soldanus (Lebensdaten unbekannt) in Padua auf, einem Freund von Johann Hartmann Beyer.[724] In einem Brief an Beyer äußerte er die Absicht, nach Frankreich zurückzukehren, um anschließend mit seinen französischen Schülern nach Padua zur Weiterführung des Medizinstudiums zurückzukehren.[725] Dazu scheint es aber nicht mehr gekommen zu sein, denn er reiste 1591 über Montbéliard nach Basel, wo er sich bis zum 5. Juni dieses Jahres aufhielt. Anschließend trat er in die Dienste des Reichserbmarschalls Conrad von Pappenheim (1534–1603) ein und wurde Lehrer und Begleiter von dessen Sohn Maximilian von Pappenheim (1580–1639).[726] Seine Medizinstudien setzte er in Heidelberg fort und wurde dort am 7. August 1591 immatrikuliert, gefolgt von seinem Zögling Maximilian am 23. November.[727] Spätestens ab Herbst 1594 lebte Croll im Kloster Bebenhausen in der Nähe von Tübingen und wirkte in der angeschlossenen Lateinschule als Lehrer. Sein Dienstherr Conrad von Pappenheim wurde nämlich 1591 zunächst im Schloss Hohentübingen gefangengesetzt, später wurde dieser Arrest auf die ganze Stadt ausgedehnt. Conrad hatte im Vertrauen auf eine „Expectanz" Kaiser Maximilians II. das ihm zugesagte Schloss Stühlingen besetzt. Sein ungeschicktes Verhalten sowie Widersacher am Hofe Rudolfs II. ließen ihn jedoch in Ungnade fallen.[728] Im Auftrag Conrads unternahm Croll sehr viele Reisen mit diplomatischen Aufgaben und wohl auch, um sich für dessen Rehabilitierung einzusetzen. Er besuchte mehrere Fürstenhäuser und reiste des Öfteren nach Regensburg. Im Rahmen seiner Aufgaben hielt er sich erstmalig im Herbst 1595 und dann in der ersten Jahreshälfte 1596 in Prag auf.[729] Ein Zusammentreffen mit dem Spiritisten und Goldmacher Edward Kelley (1555–1597/98) ist von ihm für Ende 1595/Anfang 1596 in einem Brief beschrieben.[730] Ein zeitgenössischer Bericht behauptet, dass ein Besuch im nordböhmischen Most stattfand, wo Kelley eingekerkert war.[731] Dabei kann es sich allenfalls um ein zweites Treffen handeln, da Kelley erst am 1. November 1596

---

724 Beyer wurde 1587 und Soldanus 1588 in Padua immatrikuliert. (Rossetti 1986, S. 70 und S. 72).
725 (Kühlmann und Telle 1998, S. 30–32).
726 (Kühlmann und Telle 1996, S. 41 f.).
727 (Toepke 1884–1889, Band 2, S. 154 f.).
728 (Schwackenhofer 2002, S. 162 f.).
729 (Kühlmann und Telle 1996, S. 42–46).
730 (Kühlmann und Telle 1998, S. 90).
731 (Erben von Brandau 1689, S. 89 und 94 f.). Dieser Bericht wird in der Literatur als Bestätigung für das Treffen angeführt: (Hausenblasova 2016, S. 369) und (Karpenko und Purs 2016, S. 520).

erneut verhaftet worden war.[732] Rein zeitlich wäre das erneute Zusammentreffen zwar möglich, aber mit größerer Reisetätigkeit verbunden gewesen. Croll hielt sich zumindest noch am 9. November 1596 in Regensburg auf und war dann spätestens am 6. Dezember 1596 bereits in Padua.[733]

Nach einem Aufenthalt in Regensburg im Februar 1597 reiste Croll erneut nach Prag um sich ab 1598 überwiegend in Böhmen aufzuhalten. Nach einem Zwischenaufenthalt in Brünn ließ er sich endgültig in Prag nieder.[734] Spätestens hier muss er über ein eigenes Labor verfügt haben, denn im Vorwort zur „Basilica Chymica" schreibt er, dass er viele Medikamente selbst „experimentirte".[735] In Prag hatte er Kontakt mit dem dortigen Chemikerkreis um den reichen Kaufmann Ludwig Koralek (????–1599), der mit Hans Kaper (Carpio) (Lebensdaten unbekannt), Michael Sendivogius, Johann Berger (Lebensdaten unbekannt) und Wenceslaus Lavinius (1540–1600/01) Versuche zur Goldmacherei anstellte.[736] Dort lernte er insbesondere den Adligen Peter Wok von Rosenberg (1539–1611) kennen,[737] der sich in der böhmischen Ständegesellschaft „im Feldzug gegen die Türken 1594 sowie bei der Herausgabe des ‚Majestätsbriefs' über die Religionsfreiheit vom 9.7.1609 durch Ks. Rudolf II."[738] verdient gemacht hatte. Peter Wok war als einziger der Familie zum protestantischen Glauben übergetreten und hatte sich schließlich den Böhmischen Brüdern zugewandt. Peter Wok hatte ein gutes Verhältnis zu Christian I. von Anhalt-Bernburg, der sich in den 1590er Jahren häufig am Kaiserhof in Prag aufhielt.[739] Auf Peter Woks Empfehlung soll Croll den schwer erkrankten Christian I. behandelt und geheilt haben.[740] Christian I. ernannte Croll daraufhin zum „medicus ordinarius" und betraute ihn mit diplomatischen Aktivitäten.[741] Croll soll ihn über die Vorgänge am Kaiserhof

---

732 (Karpenko und Purs 2016, S. 519).
733 (Kühlmann und Telle, 1998, S. 97–106).
734 (Hausenblasova 2002, S. 171).
735 (Croll 1623, S. 2): „…diese Spagyrische Secreta auß dem innersten Schrein meines Herzens hervorbringe unnd mittheile / deren Zubereitungen ich mit vielem Unkosten / langer Zeit / und nicht geringer Mühe / zuvor selbsten experimentirt / und dergleichen ich biß auff den heutigen Tag bey keinem Scribenten gefunden / jegtes davon gehört / oder von einem einzigen Alten vernommen:".
736 (Kühlmann und Telle 1996, S. 45 f.).
737 Über den Personenkreis, der in Böhmen chemische Versuche unternahm, und insbesondere die Brüder Rosenberg, s. (Purs 2016).
738 (Enneper 2005).
739 (Schubert 1957).
740 (Plitt 1769, S. 149).
741 (Telle 2008).

informiert gehalten haben. In diplomatischer Mission hielt Croll insbesondere den Kontakt zu Peter Wok und dessen Sekretär, dem Renaissancedichter Theobald Hock von Zwaybruck (1573-zwischen 1619/1624).[742] Croll und Hock halfen Christian I. bei seinen Plänen zur Gründung der Protestantischen Union. Die Unterstützung des reichen und mächtigen Fürsten von Rosenberg spielte dabei eine gewichtige Rolle.[743]

Neben seiner diplomatischen Tätigkeit, die weiterhin mit vielen Reisen verbunden war, konnte Croll seine medizinischen und chemischen Arbeiten durch die Unterstützung Christians I. fortsetzen, da dieser die Kosten dafür übernommen haben soll. Er führte seine praktischen Tätigkeiten im Labor fort und begann, an der „Basilica Chymica" zu schreiben, die Anfang 1609 kurz nach seinem Tod im November oder Dezember 1608 erschien.[744] Inwieweit Croll in den Wissenschaftlerkreis um Rudolf II. eingebunden war, ist bis heute nicht vollständig aufgeklärt. Er konnte den Kaiser vielleicht persönlich sprechen und von ihm Geldzuwendungen bekommen, diente aber wohl nicht als einer seiner Leibärzte.[745] Seine Verbindungen zu Christian I. und Peter Wok waren allenthalben bekannt; wohl deshalb, und nicht nur aus wissenschaftlichem Interesse, war Rudolf II. an seinem Nachlass interessiert. Ob es ihm gelang, diesen vollständig zu beschlagnahmen, wie Kühlmann und Telle unter Bezug auf einen Brief Christians I. schreiben,[746] ist im Nachhinein zweifelhaft. Anscheinend misslang dies dem damit beauftragten Sekretär Johann Barvitius (ca. 1555–1620). Crolls Bruder Johann hatte sich wohl vorher zumindest in Teilen in den Besitz gesetzt.[747]

4.3.2. Bücher, Briefe und chemische Herstellungsvorschriften

Crolls Leben ist durch seine vielen Reisen geprägt, die allerdings nicht durch kriegerische Ereignisse bedingt waren wie bei Du Chesne. Die Reisetätigkeit erschwerte allerdings seinen Briefwechsel; er musste andauernd für Mittelsmänner sorgen, die seine Briefe und die Antworten aufhoben oder weiterleiteten. So kommt es nicht von ungefähr, dass der Briefwechsel wahrscheinlich nur sehr unvollständig erhalten ist, wie eine große zeitliche Lücke nahelegt. Die überlieferten Schriften betreffen erstens den Zeitraum von 1585 bis 1597 und zweitens

---

742 (Derks 1972).
743 (Hausenblasova 2002, S. 172) und (Hausenblasova 2016, S. 371).
744 (Kühlmann und Telle 1996, S. 46–48).
745 (Hausenblasova 2002, S. 174 f.) und (Hausenblasova 2016).
746 (Kühlmann und Telle 1996, S. 48).
747 (Hausenblasova 2016, S. 372 f.).

die Jahre 1605 und 1608. Die bekannten Schriftstücke sind von Kühlmann und Telle aufgelistet, es konnten bisher keine weiteren Briefe aufgefunden werden. Der Briefwechsel mit einer Reihe von Korrespondenzpartnern aus den Jahren 1585 bis 1597 ist in allen Einzelheiten editiert worden und wurde zur Auswertung herangezogen.[748] Die meisten Briefe Crolls aus dieser Zeit sind an den Goldkronacher Berghauptmann Franz Kretschmer gerichtet, darunter auch der Entwurf eines Briefes an Peter Ludwig Messinus (Lebensdaten unbekannt),[749] einem Chemiker im Dienst des Kölner Erzbischofs und Kurfürsten Ernst von Bayern, den Kretschmer unter seinem Namen an Messinus schicken sollte. Die Originale der Briefe[750] befinden sich zusammen mit vielen offiziellen Akten im Staatsarchiv Bamberg im Akt Markgraftum Brandenburg-Bayreuth, Hofkammer 8927 und sind nach einer alten Zählung geordnet.[751] Einige weitere Briefe der Edition sind in verschiedenen Archiven erhalten. Die drei an Du Chesne geschriebenen Briefe besitzt die Staats- und Universitätsbibliothek Hamburg, sie sind bereits bei diesem aufgelistet worden.[752] In der umfangreichen Sammlung der Briefe ihrer Professoren befinden sich in der Universitätsbibliothek Basel zwei Briefe Crolls an Caspar Bauhin sowie ein Brief an Bernard Gilles Penot.[753] Dieser wohnte zu jener Zeit im Hause des Baseler Bürgers Nicolas Puçelle, dessen Witwe er später heiratete.[754] Unter den Briefen Johann Hartmann Beyers, die in der Universitätsbibliothek Johann Christian Senckenberg in Frankfurt aufbewahrt werden, gibt es ein an Beyer gerichtetes Schreiben, das Croll selbst handschriftlich verfasste. Des Weiteren besitzt die Bibliothèque nationale et universitaire in Straßburg in ihrer umfangreichen Sammlung alter Handschriften eine Abschrift eines Briefes von Croll an den Straßburger Arzt, und späteren

---

748 (Kühlmann und Telle 1998). Zusätzlich sind einige Briefe digitalisiert erworben worden.
749 Ebd. S. 198.
750 Nach Kühlmann und Telle handelt es sich bei allen Briefen um Autographen.
751 Das Staatsarchiv besitzt die Bestände des Fürstentums Bayreuth, die vormals auf der Plassenburg in Kulmbach und in Bayreuth gelagert worden waren. Nach dem Verkauf des während der Napoleonischen Kriege in französischen Besitz gelangten Fürstentums an das Königreich Bayern wurden die Bestände zwischen 1813 und 1818 nach Bamberg überführt. http://www.gda.bayern.de/archive/bamberg/zur-geschichte-des-staatsarchivs-im-19-und-20-jahrhundert/ (Zugriff am 03. 05. 2015).
752 S. Anhang 8.5.1.
753 Allerdings handelt es sich unter der angegebenen Signatur der Briefe an Bauhin um Abschriften und keine Autographen, wie bei Kühlmann und Telle vermerkt.
754 (Kühlmann und Telle 2001, 2004 und 2013, Teil 3, S. 578).

Professor an der dortigen Akademie, Melchior Sebitz (1539–1625).[755] Und letztendlich befindet sich in der Staatsbibliothek Berlin ein Brief an den Tübinger Professor für Griechisch, Latein und Rhetorik Martin Crusius (1526–1607),[756] sowohl im Original als auch in Abschrift. Darin ist allerdings nicht von chemischen Dingen die Rede, so dass er in dieser Arbeit in der Sache nicht weiter betrachtet wird.

In ihrem Anhang I: „Korrespondenzen von Oswald Croll aus den Jahren 1605 bis 1608" listen Kühlmann und Telle im Teil I „Briefe im Staatsarchiv Magdeburg" in einem chronologischen Verzeichnis 47 Briefe aus dem Nachlass von Christian I. von Anhalt-Bernburg auf.[757] Die Schreiben befinden sich heute im Landeshauptarchiv Sachsen-Anhalt, Abteilung Dessau.[758] Das chronologische Verzeichnis von Kühlmann und Telle ist durch einige weitere Informationen richtig gestellt und ergänzt worden.[759] Bei den Schriftstücken handelt es sich nicht nur um Briefe, sondern auch um Notizen und eine Reisekostenabrechnung. Sie sind von verschiedenen Händen geschrieben, teils vom Autor selbst, aber auch in Abschrift oder vielleicht auch von Schreibern erstellt. Sie sind in lateinischer, französischer oder deutscher Sprache verfasst. In einigen Schriftstücken wurden verschlüsselte Zeichen verwendet, die aber darüber stehend in vielen Fällen dechiffriert wurden. Neben einigen wenigen Beiträgen, die den Anschein von Beschreibungen der Goldmacherei erwecken, enthalten die Briefe überwiegend diplomatische Informationen, die in dieser Arbeit sachlich nicht weiter ausgewertet werden. Im gleichen Anhang I, Teil II „Weitere Briefe" ist zunächst unter Nr. 1 ein Brief Crolls an den Bruder Christians I., Ludwig I. von Anhalt-Köthen, aufgeführt. Dieser befindet sich im Germanischen Nationalmuseum, Nürnberg, Historisches Archiv.[760] Er ist in Crolls Handschrift auf Französisch geschrieben und enthält nur einige wenige Informationen diplomatischer Art. Auch dieser Brief wird im Weiteren in der Sache nicht mehr betrachtet. Die Nr. 2 bis Nr. 4 dieses Anhangs betreffen Briefe, die in Büchern abgedruckt sind. Nr. 2 ist ein

---

755 (Kühlmann und Telle 1998, S. 26–30 und 207 f.).
756 Ebd. S. 171 f.
757 Ebd. S. 211–218.
758 Diese Abteilung geht auf das 1993 gegründete Landesarchiv Oranienbaum zurück, das die Bestände des vormaligen „Herzoglich Anhaltischen Haus- und Staatsarchivs" in Zerbst übernommen hat. Dort ist die im 10. Jahrhundert einsetzende Überlieferung der anhaltischen Fürstentümer archiviert worden. https://landesarchiv.sachsen-anhalt.de/landesarchiv/standorte/dessau/ (Zugriff am 05.03.2019).
759 S. Anhang 8.7.3.
760 S. Anhang 8.7.2.

Brief der Dichterin Elisabeth Johanna von Weston (1582-1612) an Croll und Nr. 3 die Antwort Crolls. Beide Briefe sind in Werkausgaben der Dichterin abgedruckt und in lateinischer Sprache verfasst.[761] Und als letzter bekannter Brief Crolls ist unter Nr. 4 ein Brief Peter Wok von Rosenbergs an Croll angeführt. Der „Basilica Chymica" war als Beigabe die Schrift „De signaturis internis rerum" angefügt, die Peter Wok gewidmet ist. Der Brief befindet sich direkt nach der Widmungsepistel und ist auf Lateinisch geschrieben.[762]

Für die beobachtete zeitliche Lücke in der Überlieferung der Briefe lässt sich keine einfache Erklärung finden. Natürlich könnte ein Grund für diese zeitliche Befristung die schwierige Überlieferungslage sein, die auch durch die vielen Ortswechsel Crolls bedingt ist. Der chemisch geprägte Briefwechsel über Iatrochemie und Goldmacherei endet abrupt im Jahr 1597. Die einzige zeitliche Koinzidenz könnte im Tod von Johann Hiller (ca. 1549/50-1598)[763] gesehen werden, dem markgräflichen Leibarzt in Ansbach. Die Lebensdaten des Hauptkorrespondenten über die Goldmacherei, Franz Kretschmer, sind zwar nicht bekannt; sein Aufenthalt in Goldkronach ist jedoch für die Jahre nach 1597 belegt und durch vorhandene Archivalien dokumentiert. Wahrscheinlicher für die Beendigung des Briefwechsels über die Goldmacherei ist die Annahme, dass der Ortswechsel Crolls nach Böhmen und der Eintritt in die Dienste von Christian I. die entscheidende Rolle spielten. In Prag verfügte Croll über ein eigenes, wohl durch Christian I. finanziertes Labor. Durch die nun vorhandenen Mittel war der Austausch über die Geheimnisse der Goldmacherei nicht mehr von zentralem Interesse. Letztendlich ist aber kein einleuchtender Grund für das plötzliche Ende der Kommunikation bekannt und auch aus den Briefen nicht zu entnehmen.

4.3.3. Inhalt und Form

Ein gutes Beispiel für Inhalt und Form von Crolls Briefwechsel ist sein Brief vom 19. Oktober 1594[764] an seinen Freund, den Goldkronacher Berghauptmann, Franz Kretschmer, der auch zu den Korrespondenten von Libavius zählte. In der „captatio benevolentiae" entschuldigt er sich für eine Unterbrechung des ansonsten regen Briefwechsels zwischen den beiden und thematisiert gleichzeitig die Schwierigkeiten bei der Überbringung von Briefen. Es wird deutlich, dass

---

761 (Kalckhoff 1724, S. 219-221).
762 S. Anhang 8.7.4.
763 (Kühlmann und Telle 1998, S. 182-184) und (Kühlmann und Telle 2001, 2004 und 2013, Teil 3, S. 43-47).
764 (Kühlmann und Telle 1998, Brief Nr. 10).

Croll seine Briefe meist durch persönliche Bekannte den Empfängern zukommen ließ und sich nur in Ausnahmefällen anderer Briefboten bediente. Konnte ein Briefpartner nicht direkt erreicht werden, so gab es ein Netz von vertrauenswürdigen Anlaufstationen, bei denen die Briefe abgegeben werden konnten. Außerdem legte Croll den Briefen an einen bestimmten Korrespondenten Briefe bei, die an Dritte adressiert waren, mit denen der Briefempfänger in direktem Kontakt stand. So entstand ein Netzwerk von Boten, Empfängern, Empfangsbeauftragten und Zwischenstationen, das mit Hilfe der Briefe organisiert werden musste. Die Personen des Netzwerks waren persönliche Bekannte und die Briefe dienten auch zur Mitteilung über deren Aktivitäten, sei es ihre Reisetätigkeit oder private Unternehmungen und Vorhaben wie auch ihre fachspezifischen Tätigkeiten und Planungen. Des Weiteren wurden den Briefen oft Chemikalien oder Medikamente beigefügt. Diese hatte der Empfänger entweder angefordert, oder sie wurden ihm zur Überprüfung und Begutachtung zugesandt. Gleiches gilt für Fachbücher, die zur Prüfung, aber auch zur Anleitung bei Experimenten benutzt werden sollten. Dabei handelte es sich sowohl um selbst verfasste Bücher wie auch um Werke anderer Autoren. Nach langen einleitenden Passagen kommt Croll in seinem Brief an Kretschmer zum eigentlichen Thema, der Goldmacherei. Gleich zu Beginn wird deutlich, dass dieses Thema zwischen den Briefpartnern geheim gehalten werden soll, und man erfährt Näheres über die Verbindung Crolls zu Kretschmer: „Ich komme zu unseren geheimeren Sachen. Mein Freund, Du wirst Dich an das erinnern, was zwischen uns in Regensburg getan und behandelt, auch mit Handschlag in Treue besiegelt wurde."[765] Im Folgenden zitiert Croll aus zwei Briefen, die er von dem nicht weiter identifizierten Korrespondenzpartner in Lyon erhalten hatte. Dieser Goldmacher soll auf eine mehrjährige Laborpraxis zurückblicken und beim „Opus magnum" weit fortgeschritten sein. Croll betrachtet N.N. jedenfalls als einen Experten, dessen Erfahrungen beispielhaft seien. Der Brief an Kretschmer schließt mit weiteren Nachfragen zu Bekannten und ihren Erfolgen bei der Transmutation, wobei auch der Austausch von weiteren Chemikalien zur Goldmacherei besprochen wird. Erneut werden zum Schluss des Briefes mögliche Briefboten und Empfangsbeauftragte und ihre Zuverlässigkeit angesprochen.

Wie an dem besprochenen Brief deutlich wird, ist die Organisation des Netzwerks ein Hauptthema der Briefe; hierauf wird im nächsten Kapitel näher einzugehen sein. An sachlichen Diskussionsgegenständen ist zunächst die Iatrochemie

---

765 Ebd. S. 62. Hier und im Folgenden sind die Übersetzungen ins Deutsche aus der Edition von Kühlmann und Telle verwendet worden.

in der Nachfolge Paracelsus' zu nennen. Croll und seine Briefpartner tauschten Informationen zur Herstellung von Medikamenten aus und besprachen deren Anwendung. Dabei werden chemische Details aber häufig nur angerissen, wie in Crolls Brief vom 4. September 1594 an Kretschmer deutlich wird: „Die Beschreibung des Pulvers gegen den Stein werde ich erwarten. Außerdem bitte ich Dich, mir mitzuteilen, ob Du von dem Salpetergeist, den Du so sehr bei einer Kolik empfiehlst, ob Du, sage ich, für dessen Zubereitung das Phlegma zu trennen oder es darin zu belassen pflegst, daraufhin, ob Du jenen (Geist) circulieren läßt und wie lange."[766] Croll geht auf den „Salpetergeist" im Brief vom 8. Februar 1595 erneut ein und es wird deutlich, dass den Briefen spezielle Rezepte mit den Herstellungsvorschriften beigelegt wurden: „Bisher verstehe ich Dich nicht wegen der Zubereitung des Salpetergeistes. Also bitte ich ergebenst, mir den ganzen Prozeß in Abschrift vollständig zuzusenden und nicht zu zögern, ihn ungekürzt zu senden, damit ich ihn besser verstehen kann."[767] Diese zugehörigen Schriftstücke sind aber leider nicht überliefert. Nur selten wird in den Briefen Crolls mit genauen Angaben über die verwendeten Verfahren berichtet, wie im Brief vom 17. März 1592.[768] Diesem Brief ist eine der wenigen erhaltenen genauen Verfahrensbeschreibungen Crolls angehängt. Es ist aber anzunehmen, dass Croll die Briefe und weitere handschriftliche Notizen sammelte und beim Schreiben der „Basilica Chymica" als Grundlage verwendete. Nur so ist die Vielzahl der detailgenauen Beschreibungen von Herstellungsverfahren in dem Buch zu erklären.

Wie auch Du Chesne war sich Croll sehr wohl der Tatsache bewusst, dass er sich mit seinem Bekenntnis zur paracelsischen Iatrochemie im Gegensatz zu den Kirchen befand. Diese standen Paracelsus insbesondere wegen dessen theologischen Äußerungen kritisch gegenüber. Während sich aber Du Chesne, wie beschrieben, von den theologischen Gedanken Paracelsus' distanzierte,

---

766 Ebd. S. 51.
767 Ebd. S. 76.
768 Ebd. S. 41: „Ich schicke Dir das Weinsteinsalz, das 36 Stunden lang im Feuer gewesen ist und vier Farben angenommen hat: zuerst war es schwarz, dann grün, zum dritten rot, zum vierten so, wie Du es nun siehst. Wenn Du diesem Salz den besten Weingeist zugießest – bis zur Höhe von zwei Fingern -, wird er bei geringer Wärmezufuhr die im Salz verborgene Röte ausziehen und der (Wein-)Geist wird gefärbt werden; wenn sich diese (Röte) dann verbreitet hat, soll genau so ein neuer Geist hinzugetan werden, solange es (das Salz) ihn (den Weingeist) färbt: Wenn Du alle verbundenen Tinkturen destillierst, wirst Du einen so feinen alkoholisierten Weingeist haben, daß er aus Goldblättern, fügst Du sie ihm zu, die Essenz samt der Farbe auszieht."

versuchte Croll eine Umgestaltung der paracelsischen Lehren zu vollziehen, um das Konfliktpotential mit den Kirchen zu verkleinern. Nach Hannaway gelang ihm eine geschickte Umformung: „What emerges is a Calvinist Paracelsianism set in an historical context which equates the magi and prophets of the *prisca* tradition in the old dispensation with the saints and elect of God in the new. The key to this transformation which Croll effects in the theological base of Paracelsianism lies in his (Croll's) Christology."[769] Dies wird besonders im langen Vorwort der „Basilica Chymica" deutlich. Gleich zu Anfang begründet er, warum er seine Rezepte publiziert und nicht geheim hält: „Jedoch dieweil uns Gott der Himmlische Vatter / als die helle und klare Sonne / mit seinen Gaben allesampt uberflüssig anscheinet / und dieselbige ohne allen unterscheid beydes den guten und bösen / danckbaren unnd undanckbaren mittheylet / als sollen wir desselbigen / als dessen Söhne und Töchter wir sind / löblichem Exempel billich nachfolgen:".[770] In den Randbemerkungen zitiert er die dazugehörigen Verse aus der Heiligen Schrift. Und etwas später begegnet er möglichen Vorwürfen der „geheimen Hermetischen Philosophen" mit der Bedeutung seiner Veröffentlichung für die Nachwelt mit weiteren Bibelversen. Gegenüber den häufigen Bezügen auf die christliche Religion in der „Basilica Chymica" wird dieses Thema in den Briefen so gut wie nie angesprochen. In dem erhaltenen umfangreichen Schriftverkehr zwischen Croll, Christian I., Peter Wok und Theobald Hock aus den Jahren 1605 bis 1608[771] lassen sich oft nur Andeutungen zur Gründung und Unterstützung der Protestantischen Union finden. Den stärksten Bezug zur Unterstützung des Protestantismus findet man allerdings bereits im Brief an Du Chesne vom 17. März 1592, wenn Croll lange vor der Konversion Heinrichs IV. in Frankreich schreibt: „Der Herrgott möge den an Alter noch jungen, in der Kraft des Glaubens aber altgedienten Mann mehr und mehr in der Wahrheit bestärken. Nach dem unsterblichen Gott ruht alles Heil der Frommen auf seiner und des Königs Heinrich (IV.) Unversehrtheit."[772]

Neben der Iatrochemie ist die Goldmacherei das zweite Arbeitsgebiet, das Croll in seinen Briefen berührt. Allerdings korrespondierte er nur mit wenigen ausgewählten Freunden über dieses Thema. An erster Stelle ist hier sein Vertrauter, Franz Kretschmer, zu nennen, mit dem er sehr eng verbunden war. Croll verstärkt erneut die Bitte nach Geheimhaltung im Brief an Kretschmer vom

---

769 (Hannaway 1975, S. 47).
770 (Croll, 1623, S. 1).
771 S. Anhang 8.7.3.
772 (Kühlmann und Telle 1998, S. 40).

25. Juli 1595 und wünscht, dass dieser weder Crolls Briefe weitergibt noch seinen Namen im Zusammenhang mit der Goldmacherei erwähnt.[773] Ganz im Gegensatz zu Du Chesne betreibt Croll die Goldmacherei unter größter Geheimhaltung. In den Briefen werden so gut wie keine Einzelheiten des angestrebten Prozesses erwähnt. An Stelle von „Decknamen" benutzt er in seinem Brief an Kretschmer vom 4. September 1594 Großbuchstaben: „Sehr freue ich mich darüber, daß Du daran gehst, das A der Alchemiker herzustellen. Weil es aber eine einzige Arbeit ist, wirst Du Dir auch Mühe geben, einen guten Vorrat an F und G zu schaffen."[774] Dieses Geheimalphabet muss zwischen den beiden Vertrauten vereinbart worden sein. Sie waren aber wohl nicht die einzigen, die eine derartige Praxis anwendeten.[775] Auch in den beiden Briefen des N.N. aus Lyon wird die Geheimhaltung betont und auf die Gefahren des Briefverkehrs hingewiesen. N.N. schreibt in seinem zweiten Brief: „Ich würde Dir gern alles offen darlegen, wenn ich nicht den Verlust des Briefes befürchten würde."[776] Deshalb hält er alle Verfahrensbeschreibungen sehr allgemein und verzichtet auf genaue Angaben. Es bedarf eines gemeinsam erarbeiteten und verwendeten Vokabulars, um die Anweisungen zu verstehen: „Denke nur an die erste Auflösung, daß jene nämlich korrekt und zur gebotenen Zeit vorgenommen wird. Für sie werden nämlich von fast allen (Alchemikern) vierzig Tage vorgeschrieben. Hier bedenke auch, auf welche Weise zweimal das Überflüssige beseitigt und das Fehlende hinzugefügt werden muß, was Dir (Crollius) beides, wenn Du es einmal gefunden hast, daraufhin bei dem ganzen Arbeitsvorgang keine Schwierigkeit mehr zu bedenken geben wird."[777] Er vertraut darauf, dass Croll den arkansprachlichen Begriffen dieselbe Bedeutung beimisst und verweist in seinem Brief des Öfteren in allgemeiner Form auf die Schriften von berühmten Vorgängern.[778]

---

773 Ebd. S. 86: „Vor allem bitte ich Dich darum, worum ich Dich bei der Abreise von Regensburg schon bei unserer wechselseitigen Treue gebeten habe, daß Du nämlich niemandem – wer auch immer es sei – das enthüllst, was ich Dir bislang geschrieben habe und künftighin schreiben werde. Denn ich wünsche, bei keinem von Dir genannt zu werden, und will nicht, daß von jemandem meine Briefe gesehen werden."
774 Ebd. S. 51.
775 Ebd. S. 132 f.
776 Ebd. S. 63.
777 Ebd.
778 Ebd.: „Vielleicht hält Dich noch die Methode des Vorgehens in Atem, aber da ich (N.N. in Lyon) bei mir bisher nicht einmal das Vorgehen (?) bedacht habe, (scheint es mir), daß Du die Lehre (Jean) Fernels und des Paracelsus schon ziemlich gut verstanden hast."

Mit dem Gebiet der Goldmacherei verbunden sind zwei rätselhafte Notizen, die Croll aus Prag an Christian I. schickte. Die erste[779] trägt mit „De Lion, 10 octob." eine Orts- und Datumsangabe. Sie ist überschrieben mit „Stridores Ixiris, Elixiris Fumi, et Faunorum."[780] Die Ortsangabe „De Lion" könnte darauf schließen lassen, dass es sich bei dem Schriftstück um Notizen handelt, die Croll sich an Hand eines Briefes seines Vertrauten N.N. aus Lyon über dessen Versuche zur Goldmacherei machte. Diese Annahme wird durch eine Seitenbemerkung erhärtet, die er an den Rand schrieb: „On mande ces nouvelles de Venise, vérités de France au spécial." Die Bezeichnung „le spécial" beweist, dass die Notizen für Christian I. bestimmt waren. In anderen Briefen an Christian I. kennzeichnet sich Croll selbst nämlich mit diesem Begriff. Die Notizen sind in mehrere getrennte Abschnitte aufgeteilt; der erste beginnt mit den Worten: „Draconis volantis ma[teria] est, qu'on attend réponse de Gabr[icus] vers le temps, mais qu'il est impossible considérant le présent état de continuer Carbones tusos quondam Gabricum nisi cum contusione totali fumi."[781] Wie auch die folgenden Abschnitte könnte diese Bemerkung eine Beobachtung des Prozesses zur Goldmacherei beschreiben. Für diese Ansicht spricht auch die Verwendung einiger „alchemistischer Symbole" im weiteren Verlauf des Schriftstücks. Wie in vielen Fällen, ist die Bedeutung der Beschreibung verloren gegangen und heutzutage nicht mehr nachvollziehbar. Besagter „Drache" wird in einem späteren Abschnitt wieder aufgenommen: „Draco volans vult adhuc hoc anno Sylv[ium] invitare, et qu'il découvrira le tout touchant hab[itum] Faun[orum]."[782] „Sylvius (Silvius)" ist ein in der damaligen chemischen Literatur eher ungeläufiger Begriff, er soll als „Pan Silvanus" allerdings in einigen Handschriften erwähnt worden sein.[783] Der Name taucht aber in den Briefen Crolls an Christian I. des Öfteren in anderen Zusammenhängen auf. Es wird damit ein jüngerer Mann bezeichnet, der entweder in einem verwandtschaftlichen (Cousin) oder einem anderen näheren Verhältnis zu Christian I. stand. Im nächsten Absatz, der allerdings auch wiederum in Bezug auf die Goldmacherei interpretiert werden könnte, will

---

779 Anhang 8.7.3., Nr. 19.
780 Das Aufbrausen des Ixirs, des Rauchs des Elixirs, und der Faune.
781 Die Materie (Ursache) des geflügelten Drachens ist, dass man zu dieser Zeit die Antwort von Gabricus erwartet, aber dass es unmöglich ist, wenn man den gegenwärtigen Stand bedenkt, die ausgedehnten Kohlen, wie einst Gabricus, weiter zu verfolgen, wenn nicht mit der völligen Zerquetschung des Rauchs.
782 Der geflügelte Drache will noch in diesem Jahr Sylvius einladen, und dass er alles aufdecken wird, indem er das Äußere der Faune berührt.
783 (Hartlaub 1991).

Sylvius etwas mit einem Geschenk verbunden absenden, um „in größtem Vertrauen den Zustand des Königs der Gallier kundzutun."[784] Wie schon in der Auslegung einiger voriger Abschnitte muss der Verdacht aufkommen, dass es sich bei den Notizen nicht um die Beschreibung chemischer Verfahren, sondern um andere verdeckte Botschaften handeln könnte. Erhärtet wird diese Interpretation durch einige Einfügungen und Unterstreichungen mit roter Tinte von anderer Hand, die wahrscheinlich später eingeschoben wurden. Über den Wörtern der Überschrift „Ixiris", „Elixiris", „Fumi" und „Faunorum" sind die Abkürzungen „Mor.", „Aust.", „Ung." und „Polon." zu erkennen. Diese Kürzel können leicht zu „Moravia", „Austria", „Ungaria" und „Polonia" ergänzt werden. Im weiteren Text ist zudem noch die Bezeichnung „Silesia" eingefügt. Wenn man die Ausdrücke der Überschrift durch die Ländernamen ersetzt, könnte der Text eine vollkommen andere Bedeutung erhalten, der die politische Situation in und um Böhmen beschreibt.

Das andere der beiden Schreiben[785] ist in drei Abschnitte gegliedert. Der erste trägt die Überschrift: „hyqukiqpl qpuyh myq nichyxnyiq". Die zugehörige Dekodierung der Wörter wurde darüber wiederum mit roter Tinte und von anderer Hand eingefügt, was wahrscheinlich auch später geschah: „responsum super les ingrédien[t]s".[786] Diese Geheimschrift wurde an vielen Stellen des Textes verwendet, allerdings nicht an allen Stellen dekodiert. Sie ist aber leicht dechiffrierbar, da sie nur aus einer Vertauschung von jeweils zwei Buchstaben besteht.[787] Die beiden anderen Kapitel tragen die Überschriften: „Responsum pour la déalbation cum Gabrico beneficio fumi" und „ "Pro concordia Theophrastarum".[788] Auch in diesem Schreiben werden viele ungewöhnliche chemische Fachausdrücke und Symbole verwendet. Allerdings lässt bereits der erste Satz wenig Bezug zur Goldmacherei erkennen: „On avait déjà senti un vent du Baron de Schernembel,[789] mais non pas avec si bonnes circonstances." Etwas weiter, im vierten Absatz, heißt es dann: „Acetum acerrimum (Jean Etienne Ferrerius) en son retournant pernoctavit apud Sylvanum cui retulit in confidentia pavam pour le bien de la

---

784 „... en grandissime confiance manifester statum Regis Galliarum."
785 Anhang 6.8.3., Nr. 18.
786 Antwort über die Inhaltsstoffe.
787 a-t; b-w; c-g; d-x; e-y; f-z; h-r; i-n; k-o; l-m; p-u; q-s.
788 Antwort zur Weißung mit dem wohltuenden Gabricus des Rauchs. Für die Einigkeit der Theophrasten [Paracelsisten].
789 Georg Erasmus von Tschernembel (1567–1626). Oberösterreichischer Freiherr und Calvinist.

chrétienté habere nunc pium opum prae manibus."⁷⁹⁰ Natürlich wäre eine Interpretation dieses Satzes im Sinne der Goldmacherei möglich. Es wird einerseits das „alchemistische Symbol" für „acetum" verwendet, und auch der Pfau (hier weiblich) war eine allgemein geläufige Beschreibung für eine Stufe im Prozess des „Opus magnum". Das „Opus magnum" wurde von den Goldmachern zudem häufig als heiliges göttliches Werk zum Wohle der Christenheit bezeichnet. Wenn mit „acetum acerrimum" und Sylvanus allerdings Personen bezeichnet werden, erhält der Satz einen vollkommen anderen Sinn.⁷⁹¹ Im weiteren Verlauf des Schriftstücks tauchen zwar immer wieder Bezüge zur Goldmacherei auf, diese können aber auch im Sinne geheimer diplomatischer Informationen gedeutet werden. Es liegt der Schluss nahe, dass es sich bei beiden Notizen um Informationen für Christian I. über die politische und konfessionelle Lage handelt. Beide Schriftstücke sind politische Botschaften, die in der Form einer Beschreibung der Goldmacherei versteckt werden sollten. Diese Einschätzung wird durch eine kurze Feststellung in einer älteren Biographie untermauert. Dort heißt es ohne weitere Erläuterung über Christian I.: „Mit dem letzten Sprossen des reichen und hochberühmten Geschlechtes der Rosenberge in Böhmen, Peter Wok, der zum Protestantismus übergetreten war, unterhielt er von Amberg aus einen steten und lebhaften Verkehr, welcher unter dem Scheine alchymistischer und genealogischer Liebhabereien sehr ernste und weitschauende Ziele verfolgte."⁷⁹² In anderen Biographien wird demgegenüber ausschließlich über Christians I. konfessionelle, politische und militärische Aktivitäten berichtet.⁷⁹³ Allerdings muss er Ziele in der Goldmacherei verfolgt haben, was nicht nur seine Nähe zu Croll nahe legt. Der Iatrochemiker Angelus Sala (ca. 1576–1637) hielt sich nämlich ab 1610 für einige Zeit an seinem Hof in Amberg auf.⁷⁹⁴

Recht auffällig ist der Sprachstil Crolls in seinen Briefen. Die Originalfassung der „Basilica Chymica" von 1609 ist wie selbstverständlich auf Lateinisch unter Einstreuung griechischer „Fachwörter" geschrieben. Demgegenüber findet sich in den Briefen ein krudes Gemisch aus Latein und Französisch, das zusätzlich in einigen Fällen mit deutschen Abschnitten oder Einzelwörtern unterbrochen

---

790 Der stärkste Essig (Jean Etienne Ferrerius) hat nach seiner Rückkehr bei Sylvius übernachtet, dem er im Vertrauen die Pfauenhenne zurückbrachte, um nun das Heilige Werk zum Besten der Christenheit in den Händen zu haben.
791 Für diese Interpretation spricht auch eine allerdings schlecht lesbare Einfügung mit roter Tinte über „acetum acerrimum".
792 (Heinemann 1876).
793 S. z.B. (Schubert 1957), (Beckmann 1710, Band 2, S. 292–338) oder (Krebs 1872).
794 (Gantenbein 2005).

ist. Auch nach intensivem Studium war es mir nicht möglich, einen sachlichen Grund für den Wechsel der Sprache herauszufinden. Der Übergang von einer Sprache zur anderen ist weder wissenschaftlich bedingt noch durch den Adressaten hervorgerufen. Und auch eine Verbindung zu Geheimhaltung über Goldmacherei oder Geheimdiplomatie ist nicht zu erkennen. Der sprunghafte Sprachenwechsel muss als persönlicher Schreibstil Crolls akzeptiert werden. Genauso unbeständig wie die Wahl der Sprache ist allerdings auch die Struktur der Briefe. Die Themen werden nicht nacheinander abgearbeitet, sondern erscheinen in bunter Reihenfolge. Einzelne Punkte werden erörtert und an späterer Stelle wieder aufgegriffen. Croll scheint in vielen Fällen seine Gedanken in der Reihenfolge niedergeschrieben zu haben, wie sie ihm in den Sinn kamen. Eine klare Struktur ist oft nicht zu erkennen. Deshalb ist es auch nicht unmöglich, dass es sich bei den im Vorigen beschriebenen Notizen um ein Gemisch von diplomatischen Informationen mit Beschreibungen zu Verfahren der Goldmacherei handelt. Als sprunghaft erscheint als weiteres der abrupte Bruch in den Korrespondenzen Crolls, wobei die Überlieferungslage natürlich nicht ohne Einfluss sein kann. Zwischen 1585 und 1597 sind 26 Briefe mit verschiedenen Korrespondenzpartnern erhalten. Dieser Briefwechsel bricht abrupt ab, ohne dass ein sachlicher Grund zu erkennen ist. Aus den Jahren 1605 und 1608 ist dann nur die Korrespondenz mit dem Hof von Anhalt bekannt.

4.3.4. Das egozentrierte Netzwerk

Oswald Croll, ein Arzt mit Namen Brunner aus Regensburg[795], der nicht weiter identifizierbare Franzose in Lyon und Franz Kretschmer in Goldkronach: vier Chemiker bilden in den 1590er Jahren eine eng vertraute Gemeinschaft auf der Suche nach dem Stein der Weisen. Diesen Vieren sind zumindest zeitweise auch die Chemiker Johann Hiller in Ansbach und Johann Hörner (Lebensdaten unbekannt)[796] in der Zusammenarbeit mit Kretschmer in Goldkronach zuzurechnen. Besonders groß war das in Regensburg mit Handschlag bekräftigte Vertrauen zwischen Croll und Kretschmer. Croll bezeichnet sich und Brunner in einem der Briefe an Kretschmer als dessen „beste und aufrichtigste Freunde".[797] Die enge Zusammenarbeit mit dem unbekannten Chemiker in Lyon entstand wahrscheinlich während Crolls Frankreichaufenthalt und wurde in der Folgezeit durch intensiven Briefwechsel aufrecht erhalten, über den Croll seinen

---

795 (Kühlmann und Telle 1998, S. 166 f.).
796 Ebd. S. 96 und 185 f.
797 Ebd. S. 105.

deutschen Vertrauten ausführlich berichtete. Die Verbindung zu Hiller lässt sich auf seine gemeinsame Zugehörigkeit mit Kretschmer Ende der 1560er Jahre zum Görlitzer Paracelsistenkreis, dem „Collegium medicorum sectae Paracelsi"[798] zurückführen. Croll weiß, „daß alle Eure[799] Güter unter Euch beiden geteilt werden."[800] Wie die Zugehörigkeit von Hörner zu dieser Gemeinschaft entstand, lässt sich nicht nachweisen. Jedenfalls arbeitete er zumindest im Jahr 1596 mit Kretschmer in Goldkronach zusammen.[801] Zwischen den Mitgliedern dieses verschworenen Kreises bestand nicht nur brieflicher Kontakt, sondern es fanden auch persönliche Treffen statt. Dabei wurden die vertraulichsten Einzelheiten zur Goldherstellung besprochen, da die Unsicherheiten des Briefverkehrs hoch eingeschätzt wurden. Neben dem Austausch von Informationen besaß auch die Zusendung von Büchern und vor allem von besonderen Chemikalien einen hohen Stellenwert. Nur mit den richtigen Ausgangsmaterialien sollte das große Werk gelingen können. Die miteinander vertrauten Adepten leisteten untereinander jegliche Hilfestellung in der Hoffnung, durch eine gelungene Transmutation gemeinsam zu Reichtum gelangen zu können.[802] Die finanzielle Lage der Vertrauten war nämlich ein weiterer Hintergrund für die Zusammenarbeit beim „Opus magnum". Der Aufwand für ein Labor mit angemessener Ausstattung und die zum Teil sehr teuren Chemikalien überstiegen wohl die Möglichkeiten des Einzelnen. Lange bevor Croll durch seinen Gönner Christian I. über die Mittel dazu verfügte, beklagte er dies in einem Brief an Du Chesne: „Er[803] ersucht mich dringend, Hand ans (alchemische) Werk zu legen, was ich – schon lange leide ich darunter – wegen meiner höchst traurigen Präzeptorenexistenz nicht tun konnte."[804] Nur durch die Zusammenarbeit und die geteilten Kosten schien es den Vertrauten möglich, ihrem Ziel näher zu kommen. Es wird deutlich, dass es sich in diesem Teil des Netzwerks um eine sehr direkte Form von

---

798 (Kühlmann und Telle 2001, 2004 und 2013, Teil 3, S. 92).
799 Kretschmer und Hiller.
800 (Kühlmann und Telle 1998, S. 96).
801 Ebd. S. 185.
802 Das Streben Crolls nach Reichtum durch eine gelungene Transmutation ist in den Briefen erkennbar. In der „Basilica Chymica" wird demgegenüber die Chemie als Wissenschaft von betrügerischen Goldmachern abgegrenzt und die Ehre des „wahren" Wissenschaftlers betont: „Ist demnach von keinem wahren Philosopho jemals erhöret worden / daß er nach Reichthumb gestrebt / sondern sie haben sich je und allwege in den Geheymnussen der Natur bemühet / …" (Croll 1623, S. 91).
803 N.N. in Lyon.
804 (Kühlmann und Telle 1998, S. 54).

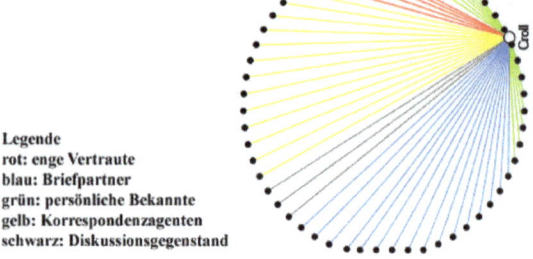

Legende
rot: enge Vertraute
blau: Briefpartner
grün: persönliche Bekannte
gelb: Korrespondenzagenten
schwarz: Diskussionsgegenstand

Abbildung 1: Funktionen der Korrespondenten im Netzwerk Crolls

Sozialkapital handelt, wie es Bourdieu definiert hat: „Das Sozialkapital ist die Gesamtheit der aktuellen und potentiellen Ressourcen, die mit dem Besitz eines dauerhaften Netzes von mehr oder weniger institutionalisierten *Beziehungen* gegenseitigen Kennens oder Anerkennens verbunden sind; oder, anders ausgedrückt, es handelt sich dabei um Ressourcen, die auf der *Zugehörigkeit zu einer Gruppe* beruhen."[805] Der aktuelle, aber auch der zukünftige Bestand an Wissen über die Transmutation als kulturellem Kapital sowie die jeweilig vorhandenen materiellen Mittel an Laborausrüstung und Grundstoffen sind die Grundlage des Austausches und können von allen Vertrauten genutzt werden. Eine erfolgreiche Goldmacherei wäre die direkte Umwandlung des sozialen Kapitals in ökonomisches Kapital geworden.

Auch ohne eine formale Blockmodellanalyse nach White[806] lassen sich weitere klare Teilgruppen erkennen. Dabei spielen nicht die Akteure als Person eine Rolle, sondern die Gruppierung erfolgt anhand ihrer Funktion im Netzwerk.[807]

Den engen Vertrauten am nächsten kommen in ihrer Stellung im Netz die übrigen Briefpartner Crolls. Leider sind nur wenige Briefe an sie erhalten, der Kontakt zu den anderen ist nur mittelbar aus Crolls Schriften bekannt. Es ist aber deutlich zu erkennen, dass sich die Informationen zur Goldmacherei eher im Allgemeinen erschöpfen. Diese Briefpartner tauschten generelle Informationen

---

805 (Bourdieu 1983, S. 190 f.).
806 (White 1976).
807 (Holzer 2010, S. 53): „Statt sich bei der Einteilung in Gruppen auf bekannte Eigenschaften der Akteure zu verlassen, wird eine Kategorisierung allein aufgrund der an den Relationen ablesbaren Positionen entwickelt."

über die Arbeiten anderer frühneuzeitlicher Chemiker aus und diskutierten sie; gleiches gilt für die Besprechung älterer Literatur zum Thema. Die Probleme der Iatrochemie wurden von ihnen demgegenüber recht offen besprochen. Es wurden sowohl Herstellung als auch Anwendung spezieller Medikamente angeführt. Einem Brief Crolls an Du Chesne lagen mehrere sehr detaillierte Verfahrensbeschreibungen zur Erzeugung bestimmter Stoffe sowie die Probe eines Salzes bei, das Croll selbst hergestellt hatte. Auf chemischem und medizinisch-chemischem Gebiet war man freimütig bemüht, der paracelsischen Iatrochemie zum Erfolg zu verhelfen. Jeder Briefpartner des Netzwerkes konnte so von den anderen profitieren. Er konnte dabei aber auch zu nicht unbeträchtlichem Ruhm gelangen, wenn eine Substanz sich zur Bekämpfung von Krankheiten als wirksam zeigte und anschließend nach ihm benannt wurde. Die Vertrautheit dieser Gruppe untereinander zeigt sich nicht zuletzt in der Übermittlung von privaten Neuigkeiten. Durchgeführte Reisen und Reisepläne sowie Nachrichten über weitere Bekannte werden in aller Offenheit mitgeteilt. Eine ähnliche Stellung im Netzwerk wie die Briefpartner haben die persönlichen Bekannten Crolls. Vielleicht ist diese Unterscheidung auch nur künstlich, da sie auf der Tatsache beruht, dass von ihnen kein Briefverkehr mit Croll erhalten geblieben und auch in den überlieferten Briefen nicht erwähnt wurde. Es ist jedoch anzunehmen, dass Croll zumindest mit einigen von ihnen Briefe austauschte. Die Gruppe besteht zum einen aus Kollegen und Hausgenossen Crolls, mit denen er zusammen wohnte bzw. praktizierte, oder die er auf Reisen kennenlernte. Dazu gehören aber auch die beiden bereits zu ihrer Zeit berühmten Goldmacher Edward Kelley und Michael Sendivogius, die sich zeitweise am Hof von Kaiser Rudolf II. aufhielten. Eine Sonderstellung unter den persönlichen Bekannten Crolls nimmt sicherlich der Kaiser selbst ein, den er wahrscheinlich persönlich traf, auch wenn er nicht zu dessen Wissenschaftlerkreis zählte.

Eine wichtige Rolle bei der Funktion des Netzwerks spielt die Gruppe der Korrespondenzagenten. Die Briefe wurden häufig durch persönliche Bekannte befördert oder in Empfang genommen. Da sich Croll oft auf Reisen befand, war eine sichere Zustellmöglichkeit erforderlich. Bei diesen Korrespondenzagenten musste es sich nicht unbedingt um Chemiker oder Ärzte handeln. In der Gruppe sind auch Kaufleute, Hof- und Stadtbedienstete, Juristen und Universitätsprofessoren aufzufinden. Bei ihnen handelte es sich um ein über das ganze südliche Deutschland ausgestrecktes Netz. Sie waren nicht in die Korrespondenz einbezogen, mussten aber dennoch hohes Vertrauen genießen. Croll betont diese Forderung geradezu überschwänglich, wenn er an Kretschmer über den kurpfälzischen Sekretär Zacharias Colbius (Kolb)[808] schreibt: „Unser (Zacharias) Colbius bietet sich zur Besorgung der Briefe an (Peter Ludwig) Messinus an … Wir könnten sie so einem sehr gelehrten und äußerst aufrichtigen Mann überlassen, dem ich in der Tat nicht nur alle meine Glücksgüter, sondern sogar mein Leben anvertrauen würde. Denn bisher habe ich, seitdem ich geboren bin, keinen Treueren als ihn in der Welt gefunden."[809] In vielen Fällen verfügten die Korrespondenzagenten über die Möglichkeit zur Mitnutzung von Boten. Sie selbst mussten aber verlässlich an einem Ort erreichbar sein.

Häufig wird in den Briefen Crolls die Arbeit anderer Goldmacher angesprochen, sie werden zum Diskussionsgegenstand. Es werden ihre Vorgehensweise und ihre Versuche diskutiert, und man versucht, die Erfolgsaussichten abzuschätzen. Daneben werden sie aber auch als Personen mit ihren Eigenschaften geschildert beziehungsweise hinterfragt. Insbesondere die Ernsthaftigkeit und die Verlässlichkeit sind ein immer wiederkehrendes Thema. Die soziale Einschätzung der Akteure in der Gelehrtenrepublik war von großer Bedeutung oder wie Goldgar es formuliert: „The conduct of gentlemen thus became a crucial component of seventeenth-century science."[810] Man erkennt allerdings an diesen Passagen auch sehr deutlich, dass oft nicht die realen Personen als Akteure im Netzwerk wirken, sondern dass sich darin eigene Einheiten aus der Betrachtung und Beschreibung ergeben, oder wie Fuhse es treffend formuliert: „Die Knotenpunkte von sozialen Netzwerken sind nicht Menschen, sondern deren in den Netzwerken konstruierte personale Identitäten, mit denen ihnen zugeschriebenen Eigenschaften und den an sie geknüpften Erwartungen."[811] Dies trifft zum Beispiel auf Edward Kelley zu. Zuerst beschreibt Croll sein Zusammentreffen mit ihm recht wertfrei und lobt dessen gründliche Kenntnis der Goldmacherei.[812] Knapp ein halbes Jahr später findet jedoch ein radikaler Wechsel der Bewertung statt und Kelley erscheint in einem ganz anderen Licht: „Von (Edward) Kelley, dem Engländer, verspreche ich mir nichts Gutes. Ich fürchte, daß er den Kaiser (Rudolf II.) an der Nase herumführt."[813] Diese Warnung ruft zur Vorsicht

---

808 (Kühlmann und Telle 1998, S. 169).
809 Ebd. S. 99.
810 (Goldgar 1995, S. 7).
811 (Fuhse 2008, S. 2939).
812 (Kühlmann und Telle 1998, S. 90): „Bei meinem hiesigen Aufenthalt traf ich mit vielen (Alchemikern) zusammen und sprach mit ihnen, auch mit dem Engländer (Edward) Kelley, der sich tief und gründlich in jenen geheimeren (alchemischen) Sachen umgetan hat. Aber dies alles ein andermal."
813 Ebd. S. 95.

gegenüber der Zusammenarbeit mit Kelley auf. Das Vertrauen in seine Redlichkeit soll erschüttert werden und damit als Ausschlusskriterium für das Netzwerk dienen. Vertrauen in die Rechtschaffenheit des Wissenschaftlers und in die Richtigkeit seiner Beschreibungen sind die Grundlagen aller wissenschaftlichen Erkenntnis.[814] Es wird außerdem deutlich, dass die Schaffung von Identitäten mit einem Streben nach Kontrolle einhergeht, wie es White in seinem Netzwerkmodell postulierte.[815] Die Zuverlässigkeit Kelleys für einen offenen Austausch im Netz wird durch die Einschätzung Crolls in Frage gestellt.[816] Ein weiteres gutes Beispiel dafür, dass nicht die realen Menschen, sondern konstruierte personale Identitäten im Netz eine Rolle spielen, ist Wenceslaus Lavinius. Croll stand mit ihm im Briefverkehr, wie die Übermittlung im Auszug eines von Lavinius an Croll geschriebenen Briefes an Du Chesne beweist. Croll war an den Arbeiten von Lavinius sehr interessiert und versuchte, ein besonderes Pulver von ihm zu erhalten, wie aus mehreren seiner Briefe hervorgeht. Anscheinend traf er Lavinius erstmalig im Frühjahr 1596 persönlich in Prag und seine Einschätzung änderte sich dramatisch. Lavinius bekommt in einem Brief an Penot eine vollkommen neue Identität: „Euer Gewährsmann (Wenceslaus) Lavinius hat sich gänzlich verändert und kümmert sich fast um nichts anderes mehr als darum, die Menschen zu betrügen, zu denen zu meinem großen Bedauern auch ich zähle. Immer hatte ich ihn für einen Ehrenmann gehalten, obwohl er sich mit Euch schon eine krumme Tour erlaubt hat: Aber es ist besser, spät, als niemals klug zu werden."[817] Es ist anzunehmen, dass Lavinius damit im Netzwerk der Goldmacher eine andere Stellung einnahm und ihm anders entgegengetreten wurde. Fuhse fasst diese Erkenntnis allgemein zusammen: „Diese verstreuten Überlegungen ... machen also deutlich, dass soziale Netzwerke aus Identitäten bestehen, die durch Narrative (>stories<) definiert und zueinander in Beziehung gesetzt (und dadurch miteinander verknüpft) werden."[818]

Neben der Gruppenbildung der Akteure in dem egozentrierten Netzwerk Crolls muss die Rolle der Briefe im Sinne der „actor-network theory" als gesonderter Aktant betrachtet werden. Sie dienen nicht allein der Übermittlung von Nachrichten, sondern sind der zentrale Baustein in der Organisation und der Funktion des Netzes. Meist am Anfang oder am Ende eines jeden Schreibens

---

814 (Shapin 1994, S. XXV f. und Kap. 1).
815 (Holzer 2010, S. 83).
816 Aus der Sicht Kelleys können diese negativen Bemerkungen natürlich als üble Nachrede verstanden werden.
817 (Kühlmann und Telle 1998, S. 92).
818 (Fuhse 2009, S. 293).

werden Überbringer und Anlaufstationen beschrieben. Es wird nachgefragt, ob andere Briefe ihren Empfänger erreicht haben oder ob eventuell eine erwartete Antwort verloren gegangen ist. In einigen Fällen überwiegt die Organisationsfunktion sogar die sachlichen Mitteilungen des Schriftstücks. Ein Paradebeispiel hierfür ist der Brief Nr. 13 von Croll an Kretschmer.[819] Außer einer kurzen Nachfrage zum Gesundheitszustand Kretschmers, die wohl eher der Höflichkeit gezollt sein dürfte, wird in der Sache nur um Nachricht über den Stand der Transmutationsversuche eines anderen Goldmachers gebeten. Der Rest des Schreibens besteht ausschließlich aus Nachfragen zu Sendungen und ihren Boten sowie aus Anweisungen für das weitere Vorgehen. Ein kurzer Auszug soll diese Sachlage verdeutlichen: „Wenn Du Deinen Brief zu Herrn (Johann) Hiller oder nach Speyer zu Herrn Johann Hertzbach, den Rechtsgelehrten, oder an Herrn David Eisenmenger (????-1595), den Arzt von Speyer, leitest, würde er mir sicher überbracht. Wenn Du eine Antwort auf meine Sendung, die ich Deinem Mann (Boten) zur Besorgung nach Prag mitgab, erhalten hast, bewahre sie bei Dir auf, bis ich bei erster Gelegenheit einen nach Nürnberg gehenden Menschen gefunden habe und jenen dann zu Dir schicke, um mit jene Antwort und das andere, um das ich Dich bitte, zu bringen."[820] Jeder einzelne Brief muss deshalb als eigener Aktant zur Gewährleistung der Funktion und des Erhalts des Netzwerks gesehen werden. Ohne die Organisationsfunktion der Schriftstücke wäre das Netz zusammengebrochen.

Das Netzwerk Crolls erstreckte sich über ganz Mitteleuropa. Es reichte von Padua über Lyon, Paris, Straßburg und Basel, über den gesamten oberdeutschen Raum bis nach Prag und Brünn. Es bestand aus ausgewählten Personen, von denen Croll meinte, dass er ihnen vertrauen könne. Dadurch erhielt es einen gewissen exklusiven Charakter. Es ist aber schwierig, der weiteren Verzweigung zu folgen. Zunächst wäre an dieser Stelle der Briefwechsel von Crolls engstem Vertrauten Franz Kretschmer zu nennen. Obwohl er nach Kühlmann und Telle „im Beziehungsnetz deutscher Alchemiker, darunter manche erklärte Paracelsisten, während der beiden letzten Jahrzehnte des 16. Jahrhunderts eine bedeutende Rolle spielte" ist „sein umfänglicher Briefwechsel" nur in Ansätzen erforscht.[821] Kühlmann und Telle erwähnen allerdings außer den bereits bekannten Korrespondenzpartnern Crolls nur wenige weitere Personen. Bei seinem kurzen Aufenthalt in Basel im Jahr 1591 lernte er sicherlich auch die

---

819 (Kühlmann und Telle 1998, S. 71-73).
820 Ebd.
821 (Kühlmann und Telle 2001, 2004 und 2013, Teil 3, S. 394 f.).

dortigen Professoren kennen. Einige seiner Korrespondenten waren später in Kontakt mit den Professoren der Universität.[822] Ob es im Netz neben der bereits beschriebenen Unterteilung in Gruppen eine hierarchische Struktur gab, kann schwer beurteilt werden. Die Anrede an Kretschmer, aber auch an Christian I., ist meist kurz und ohne weitere Begrüßungsformeln. Gegenüber den anderen Adressaten reicht die „captatio benevolentiae" von einem einzelnen Satz bis zu einem ganzen Abschnitt im Brief an Martin Crusius. Es lassen sich aber anhand der Einleitungssätze keine besonderen Muster der Ehrerbietung erkennen. Die Intensität des Austausches war in der Gruppe der engen Vertrauten sehr hoch, insbesondere zwischen Croll und Kretschmer. Dagegen lässt sich die Intensität des Briefwechsels mit den anderen Teilnehmern des Netzwerks schwer abschätzen. Die Unsicherheiten bei der Überbringung der Briefe, aber noch mehr die eher spärliche Quellenlage, verbieten eine derartige Auswertung. Gleiches gilt für die zeitliche Veränderung des Netzes, da die überlieferten Schriften auf zwei Zeiträume eingegrenzt sind. Die Briefe in diesen beiden Zeiträumen betreffen außerdem zwei nicht miteinander verbundene Untergruppen des Netzwerks.

4.4. Théodore Turquet de Mayerne

4.4.1. Leben und Wirken

Théodore Turquet wurde am 28. September 1573 als Sohn von Louis Turquet in Genf geboren. Seine Mutter Louise war die Tochter von Antoine Le Maçon (1500?–1559),[823] einem Berater der französischen Könige Franz I. (1494–1547) und Heinrich II. (1519–1559).[824] Die Familie hatte ihre Heimatstadt Lyon wegen ihres calvinistischen Glaubens nach den Massakern der Bartholomäusnacht verlassen. Seine Eltern benannten den Neugeborenen nach seinem Taufpaten Theodor Beza.[825] Da ihnen der Name Turquet zu gewöhnlich erschien, bevorzugte es die Familie, sich de Mayerne zu nennen, was wohl auf ihre ursprüngliche Herkunft aus Magherno in der Lombardei hindeuten sollte.[826] Théodore wurde in Genf im calvinistischen Glauben erzogen und besuchte dort die Schule. Bereits über die Schulzeit führte er sein erstes Notizbuch, in dem er nicht nur

---

822 Guillaume Baucinet, Johann Hartmann Beyer, Giulio Casseri, Theodorus Colladoneus, David Eisenmenger, Johann Huser, Wenceslaus Lavinius, Bernard Gilles Penot, Johann Stoffel und Matthias Timin von Ottenfeld (s. Anhang 8.8.).
823 https://data.bnf.fr/fr/11911683/antoine-jean_le_macon/ (Zugriff am 10.05.2019).
824 (Trevor-Roper 2006, S. 16).
825 (Nance 2001, S. 6).
826 (Trevor-Roper 2006, S. 14).

Fragestellungen der Logik diskutierte, sondern auch Zeichnungen von chemischen Geräten anfertigte.[827] Im Alter von fünfzehn Jahren verließ er Genf und immatrikulierte sich am 2. Dezember 1588 als Theodorus Maernius an der Universität in Heidelberg,[828] wo er zunächst Philosophie studierte. Er verließ Heidelberg im Jahr 1591 ohne Abschluss und kehrte nach Genf zurück. Spätestens zu dieser Zeit lernte er Joseph Du Chesne kennen, der 1591 als Freund der Familie die Patenschaft für deren dritten Sohn übernahm.[829] Théodore ging anschließend an die Universität in Montpellier, wo er am 25. Oktober 1592 als Theodorus Turquetus für das Studium der Medizin immatrikuliert wurde. Dort erwarb er 1594 den Baccalaureus und 1596 den Licentiatus, 1597 wurde ihm der Grad eines Doktors der Medizin verliehen,[830] nach „drei Monaten öffentlicher Vorlesungen" und „vierzehn öffentlichen Prüfungen", wie er selbst in seiner ersten Veröffentlichung, einer Streitschrift mit dem Titel „Apologia", schreibt.[831] Bereits zu dieser Zeit wird deutlich, dass er der paracelsischen Iatrochemie zuneigte, wie seine Abschlussarbeiten zeigen.[832]

Vermutlich auf Anregung von Du Chesne, der zu dieser Zeit bereits als Arzt von Heinrich IV. in Paris aktiv war, ging Turquet de Mayerne direkt nach dem Abschluss seines Medizinstudiums nach Paris, wo er eine private Arztpraxis unter Einsatz chemischer Heilmittel betrieb[833] und außerdem Vorlesungen für Chirurgen und Apotheker hielt.[834] Die ärztliche Tätigkeit unterbrach er im Jahr 1599, als er den späteren hugenottischen Militärführer Henri II. de Rohan (1579–1638) auf dessen „Grand Tour" durch Europa begleitete. Wie lange er sich in der Gefolgschaft Rohans befand und wann er nach Paris zurückkehrte, ist nicht gesichert. Rohan erwähnt in seinen Reisenotizen seine Begleiter nicht, und Turquet de Mayernes Aufzeichnungen enden im Dezember 1599; für die nächsten beiden Jahre sind keine Tagebücher erhalten.[835] Wahrscheinlich ist, dass er sich bereits 1600 wieder in Paris befand, da er durch königlichen Erlass zum Arzt

---

827 (Scouloudi 1940, S. 302).
828 (Toepke 1884–1889, Band 2, S. 141).
829 (Trevor-Roper 2006, S. 20 f.).
830 (Gouron 1957, S. 197).
831 (Turquet de Mayerne 1603, S. 25).
832 S. Anhang 8.9.2.
833 (Trevor-Roper 2006, S. 41 f.): „For already in 1597, immediately after taking his doctorate at Montpellier, Mayerne was active as a physician in Paris, using chemical medicines."
834 (Scouloudi 1940, S. 303).
835 (Trevor-Roper 2006, S. 45–52).

eines Pariser Stadtbezirks und zum Leibarzt von Heinrich IV. ernannt wurde.[836] Durch seine Stellung als Leibarzt des Königs sowie durch seinen calvinistischen Glauben wurde er in den Pariser Paracelsistenstreit hineingezogen. Er nahm daran aktiv teil und veröffentlichte 1603 die „Apologia",[837] die von der Pariser Fakultät postwendend als „infam, lügnerisch, beleidigend und skandalös" verurteilt wurde.[838] Neben der Tätigkeit als iatrochemischer Arzt begann Turquet de Mayerne zu dieser Zeit, sich zusammen mit Du Chesne mehr und mehr der Chemie zuzuwenden,[839] beide widmeten sich in einem Kreis Gleichgesinnter den Versuchen zur Goldmacherei.[840]

Im Jahr 1606, etwa von März bis Juni, führte Turquet de Mayerne eine erstmalige Reise nach England. Der Grund dafür lässt sich nicht eindeutig aus seinen Notizbüchern rekonstruieren. Neben der Behandlung von Patienten, unter ihnen vielleicht auch die englische Königin Anna von Dänemark (1574–1619), knüpfte er Kontakte unter den Ärzten und Apothekern in London.[841] Festgehalten in den Archiven der Universität Oxford ist jedenfalls, dass ihm dort auf Grund seines Doktorgrades der Universität Montpellier der Doktortitel durch Einschreibung verliehen wurde.[842] Nach seiner Rückkehr nach Paris, das genaue Datum ist unbekannt, heiratete er die calvinistische niederländische Baroness Margaretha Elburg van den Boetzelaer, verwitwete Chéridos (1573–1628).[843] Mit ihr hatte er drei Kinder, zwei Söhne und eine Tochter, die alle vor ihm starben. Später, nach Margarethas Tod, heiratete er 1630 die verwitwete Isabella Joachimi (1598–1655), Tochter des niederländischen Botschafters in London, Albert Joachimi (1560–1654). Von ihren fünf Kindern überlebte die Eltern nur die jüngste Tochter Adriana (1635–1660).[844] Die Ereignisse des Jahres 1609 bedeuteten den Anfang einer radikalen Veränderung im Leben Turquet de Mayernes. Im August des Jahres verstarben sowohl sein einstiger Lehrer aus Montpellier, André du Laurens (1558–1609), der seit 1606 erster Leibarzt von Heinrich IV. war, als auch sein enger Freund und Kollege Joseph Du Chesne. Es wird berichtet, dass

---

836 (Gibson 1933, S. 315).
837 (Turquet de Mayerne 1603).
838 (Trevor-Roper 2006, S. 79).
839 Ebd. S. 131: „Together du Chesne and Mayerne had studied and practised the new science of chemistry;".
840 Ebd. S. 92–94.
841 Ebd. S. 106 f.
842 Ebd. S. 101 und Anhang 8.9.2.
843 Ebd. S. 110–112.
844 (Scouloudi 1940, S. 311–314).

Heinrich IV. gesagt haben soll: „Je voudrais avoir donné vingt mil écus, et que Turquet fût Catholique: il serait mon premier médecin."[845] Turquet de Mayerne blieb seinem calvinistischen Glauben treu und verweigerte die Beförderung. Die Ermordung Heinrichs IV. war dann wohl das ausschlaggebende Ereignis für ihn, Frankreich zu verlassen. Nach seinem ersten Aufenthalt in England hatte er die Kontakte dorthin nicht einschlafen lassen und sein geschaffenes Netzwerk weiterhin aufrecht erhalten. Er erhielt einen handschriftlichen Brief des englischen Königs Jakob I. (1566–1625) mit der Einladung für ein fürstliches Honorar als sein Leibarzt nach England zu kommen.[846] Turquet de Mayerne verließ Paris im Mai 1611 mit der offiziellen Erlaubnis der Königinwitwe und Regentin Maria von Medici (1575–1642). Er wollte sein lebenslanges Amt als Leibarzt des französischen Königs verkaufen, was ihm Maria aber nicht erlaubte. So behielt er die damit verbundene Vergütung sowie alle Privilegien und diente fortan als Leibarzt zwei Königshöfen.[847]

Turquet de Mayerne lebte sich schnell in London ein und war nicht nur am Königshof ein gefragter Arzt. Nach der Verleihung des Doktortitels der Universität Oxford im Jahr 1606 erhielt er Anfang 1612 durch Einschreibung auch die Doktorwürde der Universität Cambridge.[848] Allerdings blieb seine Tätigkeit nicht von Misserfolgen verschont. Im Oktober 1612 wurde er mit anderen Ärzten zur Behandlung des erkrankten Kronprinzen, Henry Frederick (1594–1612), hinzugezogen. Der Kronprinz starb wenige Tage später, wahrscheinlich an Typhus, aber die Gerüchte über eine angebliche Vergiftung verstummten nie.[849] Turquet de Mayerne wurde während der Behandlung von seinen Fachkollegen kritisiert, weil er mehrfach einen Aderlass vorgeschlagen hatte.[850] Vom König persönlich, wie auch vom Privy Council und den Hofherren des Kronprinzen, wurde ihm jedoch schriftlich das Vertrauen ausgesprochen. Etwas später, im Jahr 1616, machte ihn das „Royal College of Physicians" zum Mitglied der Vereinigung.[851] Zusammen mit dem Präsidenten des College, Henry Atkins

---

845 (de l'Estoile 1875–1889, Band 9, S. 390).
846 (Gibson 1933, S. 316 f.): „Much envy ... was caused by Turquet's preferment, who hath four hundred pounds from the King, four hundred pounds from the Queen, with a house provided for him, and many other commodities which he reckons at fourteen hundred pounds a year."
847 (Trevor-Roper 2006, S. 151–154).
848 Ebd. S. 175 f. und Anhang 8.9.2.
849 (Sutton 2004, S. 560–564).
850 (Cornwallis 1738, S. 50–52).
851 (Scouloudi 1940, S. 306).

(1554/5–1635), war er maßgeblich an der Herausgabe der ersten englischen Pharmakopöe, der „Pharmacopoea Londinensis", beteiligt. Sein Name erscheint nach Atkins an zweiter Stelle der Bearbeiterliste.[852] Des Weiteren spielte er in dieser Zeit eine überragende Rolle bei der Gründung der „Society of Apothecaries of London". Die Apotheker waren zuvor keine eigene „Zunft" gewesen, sondern hatten zur „Grocer's Company" gehört. Als selbständige Vereinigung unterstanden sie nun dem „Royal College of Physicians".[853] Als iatrochemischer Arzt wusste Turquet de Mayerne die chemischen Heilmittel zu schätzen. Er hatte für sich selbst lange Verzeichnisse darüber erstellt und von Anfang an die Nähe zu Apothekern gesucht.

Ob Turquet de Mayerne des höfischen Lebens überdrüssig wurde und sich nach „republikanischer Freiheit" sehnte, wie Trevor-Roper schreibt,[854] kann an Hand seiner Notizen nicht eindeutig belegt werden. Im Jahr 1620 kaufte er jedenfalls unbesehen die vom Kanton Bern seinerzeit konfiszierte Baronie von Aubonne für die stolze Summe von 24.300 Ecus. Sein Schweizer Briefpartner Wilhelm Fabricius Hildanus gratulierte ihm zur neuen Würde und vermutete, dass ihm der Ort gefallen würde.[855] Turquet de Mayerne beabsichtigte anscheinend, zumindest seine Familie in Aubonne wohnhaft zu machen, wie er 1621 an die höchste Obrigkeit von Genf, den „Kleinen Rat", schrieb.[856] Dem französischen Geistlichen Jacques Imbert Durant (Lebensdaten unbekannt)[857] teilte er mit, zumindest seinen Sohn Henri (1608–1634) dort anzusiedeln. Jedenfalls hielt sich die Familie in der Folgezeit wohl des Öfteren ohne ihn in Aubonne auf.[858] Der Plan, eine Dynastie der Barone von Aubonne zu gründen, scheiterte jedoch durch den frühen Tod seiner beiden Söhne. Turquet de Mayerne gelang es nicht, seinen Lebensabend dort zu verbringen. Obwohl der junge englische König Karl I. persönlich ab etwa 1628 nicht mehr seinen ärztlichen Rat suchte, verbot er ihm dennoch, England zu verlassen.[859] Nach Ausbruch des Englischen Bürgerkriegs weigerte sich Turquet de Mayerne, mit dem Hof aus London fortzugehen; er blieb dort bei seinen reichen Patienten. Das Parlament gestattete ihm aber, zur Behandlung der Königin und ihrer Söhne nach Oxford zu reisen

---

852 (Royal College of Physicians 1618).
853 (Underwood 1963, S. 8–22).
854 (Trevor-Roper 2006, S. 240).
855 (Fabricius Hildanus 1627, S. 211).
856 (Heyer 1865, S. 195 f.).
857 (Haag 1846–1859, Band 4, S. 492–494).
858 (Trevor-Roper 2006, S. 296 f.).
859 Ebd. S. 312 und S. 326.

und beließ es bei seiner, wenn auch später reduzierten, Entlohnung. Théodore Turquet de Mayerne starb 1655 als reicher Mann in London.[860]

Turquet de Mayerne war an den Königshöfen und in der feinen Gesellschaft aber nicht nur wegen seiner ärztlichen Kunst gefragt. Er konnte seine chemischen Kenntnisse auch auf anderen Gebieten einsetzen: er belieferte sowohl die Damen wie auch die Herren mit wohlriechenden Kosmetikartikeln. Bereits in seiner Zeit in Paris war er bei den Damen des Hofes beliebt, weil seine Kunst insbesondere von ihnen geschätzt wurde. Und auch später in England versorgte er die Damen mit Parfums, Pudern, Rouge und Haarfärbemitteln.[861] Ihm wird sogar das Rezept für das Salbungsmittel zugeschrieben, das noch 1953 bei der Krönung von Elisabeth II. (*1926) Verwendung fand.[862] Aber nicht nur die Damen vertrauten auf seine Mittel, auch die männlichen Mitglieder der höfischen Gesellschaft wussten sein chemisches Wissen zu nutzen. Er stellte für sie Mittel her „to improve their charms" und schickte ihnen Aphrodisiaka.[863] Als iatrochemischer Arzt schätzte er außerdem die Anwendung von Heilbädern. Während seiner Reisen hatte er eigene Untersuchungen durchgeführt und empfahl der englischen Königin insbesondere die Heilwirkung der alten römischen Thermen in Bath, „where 'the waters contain abundance of sulphur and sulphurous spirit, but little nitre'."[864] Und auch noch auf einem weiteren Gebiet erlangte er durch seine chemischen Kenntnisse große Berühmtheit. Die British Library verwahrt unter der Signatur Sloane MS 2052 unter dem Titel „Pictoria Sculptoria &quae subalternarum artium"[865] eine Sammlung von Rezepten, die unter dem Namen das „Mayerne-Manuskript" Berühmtheit erlangten. Es liegt seit 1901 in Transkription und deutscher Übersetzung vor.[866] Da die Rezepte im Original unzusammenhängend enthalten sind, wurden sie in einer Diplomarbeit in kunsttechnologischer Ordnung alphabetisch geordnet.[867] Turquet de Mayerne

---

860 Ebd. S. 358–365.
861 Ebd. S. 133 und S. 167.
862 (Matthews 1967, S. 173).
863 (Trevor-Roper 2006, S. 167 und S. 257).
864 Ebd. S. 50 und S. 165 f.
865 http://www.bl.uk/manuscripts/FullDisplay.aspx?ref=Sloane_MS_2052&index=0 (Zugriff am 06.04.2016): „The manuscript contains miscellaneous notes on the subject of artistic techniques, including the making of pigments, oils and varnishes, the priming and preparation of surfaces for painting, and the repair and conservation of paintings. The manuscript also contains notes of chemical experiments, including diagrams and sheets of pigment samples."
866 (Berger 1901).
867 (Bischoff 2002).

war bereits in Montpellier, das als eines der Zentren der Farbherstellung galt, mit diesem Gebiet in Berührung gekommen.[868] Er suchte Zeit seines Lebens die Nähe zu Künstlern und diskutierte mit ihnen Details ihres Arbeitsumfelds. Dies war nichts außergewöhnliches, denn wie Trevor-Roper schreibt: „The function of a physician at that time, and especially of a chemical physician, was not narrowly specialised."[869] Insbesondere lernte Turquet de Mayerne den flämischen Maler Peter Paul Rubens (1577–1640) kennen, als dieser sich 1629 im Auftrag Spaniens zu Friedensverhandlungen in London aufhielt. Rubens malte zu dieser Zeit das wohl bekannteste Portrait. Aber nicht nur mit Rubens war Turquet de Mayerne bekannt, er hielt auch zu Anthonis van Dyck (1599–1641) enge Kontakte, der sich ab 1620 häufig in England aufhielt und 1632 nach London übersiedelte.[870] Des Weiteren nutzte Turquet de Mayerne sein vielfältiges chemisches Wissen als Unternehmer. Seine metallurgischen Kenntnisse machten ihn zu einem gefragten Partner an einer schottischen Kohlenmine und einer Bleimine, in der er Silber vermutete. Etwas weiter hergeholt war dann sein Interesse am Monopol für die Zucht von Austern, das ihm aber nicht gewährt wurde. Alle drei Gebiete waren im weitesten Sinne mit seinen chemischen Aktivitäten verbunden, und wie Trevor-Roper bemerkte: „coal for his furnaces, lead for transmutation, oysters for pearls".[871]

Wie bei Du Chesne und Croll ist aber zusätzlich eine weitere Dimension im Leben Turquet de Mayernes zu erwähnen: die Diplomatie. Auf Grund seines calvinistischen Glaubens und der daraus resultierenden Beziehungen, verbunden mit seiner französischen Muttersprache, bot er sich im Kontakt zwischen England und Frankreich sowie den Schweizer Kantonen an. Es ist nicht unmöglich, dass er bereits 1606, bei seinem ersten Besuch in England, eine politische Mission im Auftrag von Henri de Rohan II verfolgte.[872] Nach seiner Umsiedlung nach England gab ihm dann die Beibehaltung seiner ärztlichen Tätigkeit in Paris einen offensichtlichen Grund für Reisen dorthin. Jakob I. schickte ihn 1615 in geheimem diplomatischem Auftrag nach Frankreich. Da die Vertraulichkeit bei schriftlichen Mitteilungen nicht gesichert war, wurde Turquet de Mayerne als Bote mit der mündlichen Übermittlung wichtiger Geheimnisse betraut.[873] Einen offiziellen diplomatischen Status erhielt Turquet de Mayerne dann nach dem

---

868 (Trevor-Roper 2006, S. 28).
869 Ebd. S. 339.
870 Ebd. S. 340–343.
871 Ebd. S. 332–335.
872 Ebd. S. 108 f.
873 Ebd. S. 195 f. und 202.

Kauf der Baronie Aubonne. In einem Brief an Jakob I. ernannte ihn der Magistrat von Bern zu ihrem Vertreter am Königshof mit der Befugnis, im Namen der Stadt zu verhandeln.[874] Turquet de Mayerne nahm dies zum Anlass, auch der Stadt Genf seine Dienste anzubieten: „Donnez-moi souvent de vos nouvelles et vous assurez que là où je serai vous n'aurez nul besoin d'agent ni de solliciteur."[875] Genf stand unter der Bedrohung des Herzogs von Savoyen, Karl Emanuel I. (1562–1630), der sich mit dem Verlust Genfs nicht abgefunden und bereits 1602 versucht hatte, es zurück zu erobern.[876] Turquet de Mayerne konnte erreichen, dass sich Jakob I. für Genf einsetzte, und seinen Botschafter in Turin anwies, den englischen Einfluss dort geltend zu machen, um Karl Emanuel I. von seinem Vorhaben abzubringen.[877] Es hat den Anschein, dass Turquet de Mayerne an diesen diplomatischen Aktivitäten Gefallen fand und den damit verbundenen Einfluss genoss. Jakob I. schickte 1622 seinen Vertrauten Lord Hay (ca. 1580–1636), Earl of Carlisle and Viscount of Doncaster, allerdings ohne Erfolg, nach Frankreich, um Ludwig XIII. (1601–1643) im Sinne einer Duldung der Hugenotten zu beeinflussen. Turquet de Mayerne war gut mit Lord Hay bekannt und schrieb für ihn eigenhändig im Namen des Königs ein „memorandum of the articles which my lord viscount Doncaster, ambassador extraordinary of His Majesty of Great Britain to the King of France, will please to take as instructions". Ganz offensichtlich versuchte sich Turquet de Mayerne als „Macher" der englischen Politik.[878]

Turquet de Mayerne lebte in einer unruhigen, von Kriegshandlungen geprägten Zeit. Sein eigenes Leben wurde dadurch zwar beeinflusst und geleitet, er war aber direkt in keine militärischen Aktivitäten verwickelt. Bereits seine Eltern waren durch ihre Flucht nach Genf den Gräueln der Hugenottenkriege entgangen. In Paris erlangte er das Vertrauen von Heinrich IV., der im Pariser Paracelsistenstreit und in Glaubensdingen seine schützende Hand über ihn halten konnte. Nach dessen Tod nahm der Einfluss der „dévots" stark zu. Turquet de Mayerne widersetzte sich den Bemühungen einer Konversion durch seine Umsiedelung nach England. Für einen erfolgreichen Arzt spielte sein Glauben in der Beziehung zu seinen Patienten aber anscheinend eine eher untergeordnete

---

874 Ebd. S. 256.
875 (Heyer 1865, S. 202).
876 (Reinhardt 2013, S. 208): „Für Karl Emanuel von Savoyen, der 1580 seinem Vater als Herzog nachfolgte, wurde die Rückeroberung der Stadt an der Rhone in seiner über fünfzigjährigen Regierungszeit zur obersten politischen Priorität, ja zu einer regelrechten Besessenheit."
877 (Heyer 1865, S. 203).
878 (Trevor-Roper 2006, S. 259 und S. 262 f.).

Rolle. So hatte er 1605 in Paris Armand-Jean du Plessis, den späteren Kardinal Richelieu (1585–1642), wegen einer Karunkel behandelt,[879] und die katholische englische Königin Henrietta Maria (1609–1669) bestand auf seiner Tätigkeit als ihr Leibarzt, wie Richelieu in seinen Memoiren schreibt.[880] Und selbst den englischen Bürgerkrieg überlebte Turquet de Mayerne nahezu unbeschadet. Obwohl er dem Königshof nicht nach Oxford gefolgt war, gestattete ihm das Parlament, die königliche Familie dort zu behandeln, und er konnte unbehelligt aus London in das königliche Gebiet reisen. Außerdem widersetzte er sich allen Versuchen des Parlaments erfolgreich, seine staatliche Vergütung abzuschaffen. Auch wenn es ihm nicht gestattet war, seinen Lebensabend auf seiner Baronie in Aubonne zu verleben, so starb er doch in Frieden in seinem Haus in Chelsea.

4.4.2. Tagebücher und Briefe

Wie bereits erwähnt, führte Turquet de Mayerne Zeit seines Lebens Tagebuch in detaillierter Form. Darin sind viele Briefe und umfangreiche weitere Unterlagen erhalten, die zum einen seine medizinischen und pharmazeutischen Arbeiten und zum anderen seine Versuche zur Goldmacherei in Theorie und Praxis beinhalten. Trevor-Roper und Nance haben versucht, die Überlieferungsgeschichte der Dokumente aufzuklären, was im Großen und Ganzen gelungen ist, wenn auch nicht in allen Einzelheiten und für alle Schriftstücke.[881] Der größte Teil der Überlieferungen ist über Turquet de Mayernes Tochter Adriana und seinen Schüler, Assistenten und Nachfolger als königlicher Leibarzt, Jean Colladon (1608–1675), in den Besitz von Hans Sloane (1660–1753) gelangt.[882] Der in Irland geborene, britische Arzt und Naturkundler, Sir Hans Sloane, war ab 1719 Präsident des „Royal College of Physicians" und ab 1727, als Nachfolger Isaac Newtons, Präsident der „Royal Society of London for the Improvement of Natural Knowledge". Er hatte eine riesige naturkundliche Sammlung angelegt, die eine Vielzahl von Büchern und Handschriften enthielt. Diese vermachte er seinem Vaterland gegen eine Entschädigung für seine Erben. Auf diese Art und Weise wurde er zu einem Gründervater des Britischen Museums. Ab 1997 übernahm die British Library alle Schriften. Allerdings konnte Sloane die schriftliche Hinterlassenschaft Turquet de Mayernes nicht vollständig übernehmen;

---

879 Ebd. S. 99.
880 (Richelieu 1931, S. 246).
881 (Trevor-Roper 2006, S. 372–374) und (Nance 2001, S. 23–65).
882 Wenn nicht anders gekennzeichnet, sind alle im Folgenden aufgeführten Schriftstücke aus der Sammlung Sloane digitalisiert erworben und ausgewertet worden.

einige Dokumente sind an andere Orte gelangt oder haben auf ungeklärte Art und Weise Eingang in Publikationen gefunden.[883] Nicht über Sloane, sondern erst zu einem späteren Zeitpunkt, wurde eine Sammlung von Briefen vom Britischen Museum erworben.[884] Einige Briefe sind außerdem in den Tagebüchern versteckt[885] sowie in den Harington Papers enthalten, einer weiteren Sammlung der Bibliothek. Die Sammlungen der British Library sind elektronisch erfasst und recherchierbar.[886]

Neben der British Library bewahren auch andere britische Institutionen Schriften von Turquet de Mayerne, deren Überlieferungsgeschichte aber nicht bekannt ist. Die Bibliothek der Universität Cambridge führt in ihrem schriftlichen Katalog mehrere Manuskripte von ihm auf.[887] Dabei handelt es sich um das Tagebuch aus den letzten drei Jahren seines Lebens sowie um Rezepte von Medikamenten, Kosmetika und einigen anderen Substanzen. Die Urheberschaft Turquet de Mayernes ist allerdings nicht in allen Fällen vollständig gesichert. Handschriftliche Briefe sind laut Katalog nicht unter den Schriftstücken enthalten, deshalb wurde auf eine weitergehende Auswertung verzichtet. Der Katalog der „Rawlinson Manuscripts" in der Bodleian Bibliothek an der Universität Oxford verzeichnet unter dem Titel „Theodori Mayernii Turqueti, Monspeliensis doctoris medici, Antidotarium, sive selectiorum expertissimorumque remediorum quibus in quotidiana praxi uti solet foeliciter formulae"[888] ein schmales Bändchen von fünfundachtzig Blättern.[889] Laut Inhaltsverzeichnis handelt es sich dabei aber ausschließlich um Rezepte, Briefe sind nicht enthalten, deshalb wurde auch in diesem Fall auf eine weitergehende Auswertung verzichtet. Ein weiteres Manuskript mit chemischen Rezepten für Medikamente wird in der Bibliothek des „Royal College of Surgeons" aufbewahrt. Es trägt den Titel „Viaticum

---

883 (Nance 2001, S. 35).
884 (Trevor-Roper 2006, S. 372 f.).
885 (Nance 2001, S. 205).
886 http://searcharchives.bl.uk/primo_library/libweb/action/search.do?mode=Advanc ed&ct=AdvancedSearch&dscnt=0&fromLogin=true&dstmp=1456408474322&vid =IAMS_VU2 (Zugriff am 07.04.2016). Eine Suche mit dem Schlagwort „Turquet de Mayerne" ergab 141 Treffer, davon 126 in der Sammlung Sloane; allerdings sind auch einige wenige Ergebnisse für Théodores Vater Louis mit enthalten.
887 (Hardwick 1856, S. 227, 234, 262, 442 und 480).
888 Des Doktors der Medizin der Universität Montpellier, Theodor Mayerne Turquet, Antidotarium oder vielmehr die Formeln der ausgesuchtesten und bewährtesten Heilmittel, die man in der täglichen Praxis mit Erfolg einzusetzen pflegt.
889 (Macray 1878, S. 277 f.).

sive medicorum experimentorum formulae; peregrinantis encheiridion Anno 1621"[890] und schließt neben den Rezepten eine Tabelle mit chemischen Symbolen ein.[891] Handschriftliche Briefe Turquet de Mayernes enthält ein umfangreicher Folioband mit der Signatur MS444 in der Bibliothek des „Royal College of Physicians".[892] Am Ende des Buches befindet sich ein handgeschriebener Index, an Hand dessen die für diese Arbeit relevanten Briefe ausgewählt und digitalisiert werden konnten.[893] Wie eine elektronische Suche ergab, müssen sich auch einige Briefe Turquet de Mayernes in den Staatsakten befinden, die sich unter den Signaturen SP14 – SP18 in den „National Archives" befinden.[894] Es handelt sich dabei um mehrere Hundert außerordentlich umfangreicher Bände. Diese enthalten allerdings weder Inhaltsverzeichnisse noch irgendeine andere Form von Indices. Es ist zu vermuten, dass es sich bei den wohl vereinzelt enthaltenen Briefen Turquet de Mayernes nicht um Schriftstücke mit chemischem Inhalt, sondern eher um Briefe mit diplomatischem Inhalt oder ärztlichen Behandlungen von Mitgliedern des Königshofs handelt.

Die Burgerbibliothek in Bern verwahrt eine umfangreiche Sammlung von Schriftstücken des Wundarztes und Chirurgen Wilhelm Fabricius Hildanus. Darunter sind zwei handschriftliche Briefe von Turquet de Mayerne aus den Jahren 1616 und 1622.[895] Beide Schreiben sind auch in den Büchern von Fabricius Hildanus mit dem Titel „Observationum & Curationum Chirurgicam" enthalten. Dort befinden sich auch weitere Teile der Korrespondenz zwischen den beiden, die im Original in der Burgerbibliothek nicht erhalten sind.[896] Es ist zu vermuten, dass es einen sehr umfangreichen Schriftverkehr gab. Alle Briefe sind in lateinischer Sprache geschrieben. Des Weiteren bewahrt die Burgerbibliothek

---

890 Viaticum oder vielmehr die Formeln der erprobten Medikamente; das Handbuch des Suchenden im Jahr 1621.
891 http://surgicat.rcseng.ac.uk/Details/archive/110004371 (Zugriff am 08.04.2016). Laut Angaben auf der Webseite handelt es sich um Beschreibungen von Heilmitteln und nicht um Briefe. Deshalb wurde auf eine weitergehende Auswertung verzichtet.
892 http://discovery.nationalarchives.gov.uk/details/rd/db7e03d9-0729-432f-9bb0-f83638ec3e2d (Zugriff am 08.04.2016).
893 S. Anhang 8.9.3.
894 http://discovery.nationalarchives.gov.uk/results/r?_q=SP14-18%20passim&_hb=tna (Zugriff am 08.04.2016).
895 Burgerbibliothek Bern, Cod. 497 (A) 394 und 395. Beide Briefe sind digitalisiert erhalten worden.
896 S. Anhang 8.9.4.

drei Schreiben Turquet de Mayernes an den Magistrat der Stadt Bern.[897] Sie sind Teil der diplomatischen Korrespondenz, die er in den Jahren 1620 bis 1624 mit dem Magistrat führte. Weitere Briefe dieses Schriftverkehrs sind im Staatsarchiv des Kantons Bern erhalten.[898] Jeweils am gleichen Tag, an dem Turquet de Mayerne nach Bern schrieb, verfasste er ein weiteres Schriftstück an den „Kleinen Rat" der Stadt Genf.[899] Diese sind in gedruckter Form auswertbar.[900] Alle Schreiben haben allerdings keinen chemischen Inhalt, sondern betreffen ausschließlich diplomatische und teilweise auch persönliche Angelegenheiten. Unter dem Titel „Notes sur [Théodore] Turquet de Mayerne [1573–1655] prises au British Museum en plusieurs années, [par] H[enri]-L[éonard] Bordier. De la main de celui-ci. – 1872–1876" findet man in der Bibliothek von Genf einen Band mit handschriftlichen Exzerpten von Schriften Turquet de Mayernes. Diese fertigte der französische Historiker Henri Léonard Bordier(1817–1888) bei mehreren Besuchen im Britischen Museum an. Darunter befindet sich eine größere Anzahl von Briefen mit verschiedensten Korrespondenten, teilweise allerdings nur in Auszügen. Die Rückverfolgbarkeit zu den Originalen in der Sammlung Sloane ist über eine Zusammenstellung gegeben.[901]

Die Bibliothèque de l'Arsenal in Paris entstand ab 1756 mit der enzyklopädischen Sammlung des französischen Diplomaten Antoine René d'Argenson, Marquis de Paulmy (1722–1782). Sie wurde 1926 in die Bibliothèque Nationale de France integriert. Sie verwahrt zwei Manuskripte, die zwei Mitglieder des Chemikerkreises um Du Chesne und Turquet de Mayerne an Hand von Aufzeichnungen von Turquet de Mayerne anfertigten.[902] Im weiteren Bestand der Handschriftenabteilung der Bibliothèque Nationale befinden sich mehrere Briefe aus der Korrespondenz Turquet de Mayernes, darunter ein Schreiben an ihn von Ludwig XIII. mit der Erlaubnis, schottische Kohle nach Paris einführen zu dürfen.[903] Neben mehreren Korrespondenzen mit

---

897 Burgerbibliothek Bern, Mss.h.h.I. 15, 102 und 109. Die Briefe wurden nicht angefordert.
898 Staatsarchiv Bern, AV 1417, Band 52: http://www.query.sta.be.ch/Dateien/14/D74046.pdf und „Englandbücher" AV 59 Band E, fos. 32–35: http://www.query.sta.be.ch/archivplansuche.aspx?ID=234894 (Zugriff am 12.04.2016). Die Briefe wurden nicht angefordert.
899 (Trevor-Roper 2006, S. 408).
900 (Heyer 1865, 193–212).
901 Die Excerpte wurden digitalisiert erhalten, aber sachlich nicht weiter ausgewertet.
902 BnF Français 2518, fos. 17 und 19. Nicht weiter bearbeitet.
903 BnF Français 4014, 7 Registre d'actes expédiés de Henri II à Louis XIII., No. 169. Nicht weiter bearbeitet.

Arztkollegen[904] ist dort auch die Sammlung von Briefen erhalten, die Turquet de Mayernes Schwager Gideon van den Boetzelaer (1569–1634), der niederländische Botschafter in Paris, erhielt. Darunter befinden sich vier persönliche Schreiben Turquet de Mayernes in französischer Sprache.[905] Der schwedische Arzt Erik Waller (1875–1955) sammelte Zeit seines Lebens Bücher und Handschriften naturwissenschaftlichen und medizinischen Inhalts. Er vermachte seine umfangreiche Sammlung der Universitätsbibliothek in Uppsala. Darunter sind drei Briefe, die Jean Colladon 1636 aus Norwich an Turquet de Mayerne schrieb.[906] Des Weiteren ist dort die Abschrift eines Schreibens an den englischen Diplomaten Sir Thomas Edmondes (1563–1639) mit medizinischen Ratschlägen für eine Reise nach Frankreich in pestgefährdeten Zeiten erhalten.[907] Alle Briefe sind in französischer Sprache geschrieben. Und schlussendlich bewahrt die Universitätsbibliothek Leiden einen französischen Brief Turquet de Mayernes[908] an den calvinistischen Pastor Jacques-Imbert Durant (Lebensdaten unbekannt).[909]

4.4.3. Inhalt und Form

„An chymica remedia vulgatis sint praestantiora?" – Ob die chemischen Heilmittel ausgezeichneter sind als die gewöhnlichen?[910] Diese Frage diskutierte Turquet de Mayerne als Teil seiner Graduierungsvorträge an der Universität Montpellier. Am Ende des Vortrags stellt er fest: „Ergo Chymica praestant." – Also sind die chemischen [Heilmittel] besser. Seine Begründung für diese Feststellung leitet er wie folgt ein: „Trita illa Aureol[i] Theophrasti Paracelsi corporum omnium physicorum elementa mercurius, sulphur & sal e quibus constituta singula in ea postmodum tanquam sensu ac divisione minima resolvuntur."[911] Turquet de

---

904 BnF Français 18767, fos. 158, 160 und 172. Leider können diese auf Grund des schlechten Erhaltungszustands nicht digitalisiert werden und konnten in dieser Arbeit nicht weiter berücksichtigt werden.
905 BnF Français 17934, fos. 115r-v, 119r-v, 122r-v und 124r-125r. Die Briefe liegen digitalisiert vor.
906 Uppsala Universitet, Waller Ms gb-00434, gb-00435 und gb-00436. Die drei Briefe liegen digitalisiert vor und sind ausgewertet worden.
907 Uppsala Universitet, Waller Ms gb-01206. Der Brief liegt nicht digitalisiert vor und ist nicht ausgewertet worden.
908 Universiteit Leiden, Special Collections, Letters BPL 885, 1620. Der Brief liegt nicht digitalisiert vor und ist nicht ausgewertet worden.
909 (Haag 1846–1859, Band 4, S. 492).
910 S. Anhang 8.9.2.
911 Jene gebräuchlichen Grundstoffe aller wissenschaftlichen Werke des Aureolus Theophrastus Paracelsus [nämlich] Quecksilber, Schwefel und Salz, aus denen alles besteht,

Mayerne machte sich die „tria prima" Lehre als Grundlage des paracelsischen Gedankengebäudes über die Natur zu Eigen und sah sie als Begründung für die überlegene Wirksamkeit chemisch hergestellter Arzneimittel. Er verwendete diese allerdings nicht ausschließlich, sondern war auch pflanzlichen Heilmitteln nicht abgeneigt. Seine Heilerfolge durch die Verwendung der „Chymica" wurden von den Fachkollegen anerkannt und festigten seinen Ruf als erfahrener Arzt und Chemiker. So schrieb sein Kollege George Bate (1608–1669), einer der Leibärzte von Karl I., am 10. Oktober 1640 an ihn: „Eo evenit fama tua (Vir Illustrissime) ut tam oraculum artis iatricae quem ornamentum audias."[912] Der Brief war adressiert an: „To his much honoured friend, Sr. Theodore Mayerne, Dr. of Physicke". Die Wirkungen chemischer Heilmittel zur Behandlung von Krankheiten wurden oft von Turquet de Mayerne mit seinen Fachkollegen diskutiert. In seiner Antwort vom 2. März 1635[913] auf die Schilderung der Krankheitsgeschichte einer Patientin des Bäderarztes in Bath, Samuel Bave (1588–1668), verglich er verschiedene Abführmittel.[914] Dabei beruhten seine Kenntnisse nicht nur auf den eigenen Erfahrungen, sondern wurden durch ein intensives Literaturstudium ergänzt. Die Bücher von Oswald Croll scheinen ihm nicht unbekannt gewesen zu sein. In seinem Brief vom 1. Mai 1635[915] an einen anderen Kollegen, den ansonsten nicht weiter bekannten Arzt Franciscus Smith (Lebensdaten unbekannt), bezieht er sich auf ein Universalmittel Crolls: „Sequatur humorum per inferiora educendorum praeparatio, quae apprime fiet per tres quatuorque dies, praeparante illo universali Crolliano in quo acumen spiritus vitrioli per oleum tartari penitus extinguitur."[916] Neben den Quecksilberpräparaten kam in der paracelsischen Heilmittellehre dem Antimon eine große Bedeutung zu. Wieder bezog

---

werden hier in der Folge gleichwie durch den Verstand als auch in der Aufzählung einzelner Punkte nicht entkräftet.

912 Dein Ruf geht dahin (Berühmtester Herr), dass Du ebenso der Lehrmeinung der iatrischen Kunst zustimmst wie ihrer Vortrefflichkeit.

913 S. Anhang 8.9.3.

914 „Hic purgandum, sed remediis specificis qualia sunt quae ex Mercurio, croco metallorum et gutta gummi desumuntur. Mercurium dulcem velim per os extuberi non per se, sed cum benigno aliquo cathartico, quod audacem hospitum." Hier werden mit dem Krokus der Metalle und mit den Harztropfen [Mittel] zum Purgieren herausgegriffen, die aber mit den spezifischen Heilmitteln aus Quecksilber gleich sind. Das süße Quecksilber möchte ich nicht per se mit Worten herausheben, sondern mit irgendeinem milden Abführmittel [vergleichen], das stark und günstig [ist].

915 S. Anhang 8.9.3.

916 Die Herstellung der per inferiora purgierenden Flüssigkeiten, die vorzüglich in 3 bis 4 Tagen stattfinden wird, erfolge mit dem vorbereiteten Allgemeinmittel von Croll, in

sich Turquet de Mayerne auf Croll, wenn er im Brief vom 31. August 1628[917] an seinen Kollegen am englischen Königshof, den Arzt Matthew Lister (1571?–1656), die Wirkung vieler Heilmittel aufführte. Dabei beschrieb er ein Mittel zur Kräftigung des Herzens mit den Worten: „Cordialia ea esse autumo quaecunque a viscere principe venenatum auram fugant, et hostem vitae diaphoretica qualitate averruncant. In his primas tenet Antimonium, et inter innumeras eius praeparationes pulvis a Crollio descriptus , quem manu mea praeparatum Plancius noster habet in sua officina Pharmaceutica."[918] Die Herstellung dieses Pulvers ist Crolls Hauptwerk, der „Basilica Chymica", zu entnehmen.[919] Man kann vermuten, dass Turquet de Mayerne im Besitz dieses Buches in seiner umfangreichen Bibliothek war. Er diskutierte die Heilmittel aber nicht nur theoretisch, sondern es wird an diesem Beispiel deutlich, dass er in London selbst über ein Labor verfügt haben muss, in dem er chemische Arzneimittel herstellen konnte.

An seinen Zögling Jean Colladon in Norwich schrieb er am 14. Januar 1636 aus London:[920] „Vous me demandez la préparation des cristaux de tartre véritablement cristaux dont je vous envoie un échantillon, elle se fait comme s'ensuit. Faites premièrement la crème dans un grand chaudron crotte à crotte recueillant avec une écumoire successivement toutes les pellicules qui se congèleront sur la superficie de l'eau & de cette crème faites pour le moins six livres tant plus tant mieux." Darauf folgt eine weitere sehr detaillierte Beschreibung der Herstellung des Medikaments. Bemerkenswert ist dabei einerseits die genaue Angabe von Gerätschaften, Gefäßen und weiteren Reaktionsbedingungen. Andererseits wird deutlich, dass nicht nur der Austausch von Informationen stattfand, sondern auch das Heilmittel selbst weitergegeben wurde. Noch genauer als diese Herstellungsvorschrift, und im Stil der Apotheker, sind viele weitere Rezepte. Alle beginnen mit dem in der Pharmazie gebräuchlichen Zeichen ℞ = recipe, und es wurden die von den Apothekern verwendeten Gewichtseinheiten und

---

    dem die Schärfe des vitriolischen Spiritus durch Weinsteinöl völlig ausgelöscht wird. „Per inferiora" als Abführmittel im Gegensatz zum Brechmittel „per superiora".
917 S. Anhang 8.9.1.
918 Ich behaupte, dass alle diese auch Herzstärkungsmittel sein können, die immer vom wichtigsten Eingeweide die giftige Aura entfernen, und den Feind des Lebens durch ihre schweißtreibende Wirkung vertreiben. Zu diesen zählt zuerst das Antimon, und unter seinen unzähligen Präparationen das Pulver, wie es Croll beschrieben hat, das unser Plancius von mir hergestellt, in seiner Apotheke hat. Plancius: Plancy (Plancius), A. (Lebensdaten unbekannt). S. Anhang 8.9.4.
919 (Croll 1609a, S. 155).
920 S. Anhang 8.9.3.

Symbole benutzt. Schon während seiner Pariser Zeit, am 20. Juni 1606, schrieb er an seinen Arztkollegen am französischen Königshof Adam Falaiseau (Lebensdaten unbekannt), den er bereits während des Studiums in Montpellier kennengelernt hatte:[921] „Recipe extract[um] opijcum aceto-destillato praeparati, extract[um] croci facti cum aqua vitae optima ana partes uncia 1 extract[um] theriac[i] Andromachi facti cum vino albo generoso magister[ium] perlar[um] per acetum facti ana partes drachmae 2 tincturae corall[orum] quantum satis ambr[i] gris[i] drachma 1 misce dosis a granis quatuor ad septem. Crocus martis per sulphur[em] & ignem fuit praeparatus. Tinctura Corallorum cum acido quercus spiritu, spiritus vini ut a.e. vide tyrocin[ium] chymic[um] Beguini qui a me habuit istam descriptionem."[922] Das Rezept besticht durch die genaue Kennzeichnung der verwendeten Ausgangsmaterialien sowie durch die präzise Angabe der Gewichte und Mengenverhältnisse. Der Bezug auf das Tyrocinium Chymicum von Jean Beguin macht die Urheberschaft Turquet de Mayernes für eine bestimmte Art der Alkoholherstellung deutlich. Im Buch Beguins ist die genaue Verfahrensvorschrift mit der Beschreibung der Gerätschaften nachzulesen.[923] Die chemische Herstellungsvorschrift verdeutlicht aber nicht nur die qualitative Seite des Rezepts in besonderer Weise; sie betont die Wichtigkeit der quantitativen Verhältnisse.

Turquet de Mayerne stand mit vielen Apothekern und Ärzten im Austausch über die chemisch-pharmazeutische Herstellung von Heilmitteln. In einigen Fällen sind die originalen Schriftstücke nicht erhalten, der Inhalt geht aber aus seinen Aufzeichnungen hervor. So hatte er Kontakt zu dem Züricher Arzt Caspar Tomann (Lebensdaten unbekannt),[924] der ihm eine Reihe von Rezepten mitteilte: „Adversaria ex libro Germani cuiusdam manuscripto, mihi a D. Tomanno

---

921 S. Anhang 8.9.1.
922 Nimm Opiumextrakt mit destilliertem Essig hergestellt [sowie] den Extrakt von Crocus [Martis] mit bestem Branntwein hergestellt, je 1 Unze zu gleichen Teilen; den Extrakt vom Theriak nach Andromachus mit weißem Wein hergestellt [und] das edle Magisterium der Perlen mit Säure hergestellt, je 2 Drachmen zu gleichen Teilen; soviel wie nötig Korallentinktur sowie 1 Drachme grauen Bernstein, mische eine Dosis von vier Körnern auf sieben [Teile]. Der Crocus Martis wird durch Schwefel und Feuer hergestellt. Die Korallentinktur [wird] mit dem sauren Spiritus der Eiche [hergestellt], der Branntwein [wird] wie vorher [hergestellt], siehe das Tyrocinium Chymicum von Beguin, der von mir diese Beschreibung hat.
Ich danke Herrn Prof. Dr. Wolf-Dieter Müller-Jahncke, Kirchen (Sieg) für seine wertvolle Hilfe bei der Ergänzung und der Übersetzung des Rezepts.
923 (Beguin 1612, S. 67).
924 S. Anhang 8.9.5.

communicato April 1622".⁹²⁵ Wiederum wird die genaue Beschreibung der Ausgangsstoffe, der Gerätschaften sowie der Umgebungsbedingungen deutlich. Turquet de Mayerne notierte zur Herstellung des „Oleum salis dulce": „Recipe salis exsiccati libram i. Imbibito cum uncia iii. aceti destillati diger[e] in calido in vaso Waldemburgico, pelle in recipiens in quo sit libra i. aquae dulcis, sit is ignis gradus quo neque fluat neque sublimetur sal."⁹²⁶ Von einem nicht näher beschriebenen „Seidensticker"⁹²⁷ stammt ein Rezept auf Deutsch für einen „süßen Essig". Es ist überschrieben: „Richtiger process wie ich dieses werck mit eigenen handen gearbeitet hab." Es beginnt: „Recipe Bleyweiss[,] darauff giess den besten distill[ierten] weinessig. Lass im Balneum mariae stehen biss der essig zuckersüess ist, den essig giess ab, anderen giesse darauff[,] also ziehe die süesse auss dem bleyweiss in den essig, filtriere durch papier 3 mahl." Es wird hier die Herstellung von Bleiacetat beschrieben, das trotz seiner Giftigkeit zum Süßen benutzt wurde, und insbesondere zur „Verbesserung" eines sauren Weins diente.

Zusammen mit Du Chesne war Turquet de Mayerne in seiner Pariser Zeit das Zentrum eines engen Chemikerkreises, der sich dem Ziel einer gelungenen Metalltransmutation nahe sah. Die Versuche zur Goldmacherei waren aber nicht nur auf diesen Zirkel und diese Zeit beschränkt, sondern beschäftigten Turquet de Mayerne Zeit seines Lebens. Der größte Teil der Aufzeichnungen auf dem Gebiet ist in den bereits erwähnten Unterlagen in der British Library erhalten. Ein Beispiel ist die Sammlung „Theodori Turqueti de Mayerne Adversaria & collectanea de lapide philosophorum".⁹²⁸ Nach der später noch zu besprechenden Kopie eines Briefs der bereits von Du Chesne bekannten Madame de Martinville folgt darin eine stufenweise Beschreibung auf dem Wege zur Herstellung des Steins der Weisen.⁹²⁹ Nach der ersten Stufe, in der die Herstellung des benötigten

---

925 Siehe British Library, Sloane MS 1988, 93r-97r.
926 Das süße Öl des Salzes: Nimm 1 Pfund getrocknetes Salz [und] mische es mit 3 Unzen destilliertem Essig [und] lasse ihn in der Wärme in einem Waldemburgischen Gefäß einwirken, rühre [alles] in ein Aufnahmegefäß, in dem 1 Pfund süßes Wasser sei, dieses sei bei einer Temperatur, bei der das Salz weder dahinfließt noch sich emporhebt.
927 Ob mit „Seidensticker" Michael Maier gemeint ist, dessen Vater als Seidensticker bezeichnet wird (Dülmen 2004, S. 142), muss an dieser Stelle offen bleiben.
928 British Library, Sloane MS 1984.
929 „Magisterium nostrum consistit in praeparando mercurio nostro eoque animando sulfurem, ferrum & cuprum ex quo oleo aurum perfuso lapis tandem ut artis est jugi[s] coctionis praeparetur." Unser Magisterium besteht in der Herstellung unseres Mercurius und seiner Beseelung von Schwefel, Eisen und Kupfer[,] aus seinem das Gold

Quecksilbers beschrieben wird, folgt die Verfahrensanweisung für „einen glänzenden Regulus": „Recipe frustulorum ferri argentinae aut alterius optimi libram i. antimonii ungarici libras ii. calefiat ferrum mox addetur antimonium & paulatim inspergantur unciae iiii. salis purissimi materia fusa [ap]propriatur in calum fusorium regulus ter iterum fundatur adde quavis vix unciam i. nitrum & sic habebis elegantissimum regulum."[930] Diese Herstellungsvorschrift wurde ganz im Stil der chemisch-pharmazeutischen Rezepte geschrieben. Sie übertrifft an Präzision die bereits besprochenen detaillierten Arbeitsanweisungen Du Chesnes. Sie ermöglicht es selbst einem weniger Geübten, dem Prozess zu folgen. Großer Wert wurde nicht nur auf die Mengenangaben und die Reaktionsbedingungen gelegt, sondern zusätzlich wurden die Ausgangsmaterialien spezifiziert. Dies war besonders wichtig, da es sich nicht um Reinsubstanzen, sondern um Stoffgemische handelte, die mit unterschiedlichen Verunreinigungen versehen waren. Eine chemische Reaktion konnte aber gerade durch diese Verunreinigungen zu verschiedenen Ergebnissen führen. In der Quelle folgt nun eine Art Tagebuch und darauf wiederum eine Folge von Briefabschriften unterschiedlicher Kontaktpersonen. Turquet de Mayerne schrieb viele Briefe wohl nicht nur ab, sondern hob anscheinend zusätzlich auch die Originale auf.[931] In der Sammlung Sloane MS 1984 befindet sich auf den Folios 54v bis 49v[932] die Abschrift eines Briefes des befreundeten Arztes Germain de Feurs (Lebensdaten unbekannt). Dieser Brief ist im Original[933] erhalten geblieben.[934] Die Überschrift lautet: „La petite & grande Œuvre minérale des philosophes. Matériaux premiers, donnés par la Nature." Nach einigen theoretischen Überlegungen über die zu verwendenden Stoffe folgt die praktische Herstellungsanweisung in 20

---

benetzende Öl wird der Stein am Ende hergestellt, wie es der Kunst des beständigen Kochens entspricht.

930 Nimm 1 Pfund von Stückchen Straßburger Eisens oder ein anderes sehr gutes [und] 2 Pfund ungarisches Antimon[,] das Eisen wird erhitzt und bald das Antimon hinzu gegeben und nach und nach werden 4 Unzen reinstes Salz eingestreut [und] die flüssige Masse des Reinsten wird schnellstens in einen mit Brennholz geheizten Gießstein gegossen[,] der Regulus wird mehrmals geschmolzen[,] füge dann erst 1 Unze Salpeter hinzu und so erhältst Du den feinsten Regulus.

931 Das Abschreiben eigener und erhaltener Briefe zur Ordnung und Archivierung fand in der Gelehrtenrepublik nicht selten statt. (Kempe 2004, S. 426).

932 In der Quelle sind die Folios 1r-22v korrekt, die Folios 23r-67v aber leider verkehrt herum eingebunden. Diese Seiten sind in der Reihenfolge 67v, 67r, 66v, 66r, 65v, 65r usw. zu lesen.

933 Oder in einer Abschrift von dritter Hand.

934 British Library, Sloane 693, 43r-46r.

Schritten: „Préparation philosophique des susdits matériaux de la nature, pour en faire la matière de l'Art." Sie beginnt: „Prenez or et argent ana partes et quatre fois autant de vif argent (Je prends 3 onces d'or, aut d'argent, et 24 onces de vif argent, à cause de peu de semence qui se tire si on en mettait moins, ce qui est fort incommode à faire en si petite quantité) comme si [vous] ne pouvez mieux or once 1 argent once 1 vif argent onces 8. Mettez le tout dans un matras, n'occupant que le quart, et les trois quarts restants vides; agencez le dit matras sur un trépied proprement, au milieu d'un feu de roue,"[935]. Wiederum im Stil eines chemisch-pharmazeutischen Rezepts werden die Mengenverhältnisse der Reaktionspartner, das Reaktionsgefäß mit einer Anweisung zur Befüllung und die Art des Erhitzens genau spezifiziert. Daneben wird aber noch zusätzlich auf die Wichtigkeit der absoluten Gewichte der Stoffe verwiesen und eine theoretische Begründung dafür gegeben. Selbst in der grundlegenden Praxis einer Verfahrensanweisung wird der wissenschaftliche Hintergrund nicht vernachlässigt.

Viele Schriften des Anwalts am „Präsidialgericht" in Orleans und Lehrer an der Akademie in Sedan, Guillaume Lenormand de Trougny (????–1638), der unter dem Decknamen „Hermes" ein Mitglied des engen Goldmacherkreises um Du Chesne und Turquet de Mayerne war, sind in den Unterlagen Turquet de Mayernes in der British Library erhalten. Unter der Signatur Sloane MS 2055 wird unter der Überschrift „Opus Trognianum" seine Vorschrift zur Herstellung des „Steins der Weisen" in acht Stufen detailliert beschrieben: I. Stella signata seu antimonii regulus, II. Magnesia Philosophorum, III. Amalgamatio, IV. Mercurius triplex, V. Sublimatio, Calcinatio, Solutio, Congelatio, VI. Lunae solutio, Mercurio coagulatio. Floris lunaris et mercuriis separatio, VII. Coctio und VIII. Azoth.[936] Bei einem anderen Schriftstück, das in doppelter Ausfertigung überliefert ist, handelt es sich um eine weitere Herstellungsvorschrift von de Trougny: „Opus factum a Domino de Trogny communicatum ab eodem, Parisiis 20, Maii 1625".[937] De Trougnys Schriften sind sowohl unter seinem richtigen Namen wie auch unter seinem Decknamen erhalten. So befindet sich eine Vielzahl von Vorschriften und Definitionen zur Herstellung des Steins der Weisen unter der Überschrift: „Sequentia adversaria sunt ex variis auditionibus

---

935 „feu de roue = ein Feuer, das rund um den Tiegel und immer näher hinzu gemacht wird." (Frisch 1725, S. 759).
936 Zu den Begriffen s. Anhang 8.11.
937 British Library Sloane MS 693, 122v und Sloane MS 1984, 34v. Das „Opus [magnum] von Herrn de Tro[u]gny durchgeführt und von ihm mitgeteilt, zu Paris, [den] 20. Mai 1625.

Hermetis. 1622."[938] Oder etwas später liest man die Überschrift: „Operatio facta cum Bathodio ab Hermete ad aliarum illustrationem volebat."[939] Hierbei muss es sich um eine frühere Zusammenarbeit im Rahmen des Chemikerkreises handeln, da der Öttinger Arzt Lucas Bathodius (Lebensdaten unbekannt) bereits in der ersten Hälfte des 16. Jahrhunderts geboren wurde.

Außer in der bereits bei Du Chesne besprochenen Beschreibung des Herstellungsverfahrens für den „Stein der Weisen" von Madame de Martinville wird ihr Name in mehreren Quellen erwähnt, so auch in der unvollständigen Übersetzung der Methode ins Englische, die sich in der Sammlung des Wissenschaftlers Elias Ashmole (1617–1692) an der Universität in Oxford befindet. Des Weiteren wird er in der Überschrift eines Briefes von Martinville an Du Chesne in den Unterlagen Turquet de Mayernes erwähnt: „Extrait d'une lettre de Neptis au Druide sur l'opération de Philipon".[940] Der Name Martinvilles taucht nicht nur in den Briefen an Du Chesne, sondern auch in den Tagebüchern Turquet de Mayernes des Öfteren auf. Deshalb soll an dieser Stelle nochmals auf ihr Wirken eingegangen werden. Über ihre persönlichen Lebensumstände ist in ihrer Verbindung zu Du Chesne anhand der Veröffentlichungen von Kahn[941] bereits berichtet worden. Ihre Schriften sind in der Dissertation von Bayer insbesondere unter dem Gesichtspunkt der Stellung von Chemikerinnen in der Frühen Neuzeit untersucht worden.[942] Leider erwähnt Bayer die Arbeiten Kahns über die Person Martinville nicht.[943] Sie spekuliert deshalb über mögliche Identitäten und vermutet, dass zumindest einige der Schriften von Du Chesnes leiblicher Tochter und nicht von Martinville, der „fille spirituelle" geschrieben wurden. Sie erklärt diese Behauptung mit Unterschieden in Text und Stil und verwirft die wahrscheinlichere Möglichkeit, dass die Unterschiede durch die Kopisten bzw. Übersetzer entstanden, die sich oftmals selbst mit der Goldmacherei beschäftigten.[944] In ihren Veröffentlichungen stellt sie eine Liste der Versionen von Martinvilles Schreiben zusammen, die allerdings unvollständig ist. Eine angekündigte

---

938 British Library Sloane MS 693, 61v. Die folgenden Notizen stammen aus verschiedenen Berichten von Hermes. 1622.
939 British Library Sloane MS 693, 69r. Das mit Bathodius durchgeführte Werk wurde von Hermes in die Darstellung der anderen gebracht.
940 S. Anhang 8.10.1.
941 (Kahn 2001b) und (Kahn 2007).
942 (Bayer 2003, S. 147–203).
943 Kahn zitiert Bayer allerdings auch nicht.
944 Leider wiederholt Bayer ihre Annahmen mehrere Jahre später nochmals in zwei Sammelwerken: (Bayer 2007) und (Bayer 2010).

Zusammenstellung der Schriften durch Kahn[945] ist bisher leider noch nicht erfolgt.[946] Deshalb wurde eine nach zusammenhängenden Inhalten geordnete Liste der mir bekannten Quellen erstellt, die sich in Zukunft allerdings auch als unvollständig erweisen kann.[947] Allem Anschein nach handelt es sich bei allen aufgefundenen Schriftstücken um Abschriften und Übersetzungen, über die Originalhandschriften ist bisher nichts bekannt. Sie müssen Ende des 16. Jahrhunderts geschrieben worden sein und wurden bis ins 19. Jahrhundert kopiert. Da es sich bei den Schreibern in den meisten Fällen um Personen mit eigenen Interessen auf dem Gebiet der Goldmacherei handelte, haben diese ihre persönlichen Ansichten und Eigenheiten einfließen lassen. Bei der Kennzeichnung von Stoffen und Elementen fanden daher sowohl die beschreibenden Namen wie auch die entsprechenden „alchemistischen Symbole" und die als „Decknamen"[948] bezeichneten Begriffe Verwendung. Des Weiteren kann an dieser Stelle nicht entschieden werden, welche Schriften wirklich von Martinville stammen oder ob ihr andere zugeschrieben wurden. Trotz der bisherigen Veröffentlichungen ist das chemische Wirken von Madame de Martinville zurzeit nur ansatzweise erforscht.

Eine weitere Frau, mit der Turquet de Mayerne die Zusammenarbeit pflegte, ist bisher noch weniger erforscht als Madame de Martinville. Es handelt sich dabei um eine Mademoiselle Sabatier (Lebensdaten unbekannt). Bereits in Paris im Jahr 1601 erstellte er eine Zusammenstellung von pharmazeutischen Rezepten aus ihren Schriften: „Mad^{le} Sabatier. Descripsi ex ipsius αὐτόγραψ[ο]. Lutetiae 1601."[949] Die Herstellungsvorschriften sind, wie nicht anders zu erwarten, genaue und präzise Handlungsanweisungen. Sabatier beschreibt viele Antimonmittel, wie ein „feines schweißtreibendes", ein „optimal brechreizendes" oder ein „abführendes und nicht brechreizendes". Einige Rezepte kommentierte sie am Schluss mit „Druide dit". Sie muss also auch Du Chesne gekannt haben und akzeptierte ihn als Autorität auf dem Gebiet der Herstellung von Heilmitteln. Einen möglichen Hinweis auf ihre Identität könnte ein Schreiben des ansonsten nicht weiter bekannten, in Arras geborenen Iatrochemikers Valeron de Busrebert (Lebensdaten unbekannt) geben, der sich selbst als Arzt der sehr ehrwürdigen Universität Montpellier bezeichnet, in den Annalen aber nicht verzeichnet

---

945 (Kahn 2007, S. 394, Fußnote 197) und (Kahn 2001b, S. 237).
946 Private Mitteilung von Prof. Didier Kahn, Centre national de la recherche scientifique, Paris, vom 28.12.2016.
947 S. Anhang 8.10.
948 (Principe 1998).
949 British Library, Sloane MS 283, 21r.

ist. Dort wird am Ende „P. Sabatier" mit dem Datum 16. Juni 1583 und dem Ort Puylaurens im Departement Tarn erwähnt.[950] Mademoiselle Sabatier und Madame de Martinville könnten in der bürgerlichen Welt und abseits von den Fürstenhöfen als Ansatzpunkte für die weitere Erforschung von Chemikerinnen in der Frühen Neuzeit dienen.

Nicht unerwähnt bleiben dürfen zwei weitere Schriftstücke in der Handschrift Turquet de Mayernes.[951] Beide Schreiben wurden von Kahn ausführlich im Zusammenhang mit der Rosenkreuzerbewegung in Frankreich besprochen,[952] sie fanden bei Trevor-Roper[953] jedoch keine Beachtung, obwohl sich dieser ansonsten äußerst ausführlich mit den Tagebüchern Turquet de Mayernes beschäftigte. Das erste Dokument ist überschrieben: „Fratres societatis Roseae Crucis". Es beginnt: „Nous[,] députés de notre Collège principal des frères de la Croix Rosée[,] faisons séjour visible & invisible en cette ville par la grâce du Très-Haut, vers qui se trouve le cœur des justes." Es handelt sich um ein rosenkreuzerisches Manifest mit kabbalistischem Inhalt in französischer Sprache. In zehn Punkten, die als Vorschläge bezeichnet werden, wird mehrfach auf die zehn magischen „Urzahlen", die Sephirot, mit ihren geheimen Kräften hingewiesen. Kahn hat die verschiedenen, leicht unterschiedlichen Versionen des Manifests im Detail untersucht. Es wurde zum Beispiel von dem französischen Wissenschaftler und Bibliothekar Gabriel Naudé (1600–1653) mit einem ähnlich lautenden Einleitungssatz erwähnt.[954] Kahn kommt zu dem Schluss, dass es in der Tat Mitte des Jahres 1623 an vielen Orten in Paris, vielleicht auch in leicht unterschiedlichen Versionen, angeschlagen wurde. Er identifiziert als Autor einen angehenden Studenten mit Namen Etienne Chaume (Lebensdaten unbekannt). Er bezeichnet die Vorgänge als „Pariser Plakataffäre" und ordnet sie als einen „Abiturientenscherz" ein.[955] Turquet de Mayerne fügte dem Manifest in seinen Aufzeichnungen auf Englisch hinzu, dass es in Paris an verschiedenen Orten angeschlagen wurde und die Aufmerksamkeit der Behörden auf sich gezogen

---

950 Wellcome Library MS 719/13, 182. Der Brief liegt digitalisiert vor.
951 British Library, Sloane Add. MS 20921, 58r. S. Anhang 8.9.1.
952 (Kahn 2007, Kap. 4.2.): „La mystification rosicrucienne en France (1634–1624)". Das Kapitel ist außerdem in englischer Übersetzung unter dem Titel: „The Rosicrucian Hoax in France (1623–1624)" in dem Sammelband von William Newman und Anthony Grafton: „Secrets of Nature. Astrology and Alchemy in Early Modern Europe", Cambridge 2001, erschienen.
953 (Trevor-Roper 2006).
954 (Naudé 1623, S. 27).
955 (Kahn 2007, S. 435).

habe. Er meinte jedoch, dass eine Verfolgung ergebnislos bleiben würde, wenn die „Brüder" nicht öffentlich aufträten. Da Turquet de Mayerne seine Abschrift des Manifests in seinen Tagebüchern aufbewahrte, muss die Existenz wohl als gesichert gelten. Der Zweifel, den Yates seinerzeit daran äußerte, scheint überholt zu sein.[956] Noch interessanter ist dann das zweite Schreiben mit der Überschrift: „Lectissimae et abstrusissimae scientiae acutissimo professori, Societatis Roseae Crucis defensori acerrimo, fratri omni officiorum genere colendo tradantur."[957] Es ist im Gegensatz zum Manifest in lateinischer Sprache verfasst.[958] Kahn ordnet das Schreiben als einen weiteren Plakatentwurf von Chaume ein und diskutiert mit keinem Wort die Möglichkeit, dass es sich um einen Begleitbrief zu dem Manifest an Turquet de Mayerne gehandelt haben könnte.[959] Der Text an sich sowie auch die lateinische Sprache legen allerdings nahe, dass diese Interpretation nicht von der Hand zu weisen ist.[960] Folgt man dieser Möglichkeit, so ist mit dem „geistreichsten Professor der erlesensten und verborgensten Wissenschaft" unzweifelhaft Turquet de Mayerne gemeint. Zunächst wird in dem Schriftstück auf die „Pariser Plakataffäre" Bezug genommen und Turquet de Mayerne damit in enge Verbindung gebracht. In der Mitte des Schreibens wird der Begriff des „Bruders", wie er schon in der Überschrift verwendet wurde, wieder aufgenommen und verstärkt: „In quorum numerum ascitum te ut agnoscimus, sic gratulamur inaugurationi tuae, tibique tanquam fratri crucigero & murice nostro supra Salamandrae physicae colorem roseum fulgenti, enodanda arcana mittimus, de quibus ut tuam aperire teneris sententiam, sic te ad nos tua remittere placita aequum & decorum est."[961] Bemerkenswert sind

---

956 (Yates 1975, S. 114) Das Buch von Yates erscheint mir immer noch als lesenswert, auch wenn ihre Hauptthesen mittlerweile wenig Anerkennung finden. Nach Kahn trugen sie nur zur Verwirrung des Themas bei (Kahn 2007, S. 415), und Gilly bezeichnet sie sogar als „Märchen" (Gilly 2002, S. 22).
957 Sie [Die Thesen] sollen dem geistreichsten Professor der erlesensten und verborgensten Wissenschaft, dem eifrigsten Verteidiger der Rosenkreuzerischen Gemeinschaft, dem Bruder, der die Ehrenbezeugung verdient, übergeben werden.
958 Kahn hat den Brief ins Französische übersetzt. (Kahn 2007, S. 441).
959 (Kahn 2007, S. 442–444).
960 Kahn selbst stellt die lateinische Sprache als Hindernis zum Verständnis der Plakate für die Pariser Bevölkerung dar. (Kahn 2007, S. 247). Außerdem bezieht sich Turquet de Mayernes oben erwähnter englischer Kommentar ausschließlich auf das erste Schriftstück, da er den Singular „This" verwendet.
961 Ebenso wie wir Deine Zugehörigkeit zur Zahl derer [der Scharfsinnigen] anerkennen, gratulieren wir zu Deiner Inauguration [und] schicken Dir als unserem kreuzführenden Bruder[,] der mit unserer Purpurfarbe noch über die rote Farbe des Salamanders

dann noch Unterschrift und Datierung des Briefes. Er datiert vom 13. Juni 1623 und die Unterschrift enthält die „alchemistischen Symbole" für Eisen, Stahl, Blei und Gold.

Die Bezeichnung „Bruder", die Erwähnung einer „Rosenkreuzerischen Gemeinschaft" und das Datum gewinnen durch eine weitere Schrift an Bedeutung.[962] Im Jahre 1623 erschien unter dem Titel „Effroyables Pactions faictes entre le diable & les prétendus invisibles" eine Schmähschrift gegen die Rosenkreuzer.[963] Hierin wurde äußerst polemisch und größtenteils unsachlich gegen die „invisibles prétendus" zu Felde gezogen. Allerdings wird berichtet, dass am 23. Juni 1623 eine „Generalversammlung" der Rosenkreuzer in Lyon[964] stattgefunden habe. Dieses Datum liegt nur zehn Tage nach der Datierung des Briefes an Turquet de Mayerne. Brief und Schmähschrift deuten darauf hin, dass es 1623 in Frankreich eine formale Organisation der Rosenkreuzer gegeben haben könnte. Bisher wurde in der Literatur davon ausgegangen, dass allenfalls ganz am Anfang eine lose Vereinigung um den Kreis der Verfasser der Rosenkreuzermanifeste existierte.[965] Denn obwohl das Auftreten von Rosenkreuzern danach häufig berichtet wurde,[966] fand die Existenz einer realen Organisation in der ersten Hälfte des 17. Jahrhunderts bisher keine Bestätigung. Ganz im Gegenteil wird sie als „literarische Fiktion"[967] bezeichnet. Yates äußert sich noch vorsichtig, dass sie anhand ihrer Untersuchungen keinen Beweis für „die Evidenz einer wirklichen Geheimen Gesellschaft" finden konnte,[968] und Edighoffer schreibt, dass „eine wirkliche Bruderschaft der Rosenkreuzer nicht nachweisbar"[969] war. Lamprecht lehnt dann das Vorhandensein eines geheimen Bundes in der Frühzeit nach den Manifesten mit Nachdruck ab: „Man muss also feststellen, daß es „Die Rosenkreuzer" in dem Sinne, wie man sie sich vorzustellen geneigt ist,

---

hinaus glänzt, die zu entwirrenden Geheimnisse, und ebenso wie Du damit gehalten bist, Deine Meinung aufzudecken, ist es billig und ehrenhaft, uns Deine Überzeugungen mitzuteilen.

962 Eine Zusammenstellung von Schriften als Reaktion auf die „Pariser Plakataffäre" findet sich bei (Greiner 2011).
963 (Anonymus 1623).
964 Lyon als Ort kann auch insofern von Bedeutung sein, als Etienne Chaume aus dem nahegelegenen Vienne stammt. (Kahn 2007, S. 246 f.).
965 (Gilly 2002, S. 53).
966 (Edighoffer 1995, S. 13) und (Gilly 2002, S. 27).
967 (Lamprecht 2004, S. 42).
968 (Yates 1975, S. 217).
969 (Edighoffer 1995, S. 102).

nie gegeben hat."[970] Die Erwähnung einer „Rosenkreuzerischen Gemeinschaft" mit dem „Bruder" Turquet de Mayerne wird merkwürdigerweise weder von Kahn noch in den Werken zu den Rosenkreuzern erörtert. Sie könnte jedoch mehr als „eine literarische Fiktion" oder ein „Scherz" sein. Die Aufzeichnungen von Turquet de Mayerne sind von größter Sorgfalt und Liebe zum Detail geprägt, seine Integrität und Seriosität sind unwidersprochen. Ob sich allerdings aus dem Brief wirklich ein Anhaltspunkt für das Vorhandensein einer formalen geheimen Bruderschaft ergibt, kann an dieser Stelle nicht entschieden werden. Schon Gilly stellte fest: „Die Geschichtsforschung hatte mit dem Phänomen der Rosenkreuzer seit jeher die allergrößte Mühe."[971] Und nach einer intensiven Beschäftigung mit dem Phänomen scheint es in den letzten Jahren deutlich ruhiger darum geworden zu sein. In einem vor wenigen Jahren erschienenen Überblick mit einer Zusammenstellung ausgewählter Literatur werden allerdings die „Schwierigkeiten einer geschichtswissenschaftlichen Auseinandersetzung mit *den* Rosenkreuzern" erneut verdeutlicht.[972]

Turquet de Mayerne beherrschte nicht nur das klassische Griechisch und Latein, er war auch in mehreren zeitgenössischen Sprachen bewandert. Neben seiner Muttersprache Französisch sprach er Italienisch, Englisch, Niederländisch und Deutsch oder konnte diese Sprachen zumindest lesen und schreiben. Diese Mehrsprachigkeit war typisch für die gebildeten Kreise der Gelehrtenrepublik.[973] Der Stil seiner Schreiben wird von Trevor-Roper als „elaborate", „peremptory", „majestic", „imperative", „florid" und „magisterial" bezeichnet.[974] Der Stil der Briefe lässt eine derartige Beurteilung uneingeschränkt zu. Es ist die Ausdrucksweise einer selbstbewussten Persönlichkeit, die sich in einer hochgestellten Umgebung entwickelte. In der Auswahl der verwendeten Sprache war Turquet de Mayerne empfängerorientiert. Die Adligen wurden selbstverständlich in der Hofsprache Französisch angesprochen. Das Lateinische verwendete er für sachliche, wissenschaftliche Erörterungen, aber auch im Kontakt zu kirchlichen Würdenträgern. Und letztendlich diente ihm das Englische zum Kontakt mit seinen Patienten außerhalb der Königshäuser. In vielen Briefen kam Turquet de Mayerne ohne Einleitungssatz direkt zum Thema. Gerade bei seinen königlichen Patienten empfand er eine „captatio benevolentiae" als überflüssig. Aber

---

970 (Lamprecht 2004, S. 42). Die „Neuen Rosenkreuzer" nach 1650, mit denen sich Lamprecht dann hauptsächlich beschäftigte, sind natürlich in ihrer Existenz gesichert.
971 (Gilly 2002, S. 28).
972 (Walter 2013, S. 163).
973 (Fumaroli 1988, S. 143).
974 (Trevor-Roper 2006, S. 168, 259, 320, 334, 350 und 355).

auch die beiden erhaltenen Briefe an Richelieu kommen direkt zum Thema. Allerdings wirken diese beiden Schreiben eher unterwürfig und sind mit einer Portion Selbstmitleid versehen. Er bat darin um Unterstützung gegen den Versuch, seine weiter bestehende Leibarzttätigkeit am französischen Hof zu beenden. Gerade in den Fällen, in denen Turquet de Mayerne etwas vom Briefpartner erbat, bediente er sich einer kurzen „captatio benevolentiae". Diese konnte dann recht einschmeichelnd sein, war aber auch in vielen Fällen von einem gewissen Eigenlob geprägt. Sein außerordentlich großes Selbstbewusstsein kommt dabei zum Ausdruck. Insbesondere in den französischen Briefen kann man den Stil als „flamboyant" bezeichnen. In einigen wenigen Briefen kommt aber auch seine poetische Ader zur Geltung. Dies trifft zum Beispiel auf seinen Brief an Peter Paul Rubens zu, der durch eine fast übertrieben wirkende, überschwänglich lobende Einleitung gekennzeichnet ist. Die bisherige Charakterisierung trifft allerdings nur auf seine Briefe zu. Die chemischen Rezepte zeichnen sich demgegenüber durch eine klare und oft kurz gefasste Darstellung aus. Sie sind einfach gehalten und klar verständlich, sie überzeugen durch ihre Präzision. Was die Ordnung der Themen in seinen Tagebüchern und Aufzeichnungen betrifft, lässt sich oftmals eine zeitliche Gliederung feststellen. Diese trifft jedoch nicht immer zu und wird von einer Aufteilung nach Sachgebieten überlagert. Abweichungen von einer strikten Ordnung dürften wohl eher der Überlieferungsgeschichte zuzuschreiben sein als Turquet de Mayerne selbst. Man gewinnt aus diesen Schreiben den Eindruck eines geradlinigen, ordnungsliebenden Menschen.

4.4.4. Das egozentrierte Netzwerk

Mehr noch als die Briefe Du Chesnes erhellen die Unterlagen Turquet de Mayernes das Wirken ihres Chemikerkreises mit den Versuchen zur Goldmacherei. Wenn auch nicht immer zur gleichen Zeit, gehörten dem Kreis mehrere Personen an, die sich zum Teil mit Decknamen bezeichneten. Als ein Zentrum darf man sicherlich Du Chesne betrachten, der „Druide" genannt wurde. Des Weiteren gehörte der Anwalt am „Präsidialgericht" in Orleans und Lehrer an der Akademie in Sedan, Guillaume Lenormand de Trougny, unter dem Decknamen „Hermes" dazu. Auch wenn sein Name nicht in den Briefen Du Chesnes auftaucht, muss er mit diesem gut bekannt gewesen sein. Er soll ein enger Freund Turquet de Mayernes gewesen sein und schon in Paris zu dem engen Zirkel gehört haben.[975] Wie die Schriftstücke Turquet de Mayernes aber beweisen, pflegte er den Kontakt zu de Trougny nicht nur in seiner Pariser Zeit, sondern behielt

---

975 (Kahn 2013, S. 28 f.).

ihn auch später in England bei. Ein Mitglied des Kreises, dessen Identität sich im Dunkeln befindet, wird unter dem Namen „Philipon" erwähnt. Er soll seine eigene Methode zur Herstellung des „Steins der Weisen" entwickelt haben. Da er bereits in den Briefen Martinvilles als „pauvre Philipon"[976] bezeichnet wird, kann man annehmen, dass er bereits vor ihr verstorben sein könnte. Da eine konkrete Person gleichen Namens nicht bekannt ist, liegt der Verdacht nahe, dass es sich auch hier um einen Decknamen handelt. Ein Bezug auf den spätantiken Naturphilosophen Johannes Philiponus (ca. 490-ca. 570), den „Müheliebenden", ist möglich. Ein weiteres frühes Mitglied des inneren Zirkels aus der Genfer Zeit war neben Madame de Martinville mit ihrem Decknamen „Neptis" der Öttinger Arzt Lucas Bathodius. Weitere Beteiligte des Netzwerks wurden bereits bei Du Chesne erwähnt oder sind im Anhang 8.9.5. zusammengestellt.

Während das Chemikernetzwerk Turquet de Mayernes in seinen Jahren in der Eidgenossenschaft und in Frankreich mit dem von Du Chesne identisch gewesen sein dürfte, erweiterte es sich nach dessen Tod erheblich. Dabei spielt natürlich die zeitliche Verlängerung wie auch der Umzug nach England eine große Rolle. Zunächst gesellten sich neue Akteure zu den altbekannten. „Hermes" lehrte an der Akademie in Sedan und scharte dort einen Kreis von Goldmachern um sich, wie zum Beispiel den polnischen Adligen Marcjan Goray de Gorayski (Lebensdaten unbekannt). Noch wichtiger dürfte aber in England der Zirkel um Arthur Dee (1579-1651),[977] Kenelm Digby und den Mathematikprofessor am Gresham College, Johannes Banfi Hunyades (1576-1650), gewesen sein. Im Zusammenhang mit dem bereits besprochenen „Rosenkreuzerbrief" Turquet de Mayernes bekommt nämlich das Vorwort von Dees bekanntem Buch „Fasciculus Chemicus" eine neue Bedeutung. Dieses richtete Dee zumindest in einigen Auflagen an die Rosenkreuzer.[978] Ob dies eine Bestätigung für eine frühe Rosenkreuzerorganisation in England ist, muss an dieser Stelle allerdings wiederum offen bleiben. Wie Turquet de Mayerne diente Arthur Dee als Leibarzt mehreren gekrönten Häuptern. Nachdem er für kurze Zeit Arzt der englischen Königin Anna von Dänemark war, ging er auf Empfehlung des englischen Königshauses nach Moskau, wo er von 1621 bis 1635 Leibarzt des russischen Zaren Michael I. (1596-1645) war. Nach England zurückgekehrt wurde er außerordentlicher

---

976 S. Det Kongelige Bibliotek, Kopenhagen, GKS 1792, S. 13 und Bodleian Library Oxford, Ashmole 1440, S. 77.
977 Arthur Dee war der Sohn des seinerzeit berühmten Mathematikers und Chemikers John Dee (1527-1608), der nach Ansicht von Karpenko „zu den geistesgeschichtlich bedeutenden Persönlichkeiten der Renaissance" zählt. (Karpenko 1998).
978 (Abraham 2007, S. 106).

Leibarzt von Karl I.⁹⁷⁹ Turquet de Mayerne hielt über die ganze Zeit Kontakt zu Dee, wie zwei seiner Schreiben beweisen.⁹⁸⁰ Durch Dee erfuhr das Netzwerk der frühneuzeitlichen Chemiker, sowohl auf dem Gebiet der Goldmacherei wie auch der Iatrochemie, eine geographische Erweiterung. War die östliche Begrenzung bisher durch Kontakte nach Schlesien und Krakau gegeben, so wurde nun Moskau mit einbezogen.

Ohne eine formale Blockmodellanalyse, die die Funktionen der Akteure betrachtet, lassen sich auf Grund des Personenkreises zwei deutlich voneinander getrennte Untergruppen im Netzwerk von Turquet de Mayerne erkennen. Neben den Goldmachern, die sich vorwiegend der Suche nach dem „Stein der Weisen" widmeten, ist die Gruppe der Apotheker von besonderer Bedeutung. Mit diesen befand sich Turquet de Mayerne in einem regen Austausch von Briefen, weiteren Schriften und Büchern sowie Heilmitteln. Bereits in seinen ersten Jahren als Arzt in Paris bediente er sich der Arzneikundigen zur Herstellung seiner Heilmittel. Diese beschrieb er äußerst sorgfältig, um Fehler bei der Ausarbeitung zu vermeiden, wie er selbst in der „Apologia" darlegt.⁹⁸¹ Dort wird auch sein erster Apotheker namens Turquois (Lebensdaten unbekannt) erwähnt. Noch engere Beziehungen baute er zu dem Apotheker und „valet de chambre du roi" Pierre Naudin (Lebensdaten unbekannt) auf. Mit diesem verband ihn nicht nur die fachliche Herstellung auf dem Gebiet der Pharmazie, sondern Naudin wurde zum Freund, Agenten, Geldverwalter und Gastgeber in Paris. Außerdem wurde die enge Verbundenheit dadurch besiegelt, dass Turquet de Mayerne Pate und Namensgeber für Naudins Sohn Théodore wurde.⁹⁸² In England setzte Turquet de Mayerne den engen Kontakt zu den Apothekern fort. Besondere Beachtung verdient dabei die Zusammenarbeit mit seinem Glaubensgenossen Gideon Delaune (1565–1659), dessen Eltern mit dem damals Siebenjährigen nach der Bartholomäusnacht aus Reims nach England geflohen waren. Delaunes Ausbildung ist unbekannt. Er besuchte anscheinend weder eine Universität, noch absolvierte er die in England verpflichtende siebenjährige Ausbildung zum Apotheker. Wahrscheinlich war er von seinem Vater unterrichtet worden, der erfolgreich als Arzt tätig war.⁹⁸³ Er wirkte aber äußerst erfolgreich in London, konnte den Familienbesitz weiter vermehren und wurde etwa um 1610 zum Apotheker

---

979 (Appleby 2004) und (Abraham 2007).
980 (Appleby 1979).
981 (Turquet de Mayerne 1603, S. 55).
982 (Trevor-Roper 2006, S. 197).
983 (Poynter 1965).

der englischen Königin Anna von Dänemark ernannt. Zusammen mit Turquet de Mayerne und dessen Kollegen am Hof, Henry Atkins, war er die treibende Kraft, um die Apotheker von der „Company of Grocers" zu lösen und eine eigene „Zunft" zu gründen.[984] Die Auswirkungen der Zusammenarbeit Turquet de Mayernes mit den Apothekern auf die Chemie lassen sich in drei Punkten zusammenfassen. Zum einen gewinnt die Präzision der Beschreibungen und der Herstellungsverfahren eine noch größere Bedeutung. Zum anderen wurde durch den Einbezug der Apotheker der Schwerpunkt der Iatrochemie verschoben. Und zum Dritten änderte sich nicht nur die sachliche Seite. Durch den Einbezug der Apotheker veränderte sich die wissenschaftliche Gemeinschaft der Chemiker, die in der Entstehung begriffen war und sich mehr und mehr wandelte. Waren es bisher nur Einzelpersonen aus der Praxis, deren Kenntnisse anerkannt worden waren, so wurde nun begonnen, eine ganze Personengruppe ohne ein akademisches Studium mit ihren Erfahrungen und ihrem Fachwissen in die wissenschaftliche Gemeinschaft einzubeziehen. Dieser Teil der Chemie war seinerzeit von vielen als „Hilfswissenschaft der Medizin" angesehen worden. Durch die Aufnahme der Apotheker und die Verlagerung des sachlichen Schwerpunkts wurde die Loslösung der Chemie von der Medizin verstärkt.

Für die Entstehung des Netzwerkes von Turquet de Mayerne lässt sich kein zentraler Ansatzpunkt anführen. Im Gegensatz zu Libavius spielte die Universität als Organisation keine Rolle. Und obwohl Turquet de Mayernes Stellung an den Königshöfen mehr als vergleichbar mit derjenigen von Du Chesne war, war bei ihm das Adelsmilieu von untergeordneter Bedeutung. Turquet de Mayernes Lebensweg war in einigen Punkten durch seinen Glauben bestimmt. Das Verlassen Frankreichs ist sicherlich darauf zurückzuführen. Aber auch seine beiden Frauen besaßen den gleichen Glauben, wie es insbesondere bei Glaubensflüchtlingen überwiegend vorkam.[985] Dennoch hatte seine persönliche Einstellung anscheinend keinen Einfluss auf das Netzwerk. Es hat vielmehr den Anschein, dass es durch persönliche Kontakte entstand, die Turquet de Mayerne dann Zeit seines Lebens pflegte. Durch seine vielfältigen Wohnorte und seine Reisen war er mit vielen Personen bekannt geworden. Damit war eine gewisse zeitliche Veränderung des Netzwerks während seiner Entstehung verbunden. Turquet de Mayerne führte die Kontakte allerdings während seines ganzen Lebens fort. Die Ortsveränderungen bildeten die Grundlage seines Netzwerks, das zusätzlich durch die Reisen seiner Gewährsleute räumlich weiter ausgedehnt wurde.

---

984 (Underwood 1963).
985 (Grell 2011, S. 6 und 10).

Auf diese Art und Weise entstanden die geographisch weitreichendsten Verflechtungen, die in dieser Arbeit betrachtet wurden. Sie erstreckten sich mit Ausnahme von Randgebieten der europäischen Wissenschaftsrepublik, wie der iberischen Halbinsel, über ganz Europa. Inwieweit sich daraus dann ein dichtes Netzwerk aller Beteiligten entwickelte, kann aus den vorhandenen Unterlagen nicht geschlossen werden. Turquet de Mayerne war das unumstrittene Zentrum seines egozentrierten Netzwerks und wurde von allen Freunden und Bekannten als Mittelpunkt akzeptiert. Weitere hierarchische Strukturen können durch die Briefe nicht belegt werden. Turquet de Mayerne selbst schrieb ohne jegliche besondere Eingangsformulierungen, eine „captatio benevolentiae" hatte er anscheinend nicht nötig und betrachtete sie wahrscheinlich auch als Zeitverschwendung. Materielle Teilnehmer spielten im Netzwerk Turquet de Mayernes keine große Rolle. Einzig den hergestellten Arzneimitteln und ihren präzisen Rezepten kam eine Bedeutung zu. Die Herstellungsanweisungen vertieften den Kontakt zu den Apothekern. Sie waren für beide Seiten das verbindende Element. Durch den Austausch von Heilmitteln wurden diese Verbindungen dann weiter verstärkt. Das Aussehen und die Zusammensetzung sowie die physikalischen und medizinischen Kriterien konnten so überprüft und festgelegt werden. Das egozentrierte Netzwerk Turquet de Mayernes erscheint als das vielfältigste aller in dieser Arbeit betrachteten Netzwerke.[986] Der Personenkreis reicht von gekrönten Häuptern über Doktoren mit akademischer Ausbildung bis hin zu den „handwerklichen" Apothekern. Es beinhaltet Bücher, Briefe, persönliche Kontakte sowie Arzneien und verbindet die Goldmacherei mit der Medizin und der Arzneikunde. Die Portraits von Rubens und Hoskins[987] mit der Büste von Hippokrates haben ihn als „Hippocrates alter" für die Nachwelt dargestellt. Turquet de Mayernes Netzwerk ist das beste Beispiel für die These von Ferguson, dass Netzwerke weniger mit einer Fülle von Macht verbunden sind, dagegen aber großen Einfluss erzeugen.[988] Dieser Einfluss spiegelt sich in der Person Turquet de Mayernes wieder. Er hatte keine direkten Machtbefugnisse, konnte aber sein Ansehen nutzen, um viele Entwicklungen in seinem Sinne zu beeinflussen.

---

[986] Eine vertiefte weitere Verfolgung von existierenden Netzwerkverzweigungen könnte nur von einer größeren Forschergruppe geleistet werden.
[987] John Hoskins (1590–1664), englischer Miniaturbildmaler.
[988] (Ferguson 2018).

5. Teil: Netzwerkstrukturen frühneuzeitlicher Chemiker

Die Mehrzahl der datierten Briefe und anderen Schriftstücke der vier betrachteten frühneuzeitlichen Chemiker wurde im Zeitraum zwischen 1590 und 1610 erstellt. Nur wenige Briefe von Du Chesne und Croll sind älteren Datums; einzig die Korrespondenz von Turquet de Mayerne erstreckt sich über die gesamte erste Hälfte des 17. Jahrhunderts. Auf Grund des engen Zeitraums kann ein erstes Bild über die Netzwerkstrukturen um 1600 gewonnen werden, auch wenn dieses natürlich durch die Quellenlage nicht umfassend sein kann. Es ist aber dennoch möglich, mit den vorhandenen Daten weitere Auswertungen durchzuführen und kausale Zusammenhänge zu beschreiben. Natürlich sind die Netzwerkdarstellungen als „Karten" zu bezeichnen, die bewusst gewählte, vereinfachte Repräsentationen von Rekonstruktionen sozialer Verbindungen aufzeigen. Sie bestehen aus Knoten und Kanten, über deren Natur und Qualität sie zunächst keine Informationen enthalten. Fügt man die vier egozentrierten Netzwerke zusammen, so ergibt sich zunächst ein recht einfaches, weniger aussagekräftiges Bild.

Wie zu erwarten, ergeben sich nur wenige Überlappungen; der Kreis der Personen, die mit mehr als einem der vier Chemiker korrespondierte oder bekannt war, ist recht beschränkt. Nur vier Personen korrespondierten mit dreien von ihnen: die beiden Baseler Professoren Caspar Bauhin und Felix Platter sowie Bernard Gilles Penot und Guillaume Baucinet. Durch ihre Studien und weitere Aufenthalte in Basel ist die Korrespondenz von Libavius, Du Chesne und Croll mit den beiden Baseler Professoren erklärlich. Penot war weitgereist und mit vielen Menschen bekannt. Kühlmann bewertet die hohe Stellung Penots unter den Chemikern wie folgt: „Der aus seiner Heimat emigrierte Hugenotte Bernard Gilles Penot gehört zu den Zentralfiguren des internationalen Alchemikerparacelsismus."[989] Und bei Baucinet führte die Teilnahme am Pariser Paracelsistenstreit natürlich zur persönlichen Bekanntschaft mit Du Chesne und Turquet de Mayerne und zum Briefwechsel mit Libavius. Das erste, einfache Bild einer Netzwerkstruktur der vier Chemiker erweckt den Anschein einer Welt, in der einzelne, begrenzte Netzwerke durch schwache Verbindungen zu einem stabilen

---

989 (Kühlmann und Telle 2001, 2004 und 2013, Teil 3, S. 569).

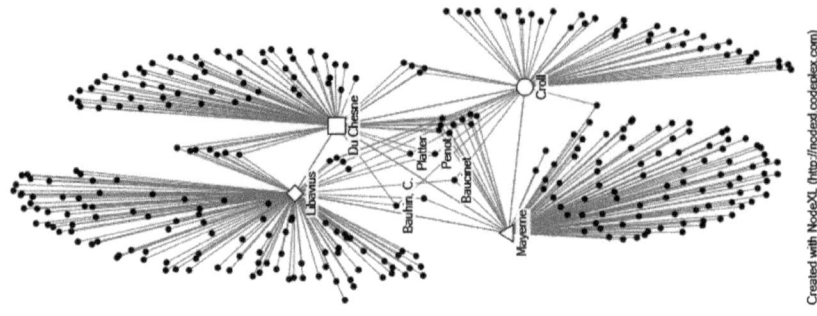

Abbildung 2: Vereinigte Netzwerkstruktur der vier egozentrierten Netzwerke mit wenigen gemeinsamen Korrespondenten

Ganzen zusammengefügt sind: der sogenannten „Granovetter Welt".[990] Dieser Eindruck entsteht jedoch dadurch, dass die weiteren Verzweigungen der einzelnen Korrespondenten nur ansatzweise untersucht werden konnten. Außerdem ist die Bewertung schwierig, ob es sich um starke oder schwache Verbindungen handelt.

Untersucht man nur den erhaltenen umfangreichen Briefwechsel der drei Baseler Professoren Caspar Bauhin sowie Jacob und Theodor Zwinger mit den Kontaktpersonen der vier Chemiker, so ergibt sich ein vollkommen neues Bild.

Es ist unzweifelhaft, dass sich ein noch homogeneres Netzwerk ergeben würde, wenn weitere Verzweigungen untersucht werden könnten. An diesem erweiterten Auswertungsnetzwerk können einige Berechnungen aus der Sozialen Netzwerkanalyse durchgeführt werden. Die Eigenvektorzentralität berücksichtigt nicht die Gesamtsumme der Verbindungen, wie die Netzwerkdichte, sondern sie bewertet die Wichtigkeit der Akteure im Netz. Eine Person wird umso wichtiger, je mehr andere wichtige Personen sie kennt.

Da das vereinigte Netzwerk aus den vier egozentrierten Einheiten zusammengesetzt wurde, versteht es sich von selbst, dass sich für Libavius, Du Chesne und Turquet de Mayerne die größte Bedeutung berechnet. Direkt danach folgen, jedoch noch vor Croll, aber Caspar Bauhin und Jacob Zwinger, was ihren Stellenwert für den Wissensaustausch erneut hervorhebt. Croll muss eher als

---

990 (Granovetter 1973) und (Holzer 2010): „Granovetters Welt sozialer Netzwerke besteht nämlich aus kleineren Zirkeln enger Freunde und Bekannter in dicht geknüpften Kontaktnetzen (strong ties), die durch einzelne *weak ties* miteinander ver- und dadurch in ein größeres, aber weniger dichtes Netzwerk eingebunden sind".

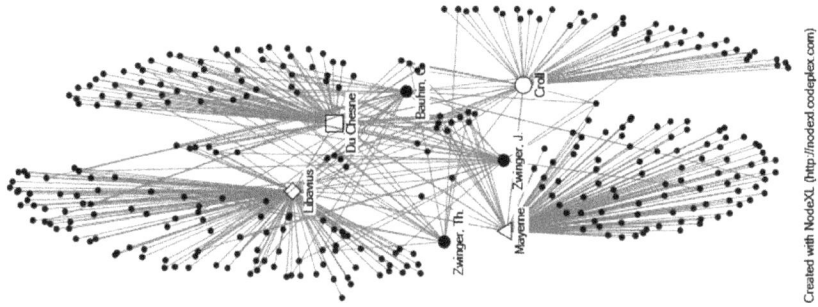

Abbildung 3: Vereinigte Netzwerkstruktur einschließlich der Verbindungen zu Caspar Bauhin sowie Jacob und Theodor Zwinger: Erweitertes Auswertungsnetzwerk für Berechnungen von Zentralitätsmaßen

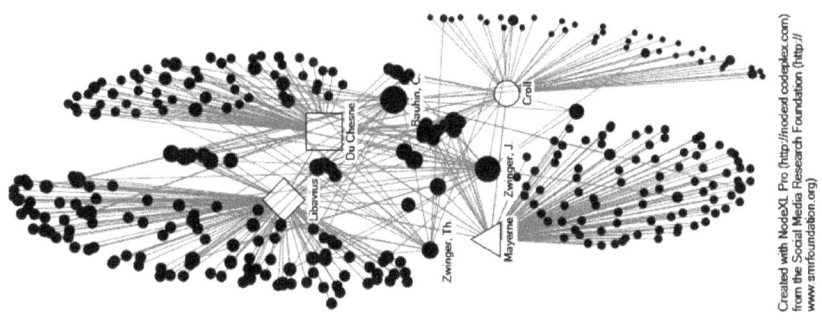

Abbildung 4: Bedeutung der Akteure im erweiterten Auswertungsnetzwerk: Eigenvektorzentralität

Außenseiter betrachtet werden, was in gleichem Maße für die meisten seiner Korrespondenten gilt. Ist der betrachtete Chemiker besser mit den wichtigen Personen im Netz verbunden, so haben auch die Mitglieder seines egozentrierten Netzwerks eine höhere Eigenvektorzentralität. Dies hebt natürlich die Korrespondenten von Libavius heraus, da dieser die meisten anderen wichtigen Teilnehmer kennt.

Weiteren Aufschluss, insbesondere zum Netzwerk Crolls, liefert die Betweenness-Zentralität. Sie drückt aus, über welche Korrespondenten eine Vielzahl von Informationen übermittelt werden könnte, es handelt sich um die sogenannte „Broker-Funktion". Sie ist insbesondere für die eher getrennten Teilbereiche eines Gesamtnetzwerks wichtig. Da die weitaus meisten Mitteilungen natürlich

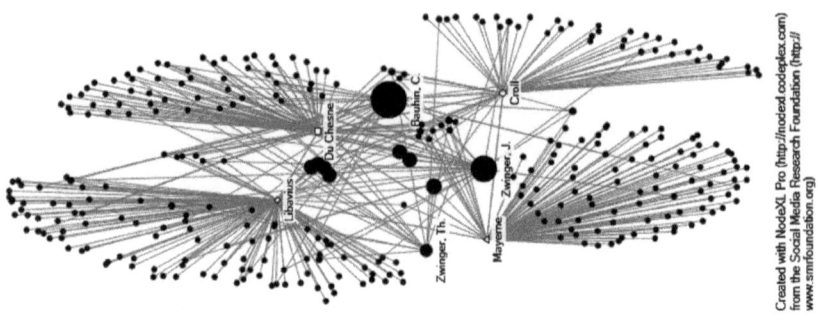

Abbildung 5: „Broker-Funktion" der Akteure im erweiterten Auswertungsnetzwerk: Betweenness-Zentralität

über die vier Chemiker in ihren egozentrierten Netzwerken laufen, sind diese in der folgenden Graphik aus der Berechnung herausgenommen worden.

Neben den in das Netzwerk einbezogenen Baseler Professoren Bauhin sowie Vater und Sohn Zwinger können Nachrichten natürlich am besten über die vier bereits erwähnten Korrespondenten laufen, die mit dreien der vier Chemiker Kontakt haben. Auffälligerweise besitzen aber auch die vier Personen eine höhere Betweenness-Zentralität, die sowohl mit Libavius wie auch mit Croll in Verbindung waren.[991] Sie sind für das Netzwerks Crolls von hoher Bedeutung. Ohne sie wäre dieses noch isolierter als es sich bereits gezeigt hat. Für die anderen egozentrierten Netzwerke bestehen keine derart exponierten Positionen, der Informationsfluss ist über mehrere Wege sicher gestellt.

Blendet man aus dem erweiterten Auswertungsnetzwerk diejenigen Personen aus, die nur die eine Verbindung zum jeweiligen Chemiker haben, so erhält man ein Bild der Netzwerkstrukturen, die durch die gemeinsamen Korrespondenten von Libavius, Du Chesne, Croll und Turquet de Mayerne sowie Bauhin und Vater und Sohn Zwinger gebildet werden.

Diese Teilrekonstruktion des umfassenderen gemeinsamen Netzwerks zeigt vielfältige Verbindungen zwischen den frühneuzeitlichen Chemikern Mitteleuropas, es ähnelt nicht mehr der erwähnten „Granovetter Welt". Diese Struktur deutet eher auf viele, allgemeine und umfassende Verbindungen unter den Chemikern hin. Die Korrespondenten innerhalb des Netzwerks der gemeinsamen Korrespondenten können des Weiteren in verschiedene Gruppierungen

---

991 Johann Hartmann Beyer, Johann Hiller, Franz Kretschmer und Nicolaus Maius.

Netzwerkstrukturen frühneuzeitlicher Chemiker 201

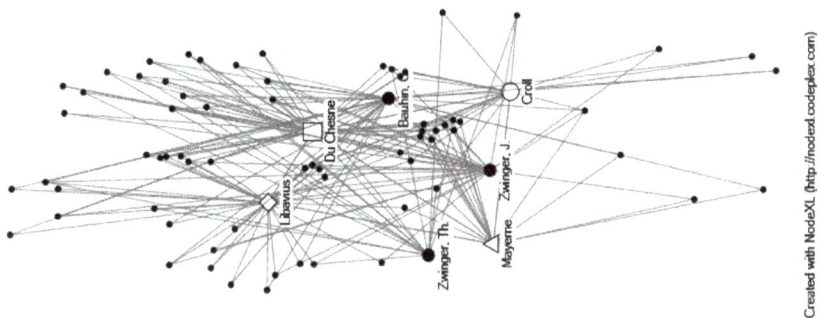

Abbildung 6: Netzwerkstruktur der gemeinsamen Korrespondenten von Libavius, Du Chesne, Croll, Turquet de Mayerne, Bauhin sowie Theodor und Jacob Zwinger

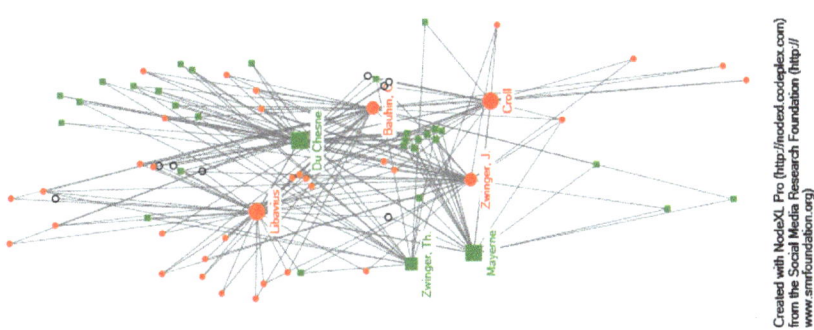

Abbildung 7: Zwei Cluster in der Netzwerkstruktur der gemeinsamen Korrespondenten von Libavius, Du Chesne, Croll, Turquet de Mayerne, Bauhin sowie Theodor und Jacob Zwinger

aufgeteilt werden. Eine Clusteranalyse nach Girvan-Newman[992] ergibt, dass die Kontaktpartner zwei größeren Gruppen zugeordnet werden können.

Die erste Gruppe wird durch die Korrespondenten von Libavius in Verbindung mit den Baseler Professoren Bauhin, Platter und Jacob Zwinger sowie Croll geprägt. Auch durch die gemeinsamen Bekannten dieses Clusters zeigt es sich wiederum, dass Libavius den Kontakt zu seinen Lehrern in Basel nie aufgab; sein Netzwerk ist durch diese Beziehung geprägt. Des Weiteren werden einige Kontaktpartner von Du Chesne durch ihre Verbindungen nach Basel zu diesem

---

992 (Girvan 2002).

Cluster gerechnet. Das Netzwerk Crolls muss hier mit einbezogen werden, da er sowohl Kontakt zu Bauhin und Platter hatte, aber auch über mehrere gemeinsame Korrespondenten mit Libavius verfügte. Diese Gemeinsamkeit hob aber das angespannte Verhältnis zwischen beiden in ihren Ansichten zur Chemie nicht auf. Die zweite Gruppe besteht aus den Freunden und Bekannten von Du Chesne und Turquet de Mayerne sowie denen Theodor Zwingers. Die enge Zusammenarbeit zwischen Du Chesne und Turquet de Mayerne in ihrer Pariser Zeit bewirkte selbstverständlich, dass sich ein größerer gemeinsamer Kreis an Korrespondenten bilden konnte. Und da Du Chesne im Hause Theodor Zwingers promoviert worden war, ist es nicht verwunderlich, dass sich daraus im weiteren Verlauf einige Bekanntschaften entwickelten. Auffällig ist weiterhin, dass nur wenige Chemiker keinem der beiden Cluster zugeordnet werden können.

Die Entstehung der egozentrierten Netzwerke kann anhand der Lebensläufe der vier Chemiker nachvollzogen werden. Eine besondere Rolle spielen dabei die Studienaufenthalte an bestimmten Universitäten. Dies gilt insbesondere für die Hochschulen in Padua und Basel. Padua war seit Gründung der Universität zu einem Zentrum der Ausbildung für Mediziner geworden und erlaubte dabei Anhängern aller Konfessionen die Einschreibung. Viele Medizinstudenten, oder zumindest diejenigen, die es sich finanziell leisten konnten, kamen auf ihrer „peregrinatio academica" dorthin. Padua war eines der Zentren für die Lehre der Medizin Galens. Daneben hatte sich Basel durch seine berühmten Professoren zu einem zweiten Zentrum entwickelt. Hier hatte insbesondere der Paracelsismus Eingang in die Lehre gefunden. Mit dieser Neuerung konkurrierte Basel natürlich mit der traditionellen Ausbildung der Ärzte. Viele Korrespondenten der vier Chemiker hatten zur gleichen Zeit in einer der beiden Universitäten studiert, was insbesondere für die Freunde und Bekannten von Libavius und Du Chesne gilt.

Aber nicht nur für die Entstehung der Netzwerke von Libavius und Du Chesne spielte die Institution der Universität eine übergeordnete Rolle. Für den Bekanntenkreis Turquet de Mayernes waren drei andere Universitäten von Bedeutung: Montpellier, wo er selbst studierte und die englischen Universitäten in Cambridge und Oxford.

Die Institution der Universität spielte eine herausragende Rolle bei der Entstehung der Netzwerke. Zum Ersten führte sie als letzte Stufe der akademischen Ausbildung in das wissenschaftliche Denken ein. Sie förderte nicht nur die geistreiche Disputation, sondern lieferte auch fachwissenschaftliche Grundlagen. Nach dem Abschluss, meist mit Promotion, konnten sich gelehrte fachliche Korrespondenzen in lateinischer Sprache auf hohem Niveau entwickeln. Zum Zweiten muss die Universität aber nicht nur als Stätte der Gelehrsamkeit, sondern als

Netzwerkstrukturen frühneuzeitlicher Chemiker 203

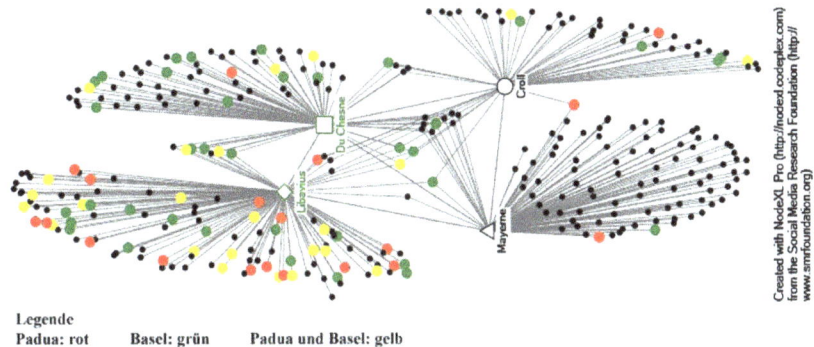

Legende
Padua: rot   Basel: grün   Padua und Basel: gelb

Abbildung 8: Studium der Korrespondenten in Padua und Basel. Die meisten Studenten studierten an mehr als einer Universität. Insbesondere folgte einer Studienzeit in Padua häufig ein Aufenthalt in Basel. In den folgenden Abbildungen kann jeweils nur ein Studienort dargestellt werden.

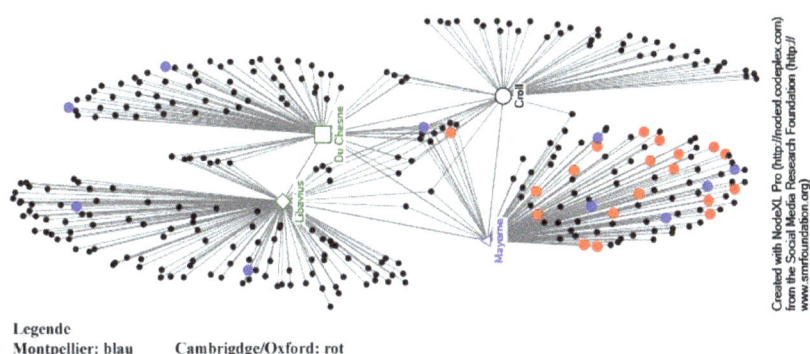

Legende
Montpellier: blau   Cambrigdge/Oxford: rot

Abbildung 9: Studium der Korrespondenten in Montpellier und Cambridge/Oxford

Kommunikationsort gesehen werden, an dem verschiedene Menschen zusammen kamen, die ein gemeinsames Interesse verband. Auch wenn man vielleicht nur kurze Zeit mit seinen Kommilitonen gleichzeitig zusammen studierte, so ergaben sich doch Bindungen, die zeitlebens fortbestanden. Für die Netzwerke ist, neben der Ausbildung, dieser persönliche Kontakt von höchster Bedeutung und nicht ausschließlich die Stellung der Universitäten in der gelehrten Wissenschaft. Diese besitzt nur im Netzwerk von Libavius eine herausragende Stellung, da die „eruditio" einen hohen Stellenwert in seinem Leben besaß. Es wäre zu weit gefasst, wenn man das Netzwerk von Libavius als „Gelehrtennetzwerk" bezeichnen würde. Treffender wäre hier sicherlich der Ausdruck „Akademikernetzwerk", auch wenn man sich der Ahistorizität dieses Begriffs bewusst sein muss. Alle vier egozentrierten Netzwerke sowie das Gesamtnetzwerk besaßen ein hohes Maß an Exklusivität, ja man kann sie sogar als äußerst elitär bezeichnen. Mit Ausnahme der Apothekerfreunde von Turquet de Mayerne hatten die meisten Briefpartner einen akademischen Grad erworben. Hinzu kam die Einbindung in die höchsten aristokratischen Kreise, wobei in dieser Beziehung Libavius aus den beschriebenen Gründen die einzige Ausnahme war. Erweitert man die betrachteten Universitäten noch um Libavius' Studienort und Studien- bzw. Professorenzeit in Jena, so wird das „Akademikernetzwerk" deutlich. Nur wenige seiner Korrespondenten studierten nicht an einer der angeführten Universitäten.

Neben der grundlegenden Rolle der Universitäten bei der Entstehung der Netzwerke waren sie zusätzlich für das weitere Bestehen und die Erhaltung von Bedeutung. Alle vier Chemiker hielten auch nach dem Studium weiterhin Kontakt zu den Hochschulen und ihren Professoren. Auf diese Art und Weise wurden bestehende Verbindungen gefestigt. Außerdem entwickelten sich über diese Bekanntschaften neue Verbindungen zu jüngeren Semestern. Einzig die Bildung des Netzwerks von Croll war weniger von seinem Universitätsstudium beeinflusst. Wie bei den drei anderen beruhte es aber auch auf direkten persönlichen Bekanntschaften. In seinem Fall sind seine ausgedehnten Reisen, mit zum Teil längeren Aufenthalten an einzelnen Orten, der Hauptgrund für die Bekanntschaft mit seinen Korrespondenten und Korrespondenzagenten. Auf diese Art und Weise lernte er insbesondere seine engen Vertrauten kennen. Die Aufenthalte an den jeweiligen Orten vertieften anschließend das Vertrauen zwischen

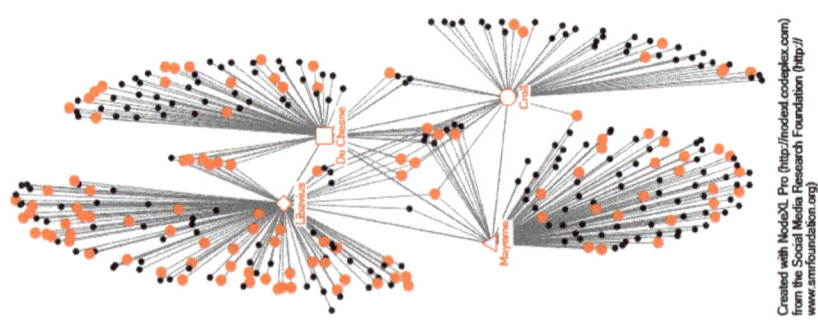

Abbildung 10: Korrespondenten mit Studium (rot)

den einzelnen Teilnehmern durch die weitere persönliche Begegnung. Die Verstärkung der Bindungen durch Reisen kann man natürlich auch in den Netzwerken von Du Chesne und Turquet de Mayerne beobachten.[993] Direkte persönliche Bekanntschaften, sei es durch gemeinsame Studienaufenthalte oder das Kennenlernen auf Reisen, bilden die Grundlage der Netzwerkverbindungen der hier betrachteten Chemiker.[994] Sie sind gleichermaßen für die Entstehung wie auch für das Funktionieren von Bedeutung. Kontakte sind nur in Ausnamefällen durch Vermittlung Dritter entstanden.[995] Eine Übertragung von „Vertrauen" auf andere Personen zur Erweiterung des Netzwerks kann bei den vier Chemikern nicht nachvollzogen werden.[996] Dies widerspricht der Anschauung, dass eine direkte persönliche Bekanntschaft zwischen Briefpartnern in den Personennetzwerken des 16. und 17. Jahrhunderts nicht zwingend gegeben war.[997]

Die Bedeutung der Universitäten für die Netzwerke lässt sich des Weiteren an den Haupttätigkeitsgebieten der Korrespondenten ablesen. Die überwiegende Anzahl hatte, wie bereits erwähnt, ein Medizinstudium absolviert, meist in Padua und Basel, aber auch in Montpellier. In Frankreich kam dieser Hochschule eine besondere Bedeutung zu. Im Gegensatz zur eher konservativ ausgerichteten Universität in Paris, wo weiterhin die Lehren Galens nahezu militant vertreten wurden, wurde in Montpellier der Paracelsismus gelehrt.[998] Und außerdem bestand

---

993 Delisle beschreibt die Bedeutung der persönlichen Bekanntschaft für das Korrespondenznetzwerk des Schweizer Arztes und Naturforschers Conrad Gessner (1516–1565). (Delisle 2008).

994 Der direkte persönliche Kontakt ist die Grundlage aller Verbindungen, wie dies auch Lux und Cook ausführen. Es ist meiner Ansicht nach aber fraglich, ob die von ihnen beschriebenen Verbindungen alle zu den „weak ties" gerechnet werden können. (Lux 1998, S. 183): „From these personal contacts grew in turn the networks of correspondence that sustained the philosophical commerce over longer stretches of time and place. Travel, more than any other activity, established the weak ties by which knowledge could be exchanged."

995 Eine generelle Vermittlung Dritter für den Beginn von Korrespondenzen, wie sie Ammermann beschreibt, lässt sich bei den in dieser Arbeit betrachteten Chemikern nicht bestätigen. (Ammermann 1983, S. 83). Für das Netzwerk des niederländischen Arztes und Botanikers Carolus Clusius (1526–1609) beschreibt Egmond allerdings, dass Clusius auf keinen Fall alle Korrespondenten persönlich gekannt habe. (Egmond 2008, S. 72).

996 Mauelshagen sieht demgegenüber im Vertrauen das entscheidende Merkmal für den Aufbau von Netzwerken. (Mauelshagen 2003, S. 128).

997 (Gläser 2006): „Viele Intellektuelle korrespondierten, ohne einander je getroffen zu haben."

998 (Trevor-Roper 1985, S. 171).

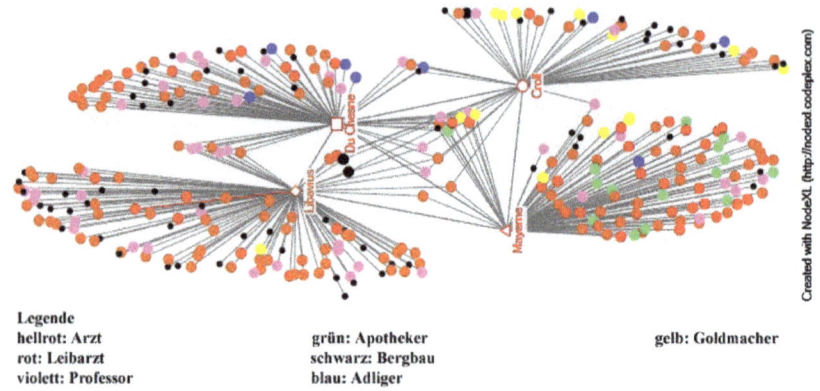

Legende
hellrot: Arzt
rot: Leibarzt
violett: Professor

grün: Apotheker
schwarz: Bergbau
blau: Adliger

gelb: Goldmacher

Abbildung 11: Haupttätigkeitsgebiete der Korrespondenten neben der Chemie bzw. ihre Stellung

ein weiterer Gegensatz zu Paris. Die dortige Universität fühlte sich als Wahrer des katholischen Glaubens und bereitete den hugenottischen Ärzten Schwierigkeiten bei der Zulassung, was insbesondere für die Leibärzte Heinrichs IV. galt. Demgegenüber war Montpellier um 1600 in großen Teilen calvinistisch geprägt und zog die Studenten dieser Konfession in allen Fächern an.

Nach dem Medizinstudium, in dem sie Einblicke in die Grundlagen der Naturphilosophie, und damit auch der Chemie, gewonnen hatten,[999] verblieb eine recht große Anzahl der Korrespondenten an den Universitäten und lehrte dort als Professor in verschiedenen Fachrichtungen. Die überwiegende Mehrheit war jedoch medizinisch tätig, in vielen Fällen als Leibarzt an den Höfen Europas. Hervorzuheben ist nochmals die beschriebene Besonderheit des Netzwerkes von Turquet de Mayerne. Nach den Medizinern ist die Gruppe der Apotheker in seinem egozentrierten Netzwerk die zweitgrößte, sie erreicht in ihrer Anzahl fast die der Ärzte. Die Zusammenarbeit Turquet de Mayernes mit den Apothekern ist bemerkenswert. Auf Grund des Arbeitsgebiets und gemeinsamer Patienten hatte sich in London oft eine enge Zusammenarbeit der verschiedenen Gruppen gebildet, die auf medizinischem Gebiet tätig waren. Diese Zusammenarbeit konnte allerdings auch zu scharfer Konkurrenz führen.[1000] Trotz ihrer siebenjährigen Lehre wurden die Apotheker in England von den Ärzten

---

999 (Cook 2000, S. 100 f.).
1000 (Harkness 2002, 143 f.).

als „ignorant, unlettered, and unlearned in the science of medicine" betrachtet, da sie keine akademische Ausbildung genossen hatten.[1001] Turquet de Mayerne hatte an der angesehenen Universität in Montpellier studiert und dort den Doktorgrad erworben. Er war sehr auf sein Ansehen bedacht, was im Erwerb des Titels des Barons von Aubonne zum Ausdruck kommt. Dort wollte er als Begründer einer eigenen Dynastie unsterblich werden.[1002] Trotz des „Standesunterschieds" und seines gesamten Erscheinungsbilds und Verhaltens pflegte Turquet de Mayerne engen Kontakt zu den Apothekern, sie spielten in seinem Netzwerk eine herausragende Rolle. Dieser Unterschied zwischen den Ärzten, die ein Universitätsstudium absolviert hatten, und den Apothekern, die nur eine „handwerkliche" Ausbildung genossen hatten, wurde durch die Verbindungen Turquet de Mayernes nivelliert. Dennoch sollte es mehr als einhundert Jahre dauern, bis diese Unterscheidung weiter verringert war. Erst im Jahre 1754 wurde der Apotheker Andreas Sigismund Marggraf (1709–1782) Leiter des chemischen Laboratoriums der Preußischen Akademie der Wissenschaften und „repräsentierte seitdem die Berliner Chemie".[1003] Verschiedene chemische Fachzeitschriften, die sich als erste einer einzigen wissenschaftlichen Disziplin widmeten, wurden dann 1778 von dem Apotheker Lorenz von Crell (1744–1816) herausgegeben.[1004] Und noch einige Jahrzehnte später, im Jahre 1810, wurde der Apotheker und „Autodidakt, ohne jedes Hochschulstudium" Martin Heinrich Klaproth (1743–1817) zum ordentlichen Professor für Chemie an der Berliner Universität ernannt.[1005] Auch für eine weitere kleine Gruppe ist kein Universitätsstudium bekannt. Es handelt sich dabei um diejenigen Personen, die sich der Goldmacherei widmeten. Selbstverständlich tat dies auch eine Vielzahl der studierten Ärzte mit ihrem Fachwissen in der Chemie. Bei den hier als Goldmacher bezeichneten Personen ist aber nicht bekannt, woher sie ihr chemisches Können bezogen hatten. Wahrscheinlich ist, dass sie entweder mit anderen Goldmachern zusammenarbeiteten oder es als Autodidakten erweitert hatten. Insbesondere an den Fürstenhöfen fanden sie eine meist gut dotierte Anstellung. Dies zog natürlich auch diejenigen Personen an, die in betrügerischer Absicht die Herstellung von Gold versprachen. Auf dem Gebiet der Goldmacherei waren die Adligen nicht nur als Mäzene von hoher Bedeutung. Sie versuchten sich auch selbst in

---

1001 (Underwood 1963, S. 4).
1002 (Trevor-Roper 2006, Kapitel 20: Planting a Dynasty).
1003 (Engel 1990).
1004 (Meinel 2017, S. 90).
1005 (Dann 1977).

dieser Kunst und waren insofern auch Mitglieder in den einschlägigen Netzwerken. Nahezu allen in dieser Arbeit untersuchten Goldmachern kann keine offensichtlich betrügerische Absicht unterstellt werden. Dies steht im Gegensatz zur Feststellung von Nummedal, die davon spricht, dass das Heilige Römische Reich von Betrügern überschwemmt wurde.[1006] Neben der Iatrochemie und der Goldmacherei gehört dann auf dem Gebiet der praktischen Chemie der Bergbau inklusive der Metallurgie und der Mineralogie als dritte Säule zur frühneuzeitlichen Chemie. Er spielt allerdings in den hier betrachteten Netzwerkstrukturen eine untergeordnete Rolle; nur zwei Personen waren auf diesem Gebiet tätig. Dies liegt aber ausschließlich an der Auswahl der vier Zentralpersonen. Eine weiterführende spezielle Untersuchung der Netzwerke im Bergbau wäre wünschenswert.

Die Netzwerkstrukturen der vier betrachteten Chemiker erstreckten sich über Zentraleuropa: von Frankreich bis Polen und Russland, von den norditalienischen Gebieten[1007] bis Dänemark und von England bis nach Böhmen und Mähren. Natürlich waren alle Gebiete des Heiligen Römischen Reichs eingeschlossen, was auch für die sich verselbstständigende Eidgenossenschaft gilt. Betrachtet man die europäischen Gebiete außerhalb des Reichs, aber inklusive der Eidgenossenschaft, so lassen sich deutliche Schwerpunktbildungen aufzeigen.

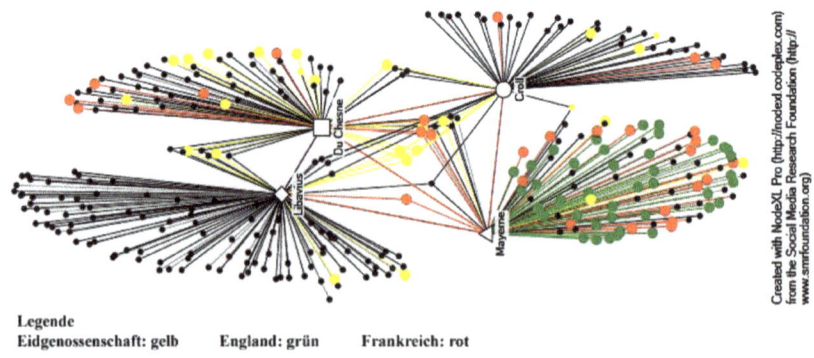

Legende
Eidgenossenschaft: gelb   England: grün   Frankreich: rot

Abbildung 12: Hauptnetzwerkverbindungen der Korrespondenten außerhalb des Reichs

---

1006 (Nummedal 2007, S. 147).
1007 Heiliges Römisches Reich, Republik Venedig und Kirchenstaat.

Es ist unschwer zu erkennen, dass die meisten Kontakte der jeweiligen Chemiker in den Ländern lagen, in denen sie geboren wurden oder sich über längere Zeit aufhielten. Man könnte diese Konzentration auf bestimmte Gebiete analog zu Dauser als „Heimregionen"[1008] bezeichnen. Bei Du Chesne dominieren die Verbindungen in Frankreich und in die Eidgenossenschaft, bei Turquet de Mayerne nach England und in geringerem Maße nach Frankreich. Für Croll lassen sich nur wenige Briefpartner außerhalb des Heiligen Römischen Reichs aufzeigen und für Libavius nur zwei in der Eidgenossenschaft.[1009] Bemerkenswert ist, dass alle vier Kontakte zu eidgenössischen Personen besaßen. Außerdem gehören die meisten eidgenössischen Korrespondenten zu demjenigen Personenkreis, der mit mindestens Zweien der vier Chemiker bekannt war. Unter räumlichen Gesichtspunkten nimmt die Eidgenossenschaft damit eine Zentralstellung innerhalb des Gesamtnetzwerks ein. Sicherlich spielte dafür die freiheitliche Einstellung in Politik und Wissenschaft eine große Rolle. Die Verbindungen wurden dadurch nicht behindert, ja sie wurden sogar eher gefördert. Die Kontakte in das nördliche Italien beschränkten sich auf die Universitätsstädte, größtenteils in der Republik Venedig und dem Kirchenstaat. Auch wenn Netzwerke in den südlichen Gebieten des Landes bekannt sind,[1010] so waren diese zumindest nicht Teil der vier egozentrierten Netzwerke der hier betrachteten Chemiker. Die Königreiche Neapel und Sizilien unterstanden der spanischen Krone. Und auch nach Spanien bestanden keine Kontakte. Sprachliche Probleme können keine Rolle gespielt haben, auch wenn innerhalb Spaniens das Kastilische in den Verwaltungen und als Schriftsprache das Lateinische recht früh abgelöst hatte.[1011] Man konnte sich in der Wissenschaft jedenfalls weiterhin des Lateinischen bedienen. Der Hauptgrund für die fehlenden Verbindungen nach Spanien soll nach Goodman in der Furcht vor einer „Protestant infection"[1012] gesehen werden, wie sie die spanische Statthalterin in den habsburgischen Niederlanden, Margarete von Parma (1522–1586), in einem Brief an ihren Halbbruder, den spanischen König Philipp II. (1527–1598) beklagte.[1013] Die

---

1008 (Dauser 2008, S. 18).
1009 Für die egozentrierten Netzwerke der Chemiker ist es nicht erstaunlich, dass sich die meisten Kontakte auf einige Länder konzentrieren. Ferguson beschreibt dazu, dass die Korrespondenzen der Philosophen in der Aufklärung weniger kosmopolitisch waren, als meist angenommen, sondern eher in nationalen Clustern stattfanden. (Ferguson 2018, S. 133).
1010 (Findlen 1991) und (Ray 2015).
1011 (Weller 2010, Block 20).
1012 (Goodman, David 1999, S. 142).
1013 (Goodwin 2016, S. 176).

Gegenreformation führte nach Lopez Pinero zu einer intellektuellen Isolierung des Landes.[1014] Die Inquisition behinderte durch ihre Zensurtätigkeit kulturelle Transferprozesse, so dass „der geistige Austausch zwischen Spanien und dem Rest Europas noch bis ins 18. Jahrhundert .... erheblich erschwert wurde."[1015] Bereits 1559 hatte der Generalinquisitor Fernando Valdés (1483-1568) auf einem ersten Index Bücher protestantischer Autoren verboten. Und die Indices von 1583-1584 enthielten insbesondere die Werke einiger bekannter Paracelsisten, so dass Goodman die Meinung vertritt, dass in Spanien „Paracelsian ideas were regarded as infected with Lutheranism".[1016] Im Gegensatz zur päpstlichen Inquisition, die Paracelsus als „Häretiker erster Klasse" bezeichnete und damit alle Schriften verbot, verfügte die spanische Inquisition allerdings nur die Streichung vieler Passagen seiner Werke. An einer Stelle wird er aber als „deutscher lutheranischer [sic!] Mediziner, Chirurg und Alchemist" bezeichnet.[1017] Die spanische Inquisition war damit ein wichtiger Faktor, der die Verbreitung des Paracelsismus in Spanien behinderte.[1018] Die Furcht vor der Inquisition führte außerdem zu einer drastischen Verringerung der Publikation von naturwissenschaftlichen Büchern.[1019] Aber nicht nur die katholische Kirche erschwerte den wissenschaftlichen Austausch; die von den spanischen Herrschern verordnete Geheimhaltung, insbesondere für die „Casa de Contratación", behinderte diesen in erheblichem Maße.[1020] Des Weiteren wurden die Verbindungen nach Europa durch ein Verbot Philipps II. stark eingeschränkt. In diesem wurde es spanischen Studenten untersagt, an ausländischen Universitäten mit Ausnahme von Rom, Bologna und natürlich Neapel zu studieren.[1021] Debus meinte, daraus eine Rückständigkeit der spanischen Universitäten auf dem Gebiet der Medizin und insbesondere der Iatrochemie für den Zeitraum von 1560 bis 1660 ableiten zu können,[1022] was durch neuere Forschung allerdings widerlegt wurde.[1023] Der wissenschaftliche Austausch wurde durch das Verbot aber deutlich eingeschränkt,

---

1014 (Lopez Pinero 1973, S. 119).
1015 (Weller 2010, Block 26).
1016 (Goodman, David 1999, S. 142).
1017 (Bogner 1994, S. 492-497).
1018 (Lopez Pinero 1973, S. 121).
1019 (Goodman, David 1999, S. 143).
1020 (Burns 2016, S. 51).
1021 (Grafton 2011, S. 24 und 85). Grafton bezeichnet die Stellung von Giambatista Vico (1668-1744) in Neapel als „isoliert".
1022 (Debus 1998, S. 239 f.).
1023 (Rey Bueno 2015).

auch wenn in der Gegenrichtung weiterhin ausländische Studenten spanische Universitäten besuchen durften. Dies wurde insbesondere von italienischen und irischen Studenten genutzt.[1024] Da persönliche Kontakte die Grundlage der hier betrachteten Netzwerke bildeten, ist es nicht verwunderlich, dass keine Verbindungen nach Spanien gefunden werden konnten. Außerdem waren alle vier Chemiker protestantischen Glaubens und vertraten mit Ausnahme von Libavius die als kritisch betrachteten Ideen des Paracelsismus. Auch wenn sowohl die Bücherzensur wie auch das Verbot des Studiums an ausländischen Universitäten sicherlich nicht lückenlos durchgesetzt werden konnten, können die fehlenden Verbindungen nach Spanien durch beide Gründe erklärt werden.[1025] Die in der Vergangenheit als „marginal" betrachtete Bedeutung Spaniens in der Wissenschaftsrepublik unterliegt aber zurzeit einer Korrektur in verschiedenen Projekten.[1026]

In Dänemark hatte der Paracelsismus durch Petrus Severinus und Andreas Kragius (1558–1600) schon frühzeitig Einzug gehalten, die Kontakte in dieses Land sind dadurch erklärbar. Demgegenüber waren das nördliche Skandinavien sowie die baltischen Gebiete nicht in die Netzwerke der vier Chemiker einbezogen. Die Universität in Uppsala war zwar bereits 1477 gegründet worden, ihre Lehrtätigkeit war aber nach der Reformation unterbrochen. Erst 1596 wurde sie als lutherische Universität wiedererrichtet. In den ersten Jahren diente sie aber neben der Ausbildung von Theologen hauptsächlich dem neu aufkommenden Bedarf an Beamten und Diplomaten: „Sie entwickelte sich erst jetzt von einer kleinen Bildungseinrichtung in einem abgelegenen Land zu einer Hochschule von gutem europäischem Zuschnitt."[1027] Erst ab der Mitte des 17. Jahrhunderts wurden Anstrengungen unternommen, den naturwissenschaftlichen und insbesondere den medizinischen Bereich auszubauen. Demgegenüber bestanden mehrere Verbindungen nach Polen, das schon früh über die Krakauer Universität den Anschluss an die mitteleuropäischen Wissenschaften gefunden hatte. Als zweite mitteleuropäische Hochschule bereits 1364 gegründet, lag der

---

1024 (Clouse 2011, S. 49).
1025 Möglicherweise könnte die Thematik Medizin/Chemie etwas mit diesen Einschränkungen zu tun haben. Auf dem Gebiet der Botanik unterhielt Carolus Clusius Verbindungen nach Spanien. (Egmond 2008, S. 73 f.) und (Barona 2007).
1026 S. z.B. „Mapping the Spanish Republic of Letters (1450–1650)": http://cdigs.uwindsor.ca/srl/ oder „An Intellectual Map of Science in the Spanish Empire, 1600–1810": http://republicofletters.stanford.edu/casestudies/spanishempire.html (Zugriffe am 17.11.2017).
1027 (Nevéus 2002, S. 404).

Schwerpunkt zunächst bei der Theologie, wo sie hohes Ansehen genoss. Bald darauf wurden aber Astronomie, Mathematik und Geographie besonders gefördert. „Ihren guten Ruf verdankte die Universität Krakau in der zweiten Hälfte des 15. und zu Beginn des 16. Jh. vor allem den stark vertretenen Freien Künsten,".[1028] Unabhängig von der katholischen Grundhaltung entstand ein reger Austausch von Ideen und Studenten. Der Paracelsismus war auch nicht unbekannt, denn bereits 1569 publizierte dort Adam Schröter (ca. 1525–ca. 1572) einige von Paracelsus' Werken.[1029] Kühlmann und Telle betonen an anderer Stelle die geographisch ausgedehnte Verbreitung des Paracelsismus zwischen Paris und Krakau.[1030] Nicht ganz unwichtig dürften an dieser Stelle die guten postalischen Verbindungen von und nach Krakau im Gesamtsystem der Reichspost sein, die den Briefverkehr erleichterten.[1031]

Und auch die Verbindungen nach Russland begannen sich zu entwickeln, auch wenn in dieser Arbeit dafür nur der Briefwechsel zwischen Turquet de Mayerne und Arthur Dee während dessen Aufenthalt am Zarenhof steht. Russland war nach Ansicht der Zeitgenossen im übrigen Europa kein Teil der Wissenschaftsrepublik, da es bis zu Peter I. (1672–1725) als rückständig betrachtet wurde, wie Bots und Waquet schreiben.[1032] Erst gegen Ende seiner Regierungszeit betrachtete man es als zugehörig zur europäischen Gelehrtenwelt.[1033] Wie man am Beispiel von Arthur Dee sehen kann, wurden erste Kontakte und Netzwerkstrukturen aber bereits deutlich früher begonnen. Allerdings steckte die Entwicklung der Chemie im Zarenreich im 16. und 17. Jahrhundert noch in den Kinderschuhen. Nach Figurovskij soll zwar angeblich das Niveau der technischen Chemie in Bergbau und Metallurgie bis zum Ende des 16. Jahrhunderts auf einem ähnlichen Stand wie in Westeuropa gewesen sein, jedoch „existierten im Moskauer Russland augenscheinlich weder Alchimisten noch alchimistische Laboratorien."[1034] Gleiches gilt für die wissenschaftliche Literatur auf diesen Gebieten, die zuvor zwar in einigen Handschriften existierte, aber erst um 1600

1028 (Rhode 1990, S. 649).
1029 (Kühlmann und Telle 2001, 2004 und 2013, Teil 3, S. 98–100).
1030 Ebd. Teil 2, S. 10: „In welche geographische Weiten zwischen Paris und Krakau …. sich das Netzwerk der paracelsistischen, in der Regel vom Alchemo-Hermetismus faszinierten >Gegenkultur< ausbreitete, wird …. in geradezu frappierender, weitere Forschungen anregender Evidenz verdeutlicht."
1031 (Behringer 2003, S. 96).
1032 (Bots 1997, S. 72 und 85).
1033 (Burke 2001, S. 74).
1034 (Figurovskij 1963, S. 361).

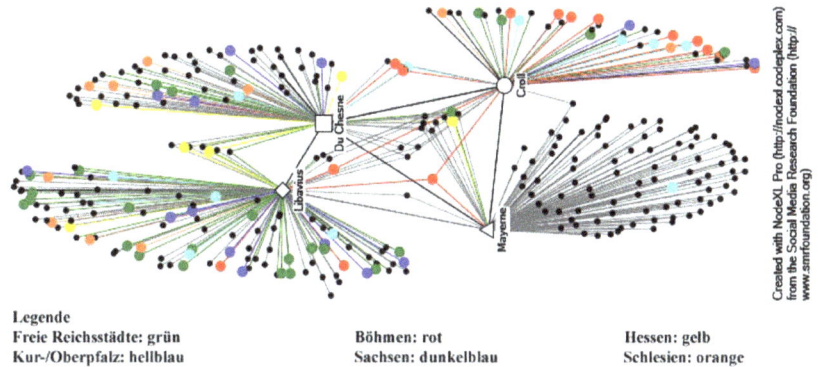

Abbildung 13: Hauptnetzwerkverbindungen der Korrespondenten innerhalb des Reichs

in beträchtlichem Maße aus Westeuropa nach Russland kam.[1035] Diese Entwicklung wurde durch die Mitte des 16. Jahrhunderts sich anbahnenden verstärkten Handelsbeziehungen zwischen Russland und England bzw. den Niederlanden gefördert. Neben Arthur Dee kamen weitere Ärzte und Chemiker an den Zarenhof. Waren es unter Michael I. neben Dee anfangs nur drei Holländer und drei Deutsche, so wuchs ihre Zahl dann, insbesondere unter seinem Nachfolger Aleksei I. (1629–1676), deutlich an.[1036] Dee war auf Geheiß des Zaren unterwegs, um neben der pharmazeutischen Chemie auch die chemische Metallurgie weiter zu entwickeln.[1037] Er muss daher über sein eigenes Netzwerk in Russland verfügt haben.

Für Libavius und Croll ist die überwiegende Anzahl der Briefpartner im Heiligen Römischen Reich zu finden, aber auch Du Chesne besaß eine größere Anzahl von Verbindungen ins Reich. Einzig Turquet de Mayerne hatte hierhin nur wenige Kontakte.

Zusammengenommen stehen die Freien Reichsstädte bei Libavius, Croll und Du Chesne zahlenmäßig an der Spitze, und hier insbesondere Nürnberg und Straßburg. Bei Libavius liegen weitere Schwerpunkte seines Netzwerks in Sachsen und der Pfalz, während bei Croll die Verbindungen innerhalb Böhmens dominieren. Dort hielt sich eine große Anzahl von Korrespondenten auf, und

---

1035 (Figurovskij 1966, S. 48 und 58 f.).
1036 (Figurovskij 1963, S. 363).
1037 (Abraham 2007, S. 100 f.).

alle vier Chemiker besaßen Kontakte dorthin. Innerhalb der böhmischen Krone kam den schlesischen Herzogtümern große Bedeutung in den Netzwerken zu; Libavius, Du Chesne und Croll besaßen dort Briefpartner. Der Hauptgrund dürfte darin zu sehen sein, dass sich in Schlesien mehrere Zentren des Paracelsismus und ganz allgemein der Chemie entwickelt hatten. Eine weitere zentrale Rolle spielte Hessen mit den Ärzten und Chemikern im Umfeld des Landgrafen Moritz und dem Landgrafen selbst. Insbesondere bestanden dorthin die Verbindungen von Libavius und Du Chesne. Allerdings stehen diesen Schwerpunkten die vielen Einzelgebiete des Reichs gegenüber. Sie erschweren eine eindeutige Analyse der räumlichen Struktur der Netzwerkverbindungen. Ausgehend von der Eidgenossenschaft im Südwesten zogen sich die Schwerpunkte der Kontakte wie ein breites Band durch die Mitte des Reichs nach Norden und Osten. Dieses Band beinhaltete das Herzogtum Württemberg, die Pfalz, den gesamten fränkischen Reichskreis, Hessen, die sächsischen Gebiete und das Erzbistum Magdeburg sowie Böhmen einschließlich Schlesien. Sowohl im norddeutschen Flachland sowie in Bayern und den österreichischen Gebieten befanden sich nur sehr wenige Korrespondenten, die Gebiete waren allerdings auch nicht vollkommen ausgeschlossen. Dennoch verwundert es, dass nicht mehr Kontakte in die Hansestädte, zur Universität Rostock oder an den mecklenburgischen Fürstenhof aufgefunden wurden. An der Universität Rostock war schon frühzeitig die paracelsische Iatrochemie in den Lehrplan der Medizin aufgenommen worden.[1038] Allerdings besuchte keiner der Medizinprofessoren, die zwischen 1567 und 1637 dort lehrten, eine der Universitäten, die für die Bildung des Netzwerks der betrachteten vier Chemiker von Bedeutung waren.[1039] Insofern ist es nicht erstaunlich, dass sie keinem der betrachteten Netzwerke angehörten. Allerdings gehörten drei Studenten der Universität zu den Korrespondenten von Libavius bzw. Du Chesne: Matthias Carnarius (1562–1620), Franciscus Parcov (1560–1611) und Duncan Liddel (1561–1613).[1040] Die weiteren Verbindungen dieser drei sind hier allerdings nicht untersucht worden. Wie an anderen Fürstenhöfen wurde auch in Mecklenburg der Goldmacherei nachgegangen. Allerdings waren dort nicht weiter in Erscheinung getretene Chemiker tätig, und die Arbeiten erfolgten im Geheimen ohne Kontakte nach außen. Ohne Erfolg wurden die

---

1038 (Boeck 2017). Ich danke Frau Dr. Gisela Boeck, Universität Rostock, für Ihre Hinweise zur Iatrochemie an der Universität Rostock.
1039 Die einzige Ausnahme ist Jacob Fabricius (1576–1652), der 1602 in Jena zum Dr. med. promoviert wurde. (Fromm 1877).
1040 S. Anhänge 8.1.3. und 8.6.

Bemühungen wohl noch vor dem Tod Herzog Ulrichs III. (1527–1603) zunächst eingestellt.[1041] Immerhin ist an den Herzog zumindest ein Brief von Jacob Alstein (um 1570/75-nach 1620)[1042] aus dem Jahr 1602 gerichtet, der zum Bekanntenkreis von Du Chesne gehörte.[1043]

Aus den Briefen geht nicht hervor, ob geographische oder herrschaftliche Gründe eine Rolle für diese räumliche Verteilung spielten. Für die Konzentrierung der Kontakte auf die jeweilige „Heimregion" dürften zunächst praktische Gründe eine Rolle gespielt haben. Das öffentliche Postwesen war im Entstehen begriffen und hatte erst vor noch nicht allzu langer Zeit Privatpersonen Zugang gewährt. Allerdings konnten sich alle vier Chemiker mehr oder weniger auch des Botensystems ihrer Könige und Fürsten bedienen, wie es zumindest bei Du Chesne dokumentiert ist. Der Brieftransport über weite Distanzen war natürlich mit größeren Schwierigkeiten und Gefährdungen sowie längeren Laufzeiten verbunden. Demgegenüber spielten Landesgrenzen keine größere Rolle. Es konnten keine Behinderungen der Netzwerkstrukturen festgestellt werden, weder durch einen direkten politischen Einfluss der Landesherren noch durch ihre Einwirkung auf postalische Strukturen. Dies gilt sowohl für die Briefe als auch für mitgesandte Bücher oder chemische Stoffe. Sowohl die Ausgangsmaterialien für die Goldmacherei als auch fertige Präparate in der Iatrochemie unterlagen anscheinend keinen Beförderungsbeschränkungen oder wurden durch Landesgrenzen an der Verteilung behindert, jedenfalls wird dies in keinem Brief thematisiert. Stichweh sieht einen Grund für diese „erstaunliche Internationalität" darin, dass die wirtschaftlichen Verflechtungen in einem „ökonomisch integrierten europäischen Raum" die politische Zerteilung überlagerten.[1044] In allen Briefen ist wenig von einem ausgeprägten Nationalismus zu merken, was für das 16. und 17. Jahrhundert wohl allgemein für den Austausch von Informationen und Stoffen in der Chemie gilt. Erst in der Mitte des 18. Jahrhunderts begann ein verbaler Kampf um die nationale Vorherrschaft in der Chemie. In seiner Antrittsvorlesung an der Universität Göttingen behauptete der Medizinprofessor Rudolph Augustin Vogel (1724–1774), dass „Deutschland" mehr hochqualifizierte Chemiker ausgebildet habe als England, Frankreich, Schweden und Italien zusammen genommen.[1045] Und in Frankreich schrieb der französische

---

1041 (Neumann, Carsten 2006, S. 181 f.).
1042 S. Anhang 8.6.
1043 (Paulus, Julian 1998a).
1044 (Stichweh 1984, S. 42 f.).
1045 (Hufbauer 1982, S. 83).

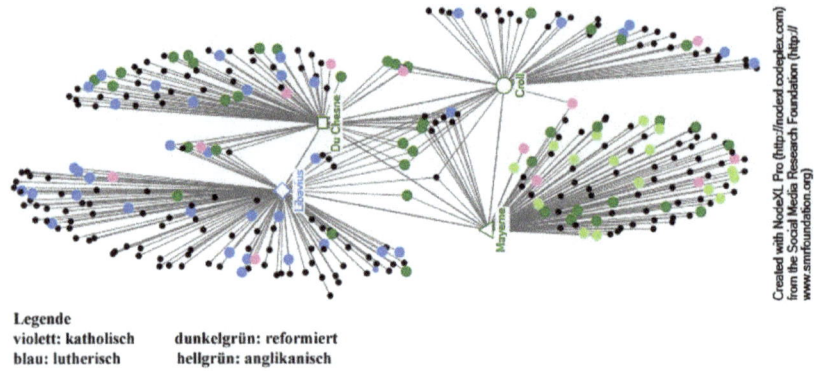

Legende
violett: katholisch   dunkelgrün: reformiert
blau: lutherisch   hellgrün: anglikanisch

Abbildung 14: Konfessionen der Korrespondenten. Die konfessionelle Zugehörigkeit konnte nicht für alle Korrespondenten ermittelt werden. Die Vielzahl der bekannten Zuordnungen lässt jedoch die getroffenen Schlussfolgerungen zu. Diese dürften sich nicht wesentlich verändern, wenn die Konfession weiterer Korrespondenten gefunden werden kann.

Chemiker Adolphe Wurtz (1817–1884) in der Einleitung seines Wörterbuchs der Chemie: „La chimie est une science française."[1046]

Kam den Landesgrenzen als politischen Unterteilungen keine Bedeutung für die Netzwerke zu, so muss jedoch ihre Eigenschaft als Trennung konfessionell unterschiedlicher Gebiete betrachtet werden, auch wenn die Einheitlichkeit des Glaubens in jedem Herrschaftsgebiet nur bedingt gegeben war. Die Briefe lassen zunächst keine Beschränkungen durch politische Gesichtspunkte oder Glaubensfragen erkennen. Jeder der hier betrachteten vier Chemiker hatte Briefpartner verschiedener Konfessionen, auch wenn die Korrespondenten der eigenen Glaubensgemeinschaft überwiegen. Jeder der vier protestantischen Chemiker hatte aber zumindest einen katholischen Briefpartner. Insofern kann der Feststellung Goldgars einer Überkonfessionalität der Gelehrtenrepublik nicht widersprochen werden. Sie hatte anhand vieler Beispiele festgestellt: „The history of the Republic Letters is in many ways a history of joint ventures between people of different nations and different communions."[1047]

Am wenigsten einheitlich ist das Netzwerk Crolls. Zwar überwiegen die Reformierten, was auf Grund der eigenen Konfession nicht verwunderlich ist;

1046 (Wurtz 1869, S. I).
1047 (Goldgar 1995, S. 185).

ihnen stehen aber eine größere Anzahl Lutheraner und drei Katholiken gegenüber. Wie nicht anders zu erwarten, waren die meisten Briefpartner Turquet de Mayernes Anglikaner, da viele von ihnen in England lebten. In seinem Netzwerk spielt, wie gesehen, die regionale Verteilung eine große Rolle. Neben einer Vielzahl von Reformierten findet man bei ihm aber auch fünf Katholiken. Auf den ersten Blick scheint es, dass der Konfession keine größere Bedeutung zugemessen werden kann. Allerdings gehörten bei Turquet de Mayerne wie auch bei Du Chesne die meisten wissenschaftlichen Briefpartner dem reformierten Glauben an. Man kann annehmen, dass der Calvinismus für den Zusammenhalt der beiden Netzwerke eine zentrale Bedeutung hatte. Dabei ist es die Zugehörigkeit zur calvinistischen Religionsgemeinschaft und nicht die calvinistische Glaubenslehre an sich, die das Netzwerk prägt. Dies lässt sich an der Auswahl der Korrespondenten festmachen, denn in den Briefen wurde nicht über Glaubensfragen diskutiert. Die inhaltliche Verbindung zwischen den Beteiligten ist durch Fragestellungen aus Chemie und Medizin gegeben, der zunächst nicht offensichtliche Überbau der Beziehungen lässt sich an der Zuordnung zum Calvinismus festmachen. Beide Chemiker waren durch ihre Lebensläufe in ihrem Glauben geprägt. Deshalb ist es nicht verwunderlich, dass die Reformation den Netzwerken ihren Stempel aufprägte. Es ist in dieser Arbeit nicht von Bedeutung und wird deshalb nicht weiter verfolgt inwieweit Du Chesne, Turquet de Mayerne und ihre Briefpartner Teil von übergeordneten protestantischen Netzwerken waren, die sich innerhalb Europas entwickelt hatten.[1048] Genau so wenig soll hier der vollmundig formulierten Behauptung über „Angehörige der calvinistischen Alchemikerinternationale" in einem „Satellitensystem Moritz" von Kühlmann und Telle nachgegangen werden, für das die beiden Autoren neben Du Chesne allerdings nur wenige weitere Chemiker benennen.[1049] Sicherlich sind Du Chesne und Turquet de Mayerne Beispiele für die Vielzahl von Netzwerken, die von Hugenotten geprägt waren und eine bedeutende Rolle in der Gelehrtenrepublik spielten.[1050] Einer der Gründe für die Bevorzugung von Glaubensgenossen auf dem Gebiet der Goldmacherei ist sicherlich darin zu sehen, dass sich Du Chesne kurz vor Erreichen des Ziels einer Metalltransmutation sah. Es hat den Anschein, als ob er einen solchen Erfolg und den damit verbundenen wirtschaftlichen, politischen und ideellen Nutzen bevorzugt mit seinen Glaubensgenossen teilen wollte. Daneben erhöhte die gemeinsame religiöse Überzeugung

---

1048 (Lachenicht 2010, S. 47).
1049 (Kühlmann und Telle 2001, 2004 und 2013, Teil 3, S. 1156).
1050 (Lachenicht 2016, S. 259).

die Verlässlichkeit der Korrespondenten und war damit ein weiterer Baustein zu einer angestrebten Vertraulichkeit.

Bei dem Lutheraner Libavius überwiegen die protestantischen Briefpartner, in seinem Fall die Lutheraner. Wiederum ist für diese Unterteilung eher die regionale Zuordnung von Bedeutung als der konfessionelle Unterschied. Der Befund, dass die meisten Kontaktpersonen in protestantisch regierten Gebieten lebten, ist wenig erstaunlich. Er entspricht der allerdings kontrovers diskutierten „Merton-These",[1051] die besagt, dass die durch den Puritanismus erzeugte Grundstimmung im England des 17. Jahrhunderts eine, wenn auch nicht die einzige, der treibenden Kräfte bei der Entwicklung der Naturwissenschaften zu dieser Zeit war. Eisenstein betont die Bedeutung des Buchdrucks, der sich in den protestantischen Gebieten größerer Freiheit erfreut haben soll, und relativiert den Einfluss der puritanischen Arbeitsethik.[1052] Der Katholizismus wurde als hemmend für eine Veränderung der wissenschaftlichen Ideen und Arbeitsweisen betrachtet, allerdings nicht in einer Stärke, die nicht durch andere Faktoren überlagert werden konnte.[1053] Die katholische Kirche hatte sich besonders durch die Arbeiten von Thomas von Aquin (ca. 1225–1274) mit den Lehren von Aristoteles und Galen über die Jahrhunderte arrangiert[1054] und stand den neuen Entwicklungen in den Naturwissenschaften kritisch gegenüber. Besonders in spanischen und portugiesischen Universitäten herrschte der Aristotelismus bis ins 18. Jahrhundert vor.[1055] Die Netzwerke der vier Chemiker widersprechen der „Merton-These" nicht, können allerdings auch nicht als Beweis dafür angesehen werden. Noch einen Schritt weiter geht Trevor-Roper mit der Behauptung, dass der Paracelsismus in Frankreich mit dem Calvinismus verbunden wurde: „While in Germany it remained amorphous and unorganised, in France it became

---

1051 (Merton 1978, S. 238): „On the basis of the foregoing study, it may not be too much to conclude that the cultural soil of seventeenth century England was peculiarly fertile for the growth and spread of science." Wie die verteidigende Arbeit von Shapin zeigt, wurde die Merton These viel und kontrovers diskutiert. (Shapin 1988).
1052 (Eisenstein 1983, Kap. 7).
1053 (Shapin 1988, S. 596).
1054 (Newman 1998b): „Er [Thomas von Aquin] wurde zum wohl bedeutendsten Theologen seiner Zeit, indem er den überlieferten Augustinismus (d.h. das auf den Kirchenvater *Augustinus* (354–403) zurückgehende Lehrgebäude) mit den (vorchristlichen) Lehren des *Aristoteles*, die erst damals im Abendland in ihrem ganzen Umfang bekanntgeworden waren, in einer philosophisch-theologischen Synthese zusammenführte und damit das christliche Denken weit über seine Zeit maßgeblich prägte."
1055 (Burns 2016, S. 29 und 96).

associated with a specifically French religion, Calvinism."[1056] Im weiteren Verlauf soll er dann ganz allgemein als protestantische Ketzerei in den katholischen Ländern in Verruf gekommen sein.[1057] Ein Beispiel für die Ablehnung der paracelsischen Iatrochemie durch die Inquisition muss auch in der Verurteilung Johan Baptista van Helmonts in den spanischen Niederlanden gesehen werden. Ähnlich wie Galilei wurde er ab 1634 für einige Jahre unter Hausarrest gestellt, weil er den abergläubischen Lehren des Paracelsus gefolgt sei.[1058] Wie beschrieben befand sich kein Korrespondent in Spanien und dem von ihm verwalteten Gebieten, aber auch nicht im habsburgischen Österreich sowie mit Ausnahme der Freien Reichsstädte im Herzogtum Bayern.

Die Rolle von Louise Robot, Madame de Martinville, und Mademoiselle Sabatier in der Struktur der Netzwerke konnte im Rahmen dieser Arbeit nur ansatzweise untersucht werden, eine eigene, detaillierte Erforschung ihrer Personen und ihrer Arbeiten wäre wünschenswert. Insbesondere Martinville gehörte zum Kreis der Goldmacher um zwei der bekanntesten Chemiker ihrer Zeit, Du Chesne und Turquet de Mayerne. Ihr Name wird in den Briefen anderer Chemiker an die beiden mehrfach erwähnt. Ihre Schriften befinden sich in vielfältiger Ausfertigung und Übersetzung in verschiedenen, weltweit verstreuten Archiven. Aus diesen Gründen wäre es verwunderlich, wenn sie nicht selbst einen umfangreichen Briefverkehr geführt haben sollte. Es muss davon ausgegangen werden, dass sie nicht nur mit den Korrespondenten in den Netzwerken von Du Chesne und Turquet de Mayerne Kontakt hatte, sondern zusätzlich über einen eigenen Bekanntenkreis verfügte. Noch schwieriger gestalten sich Aussagen über die Einbindung von Mademoiselle Sabatier. Auch sie war mit beiden Chemikern bekannt. Leider konnte ihre Identität nicht weiter aufgeklärt werden, so dass auch keine Erkenntnisse über eine mögliche Einbindung in die Netzwerkstrukturen zur Verfügung stehen.

Selbstverständlich korrespondierten die frühneuzeitlichen Chemiker mit ihren Kollegen nicht nur über chemische Fragestellungen. Da die meisten von ihnen Medizin studiert hatten und ihren Beruf zum Teil auch noch ausübten, waren viele auch in die „res publica medica" eingebunden.[1059] Die Themen von

---

1056 (Trevor-Roper 1998, S. 119).
1057 Ebd. S. 121: Thus, by a double process of Catholic rejection and radical Protestant syncretism, Paracelsianism, from an independent system, neither Catholic nor Protestant, gradually became, in effect, an ill-defined heresy."
1058 (Clericuzio 1998, S. 169).
1059 Das Medizinstudium führte zu weiteren Vernetzungen auf dem Gebiet der Naturwissenschaften; so z.B. in der Botanik. (Egmond 2008).

Korrespondenzen und Büchern waren dort sachliche Probleme der Medizin, aber auch Konsilien und medizinische Fallbeschreibungen.[1060] Die frühneuzeitlichen Chemiker waren über die jeweilige Thematik in beide Teile der Wissenschaftsrepublik eingebunden. Des Weiteren korrespondierten die in dieser Arbeit betrachteten Chemiker auch mit Repräsentanten der allgemeinen Gelehrtenrepublik. So sind zum Beispiel Briefe von Libavius an den humanistischen Philologen David Höschel und den lutherischen Theologen Johannes Major erhalten. Du Chesne war persönlich mit Theodore Beza bekannt und führte Zeit seines Lebens einen regen Briefwechsel mit ihm. Außerdem binden ihn seine diplomatischen Kontakte in verschiedene politische Netzwerke ein. Croll korrespondierte mit dem Philologen und Historiker Martin Crusius sowie mit der Dichterin Elisabeth Johanna von Weston. Wie Du Chesne besaß Turquet de Mayerne vielfältige diplomatische Kontakte in der Welt der Adligen. Außerdem war er mit Isaac Casaubon (1559–1614), den Trevor-Roper als „prince of European scholars"[1061] bezeichnet, und mit einem der berühmtesten Gelehrten der Zeit, Joseph Scaliger (1540–1609),[1062] befreundet. Da sich diese Arbeit aber thematisch auf das Gebiet der Chemie beschränkt, sind Verbindungen dieser Art nicht weiter untersucht und ermittelt worden. Die Briefe mit den oben erwähnten Partnern behandeln jedenfalls in keinem Fall chemische Fragestellungen. Andererseits wird durch diese Verbindungen deutlich, dass die zunächst über ihre Thematik in sich abgeschlossen erscheinende Struktur der Chemikernetzwerke durch weitere Themen und Kontakte in andere Teile der Gelehrtenrepublik eingebunden war. Allerdings war die Einbindung auf Grund der speziellen Thematik nicht so weitgehend, wie Dauser dies für die Botanik beschrieben hat.[1063] Die „res publica chemica" war allenfalls personell, aber nicht sachlich, mit der „res publica litteraria" verbunden. Über die Stärke der Verbindungen kann auf Grund der unvollständigen Überlieferungslage keine konkrete Aussage getroffen werden. Deshalb ist es auch hier nicht möglich, einen eindeutigen Schluss auf das Vorhandensein einer „Granovetter World" zu ziehen. In den Vordergrund tritt aber das bereits beschriebene Modell der Gelehrtenrepublik, die in ihrer Gesamtheit nicht aus einem einheitlichen, umfassenden Netzwerk, sondern aus miteinander verbundenen

---

1060 (Pomata 2010).
1061 (Trevor-Roper 2006, S. 28).
1062 Ebd. S. 126.
1063 (Dauser 2008, S. 14).

und verwobenen Schichten bestand.[1064] Diese vorgeschlagene Struktur trifft sowohl auf die Chemikerkontakte wie auch auf deren Verbindungen in die „res publica medica" sowie die allgemeine Gelehrtenrepublik zu. Die Ebene der Chemikernetzwerke ist durch ihre eigene wissenschaftliche Thematik gekennzeichnet. Personell überlappt sie mit den Netzwerken der Mediziner, die wiederum durch ihre spezifischen Themenkreise geprägt waren. Mit anderen Schichten wie Philosophie, Theologie, Diplomatie, Geschichtswissenschaften und Dichtkunst ist sie über einzelne, eher lose Kontakte verbunden, die fachlich nichts mit der Chemie zu tun haben.

Und last but not least müssen neben den personellen Akteuren auch die materiellen Aktanten der Netzwerke in Betracht gezogen werden, wenn man den Anregungen der „actor-network theory" folgt. Wie beschrieben, sind die Briefe selbst ein unverzichtbarer Bestandteil der Netzwerkstrukturen. Besonders Croll nutzte sie häufig zum Nachvollzug der Beförderung; sie waren zur Organisation und Aufrechterhaltung seines Netzwerks von großer Bedeutung. Aber auch Du Chesne beklagte sich in seinen wenigen erhaltenen, von ihm selbst geschriebenen Briefen über Unregelmäßigkeiten auf dem Versandweg, insbesondere beim Versand von Chemikalien. Demgegenüber werden weder bei Libavius noch bei Turquet de Mayerne Hinweise auf andere Briefe oder deren Zustellungsart gefunden, es sei denn, sachliche Gründe spielten eine Rolle bei der Bezugnahme. Es gibt in den Korrespondenzen weiterhin keine Anzeichen dafür, dass der Streit zwischen den städtischen „Ordinari-Botensystemen" und der 1596/97 neu gegründeten Reichspost oder die noch fehlenden Regionalnetze[1065] den Briefverkehr im Heiligen Römischen Reich behinderten. Der von Behringer gefundene Rückgang von Beschreibungen über die Art und Weise der Kommunikationswege[1066] kann in den Briefen der Chemiker nachvollzogen werden. In der Organisation der Netzwerke dienten die Briefe der frühneuzeitlichen Chemiker außerdem zur Begleitung und Ankündigung weiterer Schriften, aber auch von Materialien. Oft wurden die chemischen Fragestellungen nicht direkt im Brief besprochen, sondern in Beilagen angefügt, was sich insbesondere bei Herstellungsvorschriften als vorteilhaft erwies. Desgleichen wurde der Austausch von Büchern in den Briefen geregelt. Diese waren ein weiterer wichtiger Baustein in den Netzwerken. Sie waren für den wissenschaftlichen Austausch unerlässlich, unterlagen aber auch den Gepflogenheiten der Gelehrtenrepublik. Das Gegenseitigkeitsprinzip

---

1064 (Pal 2012, S. 1 und 12).
1065 (Behringer 2003, Kap. 2).
1066 Ebd. S. 107.

erforderte es, dass dem jeweiligen Chemiker für jedes erhaltene Buch ein anderes geschickt werden musste, oder eine andere Art der Abgeltung stattfand. Dabei spielte es keine Rolle, ob es sich um eine eigene Veröffentlichung handelte oder um die Hilfe bei der Beschaffung fremder Bücher, die im Gebiet des eigenen Wohnorts nicht erhältlich waren. Insofern kam insbesondere den Buchmessen als eigenen Aktanten große Bedeutung zu. Die vielleicht wichtigsten materiellen Aktanten in den Netzwerken der frühneuzeitlichen Chemiker, die in Verbindung mit den Briefen standen, waren aber ganz materieller Art: sowohl Materialien zur Goldherstellung wie auch Heilmittel, und insbesondere die chemischen Ausgangsstoffe beider, spielten eine überragende Rolle. Latour betont in seinem sechsten Prinzip die Verbreitung aller verschiedenen Hilfsmittel in Netzwerken, um eine wissenschaftliche Entwicklung zu ermöglichen.[1067] Damit erweitert er die zunächst geforderte schriftliche Beschreibung von Geräten und Verfahren um materielle Dinge. Das beste Beispiel für diese Materialität ist das geheimnisvolle, oft erwähnte „rote Pulver". Es gehörte nicht mehr Du Chesne allein, sondern hatte sich in seinem Netzwerk verselbstständigt. Es war im Besitz mehrerer Personen unter voneinander abweichenden Umständen, an verschiedenen Orten und Laboratorien, zu unterschiedlichsten Zwecken und Zusammenhängen, und es wirkte zeitlich nicht festgelegt über viele Jahre. Aber auch besonderen Medikamenten wurde eine ausgezeichnete oder eine ganz spezielle Heilwirkung zugesprochen. Sie wurden ausgetauscht und führten in vielen Fällen ein Eigenleben im Netz. Und wie wichtig ganz bestimmte Grundstoffe für das Gelingen von chemischen Verfahren waren, hat Principe in einem Eigenversuch dargestellt.[1068] Dieser Austausch von Chemikalien ist eine Besonderheit in den Netzwerken der Chemiker. Zwar wurden materielle Dinge auch in anderen Netzen ausgetauscht, sie dienten dann aber eher zur Information oder zur Bereicherung von Sammlungen.[1069] Besonders die Botaniker schickten massenhaft

---

1067 (Latour 1987, S. 259).
1068 (Principe 2013b, S. 141–143).
1069 So fehlen Chemikalien in der ansonsten recht umfangreichen Aufzählung von Kempe. (Kempe 2004, S. 418): „Solche in den Netzwerkverbindungen kursierenden Pakete konnten die verschiedensten Dinge enthalten: neben Druckwerken und Pflanzen auch Fossilien, Mineralien, Kristalle, Mikroskop-Präparate, Münzen, Abbildungen, Karten, Portraits, Medaillen, archäologische Funde, medizinische Heilmittel, wissenschaftliche Instrumente oder handwerkliche Produkte."

Pflanzen, und alles was damit zu tun hatte, durch die ganze Welt. Einzig die ausgetauschten Samen und Setzlinge wurden ähnlich den Chemikalien in der Praxis weiterverwendet.[1070] Bei allen ausgetauschten Gegenständen war der materielle Wert von untergeordneter Bedeutung. Allein die Handlung der gegenseitigen Hilfestellung wurde gewürdigt. Die Materialien wurden nicht als Handelsware, sondern als „Geschenke" ohne einen transparenten Preis verstanden.[1071]

1070 (Dauser 2008, S. 13).
1071 Ebd. S. 12.

6. Teil: Netzwerkstrukturen und Entwicklungen in der Chemie

6.1. Chemische Briefe: Gegenstand und Zielsetzung

Die Korrespondenznetzwerke der vier betrachteten Chemiker erlauben einen Überblick über den Stand und die Entwicklungen der Chemie um 1600. Von besonderer Bedeutung sind in diesem Zusammenhang drei Bereiche. Zum Ersten handelt es sich dabei um die Fachsprache mit ihrer Nomenklatur und Symbolik sowie um die Systematisierung der Chemie mit ihren in der Vergangenheit oft ungeordneten Gesetzmäßigkeiten und Darstellungen. Zum Zweiten betrifft dies die Präzisierung der Beschreibung von Substanzen, Ausgangsstoffen, Endprodukten und Verfahren unter Einbezug quantitativer Angaben. Und zum Dritten lassen sich Rückschlüsse auf die Art der Veränderungen und die Ausformung der Chemie zu einer eigenständigen Disziplin ziehen. Als kennzeichnend für die „Alchemie des Mittelalters" wird von vielen Wissenschaftshistorikern die bewusste Ungenauigkeit und Verschleierung von Gegebenheiten gesehen. Dies wird mit Geheimhaltungsaspekten begründet. Dieser Grund ist in der Vergangenheit als bedeutend für die wirtschaftliche Nutzung von Erfindungen betrachtet worden.[1072] Allerdings sehen ihn viele Historiker in der Frühen Neuzeit nur als kurzzeitigen Garanten für einen ökonomischen Vorteil an, da Neuerungen selten lange geheim gehalten werden konnten.[1073] Zum anderen barg nach Ebeling die Möglichkeit, die Natur und damit das Werk Gottes zu verändern, aus theologischer, aber auch aus moralischer und sozialer Sicht, große Gefahren.[1074] Die Weitergabe von Erkenntnissen geschah deshalb oft auf mündlicher Basis oder vielleicht auch in ungenauer Form. Mit der Schriftlichkeit und insbesondere seit der Erfindung und Verbreitung des Buchdrucks kam eine weitere Möglichkeit hinzu, chemische Erkenntnisse wirtschaftlich zu verwerten. Nicht nur mit dem Resultat von Herstellungsverfahren ließ sich Geld verdienen, sondern auch mit ihrem Verkauf in gedruckter Form, oder wie Nummedal

---

1072 Der Verkauf chemischer Stoffe, sei es als Heilmittel oder Kosmetikum, wurde oft zur Aufbesserung der Lebensgrundlage genutzt. Zusätzlich erzeugte „geheimes Wissen" allgemeines Ansehen. (Roos 2014, S. 95).
1073 (Smith 2011, S. 51).
1074 (Ebeling 2001).

es ausdrückt: „Alchemical knowledge itself had become a commodity."[1075] Den Gefahren aus theologischer Sicht wurde von einigen Wissenschaftlern zwar immer noch große Bedeutung zugemessen, aber sie versuchten, eine Integration zu erzielen, wie das Beispiel von Crolls Vorwort zu seiner „Basilica Chymica" zeigt. Mit der Publikation von Rezepten sollten aber auch Eigentumsrechte an bestimmten Heilmitteln erzeugt werden.[1076]

Vor der Einführung wissenschaftlicher Zeitschriften in der zweiten Hälfte des 17. Jahrhunderts spielte der Briefwechsel zur Weitergabe und Diskussion des Wissens neben der Publikation von Büchern die Hauptrolle; später diente er allerdings noch über lange Zeit als Ergänzung. Briefe waren wegen ihrer Anpassungsfähigkeit, aber auch ihrer Direktheit, ein Mittel zum relativ schnellen Gedankenaustausch. Sie konnten formlos geschrieben werden und besaßen zumindest einen gewissen Grad von Vertraulichkeit.[1077] Allerdings bestand die Gefahr, dass sie abgefangen oder geöffnet wurden. Außerdem konnten sie zum Zweck einer späteren Veröffentlichung gesammelt und aufbewahrt werden. Der Briefwechsel diente vielfältigen Zwecken. Eigene Erkenntnisse konnten geschildert und mit den Erfahrungen aus der Vergangenheit verglichen werden. Daran anschließend war eine erste Diskussionsmöglichkeit über das für und wider neuer Ergebnisse und Theorien gegeben. Briefe besaßen aber auch eine Dokumentationsfunktion. Durch sie konnten Begriffe und Ordnungssysteme festgelegt und Ansprüche auf die Erstmaligkeit von Erkenntnissen oder Erfindungen belegt werden. Dies musste nicht unbedingt finanzielle Vorteile zur Folge haben, der wissenschaftliche Ruhm für die Nachwelt war genauso wichtig. Eine hohe Bedeutung besaß auch die Größe des Netzwerks. Je mehr Chemiker von den eigenen Gedanken und Vorschlägen überzeugt werden konnten, umso größer war die Wahrscheinlichkeit, dass sich eigene Konzepte in der wissenschaftlichen Gemeinschaft durchsetzten. Die Fähigkeit von Netzwerken, Einfluss zu verschaffen, wird an dieser Stelle sichtbar.[1078] In der „actor-network theory" wird ein Übertragungsprozess von ersten, noch ungegliederten Beobachtungen in feste, zusammenhängende Fakten und Gedankengebäude beschrieben. Die Briefe spielen in allen vier Phasen, die Callon beschreibt,[1079] eine große Rolle.

1075 (Nummedal 2002, S. 204). Und auf S. 217 führt Nummedal weiter aus: „Those who purchased and peddled alchemical knowledge in the decades around 1600 operated in a world in which alchemical value was defined in terms of utility and profit."
1076 (Eamon 2011, S. 32).
1077 (Eamon 1990, S. 353).
1078 S. dazu (Ferguson 2018, S. 15).
1079 (Callon 1986, S. 196).

Besonders bedeutend sind sie dabei für die erste Stufe der „problematisation". In ihnen werden beim Aufbau der Netzwerke die gemeinsamen Probleme und Untersuchungsgegenstände festgelegt und diskutiert. Dabei wird bereits deutlich, dass insbesondere die Zentralpersonen für die jeweiligen Netzwerke unentbehrlich werden.

Mauelshagen betont, dass Briefe in dieser Zeit nicht dem Privatleben zuzuordnen waren, wie es wohl hin und wieder zu lesen ist. Seine nachfolgende These, dass frühneuzeitliche Briefe nicht durch einen „individuellen Autorenstil" geprägt sind, lässt sich allerdings durch die Briefe der betrachteten Chemiker nicht bestätigen.[1080] Alle vier schreiben in einer Art und Weise, die durch ihre Persönlichkeit, aber auch durch ihr gesellschaftliches Umfeld, beeinflusst ist.[1081] Auch wenn die chemischen Briefe an eine einzelne Person adressiert waren, können sie nur in den seltensten Fällen als „privater Brief" gelten.[1082] Wissenschaftliche Briefe wurden einzeln veröffentlicht oder gesammelt und dann als gedrucktes Buch in Umlauf gebracht, sie erreichten meistens die „Öffentlichkeit". Auch wenn dieser Begriff in der Frühen Neuzeit in seiner heutigen sprachlichen Form nicht verwendet wurde, bezeichnet er jedoch die Sachlage.[1083] Ich möchte nicht in die Diskussion um die Habermas'schen Definitionen von „bürgerlicher Öffentlichkeit", „repräsentativer Öffentlichkeit" oder „politischer Öffentlichkeit des Sozialstaates" eintreten.[1084] Wenn hier und im Folgenden der Begriff „öffentlich/Öffentlichkeit" benutzt wird, möchte ich der Begriffsklärung von Körber folgen. „Öffentlich" ohne weitere Zusatzinformationen wird von mir in der letzten von drei Grundbedeutungen im deutschen Sprachgebrauch verwendet, die Körber so definiert hat: „Drittens heißt „öffentlich" alles, was allgemein zugänglich ist."[1085] Dabei geht es mir nicht darum, ob die Zugänglichkeit durch irgendwelche Barrieren eingeschränkt war, sie sollte zumindest theoretisch vorhanden

---

1080 (Mauelshagen 2005, S. 418–420).
1081 Inwieweit die Briefe den Anforderungen an eine spezifische Briefgattung der Zeit gehorchen, ist an dieser Stelle nicht weiter betrachtet worden.
1082 Delisle unterstreicht dies anhand ihrer Auswertung des Korrespondenznetzwerks von Conrad Gessner: „Letters were not, in the sixteenth century, something private or secret." (Delisle 2008, S. 47).
1083 (Körber 1998, S. 367 f.): „Das 16. und frühe 17. Jahrhundert kannte zwar nicht den Begriff „Öffentlichkeit" wohl aber die Sache. ..... Öffentlich hieß drittens, nach einer schon im 16. Jahrhundert bekannten Bedeutung des Wortes, alles allgemein Zugängliche, das von allen ihrer Sinne mächtigen Menschen wahrgenommen werden kann."
1084 (Habermas 1977).
1085 (Körber 1998, S. 3).

sein. Und auch in den Unterteilungen des Begriffs „Öffentlichkeit" möchte ich den Vorschlägen Körbers folgen. Mit den veröffentlichten Briefen haben wir es mit der „Öffentlichkeit der Informationen" zu tun, die Körber so definiert, dass „die Person oder Sache dadurch öffentlich wird, dass sie zur Information wird."[1086] Die Chemiker richteten ihre Briefe zwar in erster Linie an die Adressaten, waren sich aber bewusst, ja sie sahen es sogar vor, dass die Briefe eine größere Öffentlichkeit zur Information erreichten. Dabei war die Zielgruppe zunächst ein größerer Kreis von Chemikern; aber auch die literarisch interessierte „neue Öffentlichkeit" der Gelehrten aller Disziplinen sollte erreicht werden.[1087] Häufig wurden die Briefe an Kollegen geschrieben, die eine ähnliche Meinung mit dem Autor teilten. Dann konnten umstrittene Ansichten erörtert werden und die Anhänger gegenteiliger Anschauungen oft beleidigend angegriffen werden.[1088] Insbesondere Libavius gehörte zu der „neuen Öffentlichkeit". Er strebte eine Reform des Bildungswesens auf dem Gebiet der Chemie an und gehörte damit zu den wenigen Personen, die auf diesem Gebiet aktiv tätig waren, nach Körber könnte man ihn als „tätigen Streiter" bezeichnen.[1089] Er war aber sicherlich einer der wenigen, die sich in den Naturwissenschaften darum bemühten, die Ausbildung nach seinen Vorstellungen zu systematisieren.[1090] Dabei kam ihm sicherlich seine Stellung als Schulrektor in Rothenburg und als Leiter des Coburger Casimirianums zu gute.

In ihren Briefen beschäftigten sich die vier in dieser Arbeit betrachteten Chemiker mit dem Gesamtgebiet der frühneuzeitlichen Chemie. Obwohl eine Unterteilung von ihnen nicht thematisiert wurde, sollen ihre Tätigkeiten an dieser Stelle in vier Teilgebieten kurz systematisiert werden. Insbesondere Libavius und Turquet de Mayerne waren in Verbindung mit dem Handwerk und den bildenden Künsten tätig. Libavius widmete sich schon im Band 2, aber insbesondere im Band 3 der „Rerum chymicarum ...", der Metallurgie und Mineralogie

---

1086 (Körber 2008, S. 10).
1087 (Faulstich 1998, S. 44). Körber spricht von der „gelehrten Öffentlichkeit" oder allgemeiner von der „Öffentlichkeit der Bildung". (Körber 1998, S. 14).
1088 (Moran 2014, S. 53).
1089 S. dazu: (Körber 1998, S. 167–173).
1090 Libavius' Wirken steht im Gegensatz zur Feststellung von Körber in Preußen: „Weniger produktiv in Schriften waren in Preußen die Mediziner, Mathematiker und Naturwissenschaftler. Zwar gestalteten auch ihre Fächer das Bildungsideal mit, wurden aber von den Kontroversen weniger berührt und bemühten sich – noch – nicht so sehr darum, ihre eigenen wissenschaftlichen Regeln zu systematisieren." (Körber 1998, S. 170).

sowie der Färberei. Du Chesne besprach demgegenüber derartige Fragen seltener. Aber neben der Goldmacherei spielte die Metallurgie eine wichtige Rolle für ihn. Sein Patent über die Herstellung von Stahl aus Eisen lässt dieses Interesse erkennen. Noch vielfältiger ist das Interessensgebiet Turquet de Mayernes in dieser Hinsicht. Seine metallurgischen Kenntnisse konnte er als Teilhaber an Kohle- und Bleiminen einsetzen. In der Malerei stellen seine Kontakte zu einigen der bekanntesten Maler seiner Zeit ein beredtes Zeugnis aus, das in seinen Verfahrensbeschreibungen zur Farbenherstellung, dem sogenannten „Mayerne Manuskript", seinen Ausdruck findet. Seine adligen Kunden schätzten ihn natürlich besonders für die Herstellung von Kosmetika und Aphrodisiaka. Und auch in der Herstellung alkoholischer Getränke war sein chemisches Wissen gefragt, wenn er zusammen mit Thomas Cademan (ca. 1590–1651) die „Distillers of London" gründete. Ein umfangreiches Haupttätigkeitsgebiet für alle vier betrachteten Chemiker war die Iatrochemie. Sie wendeten chemische Medikamente nicht nur an, sondern sie beschrieben insbesondere ihre Herstellung in genauester Form. Ihre Herstellungsvorschriften nehmen mehr und mehr die Form pharmazeutischer Anweisungen an. Der intensive Kontakt Turquet de Mayernes zu den Apothekern verstärkt diese Entwicklung zu einer „Pharmazeutischen Chemie". Auch die Goldmacherei nahm bei allen vier Chemikern einen großen Raum ein. War das Interesse von Libavius noch eher theoretischer Natur, so widmeten sich Du Chesne, Croll und Turquet de Mayerne intensiv den Versuchen zur Metalltransmutation. Sie versuchten, die geeigneten Ausgangsmaterialien und Verfahrensschritte zu ergründen. Und nicht nur die praktischen Bemühungen zur Herstellung von Gold spielten eine Rolle. Die Chemiker versuchten, die Vorgänge mit den Materietheorien ihrer Zeit sowie Anleihen aus dem neuplatonischen Konzept der Belebtheit der Natur zu erklären und diese Erkenntnisse zur Verbesserung der Verfahren umzusetzen. Desgleichen finden sich in den Vorschriften zur Herstellung von chemischen Heilmitteln erste Überlegungen zu den theoretischen Hintergründen der quantitativen Verhältnisse.

Was bewegte die frühneuzeitlichen Chemiker, sich in ihren Briefen und Schriften mit dem Gebiet der Chemie zu beschäftigen? An erster Stelle kann ihnen ein tiefes Erkenntnisinteresse nicht abgesprochen werden. Sie waren bestrebt, neue Einsichten in die stoffliche Welt und ihre Veränderungen zu gewinnen. Sie folgten der Aufbruchsstimmung ihrer Zeit in der Suche nach Neuem. Auf diese Art und Weise wollten sie einerseits Gott dienen, aber andererseits auch zum Nutzen der ganzen Menschheit arbeiten. Croll drückte dies beispielgebend im Vorwort zu seiner Basilica Chymica aus: „Umb welcher Ursachen willen / ich dir / gutherziger Leser / zur Ehre Gottes / (als dessen unwürdiges Instrument und Feder aller seiner Erbarmungen und bewiesenen Gutthaten ich in dieser Publication zu seyn begehr und wünsche) zu Nutz meines Nächsten unnd Aufkommen der ganzen Alchymistischen Gemein / diese Spagyrische Secreta auß dem innersten Schrein meines Herzens hervorbringe und mittheile /".[1091] Mit neuen Stoffen und Zubereitungen wollten sie die beschwerliche Arbeit im Handwerk, aber auch in der bildenden Kunst, erleichtern sowie weniger gefährlich und gesundheitsschädlich machen. Auf medizinischem Gebiet waren die Heilungserfolge der galenischen Medizin beschränkt. Die paracelsische Iatrochemie erschien als ein geeignetes Mittel, die Leiden der Menschheit zu bekämpfen. Eventuelle Konflikte mit althergebrachten Lehren und Einrichtungen, und hier insbesondere mit den institutionalisierten Kirchen, nahmen sie dabei in Kauf. Und mit der Goldmacherei wurde zunächst das Ziel der Vermehrung des Wohlstands verfolgt. Dieses geschah in den meisten Fällen nicht ganz uneigennützig; außerdem hätte eine unbeschränkt mögliche Vermehrung des Goldes verhängnisvolle ökonomische Folgen haben können. Die Suche nach dem „Stein der Weisen" ist das kennzeichnende Sinnbild für das Bestreben, einerseits „anderen Substanzen die Imperfektionen [zu] entziehen" und andererseits „den Körper von allen durch menschliches Leben und Sünde zugeführten Unreinheiten [zu] befreien".[1092] Zusammenfassend kann festgestellt werden, dass die Chemiker „sich auf die Vermehrung von Wissen, Wohlstand und Gesundheit mithilfe alchemischer Methoden konzentrierten."[1093]

Neben dem eigenen Erkenntnisinteresse der vier Chemiker darf an dieser Stelle der Reputationsgewinn in ihrer wissenschaftlichen Gemeinschaft, wie auch in der Gesamtgesellschaft, nicht vernachlässigt werden. Nach Latour und Woolgar ist zunächst die Erlangung von „Glaubwürdigkeit" unter ihren Fachkollegen das Ziel aller Wissenschaftler. Die beiden Autoren bezeichnen die „Glaubwürdigkeit" als das zu „investierende Kapital" zur Erlangung von wissenschaftlichen Erfolgen durch Zusammenarbeit.[1094] Alle vier Chemiker haben dieses Ziel erreicht. Sie sind auf ihrem Gebiet in ihrer eigenen wissenschaftlichen Gemeinschaft anerkannt. Sie gelten als glaubwürdige Fachleute zur Bearbeitung chemischer Fragestellungen. Daneben verfolgt jeder von ihnen auf eine andere Art das Ziel, seine Wertschätzung unter den Chemikern wie auch in der gesamten Gesellschaft zu festigen und zu erhöhen.[1095] Bei Libavius betrifft dies seine

---

1091 (Croll 1623, S. 2).
1092 (Timmermann 2016, S. 302).
1093 Ebd. S. 304.
1094 (Latour und Woolgar 1986, Kap. 5).
1095 An dieser Stelle dient das „interest model" nicht nur als allgemeines Beschreibungs- und Erklärungsinstrument, sondern auch zum Aufzeigen von

Versuche, das Fachgebiet der Chemie im Bildungswesen zu begründen und es in eine systematische, gegliederte Form zu bringen. Die Vielzahl seiner Briefe und Bücher dienen diesem Zweck, sie wirken aber auch durch sich selbst zum Reputationsgewinn. Wie bereits beschrieben, ließ sich das Ansehen von Du Chesne kaum noch steigern. Er war nicht nur unter den Wissenschaftlern sehr gut vernetzt, er hatte hervorragende Kontakte in der höchsten Aristokratie. Einzig der Erfolg, als erster Goldmacher ein Verfahren zu entwickeln, um aus einem unedlen Metall Gold oder Silber zu machen, hätte seine Hochachtung in der gesamten Welt noch steigern können. Demgegenüber lag es Croll auf diesem Gebiet weniger an einem möglichen Reputationsgewinn. Bei seinen Versuchen stand nicht die Anerkennung als erfolgreicher Chemiker im Vordergrund, sondern ganz einfach das Bestreben, mit Hilfe einer gelungenen Transmutation zu Reichtum zu kommen. Diesen hätte er nur mit seinen engen Vertrauten teilen müssen. Ganz anders stellt sich die Situation bei ihm für die Iatrochemie dar. Mit der Publikation der „Basilica Chymica" wollte er dazu beitragen, dem Paracelsismus zum Durchbruch zu verhelfen. Die Würdigung seines Buches und dessen Erfolg als anerkanntes Lehrbuch konnte er allerdings selbst nicht mehr erleben. Einzig Turquet de Mayerne war anscheinend weniger am Reputationsgewinn durch seine chemischen Aktivitäten gelegen. Er war durch seine Arbeiten auf vielen Gebieten bekannt und geachtet. Seine Anerkennung beruhte auf der erfolgreichen Kombination von Wissen und Praxis in verschiedenen Fachrichtungen. Seine Tagebücher dienten der eigenen Selbstbestätigung und nicht der Suche nach Wertschätzung in der Gesellschaft.

6.2. Nomenklatur, Symbolik, Systematisierung

„Illi vero, verborum passim occurrentium obscuritate, & hieroglyphicorum difficultate deterriti, animum partim despondent, artem nobilissimam susque deque habentes: partim pro virili penetrare in verborum rerumque mysteria annitentes, veritatem involucris obtectam densis eruere student,".[1096] Mit diesen Worten

---

Handlungsbeeinflussungen. Dabei ist allerdings nicht eine alleinige, zielgerichtete Beeinflussung gemeint.

1096 (Ruland 1612). „Teils aber verlieren jene ihren Mut, durch die Dunkelheit allenthalben auftauchender Wörter und die Schwierigkeit der Hieroglyphen abgeschreckt, und machen sich nichts mehr aus der hochedlen Kunst, teils unternehmen sie Anstrengungen, mit aller Mühe in die Geheimnisse der Wörter und Dinge vorzustoßen, und streben danach, die in dichten Verhüllungen verdeckte Wahrheit herauszufinden," (Kühlmann und Telle 2001, 2004 und 2013, Teil 3, S. 1238 f.).

verwies Martin Ruland d.J. in dem Widmungsbrief seines Chemiewörterbuchs „Lexicon Alchemiae" auf die unklare und verworrene Lage der chemischen Nomenklatur. Wie Crosland erklärt, entstand die Vielfalt der Bezeichnungen durch die unterschiedlichen Gebiete, mit denen sich die Chemie beschäftigte, oder die als ihre Vorläufer gesehen werden: Medizin, Goldmacherei und Bergbau,[1097] aber auch Schmiedehandwerk, Färberei, Glasherstellung, Destillation und andere. Die Namen lassen oft die Art der Herstellung erkennen oder sind sogar des Öfteren dem Küchenwesen entlehnt.[1098] Sie beruhen unsystematisch auf Sinneswahrnehmungen oder bestimmten physikalisch-chemischen Eigenschaften. Daneben hatte sich die Bezeichnung von sieben Metallen mit den Namen von Sonne, Mond und den fünf bekannten Planeten eingebürgert. Viele Mineralien wurden außerdem mit einer Herkunftsbezeichnung versehen. Eine Namensgebung nach medizinischen Eigenschaften oder nach dem „Erfinder" war eher seltener anzutreffen. Francis Bacon beschrieb die verwirrende Vielfalt der Bezeichnungen für alle Naturwissenschaften und nicht nur für die Chemie. Er nannte sie „Trugbilder des Marktplatzes" und bezeichnete sie als die ärgerlichsten: „At Idola Fori omnium molestissima sunt; quae ex foedere verborum & nominum, se insinuarunt in Intellectum."[1099] Er wollte alle diese Hemmnisse auf dem Weg zu einer neuen Wissenschaft beseitigen. Wels bezeichnet deshalb den Übergang zu klaren Formulierungen als ein Kennzeichen der „neuen Wissenschaft".[1100]

Alle vier Chemiker, die in dieser Arbeit als Mittelpunkte für ihre egozentrierten Netzwerke betrachtet wurden, bemühten sich um größtmögliche Klarheit in der Wortwahl zur Darstellung von chemischen Zusammenhängen. Bei Libavius spielten dafür hauptsächlich zwei Beweggründe eine Rolle. Sein Hauptanliegen war die Wissenschaftlichkeit der Chemie und ihre Anerkennung. Dazu gehörte für ihn an erster Stelle eine klare und gelehrte Sprache als Grundlage. Und für den „Schulmeister" war die Weitergabe des Wissens ein zweiter zentraler Punkt. Eindeutige Definitionen sowie das Vermeiden von Unklarheiten und Verschleierungen sollten diesen Zwecken dienen. Besonders deutlich wird diese Klarheit

---

1097 Beretta betont insbesondere den Einfluss der Mineralogie. (Beretta 1993, Kap. 3).
1098 (Crosland 2004, S. 65 f.).
1099 (Bacon 1660, Aphorismus LIX, S. 50): Die ärgerlichsten von allen sind die Trugbilder des Marktplatzes, die sich durch die Verbindung der Wörter und Benennungen in die Erkenntnis eingeschlichen haben.
1100 (Wels 2014, S. 215): „Zu den Normen der neuen Wissenschaft gehört eine Darstellungsform, die sich um einen Stil bemüht, der durch Klarheit, Nüchternheit und Eigentlichkeit des Sprachgebrauchs ausschließlich dem Gegenstand dient."

der Ausdrucksweise in den Briefen an Zwinger, in denen die angebliche Goldherstellung von ihm diskutiert wurde. Fern von jeder Verschleierung werden die Grundlagen einer Metalltransmutation erörtert und explizite Fragen zum Hergang gestellt. Hannaway bringt dies auf den Punkt, wenn er schreibt: „The question of terminology was paramount to Libavius in his endeavor to formulate a genuine chemistry."[1101] Libavius vertrat sogar den Gebrauch bildhafter Bezeichnungen, er wendete sich allerdings dagegen, wenn sie nicht eindeutig waren: „Nam omnibus temporibus inopiae linguae unius succursum est copia aliarum, & licuit metaphoris, uti disciplinae proprietatum causa, sicut videre est in omni arte mechanica. Sed licentia nimia in vitium abiit. ... Satis erat metaphorico uno unum designare; modo designatio in usum veniret, & perpetua esset."[1102] Er verurteilt aber einen übermäßigen Gebrauch und eine sinnlose Ausbreitung.[1103] Libavius unterschied zum Thema Klarheit zwei große Gruppen von chemischen Schriftstellern. Paracelsus und den Paracelsisten warf er vor, bewusst eine „rätselhafte, verdunkelnde" Sprache zu verwenden.[1104] Diesem Personenkreis stellte er die „vorzüglichen und bewährten Autoren"[1105] gegenüber, die zwar manchmal ihre Erfindungen vor der Allgemeinheit geheim halten wollten, deren Fachsprache aber für den Chemiker verständlich gewesen sein soll.

Eine ähnliche, aber ganz anders gelagerte Bestimmtheit ist in den Briefen von Du Chesne und Martinville zum Thema „Opus magnum" anzutreffen. Beide benutzten zwar uns heutzutage nicht mehr geläufige Begriffe der mittelalterlichen und frühneuzeitlichen Chemie. Diese werden oft als „Decknamen"

1101 (Hannaway 1975, S. 119).
1102 (Libavius 1595–1599, Band 1, S. 168). Denn zu allen Zeiten kommt die Vielfalt der anderen [Ausdrucksweisen] der Gedankenarmut zu Hilfe, & es ist erlaubt, Metaphern zu gebrauchen, so wie es in der ganzen mechanischen Wissenschaft zu sehen ist. Aber mit zu großer Willkür wird es zum Fehler. ... Es war ausreichend, dass eine Metapher ein [einziges Ding] bezeichnet, aber nur, wenn die Bezeichnung in Gebrauch kommen würde und beständig wäre.
1103 (Clucas 2007, S. 45). Die von Kühlmann behauptete Gegnerschaft für den Gebrauch von Metaphern: „Libavius präsentierte sich als vehementer Gegner der alchemischen >>Metaphern und Allegorien<<," (Kühlmann 2001, S. 36) kann höchstens in Verbindung mit der Kritik von Libavius an paracelsischen Formulierungen gesehen werden.
1104 (Libavius 1964, S. XV): „Aber davon habe ich nur ziemlich wenig mit Zittern und Zagen verwertet, weil er [Paracelsus] ganz geflissentlich alles mit rätselhaften Andeutungen verflicht, sogar das Offenkundigste verdunkelt und nicht will, daß man es versteht."
1105 Ebd. S. X.

bezeichnet und sollten der Geheimhaltung dienen. Principe bezeichnet sie als „grundlegenden Bestandteil der alchemischen Tradition". Allerdings widerspricht er der Geheimhaltungsbehauptung selbst am Ende seines Artikels in gewisser Weise, wenn er schreibt, dass sie durch sorgfältige Analyse entschlüsselt werden können.[1106] Wenn dies heutzutage möglich ist, warum sollten die Chemiker der Frühen Neuzeit, die doch eine größere Erfahrung mit diesen Begriffen besaßen, dazu nicht in der Lage gewesen sein? Wie die Briefe Du Chesnes zeigen, waren diese Ausdrücke in der damaligen Fachwelt bekannt, und es konnte sich nicht um Verschleierungsversuche handeln. Die genaue Beschreibung der Vorgänge im Labor lassen bei ihm diese Ausdrücke als allgemein akzeptierte Fachwörter und nicht als Arkansprache erscheinen, die ausschließlich den Eingeweihten bekannt ist. Wenn das Possessivpronomen „unser" in Verbindung mit einer bekannten Bezeichnung benutzt wurde, so handelte es sich bei Du Chesne und seinen Korrespondenten nicht um einen „Decknamen". Die Herstellung des Stoffes war nachvollziehbar und von den eingesetzten Ausgangsmaterialien abhängig. Man war sich bewusst, dass beides einen Einfluss auf Zwischen- sowie Endprodukte hatte: deshalb hatte das Possessivpronomen „unser" eine ganz reale und keine verschleiernde Bedeutung.[1107] Wenn eine Geheimhaltung gewünscht war, mussten eigene Vereinbarungen getroffen werden. Croll und die Mitglieder seines engen Kreises bezeichneten spezielle Stoffe mit Großbuchstaben. Diese Codierung war dann als solche erkennbar und nur den Eingeweihten bekannt. Croll ist aber in seinen iatrochemischen Schriften für klare Darstellungen bekannt. Nicht zu Unrecht wird die „Basilica Chymica" als fest umrissene, prägnante Darstellung des paracelsischen Lehrgebäudes betrachtet, die dadurch leicht mit modernen Begriffen interpretiert werden kann.[1108] Wie bereits beschrieben, erhält diese Klarheit besonders dadurch Gewicht, dass Paracelsus seine Ideen eher verschwommen und mit unklaren Bezeichnungen dargestellt hatte. Croll bemühte sich um eine Vereinheitlichung der chemischen Nomenklatur und schlug bereits erste, aus zwei Teilen zusammengesetzte Namen vor.[1109] Die Bemühungen Turquet de Mayernes um die Eindeutigkeit der chemischen Nomenklatur werden am deutlichsten in seiner Unterstützung der „Pharmacopoea Londinensis", der ersten englischen Pharmakopöe. Durch ihren

---

1106 (Principe 1998).
1107 Die Eindeutigkeit bei der Verwendung des Possessivpronomens steht im Gegensatz zur Ansicht Priesners: (Priesner 2016, S. 256–258).
1108 (Hannaway 1975, S. 3).
1109 (Nye 1993, S. 82).

Definitionscharakter spielte diese eine besondere Rolle bei der Festlegung und Vereinheitlichung von chemischen Bezeichnungen. Für alle bekannten Heilmittel wurden fest umrissene Namen definiert. Zunächst hatte das Londoner Arzneibuch zwar nur in einem eingeschränkten Bereich um die Hauptstadt Gültigkeit. Die Übersetzung ins Englische im Jahr 1649 wurde dann aber in vielen Auflagen in ganz England verbreitet.

Die Bemühungen um eine Klarheit der Begriffe ist sicherlich eine Grundlage für die „Verwissenschaftlichung" der Chemie im heutigen Sinn. Wels schreibt dazu: „dass es in der Tradierung alchemischen Wissens um 1600 zu einem Bruch kommt, insofern aus der hermetischen, verschleierten, arkansprachlichen Darstellungsform der Alchemie die moderne, den neuen wissenschaftlichen Ansprüchen genügende Darstellungsform der Chemie wird, während gleichzeitig die hermetisch-verschleierte Darstellungsform zu einer spezifisch poetischen Form werden kann."[1110] Dieser sogenannte „Bruch" wird aber nur durch die Gegenüberstellung von Michael Maiers (ca. 1568–1622) „Atalanta Fugiens", einem „Hauptwerk der esoterischen Alchemie"[1111] mit der „Alchymia" von Libavius und Crolls „Basilica Chymica" belegt. Wie Wels beschreiben mehrere Wissenschaftshistoriker das Aufkommen von nicht verschleiernden und rein beschreibenden chemischen Texten zu Anfang des 17. Jahrhunderts.[1112] Kahn sieht den allerersten Beginn dieses Übergangs zur klaren Wissenschaftssprache durch die Schrift „De la nature, vertu & utilité des plantes" des französischen Arztes und Botanikers Guy de La Brosse (1586–1641) gegeben, die 1628 erschien. Den Abschluss dieser Entwicklung bildet dann nach ihm und anderen Chemiehistorikern der französische Chemiker Nicolas Lémery (1645–1715) mit seinem bekannten Buch „Cours de chymie" aus dem Jahr 1675.[1113] Die Schriften und Briefe der in dieser Arbeit betrachteten Chemiker belegen, dass sie sich in ihrer Zeit um 1600 gegen eine unklare, verschleiernde Ausdrucksform wendeten. Libavius betonte in seinem zweiten Brief „De verae chymiae honore" im ersten Band der „Rerum chymicarum", dass die Chemie ihre Ergebnisse zum Wohle der Allgemeinheit nicht verheimlichen, sondern in vollem Umfang ans Licht bringen müsse.[1114] Auch ist die generelle und sprunghafte Veränderung der sprachlichen Klarheit

---

1110 (Wels 2013, S. 63).
1111 (Neumann, Ulrich 1987).
1112 S. dazu: (Golinski 1990, S. 372).
1113 (Kahn 2016, S. 139–142) und z.B. (Crosland 2004, S. 62) und (Clucas 2007, S. 40).
1114 (Libavius 1595–1599, Band 1, S. 24): „Absolutum opus ubi est, non id abscondit, sed promit ad usus publicos; rationem miraculorum exponit, itaque locat, ut satisfactum sibi putet humana consuetudo." Sobald die Arbeit abgeschlossen ist, verbirgt sie

bei Wels überzeichnet, was auch für die zeitliche Bestimmtheit des Übergangs zutrifft. Weder war die Arkansprache ein ausschließliches Merkmal der Chemie vor 1600 noch wurde danach nur noch die „wissenschaftliche Darstellungsform" genutzt. Schon Georg Agricola (1494–1555) beklagte in seinem Hauptwerk „De re metallica libri XII" von 1556, dass die Bezeichnungen der Chemiker nicht eindeutig seien und bemühte sich in den metallurgischen Kapiteln des Buches um eine klar formulierte Darstellung.[1115] Der Rückgang der „mittelalterlichen Arkansprache" lässt sich nicht auf einen definierten Zeitpunkt festlegen, sondern war ein langer Prozess über die Jahrhunderte. Im Verlauf der Geschichte wechselten eindeutige Präzision und vieldeutige Unschärfe, sie waren durch den Schreibstil der einzelnen Verfasser bedingt, wobei die Grenzen nicht scharf gezogen waren.[1116] Wie Telle es richtig beschreibt, ist außerdem zu berücksichtigen, dass es sich bei der chemischen Nomenklatur um eine Fachsprache handelte, die natürlich für Außenstehende schwer zu verstehen war. Sie war für den Fachmann verständlich und konnte von ihm erlernt werden. Damit besaß die Chemie allerdings keine Alleinstellung; alle Wissenschaften benutzten, und benutzen immer noch, mehr oder weniger komplizierte und in der Allgemeinheit ungebräuchliche Fachwörter.[1117] Libavius stellte die Situation für die Chemie klar und präzise dar, wenn er schrieb: „Queruntur novitii & externi se non posse assequi dicta chymica. Si iidem sutoriam aut metallicam ingrederentur, putasne eos differentes artifices intellecturos, & non potius pari cum querela discessuros?"[1118] Libavius widerspricht also ganz generell, dass es in der Vergangenheit

---

nichts, sondern bringt sie zum öffentlichen Nutzen ans Licht; sie legt die Erklärung der Wunder dar und ergründet sie so, dass die menschliche Erfahrung meint, zufrieden gestellt zu sein.

1115 (Agricola 1928, S. XXVI): „Es gibt noch viele Bücher über diesen Gegenstand [die Alchemie]; doch sind sie unverständlich, denn die betreffenden Schriftsteller nennen die Dinge mit fremden, nicht mit ihren eigentlichen Namen, und die einen brauchen diese, die andern jene Bezeichnungen für dieselben Sachen."
1116 (Telle 1978, S. 210).
1117 (Körber 1998, S. 372): „Die meisten schriftlichen Informationsformen gebrauchten eine komplizierte, mit Fachwörtern durchsetzte Sprache und können deshalb kaum für alle Lesefähigen bestimmt gewesen sein."
1118 (Libavius, 1595–1599, Band 1, S. 49): Die Anfänger und Außenstehenden beklagen, dass sie die chemischen Aussagen nicht verstehen können. Aber wenn dieselben sich [den Dingen] von Schustern oder Bergleuten zuwenden, glaubst du etwa, dass sie diese verschiedenen Handwerker verstehen und sich nicht eher mit den gleichen Klagen entfernen?

eine verschleiernde „alchemistische Arkansprache" gab.[1119] Libavius betrachtete sogar die chemische Nomenklatur früherer Zeiten nicht als eine Art Geheimsprache, die nur Eingeweihten zugänglich war. Nach ihm war sie für alle Chemiker verständlich, zum Erlernen dieser Fachsprache bedurfte es der Einarbeitung in die Theorie und vor allem in die Praxis der Chemie.[1120] Danach sollte man ohne Schwierigkeiten auch die Schriften der alten Chemiker verstehen können: „Consuetudo enim legem fecit, adeo ut peritus operum chymicorum, & ordinis, facile intelligat, quorsum tendat autor."[1121] Libavius Gedanken sprechen damit gegen das Konzept der „Decknamen", wie es Principe dargestellt hat.[1122] Die praktisch arbeitenden Chemiker hatten auf Grund ihrer Praxis im Labor keine Verständigungsschwierigkeiten mit den „Decknamen". Rheinberger liefert in Hinsicht auf diesen Praxisbezug in der Kommunikation eine Begründung, für alle empirischen Wissenschaften: „Man kann sich natürlich fragen, wie auf dieser Basis überhaupt eine effiziente Kommunikation in einer Wissenschaftlergemeinschaft möglich sein soll. Dass sie möglich ist, ist der Tatsache geschuldet, dass empirische Wissenschaftler so etwas wie ein phänomenförmiges Bewusstsein entwickeln. Ihre Verständigung untereinander ruht auf dem experimentellen Umgang mit den verfügbar gemachten Phänomenen."[1123] Rheinberger folgt damit in den Naturwissenschaften den Gedanken Kants (1724–1804), der „bildliche Vorstellungen" und die Erfahrung als Grundlage für jegliche Begriffe beschrieb.[1124] Und

---

1119 Wels vereinfacht die Angelegenheit, wenn er schreibt: „Die Arkansprache der Alchemie ist für Libavius allerdings das Signum einer vergangenen Epoche." (Wels 2014, S. 219).

1120 (Libavius 1595-1599, Band 1, S. 48): Cum vero ad disciplinam usumque eius perventum est, & de possessoribus exercitii queritur, non parva se obiicit difficultas." Weil man aber [nur] durch dessen Theorie und Praxis zum Ziel gelangt, was von den Erfahrenen beklagt wird, stellt man sich den Schwierigkeiten sehr entgegen.

1121 Der Gebrauch hat nämlich die Gesetzmäßigkeit [so] gemacht, dass gerade ein Kundiger der chemischen Werke und [ihrer] Ordnung versteht, worauf der Autor abzielt. Vgl. dazu (Moran 2015) und (Moran 2014).

1122 (Principe 1998). Es erscheint mir anachronistisch, wenn das Konzept der „Decknamen" auf gängige Fachausdrücke der jeweiligen Zeit angewendet wird. Der Begriff „Venus" stand z.B. in Mittelalter und Früher Neuzeit allgemeinverständlich für das Kupfer. Er sollte selbst aus heutiger Sicht nicht als „Deckname" bezeichnet werden, wie dies Rampling tut. (Rampling 2014).

1123 (Rheinberger 2008, S. 7).

1124 (Kant 1786): „Wir mögen unsre Begriffe noch so hoch anlegen, und dabei noch so sehr von der Sinnlichkeit abstrahiren, so hängen ihnen doch noch immer bildliche Vorstellungen an, deren eigentliche Bestimmung es ist, sie, die sonst nicht von der Erfahrung abgeleitet sind, zum Erfahrungsgebrauche tauglich zu machen."

selbst wenn in der Zeit handschriftlicher Aufzeichnungen die Verwendung von verschleiernden „Decknamen" möglich war, durch den Buchdruck wurden alle Bezeichnungen in der Chemie vielfach dokumentiert und somit verschiedensten Auswertungen zugänglich gemacht. Ein Ergebnis dieses Prozesses war dann das Erscheinen von Wörterbüchern der chemischen Fachsprache, um der Vielfalt der Begriffe Herr zu werden.

Von alters her wurden Abkürzungen und Piktogramme zur Darstellung chemischer Stoffe sowie von Gerätschaften und Prozessen verwendet.[1125] Ihre Herkunft ist nicht eindeutig zu klären. Sie beruhen oft auf ägyptischen Hieroglyphen oder griechischen Schriftzeichen und haben keine tiefere Bedeutung. Demgegenüber versuchten die Chemiker des Mittelalters und der Frühen Neuzeit Erklärungen im Sinn der Signaturenlehre.[1126] Libavius sah Symbole als Teil der chemischen Fachsprache mit großer kognitiver Bedeutung an.[1127] Er hielt ihre Verwendung für sehr wertvoll: „Porro, quae constantes sunt probataeque picturae, sive ab Aegyptiorum hieroglyphia prodierint, sive Astrologia, seu Magicis cabalisticisque persuasionibus, usu recepto potissimum valent."[1128] Sie dienten aber nicht zur Verschleierung, sondern waren Teil der chemischen Nomenklatur. Libavius erläuterte einige von ihnen und versuchte ihre Herkunft zu beschreiben.[1129] Croll stellte die Bedeutungen mehrerer Symbole in einem kurzen Anhang im „Tractatus de signaturis internis rerum" zusammen.[1130] Die Zeichen waren also Teil der bekannten chemischen Literatur. Gleichzeitig fällt aber wiederum ihre Unbestimmtheit auf, bis zu fünf verschiedene Symbole kannte Croll für einzelne Fachausdrücke. Ausführlicher, aber noch verwirrender, erweist sich eine umfangreiche spätere Zusammenstellung „aller Zeichen und Abkürzungen".[1131] Für einzelne Begriffe ist dort eine Vielzahl von unterschiedlichsten Buchstaben und Piktogrammen angeführt. Auch wenn diese nicht Teil eines Geheimhaltungsprozesses waren, so führt zumindest ihre Unbestimmtheit zu weiterer Verwirrung. Alle vier in dieser Arbeit betrachteten Chemiker

---

1125 (Weyer 2018, S. 138–140).
1126 (Crosland 2004, S. 229–235).
1127 (Moran 2007b, S. 14).
1128 (Libavius 1595–1599, Band 3, S. 347): Weiterhin, Symbole, die beständig und bewährt sind, sei es, dass sie aus Hieroglyphen der Ägypter entstanden wären, sei es aus der Astrologie oder magischen und kabbalistischen Überzeugungen, sind durch die angenommene Anwendung äußerst viel Wert.
1129 (Libavius 1606, Teil 1, S. 84–88).
1130 (Croll 1609b, S. 77–80).
1131 (Anonymus 1783).

bedienten sich der chemischen Symbolik. Sie verwendeten allerdings meist diejenigen Zeichen, deren Bekanntheit und Bedeutung in der Gemeinschaft der frühneuzeitlichen Chemiker unzweifelhaft war. Sie legten keine neuen Symbole für chemische Stoffe oder Verfahren fest und trugen auch nicht zu ihrer Systematisierung bei. Zur Verschleierung dienten Symbole allerdings in der Geheimdiplomatie, und auf Grund des begrenzten Umfangs des Zeichenvorrats waren Ähnlichkeiten und Übereinstimmungen mit den chemischen Symbolen unvermeidbar.[1132]

Oft ist auch die bildliche Darstellung als Mittel der Verschleierung betrachtet worden.[1133] Dagegen lässt sich einwenden, dass nicht nur die klare Trennung der naturwissenschaftlichen Disziplinen ein Produkt späterer Zeiten ist, sondern auch die Trennung von Wissenschaft und Kunst. Alle Wissenschaftler in der ersten Hälfte der Frühen Neuzeit versuchten, und die Chemiker besaßen in dieser Hinsicht keine Alleinstellung, die gesamte Welt als ein vielschichtiges, ineinander verwobenes Gesamtsystem zu begreifen. Dieses integrierte System wurde natürlich auch in künstlerischer Form dargestellt. Ein besonders gelungenes Beispiel dafür ist das zweite Titelkupfer in der Geschichte über den Makro- und Mikrokosmos des englischen Naturphilosophen Robert Fludd (1574–1637).[1134] Die Chemiker der Frühen Neuzeit beschäftigten sich neben der Chemie mit Fragestellungen aus Theologie, Literatur und bildender Kunst.[1135] Sowohl die dichterischen Aktivitäten von Libavius wie auch von Du Chesne sind dafür der beste Beleg. Und eine Trennung von bildlicher Darstellung und chemischer Erforschung ist von Smith eindeutig widerlegt worden. Die Natur als Objekt der Erkenntnis und die praktische Herangehensweise sind für die Künstler wie für die Chemiker gleichermaßen gegeben.[1136] Daneben lassen sich viele „alchemistische" Motive, insbesondere der Goldmacherei, in Bildern und Plastiken antreffen.[1137] Die allegorische Darstellung des „Opus magnum" erscheint in dieser Hinsicht aber mehr als Ausdruck künstlerischen Interesses als ein Versuch, die Geheimnisse der Goldmacherkunst nur dem Eingeweihten zugänglich

---

1132 (Desenclos 2017).
1133 (Feuerstein-Herz 2014b, S. 55 f.).
1134 (Fludd 1617).
1135 (Principe 2013b, S. 137): „Early modern chemistry embraces many topics that are usually regarded today as separate disciplines – chemistry, medicine, theology, philosophy, literature, and the arts."
1136 (Smith 2004).
1137 Ebd. S. 135.

zu machen.¹¹³⁸ So sind die bildlichen Darstellungen des Wegs zur Herstellung des „Steins der Weisen" von Libavius in seinem Kommentar zur Alchymia als technische Illustrationen und nicht als Verschleierung zu verstehen.¹¹³⁹ Libavius benutzt dazu Abbildungen, als deren Autor er einen nicht weiter bekannten mitteldeutschen Goldmacher des 15. Jahrhunderts namens Henricus Kudorferus¹¹⁴⁰ benennt. Punkt für Punkt erläutert Libavius die Illustrationen.¹¹⁴¹ Er steht damit in der Tradition der Renaissance, für die eine genaue bildliche Darstellung naturwissenschaftlicher Gegebenheiten selbstverständlich war. Die Chemie folgte hierin den prächtig illustrierten Werken aus Medizin, Botanik und Astronomie, aber auch aus Bergbau und Ingenieurswesen.¹¹⁴² In dieser Hinsicht erscheint auch Maiers „Atalanta Fugiens" eher als ein Versuch, die als minderwertig und schmutzig betrachtete Chemie der gelehrten humanistischen Welt darzustellen und sie zu tieferen Denkaufgaben anzuregen.¹¹⁴³ Allerdings hat es manchmal den Anschein, dass spätere Interpretationen zwar nicht gänzlich unwahrscheinlich sind, aber vielleicht doch auch der Phantasie entsprungen sein könnten. Die Deutung der Bilder von Correggio (1489–1534) in der Camera di San Paolo im gleichnamigen Benediktinerinnenkloster in Parma als Darstellung des „Opus magnum" erscheint mir als sehr weit hergeholt.¹¹⁴⁴

Alle vier Chemiker bemühten sich um Systematisierungen in der Chemie. Dies beginnt bei den Anstrengungen zur Vereinheitlichung der Begriffe und überträgt sich auf die gesamte Struktur des Fachgebiets. Dabei sind die Benennungen nur der erste, aber wie Foucault in seiner Einführung über die Veränderungen in der Wissenschaftsgeschichte durch Canguilhem betont, einer der

---

1138 Wie Timmermann bemerkt, können Bilder auch ganz rational zur Erfolgskontrolle dienen. (Timmermann 2016, S. 308): „Die Sprache und die Bilder der Alchemie dienten als Anhaltspunkt, um bei jedem Schritt des Experiments zu überprüfen, ob dasselbe auf dem richtigen Weg sei."
1139 (Libavius 1606, Teil 2, S. 51–56).
1140 (Telle 1985).
1141 S. auch (Wels 2014, S. 217).
1142 (Smith und Findlen 2002, S. III-XI).
1143 (Principe 2013b, S. 178): „His [Maiers] purpose, then, is not simply to entertain readers but rather to ennoble a practice generally considered dirty and laborious by making it attractive to humanist contemporaries. ... A keen knowledge of classical literature and history, mythology, mathematics, poetry, astronomy, music, theology, and of course chymistry are essential prerequisites to reading, viewing, hearing-and perhaps rarest of all, enjoying-*Atalanta fugiens*."
1144 (Frazzi 2004).

wichtigsten Schritte.[1145] Bei Libavius, dem „verae Chymiae defensor" handelte es sich um das Gesamtgebiet der Chemie. Er schreibt im ersten Band der „Rerum chymicarum" im siebten Brief: „Tu si definire chymiam velis; artem esse facile agnoveris. Constat enim praeceptis homogeneis, methodica forma ordineque dispositis."[1146] Einheitliche, allgemein gültige Regeln in systematischer Ordnung sind für ihn die Kennzeichen einer Wissenschaft. Bereits die Briefe in den „Rerum chymicarum", in denen er das gesamte chemische Wissen seiner Zeit behandelte, wiesen eine geordnete Struktur auf. Die Erfahrungen aus den Briefen flossen dann in die Ordnung der Kapitel in der „Alchemia" ein. Bereits am Anfang des Buches stellte Libavius seine Systematisierung in zwei Übersichtstafeln dar.[1147] Er gliederte die gesamte Chemie nach antikem Vorbild in Zweierschritten, wie es bei dem Humanisten Libavius nicht anders zu erwarten war: „Sed quo amplius eam verso, eo arridet magis adeo, ut ad formam perfectarum scientiarum accomodare praecepta eius, & Aristotelea artium constitutione methododque Ramaea illustrare animum induxerim."[1148] In der Handgrifflehre unterschied er die vorbereitenden Arbeiten von den „erhöhenden", welche die Substanz in einen „höheren Zustand" überführen sollte. Die „Spezies der Chymie" bestanden aus den einfachen und den zusammengesetzten Stoffen. Die Unterteilung in Zweierschritten führte er bis ins kleinste Detail durch und ordnete die Kapitel des Buchs danach. Die Versuche zur Systematisierung der drei anderen Chemiker, Du Chesne, Croll und Turquet de Mayerne, betrafen nicht das Gesamtgebiet der Chemie; ihr Hauptinteresse galt hierbei überwiegend der Goldmacherei und der Iatrochemie. Du Chesne beteiligte sich an den Versuchen, die Herstellung des „Steins der Weisen" zu schematisieren. In seinem Buch „Ad Iacobi Auberti Vindonis de ortu et causis metallorum contra chymicos explicationem" publizierte er dazu ein zwölfstufiges Verfahren.[1149] Diese Einteilung

---

1145 (Foucault 1991, S. 21): „That is, the concept insofar as it is one of the modes of this information which every living being levies on his environment and by means of which, on the other hand, he structures his environment."
1146 (Libavius 1595–1599, Band 1, S. 84): Wenn du die Chemie definieren wolltest; wirst du leicht erkannt haben, dass sie eine Wissenschaft ist. Sie besteht nämlich aus einheitlichen Regeln und festgelegter Ordnung mit systematischer Beschaffenheit.
1147 (Libavius 1964, S. XX f.).
1148 (Libavius 1595–1599, Band 1, Dedicatio, S. 7, unnummeriert): Aber damit ich sie [die Chemie] umso mehr bearbeite, sie mir dadurch gefällt [und] ich mich besser annähere, habe ich ihre Lehre nach der Anordnung der aristotelischen Wissenschaften und nach der Methode von Ramus [so] eingeführt, so dass sie der Form der vollendeten Wissenschaften angepasst ist.
1149 (Du Chesne 1575, S. 65–70).

stellte er durch die Buchpublikation der gesamten Gemeinschaft der Goldmacher zur Verfügung. Allerdings besaß er dadurch keine Alleinstellung, da die abschnittsweise Beschreibung der Goldmacherei ein vielfältig durchgeführtes Verfahren darstellte. Du Chesne beteiligte sich aber daran in aller Öffentlichkeit und mit großer Klarheit. Auf dem Gebiet der Iatrochemie besticht Crolls „Basilica Chymica" nicht nur durch die klare Begrifflichkeit, sondern auch durch die Systematisierung der paracelsischen Iatrochemie. Crolls Ordnung des Gebiets wurde von den Chemikern gewürdigt, was durch die große Anerkennung des Lehrbuchs deutlich wird. Turquet de Mayernes Beitrag zur Systematisierung des Fachgebiets wird in seiner maßgeblichen Beteiligung an der Erstellung und Herausgabe der „Pharmacopoea Londinensis" deutlich. In der Vorrede an den geneigten Leser wird die genaue Ordnung des Gebiets in klassischer Zweiteilung besonders betont und beschrieben: „De ordine quo omnia disposuimus, rationem non opus est reddere, simplicia compositis; interna externis; liquida solidioribus praemisimus, in suas classes singula digessimus, unde nullo negotio depromi, in usumque & praxin referri possint."[1150]

Trotz seiner vielfältigen Kontakte und seiner Anerkennung in der Fachwelt setzten sich die Versuche von Libavius zur Vereinheitlichung der chemischen Fachsprache sowie zur Systematisierung der Chemie im weiteren Verlauf der Entwicklung nicht durch, ja sie gingen mehr oder weniger für lange Zeit verloren. Der Hauptgrund dafür muss in seinem Festhalten an der aristotelischen Naturphilosophie gesehen werden. Die aristotelische Lehre konnte immer weniger die beobachteten Phänomene erklären und wurde mit der Betonung der Logik und durch den Verzicht auf Experimente unzeitgemäß.[1151] In der Nachfolge von Libavius versuchten einzelne Chemiker immer wieder, die Nomenklatur und die Symbolik zu standarisieren und das Fachgebiet zu systematisieren.[1152] Einen weiteren bedeutenden Versuch zur Reform der Sprache in der Chemie lieferte in der zweiten Hälfte des 17. Jahrhunderts der englische Wissenschaftler Robert

---

1150 (Royal College of Physicians 1618): Es ist nicht notwendig, Rechenschaft abzulegen über die Ordnung, in der wir alles dargestellt haben; wir haben die einfachen vor den zusammengesetzten [Stoffen], die intern vor den extern [anwendbaren Heilmitteln], die Flüssigkeiten vor den Feststoffen angeordnet; wir haben alle in ihre Klassen eingeordnet, wodurch sie ohne Mühe aufgefunden werden [sowie] in Anwendung und Praxis gebracht werden könnten.
1151 S. dazu auch (Clucas 2007, S. 49).
1152 Die gemeinschaftlichen Versuche zur Vereinheitlichung der chemischen Fachsprache begannen in den Netzwerken der frühneuzeitlichen Chemiker und nicht erst in der Mitte des 18. Jahrhunderts, wie es Nye beschreibt. (Nye 1993, S. 76).

Boyle.[1153] Am Bekanntesten ist dann am Ende des 18.Jahrhunderts die Publikation von Antoine Laurent de Lavoisier in Zusammenarbeit mit Louis Bernard Guyton de Morveau (1737–1816), Claude Louis Berthollet (1748–1822) und Antoine François de Fourcroy (1755–1809): „Méthode de nomenclature chimique".[1154] Diese neue Methode wurde allgemein akzeptiert und bildete die Grundlage für eine einheitliche chemische Nomenklatur.[1155] Im Anhang des Buchs befindet sich dann noch in zwei Abhandlungen der Vorschlag von Jean Henri Hassenfratz (1755–1827) und Pierre Auguste Adet (1763–1834) zur chemischen Symbolik: „Sur de nouveaux caractères à employer en chimie". Um später einen weiteren Wildwuchs zu verhindern legte die Genfer Nomenklaturkonferenz im Jahr 1892 bestimmte Regel zur Benennung chemischer Stoffe fest. Dieser Konferenz folgten dann in den Jahren 1903 bis 1912 verschiedene internationale Kongresse für Angewandte Chemie. Letztendlich konnte das Problem aber nicht von Einzelnen oder kleinen Gruppen gelöst werden. Nur eine internationale Organisation ist in der Lage, die Vereinheitlichung aller Namensgebungen auch für die Zukunft zu gewährleisten. Dies führte im Jahr 1919 zur Gründung der International Union of Pure and Applied Chemistry (IUPAC).

Aus den beschriebenen Vorgängen zur chemischen Nomenklatur und zur Systematisierung des Fachgebiets wird meiner Meinung nach deutlich, dass das Konzept eines zeitlichen Übergangs von der „mittelalterlichen Alchemie" zur „neuzeitlichen Chemie" in einem eng begrenzten Zeitraum zur Mitte des 17. Jahrhunderts die Verhältnisse nur bedingt beschreibt. Unwidersprochen bleiben natürlich der Abbau des mystischen, spirituellen und vitalistischen Charakters der „Alchemie" unter dem Einfluss der Theologie und der Aufbau einer rationalen empirischen Naturwissenschaft. Diese Veränderung ist aber für alle Naturwissenschaften während der „naturwissenschaftlichen Revolution" vom 16. bis zum 18. Jahrhundert gegeben. Joly betont den rationellen Charakter der „Alchemie" im 17. Jahrhundert und verweist auf die Gleichheit der Begriffe „Alchemie" und „Chemie" in dieser Zeit, wenn er schreibt: „Over the last few decades, many studies of the history of chemistry have shown that alchemy comprised a form of rational knowledge in the seventeenth century, taking its place among other disciplines of the time, to the point that the distinction between chemistry and alchemy familiar to us today makes hardly any sense in that

---

1153 (Golinski 1990, S. 382–388).
1154 (de Morveau 1787).
1155 S. (Bensaude-Vincent und Abbri 1995).

period."[1156] Ein Wechsel der sprachlichen Verhältnisse, wenn es ihn denn wirklich gab, und der Aufbau einer systematischen Ordnung lassen sich nicht auf einen begrenzten Zeitraum festlegen. Natürlich unterliegt die Fachsprache den gesellschaftlichen Rahmenbedingungen und wird durch deren Änderung beeinflusst. Solche Prozesse erfordern aber einen längeren Zeitraum, wenn sie nicht durch politische Revolutionen unterbrochen werden. Alle vier betrachteten Chemiker beschäftigten sich auf die eine oder andere Art und Weise mit der Systematisierung der gesamten Chemie oder ihrer Teilgebiete. In diesem Bemühen besaßen sie jedoch keine Alleinstellung. Schon seit alters her versuchten viele Chemiker ihr Fachgebiet theoretisch zu ordnen. Wie systematisch dabei vorgegangen wurde, ist dabei eher den verschiedenen Persönlichkeiten zuzuordnen, als dass es eine kennzeichnende Eigenschaft der Chemie wäre. Und schlussendlich verschwand die Goldmacherei nicht vollständig im 17. Jahrhundert, Versuche zur Metalltransmutation wurden auch danach durchgeführt. Davon zeugt das Sammeln, Übersetzten und Verbreiten der Schriften von Madame Martinville im transatlantischen Raum bis zu Anfang des 19. Jahrhunderts. Die Misserfolge, auf chemischem Weg, mit den Chemikern zur Verfügung stehenden Verfahren und Energien, Gold aus anderen Metallen herzustellen, schädigten zu dieser Zeit allerdings den wissenschaftlichen Ruf der Chemie. Der Menschheitstraum einer künstlichen Goldherstellung war aber immer noch nicht beendet. Bei der Übergabe des Physiknobelpreises 1939 an Ernest Lawrence (1901–1958) in Berkeley[1157] wurde die Erfindung des Zyklotrons mit folgenden Worten gelobt: „If one wants gold, Lawrence will take mercury and turn it into gold."[1158]

In ihren Schriften verwenden die frühneuzeitlichen Chemiker die Wörter „Alchemie" und „Chemie" gleichbedeutend und in jeglicher Form: als „Alchemey" und „Chymie", als Substantiv und adjektivisch, für das Sachgebiet sowie für die sich damit beschäftigenden Personen. Libavius nannte 1597 die erste Auflage seines Chemielehrbuchs „Alchemia" während er es dann 1606 als „Alchymia" bezeichnete. Darin schlug er allerdings seine eigene Definition für das Begriffspaar „Alchemie/Chemie" vor, die sich aber nicht durchsetzen konnte. Die umfangreiche Vorrede der „Basilica Chymica" ist ein gutes Beispiel für die gleichbedeutende Verwendung der beiden Begriffe „Chemie" und „Alchemie"

1156 (Joly 2014, S. 130). Diese Aussage muss meiner Meinung nach auch nicht auf das 17. Jahrhundert beschränkt werden.
1157 Wegen des Zweiten Weltkriegs wurde der Preis nicht in Stockholm, sondern in Berkeley übergeben.
1158 https://www.nobelprize.org/nobel_prizes/physics/laureates/1939/press.html (Zugriff am 21. 03. 2018).

in der Zeit um 1600. Croll verwendet beide Wörter in nahezu gleicher Anzahl, und es ist nicht erkennbar, dass er den Begriffen einen unterschiedlichen Bedeutungsinhalt beimisst. Sehr viel seltener tauchen hier die Bezeichnungen „Chemiatrie", „Spagirik" oder „Hermetik" auf. Diese werden dann gezielt zur Beschreibung ganz bestimmter Sachverhalte benutzt. Wenn nicht berücksichtigt wird, dass die Begriffe „Alchemie" und „Chemie" in Mittelalter und Früher Neuzeit gleichbedeutend für das gesamte Wissensgebiet wie auch für einzelne Teile benutzt wurden, kann dies zu Ungereimtheiten führen. Weyer beschreibt eine „nicht einheitliche" Stellung Luthers zur „Alchemie"[1159] und übersieht dabei vollkommen, dass dieser das Wort „Alchimey/Alchimie" für zwei verschiedene Teilgebiete der frühneuzeitlichen Chemie verwendet.[1160] Luther spricht im ersten Fall von der Goldmacherei, die er insgesamt als betrügerisch bezeichnet.[1161] Im zweiten Fall meint er die praktische Chemie in ihrer Anwendung, die ihm „sehr wol gefället". Ganz zeitgemäß zieht er dann noch eine theologische Parallele.[1162] Die Bedeutung von genau definierten Begriffen für das Verständnis von Aussagen beschreibt eine alte chinesische Weisheit: „Wenn die Sprache nicht stimmt, so ist das, was gesagt wird, nicht das, was gemeint ist. Ist das, was gesagt wird, nicht das, was gemeint ist, so kommen die Werke nicht zustande. ….. Also dulde man keine Willkür in den Worten. Das ist alles, worauf es ankommt."[1163]

6.3. Präzisierung, Quantifizierung, Theoriebildung

„alle ding sind gift und nichts on gift; alein die dosis macht das ein ding kein gift ist."[1164] Diese Worte von Paracelsus sind in den allgemeinen deutschen Zitatenschatz eingegangen. Warum aber ist gerade dieser Ausspruch so wichtig für die Entwicklung der Chemie in der Frühen Neuzeit um 1600? Paracelsus propagierte den Einsatz von anorganischen Medikamenten im Gegensatz zu den bisher geläufigen Heilmitteln aus Pflanzen. Des Weiteren regte er an, durch chemische

---

1159 (Weyer 2018, S. 362 f.).
1160 Dieser Fehler ist leider in weiterer Literatur aufzufinden: s. (Bartkowski 2017, S. 259) und dort zitiert (Roebel 2012, S. 316).
1161 (Luther 1948, S. 51).
1162 (Luther 1912, S. 566).
1163 Konfuzius (551 – 479 v. Chr.). https://www.zitate.de/autor/Konfuzius?page=2 (Zugriff am 18.09.2018).
   Aus diesen Gründen wäre eine Vereinheitlichung der Fachbegriffe, die in der Chemiegeschichtsschreibung Verwendung finden, meiner Meinung nach nicht nur wünschenswert sondern dringend erforderlich.
1164 Hohenheim 1924–1933, Band 11, S. 138, Sieben Defensiones.

Operationen, und damit war normalerweise die Destillation gemeint, das Wirkprinzip für die Heilung der Krankheiten in reinerer Form darzustellen. Es wurden daher auch Stoffe verwendet, für die man im normalen Sprachgebrauch das Wort „Gift" verwenden würde. Dies trifft insbesondere auf Verbindungen von Quecksilber, Arsen und Antimon zu. Damit diese als Heilmittel angewandt werden konnten, musste ihre niedrige Dosierung exakt eingehalten werden. Aber nicht nur die Dosierung war von Wichtigkeit, genau so viel Wert musste auf ihre Reinheit und Zusammensetzung gelegt werden. Die Herstellung musste äußerst präzise beschrieben werden, was insbesondere für die Mengenangaben und die Art der Ausgangsmaterialien gilt. Paracelsische Medikamente erforderten genau reproduzierbare Arbeitsanweisungen. Präzisierung und Quantifizierung waren von enormer Wichtigkeit für die paracelsische Medizin. In der Iatrochemie von Paracelsus herrschten aber unklare Darstellungen vor und sie war mehr arzt- als herstellungsbezogen. Die Betonung der Genauigkeit und Deutlichkeit der Rezepte war bereits bei Libavius und Du Chesne angeklungen. Sie findet ihren vorläufigen Höhepunkt in den Rezepten Turquet de Mayernes, die zum Zweck der Kommunikation mit den Apothekern und anderen Ärzten niedergeschrieben wurden. Die Ausgangsmaterialien wurden genauestens beschrieben und benannt, daneben wurden die Herstellungsverfahren in exakter Weise dokumentiert. Besondere Bedeutung besitzt die präzise Angabe der Mengenverhältnisse und Turquet de Mayerne versuchte bereits, erste theoretische Begründungen dafür zu finden. Die Mengenverhältnisse sind dabei nicht nur für die medizinische Wirksamkeit wichtig, sondern können zumindest die Grundlage für die stöchiometrischen Verhältnisse der chemischen Reaktionen sein. Im Netzwerk Turquet de Mayernes wurden diese Ideen verbreitet und gefestigt. In der „Arztchemie" standen Herstellung und Wirkung der Heilmittel gleichberechtigt nebeneinander. In ihren Briefen und Rezepten besprachen die Iatrochemiker sehr wohl die Anfertigungsvorschriften mit großer Genauigkeit. Daneben wurde anfangs aber auch immer die medizinische Anwendung und Wirkung erörtert. Nun verschob sich die Diskussion in Richtung der chemischen Praxis. Der Grund für die Herstellung eines Heilmittels musste in erster Linie nur noch dem Arzt bekannt sein. Arzt und Apotheker benötigten und dokumentierten die Beschreibung für die Anfertigung in genauester Art und Weise. Die Iatrochemie wandelte sich in Richtung der späteren pharmazeutischen Chemie.

Die Genauigkeit der Herstellungsvorschriften, verbunden mit präziser Beschreibung der Einsatzmaterialien und deren Mengenangaben, wurde von Du Chesne und Turquet de Mayerne auf das Gebiet der Goldmacherei übertragen. Diese wurde in der Frühen Neuzeit mehr und mehr unter rationalen und weniger unter mystischen und spirituellen Gesichtspunkten betrachtet.[1165] Das Scheitern bei den Versuchen zum „Opus magnum" wurde nicht mehr mit der mangelnden inneren Einstellung des Adepten begründet. Man suchte die Ursachen vielmehr in fehlerhaften Ausgangsmaterialien, ungenauen Mengenangaben oder falschen Verfahrensschritten. Falsche Mengenangaben sollten nicht die geeignete Zusammensetzung der „prima materia" und der daraus folgenden Produkte entstehen lassen. Wie auch in der Iatrochemie waren diese Überlegungen nicht mit heutigen Gesichtspunkten vergleichbar. Weyer unterscheidet zwischen der Quantifizierung in der Praxis und in der Theorie: „Bei der Quantifizierung der Chemie, d.h. der Anwendung der Mathematik auf chemische Probleme, muss man zwischen quantitativen Techniken und quantitativen Konzepten unterscheiden. Quantitative Techniken wie die Wägung sind zwar für die Chemie unentbehrlich, aber sie führen nur dann zu vertieften wissenschaftlichen Aussagen, wenn man sie mit quantitativen Konzepten verknüpfen kann."[1166] Die frühneuzeitlichen Chemiker beschäftigten sich nicht nur mit quantitativen Angaben in ihren Rezepten, sie setzten sich mit dem Wissen der Zeit auch mit den Hintergründen auseinander. Sie beschrieben in ihren Verfahren, wie sich Zusammensetzung und Menge der Ausgangsstoffe auf die Menge und Qualität der Endprodukte auswirkten. Die Notwendigkeit der Quantifizierung für die chemischen Reaktionen wurde noch nicht mit stöchiometrischen Überlegungen begründet, sie war aber der erste Schritt für eine quantitative Chemie. Schon lange vor den Arbeiten von Robert Boyle und Antoine Laurent de Lavoisier halten quantitative Erwägungen Einzug in Theorie und Praxis.[1167]

Entgegen der landläufigen Meinung, dass die Chemie eine praktische Wissenschaft ohne entsprechenden theoretischen Hintergrund war, gingen Theorie und Praxis bereits seit Zosimos Hand in Hand. Dieser Trend verstärkte sich in der Frühen Neuzeit weiter. Die Briefe von Madame Martinville sind ein besonders gutes Beispiel für die Verflechtung der theoretischen Grundlagen mit der Laborpraxis. Bevor sie mit einer detaillierten Beschreibung des Verfahrens zur Herstellung des „Steins der Weisen" beginnt, versucht sie, die theoretischen Hintergründe zu durchdenken. Sie bezieht sich auf die klassische aristotelische Lehre von den vier Elementen, die neueren „tria prima" Ansichten von Paracelsus waren ihr

---

1165 Natürlich gab es auch hier einzelne Ausnahmen von der generellen Entwicklung. Siehe dazu: (Newman 2003, S. 62–78).
1166 (Weyer 2018, S. 328).
1167 Eine „ex post" Betrachtung unter Kenntnis der Einsichten Lavoisiers und der Stöchiometrie chemischer Reaktionen führt natürlich zu einer Abwertung der zeittypischen Überlegungen der frühneuzeitlichen Chemiker. S. (Priesner 2011, S. 112).

anscheinend nicht geläufig. Schon nach Aristoteles hätte eine Metalltransmutation möglich sein müssen; Martinville verbindet aber zusätzlich dessen Elementtheorie mit neuplatonischem Gedankengut. Das Formprinzip von Aristoteles wird durch den Begriff des „Ferments" konkretisiert. Damit überträgt sie die tote Materie in die lebendige Welt des Wachsens und Gedeihens. Da der Chemiker diese Prozesse der Natur im Labor nachbilden solle, müsse er genau wie sie sehr genau und exakt arbeiten. Auf diese Art und Weise begründet sie die präzisen Herstellungsanweisungen für ihre danach beschriebenen Verfahren. Croll versucht in der Vorrede zu seiner „Basilica Chymica" alle drei zu seiner Zeit diskutierten Materietheorien auf eklektische Art und Weise zu verbinden.[1168] Er zeigt die Vorzüge der „tria prima" zur Erklärung von Destillationsvorgängen auf, verbindet diese dann aber gleichzeitig mit der „prima materia" und den Elementen von Aristoteles. Kurz darauf führt er das Konzept des „Samens" aus dem neuplatonischen Gedankengut des Wachsens und Gedeihens alles Stofflichen ein und versucht, alle drei Theorien harmonisch miteinander zu verweben. Alle vier Chemiker beschäftigten sich mit den theoretischen Grundlagen ihrer Chemie. Dabei ist es erstaunlich, dass Libavius in seinem Lehrgebäude der „Alchemia" keine „widerspruchsfreie entwickelte Theorie über den Stoff" anführt,[1169] und auch auf Zwingers theoretische Überlegungen zur beobachteten Transmutation eher mit praktischen Argumenten antwortet. Nummedal hält es aber für gegeben, dass sich alle frühneuzeitlichen Chemiker in ihrer Praxis auch mit den theoretischen Hintergründen beschäftigten: „Few alchemists, in other words, pursued practice without theory, or theory without practice, but combined both in the laboratories or workshops in which they pursued their art."[1170] Der niederländische Arzt und Chemiker Herman Boerhaave (1668–1738), der an der Universität in Leiden lehrte, formulierte die Verbindung zwischen Theorie und Praxis sehr einprägsam in seinem Chemielehrbuch „Elementa chemiae": „Vitrum explicans simul dabit modum, quo illud certissime conficitur,".[1171]

6.4. Evolutionäre Änderung

Die Netzwerke der frühneuzeitlichen Chemiker beeinflussten die Entwicklung der Chemie auf vielfältige Art und Weise. Dies betrifft zum einen den sachlichen

---

1168 (Croll 1623, S. 16–24).
1169 (Libavius 1964, Bildteil, S. 134).
1170 (Nummedal 2014, S. 121).
1171 (Boerhaave 1745, S. 82): Wenn [ein Chemiker] das Glas [hier: die Natur des Glases] erklärt, so beschreibt er zugleich, wie jenes am zuverlässigsten hergestellt wird.

Inhalt des Fachgebiets, wie er in den vorausgegangenen Kapiteln beschrieben wurde. Zum anderen soll der Frage nachgegangen werden, inwieweit sich aus den Vorgängen in den Netzwerken Rückschlüsse auf die Art der Entwicklung der Chemie über die Zeit ergeben. Sprechen die Schriften der betrachteten Chemiker eher für einen, wie auch immer gearteten, kontinuierlichen Prozess, oder ergeben sich Hinweise auf einen Verlauf mit umwälzenden Brüchen? Kuhn hat eine derartige „revolutionäre" Entwicklung in seinem bekannten Buch „Die Struktur wissenschaftlicher Revolutionen" beschrieben.[1172] Als ein Beispiel für eine derartige „Revolution" führt er Lavoisiers „Sauerstofftheorie der Verbrennung" an.[1173] Zeitlich ist diese „Revolution" nach seinen anderen Beispielen einzuordnen, wie etwa dem Übergang vom geozentrischen zum heliozentrischen Weltbild oder der Newtonschen Mechanik mit dem Gravitationsgesetz. McEvoy meint, dass diese Revolution als historisches Vorkommnis ohne weiteres bestimmt werden kann, und bezeichnet sie als Teil einer „Second Scientific Revolution".[1174] Butterfield nennt sie „The Postponed Scientific Revolution in Chemistry".[1175] Er behauptet, dass man erst ab 1750 von einer Geschichte der Chemie sprechen könne, während es sich davor um die Geschichte der Chemiker gehandelt habe. Ein Kennzeichen dieser Chemiker sei es gewesen, dass sie auf unabhängiger Basis ihre eigenen Theorien entwickelten.[1176] Von einer unabhängigen Entstehung der Gedankengebäude in der Chemie vor 1750 könne aber nicht die Rede sein.[1177] Butterfield übersieht den intensiven Gedankenaustausch der Chemiker um 1600 über ihr Fachgebiet. Sie teilten anderen Kollegen

---

1172 (Kuhn 1976).
1173 Ebd. S. 69: „Was Lavoisier in seinen Abhandlungen von 1777 an ankündigte, war nicht so sehr die Entdeckung des Sauerstoffs als vielmehr die Sauerstofftheorie der Verbrennung. Diese Theorie war die Grundlage für eine Neuformulierung der Chemie, und zwar einer so weitgehenden, daß sie gewöhnlich die chemische Revolution genannt wird."
1174 (McEvoy 2016, S. XI und 1).
1175 (Butterfield 1965, S. 203–221).
1176 Ebd. S. 210: „... we seem to have rather a history of chemists – too many of them standing on an independent footing with their separate theories."
1177 Das Modell der „Chemischen Revolution" im 18. Jahrhundert als „Geburtsstunde" der „modernen Chemie" wurde besonders in Frankreich und den Vereinigten Staaten weiter verfolgt. S. (Mauskopf 2000), (McEvoy 2016) und besonders (Kahn 2016, S. 167): „On attribue à juste titre la fin, ou la ruine, ou le discrédit total de l'alchimie à l'avènement de la chimie de Lavoisier." In einer älteren, aber nicht veralteten Publikation, hat bereits Holmes die einseitige Geschichtsschreibung über die Chemie des 18. Jahrhunderts kritisiert. (Holmes 1989).

ihre Ergebnisse und Ideen mit und versuchten, diese in der Gemeinschaft der Chemiker zu verbreiten. Genau dieses Ziel verfolgten die vier in dieser Arbeit betrachteten Chemiker in ihren Netzwerken. Dabei sind nicht nur die Briefe wichtig, sondern in gleicher Weise der Austausch von Büchern und chemischen Stoffen. Die Netzwerke dienten nicht nur zur Dokumentation von „Erfindungen", sondern auch zur Verfestigung der eigenen Vorschläge. Toulmin lehnt eine Wissenschaftsentwicklung mit „revolutionären" Phasen ab und hat ein anderes Modell vorgeschlagen.[1178] Er entlehnt dabei die grundsätzlichen Gedanken der Darwinschen Evolutionstheorie und wendet sie auf die Veränderung des Wissens an.[1179] Er sieht die Vielfalt von Ideenvarianten durch verschiedene Prozesse als gegeben. Er fragt nach den Gesichtspunkten, durch die eine Idee einer anderen überlegen ist und anschließend für einen gewissen Zeitraum Bestand hat. Er diskutiert dazu die Relevanz der Gedanken für die betreffende wissenschaftliche Gemeinschaft und fragt abschließend nach den Kriterien zur Unterscheidung von „wohlbegründeten" und „vorschnellen" Ideen.[1180] Als Grundbedingung für die notwendige Selektion sieht er „das Vorhandensein zweckentsprechender Diskussionsforen in der Profession" an.[1181] Er fasst zusammen: „Science develops (we have said) as the outcome of a double process: at each stage, a pool of competing intellectual variants is in circulation, and in each generation a selection process is going on, by which certain of these variants are accepted and incorporated into the science concerned, to be passed on to the next generation of workers as integral elements of the tradition."[1182] Zur Anwendung des evolutionären Modells bedarf es dreier Grundvoraussetzungen. Erstens muss es eine Vielfalt von Ideen und Interpretationen für die naturwissenschaftlichen Vorgänge geben. Zweitens bedarf es eines Systems zum Gedankenaustausch der Ideen, in dem selektive Kräfte wirken können. Und drittens müssen diese selektiven Kräfte zu einem akzeptierten Ergebnis führen.[1183]

Das evolutionäre Modell mit seinen Brüchen und Sackgassen kann auf den Gedankenaustausch in den Netzwerken der betrachteten frühneuzeitlichen

---

1178 (Toulmin 1983).
1179 Ebd. S. 163: „Für uns genügt eine bescheidenere Hypothese, nämlich daß die Darwinsche Populationstheorie der »Variation und natürlichen Auslese« ein Beispiel einer allgemeineren Form der historischen Erklärung sei,".
1180 Ebd. S. 240.
1181 Ebd. S. 246.
1182 (Toulmin 1967, S. 465).
1183 (Stuart-Fox 1999, S. 38).

Chemiker besser angewendet werden als ein revolutionäres.[1184] Nach Kuhn müsste ihre Forschung eigentlich als „Normalwissenschaft" bezeichnet werden, die sich mit dem „Lösen von Rätseln"[1185] beschäftigt.[1186] Dieser Einordnung widerspricht allerdings das Streben nach einer neuen Ordnung des chemischen Wissens in allen Belangen. Die vier Chemiker entwickelten ihre eigenen Ideen und damit eine Vielzahl von möglichen Varianten zur Kategorisierung und Erklärung des Fachgebiets. Sie versuchten dabei, neue Begrifflichkeiten zu definieren und einzuordnen. Wie Toulmin fordert, sind sie im wissenschaftlichen Sinne neugierig, sie streben nach Innovation und einer besser angepassten Struktur des Wissensgebiets.[1187]. Damit ist die Forderung nach der Vielfalt unterschiedlicher Ideen und Interpretationen gegeben. Ihre Netzwerke benutzen die Chemiker als Diskussionsforen zur Verbreitung, aber auch zur Durchsetzung ihrer Theorien. Damit ergibt sich die Frage, auf welche Art und Weise es zu einer Selektion von „vernünftigen", „rechtfertigbaren" und „wissenschaftsintern relevanten"[1188] Gedanken kommen kann. In der wissenschaftlichen Gemeinschaft der Chemiker ist hierzu eine Übereinstimmung erforderlich, wie sie von der Konsenstheorie gefordert wird: „**Konsenstheorie**, als theoretische Position zur Bestimmung des Wahrheitsbegriffs vertritt die K. die Auffassung, dass sich Wahrheit als Übereinstimmung von Meinungen definieren lasse. Anders als die Kohärenztheorie bedeutet der Rekurs auf Meinungen nicht nur eine Übereinstimmung der Aussagen mit früher akzeptierten Aussagen, sondern die von den Wissenschaftlern allgemein akzeptierte Auffassung bezüglich eines Sachverhalts."[1189] Dabei ist in diesem Fall zunächst nur die Übereinstimmung von Meinungen in der wissenschaftlichen Gemeinschaft der Chemiker von Bedeutung, und nicht „die potentielle Zustimmung aller anderen", wie sie Habermas fordert, der die Konsenstheorie maßgeblich vorgeschlagen hat.[1190] Ein Kritikpunkt

---

1184 Joly bestätigt eine Entwicklung, die kontinuierlich ist, aber gleichzeitig Brüche aufweist, für die Chemie im 17. Jahrhundert in Frankreich, wenn er schreibt: „Such an approach renders traditional debates between partisans of a continuist reading of the history of sciences and those who consider that modern science is made up of ruptures with its past obsolete. There is, in fact, just as much continuity as rupture in the works of chemists with whom a faithfulness to the past can be considered the engine of their innovation." (Joly 2014, S. 131).
1185 Im englischen Original: „puzzle-solving".
1186 (Kuhn 1976, Kap. IV).
1187 (Toulmin 1967, S. 460).
1188 (Toulmin 1983, S. 304).
1189 (Prechtl 2008, S. 306).
1190 (Habermas 1984, S. 136 f.).

an der Konsenstheorie ist der Vorwurf, dass sie in gewisser Weise teleologisch auf einen Fortschritt in den Wissenschaften zielt. Stuart-Fox begegnet diesem Vorwurf, indem er den Fortschrittsgedanken einfach ausschließt: „I do not by ‚evolutionary' want to imply any sense of unfolding or development of some inherent potential. Nor do I want to imply any notion of progress."[1191] Er versucht, das evolutionäre Modell der kulturellen Entwicklung auf die Beschreibung und Erklärung des Prozesses zu beschränken.[1192] Das evolutionäre Modell widerspricht allerdings einer linearen kumulativen Entwicklung. Außerdem hat es nicht zur Folge, dass die Notwendigkeit einer Entwicklung betont wird.[1193] Die wissenschaftliche Entwicklung kann nicht unbedingt als Fortschritt für die Menschheit gesehen werden. Allenfalls muss eine höhere Vielschichtigkeit der Naturbeschreibung verzeichnet werden.

Letztendlich bleibt nur noch die Frage offen, welches die „vernünftigen", „rechtfertigbaren" und „wissenschaftsintern relevanten" Gedanken sind, die in Übereinstimmung innerhalb der wissenschaftlichen Gemeinschaft der Chemiker ausgewählt werden. Betrachtet man die Veränderungen von wissenschaftlichen Theorien über die Zeit im Nachhinein, so muss nach meiner Meinung für eine Auswertung mit dem Wahrheitsbegriff vorsichtig umgegangen werden. Eine absolute, über die Zeit gültige Verifizierung von naturwissenschaftlichen Gedankengebäuden erscheint mir nicht möglich zu sein. Neurath formuliert diese Zeitabhängigkeit sehr deutlich und festlegend: „Neben dem gegenwärtigen Aussagensystem gibt es nicht noch ein ‚wahres' Aussagensystem. Von derlei auch als Grenzbegriff zu sprechen, hat keinen Sinn."[1194] Diese Aussage steht natürlich ganz im Gegensatz zu den Darlegungen der betrachteten frühneuzeitlichen Chemiker. Für sie gab es noch eine unumstößliche Wahrheit in der Natur: diese war von Gott gegeben und durch ihn bedingt. Croll spricht zu Beginn der Einleitung zu seiner Basilica Chymica ganz eindeutig von Gottes „unwidersprechlicher Warheit".[1195] Zur weiteren Betrachtung der Entwicklung ist die von Popper als Gegensatz zur Verifizierung vorgeschlagene Falsifizierung[1196] eher anwendbar, auch wenn sie in der Theorie gleichfalls nicht unproblematisch

---

1191 (Stuart-Fox 1999, S. 34).
1192 Die in dieser Arbeit ausgewerteten Quellen erlauben eher eine Betrachtung der Wissensideale mit einem präsentistischen Wissensbegriff und keine vollständigere Auswertung von Wissenskulturen.
1193 (Zwierlein 2008, S. 430 f.).
1194 (Neurath 1931, S. 397).
1195 (Croll 1623, S. 1).
1196 (Popper 1935).

ist.¹¹⁹⁷ In der Praxis überprüften die frühneuzeitlichen Chemiker aber zunächst die Übereinstimmung der theoretischen Aussagen mit ihren Beobachtungen. Sie stellten sie zur Diskussion und überprüften die Einwände. Die Richtigkeit war das erste Auswahlkriterium für neue Ideen. Anschließend mussten sich alle Erklärungen und insbesondere alle Kategorisierungen in die vorhandenen theoretischen Gedankengebäude einfügen lassen. Deshalb liegt es nahe, für die Vorgänge in den Netzwerken der Chemiker der Kohärenztheorie zuzustimmen. Neurath beschreibt diesen Prozess ganz allgemein: „Jede neue Aussage wird mit der Gesamtheit der vorhandenen, bereits miteinander in Einklang gebrachten, Aussagen konfrontiert. Richtig heißt eine Aussage dann, wenn man sie eingliedern kann. Was man nicht eingliedern kann, wird als unrichtig abgelehnt."¹¹⁹⁸ Dabei müssen die neuen Erklärungen Vorteile gegenüber den vorhandenen Aussagen bieten. Dies kann sowohl in einer genaueren Beschreibung oder aber in einer einfacheren, eleganteren Lösung bestehen, wie es der Grundsatz von „Occam's Razor" fordert.¹¹⁹⁹ Oder in den Worten des Modells der Evolution ausgedrückt: „Do the new forms meet the detailed demands of the situation significantly better than their predecessors?"¹²⁰⁰ Die neuen Ideen müssen einerseits plausibel und kohärent sein und die Natur angemessener beschreiben. Andererseits müssen sie die an sie gestellten Anforderungen in einer bestimmten historischen Situation erfüllen. Konsenstheorie und Kohärenztheorie stehen nicht im Gegensatz zueinander, wie es der obige Lexikoneintrag nahe legen könnte; sie beschreiben die zwei Seiten derselben Medaille. Die Konsenstheorie betrachtet die externen Einflüsse auf die naturwissenschaftlichen chemischen Erklärungen, während die Kohärenztheorie sich den internen Gegebenheiten einer Naturwissenschaft zuwendet. Sie stützen die Annahme einer evolutionären Entwicklung der Chemie nach dem Vorschlag Toulmins, wie sie durch die Vorgänge in den Netzwerken der frühneuzeitlichen Chemiker angenommen werden kann.¹²⁰¹

1197 S. z.B. (Lakatos 1974), (Feyerabend 1976, S. 102 f.), (Quine 1979, S. 45) und (Duhem 1908, S. 238–293).
1198 (Neurath 1931, S. 403).
1199 S. z.B. (Hoffmann 1997).
1200 (Toulmin 1967, S. 466).
1201 Shapin und Schaffer bezeichnen in ihrer „Introduction to the 2011 Edition" ihres Buches von 1985 die Fragen zur Entwicklung der „modernen Wissenschaft" als „anerkannte Tradition" der 1980er Jahre. (Shapin und Schaffer 2018, S. XXVIII). Die Diskussion wurde aber meiner Meinung nach bisher nicht beendet und dauert bis heute an.

6.5. Disziplinäre Entwicklung

Die Kommunikationsstrukturen, wie sie sich bei den frühneuzeitlichen Chemikern entfalteten, deuten auf eine weitere Entwicklung hin. Kommunikationsnetze werden von Guntau und Laitko sowie von Stichweh als erste Grundlage für die Herausbildung einer eigenständigen Disziplin in den Wissenschaften gesehen.[1202] Aus ihren Briefen geht hervor, dass die Chemiker sich nicht nur als solche bezeichneten, sondern auch als Teil einer eigenen Gemeinschaft betrachteten. Die Bemühungen um einheitliche Begriffe und die Systematisierung des Fachgebiets sollten die Grundlage zur Ausbildung eines „Denkkollektivs" im Fleck'schen Sinn bilden. Das verbindende erkenntnismäßige Element war dabei die Beschäftigung mit chemischen Fragestellungen ungeachtet der vielfältigen anderen Gebiete, auf denen sie tätig waren. Die Zusammenführung von chemischen Erkenntnisgegenständen aus Medizin und Apothekenwesen, aus handwerklichen Tätigkeiten wie Färberei, Glasherstellung oder Destillationswesen, aber auch aus der Goldmacherei und dem Bergbau, ist der Anfang der kognitiven Grundlage der neuzeitlichen Chemie.[1203] Die Wissenschaftshistorikerin Nye definiert eine Disziplin über ihre gegenstandsbezogenen Eigenschaften. Sie legt sechs Merkmale dafür fest:

1. eine geschichtliche Herkunft mit eigener Mythologie und heroischen Ereignissen,
2. eine disziplinspezifische Literatur mir eigener Fachsprache,
3. ein Regelwerk von Methoden und Praktiken,
4. eigene Institutionen mit eigenen Gesetzmäßigkeiten,
5. externe Anerkennung,
6. gemeinsame Wertvorstellungen und ungelöste Probleme.[1204]

1202 (Guntau und Laitko 1987, S. 37 f.): „Die in der Regel früheste Möglichkeit, die Entstehung einer Disziplin mit empirischen Indikatoren zu erfassen, besteht in der Identifizierung werdender disziplinärer Kommunikationsnetze noch vor der Entstehung *eigener* kommunikativer Institutionen. (Stichweh 1984, S. 50): „*Disziplinen hingegen sind vor allem Sozialsysteme*, d.h. Kommunikationsgemeinschaften von Spezialisten, die auf die gemeinsame disziplinkonstituierende Problemstellung verpflichtet sind und in der Regel keiner anderen Disziplin angehören."
1203 S. auch (Eddy 2014b, S. 15).
1204 (Nye 1993, S. 19). Andere merkmalsbezogene Aufstellungen gleichen dieser Festlegung, wenn auch anders formuliert, wie z.B. (Kelley 1997, S. 1): „What may be regarded as marks of disciplinarity include a characteristic method, specialized terminology, a community of practitioners, a canon of authorities, an agenda of

Eine ähnliche Charakterisierung von Disziplinen, mit besonderer Betonung der Kommunikation und der Ausbildung von Nachwuchs, kann auch bei dem Soziologen Stichweh gefunden werden.[1205] Leider sind viele dieser Merkmalslisten in einer „ex post" Betrachtung überwiegend institutionsbezogen und nicht funktionsbezogen. Betrachtet man die Situation der Chemie, wie sie sich in den Netzwerken der frühneuzeitlichen Chemiker darstellt, so lassen sich nicht nur die ersten Anfänge der Herausbildung einer selbständigen Disziplin erkennen. Die Chemiker beriefen sich in ihren Schriften auf eine Jahrtausend alte Tradition. Ihre Bücher sind spezifisch für die Chemie und haben sich von dem Einfluss anderer Wissenschaften gelöst, die ersten „Lehrbücher" sind bereits entstanden[1206]. Eine zwar uneinheitliche, aber eigene Fachsprache bestand seit langer Zeit, die Chemiker bemühten sich um ihre Vereinheitlichung. Insbesondere Libavius beschreibt in seiner „Alchemia" nicht nur die Systematisierung der stofflichen Welt, sondern auch die „Handgrifflehre" mit der Gerätekunde und den chemischen „Operationen".[1207] Alle vier Chemiker arbeiteten in ihren Schriften an der Ausformung eines „prozeduralen Wissens", wie es für Guntau und Laitko im Zentrum der Betrachtung steht.[1208] Es ist deutlich geworden, dass die Netzwerkverbindungen zur Ausformung der Identität der sozialen Gemeinschaft der Chemiker führen, die Briefe sind das verbindende Element dazu. Bernès betont die Bedeutung der Briefe, wenn sie ausführt: „Elle [la lettre] agit ainsi comme un ciment entre des individus qui ont le sentiment d'appartenir à une même communauté, la *Respublica litteraria*, et comme un ferment de leur activité intellectuelle."[1209] Mit ihren Bemühungen zur Ausformung einer wissenschaftlichen

---

    problems to be addressed, and perhaps more formal signs of a professional condition, such as journals, textbooks, courses of study, libraries, rituals, and social gatherings-".
1205 (Stichweh 2013, S. 17): „Zur Identifizierung und Charakterisierung einer »Disziplin« verweisen wir typischerweise: 1) auf einen hinreichend homogenen Kommunikationszusammenhang von Forschern – eine »scientific community«; 2) auf einen Korpus wissenschaftlichen Wissens, der in Lehrbüchern repräsentiert ist, d.h. sich durch Kodifikation, konsentierte Akzeptation und prinzipielle Lehrbarkeit auszeichnet; 3) eine Mehrzahl je gegenwärtig problematischer Fragestellungen; 4) einen »set« von Forschungsmethoden und paradigmatischen Problemlösungen; 5) eine disziplinspezifische Karrierestruktur und institutionalisierte Sozialisationsprozesse, die der Selektion und »Indoktrination« des Nachwuchses dienen."
1206 Stichweh bezeichnet Disziplinen als „in lehrbare Form gebrachte[s] Wissen." (Stichweh 1984, S. 7).
1207 (Libavius 1964, Erstes Buch).
1208 (Guntau und Laitko 1987, S. 30 f.).
1209 (Bernès 1998, S. 36).

Disziplin standen die frühneuzeitlichen Chemiker nicht allein. Nach Grafton betraf dies viele Wissensgebiete, die zu dieser Zeit versuchten, einen ähnlich formalen Status zu erreichen, wie ihn Medizin oder Jura bereits seit langer Zeit innehatten.[1210] Um die externe Anerkennung waren die Chemiker im 17. Jahrhundert besonders bemüht. Sie versuchten das Bild der „schwarzen Magie" und der betrügerischen Goldmacherei zu verdrängen und wollten sich deshalb vom Begriff „Alchemie" lösen und nur noch von „Chemie" sprechen.

Einzig die von Nye geforderten, eigenen Institutionen fehlten im Bild einer Disziplin um 1600. Noch befand man sich in einer Zeit des Suchens nach der geeigneten Institutionalisierung. Waren die damaligen Universitäten der geeignetste Rahmen zur Weitergabe des chemischen Wissens? Der lateinische Ursprungsbegriffs „disciplina" hat mehrere Bedeutungen. Einerseits steht er für Unterweisung, Bildung, Unterricht, Schule und Wissenschaft; andererseits für Sitte, Gewohnheit, strenge Erziehung, militärische Disziplin und Staatsordnung.[1211] Libavius betonte insbesondere den Aspekt des Unterrichts und der Lehre der Wissenschaft. Damit verbunden war aber gleichzeitig der disziplinierende Aspekt, der nicht nur durch eine Institutionalisierung, sondern genauso durch die Systematisierung des Fachgebiets, durch die angestrebte Vereinheitlichung der Fachsprache sowie die Lehrbücher gegeben war. Zwar wurde bereits 1609 der erste Lehrstuhl für Chemie in Marburg eingerichtet, dem 1639 ein Lehrstuhl an der Universität Jena folgte.[1212] Bis zu einer Institutionalisierung an den Universitäten war jedoch noch ein langer Weg. In Frankreich wurde die erste Chemievorlesung im Juli 1648 am „Jardin royal des plantes" in Paris gehalten.[1213] Der botanische Garten war 1635 durch ein Dekret von Ludwig XIII. beschlossen und im Jahr 1640 eröffnet worden. Da der erste ernannte Professor der Pharmazie und Chemie, Urbain Baudinot (Lebensdaten unbekannt) seinen Verpflichtungen nicht nachgekommen war, dauerte es bis 1648, dass William Davisson (1593–1669) die erste Chemievorlesung halten konnte. Noch später hielt die Chemie in England an den Universitäten Einzug. Boyle lebte zwar seit 1654 in Oxford, experimentierte aber in seinem eigenen Laboratorium.[1214] Das

---

1210 (Grafton 2011, S. 1): „Citizens of the early modern Republic of Letters published manuals designed to transform history, philology and other fields into disciplines as formal as law or medicine;".
1211 https://de.pons.com/übersetzung?q=disciplina&l=dela&in=ac_la&lf=la (Zugriff am 1.12.2018).
1212 (Meinel 1988, S. 92).
1213 (Contant 1952, S. 41 f.).
1214 (Hunter 2009, S. 92–97).

erste offizielle Labor der Universität wurde 1683 im alten „Ashmolean Building" für den Chemieprofessor Robert Plot (1640–1696) eingerichtet.[1215] In Cambridge wurde John Francis Vigani (1650?–1712) im Jahre 1703 zum Chemieprofessor ernannt, nachdem er bereits seit 1683 dort privaten Chemieunterricht gegeben hatte.[1216] Zu dieser Zeit hatte die Chemie auf dem Kontinent bereits Einzug in ein gutes Dutzend von Universitäten gehalten.[1217] Der sozialen Anerkennung der Chemie als Wissenschaft und eigenständige Disziplin, und damit ihrer Institutionalisierung, standen allerdings über lange Zeit zwei Gründe entgegen. Der Vorwurf der Überbetonung der Praxis und die damit verbundene Hintanstellung von Theorien wurden mit dem negativen Bild der betrügerischen Goldmacherei verbunden.[1218]

Stichweh beschreibt wissenschaftliche Disziplinen funktionsbezogen als Systeme, die sich selbst erhalten und sich selbst erneuern können. Dabei sind nach ihm vier charakteristische Merkmale von Bedeutung, die er bei der Entstehung von Disziplinen sieht.[1219] Als erstes Kennzeichen betont er das „selbst hervorgebrachte Wissen", das an die Stelle des überlieferten, alten Wissens tritt. Dazu muss die Wissenschaft sich zweitens empirisch auf einer experimentellen Grundlage befinden. Dann ist drittens nicht mehr die Auslegung des überlieferten Wissens von Bedeutung, sondern das „Hinzufügen eines neuen Elements" wird als wissenschaftliche Leistung gewürdigt. Und viertens betont Stichweh die Notwendigkeit von wissenschaftlichen Theorien für die Existenz einer Disziplin. Guntau und Laitko erweitern die Forderung nach Selbsterhaltungsvermögen und heben die Veränderungsfähigkeit hervor. Sie beschreiben Disziplinen als „selbstrevolutionierende gegenstandsorientierte Systeme".[1220] Zur Selbsterhaltung betonen sie die Ausbildung von disziplinspezifischen Wissenschaftlern, wobei die dazu notwendigen Ausbildungsstrukturen den Erhalt der Disziplin über die Generationen sicherstellen sollen. Und ganz im marxistischen Sinne heben sie die gesellschaftliche Relevanz der Disziplin und ihren „soziokulturellen" Austausch hervor. Die in dieser Arbeit betrachteten frühneuzeitlichen Chemiker versuchten zwar auch, aus überliefertem Wissen zu lernen; ihr Hauptanliegen war aber viel mehr, neue Stoffe herzustellen und neuartige Verfahren zu entwickeln. Die Beurteilung Stichwehs trifft meiner Meinung nach nicht zu, wenn er die Chemie

---

1215 (Roos 2014).
1216 (Clericuzio 2004).
1217 (Meinel 1988, S. 93).
1218 (Meinel 1983, S. 124).
1219 (Stichweh 2013, S. 51–55).
1220 (Guntau und Laitko 1987, S. 44).

in diesem Zusammenhang als „disprivilegiert" bezeichnet, da sie über ein immenses überkommenes Wissen verfügt habe.[1221] Er zitiert dazu den Chemiker, Physiker und Arzt Friedrich Albrecht Carl Gren (1760–1798), der sich über diese Tatsache beklagt habe.[1222] Stichweh übersieht allerdings, dass Gren sich auf weit zurückliegendes, mittelalterliches chemisches Wissen bezog und die Klage außerdem seine eigene Leistung hervorheben sollte. In ihren Schriften betonen und würdigen die frühneuzeitlichen Chemiker die Neuartigkeit ihrer Versuche, wobei die experimentelle Basis in der Chemie seit alters her gegeben war. Stichweh sowie Guntau und Laitko bezeichnen Disziplinen als Systeme, die sich selbst erhalten. Sie verzichten dabei zunächst auf die Forderung nach einer eigenen Institutionalisierung der Ausbildung. Insofern ist die Frage berechtigt, ob wissenschaftlicher Austausch in Netzwerkstrukturen nicht dieses Selbsterhaltungsvermögen sichern kann, zumindest für einen gewissen Zeitraum? An anderer Stelle fordert Stichweh allerdings unmissverständlich das Vorhandensein von spezifischen Institutionen. Er behauptet: „Aber disziplinäre Gemeinschaften sind angewiesen auf *wissenschaftliche Institutionen, die als organisatorische Infrastruktur der disziplinär restrukturierten Wissenschaft fungieren* können."[1223] Er schreibt, dass ein „kommunikativer Zusammenhang des Austauschs von Ideen und Informationen" allein nicht ausreichend sei. Diese Betrachtung ist im Nachhinein anhand der Entwicklung der Physik in Deutschland zwischen 1740 und 1890 getroffen worden. Zumindest in der Herausbildungs- und Entstehungsphase der Chemie als wissenschaftlicher Disziplin ist diese Forderung aber nicht angebracht. Die anschließend folgende Institutionalisierung erscheint eher als eine normale Entwicklung der Disziplin und garantiert dann sicherlich den Fortbestand über einen längeren Zeitraum. Als grundlegendes Element für das Selbsterhaltungsvermögen einer Disziplin betrachtet Stichweh die Kommunikation, und zwar eine disziplinspezifische Kommunikation, die dieser Disziplin eigen ist.[1224] Er reduziert die allgemeine Kommunikation dann allerdings auf den Begriff der wissenschaftlichen Publikation und macht damit das Vorhandensein von Zeitschriften auf dem Gebiet der Disziplin notwendig. Die Briefe der Chemiker in dieser Arbeit zeigen jedoch, dass eine wissenschaftliche Kommunikation schon lange vor der Entstehung von Zeitschriften möglich war. Deren Herausbildung erscheint wiederum als logische Folge der Vereinfachung einer

---

1221 (Stichweh 2013, S. 52).
1222 (Gren 1795, S. 173).
1223 (Stichweh 1984, S. 62).
1224 (Stichweh 2013, S. 55–60).

allgemein zugänglichen Kommunikation. Zunächst ergänzten die wissenschaftlichen Zeitschriften die Briefkommunikation, um sie dann im weiteren Verlauf mehr und mehr abzulösen. Die unabdingbare Forderung nach bestimmten Institutionen „für alle Fälle und alle Zeiten", die zudem die Institutionalisierung der Kommunikation einschließt, wird auch von Guntau und Laitko kritisch gesehen.[1225] Ähnlich wie hier am Beispiel der Netzwerkstrukturen der frühneuzeitlichen Chemiker dargelegt, betrachten sie die Gelehrtenkorrespondenz des 18. Jahrhunderts als ausreichend, um einen disziplinären Zusammenhalt zu sichern.

Es ist versucht worden, die Entstehung einer eigenständigen wissenschaftlichen Disziplin in verschiedenen Phasen aufzuteilen.[1226] In einer Art „Vor- oder Frühgeschichte" sollen sich Beobachtungen und Einzelerkenntnisse auf unterschiedlichen Gebieten ohne Zielrichtung auf gemeinsame kognitive Gegenstände entwickeln. Übertragen auf die Chemie wäre dies das gesamte Mittelalter seit dem ersten Auftreten von Kenntnissen in der Bearbeitung von Metallen und Edelsteinen, aber auch in der Herstellung von Arzneien, kosmetischen Produkten und Farben bis zum Anfang des 16. Jahrhunderts. Mit der Iatrochemie von Paracelsus begänne dann die eigentliche Phase der „Disziplinbildung", die das Wissen in einem geschlossenen System zusammenführt.[1227] In diesem Stadium entwickelten sich die bereits diskutierten Grundlagen für eine sich selbst erhaltende und selbst revolutionierende Disziplin. Dieser Vorgang erstreckte sich über mehrere Jahrhunderte und müsste dann gegen 1800 in die „Konsolidierungsphase" übergegangen sein. Der Zeitabschnitt der Institutionalisierung auf allen Gebieten wäre damit vorläufig beendet und führte zu einer Eigenständigkeit in Forschung, Lehre und Ausbildung, was auch die Schaffung eines eigenen Berufsstands erlaubte. Wissensmäßig, insbesondere was die Theoriebildung betrifft, wird dieser neue Abschnitt mit der Verbrennungstheorie Lavoisiers und seiner Nomenklatur in Verbindung gebracht.[1228] Wie aber schon Weyer richtig bemerkt, entstehen Disziplinen nicht durch die Leistungen einzelner Wissenschaftler wie Paracelsus, Georg Ernst Stahl (1659–1734), Robert Boyle oder Lavoisier.[1229] Disziplinen unterliegen einem langandauernden Entstehungs- und

---

1225 (Guntau und Laitko 1987, S. 36).
1226 (Guntau 1987), (Guntau und Laitko 1987, Kap. 7 und 8), (Scholz 1983), (Heilbron 2004) und (Weyer 1978).
1227 S. dazu (Scholz 1983, S. 92).
1228 Ebd. S. 94.
1229 (Weyer 1978, S. 113).

Wandlungsprozess.[1230] Man kann deshalb auch nicht von einem Geburtsakt der modernen Chemie sprechen, wie es McEvoy der „Whig-Geschichtsschreibung" vorwirft.[1231] Was Guntau und Laitko nur für den Beginn der Entstehung einer Disziplin ausdrücken: „es ist unmöglich, die Disziplingenese als einen historisch definiten Prozeß mit einem bestimmten Anfang in der Zeit anzusehen,"[1232] gilt meiner Meinung nach gleichermaßen auch für das Ende. Deshalb ist eine unscharfe Aufteilung in verschiedene Phasen des Bestehens einer wissenschaftlichen Disziplin höchstens aus didaktischen Gründen sinnvoll. Nach Meinel ist die Entstehung von Disziplinen ein mehrstufiger Prozess „kollektiver Anstrengungen, bestimmte Tätigkeits-und Zuständigkeitsfelder zu institutionalisieren."[1233] Der Vorgang ist allerdings keine linearere, zielgerichtete Entwicklung in einzelnen Schritten, sondern er läuft mehrstufig und ineinander verwoben ab. Die einzelnen Entwicklungsstränge müssen dabei nicht zeitgleich erfolgen und können durchaus versuchen, verschiedene Ziele zu erreichen. Wie sich die Betrachtungsweise von Disziplinen verändert, zeigen einige Beschreibungen darüber, die das letzte Jahrhundert betreffen. Kohler bezeichnet Disziplinen als gesellschaftliche Institutionen, die ihr akademisches Gebiet gegeneinander abgrenzen und sich im Bemühen um politischen Einfluss und damit um Fördergelder befinden.[1234] Ohne die Betrachtung einer historischen Entwicklung stellt Lenoir eine ähnliche Definition von Disziplinen gegen Ende des 20. Jahrhunderts auf und fordert die Existenz von Fachbereichen an Universitäten, von Fachgesellschaften bzw. Berufsverbänden sowie von Lehrbüchern und Labortagebüchern. Er ergänzt die organisatorische Definition mit einer sozialkonstruktivistischen Beschreibung: „Disciplines are dynamic structures for assembling, channeling, and replicating the social and technical practices essential to the functioning of the political economy and the system of power relations that actualize it."[1235] Meiner Meinung nach sollten allerdings Beschreibungen, Anforderungen und institutionelle Ausprägungen, die sich im Laufe der Entwicklung über die Zeit

---

1230 S. dazu auch (Meinel 1988, S. 109).
1231 (McEvoy 2016, S. 1 und Kap. 1). McEvoy verwirft allerdings auch das Konzept eines lang gezogenen Entwicklungsprozesses, wie ihn seiner Meinung nach „Postpositivisten" beschrieben haben (Kap. 3). Sein „robuster Kontextualismus" betont zwar die Komplexität historischer Vorgänge, kehrt aber im Prinzip wieder zum Konzept der zeitlich begrenzten „Chemischen Revolution" zurück (Kap. 7).
1232 (Guntau und Laitko 1987, S. 22).
1233 (Meinel 1987, S. 149 f.).
1234 (Kohler 1982, S. 1).
1235 (Lenoir 1997, S. 47).

ergeben haben, nicht als Kriterien zur Definition einer Disziplin gelten. Grundlage ist eine Gemeinschaft von Wissenschaftlern, die mit ähnlichen Methoden an den gleichen Problemen arbeiten, und die sich selbst auch als eine Gemeinschaft versteht.[1236] Legt man die bereits erwähnten, allgemeiner formulierten vier charakteristischen Beschreibungen von Stichweh zu Grunde, so muss nicht nur der Anfang der Chemie als Disziplin bereits um 1600 gesehen werden.[1237] Die Netzwerke der Chemiker waren ein System zur Selbsterhaltung und Selbsterneuerung des wissenschaftlichen Gebiets. In ihnen wurde neues Wissen diskutiert, das empirisch, auf experimenteller Grundlage geschaffen worden war; der Bezug auf ältere Schriften diente dabei als Ausgangspunkt. Und soweit es die Kenntnisse zuließen, wurden die erzielten Ergebnisse theoretisch untermauert. Die Disziplin „Chemie" hatte ihre Identität gefestigt. Natürlich muss man jedoch berücksichtigen, dass sich diese Identität im Laufe der Zeit den veränderten gesellschaftlichen Rahmenbedingungen anpasste.[1238]

1236 S. dazu auch (J. Golinski 1998, S. 69).
1237 Da Hufbauer die Netzwerke der frühneuzeitlichen Chemiker um 1600 nicht kannte, sind seine allgemeinen Aussagen zur Bildung der deutschen Chemikergemeinschaft veraltet. Die Gemeinschaft der Chemiker entstand nicht erst am Ende des 18. Jahrhunderts, nachdem diese sich vorher nur an der allgemeinen „republic of letters" orientieren konnten. Allenfalls mit einer starken Betonung des Nationalcharakters kann seine Zeiteinordnung nachvollzogen werden. (Hufbauer 1982, S. 1 f. und S. 93).
1238 (Bensaude-Vincent 2014, S. 306).

7. Teil: Fazit

Anhand der oft mit materiellen Beilagen versehenen Korrespondenzen sowie weiterer Abhandlungen von vier Chemikern des 16. und frühen 17. Jahrhunderts wurden Austausch und Verarbeitung von naturwissenschaftlich-chemischem Wissen untersucht. Es wurde versucht aufzuzeigen, mit welchen Naturforschern die vier ausgewählten Chemiker in Kontakt standen. Daraus ergab sich eine, sicherlich nicht vollständige, Rekonstruktion ihrer egozentrierten Netzwerke. Diese Einzelnetzwerke konnten nicht allumfassend gewesen sein, da sie auf persönlicher Bekanntschaft beruhten; der Korrespondentenkreis war beschränkt.[1239] Die Zusammenführung der egozentrierten Netzwerke unter Einschluss der Verbindungen von drei Professoren der Universität Basel ergab jedoch ein erstes Bild von möglichen, umfassenderen Gesamtnetzwerkstrukturen. Dies lässt darauf schließen, dass es in der Zeit um 1600, und wahrscheinlich nicht erst zu dieser Zeit, einen intensiven Austausch der Chemiker innerhalb der Wissenschaftsrepublik gab.[1240] Die Netzwerke besaßen ihre eigene Thematik: die frühneuzeitliche Chemie. Durch den Gegenstand ihrer Diskussion bildeten sie die „res publica chemica" innerhalb der „res publica litteraria". In dieser Arbeit hat sich die Universität Basel mit ihren Professoren als ein mögliches Zentrum eines weit ausgebreiteten Netzwerks in Mitteleuropa gezeigt. Ein weiteres Zentrum könnte der Fürstenhof in Kassel mit den damit verbundenen Professoren der Universität Marburg gewesen sein, wie es Kühlmann und Telle vorschlugen.[1241] In den untersuchten Quellen ließen sich keine Hinweise dafür finden, dass der Austausch von Informationen und materiellen Dingen durch Landesgrenzen oder durch unterschiedliche Konfessionen der Beteiligten behindert wurde. Die überwiegende Mehrzahl der frühneuzeitlichen Chemiker in den betrachteten Netzwerken verfügte über ein medizinisches Studium. Hierzu gehörte meist verpflichtend als Propädeutikum das Studium der „Sieben Freien Künste", in denen

---

1239 Auf die weiteren Einschränkungen durch die Quellenlage wurde bereits mehrfach hingewiesen. Dies betrifft insbesondere die Untersuchung der weiteren Vernetzung der Korrespondenten. Hierauf wurde in den betreffenden Kapiteln der vier Chemiker aufmerksam gemacht.
1240 Weitere Untersuchungen zur Wissenskultur im Mittelalter aber auch für die Zeit zwischen 1650 und 1750 wären wünschenswert.
1241 (Kühlmann und Telle 2001, 2004 und 2013, Teil 3, S. 1156).

unter anderem naturwissenschaftliche Grundlagen gelehrt wurden.[1242] Einige Universitäten, wie zum Beispiel Basel und Montpellier, sollen sogar die Chemie in den Lehrplan der medizinischen Fakultät aufgenommen haben.[1243] Auf diese Art und Weise waren die frühneuzeitlichen Chemiker mit den Grundzügen der Chemie und insbesondere der paracelsischen Iatrochemie in Kontakt gekommen. Sie können allerdings ganz zeittypisch nicht auf ein Tätigkeitsgebiet festgelegt werden. Neben ihrer Beschäftigung mit der Chemie waren sie in folgenden Funktionen tätig: als Arzt, oft als fürstlicher, königlicher oder kaiserlicher Leibarzt; als Apotheker, oft im Dienst eines Fürstenhauses; als Goldmacher, auch hier meist an einem Fürstenhof; als Universitätsprofessor oder Lehrer an einer Schule; als Gesandter mit diplomatischen Aufgaben[1244] oder auch als Schriftsteller oder Dichter. Ihre Korrespondenzen dienten der Verbreitung und Diskussion von Ergebnissen und Meinungen sowie von Vorschlägen für Ansätze von Theorien. Sie waren daneben ein Beleg für die erste schriftliche Darlegung von neuen Verfahren, neuen Produkten oder neuen Zusammenhängen. Toulmin sieht in der Vielfalt der Aufgabengebiete eine Grundlage für die Entwicklung der Wissenschaften und schreibt insbesondere den fürstlichen Leibärzten eine tragende Rolle zu.[1245] Das Hauptthema der betrachteten Schriften war die Chemie in allen Aspekten, andere Wissensgebiete wurden allenfalls am Rande erwähnt. Die Chemiker waren über weitere Kontakte in andere Schichten der allgemeinen Gelehrtenrepublik eingebunden. Das Thema „Chemie" spielte aber in diesen Korrespondenzen keine Rolle.

Eines der größten Probleme in der Entwicklung der Chemie während der Frühen Neuzeit muss in der Unbestimmtheit der chemischen Fachsprache und ihrer Symbolik gesehen werden. Unklare Bezeichnungen, verbunden mit mehrdeutigen Zeichen, erschwerten die Weitergabe von Erkenntnissen. Jeder Chemiker musste seine eigenen Erfahrungen machen und konnte sich nicht nur auf

---

1242 An Universitäten ohne eine medizinische Fakultät konnten die Professoren in der „Artistenfakultät" lehren. (Cardini 1991, S. 92).
1243 (Cook 2000, S. 102).
1244 Anscheinend boten sich gerade die fürstlichen Leibärzte an, mit diplomatischen Aufgaben als Gesandter betraut zu werden. Die Verflechtung der Gelehrtenrepublik mit der Diplomatie ist nach Externbrink bisher nicht systematisch untersucht worden. (Externbrink 2010, S. 134).
1245 (Toulmin 1967, S. 461): „If men in earlier cultures have ‚changed their minds' about Nature, this has happened always as a *by-product* of activities having more social, economic, or political functions. ..., the men responsible earned their living by other means – in most cases, as court physicians."

bereits beschriebenes Wissen verlassen. Die Wiederholbarkeit von Verfahren und damit auch ihre Überprüfung waren unter diesen Umständen beeinträchtigt. Es spricht aber nichts dafür, dass die Chemiker um 1600 bewusst ungenaue Begriffe oder sogenannte „Decknamen" zum Zweck der Geheimhaltung benutzten. Diese „Decknamen" erscheinen vielmehr als Begriffe der verwendeten Fachsprache und konnten von ihnen verstanden werden. Des Weiteren erfolgte die Weitergabe des Wissens in recht ungeordneter Form. Einzelne Erkenntnisse wurden mitgeteilt, ihre fehlende Einordnung in ein Gesamtgebäude des chemischen Wissens erschwerte aber das Verständnis. Eine einheitliche Systematisierung hätte dies erleichtert und insbesondere die Überlieferung eines „gesicherten Wissens" im Bildungswesen möglich gemacht. Alle vier Chemiker bemühten sich auf die eine oder andere Art und Weise, eine Vereinheitlichung und Systematisierung des chemischen Wissens durch ihre Netzwerke zu erreichen. Kein Ansatz konnte aber durch einleuchtende sachliche Überlegenheit überzeugen. Und so zeigte sich die Schwäche von Netzwerken, die auch für die Wissenschaftsrepublik insgesamt zutrifft. Dem Austausch von Ideen und Meinungen waren wenig Grenzen gesetzt. Es fehlte aber an einer geeigneten Entscheidungsinstanz, die eine für alle gültige Normierung und Systematisierung vorbereiten und festlegen konnte. Eine Institutionalisierung war nur in ersten Ansätzen vorhanden, die Aktionen und Ansichten im gesellschaftlichen Umfeld hätte koordinieren können.

Zahlen und Mengenangaben spielten in der Frühen Neuzeit eine große Rolle. Dabei ist nicht nur an den frühkapitalistischen Waren- und Zahlungsverkehr zu denken. Auch der Satz über die Macht Gottes aus dem „Buch der Weisheit": „Du hast alles nach Maß, Zahl und Gewicht geordnet"[1246] spielte für die religiös geprägten Chemiker in der Frühen Neuzeit eine große Rolle.[1247] Deshalb ist es nicht verwunderlich, dass sie die Quantifizierung in der Chemie vorantrieben. Nur die präzise Beschreibung von Stoffen, verwendeten Mengen und Verfahrensschritten konnte zum gewünschten Ergebnis ihrer chemischen Reaktionen führen. In der Goldmacherei wurde die fehlende Kenntnis dieser Grundlagen als Argument für die Erfolglosigkeit der bisherigen Bemühungen angeführt, den „Stein der Weisen" herstellen zu können. Das im Mittelalter vielleicht vorhandene Streben nach persönlicher Läuterung, um das hohe Ziel zu

---

1246 Buch der Weisheit, Kap. 11, Zeile 20.
1247 Dies galt ganz allgemein und damit gleichermaßen für die protestantischen Chemiker, auch wenn das „Buch der Weisheit" von den Protestanten nicht in den biblischen Kanon aufgenommen worden war.

erreichen, spielte keine Rolle mehr. Auch in der Iatrochemie waren Präzision und Quantifizierung für die Reinheit der Heilmittel von besonderer Bedeutung. Reinheit und richtige angewandte Dosis waren für den Heilungserfolg unverzichtbar. Außerdem stellten die Chemiker erste Überlegungen über die eingesetzten Mengen im Verhältnis zu den Endprodukten an und beschrieben diese in ihren Rezepten. Diese Art der „Mathematisierung" unterscheidet sich natürlich von den Berechnungen, die in Astronomie oder Mechanik der Frühen Neuzeit üblich waren. Wenn man allerdings wie Kant „apodictische" Gewissheit und vollständige Durchdringung des Wissens mit Mathematik als Grundlage einer Wissenschaft ansieht, so ist es erklärlich, dass er die Chemie in seiner Zeit nicht zu den Wissenschaften zählte.[1248]

In der Frühen Neuzeit ist die wissenschaftliche Gemeinschaft der Chemiker in der Entstehung begriffen. Sie bedeutet den Grundstein für das Aufkommen der Chemie als eigenständige wissenschaftliche Disziplin. Die frühneuzeitlichen Chemiker betrachteten ihr Schaffen und ihre Erkenntnisse als zusammengehöriges Fachgebiet. Dies trifft trotz der Tatsache zu, dass sie zumeist eine medizinische Ausbildung absolviert hatten und neben ihrer Beschäftigung mit chemischen Fragestellungen in den verschiedensten Berufen tätig waren. Sie erkannten jedoch, dass sie sich mit der Umwandlung von Stoffen als gemeinsamem Nenner beschäftigten. Sie betrachteten sich als Chemiker und nannten sich auch so. Dabei ist es unerheblich, ob sich andere Wissenschaftler oder Handwerker, die auf den genannten Gebieten tätig waren, sich ihrer chemischen Tätigkeit bewusst waren.[1249] Über die Netzwerke verbreiteten die frühneuzeitlichen Chemiker ihr chemisches Wissen, diskutierten und erweiterten es. Diese Erörterung diente als Grundlage für ihre Bücher, die als Lehrbücher der weiteren Verbreitung der Kenntnisse über die Chemie dienten. Die frühneuzeitlichen Chemiker entwickelten in ihren Schriften ein gemeinsames methodisches Vorgehen zur Lösung der anstehenden und ungelösten chemischen Probleme. Durch ihre Netzwerke und Lehrbücher war die Grundlage für eine wissenschaftliche Disziplin gelegt, die sich durch die Möglichkeit zur Selbstreproduktion auszeichnete.

1248 (Kant 1787).
1249 Homburg warnt aus seiner Sicht vor einer zu engen Verbindung zwischen Chemie und Handwerk. (Homburg 2018, S. 566): „Although books on the history of chemistry often state that chemistry emerged partly from artisanal practices, one must be cautious about constructing historical connections between chemistry *per se* and crafts such as glassmaking, dyeing, and metallurgy. To be sure, early alchemists and chemists wrote on these topics, but did craftsmen and artisans themselves see their trades as being „chemical"?"

Natürlich sind Umfang und Zeitraum dieser Arbeit zu klein, um eine allgemeine Aussage über die Art der Veränderungen in der Chemie der Frühen Neuzeit zu treffen. Für eine „revolutionäre" Änderung ergeben sich allerdings keine Anhaltspunkte. Die Netzwerke der Chemiker passen sich demgegenüber nahtlos in das Modell einer evolutionären Wissenschaftsentwicklung ein. Verschiedenartige Ansatzpunkte wurden von den Chemikern vorgeschlagen und diskutiert, anschließend wurden sie dann weiterentwickelt oder verworfen. Akzeptierte Ergebnisse wurden in Buchform in einer größeren Öffentlichkeit zur Auseinandersetzung gebracht.[1250] Bezeichnend für die evolutionäre Entwicklung war, dass einige Konzepte in der Folgezeit heranreiften während andere schon nach kurzer Zeit nicht mehr betrachtet wurden. Von einer „chemischen Revolution" am Ende des 18. Jahrhunderts zu sprechen übersteigert die Bedeutung der Entwicklungen in der Chemie zu dieser Zeit. Dies trifft insbesondere auf die Glorifizierung der Beiträge von Lavoisier zu.[1251] Man sollte vielmehr die längerfristigen Veränderungsprozesse betrachten, in denen die frühneuzeitlichen Chemiker um 1600 eine bedeutende Rolle spielten.

Und am Ende noch eine Schlussbemerkung. Das Wort „Alchemie" sollte meiner Meinung nach vom Chemiehistoriker nur sehr behutsam, oder nach genauer Definition, eingesetzt werden. Der Begriff unterlag im Laufe der Zeit vielfältigen und gravierenden Veränderungen, er ist um- und missdeutet worden. Trotz zahlreicher Klarstellungen hat er sein unwissenschaftliches und betrügerisches Image selbst im 21. Jahrhundert nicht vollständig verloren.[1252] Jede Verwendung muss deshalb zu Unklarheiten, ja sogar zu Unverständlichkeiten und Fehlinterpretationen führen.[1253] Liest man das Wort „Alchemie", so muss man sich fragen, was damit gemeint ist. Wird auf den jeweiligen zeittypischen Begriffsinhalt Bezug genommen, oder eine andere, spätere Bedeutung verwendet? Steht der Begriff für die Chemie im Allgemeinen, für die arabische Chemie, für die spirituelle Chemie des Mittelalters, für die „unwissenschaftliche" Chemie als Vorläufer der „modernen wissenschaftlichen" Chemie, für die Goldmacherei oder nur die betrügerische Goldmacherei, oder steht er für eine Geisteshaltung im Jung'schen Sinne?[1254] Diese Unbestimmtheit beschreibt schon Telle, wenn er

---

1250 Die stufenweise Entwicklung, wie sich aus ersten Beobachtungen und Verfahrensbeschreibungen größere Zusammenhänge und Theorieansätze ergeben, wird von der „actor-network theory" beschrieben.
1251 S. auch (Bensaude-Vincent 2014, S. 298).
1252 (Newman 2014, S. 63).
1253 Ein gutes Beispiel für diese Unklarheit ist das Buch von Levere. (Levere 2001).
1254 (Jung 1972).

von „unterschiedlichen Erscheinungsformen einer komplexen Kulturerscheinung" und von mehreren „Alchemieen" spricht.[1255] Die Beschäftigung mit den Eigenschaften, der Zusammensetzung und der Umwandlung von Stoffen sollte über alle Zeiten mit dem Begriff „Chemie" bezeichnet werden.[1256] Die Chemie unterlag dabei natürlich wie alle Wissenschaften und wie das ganze kulturelle[1257] Leben des Menschen dem Wandel über die Zeit; eine Sonderstellung ist nicht gegeben.[1258] Wie auf jedes andere wissenschaftliche Gebiet trifft es auch für die Chemie zu, dass sie ihre eigene Identität über viele Jahrhunderte behielt. Toulmin beschreibt diese Tatsache mit folgenden Worten: „Looked at it in these terms, a particular scientific discipline – say, „atomic physics" – needs to be thought of, not as the contents of a textbook bearing any specific date, but rather as a developing subject having a continuing identity through time,".[1259] Ein Wechsel des Namens von „Alchemie" zu „Chemie" ist deshalb vollkommen unangebracht. Justus Liebig muss voll und ganz zugestimmt werden, wenn er in der Zeit der größten Umdeutung des Begriffs „Alchemie" in seinen „Chemischen Briefen" schrieb: „Die Alchemie ist niemals etwas anderes als die Chemie gewesen; ihre beständige Verwechslung mit der Goldmacherei des 16. und 17. Jahrhunderts ist die größte Ungerechtigkeit."[1260]

1255 (Telle 1994, S. 157). Allerdings beschreibt Telle weniger die begriffliche Ungenauigkeit und die gravierenden Bedeutungsänderungen, sondern vielmehr die sachliche Vielfältigkeit der Chemie.
1256 Diese Forderung bleibt bestehen, selbst wenn Begriffe in der Theorie nach Quines „Aufgabe des herkömmlichen Analytizitäts-Begriffs" keinen gemeinsamen „Bedeutungskern" haben sollen, und es gemäß der Kuhn'schen „Inkommensurabilitätsthese" „keine echten Übersetzungen" geben könne. Bartels stellt mit seiner „semantischen Einbettung" in der Theorie der „chains of meaning" zu Recht fest: „Ein neuer Begriff reproduziert eine bestimmte Menge von Anwendungsfällen eines älteren Begriffs (wobei diese Anwendungsfälle neu beschrieben werden), ermöglicht aber darüber hinaus auch die korrekte Beschreibung neuer Anwendungsfälle, über die der ältere Begriff keine zutreffenden Aussagen ermöglicht hat." (Bartels 2008, S. 224 f. und 232 f.).
1257 „kulturell" hier im aristotelischen Sinn als „alles vom Menschen Gemachte" zu verstehen.
1258 Shank und Lindberg drücken diese Veränderungen ganz prägnant und einprägsam am Beispiel aus: „Um das Jahr 1300 aber, ja selbst um 1800 gehörten weiße Laborkittel und Nobelpreise eindeutig nicht zum Bild des Naturwissenschaftlers." (Shank 2017, S. 130).
1259 (Toulmin 1967, S. 465 f.).
1260 (Liebig 1851, Dritter Brief, S. 59).

8. Anhänge[1261]

8.1. Andreas Libavius: Rerum Chymicarum
8.1.1. Liber primus

Brief No.	Seite	Adressat	Person[a]	Titel
1	1	Crenandrus, Cosman (Lebensdaten unbekannt)	Arzt in Stade, wohl identisch mit Pegandrus. Wahrscheinlich der Arzt Cosmas Bornemann aus Stade, der in Jena (1589), Padua (1592), Bologna (1593) und Siena (1593) studierte.[b]	De vituperiis chymiae Paracelsicae & adversantium argumentis
2	19	Pegandrus, Cosman		De verae chymiae honore
3	48	Pegandrus, Cosman		De difficultatibus quibusdam in usu etiam verae chymiae
4	56	Wind, Tobias (Lebensdaten unbekannt)	Studium in Wittenberg (1586), Padua (1592), Bologna (1593) und Basel (1596), Dr. med. Basel (1596).[c]	De magnificis chymicorum promissis in nutrione & medicina
5	68	Wind, Tobias		An chymia propter morbos epidemicos sit inventa, ut substantia tota totius substantiae sanari passiones queant
6	82	Henckelius, Ludovicus (oder Ludolphus?) (Lebensdaten unbekannt)	Möglicherweise Studium Jena (1588), Padua (1593) und Basel (1596), Dr. med. Basel (1596).[d]	De notatione chymiae

---

1261 Zur Erleichterung und Nachvollziehbarkeit werden die Literaturzitate erneut angeführt, auch wenn sie im Textteil bereits aufgenommen worden sind.

Brief No.	Seite	Adressat	Person	Titel
7	84	Zinn, Johann Conrad (1571–1636)	Studium Tübingen (1587), Jena (1590), Padua (1593), Bologna (1594) und Basel (1595), Dr. med. Basel (1595). Arzt in Nürnberg.[e]	Quid chymia
8	88	Zinn, Johann Conrad		De eadem definitione
9	92	Brendel, Zacharias (1553–1626)	Studium Jena (1567), Dr. med. Padua (1582). Medizinprofessor in Jena.[f]	De essentiae vocabulo
10	98	Brendel, Zacharias		De primo ente
11	100	Brendel, Zacharias		De ente simpliciter
12	107	Brendel, Zacharias		De constitutione artis chymicae
13	116	Brendel, Zacharias		Methodus constitutionis artium
14	124	Posthius, Johannes (1537–1597)	Studium Heidelberg (1554), Padua, Siena und Montpellier (1565), Dr. med. Valence (1567). Reformierter Dichter und Arzt in Würzburg, ab 1585 in Heidelberg.[g]	ΙΧΝΟΓΡΑΦΙΑ ΧΥΜΕΙΑΣ
15	133	Posthius, Johannes		De cinabari, minio, cerussa, lazurio factitio, plumbagine, lithargyro, scoriis & similibus, an sint operum chymicorum genera
16	139	Reusner, Hieronymus (1558–????)	Studium Leipzig (1577) und Basel (1581), Dr. med. Basel (1582). Arzt in Hof und Nördlingen.[h]	De scrupulis quibusdam versanti in chymicorum lectione obviis
17	144	Reusner, Hieronymus		Experimentum explicationis hyroglyphicae in tabula Smaragdina Hermetis
18	162	Reusner, Hieronymus		De obscura chymicorum locutione

Andreas Libavius: Rerum Chymicarum 271

Brief No.	Seite	Adressat	Person	Titel
19	171	Limnaeus, Georg (1554–1611)	Seit 1588 Mathematikprofessor in Jena, Lutheraner.[i]	De numeris quibusdam in chymia usitatis
20	179	Limnaus, Georg		De ovo philosophico; eiusqe partib. & essentiis chymicis
21	184	Limnaus, Georg		De principiis & elementis chymicis
22	194	Limnaus, Georg		De usu principiorum et elementorum apud chymicos, & praecipue de pyronomia
23	213	Bierdümpfel, Johann B. (Birdumphelius, Johannes) (1564–1620)	Studium Coburg (?), Magdeburg, Jena (1586), Wien, Padua (1596) und Basel (1598), Dr. med. Basel (1598). Lutherischer Hofmedicus in Coburg und Arzt in Österreich.[j]	De ornatu & supellectili chymica
24	228	Bierdümpfel, Johann B. (Birdumphelius, Johannes)		De colis chymicis, vitrorum munimentis, reclusione, luto, & c.
25	240	Bauhin, Caspar (1560–1624)	Studium Basel (1572), Padua (1577), Bologna (1578), Montpellier (1579) und Tübingen (1580), Dr. med. Basel (1581). Ab 1581 Professor für Griechisch, ab 1589 für Anatomie und Botanik in Basel, mehrmals Rektor, Konfession reformiert.[k]	Veterum physicam a Peripateticis explicatam comprobatamque non mutari observationibus chymicis
26	247	Bauhin, Caspar		Argumenta chymicarum operationum ex Aristotele
27	255	Bauhin, Caspar		De Galeni voto, quo aiunt exoptasse eum sibi chymicas segregationes ignotas
28	263	Bauhin, Caspar		De argumentis et coniecturis, quibus constet quodnam quomodo sit elaborandum

Brief No.	Seite	Adressat	Person	Titel
29	268	Platter, Felix (1536–1614)	Studium Basel (1551), Montpellier (1552) und Orleans (1557), Dr. med. Basel (1557). Ab 1571 Professor der praktischen Medizin und Stadtarzt in Basel, mehrmals Rektor, Konfession reformiert.[i]	An chymicus apparatus dependeat ex consideratione chyli, chymi, & οπυ
30	275	Platter, Felix		De tincturis
31	280	Platter, Felix		De ventriculo Struthionis & astro chymico
32	283	Platter, Felix		De aqua Paracelsica immatura, lilio & lapide philos.
33	285	Platter, Felix		De vitris chymicis, clisso, acida muria, regulo, lixiviis, & c.
34	289	Platter, Felix		De auro vitae, realgare, sanguine lacertae, xenechdo, lacte virginis, & aliis
35	294	Platter, Felix		De sanguinibus chymicis, crocis, galbaneto, crystallis, corallato, & theriaca minerali
36	298	Platter, Felix		An chymici ignorent Galenicas operas, quibus fiunt electuaria, syrupi, pilulae, & c.

[a] Angaben ohne Biographiezitat sind aus den Briefen übernommen.
[b] (Mentz 1944, S. 28), (Rossetti 1986, S. 91) und (Accorsi 1999, S. 159).
[c] (Förstemann 1976, Band 2, S. 344) (Rossetti 1986, S. 88), (Accorsi 1999, S. 159) und (Wackernagel 1951–1980, Band 2, S. 430).
[d] (Wackernagel 1951–1980, Band 2, S. 431) und (Rossetti 1986, S. 95).
[e] (Rossetti 1986, S. 94), (Accorsi 1999, S. 162), (Wackernagel 1951–1980, Band 2, S. 425), (Matthiae 1761, S. 331) und Zinn, Johann Conrad, Indexeintrag: Deutsche Biographie, https://www.deutsche-biographie.de/gnd10436534X.html (Zugriff am 31.10.2017).
[f] (Mentz 1944, S. 33) und (Jöcher 1750–51, Band 1, S. 1362).
[g] (Karrer 2001).
[h] (Wackernagel 1951–1980, Band 2, S. 295) und (Jöcher 1750–51, Band 3, S. 2033).
[i] Limnaeus, Georg, Indexeintrag: Deutsche Biographie, https://www.deutsche-biographie.de/gnd122363590.html (Zugriff am 05.11.2017).
[j] (Wackernagel 1951–1980, Band 2, S. 465) und (Br. 1875).
[k] (Wackernagel 1951–1980, Band 2, S. 212 f.) und (Buess 1953a).
[l] (Wackernagel 1951–1980, Band 2, S. 73) und (Pastenaci 2001).

Erstes Buch[1262]

Brief No.	Seite	Titelübersetzung
1	1	Über die tadelnswerten Argumente der Chemie des Paracelsus und die Argumente der Gegner
2	19	Über die Ehrenhaftigkeit der wahren Chemie
3	48	Über gewisse Schwierigkeiten im Umgang mit der wahren Chemie
4	56	Über die großartigen Versprechen der Chemiker in Ernährung und Medizin
5	68	Ob die Chemie wegen epidemischer Krankheiten erfunden wurde, damit die Leiden durch die ganze Substanz aller Substanzen geheilt werden können
6	82	Über die Notation der Chemie
7	84	Was ist Chemie
8	88	Über eben diese Definition
9	92	Über die Bezeichnung der innersten Dinge
10	98	Über das „erste Seiende"
11	100	Über das „Seiende" schlechthin
12	107	Über die Ordnung der chemischen Wissenschaft
13	116	Die Methode der Ordnung in den Wissenschaften
14	124	Die Grundlage der Chemie
15	133	Über den Zinnober, die Mennige, das Bleiweiß, den gewöhnlichen Lasurit, das Reißblei, die Bleiglätte, Schlacken und Ähnliches, und ob sie Produkte der Chemie sind
16	139	Über gewisse naheliegende Zweifel an der Lehre der Chemiker
17	144	Ein Versuch der Erklärung der Hieroglyphen in den Smaragdinischen Tafeln
18	162	Über die unklare Sprache der Chemiker
19	171	Über gewisse gebräuchliche Zahlen in der Chemie
20	179	Über das „philosophische Ei", seine Teile und sein chemisches Wesen
21	184	Über die chemischen Prinzipien und Elemente
22	194	Über die Anwendung von Prinzipien und Elementen bei den Chemikern, und vor allem die Lehre vom Feuer
23	213	Über die chemischen Gerätschaften
24	228	Über die chemischen Siebe, den Schutz der Gläser, das Wiederaufmachen, den Lutum, etc.

1262 Bei der Übersetzung der Brieftitel aus dem Lateinischen ins Deutsche handelt es sich um eine eigene, zum Teil freie Übertragung.

Brief No.	Seite	Titelübersetzung
25	240	Die Physik der Alten, wie sie von den Peripatetikern erklärt und bewiesen worden ist, wird sich durch die Beobachtungen der Chemiker nicht verändern
26	247	Die Darstellung der chemischen Verfahren nach Aristoteles
27	255	Über die Lehren Galens, von dem man sagt, dass er sich unbekannte chemische Auftrennungen gewünscht habe
28	263	Über Beweise und Vermutungen, durch die es gegeben ist, was auf welche Weise zu erarbeiten ist
29	268	Ob eine chemische Apparatur von Überlegungen über Chylus, Chymus oder Feigenlab abhängt
30	275	Über die Tinkturen
31	280	Über den Magen des Strauß und die Himmelsmaterie
32	283	Über das unreife Wasser des Paracelsus, die Lilie und den „Stein der Weisen"
33	285	Über die chemischen Gläser, die „Clyssen", die Salzsäure, den Regulus, Laugen, etc.
34	289	Über Aurum vitae, Realgar, Sanguis lacertae, Xenechdon, Lac virginis etc.
35	294	Über die chemischen Arten des Nitrums, Krokusse, Harze, Kristalle, Korallen und mineralischen Theriak
36	298	Ob die Chemiker die Werke Galens nicht kennen, in denen süße Säfte, Sirup und Pillen gemacht werden, etc.

8.1.2. Liber secundus

Brief No.	Seite	Adressat	Person	Titel
1	1	Camerarius, Joachim II (d.Ä.) (1534–1598)	Studium Wittenberg (1558), Leipzig und Padua (1559), Dr. med. Padua (1562). Lutherischer Stifter des Collegium Medicum in Nürnberg.[a]	De chymicis operationibus describendis
2	5	Camerarius, Joachim		De operationum chymicarum numero
3	13	Camerarius, Joachim		De putrefactione, digestione, infusione, maceratione

Andreas Libavius: Rerum Chymicarum 275

Brief No.	Seite	Adressat	Person	Titel
4	23	Camerarius, Joachim		De solutione
5	30	Camerarius, Joachim		De solutionis cum transmutatione physica elementorum convenientia
6	36	Camerarius, Joachim		De solutione, quam artifices in lapidis confectione nominant
7	41	Camerarius, Joachim		De coagulatione
8	46	Camerarius, Joachim		De coagulationis vestigiis in microcosmo; ubi etiam quaedam maioris mundi, & de resolutione notae
9	51	Camerarius, Joachim		De artificiosa coagulatione
10	58	Camerarius, Joachim		De praeceptis Gebri in coagulatione
11	65	Camerarius, Joachim		De impedimentis coagulationis
12	71	Camerarius, Joachim		De iisdem impedimentis, & an coagulatum possit iterum solvi
13	75	Beyer, Johann Hartmann (1563–1625)	Studium Straßburg, Padua (1587) und Tübingen (1584 und 1588), Dr. med. Tübingen. Lutherischer Arzt und Mathematiker in Frankfurt.[b]	De destillationis nomine
14	79	Beyer, Johann Hartmann		De destillationis natura ex operibus magni mundi
15	84	Beyer, Johann Hartmann		Problema, an natura etiam hydrargyri & oleorum destillationem praebeat, & c.
16	88	Beyer, Johann Hartmann		De destillatione in vegetabilibus
17	93	Beyer, Johann Hartmann		De destillatione in parvo mundo seu animalibus

Brief No.	Seite	Adressat	Person	Titel
18	98	Beyer, Johann Hartmann		De artificiosa destillatione per ascensum
19	106	Beyer, Johann Hartmann		De destillatione artificiosa per descensum
20	112	Beyer, Johann Hartmann		De observationibus quibusdam generalioribus in destillatione
21	118	Hubner, Bartholomäus (Lebensdaten unbekannt)	Studium Wittenberg (1561), Erfurt (1562), Jena (1576) und Basel (1578), Dr. med. Basel (1578). Arzt, Mathematiker und Poet in Erfurt.[c]	De vestigiis destillationum quarundam in Galeni scriptis
22	125	Hubner, Bartholomäus		De destillatione ex praeceptis Gebri
23	132	Hubner, Bartholomäus		De Hippocratis spagiria circa destillationem
24	137	Hubner, Bartholomäus		De observatiunculis quibusdam in destillatione
25	144	Hubner, Bartholomäus		De aliis quibusdam ad destillationem spectantibus
26	150	Hubner, Bartholomäus		Sufficiatne destillatio ad essentias & opera chymica, an non
27	153	Cuno (Kuhn), Johannes (Lebensdaten unbekannt)	Studium Jena (1579). Stadtphysicus in Nürnberg.[d]	Quid sublimatio
28	156	Cuno (Kuhn), Johannes		De sublimatione naturali in aere
29	161	Cuno (Kuhn), Johannes		De vestigiis sublimationum in aquis & mari
30	170	Cuno (Kuhn), Johannes		De sublimatione naturali in terrae superficie
31	176	Cuno (Kuhn), Johannes		De sublimatione naturali subterranea
32	182	Cuno (Kuhn), Johannes		De sublimatione in plantis & animalibus

Brief No.	Seite	Adressat	Person	Titel
33	189	Mögling, Daniel (1546–1603)	Studium Tübingen (1561). Lutheraner, kurfürstlich-pfälzischer Leibarzt und Professor in Heidelberg, dann württembergischer Leibarzt und Medizinprofessor in Tübingen.[e]	De sublimationibus vulgaribus in metallicis officinis, pharmacopoliis, culinis, & c.
34	196	Mögling, Daniel		De sublimationibus in arte receptis
35	201	Mögling, Daniel		De apparatu sublimationis halituosae
36	207	Mögling, Daniel		De porismatis & observatiunculis quibusdam primae sublimationis
37	212	Mögling, Daniel		De secunda sublimatione artificiosa per elixationem, & c.
38	214	Mögling, Daniel		De sublimatione per resolutionem acutorum
39	219	Mögling, Daniel		De sublimatione per efflorescentiam
40	223	Vischer, Hieronymus (1556–1596)	Studium Tübingen (1569), Dr. med. Tübingen (1582). Arzt in Nürnberg.[f]	De descensionis voce
41	228	Vischer, Hieronymus		De descensionis in natura exemplis & vestigiis
42	232	Vischer, Hieronymus		De descensionum simulacris in communi vita
43	239	Vischer, Hieronymus		De descensione metallicorum
44	244	Vischer, Hieronymus		De descensionibus coctionum metallicarum
45	249	Vischer, Hieronymus		Descensiones chymicae artis
46	254	Camerarius, Joachim		De praecipitatione

Brief No.	Seite	Adressat	Person	Titel
47	258	Camerarius, Joachim		De chymica praecipitatione eiusque apparatu
48	265	Maius, Nicolaus (1551/1559–1617)	Studium Jena (1567) und Wittenberg (1570). Rat am Oberappelationsgericht in Prag und Bergrat in Joachimsthal.[g]	De reductione
49	272	Morhard, Johannes (1554–1631)	Studium Tübingen (1569/1576) und Padua (1582), Dr. med. Tübingen (1585). Ab 1586 Stadtarzt in Schwäbisch Hall, Lutheraner.[h]	De reductione plura
50	283	Morhard, Johannes		Quod Dioscorides & Plinius operationes plures calluerint quae hodie tribuuntur chymiae
51	290	Morhard, Johannes		Apud Dioscoridem & Plinium inveniri etiam calcinationes, sublimationes, coagulationes, extractiones, & c. in chymia usitatas
52	295	Morhard, Johannes		De reductione in qualitatibus & virtutibus
53	305	Camerarius, Joachim		De physicis quibusdam problematis
54	316	Camerarius, Joachim		De farina Carolopolitana orientalis Franciae
55	323	Scherbe, Philipp (1555–1605)	Studium Basel (1567), Heidelberg (1577), Padua (1578), Rom und Bologna, Dr. med. Basel (1580). Ab 1581 Professor in Basel, ab 1586 Professor für Logik, Metaphysik und Medizin in Altdorf.[i]	De separatione
56	327	Scherbe, Philipp		De documentis separationis in natura superiore

Andreas Libavius: Rerum Chymicarum 279

Brief No.	Seite	Adressat	Person	Titel
57	333	Scherbe, Philipp		De separatione in mistis naturalibus
58	339	Scherbe, Philipp		De separatione in genere viventium
59	345	Scherbe, Philipp		De separatione, quam ratio exercet extra professionem chymiae
60	350	Scherbe, Philipp		De separationibus in chymia usitatis
61	357	Scherbe, Philipp		De differentia separationis & purificationis
62	361	Scholz, Laurentius (1552–1599)	Studium in Wittenberg (1572), Padua (1576), Bologna (1576), Genf (1579) und Basel (1579), Dr. phil. et med. Valence (1579), Dr. med. Basel (1580). Lutherischer Arzt und Botaniker in Breslau.[j]	De calcinationis notatione & divisione
63	366	Scholz, Laurentius		De quibusdam distributae calcinationi objectis
64	371	Scholz, Laurentius		De calcinatione naturali per putredinem
65	380	Scholz, Laurentius		De calcinatione per tritionem
66	383	Brunner, Balthasar (1540–1610)	Studium Erfurt (1563), Leipzig (1564), Wittenberg (1565), Jena (1573) und Padua (1574), Dr. med. Basel (1576).[k] Reformierter Arzt in Halle, Leibarzt von Christian I. von Anhalt-Bernburg.[l]	De calcinatione per aquas
67	391	Brunner, Balthasar		De calcinatione per aquas plura
68	398	Brunner, Balthasar		De malagmatis seu amalgationibus
69	402	Brunner, Balthasar		De inceratione

280 Anhänge

Brief No.	Seite	Adressat	Person	Titel
70	406	Hiller, Johann (ca. 1549/50–1598)	Zunächst Arzt in Görlitz, später markgräflicher Leibarzt in Ansbach, intensive Kontakte zu Oswald Croll und Franz Kretschmer mit dem Ziel der Goldmacherei.[m]	De calcinatione per ignem, & c.
71	418	Hiller, Johann		De calcinatione per vaporem & commistionem in fusione
72	423	Ruland, Martin (d.J.) (1569–1611)	Studium Tübingen (1583), Jena (1590) und Basel (1592), Dr. med. Basel (1592). Katholischer Arzt in Regensburg, später Leibarzt von Kaiser Rudolf II.[n]	De reverberatione
73	428	Ruland, Martin (d.J.)		De fulminatione
74	435	Alberti, Salomon (1540–1600)	Lutherischer Professor für Physik (1575) und Medizin (1577) in Wittenberg, ab 1592 kurfürstlicher Leibarzt in Dresden.[o]	De graduatione
75	441	Alberti, Salomon		De graduatione plura
76	447	Peiskerus, Michael (Lebensdaten unbekannt)	Studium in Wittenberg (1575) und Padua (1581). Arzt am Hof in Ansbach.[p]	De imbibendo & tingendo
77	454	Peiskerus, Michael		De fermentatione & multiplicatione
78	464	Rucardus, Johannes (Lebensdaten unbekannt)	Studium Leipzig (1564), vielleicht auch Wittenberg (1568), Dr. med. Viden (1571). Arzt in Jihlava (Iglau).[q]	De fixatione
79	471	An A. Libavius, Brief von J. Rucardus		De artificio lapidis

Andreas Libavius: Rerum Chymicarum 281

Brief No.	Seite	Adressat	Person	Titel
80	474	Rucardus, Johannes		De inhumatione & vitrificatione
81	480	Rucardus, Johannes		De particulari & universali opere
82	488	Ruland, Martin (d.Ä.) (1532–1602)	Katholischer Professor der Arzneiwissenschaften am Gymnasium in Lauingen, später vielleicht Leibarzt von Kaiser Rudolf II.[r]	De extractionis apud veteres vestigiis
83	501	Ruland, Martin (d.Ä.)		De extractionibus chymiae excultae propriis
84	505	Pantaleon, Heinrich (1522–1595)	Studium Heidelberg (1540) und Basel (1542 Artes, 1545 Theologie), Dr. med. Valence (1553). Reformierter Professor für Latein (1544), Rhetorik (1548), und Physik (1557) in Basel.[s]	De circulatione & rectificatione
85	514	Pantaleon, Heinrich		De circulationis in natura documentis
86	521	Sehfridt (Seefried), Eucharius (d.Ä.) (1544–1611)	Studium Wittenberg (1561) und Padua (1573). Arzt in Schwäbisch Hall (bis 1584) und Öhringen, Leibarzt der Grafen von Hohenlohe, Onkel des Rothenburger Malers Eucharius Sehfridt (d.J.).[t]	De iudicio & examine operum chymicorum
87	529	Sehfridt, Eucharius		De examine vegetalium
88	537	Sehfridt, Eucharius		De examine & iudicio mineralium
89	545	Dold, Leonhard (1565–1611)	Studium Leipzig (1587), Padua (1592) und Basel (1594), Dr. med. Basel (1594). Arzt in Nürnberg.[u]	De examine cementi seu cementatione
90	551	Dold, Leonhard		De cineritio

Anhänge

Brief No.	Seite	Adressat	Person	Titel
91	559	Laube, Georg (1554–1597)	Studium Tübingen, Montpellier (1572) und Padua (1572), Dr. med. Pisa (1576). Lutherischer[v] Arzt in Augsburg.[w]	De examine per aquam regis seu fortem
92	564	Laube, Georg		De examine per antimonium
93	572	Stuppa, Johann Nicolaus (1542–1621)	Studium Basel (1557/1561), Dr. med. Basel (1569). Reformierter Professor für Eloquenz und Logik, dann theoretische Medizin in Basel.[x]	De examine per vapores acutorum
94	577	Stuppa, Johann Nicolaus		De examine per calcinationem & reductionem
95	583	Stuppa, Johann Nicolaus		De examine per hydrargyrum
96	589	Kretschmer, Franz (Lebensdaten unbekannt)	Aus Schlesien stammend, gehörte in den 1560er Jahren zum Görlitzer Paracelsistenkreis. Nach Labortätigkeit für Wilhelm von Rosenberg später Berghauptmann in Goldkronach. Enge Freundschaft mit Oswald Croll.[y]	De examine ignitionis & extinctionis
97	596	Kretschmer, Franz		De fusione
98	600	Kretschmer, Franz		De admistione auri vel argenti ad sophisticum, item decoctione, malleo & pondere
99	606	Mylius, Sebaldus (Lebensdaten unbekannt)	Arzt in Kreuznach.	De differentia Alchemyae & destillatoriae

Brief No.	Seite	Adressat	Person	Titel
100	611	Beyer, Johann Hartmann		De Panacea Amwaldina

ᵃ (Förstemann 1976, Band 1, S. 348), (Rossetti 1986, S. 13), (Jöcher 1750–51, Band 1, S. 1594 f.) und Camerarius, Joachim, Indexeintrag: Deutsche Biographie, https://www.deutsche-biographie.de/gnd119101459.html (Zugriff am 04.11.2017).

ᵇ (Rossetti 1986, S. 7), (Hermelink 1906, Band 1, S. 620) und (Lorey 1955).

ᶜ (Mentz 1944, S. 168), (Wackernagel 1951–1980, Band 2, S. 261) und (CERL 2012c).

ᵈ (Mentz 1944, S. 73) und (Jöcher 1750–51, Band 1, S. 2252).

ᵉ (Hermelink 1906, Band 1, S. 416 und S. 713), (Neumann, Ulrich 1994), Mögling, Daniel, Indexeintrag Deutsche Biographie, https://www.deutsche-biographie.de/gnd102520054.html (Zugriff am 05.11.2017) und Mögling, Daniel, Indexeintrag Deutsche Nationalbibliothek, https://portal.dnb.de/opac.htm?method=simpleSearch&cqlMode=true&query=nid%3D102520054 (Zugriff am 01.02.2019).

ᶠ (Jöcher 1750–51, Band 4, S. 1646). Möglicherweise ist hier auch der bei Jöcher nicht weiter beschriebene Sohn gemeint.

ᵍ (Mentz 1944, S. 195), (Förstemann 1976, Band 2, S. 176) und (Adelung 1784–1897, Band 4, S. 469).

ʰ (Schäfer 1997).

ⁱ (Jöcher 1750–51, Band 4, S. 254) und (Wackernagel 1951–1980, Band 2, S. 170).

ʲ (Stelling-Michaud 1959–1980, Band 5, S. 525), (Wackernagel 1951–1980, Band 2, S. 269) und (Cohn 1891).

ᵏ (Wackernagel 1951–1980, Band 2, S. 242) und (Rossetti 1986, S. 37).

ˡ (Jöcher 1750–51, Band 1, S. 1426) und (Dunkel 1753–1760, Band 1,3; S. 404–406).

ᵐ (Kühlmann und Telle 1998, S. 182–184) und (Kühlmann und Telle 2001, 2004 und 2013, Teil 3, S. 43–47).

ⁿ (Wackernagel 1951–1980, Band 2, S. 402), (Neumann, Ulrich 2005) und (Purs und Smolka 2016).

ᵒ (Schmid 1953).

ᵖ (Förstemann 1976, Band 2, S. 257) und (Rossetti 1986, S. 52).

ᵠ (Erler 1909, S. 379), (Förstemann 1976, Band 2, S. 145) und (CSBA 2012).

ʳ (Pagel, Julius Leopold 1889), (Kühlmann und Telle 2001, 2004 und 2013, Teil 3, S. 694) und (Purs und Smolka 2016).

ˢ (Wackernagel 1951–1980, Band 2, S. 21), (Bolte 1887) und (Zeller 2008).

ᵗ (Paulus, Julius 1994, S. 380–382).

ᵘ (Rossetti 1986, S. 90), (Wackernagel 1951–1980, Band 2, S. 416), (Siebenkees 1792, S. 411–413) und (Jöcher 1750–51, Band 2, S. 167 f.).

ᵛ Die Leichenpredigt hielt der lutherische Pfarrer Jacobus Rülichius, s. Laub, Georg, Indexeintrag: Deutsche Biographie, https://www.deutsche-biographie.de/gnd116865431.html (Zugriff am 05.11.2017).

ʷ (Gouron 1957, S. 174), (Rossetti 1986, S. 33) und (Jöcher 1750–51, Band 2, S. 2297 f.).

ˣ (Wackernagel 1951–1980, Band 2, S. 128) und (Koelbing 2011).

ʸ (Kühlmann und Telle 1998, S. 192 f.).

Zweites Buch

Brief No.	Seite	Titelübersetzung
1	1	Über die Beschreibung der chemischen Arbeiten
2	5	Über die Anzahl der chemischen Arbeiten
3	13	Über Putrefikation, Digestion, Infusion , Maceration
4	23	Über die Auflösung
5	30	Über die Übereinstimmung der Auflösung mit einer physikalischen Veränderung der Eigenschaften der Elemente
6	36	Über die Auflösung, welche die Fachleute eine Zerkleinerung der Steinzusammensetzung nennen
7	41	Über die Koagulation
8	46	Über die Kennzeichen der Koagulation im Mikrokosmos; wie auch im Makrokosmos, und die Auflösung der Merkmale
9	51	Über die künstliche Koagulation
10	58	Über die Vorschriften Gebers zur Koagulation
11	65	Über die Hindernisse bei der Koagulation
12	71	Über dieselben Hindernisse und ob ein Koagulat erneut gelöst werden kann
13	75	Über den Namen der Destillation
14	79	Über die Natur der Destillation aus den Werken des Makrokosmos
15	84	Das Problem, ob die Natur sogar eine Destillation des Quecksilbers und der Öle ermöglicht, etc.
16	88	Über die Destillation bei den Pflanzen
17	93	Über die Destillation im Mikrokosmos oder bei den Tieren
18	98	Über die künstliche aufsteigende Destillation
19	106	Über die künstliche absteigende Destillation
20	112	Über gewisse allgemeine Beobachtungen bei der Destillation
21	118	Über die Merkmale gewisser Destillationen in den Schriften Galens
22	125	Über die Destillation in den Vorschriften Gebers
23	132	Über die Spagirik des Hippokrates bezüglich der Destillation
24	137	Über gewisse kleinere Beobachtungen bei der Destillation
25	144	Über gewisse andere Beobachtungen bei der Destillation
26	150	Genügt die Destillation als Grundlage der Chemie und der chemischen Arbeiten oder nicht
27	153	Was ist Sublimation
28	156	Die natürliche Sublimation in der Luft
29	161	Über die Merkmale der Sublimation im Wasser und im Meer
30	170	Über die natürliche Sublimation an der Oberfläche der Erde

Andreas Libavius: Rerum Chymicarum

Brief No.	Seite	Titelübersetzung
31	176	Über die natürliche unterirdische Sublimation
32	182	Über die Sublimation bei Pflanzen und Tieren
33	189	Über die gewöhnlichen Sublimationen in Metallwerkstätten, bei der Arzneimittelherstellung, in Küchen, etc.
34	196	Über die zurückgehaltenen Sublimationen in der Wissenschaft
35	201	Über die Herstellung des Sublimationsrauchs
36	207	Über gewisse Folgerungen und kleineren Beobachtungen bei der ersten Sublimation
37	212	Über die künstliche zweite Sublimation durch langsames Erhitzen, etc.
38	214	Über die Sublimation durch Wiederauflösung der Schärfen
39	219	Über die Sublimation durch Hervorsprießen
40	223	Über das Wort „Deszension"
41	228	Über Beispiele und Merkmale der Deszension in der Natur
42	232	Über die Bilder der Deszensionen im gewöhnlichen Leben
43	239	Über die metallische Deszension
44	244	Über die Deszension der metallischen Abscheidungen
45	249	Deszensionen der chemischen Wissenschaft
46	254	Über die Präzipitation
47	258	Über die chemische Präzipitation und ihre Herstellung
48	265	Über die Reduktion
49	272	Mehr über die Reduktion
50	283	Was Dioscorides und Plinius über mehrere Vorgänge wussten, die heute der Chemie zugerechnet werden
51	290	Bei Dioscorides und Plinius findet man auch Kalzinationen, Sublimationen, Koagulationen, Extraktionen, etc., die in der Chemie gebräuchlich sind
52	295	Über die Beschaffenheit und Leistungen der Reduktion
53	305	Über gewisse physikalische Probleme
54	316	Über das „Karlstädter Mineral" aus Mainfranken[a]
55	323	Über die Abscheidung
56	327	Über die Lehre von der Abscheidung in der oberen Natur
57	333	Über die Abscheidung in natürlichen Mischungen
58	339	Über die Abscheidung in den Lebewesen
59	345	Über die Abscheidung, welche die Lehre außerhalb des Gebiets der Chemie ausübt
60	350	Über die Abscheidungen, die in der Chemie gebräuchlich sind
61	357	Über den Unterschied zwischen Abscheidung und Reinigung
62	361	Über die Kennzeichnung und Einteilung der Kalzination
63	366	Über gewisse Vorwürfe gegen die Einteilung eben jener Kalzination

Brief No.	Seite	Titelübersetzung
64	371	Über die natürliche Kalzination durch Verfaulen
65	380	Über die Kalzination durch Zerreibung
66	383	Über die Kalzination durch Wasser
67	391	Mehr über die Kalzination durch Wasser
68	398	Über erweichende Mittel oder die Amalgamierung
69	402	Über die Inceratio
70	406	Über die Kalzination durch das Feuer, etc.
71	418	Über die Kalzination durch Verrauchung und Vermischung in der Schmelze
72	423	Über das Reverberieren
73	428	Über die Fulminatio
74	435	Über die Gradierung
75	441	Mehr über die Gradierung
76	447	Über das Eintauchen und Benetzen
77	454	Über Fermentation und Vermehrung
78	464	Über das Fixieren
79	471	Über das Kunstwerk des Steins
80	474	Über Inhumatio und Verglasung
81	480	Über die Arbeit im Einzelnen und Gesamten
82	488	Über die Merkmale der Extraktion bei den Alten
83	501	Über die Eigenheiten der Extraktionen in der verfeinerten Chemie
84	505	Über Zirkulation und Rektifikation
85	514	Über die Lehre von der Zirkulation in der Natur
86	521	Über die Anzeige und die Prüfung der chemischen Arbeiten
87	529	Über die Prüfung der Pflanzen
88	537	Über die Prüfung und Beurteilung der Mineralien
89	545	Über die Untersuchung des Zementierens oder über die Zementation
90	551	Über die Veraschung
91	559	Über die Prüfung mit Königswasser
92	564	Über die Prüfung mit Antimon[sulfid]
93	572	Über die Prüfung durch scharfe Dämpfe
94	577	Über die Prüfung durch Kalzination und Reduktion
95	583	Über die Prüfung mit Quecksilber
96	589	Über die Prüfung durch Anzünden und Auslöschen
97	596	Über das Schmelzen
98	600	Über die Zumischung von Gold oder Silber zum Truggold, sei es durch Einbrennen oder Hammerschlag

Brief No.	Seite	Titelübersetzung
99	606	Über den Unterschied zwischen Alchemie und der Kunst der Destillation
100	611	Über die Panacea Amwaldina

[a] (Adam 1615, S. 328).

8.1.3. Liber tertius

Brief No.	Seite	Adressat	Person	Titel
1	1	Ad amicos quibus illae ascriptae		Apologia adversus imprudens de operationibus chymicis
2	10	Thelesius, Agathonus (Lebensdaten unbekannt)	Vorkämpfer der Chemie	Sit ne satis in chymica contemplatione versari, an requiratur etiam praxis?
3	15	Aretaeus, Orontius (Lebensdaten unbekannt)		De finibus chymiae distinctis
4	23	An A. Libavius, Brief von Aretaeus, Orontius		De praedestinationibus rerum naturalium ad certas species chymicas, & num hominis solius gratia sit chymia
5	35	Aretaeus, Orontius		An chymia sit pecuniae coacervanda gratia, & existimationis inveniendiae praeclarae
6	41	Zwinger, Jacob (1569–1610)	Studium Basel (1583), Padua (1586), Heidelberg (1589) und Padua (1591), Dr. med. Basel (1594). Reformierter Griechischprofessor in Basel ab 1595.[a]	De quodam fine socio ad illustrandas artes cognatas
7	50	Zwinger, Jacob		Sint ne omnia naturae opera imperfecta, ut necesse sit ea per chymiam perfici

Brief No.	Seite	Adressat	Person	Titel
8	56	Ad prudentium omnibonum de honestis		Chymiam non cuius libet esse sed periti, virique humanae salutis studiosi, cum & ea faciat quae malo usu sunt venena
9	62	Simlerus, Paulus (1546–1604)	Studium Padua (1572) und Jena (1575). Arzt in Schweinfurt.[b]	Chymiae praecepta et artificia dispersa esse in varias officinas, ubi nonnunquam polluantur accessu alienorum. Et obiter de purpurae ex Plinio confectione
10	80	Simlerus, Paulus		De purpurae coloribus, problemata quaedam
11	98	Simlerus, Paulus		De transfusione qualitatum occultarum, ad cap. de magisterio qualitatis occultae
12	108	Simlerus, Paulus		De translata qualitate plura
13	117	Schenck, Johann (1530–1598)	Studium Tübingen (1549), Dr. med. Tübingen (1554). Lutherischer Arzt in Straßburg und Freiburg.[c]	De magicis magnetismis, & derivatione virtutum caelestium in sigilla per verba & characteres, & c.
14	129	Pulcherius, Cosmam (Lebensdaten unbekannt)	Möglicherweise identisch mit Crenandrus und Pegandrus (s. Anhang 8.1.1).	Pro magisterio exaltationis figurae
15	133	Servilius, Publius (Lebensdaten unbekannt)		Continens servitia quaedam de fornacis arcanae fabrica
16	142	Servilius, Publius		De aliis nonnullis figurandi artificiis
17	150	Müldener, Christoph (????–1599)	Studium Marburg (1586), Leipzig (1588), Padua (1592) und Basel (1593), Dr. med. Basel (1593). Ab 1596 Physikprofessor in Marburg.[d]	De auro potabili, ut vocant
18	161	Müldener, Christoph		De argento ceterisque potabilibus

Andreas Libavius: Rerum Chymicarum 289

Brief No.	Seite	Adressat	Person	Titel
19	171	Müldener, Christoph		De magisterio pulverum ad cap. 5, tract. 1, lib. 2, Alchymiae
20	177	Bonamicus, Ericius (Lebensdaten unbekannt)		Declaratoria nonnullorum in capite pulverum chymicorum
21	185	Hartmann, Johannes (1568–1631)	Studium Altdorf (1583), Jena (1588), Leipzig (?), Helmstedt und Wittenberg (1588). Zunächst Mathematikstudium, dann Dr. med. Marburg. Ab 1592 Professor für Mathematik, ab 1609 erster Professor für Chemie (Chemiatrie) in Marburg, Lutheraner.[e]	De hydrargyro praecipitate
22	190	Hartmann, Johannes		De modis quibusdam hydrargyri praecipitati
23	194	Wolf, Hermann (1562–1620)	Studium Padua und Basel (1580), Dr. med. Marburg (1585). 1589 Professor für Physik, ab 1591 für Medizin in Marburg.[f]	De fixis
24	199	Wolf, Hermann		De figenda vena, & simul auri in fixione praerogativis
25	206	Wolf, Hermann		De fixione argenti
26	215	Herden, Balthasar von (1547–1619)	Studium Jena (1571) und Padua (1578). Arzt in Nürnberg.[g]	De ferri fixione, induratione, conservatione ab erosione
27	221	Herden, Balthasar von		De fixione aeris & plumbi utriusque
28	227	Herden, Balthasar von		De sulphure & cinabari figendis
29	233	Faber, Tobias (Lebensdaten unbekannt)	Studium Leipzig (1568), Dr. med. Basel (1580). Arzt am sächsischen Hof in Weimar.[h]	De hydrargyro fixo
30	245	Firmius, Caelestinus (Lebensdaten unbekannt)		De fixione spirituum in genere, & postea arsenici, halonitri, & antimonii

Brief No.	Seite	Adressat	Person	Titel
31	253	Camillus, Claudius Furnius (Lebensdaten unbekannt)	Philologus	De simulacris fixionum in vegetalibus & animalibus nonnullis
32	257	Kuntsch (von Breitenwald), Jeremias (Lebensdaten unbekannt)	Studium Padua (1593), Dr. med. Padua (1594). Arzt in Oppeln (Schlesien).[i]	De volatilitate
33	261	Kuntsch (von Breitenwald), Jeremias		De ductilitate tenacitateque metallorum artificiosa
34	268	An A. Libavius, Brief von Petrini, Nicolai (Lebensdaten unbekannt)		De his, quae in corpore traduntur lapides emollire, frangere aut expellere
35	273	Antwort an Petrini, Nicolai		De lapidum in arte chymica emollitione
36	281	Priscus, Ulysses Mercurius (Lebensdaten unbekannt)		De augmento ponderis auri & argenti
37	283	Ad desiderium campanum chymiae peritum		De ignis calorisque nonnullis artificiis
38	295	Carmelita, Polycarp Strophius (Lebensdaten unbekannt)		De colorationis magisterio
39	302	Argenterius, Chrysocomus (Lebensdaten unbekannt)	Unter Umständen identisch mit einem Baltazar Chrysostomus[j]	De magisterio colorationis per proiectionem, caementationem, afflatum spiritalem seu omnine formali
40	306	Argenterius, Chrysocomus		De colorationis magisterio per exempla

Andreas Libavius: Rerum Chymicarum 291

Brief No.	Seite	Adressat	Person	Titel
41	315	Coccius, Johann Baptist (Lebensdaten unbekannt)		De magisterio chromatismi per succos incoctos, infusos, similique arte introductos
42	322	Mosellanus, Johannes (Lebensdaten unbekannt)	Studium Tübingen (1590), Heidelberg (1591), Padua (1595) und Basel (1596), Dr. med. Basel (1596). Ab 1599 Schulleiter Schwäbisch Hall.[k]	De pigmentis cretae, sacchari, chrysocollae & similium
43	331	Mosellanus, Johannes		De hyfgino
44	337	Mosellanus, Johannes		De infectura lini, lanarum, vestium, pilorum, pennarum, squamarum, cornuum
45	345	Gratianus (Lebensdaten unbekannt)		De chymicorum scriptura
46	349	Stellan?, Plantius Trinummius (Lebensdaten unbekannt)		De his quae colorantur apricando
47	356	Fonteius, Lucius (Lebensdaten unbekannt)	Philosoph & Theologe	De exaltatione coloris per caementum, reverberium simplex aut halitum ignis
48	365	Hydrolytus, Theoleptus (Lebensdaten unbekannt)	Student?	De coloratione per liquores acres
49	372	Tricostus, Iunius Heraclius (Lebensdaten unbekannt)		De colorationis per absolutionem magisterio
50	376	Rumbaum, Georg (1567–1615)	Studium Leipzig (1591), Padua (1593), Bologna (1593) und Basel (1595), Dr. med. Basel (1595). Arzt in Breslau.[l]	De inauranda superficie & auri colore foris illustrando
51	383	Rumbaum, Georg		De coloribus argenteis inducendis

Brief No.	Seite	Adressat	Person	Titel
52	388	Cleodendrus, Christophorus (Lebensdaten unbekannt)	Phil. et Med., Breslau.	De coloribus librariorum, figulorum, cornuum, pennarum & similium superficialium
53	396	Fulgentius Scotus, Lampyrius (Lebensdaten unbekannt)	Reisender Goldmacher.[m] Vielleicht identisch mit: Hieronymus Scotus, fahrender Adept, u.a. in Nürnberg, Köln, Ansbach und Coburg?[n]	Num chymici sit per lumina colores rerum mutare
54	399	Moschatus, Olympius Virginius (Lebensdaten unbekannt)		De magisterio odoris
55	404	An A. Libavius, Brief von O. V. Moschatus		Quaestiones de odoris magisterio
56	405	Moschatus, Olympius Virginius		Responsoria ad praecedentia
57	409	Weinrich, Martin (1548–1609)	Studium Siena (1575). Stadtarzt und Physikprofessor in Breslau.[o]	Odorum ex societate communio
58	413	Glossometra, Valerius Glycius (Lebensdaten unbekannt)		De saporum natura
59	419	An A. Libavius, Brief von V. G. Glossometra		De saporum alchymia
60	425	Typha, Hippolitus (Lebensdaten unbekannt)	Ort: „Saxo cavo".	De magisterio soni
61	437	Heurnius, Johannes (1543–1601)	Studium Paris, Padua und Pavia, Medizinprofessor in Leiden (1581–1601).[p]	De anti-dyserenticis ex chymia nonnullis
62	441	Carnarius, Matthias (1562–1620)	Studium in Rostock (1578), Padua (1586), Siena und Basel (1588), Dr. med. Basel (1589). Arzt und Hofmedicus in Gottorf.[q]	De liquore albuminum

Andreas Libavius: Rerum Chymicarum

Brief No.	Seite	Adressat	Person	Titel
63	445	Fabricius, Hieronymus (1567–1632)	Studium Leipzig (1588), Königsberg (1591), Padua (1594) und Bologna (1594), Dr. med. Basel (1595).[r] Arzt in Windsheim, Leibarzt der Grafen von Hohenlohe und des Markgrafen Christian von Brandenburg.[s]	De aquae medicatae iuxta Bernhemium & fontis Tubarini sub Rotemburgo chymia

[a] (Michaud 1854–1865, Band 45, S. 646 f.) (Wackernagel 1951–1980, Band 2, S. 311) und (Steinke 2014a).
[b] (Rossetti 1986, S. 33), (Mentz 1944, S. 309) und (Krüger, Wolfgang 1616, S. 213).
[c] (Hermelink 1906, Band 1, S. 342), (Jöcher 1750-51, Band 4, S. 250 f.) und (Pagel, Julius Leopold 1890.)
[d] (Rossetti 1986, S. 90 f.), (Wackernagel 1951–1980, Band 2, S. 409) und (Gundlach 1927, S. 388).
[e] (Kerstein 1966), (Mentz 1944, S. 141), (Förstemann 1976, Band 2, S. 357) und (Moran 1991, S. 50).
[f] (Moran 1991, S. 68–70).
[g] (Mentz 1944, S. 152), (Rossetti 1986, S. 44) und (Adelung 1784–1897, Band 2, S. 1936 f.).
[h] (Wackernagel 1951–1980, Band 2, S. 276).
[i] (Zonta 2004, S. 295).
[j] (Bartkowski 2017, S. 174 f.).
[k] (Rossetti 1986, S. 99), (Accorsi 1999, S. 161) und (Wackernagel 1951–1980, Band 2, S. 437).
[l] (Zonta 2004, S. 372) und (Wackernagel 1951–1980, Band 2, S. 425).
[m] S. Brief J. Zwinger an Libavius vom 20.08.1604, Anhang 8.4.3.
[n] (Schmieder 1832, S. 309 f.) und (Bartkowski 2017, S. 166 f.).
[o] (Zonta 2004, S. 439) und (Pagel, Julius Leopold 1896).
[p] (Rieu 1875, S. XXVI) und (Thou 1715, Band 4, S. 397).
[q] (Wackernagel 1951–1980, Band 2, S. 368), (Jöcher 1750-51, Band 1, S. 1679)und http://matrikel.uni-rostock.de/id/100034244 (Zugriff am 26.10.2017).
[r] (Erler 1909, S. 101) (Rossetti 1986, S. 96), (Accorsi 1999, S. 162) und (Wackernagel 1951–1980, Band 2, S. 426).
[s] (Jöcher 1750-51, Band 2, S. 483) und (Matthiae 1761, S. 366).

Drittes Buch

Brief No.	Seite	Titelübersetzung
1	1	Verteidigungsschrift gegen die Ahnungslosigkeit bei chemischen Arbeiten
2	10	Reicht die theoretische Beschäftigung mit der Chemie oder ist auch die Praxis erforderlich

Brief No.	Seite	Titelübersetzung
3	15	Über die verschiedenen Ziele der Chemie
4	23	Über die Vorherbestimmung der natürlichen Dinge in Bezug auf bestimmte chemische Eigenschaften und ob die Chemie allein zugunsten des Menschen sei
5	35	Ob die Chemie nur beliebt sei zur Anhäufung von Geld und zur Erlangung von Ruhm und Ansehen
6	41	Über die gemeinsame Absicht, verwandte Wissenschaften zu erklären
7	50	Sind alle Werke der Natur unvollendet, so dass es notwendig ist, sie durch die Chemie zu vervollständigen
8	56	Nicht jeder sollte Chemie ausüben, sondern nur Sachkundige, die sich um das Heil der Menschen bemühen; weil die Chemie auch das erzeugt, was bei falscher Anwendung schädlich ist
9	62	Die Vorschriften und Ausführungen der Chemie sind in verschiedenen Werkstätten verstreut, wo sie manchmal durch den Zugang Fremder verfälscht werden. Und dazu über die Herstellung von Purpur bei Plinius
10	80	Über die Farbe des Purpurs und gewisse Probleme
11	98	Über die Übertragung verborgener [okkulter] Eigenschaften, zum Kapitel über das Magisterium der verborgenen Eigenschaften
12	108	Mehr über übertragene Eigenschaften
13	117	Über die magnetischen Zauberwirkungen und die Ableitung der himmlischen Kräfte in Wahrzeichen durch Worte und Zeichen, etc.
14	129	Für das Magisterium der Sinneswahrnehmung der äußeren Gestalt
15	133	Enthält gewisse Dienste aus dem kunstvollen Bau des geheimen Ofens
16	142	Über manche anderen Kunstgriffe bei der Gestaltung
17	150	Über das Trinkgold, wie man es nennt
18	161	Über das Silber und die übrigen trinkbaren [Metalle]
19	171	Über das Magisterium des Pulvers zu Kap. 5, Trakt. 1, Buch 2 der Alchemia
20	177	Veröffentlichungen einiger Chemiker hauptsächlich zum Pulver
21	185	Über ausgefälltes Quecksilber
22	190	Über die Arten der Präzipitation des Quecksilbers
23	194	Über die Feststoffe
24	199	Über die Fixierung von Metallflüssen und zugleich über die Vorzüge des Goldes bei der Fixierung
25	206	Über die Fixierung des Silbers
26	215	Über die Fixierung des Eisens, seine Härtung und die Bewahrung vor Korrosion
27	221	Über die Fixierung des Kupfers und auch des Bleis
28	227	Über die Fixierung von Schwefel und Zinnober
29	233	Über fixiertes Quecksilber

Andreas Libavius: Rerum Chymicarum

Brief No.	Seite	Titelübersetzung
30	245	Über die Fixierung von Dämpfen im Allgemeinen und auch von Arsenik, Salpeter und Spießglanz
31	253	Über ähnliche Formen der Fixierung bei einigen Pflanzen und Tieren
32	257	Über die Flüchtigkeit
33	261	Über die künstliche Verformung und Dehnbarkeit der Metalle
34	268	Über das, was in den Körpern dazu führt, die Steine zu erweichen, zu zersplittern und auszuscheiden
35	273	Über die Geschmeidigkeit von Steinen in der chemischen Kunst
36	281	Über den Zuwachs an Gewicht bei Gold und Silber
37	283	Über die Kunst des Feuers und der Hitze
38	295	Über das Magisterium der Farbigkeit
39	302	Über das Magisterium der Farbigkeit durch Projektion, Zementation, Anblasen oder durch gänzlich Geformtes
40	306	Über das Magisterium der Farbigkeit am Beispiel
41	315	Über das Magisterium der Farbigkeit durch rohe Säfte, Aufgüsse und auf ähnliche Art und Weise
42	322	Über die kretischen Pigmente und die des Zuckers, des Grünspans und anderer
43	331	Über das Hyfginusrot
44	337	Über die Färbung von Flachs, Wolle, Kleidung, Haar, Federn, Schuppen und Horn
45	345	Über die Darstellungsweise der Chemiker
46	349	Über die Verfärbung durch Sonnenlicht
47	356	Über die Verstärkung der Farben durch Zementieren, den einfachen Reverberierofen und den Hauch des Feuers
48	365	Über die Farbgebung durch Säuren
49	372	Über das Magisterium der Färbung durch Vervollkommnung
50	376	Über vergoldete Oberflächen und den Glanz des Goldes
51	383	Über die Farbe durch Versilbern
52	388	Über die Farben von Bücherschränken, Töpferwaren, Horn, Schuppen und ähnlichen Oberflächen
53	396	Ob der Chemiker die Farben der Dinge durch das Licht verändern kann
54	399	Über das Magisterium des Geruchs
55	404	Fragen zum Magisterium des Geruchs
56	405	Die Antworten zum Vorigen
57	409	Die Überlagerung von Gerüchen
58	413	Über die Natur des Geschmacks
59	419	Über die Chemie des Geschmacks
60	425	Über das Magisterium des Tons

Brief No.	Seite	Titelübersetzung
61	437	Über einige Durchfallmittel aus der Chemie
62	441	Über die Flüssigkeit des (Ei)Weiß
63	445	Über die Chemie des heilkräftigen Wassers in der Nähe von Bernheim und die Chemie der Tauberquellen unter Rothenburg

8.2. Johannes Hornung: Cista Medica
8.2.1. Liste der Korrespondenten

Name	Person
Ayrer, Christoph Heinrich (Lebensdaten unbekannt)	Studium Leipzig (1590), Wittenberg (1591) und Padua (1593)[a]. Markgräflicher Leibarzt in Kulmbach und Ansbach (lutherisch).[b]
Bauhin, Caspar (1560–1624)	Studium Basel (1572), Padua (1577), Bologna (1578), Montpellier (1579), Tübingen (1580), Dr. med. Basel (1581). Ab 1581 Professor für Griechisch, ab 1589 für Anatomie und Botanik in Basel, mehrmals Rektor, Konfession reformiert, (s. Anhang 8.1.1).
Bausch, Leonhart (1574–1636)	Studium Wittenberg (1592), Jena (1598), Padua (1600) und Basel 1601, Dr. med. Basel (1601).[c] Arzt in Schweinfurt, Begründer der gleichnamigen Gelehrtenbibliothek.[d]
Besler, Hieronymus (1566–1632)	Studium Jena (1583), Wittenberg (1586), Padua (1590) und Basel (1592), Dr. med. Basel (1592).[e] Lutherischer Arzt in Nürnberg.[f]
Beier, Ezechiel (Bayer, Beyer) (Lebensdaten unbekannt)	Studium Jena (1589), Leipzig (1591), Altdorf (1595), Padua (1596) und Basel (1599), Dr. med. Basel (1599).[g] Arzt in Nürnberg (?).[h]
Beyer, Johann Hartmann (1563–1625)	Studium Straßburg, Padua (1587) und Tübingen (1584 und 1588), Dr. med. Tübingen. Lutherischer Arzt und Mathematiker in Frankfurt, (s. Anhang 8.1.2.).
Camerarius, Joachim d. J. (1566–1642)	Studium Altdorf (1582) und Basel (1591), Dr. med. Basel (1593). Lutherischer Arzt in Nürnberg am Collegium Medicum.[i]
Camerarius, Joachim II d.Ä. (1534–1598)	Studium Wittenberg (1558), Leipzig und Padua (1559), Dr. med. Padua (1562). Lutherischer Stifter des Collegium Medicum in Nürnberg, (s. Anhang 8.1.2.).
Carchesius (Kraus), Valentin (Lebensdaten unbekannt)	Arzt in Nürnberg, Verfasser eines Planeten- Kalenders.[j]

Name	Person
Castnerus, Johannes (Lebensdaten unbekannt)	Straubing.
Cerutus, Benedictus (Lebensdaten unbekannt)	Arzt in Verona.[k]
Chmielecius, Martin (1559–1632)	Polnischer Mediziner und Botaniker, Studium Basel (1578), Dr. med. Basel (1587). Ab 1589 Professor für Logik und Physik in Basel.[l]
Cuno (Kuhn), Johannes (Lebensdaten unbekannt)	Studium Jena (1579). Stadtphysicus in Nürnberg, (s. Anhang 8.1.2.).
Dold, Leonhard (1565–1611)	Studium Leipzig (1587), Padua (1592) und Basel (1594), Dr. med. Basel (1594). Arzt in Nürnberg, (s. Anhang 8.1.2.).
Erastus, Thomas (Lebensdaten unbekannt)	Patient.
Faber, Georg (????–1618)	Medizinstudium in Padua (1598). Stadtphysicus in Friedberg (Hessen).[m]
Fabricius, Johannes (Lebensdaten unbekannt)	Studium Wittenberg (1583) und Basel (1586). Arzt in Aschaffenburg.[n]
Gobel, Johannes Georg (Lebensdaten unbekannt)	Vielleicht Studium Freiburg (1588).[o]
Greiffenhagen, Johannes (Lebensdaten unbekannt)	Studium Padua (1588). Arzt in Cottbus(?).[p]
Hebenstreit, Georg (????–1629)	Studium Tübingen (1601), Altdorf (1602), Jena (1603), Wittenberg (1604) und Basel (1607), Dr. med. Basel (1607). Arzt in Augsburg (1607), Esslingen (1612) und Nürtingen (1622).[q]
Henrich, Ernestus (Lebensdaten unbekannt)	Aus Bamberg, Studium Freiburg (1607).[r]
Heintzius, Johannes (????–1608)	Studium Frankfurt (Oder) (1581), Padua (1583), Bologna (1584) und Basel (1586), Dr. med. Basel (1586). Arzt in Karlsbad.[s]
Herden, Balthasar von (1547–1619)	Studium Jena (1571) und Padua (1578). Arzt in Nürnberg, (s. Anhang 8.1.3.).
Hoffmann, Petrus (Lebensdaten unbekannt)	Studium Wittenberg (1594), Jena (1595) und Basel (1602), Dr. med. Basel (1603). Arzt in Coburg.[t]
Hofmann, Caspar (1572–1648)	Studium Jena (1589), Straßburg (?), Leipzig (?), Altdorf (1595), Padua (1602) und Basel (1605), Dr. med. Basel (1605). Ab 1606 Pestarzt in Nürnberg und Medizinprofessor in Altdorf.[u]
Hornung, Johannes (1573-nach 1626)	Studium Tübingen (1596), Basel (1597) und Padua (1598), Dr. med. Basel (1602).[v] Arzt in Nürnberg, davor in Heidenheim.[w]

Name	Person
Horst, Gregor (1578–1636)	Studium in Wittenberg (1594), Helmstedt (1594) und Basel (1605), Dr. med. Basel (1606). Lutherischer Arzt und Medizinprofessor in Wittenberg, Salzwedel, Gießen und Ulm.[x]
Ingolstetter, Johannes (1563–1619)	Studium Altdorf (1582) und Basel (1602), Dr. med. Basel (1602). Zunächst Schulrektor (1588) und ab 1601 Stadtphysicus in Amberg.[y]
Junus, Justus (Lebensdaten unbekannt)	Arzt in Göppingen.[z]
Kragius, Andreas (1558–1600)	Studium Kopenhagen (ca. 1570), Wittenberg (1578), Tübingen (1579) und Basel 1581), Dr. med. Montpellier (1585). Ab 1590 Professor in Kopenhagen, Lutheraner.[aa]
Libavius, Andreas (nach 1555–1616)	s. Kapitel 4.1.
Meurer, Jacob Fridrich (Lebensdaten unbekannt)	Möglicherweise Studium in Tübingen (1586).[ab]
Minderer, Raymund (~1570–1621)[ac]	Studium Ingolstadt (1590), Dr. med. Ingolstadt (1597). Katholischer Arzt in Augsburg, später Leibarzt von Kaiser Matthias (1557–1619).[ad]
Neudo(e)rffer, Johann (1567–1639)	Studium Leipzig (1583), Wittenberg (1584), Padua (1594), Bologna (1596) und Basel (1597), Dr. med. Basel (1597). Arzt in Nürnberg.[ae]
Oberndorffer, Johannes (1549–1624)[af]	Dr. med. Padua (1575). Lutherischer[ag] Arzt in Regensburg.[ah]
Palma, Georg (1543–1591)	Studium Wittenberg (1559), Tübingen (1564) und Padua (1565),[ai] vielleicht auch Ingolstadt. Lutherischer[aj] Arzt in Nürnberg.[ak]
Posthius, Johannes (1537–1597)	Studium Heidelberg (1554), Padua, Siena und Montpellier (1565), Dr. med. Valence (1567). Reformierter Dichter und Arzt in Würzburg, ab 1585 in Heidelberg, (s. Anhang 8.1.1.).
Rembold, Erasmus (Lebensdaten unbekannt)	Arzt in Rudolstadt.
Reschingeder, Theodor (Lebensdaten unbekannt)	Studium Tübingen (1615) und Basel (1621), Dr. med. Basel (1621). Arzt in Lauingen.[al]
Rösler, Andreas (Lebensdaten unbekannt)	Windsheim.[am]
Rubiger, Johannes (Lebensdaten unbekannt)	Studium Padua (1572), Heidelberg (1575) und Jena (1580). Arzt in Eger und Leibarzt des pfälzischen Kurfürsten.[an]
Sachetus, Hieronymus (Lebensdaten unbekannt)	Arzt in Brescia (oder Brixen).
Salzmann, Johannes Rudolph (1574–1656)	Studium in Straßburg, Heidelberg (1596) und Basel (1596), Dr. med. Basel (1598). Weiterstudium Padua (1599). Arzt und Medizinprofessor in Straßburg.[ao]

Johannes Hornung: Cista Medica 299

Name	Person
Schenck, Johann (1530–1598)	Studium Tübingen (1549), Dr. med. Tübingen (1554). Lutherischer Arzt in Straßburg und Freiburg, (s. Anhang 8.1.3.).
Scherbe (Scherbius), Philippus (1553–1605)	Studium Basel (1567), Heidelberg (1577), Padua (1578), Rom, Bologna, Dr. med. Basel (1580). Ab 1581 Professor in Basel, ab 1586 Professor für Logik, Metaphysik und Medizin in Altdorf, (s. Anhang 8.1.2.).
Schmid, Ludovicus (Lebensdaten unbekannt)	Möglicherweise Studium Padua (1605) und Basel (1607), Dr. med. Basel (1607). Arzt in Durlach.[ap]
Schnitzer, Sigmund (Lebensdaten unbekannt)	Studium Basel (1584), Dr. med. Basel (1588). Fürstbischöflicher Leibarzt in Bamberg.[aq]
Schön, Michael (Lebensdaten unbekannt)	Vielleicht Studium in Jena (1593) und Basel (1605), Dr. med. Basel (1605). Stadtarzt in Coburg.[ar]
Seng, Jeremias (1552–1618)	Studium Padua (1579) und Tübingen (1581), Dr. med. Tübingen (1582). Lutherischer[as] Arzt in Rothenburg.[at]
Simlerus, Paulus (Lebensdaten unbekannt)	Studium Padua (1572) und Jena (1575). Arzt in Schweinfurt, (s. Anhang 8.1.3.).
Soner, Ernst (1572–1612)	Studium in Altdorf (1588), Leiden (1597), Padua (1599), Bologna (1600) und Basel (1601), Dr. med. Basel (1601). Lutherischer Arzt in Nürnberg, ab 1605 Professor in Altdorf[au]
Stamler, Johann (1556–1624)	Studium in Wittenberg (1574), Genf (1584) und Basel (1588), Dr. iur. Basel (1588). Philologe und Jurist, in Diensten der Stadt Nürnberg in Speyer.[av]
Stieber, Bernhard (????–1631)	Studium Tübingen (1585). Arzt in Rothenburg, Leibarzt in Ansbach.[aw]
Stromaier, Petrus (Lebensdaten unbekannt)	Studium Padua (1566). Arzt in Würzburg.[ax]
Stuppa, Johann Nicolaus (1542–1621)	Studium Basel (1557/1561), Dr. med. Basel (1569). Reformierter Professor für Eloquenz und Logik, dann theoretische Medizin in Basel, (s. Anhang 8.1.2.).
Sueppius, Daniel (Lebensdaten unbekannt)	Coburg
Taurellus, Nicolaus (1547–1606)	Studium in Tübingen (1560) und Basel (1566), Dr. med. Basel (1570). Lutherischer Professor in Basel (1579), ab 1580 in Altdorf.[ay]
Vischer, Hieronymus (1556–1596)	Studium Tübingen(1569), Dr. med. Tübingen (1582). Arzt in Nürnberg, (s. Anhang 8.1.2.).
Wiburgius, Petrus Johannes (Lebensdaten unbekannt)	
Zinerus, Nicolaus (Lebensdaten unbekannt)	Regensburg.
Zwinger, Jacob (1569–1610)	Studium Basel (1583), Padua (1586), Heidelberg (1589), Padua (1591), Dr. med. Basel (1594). Reformierter Griechischprofessor in Basel ab 1595, (s. Anhang 8.1.3.).

[a] (Erler 1909, S. 12) (Förstemann 1976, Band 2, S. 379) und (Rossetti 1986, S. 92).
[b] (CERL 2012a) und Ayrer, Christoph Heinrich, Indexeintrag: Deutsche Biographie, https://www.deutsche-biographie.de/gnd132333570.html (Zugriff am 03.11.2017).
[c] (Förstemann 1976, Band 2, S. 388), (Wackernagel 1951–1980, Band 3, S. 3) und (Rossetti 1986, S. 117).
[d] http://www.schweinfurt.de/kultur-tourismus/stadtarchiv-bibliothek/503.Bausch-Bibliothek.html (Zugriff am 28. 05. 2012).
[e] (Rossetti 1986, S. 81 f.) und (Wackernagel 1951–1980, Band 2, S. 400).
[f] (Jöcher 1750–51, Band 1, S. 1048) und Besler, Hieronymus, Indexeintrag: Deutsche Biographie, https://www.deutsche-biographie.de/gnd119615398.html (Zugriff am 26.10.2017).
[g] (Rossetti 1986, S. 103) und (Wackernagel 1951–1980, Band 2, S. 470).
[h] (CERL 2012b) und (Adelung 1784–1897, Band 1, S. 1550).
[i] (Wackernagel 1951–1980, Band 2, S. 388), (Jöcher 1750–51, Band 1, S. 1595) und Camerarius, Joachim, Indexeintrag: Deutsche Biographie, https://www.deutsche-biographie.de/gnd119101459.html (Zugriff am 04.11.2017).
[j] (Jürgensen 2002, S. 1265).
[k] (Jöcher 1750–51, Band 1, S. 1815).
[l] (Wackernagel 1951–1980, Band 2, S. 254).
[m] (Rossetti 1986, S. 110) und (Jöcher 1750–51, Band 2, S. 462).
[n] (Förstemann 1976, Band 2, S. 310) und (Wackernagel 1951–1980, Band 2, S. 339).
[o] (Mayer 1907–1910, Band 1, S. 635).
[p] (Rossetti 1986, S. 73).
[q] (Wackernagel 1951–1980, Band 3, S. 73) und (Paulus, Julius 1994, S. 361 f.).
[r] (Mayer 1907–1910, S. 742).
[s] (Rossetti 1986, S. 58), (Accorsi 1999, S. 133) und (Wackernagel 1951–1980, Band 2, S. 347).
[t] (Wackernagel 1951–1980, Band 3, S. 23).
[u] (Jöcher 1750–51, Band 2, S. 1652), (Wackernagel 1951–1980, Band 3, S. 50) und (Hirsch 1880).
[v] (Hermelink 1906, Band 1, S. 728), (Rossetti 1986, S. 110) und (Wackernagel 1951–1980, Band 2, S. 462).
[w] (Jöcher 1750–51, Band 2, S. 1714).
[x] Ebd. S. 1716, (Wackernagel 1951–1980, Band 3, S. 56) und Horst, Gregor, Indexeintrag: Deutsche Biographie, https://www.deutsche-biographie.de/gnd11934632X.html (Zugriff am 04.11.2017).
[y] (Jöcher 1750–51, Band 2, S. 1886) und (Wackernagel 1951–1980, Band 3, S. 12).
[z] (Schnurrer 1978, S. 30).
[aa] (Wackernagel 1951–1980, Band 2, S. 299), (Matthiae 1761, S. 387) und (Prantl 1883).
[ab] (Hermelink 1906, Band 1, S. 644).
[ac] (Partington 1998, Band 2, S. 171).
[ad] (Körner 2005, Band 2, S. 1321 f.) und (Hirsch 1885).

[ae] (Rossetti 1986, S. 97), (Accorsi 1999, S. 166) und (Wackernagel 1951–1980, Band 2, S. 450).
[af] (Schmidt-Herrling 1940, S. 437).
[ag] Die Leichenpredigt hielt der lutherische Geistliche Wilhelm Huldreich Nieschelius, s. Oberndorffer, Johannes, Indexeintrag: Deutsche Biographie, https://www.deutsche-biographie.de/gnd117077704.html (Zugriff am 05.11.2017).
[ah] (Zonta 2004, S. 318 und 401) und (Jöcher 1750–51, Band 3, S. 1007 f.).
[ai] (Förstemann 1976, Band 1, S. 361) (Hermelink 1906, Band 1, S. 452) und (Rossetti 1986, S. 22).
[aj] Die Leichenpredigt hielt Nicolaus Taurellus, s. Palm, Georgius, Indexeintrag: Deutsche Biographie, https://www.deutsche-biographie.de/gnd1013121856.html (Zugriff am 05.11.2017).
[ak] (Adelung 1784–1897, Band 5, S. 1446).
[al] (Wackernagel 1951–1980, Band 3, S. 234) und (Schnurrer 1978, S. 30).
[am] (Matthiae 1761, S. 366).
[an] (Rossetti 1986, S. 115), (Toepke 1884–1889, Band 2, S. 74) und (Mentz 1944, S. 269).
[ao] (Rossetti 1986), (Wackernagel 1951–1980, Band 2, S. 445) und (Hirsch 1962, Band 4, S. 964).
[ap] (Rossetti 1986, S. 135), (Wackernagel 1951–1980, Band 3, S. 69) und (Jöcher 1750–51, Band 4, S. 299).
[aq] (Jäck 1812–1815, S. 1026), (Jöcher 1750–51, Band 4, S. 317) und (Wackernagel 1951–1980, Band 2, S. 325).
[ar] (Wackernagel 1951–1980, Band 3, S. 54)
[as] Die Leichenpredigt hielt der lutherische Superintendent Johannes Neser, s. Seng, Jeremias, Indexeintrag: Deutsche Biographie, https://www.deutsche-biographie.de/gnd129092479.html (Zugriff am 05.11.2017).
[at] (Rossetti 1986, S. 46) und (Hermelink 1906, S. 599) und (Jöcher 1750–51, Band 4, S. 504).
[au] (Falckenberg 1892), (Rieu 1875, S. 49), (Accorsi 1999, S. 183) und (Wackernagel 1951–1980, Band 3, S. 2).
[av] (Förstemann 1976, Band 2, S. 247), (Wackernagel 1951–1980, Band 2, S. 364) und (Will 1755–1808, Band 3, S. 762–764).
[aw] (Hermelink 1906, Band 1, S. 634) und (Schnurrer 1993, S. 92).
[ax] (Rossetti 1986, S. 23).
[ay] (Hermelink 1906, Band 1, S. 410) (Wackernagel 1951–1980, Band 2, S. 162) und (Jaumann 2013).

8.2.2. Liste der Briefe

Kontakt	Kontakt	Brief No.
Berichte		71–72
Camerarius II d.Ä.	Cerutus	188
Camerarius II d.Ä.	Remboldus	117
Castner	Patient	279–281
Castner	Ziner	278
Erastus	Meurer	149
Faber Georg	Euer Fürstliche Gnaden	68
Hornung	Beyer, Johann Hartmann	131
Hornung	Hebenstreit	273
Hornung	Horst	270–272
Hornung	Junus	274
Hornung	Minderer	269
Hornung	Reschingeder	85
Hornung	Salzmann	276
Hornung	Schmid	275
Hornung	Seng	148
Hornung	Stuppa	86
Libavius	Consilium	150
Libavius	Dold	23
Libavius	Hornung	79–84
Libavius	Schnitzer	1–12, 14–15, 19–22, 24–67, 69–70, 73–78
Posthius	Bericht	190
Sachetus	Verwalter	111
Schnitzer	Ungenannter Arzt	17
Schnitzer	Ayrer	13, 258–263
Schnitzer	Bauhin	151–158
Schnitzer	Bausch	191–192
Schnitzer	Besler	184
Schnitzer	Beier, Ezechiel	123
Schnitzer	Beyer, Johann Hartmann	124–130
Schnitzer	Camerarius d.J.	120–122
Schnitzer	Camerarius II d.Ä.	87–110, 112, 118–119
Schnitzer	Carchesius	182

Kontakt	Kontakt	Brief No.
Schnitzer	Chmielecius	167
Schnitzer	Cuno	160
Schnitzer	Dold	232–256
Schnitzer	Fabricius	186
Schnitzer	Gobelius	163
Schnitzer	Greiffenhagen	134
Schnitzer	Henricus	189, 193
Schnitzer	Heintzius	264–268
Schnitzer	Hoffmann, Petrus (Coburg)	16, 204–206
Schnitzer	Hofmann, Caspar (Altdorf)	201–203
Schnitzer	Ingolstetterus	216–231, 257
Schnitzer	Kragius	185
Schnitzer	Kuhn (Cuno), von Herden, Dold, Neudo(e)rffer	18
Schnitzer	Oberndorffer	194–199
Schnitzer	Palma	113–116
Schnitzer	Rösler	171
Schnitzer	Rubiger	172–173
Schnitzer	Schenck	170
Schnitzer	Scherbe	164
Schnitzer	Schön	183
Schnitzer	Simlerus	139–146
Schnitzer	Sonerus	187
Schnitzer	Stamler	200
Schnitzer	Stieber	132–133
Schnitzer	Stromaier	179–181
Schnitzer	Sueppius	165–166
Schnitzer	Taurellus	175–178
Schnitzer	Vischer	159
Schnitzer	von Herden	161–162
Schnitzer	Wiburgius	207–215
Schnitzer	Zwinger	168–169
Schnitzer/Rösler	Seng	147
Simlerus	Consilium	135–138
Sonerus	Taurellus	174
Ziner	Consilium	277

8.3. Weitere Briefe von Libavius in Büchern

8.3.1. Alchymia triumphans[1263]

1. Undatierter Brief von Joseph Du Chesne (1546–1609), S. 15–17.
2. Erwähnung eines Briefwechsels mit Théodore Turquet de Mayerne, Guillaume Baucinet und Israel Harvet, S. 18.
   - Turquet de Mayerne, Théodore (1573–1655): s. Kap. 4.4.
   - Baucinet, Guillaume (Lebensdaten unbekannt): Studium Heidelberg (1573) und Basel (1578), Dr. med. Basel (1584). Arzt und Goldmacher aus Orléans, lebte zeitweilig bei Lavinius in Prag. Teilnahme am Pariser Paracelsistenstreit.[1264]
   - Harvet, Israel (Lebensdaten unbekannt): Reformierter Arzt in Orleans, unterstützte Du Chesne und Turquet de Mayerne im Pariser Paracelsistenstreit durch zwei Schriften.[1265]

8.3.2. Briefe von Penot

1. Penot, Bernard Gilles: Apologia Bernardi G. Penoti, A Portu S. Mariae Aquitani in duas partes divisa, Frankfurt, 1600.
2. Penot, Bernard Gilles: Bernardi Penoti a Portu S. Mariae Aquitani, de denario medico, quo decem medicaminibus, omnibus morbis internis medendi via docetur, Bern, 1608.
   Die ausführliche Edition beider Briefe findet sich in: (Kühlmann und Telle 2001, 2004 und 2013, Teil 3, Briefe 130 und 137).
   - Penot, Bernard Gilles (1519–1617): „Zentralfigur des internationalen Alchemikerparacelsismus", Reisen durch ganz Europa „um das >vollkommene Wissen der Chemie< zu erwerben" (ab ca. 1560), Medizinstudium Basel (1579), Aufenthalt Prag (ca. 1584), Dr. med. Basel (1592). Reformierter Stadtarzt in Frankenthal (1593) und Yverdon (1596).[1266]

1263 (Libavius 1607).
1264 (Toepke 1884–1889, Band 2, S. 67) (Wackernagel 1951–1980, Band 2, S. 261) und (Kühlmann und Telle 1998, S. 161).
1265 (Haag 1846–1859, S. 433 f.).
1266 (Kühlmann und Telle 2001, 2004 und 2013, Teil 3, S. 569–579).

8.4. Handschriftliche Briefe Libavius

8.4.1. Bibliothek der Friedrich-Alexander-Universität Erlangen-Nürnberg, Sammlung Trew, Ms. 1284, 1–159[1267]

Absender: Andreas Libavius
1. Empfänger: Joachim Camerarius II d.Ä.
Daten: 4.4.????, **2.1.1595**, 17.3.1595, 7.5.1596, 9.11.1597, 24.4.1598, 24.5.1598, 11.7.1598.

- Camerarius, Joachim II d.Ä. (1534–1598): Studium Wittenberg (1558), Leipzig und Padua (1559), Dr. med. Padua (1562). Lutherischer Stifter des Collegium Medicum in Nürnberg, (s. Anhang 8.1.2. und 8.2.1.).

2. Empfänger: Joachim Camerarius d.J.
Daten: 5.8.1597, 16.2.1613, 25.2.1613, 25.4.1613, 2.6.1513, **18.7.1613**.

- Camerarius, Joachim d. J. (1566–1642): Studium Altdorf (1582) und Basel (1591), Dr. med. Basel (1593). Lutherischer Arzt in Nürnberg am Collegium Medicum, (s. Anhang 8.2.1.).

3. Empfänger: Leonhard Dold
Daten: 143 Briefe zwischen dem 9.3.1600 und dem 29.1.1611 (4 Briefe ohne Datum).
Ausgewertete Briefe vom **9.3.1600, 11.7.1603, 27.9.1610, 12.5.1608, 21.12.1609**

- Dold, Leonhard (1565–1611): Studium Leipzig (1587), Padua (1592) und Basel (1594), Dr. med. Basel (1594). Arzt in Nürnberg, (s. Anhang 8.1.2. und 8.2.1.).

4. Empfänger: Sigismund Schnitzer
Datum: **24.7.1600**.

- Schnitzer, Sigismund (Lebensdaten unbekannt): Studium Basel (1584), Dr. med. Basel (1588). Fürstbischöflicher Leibarzt in Bamberg, (s. Anhang 8.2.1.).

[1267] Aus der großen Anzahl der Briefe wurden die in Fettdruck markierten zur Prüfung und Auswertung digitalisiert erworben. Eine umfängliche editorische Bearbeitung der Briefe wäre wünschenswert.

5. Empfänger: Balthasar Schnurr
Datum: **27.7.1604**.

- Schnurr, Balthasar (1572–nach 1624): Geburt und Schule in Lendsiedel (Franken). Pfarrer in Lendsiedel, Amlishagen und Hengstfeld.[1268]

6. Empfänger: Georg Amwald in „Xenium ad D.D. Am Wald"
Datum: **2.11.1591**.

- Amwald, Georg (1554–1616): Studium Basel (1568) und Tübingen (1570), Lic. iur. Basel (1573);[1269] Medizinstudium Padua (1577), Dr. med. Padua (1578). Hersteller der „Terra Sigillata" gegen die Pest und des „Allheilmittels" „Panacae Amwaldina". Briefpartner Crolls.[1270]

8.4.2. Universitätsbibliothek Johann Christian Senckenberg Frankfurt, Ms. Ff. JH. Beyer. A105–155[1271]

Absender: Andreas Libavius
Empfänger: Johann Hartmann Beyer (1563–1625)

Daten: **12.2.1594**, **18.3.1594**, 7.4.1594, 10.5.1594, ??.??.1594, **29.6.1594**, 3.7.1594, 9.8.1594, 26.8.1594, 9.11.1594, 7.11.1594, 2.4.1595, 22.1.1595, 16.2.1595, **27.2.1595**, 24.3.1595, 3.4.1595, 13.5.1595, 19.5.1595, 10.6.1595, 5.7.1595, 16.8.1595, 4.9.1595, 24.11.1595, 14.12.1595, 22.2.1596, 1.6.1596, 18.7.1596, 3.9.1596, 20.1.1597, 7.3.1597, 14.5.1597, 1.4.1598, **18.5.1598**, 25.5.1598, 1.7.1598, 21.11.1598, 15.10.1599, 9.2.1601, 1.11.1601, 27.2.1602, 7.7.1602, 1.9.1602, 15.4.1604, **23.9.1604**, 3.9.1605, **27.3.1611**, ohne Datum, 5.5.????, 13.5.????, ohne Datum.

1268 (Waldberg 1891).
1269 (Wackernagel 1951–1980, Band 2, S. 180) und (Hermelink 1906, Band 1, S. 504).
1270 (Müller-Jahncke 1994) und (Kühlmann und Telle 1998, S. 44).
1271 Es wurden alle Briefe digitalisiert erhalten. Nach Prüfung aller Briefe wurden die in Fettdruck markierten einer genaueren Auswertung unterworfen.

8.4.3. Universitätsbibliothek Basel[1272]

Absender	Empfänger	Datum	Signatur
Libavius	Zwinger	23.04.1598	G II 40, S. 100
Libavius	Zwinger	12.12.1598	Frey-Gryn Mscr I 13, S. 97
Libavius	Zwinger	01.08.1599	G II 40, S. 101–102
Libavius	Zwinger	07.08.1599	G II 40, S. 103–104
Libavius	Zwinger	22.10.1599	G II 40, S. 105–106
Libavius	Zwinger	??.??.1600	G II 40, S. 107–113
Libavius	Bauhin	22.01.1600	Frey-Gryn Mscr II 1, S. 174–177, G2 I 2, S. 182–183
Zwinger	Libavius	20.08.1604	Frey-Gryn Mscr I 22, S. 107v
Libavius	Zwinger	08.10.1604	G II 40, S. 114–116
Zwinger	Libavius	05.04.1605	Frey-Gryn Mscr I 22, S. 82r–83r
Zwinger	Libavius	01.04.1606	Frey-Gryn Mscr I 22, S. 97r
Libavius	Zwinger	24.07.1606	G II 40, S. 117–118
Libavius	Zwinger	20.05.1607	Frey-Gryn Mscr II 28, S. 186
Libavius	Zwinger	16.09.1607	G II 39, S. 126
Libavius	Zwinger	30.09.1607	G II 40, S. 121–122
Libavius	Zwinger	12.05.1608	G II 40, S. 123–124
Libavius	Zwinger	25.10.1608	G II 40, S. 125–129
Libavius	Zwinger	15.05.1609	G II 40, S. 130–132
Libavius	Zwinger	20.12.1609	G II 40, S. 133–134
Libavius	Bauhin	07.03.1613	Frey-Gryn Mscr II 1, S. 177–178 G2 I 2, S. 235
Libavius	Bauhin	01.09.1614	G 2 I 2, S. 253

8.4.4. Staats- und Universitätsbibliothek Hamburg, Sup. ep. 4⁰ 30, 17r-22r[1273]

Absender: Andreas Libavius

Empfänger: Joseph Du Chesne (Josephus Quercetanus) (1546–1609)

Daten: 14.1.1607, 7.5.1607, 1.5.1608, 19.8.1608, 23.8.1608.

1272 Die meisten Briefe sind in Original und Abschrift erhalten. Es wurden die Signaturen aufgeführt, unter denen die Briefe digitalisiert erhalten und ausgewertet wurden.

1273 Alle Briefe sind digitalisiert erworben und ausgewertet worden.

8.4.5. Sonstige Archive[1274]

Archiv/Absender	Empfänger	Datum
Burgerbibliothek Bern		
Cod. B 149, f.209v und f.314v		
Jacques Bongars (1554–1612)[a]	Libavius	
Stadtarchiv Coburg		
Band 186		
Libavius	Rat der Stadt	1595
Forschungsbibliothek Gotha		
Gym. 8, Bl. 259–263 und Chart. A 640, Bl. 23		
Libavius	Andreas Wilke (1562–1631)[b]	01.10.1608
Libavius	Andreas Wilke	07.12.1608
Libavius	Andreas Wilke	12.08.1608
Libavius	Andreas Wilke	01.08.1608
Libavius	Andreas Wilke	04.01.1609
Libavius	Johannes Major (1564–1654)[c]	06.05.1614
Universitätsbibliothek Heidelberg, Hs. 4054, 132		
Libavius	David Höschel	04.11.1602
Stadtbibliothek Nürnberg		
Will III, 327.2⁰, (3),(5) und (14)		
Libavius	Camerarius II d.Ä.	ohne
Libavius	Camerarius II d.Ä.	29.05.1595
Libavius	Camerarius II d.Ä.	27.10.1595
Stadtarchiv Rothenburg		
A 1256 fol. 165 a-b		
Libavius	Bürgermeister	02.06.1606
Libavius	Bürgermeister	10.02.1607
Libavius	Bürgermeister	1609
Universitätsbibliothek Breslau		
Sammlung Rehdiger, Band VII		
Libavius	Weinrich	Nicht erhalten
Libavius	Weinrich	Nicht erhalten

1274 Alle Briefe, mit Ausnahme der im Zweiten Weltkrieg verloren gegangenen in Breslau, sind digitalisiert erhalten und ausgewertet worden.

Archiv/Absender	Empfänger	Datum
Libavius	Weinrich	Nicht erhalten

ᵃ (Steiger 1983).
ᵇ (Berbig 1898).
ᶜ (Pünjer 1884).

8.5. Handschriftliche Briefe Du Chesne
8.5.1. Staats- und Universitätsbibliothek Hamburg, Sup. ep. 4⁰ 30[1275]

Schreiber	Orte	Datum	Signatur	Biographische Daten
Berger, Simon (Lebensdaten unbekannt)	Gerau	01.10.1604	4⁰ 30, 52r-53r	Studium Leipzig (1587) und Basel (1598), Dr. med. Basel (1598).ᵃ Arzt in Gerau.
Blanque, Sieur de la (Lebensdaten unbekannt)	Krakau	01.11.1608	4⁰ 30, 130r-131v	
Cherler, Johann Heinrich (ca. 1570–1609/10)	Montbéliard Basel	05.09.1604 05.11.1604	4⁰ 30, 65r-66v 4⁰ 30, 67r-68v	Studium Basel (1584), Montpellier (1596) und Paris, Dr. med. Basel (1596), Studium Padua (1597). Schweizer Arzt und Botaniker, zweiter Hofarzt in Montbéliard (Mömpelgard), (wahrscheinlich lutherisch).ᵇ
Croll, Oswald (ca. 1560–1608)	Heidelberg Heidelberg Heidelberg	30.12.1591 17.03.1592 31.12.1592	4⁰ 30, 22v-24r 4⁰ 30, 127v-129r 4⁰ 30, 24r-24v	s. Kapitel 4.3.

1275 Alle Briefe sind digitalisiert erworben und sachlich geprüft worden.

Schreiber	Orte	Datum	Signatur	Biographische Daten
Delorme, Jean (1547–1637)	Fontainebleau	11.04.1608	4^0 30, 135r-136r	Studium Montpellier (1574) und dort Professor der Medizin. Leibarzt der französischen Königinnen Louise de Lorraine-Vaudémont (1553–1601) und Maria von Medici (1575–1642) sowie der Könige Heinrich IV. (1553–1610) und Ludwig XIII. (1601–1643).[c]
D'Esterim, Sieur (Lebensdaten unbekannt)	Seyssel	12.08.1575	4^0 30, 125v-126r	Arzt in Seyssel.
Egli, Raphael (1559–1622)	Zürich	10.09.1591	4^0 30, 61v-62r	Reformierter Theologe und Goldmacher, Studium Zürich (1577) und Genf (1580), Dr. theol. Genf (1581), Studium Basel (1582). Konviktinspektor und Diakon in Zürich (1588), Theologieprofessor in Marburg (1606), Goldmacher am Hof in Kassel.[d]
Ernst von Bayern, Erzbischof von Köln (1554–1612)	Arnsberg	16.01.1609	4^0 30, 79v-81r	Wittelsbacher, Fürstbischof von Lüttich (1581), Erzbischof und Kurfürst von Köln (1583), dazu Fürstbischof von Münster (1585). Förderer der Wissenschaften (Astrologie, Astronomie, Mathematik), „verfolgt seit den 1570er Jahren alchemomedizinische und metalltransmutatorische Zielsetzungen".[e]

Handschriftliche Briefe Du Chesne 311

Schreiber	Orte	Datum	Signatur	Biographische Daten
Etten, Andreas van (Lebensdaten unbekannt)	Antwerpen	28.05.????	4⁰ 30, 43r-45r	Medizinprofessor in Antwerpen um 1600.[f]
Fleck, Georg (1555-1613)	Urach	30.11.1607	4⁰ 30, 60r-61v	Studium Tübingen? (1570). Lutherischer Stadtpfarrer und Dekan in Urach.[g]
Fonpatour, Sieur de (Lebensdaten unbekannt)	L'Arnaudie L'Arnaudie L'Arnaudie	18.11.1601 29.04.1604 14.09.1605	4⁰ 30, 117v-120r 4⁰ 30, 120r-122r 4⁰ 30, 122r-124v	Delegierter bei der protestantischen Generalversammlung 1597-98 für die Region Aunis.[h]
Friedrich III. von der Pfalz (1515-1576)	Heidelberg	02.03.1576	4⁰ 30, 81r-82r	Genannt „Friedrich der Fromme", Kurfürst von der Pfalz(1559). Unter seiner Herrschaft wird die Kurpfalz „zum diplomatischen und geistigen Umschlagplatz des europäischen Calvinismus".[i]
Gasto, Flaminius (1571-1618)	Guhrau	13.03.1604	4⁰ 30, 53r-55r	Studium Frankfurt (Oder) (1578), Wittenberg (1592), Altdorf (1592), Padua (1595), Bologna (1596) und Basel (1597), Dr. med. Basel (1597).[j] Lutherischer Leibarzt des lutherischen, zwischenzeitlich calvinistischen, Herzogs Georg Rudolph von Liegnitz (1595-1653) und Stadtarzt in Guhrau.[k]
Haghen, Hermann van der (Lebensdaten unbekannt)	o.O. o.O. Arnheim	o.D. o.D. o.D.	4⁰ 30, 27v-30v 4⁰ 30, 31r-33v 4⁰ 30, 33v-34r	Studium Basel (1577), Dr. med. Basel (1586). Arzt in Arnheim, Leibarzt bei Fürst Moritz von Oranien (1567-1625).[l]

Schreiber	Orte	Datum	Signatur	Biographische Daten
Hainzel, Johann Heinrich (ca. 1553–1609)	o.O.	24.01.1591	4^0 30, 48v-52r	Studium Tübingen (1571), Bologna (1573) und Siena (1574). Augsburger Patrizier, ab 1584 in Zürich und auf Schloss Elgg, persönlich bekannt mit Theodor Beza.[m]
Hartmann, Johannes (1568–1631)	Marburg Marburg Marburg Marburg	25.05.1604 22.07.1605 09.01.1606 29.09.1606	4^0 30, 7r-9r 4^0 30, 9r-10r 4^0 30, 71v-72v 4^0 30, 10v-11v	Studium Altdorf (1583), Jena (1588), Leipzig (?), Helmstedt und Wittenberg (1588). Zunächst Mathematikstudium, dann Dr. med. (Marburg). Ab 1592 Professor für Mathematik, ab 1609 erster Professor für Chemie (Chemiatrie) in Marburg, Lutheraner, (s. Anhang 8.1.3.).
Laurens, André du (1558–1609)	Fontainebleau Malesherbes Monceau Fontainebleau	18.04.1607 08.11.1608 11.09.#### 25.11.####	4^0 30, 139r-139v 4^0 30, 136v-137v 4^0 30, 137v-138r 4^0 30, 138r-138v	Studium Montpellier (1583), Dr. med. Montpellier (1583). Medizinprofessor Montpellier (1586), Kanzler Montpellier (1603). Arzt von Heinrich IV. und Maria von Medici.[n]
Le Moyne, Sieur de (Lebensdaten unbekannt)	Le Moyne	20.12.1608	4^0 30, 134v-135r	Wahrscheinlich identisch mit Le Moyne bei Turquet de Mayerne, der ihn als „Apotheker in Caen" bezeichnet, (s. Anhang 8.9.3.).
Libavius, Andreas (nach 1555–1616)	Rothenburg o.O. Coburg Coburg o.O.	14.01.1607 07.05.1607 01.05.1608 19.08.1608 23.08.1608	4^0 30, 19r-20r 4^0 30, 17r-19r 4^0 30, 20r-21r 4^0 30, 21v-22r 4^0 30, 21r-21v	s. Kapitel 4.1.

Handschriftliche Briefe Du Chesne 313

Schreiber	Orte	Datum	Signatur	Biographische Daten
Maurice, Sieur de (Lebensdaten unbekannt)	Maurice	27.12.1600	4⁰ 30, 124v-125v	Möglicherweise Studium in Freiburg (1584/88) oder (1596).º Vielleicht auch identisch mit Aubery, Claude (s. Anhang 8.6.).ᵖ
Moritz von Hessen-Kassel (1572–1632)	Kassel o.O.	16.05.1604 o.D.	4⁰ 30, 5r-6r 4⁰ 30, 6r-6v	Genannt Moritz der Gelehrte, Landgraf von Hessen-Kassel (1592–1632), zunächst lutherisch, dann Übertritt zum Calvinismus (1605), Förderer der Wissenschaften (Chemie, Astronomie, Mathematik, Medizin).ᑫ
Mosanus, Jacob (1564–1616)	Kassel Kassel Sarabrug Kassel Kassel	10.01.1605 11.03.1605 08.05.1605 22.09.1606 05.05.1607	4⁰ 30, 12r-13r 4⁰ 30, 13r-14r 4⁰ 30, 14r-15r 4⁰ 30, 15r-16r 4⁰ 30, 16r-16v	Studium Oxford (1588) und Köln, Dr. med. Köln (1591). Leibarzt des Landgrafen Moritz von Hessen-Kassel (1599).ʳ
Motte, Sieur de la (Lebensdaten unbekannt)	o.O.	o.D.	4⁰ 30, 129v-130r	
Penodotus, Hieronymus (Lebensdaten unbekannt)	Krakau	27.04.1607	4⁰ 30, 45r-47r	
Perealdus, Eleazar (Lebensdaten unbekannt)	o.O.	09.12.1592	4⁰ 30, 37r-38v	Aus dem Gebiet von Bern, Studium Heidelberg (1570).ˢ
Platter, Felix (1536–1614)	Basel	06.01.1592	4⁰ 30, 68r-68v	Studium Basel (1551), Montpellier (1552) und Orleans (1557), Dr. med. Basel (1557). Ab 1571 Professor der praktischen Medizin und Stadtarzt in Basel, mehrmals Rektor, Konfession reformiert, (s. Anhang 8.1.1.).

Schreiber	Orte	Datum	Signatur	Biographische Daten
Polant, Michael Daniel von (Lebensdaten unbekannt)	Straßburg Straßburg	18.10.1603 13.02.1604	4⁰ 30, 35r-36r 4⁰ 30, 36r-37r	Vielleicht Studium Siena (1590), Bologna (1598) und Padua (1599).[t]
Polanus von Polansdorf, Amandus (1561–1610)	Basel	29.04.1603	4⁰ 30, 69r-69v	Streng calvinistischer Theologe aus Oppeln.[u] Studium Basel (1583), Genf (1584, Schüler Bezas) und Heidelberg (1588), Dr. theol. Basel (1590). Theologieprofessor Basel (1596–1610), Rektor (1600/1601).[v]
Reutz, Franz (Lebensdaten unbekannt)	Mähr.-Trübau	20.11.1606	4⁰ 30, 47v-48v	Geboren in Gollnow (Pommern). Studium Frankfurt (Oder) (1591), Dr. med. Basel (1601).[w] Arzt des protestantischen mährischen Adligen Ladislaus Velen von Zerotein.
Richardon, Sieur de (Lebensdaten unbekannt)	Lyon	04.06.1608	4⁰ 30, 132v-134v	Arzt in Lyon.[x]
Rozeus, A. (Lebensdaten unbekannt)	o.O.	17.07.1604	4⁰ 30, 62v-65r	Aus Saintes, Studium Montpellier (1592).[y]
Sarrasin, [Philibert] (1577–ca. 1633)	Lyon	10.05.1608	4⁰ 30, 132r-132v	Geboren in Genf, Arzt in Lyon.[z]
Schilt, Hermann (Lebensdaten unbekannt)	Dietz	24.09.1607	4⁰ 30, 55r-58r	Studium Heidelberg (1580), Basel (1587) und Marburg (1590), Dr. iur. Basel (1588).[aa]

Schreiber	Orte	Datum	Signatur	Biographische Daten
Tancke, Joachim (1557–1609)[ab]	Leipzig	10.02.1604	4^0 30, 58v-59v	Studium Leipzig (1582), Dr. med. Leipzig (1592). Lutherischer Professor für Poesie (1589) und Medizin (1594), zweimal Rektor, bekannter Paracelsist ab etwa 1600.[ac]
Wolf, Hermann (1562–1620)	Marburg Marburg	09.07.1605 08.09.1605	4^0 30, 69v-70v 4^0 30, 70v-71r	Studium Padua und Basel (1580), Dr. med. Marburg (1585). 1589 Professor für Physik, ab 1591 für Medizin in Marburg, (s. Anhang 8.1.3.).
Zwinger, Jacob (1569–1610)	Basel Basel	28.01.1602 07.09.1608	4^0 30, 25r-26r 4^0 30, 26v-27r	Studium Basel (1583), Padua (1586), Heidelberg (1589), Padua (1591), Dr. med. Basel (1594). Reformierter Griechischprofessor in Basel ab 1595, (s. Anhang 8.1.3. und 8.2.1.).
Anonyme (1)	o.O. Ravignan o.O. o.O. Ravignan o.O. o.O. o.O. o.O. o.O.	17.11.1600 23.12.1600 28.08.1601 03.08.1602 09.08.1603 19.06.1604 30.06.1604 o.D. o.D. o.D.	4^0 30, 88r-94r 4^0 30, 94v-95r 4^0 30, 95v-101r 4^0 30, 101v-105r 4^0 30, 105v-109r 4^0 30, 110v-113r 4^0 30, 113v-117v 4^0 30, 85v-87v 4^0 30, 87v-88r 4^0 30, 109r-110v	
Anonyme (2)	o.O.	o.D.	4^0 30, 126r-127v	
Anonyme (3)	Ravignan o.O. Pau o.O. o.O. o.O. o.O. o.O.	26.02.1579 29.04.1599 29.06.1600 29.05.1601 14.09.1605 03.12.1605 o.D. o.D.	4^0 30, 140r-140v 4^0 30, 143r-145v 4^0 30, 146r-146v 4^0 30, 146v-148r 4^0 30, 148r-149r 4^0 30, 149v-154r 4^0 30, 140r-143r 4^0 30, 154r-165r	

[a] (Wackernagel 1951–1980, Band 2, S. 467).
[b] (Wackernagel 1951–1980, Band 2, S. 326) und https://www.leo-bw.de/web/guest/detail/-/Detail/details/PERSON/wlbblb_personen/119640279/person (Zugriff am 27.10.2017).
[c] (Gouron 1957, S. 176) und (Michaud 1854–1865, Band 10, S. 345).
[d] (Stelling-Michaud 1959–1980, S. 228 f.), (Wackernagel 1951–1980, Band 2, S. 307), (Wangenmannn 1877) und (Gerber 1992, S. 141–148).
[e] (Braubach 1959) und (Telle 1991, S. 166).
[f] (Krüger, Nilüfer 1978, S. 258).
[g] (Hermelink 1906, Band 1, S. 505) und (Krüger, Nilüfer 1978, S. 280).
[h] (Wada 1998).
[i] (Fuchs 1961).
[j] (Förstemann 1976, Band 2, S. 387), (Rossetti 1986, S. 102) (Accorsi 1999, S. 165) und (Wackernagel 1951–1980, Band 2, S. 453).
[k] (Jöcher 1750–51, Band 2, S. 877 f.) und (Zonta 2004, S. 228). Die Leichenpredigt hielt der lutherische Theologe Valerius Herberger (Pethes 2008, S. 118).
[l] (Krüger, Nilüfer 1978, S. 365).
[m] (Hermelink 1906, Band 1, S. 512), (Accorsi 1999, S. 102) und (Gerber 1992, S. 138–140).
[n] (Gouron 1957, S. 185), (Michaud 1854–1865, Band 11, S. 490) und (Hoefer 1855–1866, Band 15, S. 124).
[o] (Mayer 1907–1910, S. 611, 635, 677).
[p] Eher nicht identisch mit Aubery, Benjamin wie bei (Krüger, Nilüfer 1978, S. 30).
[q] (Wolff 1997).
[r] (Moran 1991, S. 68–75).
[s] (Toepke 1884–1889, Band 2, S. 56).
[t] (Accorsi 1999, S. 176).
[u] (Riggenbach 1888).
[v] (Wackernagel 1951–1980, Band 2, S. 314, 380 und 493).
[w] Ebd. S. 503
[x] (Krüger, Nilüfer 1978, S. 843).
[y] (Gouron 1957, S. 196).
[z] (Gautier 1906, S. 429 und 547) und (Hoefer 1855–1866, Band 43, S. 341).
[aa] (Toepke 1884–1889, Band 2, S. 92) und (Wackernagel 1951–1980, Band 2, S. 358).
[ab] (Benzenhöfer 1987).
[ac] (Wollgast 2013).

Brief von Joseph Du Chesne

Empfänger	Ort	Datum	Signatur	Biographische Daten
Hartmann, [Johannes]	o.O.	o.D.	4⁰ 30, 77r-78r	s.o.

Sonstiges

Überschrift	Art	Signatur
Sur la mort de M. de la Violette, Conseiller et Medecin Ordinaire du Roy	Gedicht	4⁰ 30, 1r-1v
Allusion du nom de Monsieur de la Violette	Zwei Sonette	4⁰ 30, 2r-2v
A Monsieur du Chesne, Sieur de la Violette	Lobgedicht von D.S.	4⁰ 30,3r-4r
Electrum Paracelsi in Manuali, sive Mercurius	Herstellungsvorschrift	4⁰ 30,39r-39v
Alia descriptio Electri Paracelsi a Quercetano experti	Herstellungsvorschrift	4⁰ 30,39v-42v
Johannes Hartmann an Paulus Renealmus (Renéaulme, Paul)	Brief	4⁰ 30, 73r-74r
Michael Riberius an Hieronimus Fabritius (Fabricius, Hieronymus)	Brief	4⁰ 30, 74v-75r
	Leerseiten	4⁰ 30, 4v 4⁰ 30, 75v-76v 4⁰ 30, 78v-79r

8.5.2. Chemische Korrespondenz des Landgrafen Moritz, Universitätsbibliothek Kassel, 2⁰ Ms. chem. 19[5[1276]

Signatur	Überschrift / Sprache / Bemerkungen	Unterschrift/ Ort / Datum	Herstellungsvorschrift/ Brief
242r–245v	Keine, französisch	keine	Herstellungsvorschrift
246v	Quatre ∞mcts parties d'eau sont divisées en quatre parties, französisch	keine	Herstellungsvorschrift
247r -248r	Le grand Arcane et magistère des philosophes, französisch	keine	Herstellungsvorschrift

---

1276 Alle Briefe liegen digitalisiert vor und sind ausgewertet worden.

Signatur	Überschrift / Sprache / Bemerkungen	Unterschrift/ Ort / Datum	Herstellungsvorschrift/ Brief
249r–250v	Monseigneur, französisch	unvollständig o.O., o.D.	Brief, Adresse, Siegel
251r–252v	Monseigneur, französisch	de la Violette Frankfurt, 20.09.????	Brief, Adresse, Siegel
253r–253v	Pour Madame, lateinisch	keine	Herstellungsvorschrift
254r–254v	Laudani descripte, lateinisch	keine	Herstellungsvorschrift
255r–255v	Pulvis cachecticus Quercetani, lateinisch	keine	Herstellungsvorschrift
256r–258r	…… doré : au son propre mercure et soufre ou tincture, französisch, in anderer Handschrift	keine	Herstellungsvorschrift
259v	keine	keine	Zeichnung
260r–261v	Monseigneur, französisch	de la Violette Paris, 23.10.1604	Brief
262r–263v	Le grand et général dissolvant métallique, französisch, in anderer Handschrift	keine	Herstellungsvorschrift, Anlage zum Brief 260r–261v
264r–265v	Anrede Monsieur, französisch, Brief an Jacob Mosanus	de la Violette o.O., o.D.	Brief, Adresse, Siegel

8.5.3. Universitätsbibliothek Basel[1277]

Absender	Empfänger	Ort / Datum	Signatur
Zwinger, Jacob	Du Chesne	Basel, 28.01.1602	Frey-Gryn Mscr I 22, 6r-6v[a]
Zwinger, Jacob	Du Chesne	Basel, ??.??.1602	Frey-Gryn Mscr I 22 7v
Du Chesne	Zwinger, Theodor	Genf, 12.04.1575	Frey-Gryn Mscr II 23, 380
Du Chesne	Zwinger, Theodor	o.O., o.D.	Frey-Gryn Mscr II 28, 273 und G2 II 8, 144
Du Chesne	Zwinger, Jacob	o.O., o.D.	Frey-Gryn Mscr II 26, 3 und G II 38, 80

1277 Alle Briefe sind digitalisiert erworben und ausgewertet worden.

Absender	Empfänger	Ort / Datum	Signatur
Aragosius, Guillaume	Du Chesne	o.O., o.D.	Frey-Gryn Mscr II 8, 56

ᵃ In Abschrift erhalten in Sup. ep. 4⁰ 30, 25r-26r (s. Anhang 8.5.1.).

8.5.4. Det Kongelige Bibliotek, Kopenhagen, GKS 1792, Chymica Varia und GKS 1776[1278]

GKS 1792 Seite	Inhalt
1–9	Abschrift eines Briefs von Madame de Martinville an Du Chesne, Sprache Französisch, ohne Ort und Datum.
10–24	Abschrift von zwei Rezepten von Madame de Martinville, Sprache Französisch, ohne Ort und Datum, anschließend ein lateinisches Gebet.
1–7	Fünf Rezepte aus den Schriften eines Franziskanermönchs, Sprache Latein.
8–13	Rezept des englischen Chemikers [Samuel] Norton (1548–1604?),ᵃ von seinem Enkel geschrieben, Sprache Latein.
13–17 18	Beschreibung eines Versuchs von Phillipe Tassin durch Jacques L'Imageur, Sprache Französisch. Besançon, September 1561. Ergänzung zur Versuchsbeschreibung, Sprache Französisch, Besançon, 18. Februar 1562.ᵇ
19–21	Drei weitere Rezepte, Sprache Latein; ein Rezept, Sprache Englisch.

ᵃ (Gross 2004).
ᵇ (Kahn 2001a).

GKS 1776 Folio	Inhalt
1r–7v	Übersetzung (1615) eines Briefs von Madame de Martinville an Du Chesne aus dem Französischen ins Lateinische, Sprache Latein, ohne Ort und Datum.

1278 Alle Briefe sind digitalisiert erworben und ausgewertet worden.

8.5.5. Bibliothèque nationale de France[1279]

Datum	Ort	Empfänger	Signatur
01.08.1594	Genf	Heinrich IV.	Français 15575, 183r-183v
27.05.1595	Genf	Nicolas Brulart de Sillery	NAF 5165, 117r-118v
04.03.1596	Lyon(?)	Heinrich IV.	Français 15576, 152 r
o.D.	o.O.	Heinrich IV.	Français 15900, 798r
nicht digitalisierbar		Heinrich IV.	Français 15910, 125r
nicht digitalisierbar		Heinrich IV.	Français 16026, 310r-316v
Formulaire à l'usage des notaires de la chancellerie royale : Confirmation de previlège			
o.D.	o.O.	Du Chesne	Français 5809, 30v

8.5.6. Bibliothèque de Genève[1280]

Absender	Empfänger	Ort / Datum	Signatur
Du Chesne	Theodor Beza	Paris, 13.10.[1604]	Arch. Tronchin 4, No. 60
Du Chesne	Theodor Beza	Solothurn, 16.11.1601	Arch. Tronchin 4, No. 61
Du Chesne	Theodor Beza	Paris, 12. 01.????	Arch. Tronchin 4, No. 62
Du Chesne	Theodor Beza	Solothurn, 14.01. [1602?]	Arch. Tronchin 4, No. 63
Du Chesne	Theodor Beza	Solothurn, 24.12. [1601?]	Arch. Tronchin 4, No. 64
Catherine del Piano (Lebensdaten unbekannt)	Du Chesne	o.O., o.D.	Arch. Tronchin 5, f311r-v

---

1279 Außer den nicht digitalisierbaren sind alle Briefe digitalisiert erhalten/erworben und ausgewertet worden.
1280 Alle Briefe sind digitalisiert erworben und betrachtet worden.

8.5.7. Brief von Fabricius Hildanus an Du Chesne

Fabricius Hildanus, Guilhelm: Observationum et curationum chirurgicarum centuria quarta, Basel 1619, Brief Nr. LXXIV[1281]

- Fabricius Hildanus, Wilhelm (1560–1634): Keine Quellen über eine schulische oder universitäre Ausbildung; Assistenz bei mehreren Wundärzten und Chirurgen (Neuss, Düsseldorf, Metz, Genf), Wundarzt und Chirurg in Hilden, Köln, Payerne und Bern, reformierten Glaubens.[1282]

8.6. Joseph Du Chesne, Freunde und Bekannte

Name	Beschreibung Du Chesne	Biographische Daten
Alstein, Jacob (um 1570/75–nach 1620)	Jacobus Alstein de Haldesleben, utriusque Med. Doctor	Studium Helmstedt (1592), Dr. med. Helmstedt (1596). Zeitweise Leibarzt von Heinrich IV. in Paris (1608/09).[a] Arzt in Haldensleben bei Magdeburg.
Aragosius, Guillaume (1513–1610)	Arrogosius, Imperatoris Medicus	Kam 1571 nach Basel, wurde 1574 Hofarzt in Wien, Rückkehr nach Basel und Studium (1577). Leibarzt des französischen Königs, „Zeit seines Lebens frommer Calvinist",[b] (s. auch Anhang 8.5.3.).
Aubery, Claude (1545–1596)	Auberius, omnes … Physici Medicique, partim in Helvetia, partim in Italia	Studium Genf (1563), Paris und Basel (1573), Dr. med. Basel (1574). Professor der Philosophie in Lausanne und mehrfach Rektor (1576–1593). Calvinist, nach Streit mit Beza Rückzug nach Dijon,[c] (s. auch Anhang 8.5.1.).
Barnaud, Nicolas (1539–vor 1607)	Bernardus, omnes … Physici Medicique, partim in Helvetia, partim in Italia	Calvinist, geboren in der Dauphiné, Flucht nach der Bartholomäusnacht nach Genf und anschließend weitgereist. Rückkehr nach Frankreich Anfang des 17. Jahrhunderts, Autor vieler Schriften.[d]

1281 Der Brief von Fabricius Hildanus ist handschriftlich weder im Original noch in Abschrift in der umfangreichen Sammlung seiner Schriften in der Burgerbibliothek Bern erhalten. Dort befinden sich auch keine Briefe von/an Du Chesne. Private Mitteilung von Florian Mittenhuber, Burgerbibliothek Bern vom 18.08.2014.
1282 (Rath 1959).

Name	Beschreibung Du Chesne	Biographische Daten
Bauhin, Caspar (1560–1624)	Casparus Bohinus, in Academia Basiliensi Anatomicus Professor	Studium Basel (1572), Padua (1577), Bologna (1578), Montpellier (1579) und Tübingen (1580), Dr. med. Basel (1581). Ab 1581 Professor für Griechisch, ab 1589 für Anatomie und Botanik in Basel, mehrmals Rektor, Konfession reformiert, (s. Anhang 8.1.1. und 8.2.1.).
Bauhin, Johann (1541–1613)	Joannes Bohinus, Ducis Wirtenbergensis Medicus	Studium Tübingen (1560), Montpellier (1561) und Oberitalien (1562), Dr. med. Montpellier (1562), Lyon (1564). Professor der Rhetorik und Consiliarius Basel (1570). Ab 1571 herzoglicher Leibarzt in Montbéliard, Konfession reformiert.[e]
Birckmann, Theodor (1534–1586)	Brichmannus, olim apud Coloniensis Doctor Medicus und Hermanus Brichmannus, Coloniae Doctor Medicus	Studium Köln (1551), Montpellier (1555), Padua (1558) und Bologna (1558). Arzt in Köln.[f]
Bulffius (Lebensdaten unbekannt)	Bulffius, omnes … Physici Medicique, partim in Helvetia, partim in Italia	
Camilli, Giovanni (Lebensdaten unbekannt)	Camillus à Camillis, omnes … Physici Medicique, partim in Helvetia, partim in Italia	Arzt in Genua.[g]
Cherler, Johann Heinrich (ca. 1570–1609/10)	Henricus meus Kerlerus	Studium Basel (1584), Montpellier (1596) und Paris, Dr. med. Basel (1596), Studium Padua (1597). Schweizer Arzt und Botaniker, zweiter Hofarzt in Montbéliard (Mömpelgard) (wahrscheinlich lutherisch), (s. Anhang 8.5.1.).
Copus (Kopp), Martin	Martinus Coppus, Med. Magdeburgensis	Vater oder Sohn, beide Ärzte in Magdeburg.[h]

Name	Beschreibung Du Chesne	Biographische Daten
Crato von Krafftheim, Johann (1519–1585)	Cratonus, Imperat. Archiater	Studium Wittenberg (1535/36) (dabei Hausgenosse Luthers, später der calvinistischen Lehre zugeneigt), Studium der Medizin in Padua (1545), Dr. med. Padua (1549). Stadtarzt Breslau (1550), kaiserlicher Leibarzt Wien (1560). Rückzug nach Gut Rückerts (1581) und Breslau (1583), kämpferischer Antiparacelsist.[i]
Croll, Oswald (ca. 1560–1608)	Crollius, Med. insignis amicus meus	s. Kapitel 4.3.
Eberbergier (Lebensdaten unbekannt)	Eberbergier, Argentinae etiam ordinarius Physicus	Nicht nachweisbar im Verzeichnis der Straßburger Professoren.[j]
Eggs, Johann Friederich (1572–1638))	Fridericus Egsius, Alsata in Reinfelden	Studium Freiburg und Ingolstadt, Medizinstudium Basel (1596), Padua (1599) und Bologna (1600). Katholisches Mitglied des Rats zu Rheinfelden (1609), später Leibarzt von Erzherzog Leopold V. (1586–1632).[k]
Fabricius (Faber), Heinrich (1547–1612)	Henricus Faber, Med. Ducis Saxoniae Joannis	Studium Wittenberg (1565), Heidelberg (1569) und Padua (1573), Dr. med. Basel (1573). Schuldienst Hornbach (1577), Arzt des reformierten Grafen Johann I. von Pfalz-Zweibrücken.[l]
Genandius (Lebensdaten unbekannt)	Genandius, omnes … Physici Medicique, partim in Helvetia, partim in Italia	
Hauenreuter, Johann Ludwig (1548–1618)	Joannes Ludovicus Hauvenreitterus, Argentinae Doctor & Professor Physicus	Studium Tübingen (1568) und Straßburg, Dr. phil. Straßburg (1574). Dort Professor für Physik und Logik, mehrmals Rektor. Nach Verleihung Dr. med. Tübingen (1586). Zusätzlich Stadtphysicus in Straßburg, Kanoniker an der lutherischen Thomaskirche.[m]
Heyden, Johannes (Lebensdaten unbekannt)	Joannes Heyden, Illustriss. Principis Anhaltini Medicus	

Name	Beschreibung Du Chesne	Biographische Daten
Keller, Isaak (1530–1596)	Isaacus Kellerus, Basiliensi Academia Medicinae Doctor & Professor	Studium Basel (1547), Paris (1548), Medizinstudium Montpellier, Toulouse und Valence, Dr. med. Valence. Professor der theoretischen Medizin Basel (1552), mehrmals Rektor, nach Veruntreuung Ausschluss aus der medizinischen Fakultät(1580).[n]
Khunrath, Heinrich (1560–1605)	Henricus Conradus, D. Medicinae Hamburg	Studium Leipzig und Basel, Dr. med. Basel (1588). Lutherischer Arzt und Chemiker in Prag, Hamburg, Berlin, Magdeburg, Gera und Dresden.[o]
Kume Johannes (Lebensdaten unbekannt)	Johannes Kume, Gastronii	
Lavinius, Wenceslaus (1540–1600/01)	Lavinius, post multas peregrinationes cum illustriss. Barone à Zerotin peractas, sedem suam tandem Pragae fixit	Langjährige Studien in Frankreich und im Reich (Wittenberg 1568), Dr. med. Oxford (1587). Danach Arzt in Prag, verfolgte transmutatorische Ziele im Chemikerkreis um Ludvik Koralek, persönliche Bekanntschaft mit namhaften Reformierten.[p]
Libavius, Andreas (nach 1555–1616)	Andreas Libavius, Halensis Sax. Medicus Doctor	s. Kapitel 4.1.
Liddel, Duncan (1561–1613)	Duncanus Leldelius, Med. Doctor & Professor Acad. Helinstadensis	Studium Aberdeen, Frankfurt (Oder) (1579), Breslau (1582), Frankfurt (Oder) (1584) und Rostock (1587). Professor für Astronomie und Mathematik Helmstedt (1591), Dr. med. Helmstedt (1596), Medizinprofessor Helmstedt (1600). Rückkehr nach Schottland (1607).[q]
Linck, Johannes (Lebensdaten unbekannt)	Joannes Linck, Med. in Zeith	
Martinville, Louise Robot de (ca. 1550–1596)	Neptis	Ausbildung unbekannt. Beklagte in der Genfer „Affäre Juranville". Vertraute von Du Chesne und Turquet de Mayerne, Zusammenarbeit bei den Versuchen zur Goldmacherei, Deckname „Neptis".[r]

Name	Beschreibung Du Chesne	Biographische Daten
Mock, Jacob (1540–1616)	Joannes Mochius, in eadem Universitate Professor	Studium Freiburg (1559), Medizinprofessor in Freiburg, mehrmals Dekan und Rektor (1603, 1613).[s]
Montanus, Johannes (Scultetus) (1531–1604)	Joannes Montanus, Strigiae in Silesia Medicus	Dr. med. Bologna (1557). Lutherischer Arzt in Striegau und Hirschberg, „Zentralgestalt des schlesischen Frühparacelsismus".[t]
Mosanus, Jacob (1564–1616)	Nicolaus Molanus, Medicus Illustriss. Principis Landgravii in Hessia	Studium Oxford (1588) und Köln, Dr. med. Köln (1591). Leibarzt des Landgrafen Moritz von Hessen-Kassel (1599), (s. Anhang 8.5.1.).
Nithmanmerus (Lebensdaten unbekannt)	Nithmanmerus, Argentinae Doctor Medicus	
Parcov, Franciscus (1560–1611)	Franciscus Parcovius, Med. Ducum Brunzvicensium	Studium Rostock (1578), Magister (1583). Mathematikprofessor Helmstedt (1586), Dr. med. Helmstedt (1590). Professor der Medizin in Helmstedt (1590) und Leibarzt des Herzogs von Braunschweig-Wolfenbüttel (1590), beerdigt in der lutherischen St. Stephani Kirche.[u]
Penot, Bernard Gilles (1519–1617)	Paenotus, omnes ... Physici Medicique, partim in Helvetia, partim in Italia	„Zentralfigur des internationalen Alchemikerparacelsismus", Reisen durch ganz Europa „um das >vollkommene Wissen der Chemie< zu erwerben" (ab ca. 1560). Medizinstudium Basel (1579), Aufenthalt Prag (ca. 1584), Dr. med. Basel (1592). Reformierter Stadtarzt in Frankenthal (1593) und Yverdon (1596), (s. Anhang 8.3.2.).
Philipon, (Lebensdaten unbekannt)	Pauvre Phillipon	Mitglied des Goldmacherkreises um Du Chesne und Turquet de Mayerne, wahrscheinlich ein Deckname.[v] Ein Bezug auf den spätantiken Naturphilosophen Johannes Philiponus (ca. 490–ca. 570), den „Müheliebenden", ist möglich.

Name	Beschreibung Du Chesne	Biographische Daten
Platter, Felix (1536–1614)	Felix Platerus, Basiliensi Academia Medicinae Doctor & Professor	Studium Basel (1551), Montpellier (1552) und Orleans (1557), Dr. med. Basel (1557). Ab 1571 Professor der praktischen Medizin und Stadtarzt in Basel, mehrmals Rektor, Konfession reformiert, (s. Anhang 8.1.1. und 8.5.1.).
Rascalon, Wilhelm (ca. 1526–ca. 1592)	Ruscalonius, Medicus Illustriss. Principis Electoris Comitis Palatini	In Millau (Midi-Pyrénées) geboren, Studium Heidelberg (1552), Dr. med. Heidelberg (1559). Reformierter Arzt in Worms und Heidelberg, Hofarzt der Kurfürsten von der Pfalz.[w]
Ratzenberger, Johann (Lebensdaten unbekannt)	Joann. Ratzenberger, Med. Henrici Julii Ducis Brunovicensis[x]	Ältester Sohn von Matthäus Ratzenberger (1501–1559), lebte 1559 in Coburg, Studium Jena (1564). Leibarzt am Fürstenhof Sachsen-Weimar um 1576.[y]
Reusner, Hieronymus (1558–????)	Hieronymus Reusnerus, Medicus clariss.	Studium Leipzig (1577) und Basel (1581), Dr. med. Basel (1582). Arzt in Hof und Nördlingen, (s. Anhang 8.1.1.).
Reutz, Franz (Lebensdaten unbekannt)	Franciscus Rentzius, Pomeranus in Moravia	Geboren in Gollnow (Pommern). Studium Frankfurt (Oder) (1591), Dr. med. Basel (1601). Arzt des protestantischen mährischen Adligen Ladislaus Velen von Zerotein, (s. Anhang 8.5.1.).
Röslin, Helisaeus (1545–1616)	Heliscus Rosslin, Medicus & Physicus Haganoe Alsatiae und Eliscus Rosslin, Hagenoviae	Studium Tübingen (1561), Magister Tübingen (1565), Dr. med. Tübingen (1569). Lutherischer Arzt in Pforzheim (1569), Zabern (1578), Hagenau (1582) und Buchsweiler (1608), auch wegen seiner astronomischen und astrologischen Interessen bekannt.[z]
Ruland, Martin (d.J.) (1569–1611)	Martinus Rullandus, eiusque filius Ratisbonae	Studium Tübingen (1583), Jena (1590) und Basel (1592), Dr. med. Basel (1592). Katholischer Arzt in Regensburg, später Leibarzt Kaiser Rudolf II., (s. Anhang 8.1.2.).

Name	Beschreibung Du Chesne	Biographische Daten
Schenck, Johann (1530–1598)	Joannes Schenchius à Graffenberg, Friburgi Brisgoniae Medicus	Studium Tübingen (1549), Dr. med. Tübingen (1554). Lutherischer Arzt in Straßburg und Freiburg, (s. Anhang 8.1.3. und 8.2.1.).
Schreck (Terrentius), Johannes (1576–1630)	Joannes Terrentius, Sveva	Medizinstudium Freiburg (1590), Magister Freiburg (1596), Studium Padua (1603), Accademia dei Lincei (1611). Jesuitischer Missionar in China (1618).[aa]
Severinus, Petrus (1542–1602)	Petrus Severinus Danus	Studium Kopenhagen (ca. 1558), Magister Kopenhagen (1564), Medizinstudium Padua (1566). Reisen durch Deutschland, Schweiz, Frankreich, Italien, Dr. med. (ca. 1569). Lutherischer Leibarzt von Friedrich II. (1571) und von Christian IV. in Kopenhagen (1588).[ab]
Sterpin, Jean Michel (Lebensdaten unbekannt)	Sterpinus, omnes … Physici Medicique, partim in Helvetia, partim in Italia	Arzt in Genf.[ac]
Stuppa, Johann Nicolaus (1542–1621)	Nicolaus Stupanus, Basiliensi Academia Medicinae Doctor & Professor	Studium Basel (1557/1561), Dr. med. Basel (1569). Reformierter Professor für Eloquenz und Logik, dann theoretische Medizin in Basel, (s. Anhang 8.1.2. und 8.2.1.).
Turquet de Mayerne, Théodore (1573–1655)		s. Kapitel 4.4.
Venatorius, Gulielmus (?)	Guillelmus Venatenus, D. Med. Moguntinensis	Geb. in Driedorf, Studium Padua (1592), Dr. med. Basel (1593).[ad]
Winter von Andernach, Johann (1505–1574)	Guinterius Andernacum, Imperatoris Medicus	Studium u.a. Utrecht, Griechischlehrer in Löwen (1523), Medizinstudium Paris (1527), Dr. med. Paris (1532). Lutherischer Medizinprofessor Paris (1534), Metz (1538) und Straßburg (1544).[ae]
Woysel, Karl[af] (Lebensdaten unbekannt)	Carolus Worselius, Physicus in Repub. Vratislaviensi	Berater des Kaisers, wahrscheinlich Mitglied der Arztfamilie Woysel (Woyssel), von denen mehrere in Padua studiert haben.[ag]

Name	Beschreibung Du Chesne	Biographische Daten
Zwinger, Jacob (1569–1610)	Jacobus Zvingerus, magni illius Theodori … filius	Studium Basel (1583), Padua (1586), Heidelberg (1589) und Padua (1591), Dr. med. Basel (1594). Reformierter Griechischprofessor in Basel ab 1595, (s. Anhang 8.1.3., 8.2.1. und 8.5.1.).
Zwinger, Theodor (1533–1588)	Theodorus Zvingerus, Basiliensi Academia Medicinae Doctor & Professor	Studium Basel (1548), dann Druckereigehilfe in Lyon (1548). Studium Paris (1551 bei Petrus Ramus) und Padua (1553), Dr. med. Padua (1559). Reformierter Professor für Griechisch (1565), Ethik (1571) und theoretische Medizin (1580) Basel. Wandel vom Gegner des Paracelsismus zu seinem Förderer.[ah]

[a] (Paulus, Julian 1998a).
[b] (Gilly 1977, S. 117–123) und (Wackernagel 1951–1980, Band 2, S. 248).
[c] (Stelling-Michaud 1959–1980, Band 2, S. 80), (Wackernagel 1951–1980, Band 2, S. 223) und (Hoefer 1855–1866, Band 3, S. 571).
[d] (Gautier 1906, S. 427), (Haag 1846–1859, Band 1, S. 250–256) und (Kühlmann und Telle 2001, 2004 und 2013, Teil 3, S. 955).
[e] (Wackernagel 1951–1980, Band 2, S. 89) und (Buess 1953b).
[f] (Kühlmann und Telle 2001, 2004 und 2013, Teil 1, S. 658–660).
[g] (Jöcher 1750–51, Band 1, S. 1598).
[h] (Kühlmann und Telle 2001, 2004 und 2013, Teil 3, S. 449).
[i] (Förstemann 1976, Band 1, S. 156 und 163) und (Eis 1957).
[j] (Berger-Levrault 1892).
[k] (Accorsi 1999, S. 183), (Wackernagel 1951–1980, Band 2, S. 451), (Sauerländer 2002) und (Soukup 2007, S. 301 f.).
[l] (Wackernagel 1951–1980, Band 2, S. 220), (Jöcher 1750–51, Band 2, S. 483) und (Adam 1620, S. 417 f.).
[m] (Hermelink 1906, Band 1, S. 479 und S. 644) und (Franck 1880).
[n] (Wackernagel 1951–1980, Band 2, S. 46) und (Adelung 1784–1897, Band 3, S. 180).
[o] (Wackernagel 1951–1980, Band 2, S. 361), (Ladenburg 1882) und (Telle 1998).
[p] (Stelling-Michaud 1959–1980, S. 283) und (Förstemann 1976, Band 2, S. 148), (Clark 1888, Band 1, S. 379) und (Kühlmann und Telle 1998, S. 193–195).
[q] (Chalmers 1812–1817, Band 20, S. 243–245).
[r] (Kahn 2001b).
[s] (Mayer 1907–1910, Band 1, S. 445, 717, 720,774) und (Schreiber, Heinrich 1859, S. 391 f.).

ᵗ (Kühlmann und Telle 2001, 2004 und 2013, Teil 2, S. 239–241) und (Telle 2011).
ᵘ (Ahrens 2004, 173 f.) und (Henze 2005).
ᵛ (Trevor-Roper 2006, S. 93).
ʷ (Schofer 2003, S. 73–80).
ˣ Die Nennung Heinrich Julius von Braunschweig-Wolfenbüttel ist wahrscheinlich eine Verwechselung mit Parcov.
ʸ (Poach 1559), (Mentz 1944, S. 249) und (Adelung 1784–1897, Band 6, S. 1403). Die Erwähnung Johann Ratzenbergers bei (Kühlmann und Telle 2001, 2004 und 2013, Teil 2, S. 49) beruht anscheinend auf einer Verwechselung mit seinem Vater, der ab 1538 als Leibarzt des Kurfürsten Johann Friedrich I. von Sachsen in Erfurt lebte.
ᶻ (Hermelink 1906, Band 1, S. 418), (Bautz 1975–2013, Band 29, S. 1181–1184) und (Kühlmann und Telle 2001, 2004 und 2013, Teil 3, S. 1203–1216).
ᵃᵃ (Walravens 2007).
ᵃᵇ (Shackelford 2004).
ᵃᶜ (Gautier 1906, S. 425).
ᵃᵈ (Rossetti 1986, S. 91) und (Wackernagel 1951–1980, Band 2, S. 413 f.).
ᵃᵉ (Müller-Jahncke 2011).
ᵃᶠ Verwechselung von r und y wahrscheinlich, private Mitteilung von Arkadiusz Cencora, Universitätsbibliothek Wroclaw, vom 26.03.2014.
ᵃᵍ (Zonta 2004, S. 447 f.) und (Woysel 1637).
ᵃʰ (Kühlmann und Telle 2001, 2004 und 2013, Teil 2, S. 767–774) und (Steinke 2014b).

8.7. Die Briefe Oswald Crolls

8.7.1. Alchemomedizinische Briefe 1585 bis 1597

Die 26 Briefe von/an Croll sind von Kühlmann/Telle ausführlich editiert worden,[1283] eine zusätzliche Auflistung erübrigt sich.

8.7.2. Brief aus dem Jahr 1605 im Germanischen Nationalmuseum, Nürnberg, Historisches Archiv.[1284]

Der Brief ist von Kühlmann/Telle im Anhang I. „II. Weitere Briefe" unter Nr. 1 aufgelistet.

1283 (Kühlmann und Telle 1998).
1284 Ebd. S. 219. Der Brief ist digitalisiert erworben und ausgewertet worden.

Brief Nr.	Signatur	Absender	Empfänger	Ort	Datum	Handschrift	Bemerkungen
1	HS005216096	Croll	Ludwig I. von Anhalt-Köthen	Prag	05.03.1605	Croll	

8.7.3. Briefe aus den Jahren 1607 und 1608 im Landeshauptarchiv Sachsen-Anhalt, Abteilung Dessau[1285]

Die 47 Briefe sind von Kühlmann/Telle im Anhang I unter „I. Briefe im Staatsarchiv Magdeburg" aufgelistet.[1286] Da die dort angeführten Informationen aber ergänzungsbedürftig sind, sollen sie erneut beschrieben werden. Die Nummerierung folgt dem angegebenen chronologischen Verzeichnis bei Kühlmann und Telle.[1287]

1285 Alle Briefe sind digitalisiert erworben und ausgewertet worden.
1286 (Kühlmann und Telle 1998, S. 211–218).
1287 Nicht gesicherte Zuordnungen sind in (…) gesetzt.

Die Briefe Oswald Crolls

Brief Nr.	Signatur	Absender	Empfänger	Ort	Datum	Handschrift	Bemerkungen
1	A9a Nr. 159/3, 127r-127v	Croll	Hock	o.O.	26.07.1608	Abschrift	Leicht veränderte Abschrift von Brief Nr. 33.
2	A9a Nr. 159/1, 21r-21v, 24r	Christian I.	Croll	o.O.	18.01.1607	Wahrscheinlich Christian I.[a]	
3	A9a Nr. 159/1, 22r	Christian I.	Croll	o.O.	o.D.	Wahrscheinlich Christian I.[5]	
5	A9a Nr. 159/1 29r-30r, 32r-33r	Croll	Christian I.	„loco solito" = Wittingau	04.03.1607	Croll	
6	A9a Nr. 159/1, 51r	Croll	Christian I.	Prag	07./17.04.1607	Croll	
7	A9a Nr. 159/1, 52r	Anna von Anhalt-Bernb.	Croll	Amberg	10.04.1607	Anna von Anhalt-Bernb.	
8	A9a Nr. 159/1, 54r-54v	Hock	Croll	Wittingau	09.05.1607	Hock	
9	A9a Nr. 159/1, 53r	Croll	Christian I.	(Amberg?)	13.05.1607	Croll	
10	A9a Nr. 159/1, 69r-69v	Peter Wok	Croll	Wittingau	13.05.1607	Peter Wok	
11	A9a Nr. 159/1, 70r	Hock	Croll	o.O.	13.05.1607	Hock	
12	A9a Nr. 159/1, 61r	Croll	Christian I.	Amberg	21.05.1607	Croll	
13	A9a Nr. 159/1, 63r	Croll	Christian I.	Amberg	15./25.05.1607	Croll	
14	A9a Nr. 159/1, 66r-67r, 68r	Hock	Croll	Prag	22.05.1607	Hock	
15	A9a Nr. 159/1, 65r	Croll	Christian I.	Amberg	26.05.1607	Croll	

Brief Nr.	Signatur	Absender	Empfänger	Ort	Datum	Handschrift	Bemerkungen
16	A9a Nr. 159/1, 72r					Croll	Reiseabrechnung, Richtigkeitsvermerk von anderer Hand vom 06.06.1607.
17	A9a Nr. 159/1, 78r-79r	Hock	Croll	Wittingau	03.07.1607	Hock	Mit eingefügter Notiz von Croll.
18	A9a Nr. 159/1, 131r-132r					Croll	Notizen, Verfahrensanweisungen in drei Abschnitten mit jeweiliger Zwischenüberschrift,[b] teilweise verschlüsselt mit eingefügter, teils schlecht leserlicher Dechiffrierung.[c]
19	A9a Nr. 159/1, 133r					Croll	Notizen / Verfahrensanweisungen.
20	A9a Nr. 159/1, 125r-126v	Christian I.	Croll	o.O.	o.D.	Abschrift	Unvollständige Abschrift von Brief Nr. 21 mit Ergänzung „Memorial".
21	A9a Nr. 159/1, 127r-128v	Christian I.	Croll	o.O.	22.10.1607[d]	Wahrscheinlich Christian I.[e]	
22	A9a Nr. 159/1, 129r-130r	Croll	Christian I.	„loco solito" = Wittingau	18.11.1607	Croll	
23	A9a Nr. 159/1, 150r	Croll	Christian I.	„loco solito" = Wittingau	25.11.1607	Croll	

Die Briefe Oswald Crolls   333

Brief Nr.	Signatur	Absender	Empfänger	Ort	Datum	Handschrift	Bemerkungen
24	A9a Nr. 159/1, 152r-153r	Hock	Croll	o.O.	16.01.1608	Hock	Mit eingefügten Notizen von Croll.
25	A9a Nr. 160/1, 29r-29v	Hock	Croll	Wittingau	09.02.1608	Hock	
26	A9a Nr. 160/1, 60r-61r	Hock	(Croll?)	o.O.	14.04.1608	Hock	Mit Randbemerkung von Croll.
27	A9a Nr. 160/1, 83r	(Christian I.)	Croll	Amberg	12.05.1608	Wahrscheinlich kein Autograph, sondern Abschrift	Handschrift wie in 30., 37. und 45.
28	A9a Nr. 160/1, 100r-100v	Peter Wok	Croll	Wittingau	15.06.1608	Peter Wok	Mit Randbemerkungen von Croll.
29	A9a Nr. 160/1, 88r-88v	Hock	Croll	Wittingau	10.07.1608	Hock	Mit eingefügten Notizen von Croll.
30	A9a Nr. 160/1, 102r-102v	(Christian I.)	Croll	Amberg	13.07.1608	Wahrscheinlich kein Autograph, sondern Abschrift	Handschrift wie in 27., 37. und 45.
31	A9a Nr. 160/1, 138r-139v	Croll	(Christian I.)	o.O.	o.D.	Croll	
32	A9a Nr. 160/1, 142r	(Croll)	Peter Wok	o.O.	26.07.(1608)	Abschrift	Abschrift eines Briefes von Croll an Peter Wok.
33	A9a Nr. 160/1, 142v-143r	Croll	(Hock)	En cet endroit	26.07.(1608)	Croll	Original zu Brief Nr. 1.

Brief Nr.	Signatur	Absender	Empfänger	Ort	Datum	Handschrift	Bemerkungen
34/35	A9a Nr. 160/1, 144r-144v	(Hock)	(Croll)	o.O.	26.07.(1608) 28.07.(1608) 03.08.(1608)	(Croll)	Inhaltsangaben von drei und nicht zwei[f] Briefen.
36	A9a Nr. 160/1, 140r-140v	Hock	Croll	?	03.08.1608	Hock	Mit Randbemerkungen von Croll.
37	A9a Nr. 160/1, 149r-149v	(Christian I.)	Croll	Amberg	09.08.1608	Wahrscheinlich kein Autograph, sondern Abschrift	Nicht ein sondern zwei Briefe: 1. Christian I. an (Peter Wok). 2. Christian I. an Croll. Handschrift wie in 27., 30. und 45.
38	A9a Nr. 160/1, 151r-152r	Hock	Croll	Wittingau	29.08.1608	Hock	Mit Randnotiz.
39	A9a Nr. 160/1, 152ar	Hock	Croll	o.O.	o.D.	Croll	Von Croll angefertigte Notiz.
40	A9a Nr. 160/1, 155r	Hock	Croll	Wittingau	06.10.1608	Veränderte Handschrift	
41	A9a Nr. 160/1, 159r	Peter Wok	Croll	Wittingau	06.10.1608	Peter Wok	
42	A9a Nr. 160/1, 157r-157v	(Hock)	Croll	„loco solito" = Wittingau	13.10.1608	Hock	Mit Randbemerkungen Crolls.
43	A9a Nr. 160/1, 161r	(Hock)	Croll	o.O.	o.D.	Hock	
44	A9a Nr. 160/1, 181r-182r	Peter Wok	Croll	Wittingau	17.10.1608	Peter Wok	

Brief Nr.	Signatur	Absender	Empfänger	Ort	Datum	Handschrift	Bemerkungen
45	A9a Nr. 160/1, 183r	(Christian I.)	Croll	Amberg	18.10.1608	Wahrscheinlich kein Autograph, sondern Abschrift	Handschrift wie in 27., 30. und 37.
46	A9a Nr. 160/1, 178r-178v	Hock	Croll		28.10.1608	Hock	
47	A9a Nr. 160/1, 186r	Peter Wok	Croll	Wittingau	28.10.1608	Peter Wok	Mit Randbemerkung von Croll.

[a] Private Mitteilung Anke Boeck, Landeshauptarchiv Sachsen-Anhalt, Abteilung Dessau, vom 28.04.2015.
[b] 1. Responsum super les ingrédients, 2. Responsum pour la déalbation cum Gabrico beneficio fumi, 3. Pro concordia Theophrastarum.
[c] Die Verschlüsselung besteht in der Vertauschung von zwei Buchstaben: a-t; b-w; c-g; d-x; e-y; f-z; h-r; i-n; k-o; l-m; p-u; q-s.
[d] (Ritter 1870, S. 607, Anm. 1).
[e] Private Mitteilung Anke Boeck, Landeshauptarchiv Sachsen-Anhalt, Abteilung Dessau, vom 28.04.2015.
[f] (Kühlmann und Telle 1998, S. 216).

8.7.4. Weitere Briefe in Büchern

Drei weitere Briefe sind in Büchern abgedruckt und von Kühlmann/Telle im Anhang I. „II. Weitere Briefe" unter Nr. 2 bis Nr. 4 aufgelistet.

Nr.	Absender	Empfänger	Ort	Datum	Buch
2	von Weston, Elisabeth Johanna	Croll	o.O.	o.D.	Kalckhoff, Johann Christoph: Elisabethae Johannae Westoniae, Nobilis Anglae, & Poetriae longe celeberimmae, Opuscula, Frankfurt 1724, S. 219 f.
3	Croll	von Weston, Elisabeth Johanna	o.O.	o.D.	Kalckhoff, Johann Christoph: Elisabethae Johannae Westoniae, Nobilis Anglae, & Poetriae longe celeberimmae, Opuscula, Frankfurt 1724, S. 220 f.
4	Peter Wok	Croll	Wittingau	31.08.1608	Croll, Oswald: Basilica Chymica, Frankfurt 1609, Epistola nuncupatoria im Anhang „Tractatus de signaturis internis rerum".[g]

[g] Übersetzung in (Kühlmann und 1996, S. 74 f.).

8.8. Oswald Croll: Korrespondenten und Bekannte

Name	Person
Amplias, Johannes (Lebensdaten unbekannt)	Studium Altdorf (1583), Heidelberg (1585) und Basel (1586 und 1596), Dr. med. Basel (1597). Lebte 1593 als Hausgenosse Crolls in Heidelberg, später Stadtarzt in Thorn (Torun).[a]
Amwald (Baldinus), Georg (1554–1616)	Studium Basel (1568) und Tübingen (1570), Lic. iur. Basel (1573); Medizinstudium Padua (1577), Dr. med. Padua (1578). Hersteller der „Terra Sigillata" gegen die Pest und des „Allheilmittels" „Panacae Amwaldina". Briefpartner Crolls, (s. Anhang 8.4.1.).
Baucinet, Guillaume (Lebensdaten unbekannt)	Studium Heidelberg (1573) und Basel (1578), Dr. med. Basel (1584). Arzt und Chemiker aus Orléans, lebte zeitweilig bei Lavinius in Prag. Teilnahme am Pariser Paracelsistenstreit, (s. Anhang 8.3.1.).
Bauhin, Caspar (1560–1624)	Studium Basel (1572), Padua (1577), Bologna (1578), Montpellier (1579), Tübingen (1580), Dr. med. Basel (1581). Ab 1581 Professor für Griechisch, ab 1589 für Anatomie und Botanik in Basel, mehrmals Rektor, Konfession reformiert, (s. Anhang 8.1.1, 8.2.1. und 8.6.).
Bauhin, Johann (1541–1613)	Studium Tübingen (1560), Montpellier (1561) und Oberitalien (1562), Dr. med. Montpellier (1562), Lyon (1564). Professor der Rhetorik und Consiliarius Basel (1570), ab 1571 herzoglicher Leibarzt in Montbéliard, Konfession reformiert, (s. Anhang 8.6.). Erwähnung eines Briefs von Croll.[b]
Berger, Johann (Lebensdaten unbekannt)	Wahrscheinlich Studium Tübingen (1577) und/oder Wittenberg (1586). Arzt in Brünn, Croll praktizierte dort 1599 mit ihm zusammen.[c]
Beyer, Johann Hartmann (1563–1625)	Studium Straßburg, Padua (1587) und Tübingen (1584 und1588), Dr. med. Tübingen. Lutherischer Arzt und Mathematiker in Frankfurt, (s. Anhang 8.1.2., 8.2.1. und 8.4.2.).
Borbonius, Matthias (1560–1629)	Studium Basel (1596), Dr. med. Basel (1597). Arzt in Prag, Angehöriger der böhmischen Brüderunion. Nicht näher beschriebene Kontakte zu Croll.[d]
Brunner, (Lebensdaten unbekannt)	Nicht weiter bekannter Arzt in Regensburg. Enger Freund und Briefpartner Crolls.[e]
Bulder, Hermann (Lebensdaten unbekannt)	Vielleicht Studium Wittenberg (1576). Arzt im Dienst Peter Wok von Rosenbergs.[f]

Name	Person
Calendrinus, Caesar (ca. 1560–nach 1612)	Zunächst in Nürnberg, später in England lebender Kaufmann, Mitglied einer weitverzweigten Familie. Reformierter Korrespondenzagent in Nürnberg.[g]
Camerarius, Balthasar (Lebensdaten unbekannt)	Studium Heidelberg (1593). Kurpfälzischer „Kammermeister" in Heidelberg. Korrespondenzagent in Heidelberg.[h]
Carpio (Kaper), Johannes (Lebensdaten unbekannt)	Vielleicht Studium Wittenberg (1573).[i] In den 1580er Jahren Goldmacher in Diensten von Wilhelm von Rosenberg (1535–1592), später Tätigkeiten zur Goldmacherei in Prag. Persönlicher Bekannter Crolls in Prag.[j]
Casseri (Placentinus), Giulio (ca. 1552–1616)	Katholischer Anatom und Chirurg an der Universität in Padua. Persönlicher Bekannter Crolls in Padua.[k]
Christian I. von Anhalt-Bernburg (1568–1630)	Erziehung als Lutheraner, Übertritt zum Calvinismus (1592), Statthalter der Oberpfalz (1595), protestantischer Heerführer, (s. Anhang 8.5.1.).
Colbius (Kolb), Zacharias (Lebensdaten unbekannt)	Kurpfälzischer Sekretär, später Kirchenrat. Reformierter Korrespondenzagent in Amberg.[l]
Colladoneus, Theodorus (1565–1636)	Studium Heidelberg (1585), Wittenberg (1586), Basel (1590) und Padua (?). Arzt in Genf, später in England. Potentieller Korrespondenzagent, wahrscheinlich auf Grund früherer Bekanntschaft.[m]
Cressius (Kreß), Johann Georg (Lebensdaten unbekannt)	Möglicherweise Studium Wittenberg (1586) und/oder Heidelberg (1595/1601). Bergschreiber am württembergischen Hof in Stuttgart, dort Korrespondenzagent.[n]
Du Chesne, Joseph (1546–1609)	s. Kapitel 4.2.
Eisenmenger (Siderocrates) David, (????–1595)	Wahrscheinlich Studium Tübingen (1557). Lutherischer Arzt in Speyer, dort einer der wichtigsten Korrespondenzagenten.[o]
Hertzbach, Johann (Lebensdaten unbekannt)	Jurist in Speyer, dort Korrespondenzagent.[p]
Hess, Tobias (1568–1614)	Jurist aus Nürnberg, praktizierte in Speyer und Tübingen, gilt als Miturheber der Rosenkreuzermanifeste. Korrespondenzagent in Tübingen.[q]
Heuser, Cornelius (????–1611)	Bürger in Speyer, Austausch von Manuskripten zur Goldmacherei mit Croll.[r]
Hiller, Johann (ca. 1549/50–1598)	Zunächst Arzt in Görlitz, später markgräflicher Leibarzt in Ansbach. Intensive Kontakte zu Oswald Croll und Franz Kretschmer mit dem Ziel der Goldmacherei, (s. Anhang 8.1.2.).

Oswald Croll: Korrespondenten und Bekannte

Name	Person
Hochmann, Johannes (1527–1603)	Juraprofessor in Tübingen, dort Korrespondenzagent.[s]
Hock, Theobald (1573–vor 1624)	Reformierter Dichter und Diplomat, ab 1600 Sekretär von Peter Wok von Rosenberg.[t] Kontaktperson zu Christian I. und Croll.
Hörner, Johann (Lebensdaten unbekannt)	Vielleicht Studium Leipzig (1588). Chemiker, Mitarbeiter von Franz Kretschmer.[u]
Huser, Johann (ca. 1545–1601)	Studium Freiburg (1561) und Basel (1564). „Zentralgestalt des schlesischen Paracelsismus", Herausgeber der ersten bedeutenden Paracelsusausgabe (Basel 1598–1591). Briefpartner Crolls.[v]
Kelley, Edward (1555–nach 1597)	Seit 1584 in Prag bei Kaiser Rudolf II., ab 1586 zwischenzeitlich im Dienst Wilhelm von Rosenbergs (1535–1592). 1589 von Rudolf II. in den Adelsstand erhoben, nach 1592 allerdings mehrfach in Haft. Treffen mit Croll in Prag Ende 1595/Anfang 1596 und vielleicht in Most November 1596.[w]
Koralek, Ludvik (????–1599)	Reicher Prager Kaufmann, der einen Kreis von Chemikern um sich geschart hatte. Persönlicher Bekannter Crolls.[x]
Kretschmer, Franz (Lebensdaten unbekannt)	Aus Schlesien stammend, gehörte in den 1560er Jahren zum Görlitzer Paracelsistenkreis. Nach Labortätigkeit für Wilhelm von Rosenberg später Berghauptmann in Goldkronach. Enge Freundschaft mit Oswald Croll, (s. Anhang 8.1.2.).
Lavinius, Wenceslaus (1540–1600/01)	Langjährige Studien in Frankreich und im Reich (Wittenberg 1568), Dr. med. Oxford (1587). Danach Arzt in Prag, verfolgte transmutatorische Ziele im Chemikerkreis um Ludvik Koralek, persönliche Bekanntschaft mit namhaften Reformierten, (s. Anhang 8.6.).
Lobbetius, Johannes (1524–1601)	Studium Löwen, Padua (1554) und Ferrara, Dr. iur. 1572. Flucht aus Paris und anschließend juristischer Ratgeber der Stadt Straßburg, Lutheraner[y], gelegentlicher Korrespondenzagent.[z]
Maius, Nicolaus (1551/1559–1617)	Studium Jena (1567) und Wittenberg (1570). Rat am Oberappellationsgericht in Prag und Bergrat in Joachimsthal, (s. Anhang 8.1.2.).
Massonius, Timotheaus (Fontanus), (????–1591)	Studium Basel (1588), Dr. med. Basel (1589). Persönlicher Kontakt mit Croll in Frankreich.[aa]
Messinus, Peter Ludwig (Lebensdaten unbekannt)	Chemiker im Dienst Ernst von Bayerns. Croll versucht über Franz Kretschmer Informationen und Substanzen von ihm zu bekommen.[ab]

Name	Person
N.N. in Lyon	Französischer Chemiker, Bekanntschaft mit Croll seit dessen Aufenthalt in Frankreich, enger Freund und Briefpartner.[ac]
Penot, Bernard Gilles (1519–1617)	„Zentralfigur des internationalen Alchemikerparacelsismus", Reisen durch ganz Europa „um das >vollkommene Wissen der Chemie< zu erwerben" (ab ca. 1560). Medizinstudium Basel (1579), Aufenthalt Prag (ca. 1584), Dr. med. Basel (1592). Reformierter Stadtarzt in Frankenthal (1593) und Yverdon (1596), (s. Anhang 8.3.2. und 8.6.). Briefpartner Crolls.
Peter Wok von Rosenberg (1539–1611)	Letzter Fürst aus dem böhmischen Geschlecht der Rosenbergs. Als einziger zum protestantischen Glauben, später zu den Böhmischen Brüdern übergetreten, machte er sich in Böhmen „um die Religionsfreiheit verdient." Förderer der Wissenschaften und besonderes Interesse an der Chemie.[ad] Briefpartner Crolls.
Platter, Felix (1536–1614)	Studium Basel (1551), Montpellier (1552) und Orleans (1557), Dr. med. Basel (1557). Ab 1571 Professor der praktischen Medizin und Stadtarzt in Basel, mehrmals Rektor, Konfession reformiert, (s. Anhang 8.1.1., 8.5.1. und 8.6.).
Robin, Jean (1550–1629)	Französischer Botaniker und königlicher Gärtner, schuf einen Vorläufer des „Jardin du Roi" in Paris, Namensgeber für die Robinie. Croll erhielt von ihm Pflanzensamen.[ae]
Rudolf II. (1552–1612)	Deutscher Kaiser sowie König von Ungarn und Böhmen. Kenntnisreicher und freigiebiger Förderer der Wissenschaften und Künste, scharte einen großen Kreis von Iatrochemikern und Goldmachern um sich. Croll war persönlich mit dem Kaiser bekannt.[af]
Schreck (Terrentius), Johannes (1576–1630)	Medizinstudium Freiburg (1590), Magister Freiburg (1596), Studium Padua (1603), Accademia dei Lincei (1611). Jesuitischer Missionar in China (1618), (s. Anhang 8.6.). Persönliches Treffen mit Croll in Prag.[ag]
Sebitz, Melchior (1539–1625)	In Schlesien geboren. Studium Paris (1563), Montpellier (1563), Heidelberg (1568), und Padua (1569), Dr. med. Valence (1571/72). Arzt in Straßburg und Hagenau, ab 1586 Professor an der Straßburger Akademie. Lutherischer Briefpartner Crolls.[ah]

Oswald Croll: Korrespondenten und Bekannte 341

Name	Person
Sendivogius, Michael (1566–1636)	Studium Leipzig (1590), Wien (1591) und Altdorf (1595). Als einer der bekanntesten Abenteurer und Goldmacher wurde er von seinen Zeitgenossen als Besitzer des „Steins der Weisen" angesehen. Persönliche Bekanntschaft mit Croll in Prag.[ai]
Soldanus, David (Lebensdaten unbekannt)	Studium Marburg (1579), Tübingen (1585) und Padua (1588), Dr. med. Padua (1594). Persönlicher Bekannter Crolls aus Padua.[aj]
Stoffel, Johann (Lebensdaten unbekannt)	Studium Basel (1584) und Tübingen (1590), Dr. iur. Tübingen (1591). Korrespondenzagent Crolls.[ak]
Stucki, Johannes Wilhelm (1542–1607)	Studium Lausanne (1557), Straßburg (1559), Paris, Tübingen (1563) und Padua (nicht weiter belegt). Reformierter Professor für Logik und Rhetorik, später für Theologie in Zürich (1568/1571). Korrespondenzagent Crolls.[al]
Timin von Ottenfeld, Matthias (Lebensdaten unbekannt)	Studium Tübingen (1582), Basel (1583), Genf (1583), Basel (1584), Padua (1589), Siena (1591), Florenz, Rom und Neapel, Dr. med. Basel (1597). Arzt im Dienst bei Karl von Zerotein (1564–1636) und Peter Wok von Rosenberg. Persönlicher Bekannter Crolls.[am]
Wechinger, Zacharias (Lebensdaten unbekannt)	Studium Leipzig (1588). Paracelsist und Arzt in Sagan. Briefpartner Crolls.[an]
Weigel, Joachim (Lebensdaten unbekannt) und Weigel, Nathanael (1569–????)	Söhne des protestantischen Pfarrers und „Abweichlers" Valentin Weigel (1533–1583). Briefpartner Crolls, Austausch von Schriften zur Goldmacherei.[ao]
Zatzer, Lorenz (????–1631)	„Metschenk" in Nürnberg und Mitglied des „Größeren Rats". Korrespondenzagent Crolls.[ap]

[a] (Kühlmann und Telle 1998, S. 159) und (Wackernagel 1951–1980, Band 2, S. 345).
[b] (Kühlmann und Telle 1998, S. 46).
[c] (Hermelink 1906, Band 1, S. 562), (Förstemann 1976, Band 2, S. 340) und (Kühlmann und Telle 1996, S. 45).
[d] (Sturm 1974, Band 1, S. 124 f.), (Wackernagel 1951–1980, Band 2, S. 436) und (Kühlmann und Telle 1996, S. 46).
[e] (Kühlmann und Telle 1998, S. 166 f.).
[f] (Förstemann 1976, Band 2, S. 266) und (Kühlmann und Telle 1996, S. 47 und 71).
[g] (Kühlmann und Telle 1998, S. 71 und S. 167) und (Kohlndorfer-Fries 2009, S. 155–158).
[h] (Toepke 1884–1889, Band 2, S. 168) und (Kühlmann und Telle 1998, S. 75 und S. 96).
[i] (Förstemann 1976, Band 2, S. 239).
[j] (Kühlmann und Telle 1998, S. 167 f.).

[k] Ebd. S. 168 und (Ferrari 1978).
[l] (Kühlmann und Telle 1998, S. 99 und 169).
[m] Ebd. S. 36 und S. 169.
[n] (Förstemann 1976, Band 2, S. 337), (Toepke 1884–1889, Band 2, S. 181 und S. 2017) und (Kühlmann und Telle 1998, S. 95 und S. 169).
[o] (Hermelink 1906, Band 1, S. 392) und (Kühlmann und Telle 1998, S. 175).
[p] (Kühlmann und Telle 1998, S. 72).
[q] Ebd. S. 79, S. 95 und S. 180–182.
[r] Ebd. S. 51.
[s] Ebd. S. 61, S. 69 und S. 185.
[t] (Derks 1972).
[u] (Erler 1909, S. 200) und (Kühlmann und Telle 1998, S. 96 und S. 185 f.).
[v] (Wackernagel 1951–1980, Band 2, S. 152), (Telle 1991) und (Kühlmann und Telle 1998, S. 7 u.a.).
[w] (Paulus, Julian 1998b) und (Kühlmann und Telle 1998, S. 90 und S. 189–191).
[x] (Hubicki 2008) und (Kühlmann und Telle 1996, S. 45 f.).
[y] Die Trauerschrift schrieb der lutherische Geistliche Constantin Varnbuler, s. Lobetius, Johannes, Indexeintrag: Deutsche Biographie, https://www.deutsche-biographie.de/gnd1028427492.html (Zugriff am 05.11.2017).
[z] (Kühlmann und Telle 1998, S. 195–197).
[aa] Ebd. S. 36 und S. 177 f.
[ab] Ebd. S. 198.
[ac] Ebd.
[ad] (Enneper 2005).
[ae] (Hoefer 1855–1866, Band 42, S. 439 f.) und (Kühlmann und Telle 1998, S. 32).
[af] (Evans 2005) und (Hausenblasova 2002, S. 174 f.).
[ag] (Kühlmann und Telle 1996, S. 44).
[ah] (Haag 1846–1859, Band 9, S. 240 f.), (Toepke 1884–1889, Band 2, S. 48) (Kühlmann und Telle 1998, S. 207 f.) und (Pagel, Julius Leopold 1891).
[ai] (Hubicki 2008) und (Kühlmann und Telle 1996, S. 45 f.).
[aj] (Kühlmann und Telle 1998, S. 31 und S. 208).
[ak] Ebd. S. 86 und S. 208 f.
[al] (Koldewey 1893) und (Kühlmann und Telle 1998, S. 84 und S. 91).
[am] (Wackernagel 1951–1980, Band 2, S. 315), (Stelling-Michaud 1959–1980, Band 6, S. 37 f.), (Rossetti 1986, S. 77) und (Kühlmann und Telle 1996, S. 47 und 71).
[an] (Erler 1909, S. 495) und (Telle 1991, S. 170).
[ao] (Kühlmann 1991).
[ap] (Kühlmann und Telle 1998, S. 210).

8.9. Briefe und Briefpartner Théodore Turquet de Mayernes
8.9.1. British Library, Sloane Add. MS 20921, 3r-82v[1288]

Folio	Adressat/Absender	Person
3r-4r	Rutger Wessel van den Boetzelaer, Baron von Asperen (1566–1632)	Niederländischer Adliger, Bruder von Turquet de Mayernes erster Frau Margaretha.[a]
4r-4r	Henri de Mayerne (1608–1634)	Ältester Sohn Théodores.
4r-4v	Monseigneur	Hoher Adliger am Hofe Ludwigs XIII. Möglicherweise Antoine Coiffier de Ruzé d'Effiat (1581–1632), französischer Diplomat, Finanzminister 1626–1632[b], wie im Brief 5v-6r erwähnt.
5r-5v	Cardinal de Richelieu (1585–1642)	
5v-6r	Monsieur	Bekannter und Freund.
6r-6v	Madame	Wahrscheinlich eine Hofdame der englischen Königin Henrietta Maria von Bourbon (1609–1669).
6v-6v	Monseigneur	Befreundeter Arzt.
7r-7r	Monsieur	Befreundeter Arzt in Frankreich.
7v-8r	Reine de Bohème	Elisabeth Stuart (1596–1662), Frau des Winterkönigs Friedrich V. von der Pfalz (1596–1632).
8r-9r	Ezéchiel Marmet (Mermet) (Lebensdaten unbekannt)	Geistlicher in London, vormals Kaplan des Hauses Rohan.[c]
9v-9v	Charles de L'Aubespine, Marquis de Châteauneuf (1580–1653)	Zweimaliger Siegelbewahrer und Kanzler von Frankreich.[d]
9v-10r	Peter Paul Rubens (1577–1640)	
10v-10v	Plessis de Longray	Armeegeneral, möglicherweise Philippe Plessis de Mornay (1579–????).[e]

1288 Alle Briefe sind digitalisiert erworben und ausgewertet worden.

Folio	Adressat/Absender	Person
10v-11r	Jacqueline de Bueil, Comtesse de Moret (1588–1651)	Mätresse des französischen Königs Heinrich IV.,[f] gute Freundin und Vertraute Théodore de Mayernes, Korrespondenz unter den Decknamen „Lucille" und „Merlin".
11r-11v	Ezéchiel Marmet (Mermet) (Lebensdaten unbekannt)	Geistlicher in London, vormals Kaplan des Hauses Rohan (s.o.).
11v-12v	Henri II. de Rohan (1579–1638)	Militärischer Hugenottenführer.[g]
13r-13r	Richard Neile (1562–1640)	Bischof mehrerer Bistümer in England, Erzbischof von York ab 1631.[h]
13r-13v	Ashworth (Lebensdaten unbekannt)	Arzt in Oxford.[i]
14r-14r	Faringdon (Lebensdaten unbekannt)	Tutor von Théodore de Mayernes Sohn Jacob am Trinity College in Oxford.[j]
14v-14v	Ralph Kettell (1563–1643)	Dritter Präsident des Trinity College in Oxford.[k]
14v-15r	Karl I. (1600–1649)	
15r-16r	Matthew Lister (1571?–1656)	Studium Oriel College Oxford (1588) und Basel (1604), Dr. med. Basel (1604). Professor in Oxford (1605) und Cambridge (1608). Anglikanischer Leibarzt der englischen Königin Anna von Dänemark (1574–1619) und der englischen Könige Jakob I. und Karl I.[l]
16r-16v	Jacob de Mayerne (1613–1639)	Jüngerer Sohn Théodores.
16v-17r	Isaac Wake (1580/81–1632)	Englischer Diplomat, Botschafter in Turin, Venedig und Paris.[m]
17r-18r	Jean Mutillet (dit Cusin) (1585?–1643)	Studium Genf (1601), Chemiker in Genf.[n]
18r-18r	Marguerite de Béthune, Duchesse de Rohan (1595–1660)	Frau von Henri II. de Rohan.[o]
18v-18v	Henrietta Maria von Bourbon (1609–1669)	Englische Königin, Frau von Karl I.
18v-19r	Magistrat der Stadt Bern	
19v-19v	Conseillers de la justice d'Aubonne	
20r-20r	Burrel (Lebensdaten unbekannt)	Tutor von Jacob de Mayerne.[p]

Briefe und Briefpartner Théodore Turquet de Mayernes 345

Folio	Adressat/Absender	Person
20r-20v	Baron de Coudrée (Lebensdaten unbekannt)	Möglicherweise Isaac d'Alinge, Baron de Coudrée.[q]
20v-21r	Monsieur	Bruder oder Schwager.
21r-22r	Henri de Mayerne (1608–1634)	Ältester Sohn Théodores, (s.o.).
22r-23r	Jacob de Mayerne (1613–1639)	Jüngerer Sohn Théodores, (s.o.).
23r-25r	Henri II. de Rohan (1579–1638)	Militärischer Hugenottenführer, (s.o.).
25r-25v	Henrietta Maria von Bourbon (1609–1669)	Englische Königin, Frau von Karl I., (s.o.).
26r-26v	Mon cousin	
26v-27r	Ma chère sœur	
27r-27v	Cardinal de Richelieu (1585–1642)	
27v-28r	Antoine Coiffier de Ruzé d'Effiat (1581–1632)	Französischer Diplomat, Finanzminister 1626–1632.[r]
28v-28v	Reine de Bohème	Elisabeth Stuart, Frau des Winterkönigs Friedrich V. von der Pfalz, (s.o.).
28v-29r	Charles de L'Aubespine, Marquis de Châteauneuf (1580–1653)	Zweimaliger Siegelbewahrer und Kanzler von Frankreich, (s.o.).
29v-30r	Claude Bouthillier (1581–1652)	Französischer Diplomat, Günstling Richelieus, ab 1632 Finanzminister.[s]
30r-30v	Conseillers de la justice d'Aubonne	
30v-31r	Burrel (Lebensdaten unbekannt)	Tutor von Jacob de Mayerne, (s.o.).
31v-31v	My Lord	Patient.
32r-32r	Henrietta Maria von Bourbon (1609–1669)	Englische Königin, Frau von Karl I., (s.o.).
32v-33r	De Goumouins	Nachbar von Aubonne in der Schweiz auf dem Schloss von Morges.
33v-34v	Henri II. de Rohan (1579–1638)	Militärischer Hugenottenführer (s.o.).
34v-34v	William Laud (1573–1645)	Erzbischof von Canterbury.[t]
34v-35r	Karl I. (1600–1649)	

Folio	Adressat/Absender	Person
35r-35v	Jacqueline de Bueil, Comtesse de Moret (1588–1651)	Mätresse des französischen Königs Heinrich IV., gute Freundin und Vertraute Turquet de Mayernes, Korrespondenz unter den Decknamen „Lucille" und „Merlin", (s.o.).
35v-35v	Karl I. (1600–1649)	
36r-36v	James Hay, Earl of Carlisle (ca. 1580–1636)	Kammerherr von Jakob I. und Karl I., des Öfteren mit diplomatischen Aufgaben betraut.[u]
36v-37v	Muray (Lebensdaten unbekannt)	Kammerherr von Karl I.
38r-38v	Albert Joachimi (1560–1654)	Niederländischer Diplomat, Vater von Théodore de Mayernes zweiter Frau Isabella.[v]
39r-39v	Mlle. Paulet (Lebensdaten unbekannt)	Bekannte.
39r-40v	Henri de Mayerne (1608–1634)	Ältester Sohn Théodores, (s.o.).
40v-41r	Arthur Dee (1579–1651)	Studium in Manchester (1600) und Basel (1609), Dr. med. Basel (1609). Leibarzt der englischen Königin Anna von Dänemark, des russischen Zaren Michael I. (1596–1645) und von Karl I. Bekannt für seine Versuche zur Goldmacherei, die er in seinem Werk „Fasciculus Chemicus", Paris 1631, veröffentlichte.[w]
41r-41r	Mme de Beringhem (Lebensdaten unbekannt)	Frau des Kammerherrn Heinrichs IV. (1553–1610), Pierre de Beringhem (????–1619).[x]
41v-41v	Jacob de Mayerne (1613–1639)	Jüngerer Sohn Théodores, (s.o.).
42r-42r	Arthur Dee (1579–1651)	Studium in Manchester (1600) und Basel (1609), Dr. med. Basel (1609). Leibarzt der englischen Königin Anna von Dänemark, des russischen Zaren Michael I. (1596–1645) und von Karl I. Bekannt für seine Versuche zur Goldmacherei, die er in seinem Werk „Fasciculus Chemicus", Paris 1631, veröffentlichte, (s.o.).
43r-43r	William Paddy (1554–1634)	Studium Oxford (1570) und Leiden (1573), Dr. med. Leiden (1589). Anglikanischer Professor in Oxford (1591). Mehrfacher Präsident des Royal College of Physicians, Leibarzt von Jakob I.[y]

Briefe und Briefpartner Théodore Turquet de Mayernes 347

Folio	Adressat/Absender	Person
43r-43v	John Bankes (1589-1644)	Rechtsanwalt in London, ab 1634 Kronanwalt von Karl I. und ab 1642 Mitglied des „Privy Councils".[z]
44r-44r	Henrietta Maria von Bourbon (1609-1669)	Englische Königin, Frau von Karl I., (s.o.).
44v-44v	M. de Martines	Sekretär von Francis Nethersole (1587-1659)[aa] dem englischen Sekretär von Elisabeth Stuart, der Frau des Winterkönigs Friedrich V. von der Pfalz, zur Zeit des Pfälzisch-Böhmischen Kriegs (1618-1623).
45r-46r	Matthew Lister (1571?-1656)	Studium Oriel College Oxford (1588) und Basel (1604), Dr. med. Basel (1604). Professor in Oxford (1605) und Cambridge (1608). Anglikanischer Leibarzt der englischen Königin Anna von Dänemark (1574-1619) und der englischen Könige Jakob I. und Karl I. , (s.o.).
46r-46r	John Bankes (1589-1644)	Rechtsanwalt in London, ab 1634 Kronanwalt von Karl I. und ab 1642 Mitglied des „Privy Councils", (s.o.).
46v-46v	Reine de Bohème	Elisabeth Stuart, Frau des Winterkönigs Friedrich V. von der Pfalz, (s.o.).
46v-47r	Etienne I. d'Aligre (1560-1635))	Kanzler Frankreichs von 1624-1626.[ab]
47r-47v	Henri-Auguste de Loménie, comte de Brienne, Seigneur de la Ville-aux-Clercs (1594-1666)	Staatssekretär und enger Berater Ludwigs XIII.[ac]
47v-48r	Jakob I. (1566-1625)	
48r-48v	Karl I. (1600-1649)	
48v-49r	Ludwig XIII. (1601-1643)	
49r-49v	Madame	Möglicherweise ein Bittbrief an Maria von Medici (1575-1642).
50r-50v	Rutger Wessel van den Boetzelaer, Baron von Asperen (1566-1632)	Niederländischer Adliger, Bruder von Turquet de Mayernes erster Frau Margaretha, (s.o.).
50v-52r	Pierre du Moulin (1568-1658)	Reformierter Theologe, reiste 1615 nach England und legte einen Plan zur Vereinigung der protestantischen Kirchen vor, 1621-1658 Theologieprofessor an der Akademie in Sedan.[ad]

Folio	Adressat/Absender	Person
52r-52v	Jakob I. (1566-1625)	
52v-52v	Frances Howard, Duchess of Lennox (1578-1639)	Hofdame am Hof von Jakob I.[ae]
53r-53r	Ludovic Stuart (Stewart), Duke of Lennox and Duke of Richmond (1574-1624)	Enger Vertrauter von Jakob I., Mitglied des „Privy Councils".[af]
53r-53v	Karl I. (1600-1649)	
53v-54r	Gian Francesco Biondi (1572-1644)	Diplomat und Schriftsteller, Mann von Théodore de Mayernes Schwester Maria.[ag]
54v-55r	Mlle le Coq (Lebensdaten unbekannt)	Nicht weiter bekannt.
55r-55r	Madame	
55r-55v	Jakob I. (1566-1625)	
56r-56r	Madame	
56r-56v	Mme de Beringhem (Lebensdaten unbekannt)	Frau des Kammerherrn Heinrichs IV., Pierre de Beringhem, (s.o.).
56v-56v	Jean Héroard (1551-1628)	Leibarzt der französischen Könige Karl IX., Heinrich III., Heinrich IV. und Ludwig XIII.[ah]
57r-57v	Jakob I. (1566-1625)	
57v-57v	Certificat sur l'affaire Gaultier	
58r-58r	Fratres societatis Rosae Crucis	Gemeinschaft der Rosenkreuzer.
59r-61v	William Butler (1535-1618)	Studium Peterhouse und Clare College Cambridge (1558), Lic. med. Clare College (1572). Anglikanischer Professor in Cambridge, „he was the first Englishman who quickened Galenical physic with a touch of Paracelsus, trading in chemical receipts with great success."[ai]
62r-63r	Craig, John (elder) (????-1620)	Studium Königsberg (1569), Wittenberg (1570), Frankfurt (Oder) (1573) und Basel (1580), Dr. med. Basel (1580). Zunächst Leibarzt von Jakob VI. in Schottland und begleitete diesen als Jakob I. nach England.[aj]

Folio	Adressat/Absender	Person
63r-65r	William Butler (1535–1618)	Studium Peterhouse und Clare College Cambridge (1558), Lic. med. Clare College (1572). Anglikanischer Professor in Cambridge, „he was the first Englishman who quickened Galenical physic with a touch of Paracelsus, trading in chemical receipts with great success.", (s.o.).
66r-66r	Mme de Beringhem (Lebensdaten unbekannt)	Frau des Kammerherrn Heinrichs IV., Pierre de Beringhem, (s.o.).
66v-67v	Adam Falaiseau (Lebensdaten unbekannt)	Geboren in Tours, Studium Montpellier (1592), Doktor Montpellier (1595), Studium Basel (1595). Am selben Tag wie Turquet de Mayerne in Montpellier immatrikuliert, reformierter Leibarzt von Heinrich IV.[ak]
68r-68r	Edward Herbert, 1. Baron Herbert von Cherbury (1583–1648)	Diplomat, Schriftsteller und Philosoph.[al]
68r-68r	Adam Falaiseau (Lebensdaten unbekannt)	Geboren in Tours, Studium Montpellier (1592), Doktor Montpellier (1595), Studium Basel (1595). Am selben Tag wie Turquet de Mayerne in Montpellier immatrikuliert, reformierter Leibarzt von Heinrich IV., (s.o.).
69r-70r	Burrel (Lebensdaten unbekannt)	Tutor von Jacob de Mayerne, (s.o.).
71v-72r	Henri II. de Rohan (1579–1638)	Militärischer Hugenottenführer, (s.o.).
73r-73r	Francis Finch (Lebensdaten unbekannt)	Wahrscheinlich der Bruder des Unterhaussprechers Heneage Finch (????–1631).[am]
74r-74r	Brasser (Lebensdaten unbekannt)	Pensionär in Delft.
74v-74v	William Laud (1573–1645)	Erzbischof von Canterbury, (s.o.).
75r-75v	Pierre Naudin (Lebensdaten unbekannt)	Befreundeter, reformierter Apotheker und „valet de chambre du roi" in Paris.[an]
76r-76v	Reine de Bohème	Elisabeth Stuart, Frau des Winterkönigs Friedrich V. von der Pfalz, (s.o.).
76v-76v	Karl I. (1600–1649)	
77r-77r	Reine de Bohème	Elisabeth Stuart, Frau des Winterkönigs Friedrich V. von der Pfalz, (s.o.).
77v-77v	Karl I. (1600–1649)	

Folio	Adressat/Absender	Person
78r-78r	Henrietta Maria von Bourbon (1609–1669)	Englische Königin, Frau von Karl I., (s.o.).
78v-79r	Karl I. (1600–1649)	
80r-81r	Henrietta Maria von Bourbon (1609–1669)	Englische Königin, Frau von Karl I., (s.o.).
81v-81v	Albert Joachimi (1560–1654)	Niederländischer Diplomat, Vater von Théodore de Mayernes zweiter Frau Isabella, (s.o.).
82r-82v	Jacques de Castelnau-Mauvissière (1620–1658)	Generalleutnant und Marschall von Frankreich.[ao]
82v-82v	Mlle de Castelnau (Lebensdaten unbekannt)	Wahrscheinlich eine Tochter von Jacques.

[a] (Blok 1927).
[b] (Michaud 1854–1865, Band 12, S. 286).
[c] (Schickler 1892, 9 f.).
[d] (Michaud 1854–1865, Band 2, S. 382).
[e] (Haag 1846–1859, Band 7, S. 537).
[f] (Williams 1925).
[g] (Haag 1846–1859, Band 8, S. 474–502).
[h] (Foster, Andrew 2004).
[i] (Trevor-Roper 2006, S. 314).
[j] Ebd.
[k] (Hopkins 2004).
[l] (Clark 1888, Band 4, S. 279), (Wackernagel 1951–1980, Band 3, S. 44) und (Nance 2004b).
[m] (Larminie 2004b).
[n] (Stelling-Michaud 1959–1980, Band 4, S. 634) (Kahn 2007, S. 398–400 und 412).
[o] (Haag 1846–1859, S. 499).
[p] (Trevor-Roper 2006, S. 115 f.).
[q] (Guichenon 1778, S. 345).
[r] (Michaud 1854–1865, Band 12, S. 286).
[s] (Michaud 1854–1865, Band 5, S. 347).
[t] (Milton 2004).
[u] (Schreiber 2004).
[v] (Wenzelburger 1881).
[w] (Wackernagel 1951–1980, Band 3, S. 98), (Appleby 2004) und (Abraham 2007).
[x] (Trevor-Roper 2006, S. 64).
[y] (Prögler 2013, S. 201) und (Kassell 2004).
[z] (Brooks 2004).

aa (Pursell 2004).
ab (Michaud 1854–1865, Band 1, S. 485).
ac (Michaud 1854–1865, Band 25, S. 56 f.).
ad (Michaud 1854–1865, Band 29, S. 449 f.).
ae (Bellany 2004).
af (MacPherson 2004).
ag (Romanelli 2009) und (Trevor-Roper 2006, S. 203 und 257).
ah (Michaud 1854–1865, Band 19, S. 300).
ai (Venn 1922–1927, Band 1, S. 274), (University of Cambridge 2016) und (Bakewell 2004a).
aj (Henry 2004a).
ak (Gouron 1957, S. 197), (Wackernagel 1951–1980, Band 2, S. 433), (Delauney 2001) und (Haag 1846–1859, Band 6, S. 371).
al (Pailin 2004).
am (Thrush 2004).
an (Haag 1846–1859, Band 8, S. 8 f.) und (Trevor-Roper 2006, S. 63).
ao (Michaud 1854–1865, Band 7, S. 165 f.).

8.9.2. British Library, Sloane Add. MS 20921, 83r-92v[1289]

Folio	Actus ad capescendos gradus Medicinae
83r-83v	Pro Baccalaureatu Thesis.
84r-87r	Examina per intentionem dicta.
84r-84v	An dysenteriae purgatio & phlebotomia conveniat?
84v-85r	An uterino fluori post purgationem adstringentia conveniant.
85r-85v	An in mensium suppressione vena secanda sit?
85v-86v	An chymica remedia vulgatis sint praestantiora?
86v-87r	An suffusio confirmata sit curabilis?
87r-87v	Rigorosum Examen.
88r-88v	Oratio habita pro assumendo Licentiae gradu.
88v-89v	Theses Medica pro Doctoratu consequendo propositae.
89v-90v	Assertiones Medicae.
90v-91v	Oratio habita post adeptum Doctoratus gradum, promovente Domino Huchero Academiae Cancellario.

1289 Alle Schriftstücke sind digitalisiert erworben und ausgewertet worden.

Folio	Actus ad capescendos gradus Medicinae
91v-92r	Oratiuncula habita Oxonii post receptionem in numerum Doctorum & admissionem ad privilegia Universitatis.
92r-92r	Oratiuncula pro simili admissione in Academiam Cantabrigiensem.

8.9.3. Wissenschaftliche Briefe in MS 444 des Royal College of Physicians[1290]

Seite	Adressat/Absender	Person/Inhalt
33-33	Bave, Samuel (1588-1668)	Geboren in Köln, Studium Oxford (1620), Dr. med. Oxford (1628). Anglikanischer Arzt in Bath, spezialisiert in der Anwendung eisenhaltiger Wässer.[a]
33-34	Turquet de Mayerne	Antwort an Bave auf S. 33.
41-45	Smith, Franciscus (Lebensdaten unbekannt)	Nicht weiter bekannter englischer Arzt.
48-49	Bave, Samuel (1588-1668)	Geboren in Köln, Studium Oxford (1620). Anglikanischer Arzt in Bath, spezialisiert in der Anwendung eisenhaltiger Wässer, (s.o.).
52-55	Monginot (de la Salle), François (1569-1637)	Studium Montpellier (1590), Dr. med. Montpellier (1592). Reformierter Leibarzt von Heinrich IV.[b]
66-67	Bave, Samuel (1588-1668)	Geboren in Köln, Studium Oxford (1620). Anglikanischer Arzt in Bath, spezialisiert in der Anwendung eisenhaltiger Wässer, (s.o.).
104-107	Colladon, Jean (1608-1665)	Studium Genf (1625), Dr. med. King's College Cambridge (1636). Reformierter Leibarzt von Karl I. und Karl II., enger Vertrauter von Turquet de Mayerne.[c]

1290 Alle aufgeführten Briefe sind digitalisiert erworben und ausgewertet worden

Briefe und Briefpartner Théodore Turquet de Mayernes 353

Seite	Adressat/Absender	Person/Inhalt
108–109	Harvey, William (1578–1657)	Studium King's College Canterbury (1588), Gonville und Caius College Cambridge (1593) und Padua (1600), Dr. med. Padua (1602). Anglikanischer Leibarzt von Jakob I. und Karl I. Berühmt durch die Entdeckung des Blutkreislaufs: Exercitatio Anatomica de Motu Cordis et Sanguinis in Animalibus, Frankfurt 1628.[d]
125–126	Aquin, d' (Lebensdaten unbekannt)	Arzt von Maria von Medici (1575–1642).
145–147	Bave, Samuel (1588–1668)	Geboren in Köln, Studium Oxford (1620). Anglikanischer Arzt in Bath, spezialisiert in der Anwendung eisenhaltiger Wässer, (s.o.).
148–151	Colladon, Jean (1608–1665)	Studium Genf (1625), Dr. med. King's College Cambridge (1636). Reformierter Leibarzt von Karl I. und Karl II., enger Vertrauter von Turquet de Mayerne, (s.o.).
180–183	Hamelot, (Lebensdaten unbekannt)	Arzt in La Rochelle um 1649.[e]
199–199	Moulin) (Molinaeus), Louis du (1605?–1680)	Studium Leiden (1627), Dr. med. Leiden (1630). Reformierter Arzt in London und Geschichtsprofessor in Oxford, mischte sich in Religion und Politik ein.[f]
251–253	Williams, Sir Maurice (????–1658)	Studium St. John's und Oriel College Oxford (1616/1624), Dr. med. Padua (1628). Arzt von Thomas Wentworth, Earl of Strafford (1593–1641).[g]
254–255	Bate, George (1608–1669)	Nicht weiter belegtes Studium an mehreren Colleges in Oxford. Leibarzt von Karl I. und Karl II. sowie von Oliver Cromwell (1599–1658) im Interregnum. Interesse an der chemischen Herstellung von Pigmenten und Farben, Anglikaner.[h]
256–257	Turquet de Mayerne	Antwort an Bate auf S. 254–255.
282–284	Le Moyne (Lebensdaten unbekannt)	Apotheker in Caen, (s. auch Anhang 8.5.1.).

Seite	Adressat/Absender	Person/Inhalt
285–288	Digby, Kenelm (1603–1665)	Studium Gloucester Hall College Oxford (1618), M.A. Peterhouse Cambridge (1624). „Grand Tour" durch Europa und Freibeuterei im Mittelmeer, anschließend häufiger Wechsel des Wohnsitzes zwischen England und Frankreich, einflussreicher Höfling an beiden Königshöfen, zweifacher Wechsel der Konfession. Naturphilosoph, Buch- und Handschriftensammlungen. Professor am Gresham College in London, eigenes Labor zur Herstellung von paracelsischen Heilmitteln und Versuche zur Goldmacherei mit Banfi Hunyades als Lehrmeister.[i]
297–298	Bate, George (1608–1669)	Nicht weiter belegtes Studium an mehreren Colleges in Oxford, Leibarzt von Karl I. und Karl II. sowie von Oliver Cromwell (1599–1658) im Interregnum. Interesse an der chemischen Herstellung von Pigmenten und Farben, Anglikaner, (s.o.).
298–300	Turquet de Mayerne	Antwort an Bate auf S. 297–298.
340–341	Emily, Edward (1617–1657)	Studium Oxford (1633) und Leiden (1640), Dr. med. Leiden (1640). Anglikanischer Arzt in London.[j]
341–342	Turquet de Mayerne	Antwort an Emily auf S. 340–341.

[a] (Clark 1888, Band 4, S. 74), (Hembry 1990, S. 55) und (Britton 1825, S. 88).
[b] (Gouron 1957, S. 191) (Hoefer 1855–1866, Band 35, S. 990 f.).
[c] (Stelling-Michaud 1959–1980, Band 2, S. 534), (Venn 1922–1927, Band 1, S. 371), (Barras 2003) und (Trevor-Roper 2006, S. 321 und 324 f.).
[d] (Woolfson 1998, S. 244) und (French 2004).
[e] (Bonnaffé 1884, S. 134).
[f] (Larminie 2004a) und (Grell 1996, S. 233).
[g] (Clark 1888, S. 450) und (Munk 1861, S. 191).
[h] (Lane Furdell 2004) und (Trevor-Roper 2006, S. 340).
[i] (University of Cambridge 2016) und (Foster, Michael 2004).
[j] (Rieu 1875, S. 318) und (McConnell 2004).

8.9.4. Gedruckte Briefe

Buch	Schreiber	Adressat	Ort	Datum	Titel
Fabricius Hildanus, Wilhelm: Observationum et curationum chirurgicarum centuria IV, S. 450	Fabricius Hildanus	Turquet de Mayerne	o.O. (Bern?)	23.2.1615	Amplissimo atque doctissimo Viro Dn. Theodoro de Mayerne Serenissimi atque Potentissimi Regis Magnae Britanniae Doctori Medico ordinario atque celeberrimo, Guilhelmus Fabricius Hildanus S.P.D.
Fabricius Hildanus, Wilhelm: Observationum et curationum chirurgicarum centuria IV, S. 455	Turquet de Mayerne	Fabricius Hildanus	London	26.1.1616	Viro ornatissimo Dn. Guilhelmo Fabricio Hildano, Cheirurgo experientissimo, Theodorus de Mayerne Serenissimi Jacobi I. Magnae Britanniae Regis αρχιατρ[ο]ρ S.P.D.
Fabricius Hildanus, Wilhelm: Observationum et curationum chirurgicarum centuria V, S. 211	Fabricius Hildanus	Turquet de Mayerne	Bern	3.11.1620	De Gangraena ex retentione Urinae, historia singularis, in qua rara nonnulla recensentur.
Fabricius Hildanus, Wilhelm: Observationum et curationum chirurgicarum centuria V, S. 216	Turquet de Mayerne	Fabricius Hildanus	London	23.1.1621	Viro ornatissimo, celeberrimo, ιατροχημικός Experientissimo, Domino Guilhelmo Fabricio Hildano, Theodorus de Mayerne S.P.D.
Fabricius Hildanus, Wilhelm: Opera omnia, S. 558	Fabricius Hildanus	Turquet de Mayerne	Bern	3.12.1621	Dn. Theodoro de Mayerne, Domino in Aubonne & c. Serenissimi & Potentissimi Iacobi I. Regis Magnae Brittaniae & c. Archiatro celeberrimo, Domino & Amico singulari studio observando
Fabricius Hildanus, Wilhelm: Opera omnia, S. 559	Turquet de Mayerne	Fabricius Hildanus	London	17.2.1622	Responsio ad praecedentem Observationem

Buch	Schreiber	Adressat	Ort	Datum	Titel
Browne, Joseph: Theo. Turquet Mayernii Opera Medica, S. 361	Turquet de Mayerne	Harvey	London	3.2.1636	Domino Doctori Harvaeo Medico Regio, Newmarket
Réaume, Eugène und Caussade, François: Œuvres complètes de Theodore Agrippa d'Aubigné, S. 299	Agrippa d'Aubigné	Turquet de Mayerne	Ohne Ort	26.3.1623	A M. de Mayerne
Heyer, Théophile: Lettres de Théodore Turquet de Mayerne au Petit Conseil de Genève, S. 182–211	Turquet de Mayerne	Petit Conseil de Genève	Diverse	2.5.1611 bis 13.1.1624	No.1 bis No. 13

8.9.5. Théodore Turquet de Mayerne: Freunde und Bekannte in der Wissenschaft

Name	Bezug[a]	Person
Akakia, Martin (????–1604)	TR, S. 74 f.	Studium Montpellier (1593). Katholischer Medizinprofessor am Collège Royal in Paris, soll zusammen mit Pierre Séguin (s.u.) Turquet de Mayerne bei der Abfassung der „Apologia" unterstützt haben.[b]
Aquin, d' (Lebensdaten unbekannt)	RCP, MS 444, S. 125	Arzt von Maria von Medici (1575–1642), (s. Anhang 8.9.3.).
Ashworth, (Lebensdaten unbekannt)	Sloane Add. MS 20921, 13r-13v Sloane MS 2079, 137r	Arzt in Oxford, (s. Kapitel 8.9.).
Asselineau, Pierre (Lebensdaten unbekannt)	Sloane MS 2069, 64v-68r[c]	Aus Orleans nach Venedig ausgewanderter, reformierter Arzt der paracelsischen Medizin.[d]
Atkins Henry (1554/5–1635)	TR, S. 210–215	Studium Trinity College Oxford (1574). Anglikanischer Leibarzt von Jakob I. und Karl I. Mehrfacher Präsident des Royal College of Physicians mit maßgeblicher Beteiligung an der Herausgabe der Pharmacopoea Londinensis von 1618.[e]
Banfi Hunyades, Johannes (1576–1650)	TR, S. 356	Mathematikprofessor am Gresham College in London. Versuche zur Goldmacherei, Zusammenarbeit mit Kenelm Digby und Arthur Dee.[f]
Bate, George (1608–1669)	RCP, MS 444, S. 254 und 297	Nicht weiter belegtes Studium an mehreren Colleges in Oxford. Leibarzt von Karl I. und Karl II. sowie von Oliver Cromwell (1599–1658) im Interregnum. Interesse an der chemischen Herstellung von Pigmenten und Farben, Anglikaner, (s. Anhang 8.9.3.).

Name	Bezug[a]	Person
Bathodius, Lucas (Lebensdaten unbekannt)	Sloane MS 693, 69r-69v	Studium Tübingen (1559), Wittenberg (1560) und Basel (1569). Paracelsistischer Arzt in Öttingen und Pfalzburg, als Leihgeber in der Huserschen Paracelsusausgabe erwähnt, beschäftigte sich mit Versuchen zur Goldmacherei.[g] Mitglied des Goldmacherkreises um Du Chesne und Turquet de Mayerne.
Baucinet, Guillaume (Lebensdaten unbekannt)	TR, S. 62	Studium Heidelberg (1573) und Basel (1578), Dr. med. Basel (1584). Arzt und Chemiker aus Orléans, lebte zeitweilig bei Lavinius in Prag. Teilnahme am Pariser Paracelsistenstreit, (s. Anhang 8.3.1. und 8.8.).
Bave, Samuel (1588–1668)	RCP, MS 444, S. 33, 48, 66, 145	Geboren in Köln, Studium Oxford (1620). Anglikanischer Arzt in Bath, spezialisiert in der Anwendung eisenhaltiger Wässer, (s. Anhang 8.9.3.).
Beguin, Jean (ca. 1550–ca.1620)	Sloane Add. MS 20921, 66v	Apothekerlehre in Sedan, Reisen durch Italien, Deutschland und Ungarn, um das Bergwerkswesen kennenzulernen. Eröffnete 1604 in Paris ein eigenes chemisch-pharmazeutisches Labor mit angeschlossener Ausbildungsstätte.[h]
Bethune (Beton), David (Lebensdaten unbekannt)	Sloane Add. MS 20921, 45r	Geboren in Schottland, Studium und Dr. med. Padua. Leibarzt von Karl I.[i]
Bonne, (Lebensdaten unbekannt)	TR, S. 254 und 408	Apotheker in Sedan, später bei Charlotte de la Tremouille, Countess of Derby (1599–1668).
Briot, Nicolas (1579–1646)	Sloane MS 3426, 1r[j]	Studium Freiburg (1595). Münz- und Medaillengraveur in Frankreich und England, beschäftigte sich aber auch mit Pharmazie sowie mit Pigment- und Farbherstellung, Anglikaner.[k]
Brovaert, Johannes (????–1639)	TR, S. 191 und 401	Studium Leiden (1607), Dr. med. Leiden. Reformierter Assistent Turquet de Mayernes in London.[l]

Briefe und Briefpartner Théodore Turquet de Mayernes 359

Name	Bezug[a]	Person
Burgh (Byrche), (Lebensdaten unbekannt)	RCP, MS 444, S. 104–107 CR, Waller Ms gb-00434	Apotheker von Jean Colladon in Norwich, stand mit Turquet de Mayerne im Austausch von Medikamenten.
Butler, William (1535–1618)	Sloane 1991, 71r[m] Sloane MS 2065, 32r, v Sloane MS 2077, 28r[n] Sloane Add. MS 20921, 59r-61v, 63v-65r	Studium Peterhouse und Clare College Cambridge (1558), Lic. med. Clare College (1572). Anglikanischer Professor in Cambridge, „he was the first Englishman who quickened Galenical physic with a touch of Paracelsus, trading in chemical receipts with great success.", (s. Anhang 8.9.1).
Cademan, Thomas (ca. 1590–1651)	Sloane Add. MS 20921, 7r, 43r,45r, 46r	Studium Trinity College Cambridge (1601), Dr. med. Padua (1620). Ab 1626 katholischer Leibarzt von Henrietta Maria von Bourbon. Besaß eine Lizenz zur Alkoholherstellung, begründete zusammen mit Turquet de Mayerne das Unternehmen „Distillers of London".[o]
Casseri (Placentinus), Giulio (ca. 1552–1616)	TR, S. 54	Katholischer Anatom und Chirurg an der Universität in Padua, (s. Anhang 8.8.).
Chabray, Gedeon (1619–1699)	TR, S. 191, 401 und 412	Studium Genf (1636). Assistent Turquet de Mayernes in London. Wahrscheinlich spätere Rückkehr nach Genf da er in der dortigen Liste der Ärzte verzeichnet ist.[p]
Chamberlen, Peter (ca. 1560–1631) oder (1572–1626)	TR, S. 62 und 187	Es ist unklar, um welchen der beiden gleichnamigen Brüder es sich bei Turquet de Mayernes Bekanntem handelt. Beide waren anglikanische Chirurgen und wirkten aber auch, zum Teil verbotenerweise, als Ärzte und Apotheker.[q]
Chappeau, Jean (1596–????)	TR, S. 191 und 401	Studium Genf (1604), Dr. med. Genf (1613). Assistent Turquet de Mayernes in London. Soll nach Trevor-Roper 1627 nach Genf zurückgekehrt sein, taucht aber nicht in der Liste der dortigen Ärzte auf.[r]
Choqueux, Antoine (Lebensdaten unbekannt)	TR, S. 191 und 401	Assistent Turquet de Mayernes in London. Nach Trevor Roper „surgeon in ordinary" von Karl I. ab 1643.[s]

Name	Bezug[a]	Person
Colladon, Jean (1608–1665)	RCP, MS 444, S. 104 und 148	Studium Genf (1625), Dr. med. King's College Cambridge (1636). Reformierter Leibarzt von Karl I. und Karl II., enger Vertrauter von Turquet de Mayerne, (s. Anhang 8.9.3.).
Craig, John (elder) (????–1620)	Sloane Add. MS 20921, 62r	Studium Königsberg (1569), Wittenberg (1570), Frankfurt (Oder) (1573) und Basel (1580), Dr. med. Basel (1580). Zunächst Leibarzt von Jakob VI. in Schottland und begleitete diesen als Jakob I. nach England, (s. Anhang 8.9.1.).
Craig, John (younger) (????–1655)	Sloane Add. MS 20921, 77v	Neffe von John Craig dem Älteren. Studium Helmstedt (1605) und Padua (1607). Zusammen mit Turquet de Mayerne ab 1616 einer der beiden „Ersten" Leibärzte von Jakob I., gewöhnlicher Leibarzt von Karl I.[1]
Croll, Oswald (ca. 1560–1608)	RCP, MS 444, S. 43 und Sloane Add. MS 20921, 15v	s. Kapitel 4.3.
Dansé, (Lebensdaten unbekannt)	TR, S. 53–55	Zusammen mit Asselineau (s.o.) Bekannter Turquet de Mayernes in Venedig, Arzt in der Nähe von Padua.
Darnell, (Lebensdaten unbekannt)	TR, S. 215	Apotheker in London, im Besitz aller hinterlassenen Schriften des englischen Arztes und Naturforschers Thomas Muffet (1553–1604). Arbeitete zusammen mit Turquet de Mayerne an dessen chemischen Rezepten und verkaufte ihm Muffets unpubliziertes Buch über Insekten, das Turquet de Mayerne 1634 herausgab.
Dee, Arthur (1579–1651)	Sloane Add. MS 20921, 40v und 42r	Studium in Manchester (1600) und Basel (1609), Dr. med. Basel (1609). Leibarzt der englischen Königin Anna von Dänemark, des russischen Zaren Michael I. (1596–1645) und von Karl I. Bekannt für seine Versuche zur Goldmacherei, die er in seinem Werk „Fasciculus Chemicus", Paris 1631, veröffentlichte, (s. Anhang 8.9.1.).

Name	Bezug[a]	Person
Delaune, Gideon (1565–1659)	TR, S. 62	Ausbildung unbekannt. Reformierter Apotheker in London und speziell der englischen Königin Anna von Dänemark. Bereitete zusammen mit Turquet de Mayerne maßgeblich die Gründung der „Society of Apothecaries" vor und war darin in verschiedenen Ämtern aktiv.[u]
Digby, Kenelm (1603–1665)	RCP, MS 444, S. 285	Studium Gloucester Hall College Oxford (1618), M.A. Peterhouse Cambridge (1624). „Grand Tour" durch Europa und Freibeuterei im Mittelmeer, anschließend häufiger Wechsel des Wohnsitzes zwischen England und Frankreich, einflussreicher Höfling an beiden Königshöfen, zweifacher Wechsel der Konfession. Naturphilosoph, Buch- und Handschriftensammlungen. Professor am Gresham College in London, eigenes Labor zur Herstellung von paracelsischen Heilmitteln und Versuche zur Goldmacherei mit Banfi Hunyades als Lehrmeister, (s. Anhang 8.9.3.).
Diodati, Theodore (1573–1650/51)	Sloane MS 1991, 79r[v] Sloane MS 2077, 46r[w]	Geboren in Genf, Dr. med. Leiden (1615). Reformierter Arzt in London.[x]
Du Chesne, Joseph (1546–1609)		s. Kapitel 4.3.
Dufour, [Franciscus] (Lebensdaten unbekannt)	TR, S. 55 f. und 62	Möglicherweise Studium Heidelberg (1588). Leibarzt von César de Bourbon, Duc de Vendôme (1594–1665), einem illegitimen Sohn von Heinrich IV.[y]
Duval, Simon (Lebensdaten unbekannt)	Sloane MS 2046, 67r[z] Sloane MS 3427, 1r[aa]	Nach England geflüchteter hugenottischer Arzt.[ab]
Emily, Edward (1617–1657)	RCP, MS 444, S. 341	Studium Oxford (1633), Leiden (1640), Dr. med. Leiden (1640). Anglikanischer Arzt in London, (s. Anhang 8.9.3.).

Name	Bezug[a]	Person
Fabricius Hildanus, Wilhelm (1560–1634)	Opera omnia quae extant omnia[ac]	Keine Quellen über eine schulische oder universitäre Ausbildung; Assistenz bei mehreren Wundärzten und Chirurgen (Neuss, Düsseldorf, Metz, Genf), Wundarzt und Chirurg in Hilden, Köln, Payerne und Bern, reformierten Glaubens, (s. Anhang 8.5.7.).
Falaiseau, Adam (Lebensdaten unbekannt)	Sloane Add. MS 20921, 66v	Geboren in Tours, Studium Montpellier (1592), Doktor Montpellier (1595), Studium Basel (1595). Am selben Tag wie Turquet de Mayerne in Montpellier immatrikuliert, reformierter Leibarzt von Heinrich IV., (s. Anhang 8.9.1.).
Feurs, Germain de (Lebensdaten unbekannt)	Sloane MS 693, 43r Sloane MS 1984, 48r	Doktor der Medizin, Chemiker.
Fonpatour, Sieur de (Lebensdaten unbekannt)	BnF, Français 2518, 17	Delegierter bei der protestantischen Generalversammlung 1597–98 für die Region Aunis, (s. Anhang 8.5.1.). Mitglied des Goldmacherkreises um Du Chesne und Turquet de Mayerne.
Garet, James Jr. (ca. 1552/5–1610)	Sloane MS 1996, 135r	Reicher reformierter Apotheker und weltweiter Pflanzen- und Heilmittelhändler in London, Apotheker von William Butler.[ad]
Giffard (Gifford), John (????–1647)	TR, S. 172 f.	Studium New College Oxford (1584), Dr. med. Oxford (1598). Wurde zur Behandlung von Prinz Henry Frederick Stuart, Prinz von Wales, (1594–1612) vor dessen Tod hinzugezogen.[ae]
Gorayski, Marcjan Goray de (Lebensdaten unbekannt)	Sloane MS 693, 69v Sloane MS 2083, 21r[af]	Studium Heidelberg (1613) und Basel (1615). Arbeitete um 1620 zusammen mit Guillaume Lenormand de Trougny (s.u.) an der Akademie in Sedan auf dem Gebiet der Goldmacherei.[ag]
Hamelot, (Lebensdaten unbekannt)	RCP, MS 444, S. 180	Arzt in La Rochelle um 1649, (s. Anhang 8.9.3.).

Name	Bezug[a]	Person
Hamey, Baldwin jr. (1600–1676)	TR, S. 217, u.a.	Studium Leiden (1615/1617), Oxford (1621, nicht weiter belegt) und Leiden (1625), Dr. med. Leiden (1626). Reformierter Arzt in London, hielt verschiedene Ämter im Royal College of Physicians inne.[ah]
Hammond, John (1551–1617)	TR, S. 171 f. und 174	Studium Trinity College Cambridge (1579), Dr. med. Cambridge (1597). Leibarzt von Jakob I. und Prinz Henry Frederick Stuart.[ai]
Harvet, Israel (Lebensdaten unbekannt)	TR, S. 62 u.a.	Reformierter Arzt in Orleans, unterstützte Du Chesne und Turquet de Mayerne im Pariser Paracelsistenstreit durch zwei Schriften, (s. Anhang 8.3.1.).
Harvey, William (1578–1657)	RCP, MS 444, S. 108	Studium King's College Canterbury (1588), Gonville und Caius College Cambridge (1593) und Padua (1600), Dr. med. Padua (1602). Anglikanischer Leibarzt von Jakob I. und Karl I. Berühmt durch die Entdeckung des Blutkreislaufs: Exercitatio Anatomica de Motu Cordis et Sanguinis in Animalibus, Frankfurt 1628, (s. Anhang 8.9.3.).
Hauenreuter, Johann Ludwig (1548–1618)	RCP, MS 444, S. 106	Studium Tübingen (1568), Straßburg, Dr. phil. Straßburg (1574). Dort Professor für Physik und Logik, mehrmals Rektor. Nach Verleihung Dr. med. Tübingen (1586). Zusätzlich Stadtphysicus in Straßburg, Kanoniker an der lutherischen Thomaskirche, (s. Anhang 8.6.).
Héroard, Jean (1551–1628)	Sloane Add. MS 20921, 56v	Studium Montpellier (1571), Dr. med. Montpellier (1575). Sohn einer calvinistischen Familie, königlicher Leibarzt von Karl IX., Heinrich III., Heinrich IV. und erster Leibarzt von Ludwig XIII, beerdigt in der katholischen Kirche in Vaugrigneuse.[aj]
Kappler, Florian (Lebensdaten unbekannt)	Sloane Add. MS 20921, 54r	Inspektor im Labor von Herzog Friedrich I. von Württemberg (1557–1608) im „Alten Lusthaus" in Stuttgart.[ak]
Landrivier (Lebensdaten unbekannt)	Sloane MS 693, 139r	Mitglied des Goldmacherkreises um Du Chesne und Turquet de Mayerne.

Name	Bezug[a]	Person
Laurens, André du (1558–1609)	TR, S. 28 u.a.	Studium Montpellier (1583), Dr. med. Montpellier (1583), Medizinprofessor Montpellier (1586), Kanzler Montpellier (1603). Arzt von Heinrich IV. und Maria von Medici, (s. Anhang 8.5.1.).
Le Moyne (Lebensdaten unbekannt)	RCP, MS 444, S. 282	Apotheker in Caen, (s. Anhang 8.5.1. und 8.9.3.).
Lenormand de Trougny, Guillaume (????–1638)	Sloane MS 693, 52r u.a. Sloane MS 1984, 34v Sloane MS 2055, 2r und 17r Sloane MS 2083, 1r	Reformierter Anwalt am „Präsidialgericht" in Orleans. Lehrte auch an der Akademie in Sedan, Mitglied des engeren Goldmacherzirkels um Turquet de Mayerne und Du Chesne, Deckname „Hermes".[al]
Libavius, Andreas (nach 1555–1616)	Sloane MS 2060, 1r-2v	s. Kapitel 4.1.
Lister, Matthew (1571?–1656)	Sloane Add. MS 20921, 15r, 16r, 45r, 77v und RCP, MS 444 S. 109	Studium Oriel College Oxford (1588) und Basel (1604), Dr. med. Basel (1604), Professor in Oxford (1605) und Cambridge (1608). Anglikanischer Leibarzt der englischen Königin Anna von Dänemark (1574–1619) und der englischen Könige Jakob I. und Karl I., (s. Anhang 8.9.1.).
Lobel, Matthias (1538–1616)	Sloane Add. MS 20921, 57r	Studium Löwen, Pisa (vor 1554) und Montpellier (1565). Arzt in Bristol, Antwerpen, Delft, Middelburg, danach Hofbotaniker und Leibarzt von Jakob I., Autor von mehreren Büchern der Botanik.[am]
Lobel, Paul (Lebensdaten unbekannt)	TR, S. 186–189.	Sohn von Matthias Lobel, Apotheker in London.
Loss (Lossius), Friedrich (Lebensdaten unbekannt)	Sloane MS 2079, 145r	In Heidelberg als Sohn des Mediziners und Universitätsrektors Wolfgang Lossius geboren. Studium Heidelberg (1610), praktizierte Mitte des 17. Jahrhunderts in Dorchester.[an]
Martin, Jean François (Lebensdaten unbekannt)	Sloane MS 1984, 61r	Apotheker in Chambéry.

Name	Bezug[a]	Person
Martin, Richard (Lebensdaten unbekannt)	TR, S. 76 und 165	Arzt der englischen Königin Anna von Dänemark.
Martinville, Louise Robot de (ca. 1550– 1596)	Sloane MS 693, 139r Sloane MS 1984, 1v Sloane MS 2079, 47v	Ausbildung unbekannt. Beklagte in der Genfer „Affäre Juranville". Vertraute von Du Chesne und Turquet de Mayerne, Zusammenarbeit bei den Versuchen zur Goldmacherei, Deckname „Neptis", (s. Anhang 8.6.).
Mire (Myre), Louis le (????–1635)	TR, S. 345	Reformierter königlicher Apotheker von Jakob I. und Karl I.[ao]
Monginot (de la Salle), Francois (1569–1637)	RCP, MS 444, S. 52, Sloane MS 1984, 31r	Studium Montpellier (1590), Dr. med. Montpellier (1592). Reformierter Leibarzt von Heinrich IV., (s. Anhang 8.9.3.).
Mosanus, Jacob (1564–1616)	TR, S. 97	Studium Oxford (1588) und Köln, Dr. med. Köln (1591). Leibarzt des Landgrafen Moritz von Hessen-Kassel (1599), (s. Anhang 8.5.1. und 8.6.).
Moulin (Molinaeus), Louis du (1605?–1680)	RCP, MS 444, S. 199	Studium Leiden (1627), Dr. med. Leiden (1630). Arzt in London und Geschichtsprofessor in Oxford, mischte sich in Religion und Politik ein, (s. Anhang 8.9.3.).
Mutillet (dit Cusin), Jean (1585?–1643)	Sloane Add. MS 20921, 17r-18r	Studium Genf (1601), Chemiker in Genf, (s. Anhang 8.9.1.).
Nasmyth, John (1556/7–1613)	TR, S. 107 und 184	Wahrscheinlich Studium in St. Andrews, Schottland. Königlicher Chirurg von Jakob VI./I. in Schottland und England, Anglikaner.[ap]
Naudin, Pierre (Lebensdaten unbekannt)	Sloan Add. MS 20921, 75r	Befreundeter, reformierter Apotheker und „valet de chambre du roi" in Paris, (s. Anhang 8.9.1.).
Ottonaio, Cristofano dell' (Lebensdaten unbekannt)	TR, S. 54	Arzt in Florenz.

Name	Bezug[a]	Person
Paddy, William (1554–1634)	Sloane Add. MS 20921, 43r	Studium Oxford (1570) und Leiden (1573), Dr. med. Leiden (1589). Anglikanischer Professor in Oxford (1591). Mehrfacher Präsident des Royal College of Physicians, Leibarzt von Jakob I., (s. Anhang 8.9.1.).
Palet (Lebensdaten unbekannt)	Sloane MS 1996, 157r	Leibarzt von Heinrich I., Prinz von Condé.[aq]
Palmer, Richard (????–1625)	TR, S. 172 f.	Studium Christ's College und Peterhouse College Cambridge (1576), Dr. med. Cambridge (1583). Wurde zur Behandlung von Prinz Henry Frederick Stuart, Prinz von Wales, (1594–1612) vor dessen Tod hinzugezogen; Anglikaner.[ar]
Pena, François (????–1626)	TR, S. 61 u.a.	Studium in Genf, königlicher Leibarzt von Heinrich IV.
Philipon (Lebensdaten unbekannt)	Sloane MS 2055, 21r	Mitglied des Goldmacherkreises um Du Chesne und Turquet de Mayerne, wahrscheinlich ein Deckname. Ein Bezug auf den spätantiken Naturphilosophen Johannes Philiponus (ca. 490–ca. 570), den „Mühleliebenden", ist möglich, (s. Anhang 8.6.).
Plancy (Plancius), A. (Lebensdaten unbekannt)	Sloane Add. MS 20921, 15v	Apotheker der englischen Königin Henrietta Maria von Bourbon.[as]
Le Pleurs (Lebensdaten unbekannt)	RCP, MS 444, S. 67	Mit Turquet de Mayerne befreundeter Apotheker.
Poincteau, N. [Jean?] (Lebensdaten unbekannt)	Sloane Add. MS 20921, 53r	Reisender „médecin chymique", in England um 1630.[at]
Poniet (Lebensdaten unbekannt)	TR, S. 62	Arzt in Orleans.
Poterie (Poterius), Pierre de la, (Lebensdaten unbekannt)	TR, S. 357 und 418	In Angers geborener paracelsistischer Arzt, wirkte in Bologna.[au]

Name	Bezug[a]	Person
Raboteau (Lebensdaten unbekannt)	TR, S. 62	Chirurg in Orleans.
Raleigh (Ralegh), Sir Walter (1554–1618)	Sloane MS 2046, 110[av]	Englischer anglikanischer Höfling, Seefahrer, Entdecker, und Kolonisator. Wirkte während seiner Kerkerzeit im Tower als Schriftsteller und beschäftigte sich mit Chemie und Pharmazie.[aw]
Renéaulme, Paul (Lebensdaten unbekannt)	TR, S. 55 u.a.	Arzt in Blois.[ax]
Reutz, Franz (Lebensdaten unbekannt)	Sloane MS 1996, 46r	Geboren in Gollnow (Pommern). Studium Frankfurt (Oder) (1591), Dr. med. Basel (1601). Arzt des protestantischen mährischen Adligen Ladislaus Velen von Zerotein, (s. Anhang 8.5.1. und 8.6.).
Ribit de la Rivière, Jean (~1546–1605)	TR, S. 30–37 u.a.	Nicht weiter belegte Studien in Frankreich, dann Studium Turin (1571). Zunächst Leibarzt von Henri de La Tour d'Auvergne, Herzog von Bouillon (1555–1623), von 1595 bis 1605 erster Leibarzt von Heinrich IV., Konfession reformiert.[ay]
Rivière, Lazare (1589–1655)	Sloane MS 1991, 99–102[az]	Studium Montpellier (1606), Dr. med. Montpellier, Medizinprofessor in Montpellier (1622). Zunächst Calvinist, später konvertiert.[ba]
Rotmund, Felix (Lebensdaten unbekannt)	TR, S. 61 f.	Studium Basel (1589) und Montpellier (1593), Dr. med. Montpellier (1596). Arzt in Paris.[bb]
Rotmund, Laurence (1573–1608)	TR, S. 61 f.	Studium Heidelberg (1589), Genf (1592) und Montpellier (1593), Dr. med. Montpellier (1596). Arzt in St. Gallen.[bc]
Rumler, Johann Wolfgang (????–1650)	Sloane MS 1996, 170r	Möglicherweise Sohn des Augsburger Arztes Johannes Uldaricus Rumler. Ausbildung unbekannt. Apotheker von Jakob I. und Karl I.[bd]

Name	Bezug[a]	Person
Rumpf, Christian (1580–1645)	Sloane Add. MS 20921, 7v, 76r und 77r	Studium Heidelberg (1598), Marburg (1605), Leiden (1607) und Basel (1608), Dr. med. Basel (1608), danach Exeter College Oxford (1613). Leibarzt von Kurfürst Friedrich V. von der Pfalz und seiner Frau Elisabeth Stuart.[be]
Sabatier, Mlle (Lebensdaten unbekannt)	Sloane MS 283, 21r-28v	Unbekannte Iatrochemikerin. Wahrscheinlich nicht identisch mit Louise Robot, Madame de Martinville, die Turquet de Mayerne an anderer Stelle erwähnt.
Sacharles, Nicholas (Lebensdaten unbekannt)	TR, S. 309	In Spanien geboren, nicht belegtes Studium Montpellier, Dr. med. Valence. Arzt in London.[bf]
Séguin, Pierre (1564–1648)	TR, S 74 f. u.a.	Studium Paris (1588/90). Katholischer Medizinprofessor am Collège Royal, soll zusammen mit Martin Akakia (s.o.) Turquet de Mayerne bei der Abfassung der „Apologia" unterstützt haben.[bg]
Smith, Franciscus (Lebensdaten unbekannt)	RCP, MS 444, S. 41	Nicht weiter bekannter englischer Arzt, (s. Anhang 8.9.3).
Sueur, Isaac le (Lebensdaten unbekannt)	Sloane MS 1984, 26v-23v Sloane Add. MS 20921, 26r und 33r BnF, Français 2518, 19	Arzt und Chemiker aus La Rochelle. Turquet de Mayerne schickte ihn als Verwalter nach Aubonne.[bh]
Thorius (Thory), Raphael (????–1625)	Sloane MS 206 B, 71r[bi]	Geboren in den Niederlanden, Studium Leiden (1590), Dr. med. Leiden (1590). Reformierter Arzt und Dichter in London.[bj]
Thornborough, John (1551?–1641)	Sloane MS 1988, 95v	Bischof von Worcester, seine Residenz in Hartlebury Castle war eines der Zentren für die Goldmacherei in England.[bk]
Tomannus, [Caspar] (Lebensdaten unbekannt)	Sloane MS 1988, 47r und 92r	Arzt aus Zürich, nicht weiter belegte Studien in Zürich, Genf, Frankreich und Oxford.[bl]

Name	Bezug[a]	Person
Turner, Peter (1542–1614)	TR, S. 106 f. und 206	Studium St. John's College Cambridge (1564), Heidelberg (1566), Marburg (1568) und Basel (1570), Dr. med. Heidelberg (1571). Paracelsistischer Arzt in London, Anglikaner.[bm]
Turner, Samuel (????–1647?)	TR, S. 106 f. und 206	Sohn von Peter Turner (s.o.). Studium St. Mary Hall College Oxford (1602), Dr. med. Padua (1611). Leibarzt verschiedener englischer Adliger, Anglikaner.[bn]
Turquois, (Lebensdaten unbekannt)	TR, S. 62	Apotheker Turquet de Mayernes in Paris.[bo]
Williams, Sir Maurice (????–1658)	TR, S. 8 und 412	Studium St. John's und Oriel College Oxford (1616/1624), Dr. med. Padua (1628). Arzt von Thomas Wentworth, Earl of Strafford (1593–1641), (s. Anhang 8.9.3.).

[a] Abkürzungen: TR = (Trevor-Roper, Hugh: Europe's Physician. The Various Life of Sir Theodore de Mayerne. New Haven und London 2006), RCP = Royal College of Physicians, CR = Uppsala universitetsbibliotek Carolina Rediviva, BnF = Bibliothèque nationale de France.
Briefe und Bezugnahme sind über diverse Archive und viele Archivalien verteilt. Allein die mehr als 100 Schriften in der British Library umfassen mehrere 1000 Seiten. Die Liste der angegebenen Bezugsstellen kann deshalb keinesfalls vollständig sein.
[b] (Gouron 1957, S. 198), (Collège de France 2016, S. 3), (Bayle 1702, Band 1, S. 130) und (Trevor-Roper 2006, S. 75).
[c] Laut Inhaltsübersicht.
[d] (Cozzi 1962) und (Trevor-Roper 2006, S. 53 f.).
[e] (Clark 1888, Band 4, S. 61) und (Wallis 2004).
[f] (Sherwood Taylor 1953) und (Trevor-Roper 2006, S. 356).
[g] (Förstemann 1976, Band 1, S. 372) und (Kühlmann und Telle 2001, 2004 und 2013, Teil 2, S. 260–262).
[h] (Pötsch 1988, S. 36).
[i] (Munk 1861, 183).
[j] Laut Inhaltsübersicht.
[k] (Mayer 1907–1910, S. 675), (Challis 2004) und (Trevor-Roper 2006, S. 338).
[l] (Rieu 1875, S. 86), (Munk 1861, S. 164) und (Grell 1996, S. 233 und 237).
[m] Laut Inhaltsübersicht.

ⁿ Laut Inhaltsübersicht.
ᵒ (University of Cambridge 2016) und (Nance 2004a).
ᵖ (Stelling-Michaud 1959–1980, Band 2, S. 447), (Gautier 1906, S. 251, 432 und 516) und (Trevor-Roper 2006, S. 401).
ᑫ (King 2004).
ʳ (Stelling-Michaud 1959–1980, Band 2, S. 466) (Gautier 1906) und (Trevor-Roper 2006, S. 401).
ˢ (Trevor-Roper 2006, S. 401).
ᵗ (Henry 2004b).
ᵘ (Littleton 2004).
ᵛ Laut Inhaltsübersicht.
ʷ Laut Inhaltsübersicht.
ˣ (Grell 2011, S. XIX), (Rieu 1875, S. 121) und (Munk 1861, S. 160).
ʸ (Toepke 1884–1889, Band 2, S. 140) und (Trevor-Roper 2006, S. 55).
ᶻ Laut Inhaltsübersicht.
ᵃᵃ Laut Inhaltsübersicht.
ᵃᵇ (Trevor-Roper 2006, S. 402).
ᵃᶜ (Fabricius Hildanus 1646).
ᵃᵈ (Trevor-Roper 2006, S. 106 und 188) und (Egmond 2010, Kap. VI).
ᵃᵉ (Munk 1861, S. 109 f.) und (Trevor-Roper 2006, S. 172 f.).
ᵃᶠ Laut Inhaltsübersicht.
ᵃᵍ (Wackernagel 1951–1980, Band 3, S. 172) und (Suchodolski 1974).
ᵃʰ (Rieu 1875, S. 119 und 130), (Prögler 2013, S. 201), (Bevan 2004) und (Grell 1996, S. 213 und 237).
ᵃⁱ (University of Cambridge 2016) und (Hutchins 2004).
ᵃʲ (Michaud 1854–1865, Band 19, S. 300) und (Jeandel 2009).
ᵃᵏ (Nummedal 2007, S. 132 f.).
ᵃˡ (Kahn 2013, S. 27–29) und (Trevor-Roper 2006, S. 93).
ᵃᵐ (Allen 2004).
ᵃⁿ (Toepke 1884–1889, Band 2, S. 251) und (Jöcher 1750–51, Band 2, S. 2536 f.).
ᵃᵒ (Matthews 1967, S. 89–92 und 178) und (Egmond 2010, S. 183 f.).
ᵃᵖ (Dingwall 2004).
ᵃᑫ (Trevor-Roper 2006, S. 62).
ᵃʳ (University of Cambridge 2016) und (Bakewell 2004b).
ᵃˢ (Matthews 1967, S. 122).
ᵃᵗ (Pelling 2003, S. 100).
ᵃᵘ (Eloy 1778, Band 3, S. 615).
ᵃᵛ Laut Inhaltsübersicht.
ᵃʷ (Nicholls 2004).
ᵃˣ (de l'Estoile 1875–1889, Band 8, S. 337).

ᵃʸ (Trevor-Roper 1985, S. 30–37).
ᵃᶻ Laut Inhaltsübersicht.
ᵇᵃ (Hoefer 1855–1866, Band 42, S. 344 f.), (Astruc 1767, S. 259 f.) und (Dulieu 1966).
ᵇᵇ (Wackernagel 1951–1980, Band 2, S. 371).
ᵇᶜ (Toepke 1884–1889, Band 2, S. 143) und (Gouron 1957, S. 198).
ᵇᵈ (Matthews 1967, S. 92–98 und 177).
ᵇᵉ (Toepke 1884–1889, Band 2, S. 192 und 471), (Rieu 1875, S. 88), (Wackernagel 1951–1980, Band 3, S. 87) (Clark 1888, S. 329) und (Pies 2009, S. 142 f.).
ᵇᶠ (Anonymus 1855, S. 25–32) und (Pelling 2003, S. 289).
ᵇᵍ (Baron 1752, Band 1, S. 13 f.), (Hazon 1778, S. 85 f.) und (Trevor-Roper 2006, S. 74 f.).
ᵇʰ (Trevor-Roper 2006, S. 309 und 322).
ᵇⁱ Laut Inhaltsübersicht.
ᵇʲ (Grell 2004).
ᵇᵏ (Usher 2004) und (Abraham 2007, S. 106).
ᵇˡ (Forster 1977, S. 207), (Pelling 2003, S. 185) und (Robinson 1845, S. 323–330).
ᵇᵐ (University of Cambridge 2016) und (Lewis 2004).
ᵇⁿ (Jansson 2004).
ᵇᵒ (Turquet de Mayerne 1603, S. 55).

8.10. Versionen der Manuskripte von Madame de Martinville[1291]

8.10.1. La demie once de poudre que [vous] me donnâtes en l'an 1589, …..

Überschrift	Archiv, Signatur	Bemerkung
Epistola Neptis	British Library London, Sloane MS 693, ff. 139r-144r	Opération de Neptis au Druide communiquée par M. Landrivier, Calend[a] Januar[ius] 16[0]8. Unbekannte Handschrift. Grundlage für die weiteren Vergleiche.

1291 Alle Schriftstücke (bis auf 8.10.6.) liegen digitalisiert vor oder sind, zum Teil sogar kostenlos, digitalisiert worden.

Überschrift	Archiv, Signatur	Bemerkung
Epistola Neptis	British Library London, Sloane MS 2055, ff. 39r-51v	Opération de Neptis au Druide communiquée par M. Landrivier, Calend[a] Januar[ius] 1608. Abschrift Turquet de Mayernes von Sloane MS 693, ff. 139r-144r mit roten Unterstreichungen und Seitenbemerkungen.
Extrait d'une lettre de Neptis au Druide sur l'opération de la procédure de Philipon	British Library London, Sloane MS 2055, ff. 21r-38r	In einigen Teilen genaue Abschrift von Sloane MS 693, ff. 139r-144r, aber besonders am Anfang und ab der Mitte stark verkürzt, außerdem gleich zu Anfang eine Vertauschung der Zeichen für Quecksilber und Silber. Auf ff. 37r-38r zusätzlich eine Zusammenstellung der benötigten Chemikalien und Geräte: „Choses nécessaires pour l'opération de Neptis venant de Philippon".
Œuvre de Martinville	Bibliothèque Sainte-Geneviève Paris, MS 2264, ff. 177r-184r	Stark veränderte Abschrift von Sloane MS 693, ff. 139r-144r; teilweise gleich, teilweise leicht erweitert oder aber stark verkürzt; Benutzung von ℞ (recipe).
Epistola nobilissimae matronae, de Martinvilla, ad Dom[inum] Quercetanum. + 1609	Det Kongelige Bibliotek Kopenhagen, GKS 1776, ff. 1r-7v	Seitenbemerkung: Translati ex Gallico in Latinum. Habr[echt] 1615. Stutgardia. Recht genaue Übertragung des Textes von Sloane MS 693, ff. 139r-144r durch Isaak Habrecht [II] (1544-1620) ins Lateinische mit einigen Freiheiten. Es ist nicht bekannt, welche Vorlage Habrecht benutzt hat und ob es in Stuttgart im Labor von Friedrich I. (1557-1608) eine Version der Schrift gab.

Versionen der Manuskripte von Madame de Martinville

Überschrift	Archiv, Signatur	Bemerkung
The Work of Neptis, Communicated by him to Quercetanus. 1589	The Getty Institute, Special Collections, Manly Palmer Hall collection of alchemical manuscripts, 1500–1825, box 18, vol. 13, Teil 3, S. 75–133	Recht genaue, nur an wenigen Stellen leicht veränderte Übersetzung von Sloane MS 693, ff. 139r-144r. Die Seiten 128–133 sind eine Ergänzung mit der Herstellungsvorschrift von zwei benötigten Chemikalien.

8.10.2. Encores que toutes choses, qui sont sous le ciel étant composées de 4 éléments, …..

Überschrift	Archiv, Signatur	Bemerkung
Copie de l'écrit qui m'était adressé par feue Mad[ame] Mart[inville] et que j'ai trouvé après sa mort	British Library London, Sloane MS 1984, ff. 1v-2r	Brief adressiert an Turquet de Mayerne! ff. 1v-2r: Abschrift von Turquet de Mayerne. ff. 3r-6r: Laut Überschrift ein Autograph von Du Chesne, aber eher eine andere Handschrift.
Fragmentum Neptis ex autographo Druidae	ff. 3r-6r	Mit leichten sprachlichen Abweichungen wortgleich mit GKS 1792, S. 1–9. Grundlage für die weiteren Vergleiche.
Copie d'une lettre écrite à Mons[ieu]r du Chesne p[ar] une docte demoiselle de France	Det Kongelige Bibliotek Kopenhagen, GKS 1792, S. 1–9	Brief adressiert an Du Chesne! Fremde Handschrift. Mit leichten sprachlichen Abweichungen wortgleich mit Sloane 1984, ff. 1v-6r.
The Process of Phillip Poney, for accomplishing The Tincture as practised by Quercitan's Daughter. Copied from an ancient MS. 1805.	The Getty Institute, Special Collections, Manly Palmer Hall collection of alchemical manuscripts, 1500–1825, box 18, vol. 13, Teil 2, S. 1–26	Copy of a Letter, addressed to Mrs. Martin Viel, By the Daughter of Quercitan on the Philosophers Stone. Recht genaue Übersetzung von Sloane MS 1984, ff. 1v-6r mit einigen Erweiterungen im mittleren Teil. Unterschiedlich zu Ashmole 1440, S. 48–69 und box 18, vol. 13, Teil 4, S. 135–169.

Überschrift	Archiv, Signatur	Bemerkung
Quercitan's Daughter's Letters	Bodleian Library Oxford, Ashmole 1440, S. 48–69	Etwas freie Übersetzung von Sloane MS 1984, ff. 1v-6r. Fast genau wortgleich mit box 18, vol. 13, Teil 4, S. 135–169. Unterschiedlich zu box 18, vol. 13, Teil 2, S. 1–26.
The Theory and Practice of the Philosophers Stone described by Quercitan's Daughter. Copied from an ancient manuscript. 1805	The Getty Institute, Special Collections, Manly Palmer Hall collection of alchemical manuscripts, 1500–1825, box 18, vol. 13, Teil 4, S. 135–169	Fast wortgenau gleich mit Ashmole 1440, S. 48–69. Unterschiedlich zu box 18, vol. 13, Teil 2, S. 1–26.
Quercitan's Daughter's Letters	Houghton Library, Harvard University, MS Eng 1527, S. 40–45	Fast wortgenau gleich mit Ashmole 1440, S. 48–69 und box 18, vol. 13, Teil 4, S. 135–169. Unterschiedlich zu box 18, vol. 13, Teil 2, S. 1–26.

8.10.3. Pratiques

Überschrift	Archiv, Signatur	Bemerkung
Fragmentum Neptis ex autographo Druidae	British Library London, Sloane MS 1984, 6r-12v	1. Pratique. Premièrement les préparations des matières d'une même racine. 2. Seconde pratique, et premièrement les préparations des matières. Grundlage für die weiteren Vergleiche.
Pratique première multiplicative und Seconde pratique sur l'œuvre entière des le commencement	Det Kongelige Bibliotek Kopenhagen, GKS 1792, S. 10–24	Premier pratique stimmt im Allgemeinen sachlich überein mit Sloane MS 1984, in der Wortwahl allerdings viele Veränderungen. Seconde pratique ist nur am Anfang ähnlich, später ein anderer Text.

Überschrift	Archiv, Signatur	Bemerkung
The Process of Phillip Poney, for accomplishing The Tincture as practised by Quercitan's Daughter. Copied from an ancient MS. 1805	The Getty Institute, Special Collections, Manly Palmer Hall collection of alchemical manuscripts, 1500–1825, box 18, vol. 13, Teil 2, S. 27–74	The Practice und The Second Practice and Experiment of the Whole Work, from the beginning to the end. Recht genaue Übersetzung mit geringen Erweiterungen von Sloane MS 1984, ff. 6r-12v.
The first practice of multiplication und The second practice upon the whole work from the beginning to the end	Bodleian Library Oxford, Ashmole 1440, S. 69–98	Übersetzung eines bisher unbekannten französischen Textes. Fast wortgenau gleich mit box 18, vol. 13, Teil 4, S. 170–222, endet aber auf S. 220.
The Theory and Practice of the Philosophers Stone described by Quercitan's Daughter. Copied from an ancient manuscript. 1805.	The Getty Institute, Special Collections, Manly Palmer Hall collection of alchemical manuscripts, 1500–1825, box 18, vol. 13, Teil 4, S. 170–222	Fast wortgenau gleich mit Ashmole 1440, S. 69–98, aber 2 Seiten länger.
The first practice of Multiplication und The second Practice upon the whole work from the Beginning to the End	Houghton Library, Harvard University, MS Eng 1527, S. 46–53	Mit wenigen leichten Abweichungen wortgleich mit Ashmole 1440, S. 69–98 und box 18, vol. 13, Teil 4, S. 170–220.

8.10.4. C'est un arrêt que tous les vrais philosophes chimiques en général prennent pour matière et sujet de leurs œuvres le mercure ….

Überschrift	Archiv, Signatur	Bemerkung
Discours philosophal de mademoiselle de la Martinville 1610	Bibliothèque Mazarine Paris, MS 3681, ff. 77r-81r	Eigenständige Schrift. Wortgleich mit Bibliothèque Sainte-Geneviève Paris, MS 2264, ff. 184r-192r., Chemische Stoffe werden mit den bekannten „alchemistischen Symbolen" bezeichnet.

Überschrift	Archiv, Signatur	Bemerkung
L'œuvre de la pierre à la façon de Paracelse sans ambigüité	Bibliothèque Sainte-Geneviève Paris, MS 2264, ff. 184r-192r	Eigenständige Schrift. Wortgleich mit Bibliothèque Mazarine Paris, MS 3681, ff. 77r-81r. Chemische Stoffe werden mit „Decknamen" bezeichnet.

8.10.5. Sonstige

Überschrift	Archiv, Signatur	Bemerkung
The Work of Philope Ponia for accomplishing the Elixir 1587. Copied from an Ancient Manuscript. 1797	The Getty Institute, Special Collections, Manly Palmer Hall collection of alchemical manuscripts, 1500-1825, box 18, vol. 13, Teil 1, S. 1-52	Originaltitel: „1587 Philope Ponia his Work. To make the mercurius of Life according to Quercitan's Daughter, being the Work etc." S. 1-26: Philope Ponia's Work S. 27-33: Addenda S. 35-52: A Recapitulation: Briefly Explaining the Principal Operations in the Foregoing Work Die Schrift wird als Abschrift bezeichnet.
The Theory and Practice of the Philosophers Stone described by Quercitan's Daughter. Copied from an ancient manuscript. 1805.	The Getty Institute, Special Collections, Manly Palmer Hall collection of alchemical manuscripts, 1500-1825, box 18, vol. 13, Teil 4, S. 170-222	Aus den vorhergehenden Teilen 1-4 zusammengestellte einzelne Rezepte.
Œuvre de Mad^{le} de Martinville avec toutes les préparations etc., en outre plusieurs recettes et opérations chymiques expérimentées et très véritable tant pour la santé que pour la transmutation métallique	Bibliothèque Sainte-Geneviève Paris, MS 2264, ff. 107r-128r	Zusammenstellung vieler Stoffe und Herstellungsanweisungen, die zum Teil aus den anderen Schriften entnommen wurden.

8.10.6. Weitere[1292]

The Copie of a letter sent to me by ye late Madam Martin Viel which was found after her death	University of Glasgow, Ferguson MS 163, ff. 1–34	Der Titel lässt auf eine Übersetzung von Sloane MS 1984, ff. 1v-6r schließen.
The worke of Neptis communicated to Quercitanus	University of Glasgow, Ferguson MS 163, ff. 35–56	Möglicherweise eine Übersetzung von Sloane MS 693, ff. 139r-144r.
Quercitan's Daughters' Letters	University of Glasgow, Ferguson MS 163, ff. 57–90	Möglicherweise eine Übersetzung von Sloane MS 1984 ff. 6r-12v.

8.11. Verzeichnis einiger chemischer Fachwörter[1293]

Adler (aquila)	Der Begriff wird für viele verschiedene, meist flüchtige Stoffe verwendet, wie z.B. Quecksilber, Arsen, Cadmium, Schwefel oder Salmiak. Er bezeichnet aber auch eine Stufe des „Opus magnum"
Adrop	Bleierz, aus dem das „philosophische" Quecksilber zur Herstellung des „Steins der Weisen" gewonnen werden kann
Alkibric	Grundstoff des Quecksilbers und aller Flüssigkeiten, aber auch der „Stein der Weisen" selbst
Amalgamation (amalgamatio)	Zusammenschmelzen von Metallen mit Quecksilber
Argentum potabile (Trinksilber)	Innerlich anwendbare Silberlösung (wohl als Acetat)
Argentum vivum	Quecksilber
Astrum chymicum	Himmelsmaterie, Quintessenz

1292 Auf Grund des schlechten Erhaltungszustands konnten diese Quellen nicht digitalisiert und deshalb auch nicht zugeordnet werden.

1293 Die Erläuterungen wurden einerseits aus den Quellen sowie aus (Ruland 1612), (Woyt 1751) und (Macquer 1788–1791) entnommen. Andererseits leisteten Samuel Hahnemanns Apothekerlexikon (http://buecher.heilpflanzen-welt.de/Hahnemann-Apothekerlexikon/ letzter Zugriff am 05.04.2019), die Lexika von Abraham (Abraham 2001) und Schneider (Schneider, Wolfgang 1981), das Glossar von Klein (Klein, Ursula 1994, S. 250–262) und der Sammelband von Priesner und Figala (Priesner und Figala 1998) wertvolle Dienste.

Auflösung (solutio)	Umwandlung eines festen Stoffes in eine Flüssigkeit durch Auflösen oder Zusammenschmelzen
Aurum potabile (Trinkgold)	Innerlich anwendbare Goldlösung zur Heilung von Krankheiten und zur Verlängerung des Lebens (wohl meist als Tartrat bzw. Weinsäurekomplex oder Acetat)
Aurum vitae (Gold des Lebens)	Pestheilmittel, aus Turbith und Goldamalgam im Feuer hergestellt
Azoth	Vielfach und oft unklar verwendeter Begriff für: 1. „Philosophisches Quecksilber" 2. Mercurius Prinzip des Paracelsus 3. Fünftes Element, Quintessenz 4. Lebensprinzip, aber auch Universalmedizin 5. „Stein der Weisen" 6. Stickstoff
Bleiglätte (Lithargyrum)	Bleioxid, Nebenprodukt bei der Silbergewinnung aus Bleierzen
Bleiweiß (Cerussa)	Basisches Bleicarbonat oder Bleiacetat, Verwendung als Farbe und in Salben
Blut der Natur	Nitrum (s. dort)
Chylus	Milchiger Pflanzensaft, nach Galen der Speisesaft, der (im Magen-/Darmtrakt) aus dem Chymus gebildet wird
Chymus	Dick eingekochter Saft, nach Galen der Speisebrei im Magen unter Einwirkung der Magensäfte
Clissus (Clyssus)	Mischung aus gereinigten Stoffen, auch durch Auffangen von Reaktionsprodukten nach Verpuffung
Commistio	Vermischung
Congelatio	Verfestigung flüssiger Stoffe, insbesondere von geschmolzenen Metallen
Dekoktion (decoctio)	Einwirkung von Hitze: - bei der Metall- oder Mineralbearbeitung - bei der Extraktion von Stoffen durch Auflösung in Flüssigkeiten
Destillation (destillatio)	Erhitzen von Stoffen und Auffangen sowie Trennen der entstandenen Dämpfe, wurde als wichtigste Arbeit in der Chemie betrachtet
Deszension (descensio)	Arbeitsvorgang, bei dem sich etwas nach unten absondert, aber auch eine besondere Art der Destillation
Digerieren, Digestion	Langsames Herauslösen von Stoffen aus einem zerkleinerten Gemisch unter Wärmeeinwirkung
Draco volans	1. Flüchtiger Stoff 2. Quecksilber 3. Neubildung eines Stoffes

Verzeichnis einiger chemischer Fachwörter

Eidechsenblut (sanguis lacertae)	Rotes vitriolisches Öl
Elixation	Langsames Erhitzen, aber auch Übergießen mit heißem Wasser
Elixir (arabisch: al iksir)	1. Alkoholische Lösung eines Stoffes 2. Reinster Auszug, z.b. eines Metalls 3.. Vorstufe des Steins der Weisen oder vergleichbar damit 4. Universalheilmittel
Fermentation	1. Vergärung 2. Steigerung der inneren Kraft, z.b. Verwandlung unedler Metalle zu Gold 3. Tränken der leblosen und formlosen Materie mit Form und Lebensgeist
Fixieren	Verfestigen einer flüchtigen Substanz
Flores	Durch Sublimation erhaltene pulvrige „Blumen" an den kälteren Stellen der Gefäße
Fulminatio	Aufblitzen des Goldes oder Silbers nach Reinigung (von Blei), Treibarbeit; aber auch Knall bei einer Explosion, z.B. von Knallgold
Fusio	Das Schmelzen
Gabricus	Mythischer König, der sich in „Opus magnum" Darstellungen mit seiner Königin Beya vereint
Galban(um)	Harz
Geflügelter Löwe (leo volatilis)	Symbol für das Flüchtige, z.B. Quecksilber
Gradierung (gradatio)	Reinigung oder Vervollkommnung von Metallen Konzentrieren einer Salzlösung
Grüner Löwe (leo viridis)	1. Kupfer- oder Eisensulfat 2. Antimonerz 3. Philosophisches Quecksilber oder das Erz, aus dem es gewonnen wird 4. Kann andere Metalle in die materia prima überführen
Inceratio	Mischung von Pulvern mit Flüssigkeit zur Herstellung eines wachsartigen Breis
Infusion	Aufguss
Inhumare, inhumatio	1. In die Form einer „Erde" bringen 2. Das Vergraben eines Stoffes in der Erde 3. Destillationsmethode, bei der das Destillationsgefäß mit Erde umgeben wird oder in warmem Tierdung erhitzt wird
Ixir	s. Elixir

Jungfraumilch (lac virginis)	1. Suspension von Bleisulfat oder Bleichlorid 2. Milchige, weiße Suspension als Schönheitsmittel, z.b. alkoholische Benzoeharzlösung oder Bernsteinlösung 3. Synonym für die „materia prima" 4. „Mercuriales Wasser" als Nahrung für den entstehenden „Stein der Weisen" (s. auch Multiplikation) 5. Weißes Elixir, das aus unedlen Metallen Silber macht
Kalk	Aus Metallen durch chemische Reaktionen (Kalzination) erhaltene Salze (s. auch Krokus)
Kalzination (Kalzinierung, calcinatio)	Veränderung von Metallen im Feuer, mit oder ohne Zusatz anderer Stoffe; aber auch das Auflösen von Metallen in Säuren (s. Kalk)
Kibric	s. Alkibric
Koagulation (coagulatio)	Jedes Festwerden von Stoffen auch aus einer Lösung (z.b. durch Eindampfen, Ausfrieren u.a.)
Konjunktion (conjunctio)	Vereinigung gegensätzlicher Prinzipien wie Quecksilber und Schwefel, z.B. bei der Herstellung des „Steins der Weisen" (analog zum Geschlechtsakt)
Krokus (crocus)	Durch die Kalzination (s.o.) erhaltene Stoffe, meist von gelber bis rotbrauner Farbe (s. auch Kalk)
Lasurit (Lazurus)	Mineral, Mischsilikat
Lixivium	Lauge, meist bereitet als Auszug von Pflanzenasche
Löwe (leo)	Symbol für Kraft und Stärke, steht für das Fixe, z.B. den Schwefel
Lutum	Material zum Abdichten oder Schutz der Gefäße; meist ein Gemisch aus Lehm, Leim und Fasern, aber auch Eiweiß oder Wachs
Mazerieren, Mazeration	Herauslösen von Stoffen aus einem Gemisch, oft unter Rückfluss
Magisterium	1. „Durch Wegnehmen der äußeren Verunreinigungen erhöhte Spezies" (Libavius) 2. Reinstoff (z.B. durch Umkristallisieren) 3. Geläuterte Grundeigenschaft 4. Stoff mit besonderer Wirkung
Malagma (Cataplasma)	Äußerlich anwendbarer Brei, bzw. Salbenmischung in Form eines Umschlags
Mennige (Minium)	Bleioxide
Multiplikation (multiplicatio)	Vermehrung von Qualität und/oder Quantität des „Steins der Weisen"
Nitrum (auch Halinitron)	Natron (Soda, Pottasche oder Borax) oder Salpeter

Verzeichnis einiger chemischer Fachwörter

Okkulte Eigenschaften	Verborgene, wissenschaftlich noch nicht erforschte, höhere Kräfte in der Natur, z.B. der Magnetismus
Opus magnum	Das „große Werk" zur Herstellung des „Steins der Weisen"
Panazee (panacea)	Universalheilmittel
Pfau (pavo, pava)	Bildliche Beschreibung von Farben (Pfauenrad) und Stufe beim „Opus magnum"
Philosophisches Ei (ovum)	1. Keimzelle der Welt bzw. des „Steins der Weisen" 2. Form von Mineralfunden (insb. der terra martialis) 3. Rundliches Gefäß zur Aufnahme von Stoffen, die im Ofen erhitzt werden sollen
Phlegma	1. Einer der vier Körpersäfte in der Humoralpathologie Galens 2. Anderer Ausdruck für das Prinzip „Wasser" in den im 17. Jahrhundert zur besseren Beschreibung von Destillationsvorgängen auf fünf Prinzipien erweiterten „tria prima" 3. Durch Destillation erhaltenes Wasser
Präzipitation (praecipitatio)	Fällung, Ausscheiden eines gelösten Stoffes aus einer Lösung durch ein Fällungsmittel
Prima Materia (materia prima)	Nach Aristoteles die formlose, reine, gedachte Urmaterie als Möglichkeit für die vier Elemente, von den Chemikern des Mittelalters materiell aufgefasst.
Projektion (projectio)	Gezielte Verleihung bestimmter Eigenschaften, letzter Schritt bei der Verwandlung unedler Metalle in Gold
Putrefikation	1. Durch Fäulnis bedingte chemische Reaktion (oft auch nur eine längerfristige Reaktion in warmem Mist) 2. Schritt bei der Herstellung des „Steins der Weisen"
Realgar	Arsen-Schwefel Mischung oder Mineral
Reduktion (reductio)	1. Versetzen in den natürlichen Zustand 2. Abscheidung eines Metalls (als Regulus) aus seinem Kalk (s. dort)
Regulus	Beim Schmelzen aus Metallverbindungen erhaltener Metallklumpen
Reißblei (plumbago)	Graphit
Resolution (resolutio)	Zweite Verflüssigung oder Auflösung
Reverberieren	Destillation oder Sublimation, aber auch Kalzination im Reverberierofen, in dem die Flamme das Arbeitsgefäß umlodert

Roter Löwe (leo ruber/rubeus)	1. Zinnober 2. (Roter) Schwefel 3. Salpetersäure 4. „Stein der Weisen" oder eine Vorstufe, aber auch das männliche Prinzip im „Opus magnum"
Schlacken (scoria)	Rückstand nach der Gewinnung von Metallen durch Ausschmelzen aus den Erzen, aber auch Schlacken vulkanischer Natur
Smaragdinische Tafeln	Text des mythischen Hermes Trismegistos, Grundlage für Verfahren der Goldherstellung
Spießglanz (Spießglas)	Antimonsulfid
„Stein der Weisen" (Lapis philosophorum)	Substanz, mit der die Transmutation unedler Metalle zu Gold gelingen und die das Leben verlängern soll
Stella signata	1. Morgenstern als Zeichengeber für die „prima materia", aber auch als anderer Name für sie 2. Regulus des Antimons
Sublimation (sublimatio)	Verflüchtigung eines Feststoffes ohne Verflüssigung (aber oft nur ungenügend von der Destillation unterschieden). Aufstieg aus einem niederen in einen höheren Zustand
Theriak (Theriacum)	Universalheilmittel, aber auch Gegenmittel gegen Schlangenbisse
Turbith (mineralischer)	Basisches Quecksilbersulfat, Brech- und Abführmittel
Ventriculus struthionis	Magen des Strauß, soll Metalle und Steine verdauen können
Xenechdon	Pestheilmittel (nach Paracelsus als Amulett)
Zementation (cementatio)	Reinigung (Gradierung) von Metallen mit Hilfe eines „Zements" (Mineralstoff, Salz, aber auch spezielle Flüssigkeiten), meist unter Feuereinwirkung
Zineration (cinefactio)	Veraschung
Zinnober (cin(n)abaris)	Quecksilbersulfid

9. Archive

Die Signaturen der Schriftstücke sind Anlage 8 zu entnehmen. Einzelne Kontakte zu speziellen Fragen sind im Text erläutert.

Universitätsbibliothek Erlangen-Nürnberg, Sammlung Trew
Universitätsbibliothek Frankfurt: Senckenbergische Bibliothek
Universitätsbibliothek Basel: Bibliothek des Frey-Grynaeischen Instituts
Staats- und Universitätsbibliothek Hamburg: Uffenbach-Wolfsche Sammlung
Burgerbibliothek Bern
Universität Erfurt: Forschungsbibliothek Gotha
Universitätsbibliothek Heidelberg
Stadtbibliothek Nürnberg
Universitätsbibliothek Breslau: Sammlung Rehdiger
Landesbibliothek Coburg
Stadtarchiv Rothenburg ob der Tauber
Stadtarchiv Coburg
Staatsarchiv des Kantons Basel-Stadt
Universitätsbibliothek Kassel
Hessisches Staatsarchiv Marburg
Det Kongelige Bibliotek Kopenhagen
Bibliothèque nationale de France Paris
Bibliothèque nationale universitaire Strasbourg
Bibliothèque de Genève
Archives d'Etat de Genève
Fondation Louis Jeantet, Genf
Zeeuws Archief Middelburg
Germanisches Nationalmuseum Nürnberg: Historisches Archiv
Staatsarchiv Bamberg
Landeshauptarchiv Sachsen-Anhalt, Abteilung Dessau
Staatsbibliothek Berlin
The British Library: Sloane Collection
Cambridge University Library
Bodleian Library Oxford: Ashmole and Rawlinson Collections
Royal College of Surgeons Library
Royal College of Physicians Library
Staatsarchiv des Kantons Bern
Universitetsbiblioteket Uppsala Universitet: Erik Wallers autografsamling

Universitaire Bibliotheken Leiden
Bibliothèque Sainte-Geneviève Paris
Bibliothèque Mazarine Paris
Wellcome Library
The Getty Institute: Manly Palmer Hall Collection
University of Glasgow: Ferguson Collection
Harvard University: Houghton Library

10. Quellen- und Literaturverzeichnis

Abraham, Lyndy: A Biography of the English Alchemist Arthur Dee, Author of Fasciculus Chemicus and Son of Dr. John Dee. In: Linden, Stanton J. (Hg.): Mystical Metal of Gold. Essays on Alchemy and Renaissance Culture. New York 2007, S. 91–114.

—: A Dictionary of Alchemical Imagery. Cambridge 2001.

Accorsi, M. Luisa: Natio germanica Bononiae I. La Matricola. Die Matrikel. Bologna 1999.

Adam, Melchior: Vitae Germanorum medicorum, qui seculo superiori, et quod excurrit, claruerunt. Heidelberg 1620.

—: Vitae Germanorum Philosophorum. Frankfurt 1615.

Adelung, Johann Christoph: Fortsetzung und Ergänzung zu Christian Gottlieb Jöchers allgemeinem Gelehrten = Lexico, 7 Bände. Leipzig u.a. 1784–1897.

Agricola, Georg: Zwölf Bücher vom Berg- und Hüttenwesen. Berlin 1928.

Ahrens, Sabine: Die Lehrkräfte der Universität Helmstedt (1576–1810). Helmstedt 2004.

Allen, D.E.: L'Obel, Matthias. In: Oxford Dictionary of National Biography, Band 34. Oxford 2004, S. 203 f.

Am und vom Wald, Georg: Kurtzer und zum andern Mal gemehrter Bericht. Wie / was Gestalt und warumb das Panacea am Waldina / …. Ursel 1594.

Ammermann, Monika: Gelehrten-Briefe des 17. und frühen 18. Jahrhunderts. In: Fabian, Bernhard und Raabe, Paul (Hg.): Gelehrte Bücher vom Humanismus bis zur Gegenwart. Wiesbaden 1983, S. 81–96.

Anders, Jette: 33 Alchemistinnen. Die verborgene Seite einer alten Wissenschaft. Berlin 2016.

Anonymus: Biblioteca del Crisol. Medicos perseguidos por la Inquisition Espanola. Madrid 1855.

—: Effroyables Pactions faictes entre le diable et les pretendus invisibles. O.O. 1623.

—: Fama Fraternitatis. Oder Entdeckung der Brüderschaft deß löblichen Ordens deß Rosencreutzes. Kassel 1616.

—: Medizinisch- Chymisch- und alchemistisches Oraculum. Ulm 1783.

Apotheker, Jan und Simon Sarkadi, Livia (Hg.): European Women in Chemistry. Weinheim 2011.

Appleby, John H.: Some of Arthur Dee's Associations before Visiting Russia Clarified, Including two Letters from Sir Theodore Mayerne. In: Ambix, Band 26. 1979, S. 1–15.

—: Dee, Arthur. In: Oxford Dictionary of National Biography, Band 15. Oxford 2004, S. 664 f.

Archer, Jayne Elisabeth: Women and Alchemy in Early Modern England. In: EThOS. Cambridge 1999. http://ethos.bl.uk/OrderDetails.do?uin=uk.bl.ethos.268543 (Zugriff am 07. 02. 2017).

Arenfeldt, Pernille: Wissensproduktion und Wissensverbreitung im 16. Jahrhundert. Fürstinnen als Mittlerinnen von Wissenstraditionen. In: Historische Anthropologie, Band 20. 2012, S. 4–28.

Astruc, Jean: Mémoires pour servir à l'histoire de la faculté de médécine de Montpellier. Paris 1767.

Bachmann, Manuel und Hofmeier, Thomas: Geheimnisse der Alchemie. Basel 1999.

Bacon, Francis: New Atlantis. A Work unfinished. London 1659.

—: Novum organum scientiarum. Amsterdam 1660.

Bakewell, Sarah: Butler, William. In: Oxford Dictionary of National Biography, Band 9. Oxford 2004a, S. 235 f.

—: Palmer, Richard. In: Oxford Dictionary of National Biography, Band 42. Oxford 2004b, S. 519.

Baron, Hyacinthe Théodore: Quaestionum medicarum quae circa medicinae theoriam et praxim ante duo saecula, in scholis facultatis medicinae Parisiensis, agitatae sunt & discussae, 3 Bände. Paris 1752.

Barona, Josep L.: Clusius' Exchange of Botanical Information with Spanish Scholars. In: Egmond, Florike: Carolus Clusius. Towards a Cultural History of a Renaissance Naturalist. Amsterdam 2007, S. 99–116.

Barras, Vincent: Colladon, Jean. In: Historisches Lexikon der Schweiz. 2003. http://www.hls-dhs-dss.ch/textes/d/D14330.php (Zugriff am 9. 11. 2016).

Bartels, Andreas: Die Konstruktion semantischer Kontinuität in der wissenschaftlichen Begriffsbildung. In: Müller, Ernst und Schmieder, Falko (Hg.): Begriffsgeschichte der Naturwissenschaften. Zur historischen und kulturellen Dimension naturwissenschaftlicher Konzepte. Berlin 2008, S. 223–239.

Bartkowski, Ariane: Fürstliche Laborpartner in der alchemistischen Praxis. Das Netzwerk des Kurfürstenpaares August und Anna von Sachsen. Görlitz 2017.

Bauer, Walter: Die Reichsstadt Rothenburg und ihre Lateinschule. Rothenburg 1979.

Bautz, Friedrich Wilhelm (Hg.): Biographisch-bibliographisches Kirchenlexikon, 34 Bände. Herzberg und Nordhausen 1975–2013.

Bayer, Penny: From Kitchen Hearth to Learned Paracelsianism: Women and Alchemy in the Renaissance. In: Linden, Stanton J.: Mystical Metal of Gold. Essays on Alchemy and Renaissance Culture. New York 2007, S. 365–385.

—: Madame de la Martinville, Quercitan's Daughter and the Philosopher's Stone: Manuscript Representations of Women Alchemists. In: Long, Kathleen P. (Hg.): Gender and Scientific Discourse in Early Modern Culture. Farnham 2010, S. 165–189.

—: Women's alchemical literature 1560–1616 in Italy, France, the Swiss Cantons and England, and its diffusion to 1660. University of Warwick, Publications service & WRAP. Warwick 2003. http://wrap.warwick.ac.uk/71975/ (Zugriff am 06. 02. 2017).

Bayle, Pierre: Dictionnaire historique et critique, 3 Bände. Rotterdam 1702.

—: Nouvelles de la république des lettres, Band 1. Amsterdam 1684.

Beck, August: Friedrich Wilhelm I. In: Allgemeine Deutsche Biographie Onlinefassung, Band 7. 1878. http://www.deutsche-biographie.de/sfz35644.html (Zugriff am 08. 06. 2012).

Beckmann, Johann Christoph: Historie des Fürstenthums Anhalt. Zerbst 1710.

Beguin, Jean: Tyrocinium chymicum recognitum et auctum. Paris 1612.

Behringer, Wolfgang: Im Zeichen des Merkur. Reichspost und Kommunikationsrevolution in der Frühen Neuzeit. Göttingen 2003.

Behrs, Jan u.a.: Wissenstransfer. Konditionen, Praktiken, Verlaufsformen der Weitergabe von Erkenntnis. Frankfurt 2013.

Bellany, Alastair: Howard, Frances. In: Oxford Dictionary of National Biography, Band 28. Oxford 2004, S. 343–345.

Ben-David, Joseph: The Scientist's Role in Society. A Comparative Study. Englewood Cliffs 1971.

Bensaude-Vincent, Bernadette: Concluding Remarks: A View of the Past through the Lens of the Present. In: Eddy, Matthew Daniel u.a. (Hg.): Chemical Knowledge in the Early Modern World. Osiris, Band 29. Kingston 2014, S. 298–309.

—: Chemists without borders. In: Isis. A Journal of the History of Science Society, Band 109. Chicago 2018, S. 597–607.

Bensaude-Vincent, Bernadette und Abbri, Ferdinando (Hg.): Lavoisier in European Context. Negotiating a New Language for Chemistry. Canton 1995.

Bensaude-Vincent, Bernadette und Stengers, Isabelle: Histoire de la chimie. Paris 1993.

Benzenhöfer, Udo: Joachim Tancke (1557–1609). In: Benzenhöfer, Udo (Hg.): Paracelsus und Paracelsisten. Wien 1987, S. 9–81.

Berbig: Wilke, Andreas. In: Allgemeine Deutsche Biographie Onlinefassung, Band 43. 1898. http://www.deutsche-biographie.de/sfz85647.html (Zugriff am 06. 09. 2013).

Beretta, Marco: The Enlightenment of Matter. The Definition of Chemistry from Agricola to Lavoisier. Canton, MA 1993.

Berger, Ernst: Beiträge zur Entwicklungs-Geschichte der Maltechnik. München 1901.

Berger-Levrault, Oscar: Annales des professeurs des académies et des universités alsaciennes, 1523–1871. Nancy 1892.

Bernès, Anne-Catherine: Correspondances. In: Blay, Michel und Halleux, Robert (Hg.): La science classique, XVIe–XVIIIe siècles: dictionnaire critique. Paris 1998, S. 36–43.

Bertling: Oelhaf, Joachim. In: Allgemeine Deutsche Biographie Onlinefassung, Band 24. 1887. http://www.deutsche-biographie.de/sfz72929.html (Zugriff am 14. 01. 2014).

Bevan, Michael: Hamey, Baldwin, the younger. In: Oxford Dictionary of National Biography, Band 24. Oxford 2004, S. 751 f.

Bischoff, Gudrun: Das De Mayerne-Manuskript . Die Rezepte der Werkstoffe, Maltechniken und Gemälderestaurierung. München 2002.

Blittersdorf, Helmut: Andreas Libavius und seine „Alchemia" (Sonderdruck). Coburg 1966.

Blok, P.J. und Molhuysen, P.C.: Boetzelaer , Rutger Wessel baron van den. In: Nieuw Nederlandsch biografisch woordenboek. Deel 7. 1927. http://www.dbnl.org/tekst/molh003nieu07_01/molh003nieu07_01_0276.php (Zugriff am 08. 10. 2016).

Boeck, Gisela: „Ein jeder Lehrling der Arzneywissenschaft [verwende] einen Theil seiner akademischen Zeit mit Fleiß auf die Chemie…". Über einige Beziehungen zwischen Chemie und Medizin an der Universität Rostock. In: Busch, Michael u.a. (Hg.): Hippokratische Grenzgänge – Ausflüge in kultur- und medizingeschichtliche Wissensfelder. Hamburg 2017, S. 75–95.

Boerhaave , Herman: Elementa chemiae. Basel 1745.

Bogner, Ralf Georg: Paracelsus auf dem Index. Zur kirchlichen Kommunikationskontrolle in der frühen Neuzeit. In: Telle, Joachim (Hg.): Analecta Paracelsica. Studien zum Nachleben Theophrast von Hohenheims im deutschen Kulturgebiet der frühen Neuzeit. Stuttgart 1994, S. 489–529.

Böhme, Hartmut: Netzwerke. Zur Theorie und Geschichte einer Konstruktion. In: Barkhoff, Jürgen u.a. (Hg.): Netzwerke. Eine Kulturtechnik der Moderne. Köln 2004, S. 17–36.

Bolte, Johannes: Pantaleon, Heinrich P. In: Allgemeine Deutsche Biographie Onlinefassung, Band 25. 1887. http://www.deutsche-biographie.de/sfz93770.html (Zugriff am 21. 05. 2012).

Boniface, Louis: Histoire du village d'Esne et de ses dépendances. Cambrai 1863.

Bonnaffé, Edmond: Amateurs francais au XVIIe siècle. Paris 1884.

Bornemann, Cosmas und Libavius, Andreas: Theses physicae de peste. Jena 1590.

Bots, Hans und Waquet, Françoise: La République des Lettres. Berlin 1997.

Bourdieu, Pierre: Ökonomisches Kapital, kulturelles Kapital, soziales Kapital. In: Kreckel, Reinhard (Hg.): Soziale Ungleichheiten. Göttingen 1983, S. 183–198.

—: Praktische Vernunft. Zur Theorie des Handelns. Frankfurt 2007.

—: La spécificité du champ scientifique et les conditions sociales du progrès de la raison. In: Sociologie et sociétés, Band 7. 1975, S. 91–118.

Boyer, Christoph: Netzwerke und Geschichte: Netzwerktheorien und Geschichtswissenschaften. In: Unfried, Berthold u.a. (Hg.): Transnationale Netzwerke im 20. Jahrhundert. Leipzig 2008, S. 47–58.

Br., G.: Bierdümpfel, Johann B. In: Allgemeine Deutsche Biographie Onlinefassung, Band 2. 1875. http://www.deutsche-biographie.de/sfz4448.html (Zugriff am 25. 07. 2012).

Braubach, Max: Ernst, Herzog von Bayern . In: Neue Deutsche Biographie Onlinefassung, Band 4. 1959. http://www.deutsche-biographie.de/sfz49136.html (Zugriff am 15. 02. 2014).

Britton, John: The History and Antiquities of Bath Abbey Church. London 1825.

Brockhaus. Enzyklopädie in 30 Bänden. Leipzig und Mannheim 2006.

Broer, Ralf: Grenzüberschreitender wissenschaftlicher Diskurs im Europa der Frühen Neuzeit. Der gelehrte Brief im 17. Jahrhundert. In: Eckart, Wolfgang U. und Jütte, Robert (Hg.): Das europäische Gesundheitssystem. Gemeinsamkeiten und Unterschiede in historischer Perspektive. Stuttgart 1994, S. 107–121.

Brooks, Christopher W.: Bankes , Sir John. In: Oxford Dictionary of National Biography, Band 3. Oxford 2004, S. 677–679.

Brunner, Otto u.a. (Hg.): Geschichtliche Grundbegriffe. Historisches Lexikon zur politisch-sozialen Sprache in Deutschland. Stuttgart 1979.

Buess, Heinrich: Bauhin , Caspar. In: Neue Deutsche Biographie Onlinefassung, Band 1. 1953a. http://www.deutsche-biographie.de/sfz2287.html (Zugriff am 29. 10. 2012).

—: Bauhin , Jean. In: Neue Deutsche Biographie Onlinefassung, Band 1. 1953b. http://www.deutsche-biographie.de/sfz2285.html (Zugriff am 02. 02. 2014).

Burke, Peter: Kultureller Austausch. Frankfurt 2000.

—: Papier und Marktgeschrei. Die Geburt der Wissensgesellschaft. Berlin 2001.

Burns, William E.: The Scientific Revolution in Global Perspective. Oxford 2016.

Butterfield, Herbert: The Origins of Modern Science 1300–1800. New York 1965.

Bylebyl, Jerome J.: Riolan , Jean, Jr. In: Complete Dictionary of Scientific Biography. 2008. http://www.encyclopedia.com/doc/1G2-2830903683.html (Zugriff am 18. 08. 2013).

Caesar, Iulius: Catalogus studiosorum scholae Marpurgensis, 5 Bände, Reprint. Nendeln 1980.

Callon, Michel: Some Elements of a Sociology of Translation: Domestication of the Scallops and the Fishermen of St. Brieuc Bay. In: Law, John: Power, Action and Belief. A New Sociology of Knowledge?, London u.a. 1986, S. 196–233.

Callon, Michel und Law, John: On Interests and their Transformation: Enrolment and Counter-Enrolment. In: Social Studies of Science, Band 12. 1982, S. 615–625.

Calvet, Antoine: Arnald of Villanova (Pseudo). In: Complete Dictionary of Scientific Biography. 2008. http://www.encyclopedia.com/doc/1G2-2830905452.html (Zugriff am 27. 07. 2014).

Cardini, Franco und Fumagalli Beonio-Brocchieri, M.T.: Universitäten im Mittelalter. Die europäischen Stätten des Wissens. München 1991.

CERL: Ayrer , Christoph H. CERL Thesaurus. 2012. http://thesaurus.cerl.org/record/cnp01010324 (Zugriff am 28. 05. 2012).

—: Beier , Ezechiel. CERL Thesaurus. 2012. http://thesaurus.cerl.org/record/cnp01177021 (Zugriff am 28. 05. 2012).

—: Hubner , Bartholomäus. CERL Thesaurus. 2012. http://thesaurus.cerl.org/record/cnp01083663 (Zugriff am 20. 05. 2012).

Challis, C.E.: Briot , Nicolas. In: Oxford Dictionary of National Biography, Band 7. Oxford 2004, S. 671 f.

Chalmers, Alexander: The General Biographical Dictionary Containing an Historical and Critical Account of the Lives and Writings of the most Eminent Persons in Every Nation; Particularly the British and Irish; from the Earliest Accounts to the Present Time, 32 Bände. London 1812–1817.

Clark, Andrew: Register of the University of Oxford, 4 Bände. Oxford 1888.

Clericuzio, Antonio: Helmont. In: Priesner, Claus und Figala, Karin (Hg.): Alchemie. Lexikon einer hermetischen Wissenschaft. München 1998, S. 169–171.

—: Vigani, John Francis. In: Oxford Dictionary of National Biography, Band 56. Oxford 2004, 465 f.

Clouse, Michelle L.: Medicine, Government and Public Health in Philipp II's Spain. Farnham u.a. 2011.

Clucas, Stephen: Alchemy and Certainty in the Seventeenth Century. In: Principe, Lawrence M. (Hg.): Chymists and Chymistry. Studies in the History of Alchemy and Early Modern Chemistry. Sagamore Beach 2007, S. 39–51.

Cohn, Ferdinand: Scholz, Laurentius. In: Allgemeine Deutsche Biographie Onlinefassung, Band 32. 1891. http://www.deutsche-biographie.de/sfz3154.html (Zugriff am 21. 05. 2012).

Contant, Jean-Paul: L'enseignement de la chimie au Jardin royal des plantes de Paris. Cahors 1952.

Cook, Harold J.: Physicians and Natural History. In: Jardine, Nicholas (Hg.): Cultures of Natural History. Cambridge 2000, S. 91–105.

Cornwallis, Charles: Life and Character of Henry-Frederic, Prince of Wales. London 1738.

Cozzi, Gaetano: Asselineau, Pierre. In: Dizionario Biografico degli Italiani, Band 4. Rom 1962, S. 434–436.

Crane, Diana: Invisible Colleges. Diffusion of Knowledge in Scientific Communities. Chicago 1975.

Croll, Oswald: Basilica Chymica oder Alchymistisch Königlich Kleynod. Frankfurt 1623.

—: Basilica chymica, continens philosophicam propria laborum experientia confirmatam descriptionem & usum remediorum chymicorum selectissimorum e lumine gratiae & naturae desumptorum. Frankfurt 1609a.

—: Tractatus de signaturis internis rerum, seu de vera et viva anatomia majoris et minoris mundi. Frankfurt 1609b.

Crosland, Maurice P.: Historical Studies in the Language of Chemistry. Mineola 2004.

CSBA: Rucardus (Richardus, Ruchardus, Rukardus), Ioannes. In: World Biographical Information System Online. 2012. http://db.saur.de.proxy.nationallizenzen.de/WBIS/basicTextDocument.jsf (Zugriff am 24. 05. 2012 über Nationallizenzen).

Collège de France: Liste des professeurs depuis la fondation du Collège de France en 1530. 2016. http://www.college-de-france.fr/media/chaires-et-professeurs/

UPL6549937484201399716_LISTE_DES_PROFESSEURS.pdf (Zugriff am 21. 10. 2016).

Dal Prete, Ivano: Ingenous Investigators. Antonio Vallisneri's Regional Network and the Making of Natural Knowledge in Eighteenth-century Italy. In: Findlen, Paula (Hg.): Empires of Knowledge. Scientific Networks in the Early Modern World. Abingdon 2019, S. 181–204.

D'Amay, Robert: Du Chesne (Joseph). In: Balteau, J. (Hg.): Dictionnaire de biographie française. Paris 1967, S. 1239 f.

Dann, Georg Edmund: Klaproth , Martin Heinrich. In: Neue Deutsche Biographie Onlinefassung, Band 11. 1977. https://www.deutsche-biographie.de/sfz57358.html#ndbcontent (Zugriff am 14. 11. 2017).

Darmstaedter, Ernst: Die Alchemie des Geber . Berlin 1922.

—: Libavius . In: Bugge, Günther (Hg.): Das Buch der grossen Chemiker, Band 1. Weinheim 1974, S. 107–124.

Daston, Lorraine: The Ideal and Reality of the Republic of Letters in the Enlightenment. In: Science in Context, Band 4. 1991, S. 367–386.

Dauser, Regina u.a.: „Einleitung." In: Dauser, Regina u.a. (Hg.): Wissen im Netz. Botanik und Pflanzentransfer in europäischen Korrespondenznetzen des 18. Jahrhunderts. Berlin 2008, S. 9–28.

Daybell, James und Gordon, Andrew: Introduction. In: Daybell, James und Gordon, Andrew (Hg.): Cultures of Correspondence in Early Modern Britain. Philadelphia 2016, S. 1–26.

Debus, Allen G.: Chemical Philosophy and the Diffusion of the Chemical Philosophy in Early Modern Europe. In: Grell, Ole Peter: Paracelsus . The Man and his Reputation. His Ideas and their Transformation. Leiden u.a. 1998, S. 225–244.

—: Duchesne , Joseph. In: Complete Dictionary of Scientific Biography. 2008. https://www.encyclopedia.com/science/dictionaries-thesauruses-pictures-and-press-releases/duchesne-joseph (Zugriff am 19. 08. 2013).

—: Guintherius, Libavius and Sennert : The Chemical Compromise in Early Modern Medicine. In: Debus, Allen G. (Hg.): Science, Medicine and Society in the Renaissance. New York 1972, S. 151–165.

Delauney, Paul: La vie médicale aux XVIe, XVIIe et XVIIIe siècles. Genf 2001.

Delisle, Candice: The Letter: Private Text or Public Place? The Mattioli-Gesner Controversy about the aconitum. In: Gesnerus, Band 61. 2004, S. 161–176.

—: Accessing Nature, Circulating Knowledge: Conrad Gessner's Correspondence Networks and his Medical and Naturalist Practices. In: History of Universities, Band 23,2. 2008, S. 35–58.

Derks, Paul: Hock von Zwaybruck, Theobald. In: Neue Deutsche Biographie Onlinefassung, Band 9. 1972. http://www.deutsche-biographie.de/sfz32751.html (Zugriff am 09. 12. 2014).

Desenclos, Camille: Ecrire le secret quotidien. Pratiques de la cryptographie au sein de la diplomatie française. Tagung „Spione, Spionage und Geheimdiplomatie in der Frühen Neuzeit". Bayreuth 2017. https://www.hsozkult.de/conferencereport/id/tagungsberichte-7475 (Zugriff am 05. 10. 2017).

Detel, Wolfgang und Zittel, Claus (Hg.): Wissensideale und Wissenskulturen in der frühen Neuzeit. Berlin 2002.

Dienheim, Johann Wolfgang: Taeda Trifada Chimica, Das ist: Dreyfache Chimische Fackel. Nürnberg 1674.

Dingwall, Helen M.: Nasmyth [Nasmith], John. In: Oxford Dictionary of National Biography, Band 40. Oxford 2004, S. 253 f.

Du Chesne, Joseph: Ad Iacobi Auberti Vindonis de ortu et causis metallorum contra chymicos explicationem. Lyon 1575.

—: Ad veritatem Hermeticae medicinae ex Hippocratis veterumque decretis ac Therapeusi, nec non vivae rerum anatomiae exegesi, ipsiusque naturae luce stabiliendam, adversus cuiusdam Anonymi phantasmata Responsio. Frankfurt 1605.

—: Diaeteticon polyhistoricon. Paris 1606a.

—: Le grand miroir du monde. Lyon 1587.

—: Le pourtraict de la santé. Paris 1606b.

—: Liber de priscorum philosophorum verae medicinae materia. Genf 1603.

—: Pharmacopoea dogmaticorum restituta. Frankfurt 1607.

—: Sclopetarius, sive de curandis vulneribus, quae Sclopetorum & similium tormentorum ictibus acciderunt, Liber. Lyon 1576.

Dubédat, Jean: Etude sur un médecin Gascon du XVIe siècle. Joseph Du Chesne Sieur de la Violette dit Quercetanus. Paris 1908.

Duhem, Pierre: Ziel und Struktur der physikalischen Theorien. Leipzig 1908.

Dulieu, Louis: „Lazare Rivière." In: Revue d'histoire de la pharmacie, no. 190. 1966, S. 205–211.

Dülmen, Richard van: Das Buch der Natur – die Alchemie. In: Dülmen, Richard van und Rauschenberg, Sina (Hg.): Macht des Wissens. Die Entstehung der modernen Wissensgesellschaft. Köln 2004, S. 131–150.

Dunkel, Johann Gottlob Wilhelm: Historisch-Critische Nachrichten von verstorbenen Gelehrten und deren Schriften, 12 Bände. Cöthen 1753–1760.

Düring, Marten u.a.: Handbuch Historische Netzwerkforschung. Grundlagen und Anwendung. Berlin 2016.

Düring, Marten und von Keyserlingk, Linda: Netzwerkanalyse in den Geschichtswissenschaften. Historische Netzwerkanalyse als Methode für die Erforschung von historischen Prozessen. In: Schützeichel, Rainer und Jordan, Stefan (Hg): Prozesse. Formen, Dynamiken, Erklärungen. Wiesbaden 2015, S. 337–350.

Eamon, William: From the Secrets of Nature to Public Knowledge. In: Lindberg, David C. und Westman, Robert S. (Hg.): Reappraisals of the Scientific Revolution. Cambridge 1990, S. 333–365.

—: How to Read a Book of Secrets. In: Long, Elaine und Rankin, Alisha (Hg.): Secrets and Knowledge in Medicine and Science, 1500–1800. Farnham 2011, S. 23–46.

Ebeling, Florian: >>Geheimnisse<< und >>Geheimhaltung<< in den Hermetica der Frühen Neuzeit. In: Trepp, Anne-Charlott und Lehmann, Hartmut (Hg.): Antike Weisheit und kulturelle Praxis. Hermetismus in der Frühen Neuzeit. Göttingen 2001, S. 63–80.

Eddy, Matthew Daniel u.a. (Hg.): Chemical Knowledge in the Early Modern World. Osiris, Band 29. Kingston 2014a.

Eddy, Matthew Daniel u.a.: An Introduction to Chemical Knowledge in the Early Modern World. In: Eddy, Matthew Daniel u.a. (Hg.): Chemical Knowledge in the Early Modern World. Osiris, Band 29. Kingston 2014b, S. 1–15.

Edighoffer, Roland: Die Rosenkreuzer. München 1995.

Egmond, Florike: Apothecaries as Experts and Brokers in the Sixteenth-century Network of the Naturalist Carolus Clusius . In: History of Universities, Band 23,3. 2008, S. 59–91.

—: The World of Carolus Clusius : Natural History in the Making, 1550–1610. London 2010.

Eis, Gerhard: Crato von Krafftheim , Johannes. In: Neue Deutsche Biographie Onlinefassung, Band 3. 1957. http://www.deutsche-biographie.de/sfz8901.html (Zugriff am 02. 02. 2014).

Eisenstein, Elizabeth L.: The Printing Revolution in Early Modern Europe. Cambridge 1983.

Eloy, N.F.J.: Dictionaire historique de la médecine ancienne et moderne, 4 Bände. Mons 1778.

Engel, Michael: Marggraf , Andreas Sigismund. In: Neue Deutsche Biographie Onlinefassung, Band 16. 1990. https://www.deutsche-biographie.de/sfz58230.html#ndbcontent (Zugriff am 14. 11. 2017).

Enneper, Annemarie: Rosenberg, von. In: Neue Deutsche Biographie Onlinefassung, Band 22. 2005. http://www.deutsche-biographie.de/sfz108119.html (Zugriff am 08. 12. 2014).

Erben von Brandau, Matthias: Wahrhafte Beschreibung von der Universal-Medicin/ und güldnen Tinctur. Leipzig 1689.

Erler, Georg: Die jüngere Matrikel der Universität Leipzig 1559–1809. Leipzig 1909.

l'Estoile, Pierre de: Mémoires-journaux, 12 Bände. Paris 1875–1889.

Evans, Robert J.W.: Rudolf II and his World. A Study in Intellectual History 1576–1612. Oxford 1997.

—: Rudolf II. In: Neue Deutsche Biographie, Band 22, Onlinefassung. 2005. http://www.deutsche-biographie.de/sfz60432.html;jsessionid=4EBEB12FE13 802F557A794833D0FA34A (Zugriff am 23. 04. 2015).

Externbrink, Sven: Humanismus, Gelehrtenrepublik und Diplomatie: Überlegungen zu ihren Beziehungen in der Frühen Neuzeit. In: Thiessen, Hillard von und Windler, Christian (Hg.): Akteure der Außenbeziehungen. Netzwerke und Interkulturalität im historischen Wandel. Köln u.a. 2010, S. 133–149.

Fabricius Hildanus , Wilhelm: Observationum & curationum chirurgicarum centuria V. Frankfurt 1627.

—: Observationum et curationum chirurgicarum centuria quarta. Basel 1619.

—: Opera quae extant omnia. Frankfurt 1646.

Falckenberg, Richard: Soner , Ernst. In: Allgemeine Deutsche Biographie Onlinefassung, Band 34. 1892. https://www.deutsche-biographie.de/sfz80565. html#adbcontent (Zugriff am 31. 10. 2017).

Faulstich, Werner: Medien zwischen Herrschaft und Revolte. Die Medienkultur der frühen Neuzeit (1400–1700). Göttingen 1998.

Ferguson, Niall: Türme und Plätze. Netzwerke, Hierarchien und der Kampf um die globale Macht. Berlin 2018.

Ferrari, Augusto de: Casseri , Giulio Cesare. In: Dizionario Biografico degli Italiani, Vol. 21. 1978. http://www.treccani.it/enciclopedia/giulio-cesare-casseri_(Dizionario-Biografico) (Zugriff am 26. 10. 2017).

Feuerstein-Herz, Petra: Im alchemischen Laboratorium. In: Feuerstein-Herz, Petra und Laube, Stefan (Hg.): Goldenes Wissen. Die Alchemie – Substanzen, Synthesen, Symbolik. Wolfenbüttel 2014a, S. 277–357.

—: Öffentliche Geheimnisse. Alchemische Drucke der frühen Neuzeit. In: Feuerstein-Herz, Petra und Laube, Stefan (Hg.): Goldenes Wissen. Die Alchemie – Substanzen, Synthesen, Symbolik. Wolfenbüttel 2014b, S. 55–65.

Feuerstein-Herz, Petra und Laube, Stefan: Zur Einführung. In: Feuerstein-Herz, Petra und Laube, Stefan (Hg.): Goldenes Wissen. Die Alchemie-Substanzen, Synthesen, Symbolik. Wolfenbüttel 2014, S. 13–17.

Feyerabend, Paul: Wider den Methodenzwang. Skizze einer anarchistischen Erkenntnistheorie. Frankfurt 1976.

Figurovskij, N.A.: The History of Chemistry in Ancient Russia. In: Chymia, Band 11. 1966, S. 45–79.

—: Die Chemie in Rußland im Zeitalter der Iatrochmie. In: Nova Acta Leopoldina, Neue Folge, Nummer 167, Band 27. 1963, S. 351–366.

Findlen, Paula: Introduction – Early Modern Scientific Networks. Knowledge and Community in a Globalizing World, 1500–1800. In: Findlen, Paula (Hg.): Empires of Knowledge. Scientific Networks in the Early Modern World. Abingdon 2019, S. 1–22.

—: The Economy of Scientific Exchange in Early Modern Italy. In: Moran, Bruce T. (Hg.): Patronage and Institutions. Science, Technology, and Medicine at the European Court, 1500–1750. Rochester 1991, S. 5–24.

Fleck, Ludwik: Entstehung und Entwicklung einer wissenschaftlichen Tatsache. Frankfurt 1980.

Fludd, Robert: Utriusque cosmi maioris scilicet et minoris metaphysica, physica atque technica historia. Tomus primus. De macrocosmi historia, in duos tractatus divisa. Oppenhemii 1617.

Forshaw, Peter J.: „Paradoxes, Absurdities, and Madness": Conflict over Alchemy, Magic and Medicine in the Works of Andreas Libavius and Heinrich Khunrath. In: Early Science and Medicine, Band 13. 2008, S. 53–81.

Förstemann, Karl Eduard und Hartwig, Otto (Hg.): Album Academiae Vitebergensis. Ältere Reihe, 2 Bände. Neudruck. Tübingen 1976.

Forster, Leonard: Kleine Schriften zur deutschen Literatur im 17. Jahrhundert. Amsterdam 1977.

Foster, Andrew: Neile, Richard. In: Oxford Dictionary of National Biography, Band 40. Oxford 2004, S. 357–362.

Foster, Michael: Digby, Sir Kenelm. In: Oxford Dictionary of National Biography, Band 16. Oxford 2004, S. 152–158.

Foucault, Michel: Die Ordnung der Dinge. Eine Archäologie der Humanwissenschaften. Frankfurt 2012.

—: Introduction. In: Canguilhem, Georges: The Normal and the Pathological. New York 1991, S. 7–24.

Franck, Jakob: Hauenreuter , Johann Ludwig. In: Allgemeine Deutsche Biographie Onlinefassung, Band 11. 1880. http://www.deutsche-biographie.de/sfz28399.html (Zugriff am 03. 02. 2014).

Frazzi, Michele: Corregio. La Camera Alchemica. The Alchemic Camera. Mailand 2004.

French, Roger: Harvey , William. In: Oxford Dictionary of National Biography, Band 25. Oxford 2004, S. 678–683.

Frevert, Ute: Vertrauen – eine historische Spurensuche. In: Frevert, Ute (Hg.): Vertrauen. Historische Annäherungen. Göttingen 2003, S. 7–66.

Frisch, Johann Leonhard: Nouveau dictionnaire des passagers François – Allemand et Allemand – François. Leipzig 1725.

Fromm: Faber, Jacob. In: Allgemeine Deutsche Biographie Onlinefassung, Band 6. 1877. https://www.deutsche-biographie.de/sfz13999.html#adbcontent (Zugriff am 29. 12. 2017).

Fuchs, Peter: Friedrich III. In: Neue Deutsche Biographie Onlinefassung, Band 5. 1961. http://www.deutsche-biographie.de/sfz69841.html (Zugriff am 16. 02. 2014).

Fuhse, Jan: Menschen in Netzwerken. Social Science Open Access Repository. 2008. http://nbn-resolving.de/urn:nbn:de:0168-ssoar-151495 (Zugriff am 17. 12. 2015).

—: Die kommunikative Konstruktion von Akteuren in Netzwerken. In: Soziale Systeme, Band 15. 2009, S. 288–316.

—: Netzwerk. In: Endruweit, Günther u.a. (Hg.): Wörterbuch der Soziologie. Konstanz und München 2014, S. 336–338.

Fumaroli, Marc: The Republic of Letters. In: Diogenes, Band 36, Heft 143. 1988, S. 129–152.

—: La république des lettres. Paris 2015.

Füssel, Marian: Auf dem Weg zur Wissensgesellschaft. Neue Forschungen zur Kultur des Wissens in der Frühen Neuzeit. In: Zeitschrift für Historische Forschung, Band 34. 2007, S. 273–289.

Füssel, Marian und Mulsow, Martin (Hg.): Gelehrtenrepublik. In: Aufklärung, Band 26, Jahrgang 2014. Hamburg 2015.

Gantenbein, Urs Leo: Sala , Angelus. In: Neue Deutsche Biographie Onlinefassung, Band 22. 2005. http://www.deutsche-biographie.de/sfz77584.html (Zugriff am 15. 01. 2016).

Ganzenmüller, Wilhelm: Briefe eines Lausitzer Alchemisten aus den Jahren 1496–1506. In: Angewandte Chemie, Band 48. 1935, S. 761–764.

Garbers, Karl und Weyer, Jost (Hg.): Quellengeschichtliches Lesebuch zur Chemie und Alchemie der Araber im Mittelalter. Hamburg 1980.

Gautier, Léon: L'activité poétique et diplomatique de Joseph Du Chesne, Sieur de la Violette (1546–1609). Bulletin de la SHAG, Band 3. 1912, S. 290–311.

—: La médecine à Genève jusqu'à la fin du dix-huitième siècle. Genf 1906.

Gebelein, Helmut: Alchemie. Kreuzlingen und München 2000.

Gerber, Johannes: Giordano Bruno und Raphael Egli : Begegnung im Zwielicht von Alchemie und Theologie. In: Sudhoffs Archiv, Band 76. Stuttgart 1992, S. 133–155.

Gibert, Lucile: Introduction. In: Du Chesne, Joseph: La Morocosmie. Genf 2009, S. 7–113.

Gibson, Thomas: A Sketch of the Career of Theodore Turquet de Mayerne. In: Annals of Medical History. New Series, Band 5. 1933, S. 315–326.

Gilly, Carlos: „Theophrastia Sancta". Der Paracelsismus als Religion im Streit mit den offiziellen Kirchen. In: Telle, Joachim (Hg.): Analecta Paracelsica. Studien zum Nachleben Theophrast von Hohenheims im deutschen Kulturgebiet der frühen Neuzeit. Stuttgart 1994, S. 425–488.

—: Zwischen Erfahrung und Spekulation. Theodor Zwinger und die religiöse und kulturelle Krise seiner Zeit. 1. Teil. In: Basler Zeitschrift für Geschichte und Altertumskunde, Band 77. 1977, S. 57–137.

—: Die Rosenkreuzer als europäisches Phänomen im 17. Jahrhundert. In: Bibliotheca Philosophica Hermetica: Rosenkreuz als europäisches Phänomen im 17. Jahrhundert. Stuttgart 2002, S. 19–58.

Girvan, Michelle und Newman, Mark E. J.: Community Structure in Social and Biological Networks. In: Proceedings of the National Academy of Sciences of the United States of America, Band 99. 2002, S. 7821–7826.

Gläser, Jochen: Wissenschaftliche Produktionsgemeinschaften. Die soziale Ordnung der Forschung. Frankfurt 2006.

Goldgar, Anne: Impolite Learning. New Haven und London 1995.

Golinski, Jan: Chemistry in the Scientific Revolution. In: Lindberg, David S. und Westman, Robert S. (Hg.): Reappraisals of the Scientific Revolution. Cambridge 1990, S. 367–396.

—: Making Natural Knowledge. Constructivism and the History of Science. Cambridge 1998.

Goltz, Dietlinde: Versuch einer Grenzziehung zwischen „Chemie" und „Alchemie". In: Sudhoffs Archiv, Band 52. 1968, S. 30–47.

Goodman, David: Iberian Science: Navigation, Empire and Counter-Reformation. In: Goodman, David und Russel, Colin A. (Hg.): The Rise of Scientific Europe 1500–1800. London 1999, S. 117–144.

Goodman, Dena: The Republic of Letters. A Cultural History of the French Enlightenment. Ithaca und London 1994.

Goodwin, Robert: Spain. The Centre of the World 1519–1682. London u.a. 2016.

Gordon, Robin L.: Searching for the Soror Mystica. The Lives and Science of Women Alchemists. Lanham 2013.

Görmar, Gerhard: Johann Thölde , Herausgeber der Schriften des „Basilius Valentinus" und Verfasser der Haliographia – eine biographische Skizze. In: Mitteilungen / Gesellschaft Deutscher Chemiker, Fachgruppe Geschichte der Chemie. Frankfurt 2002, S. 3–19.

Gouron, Marcel: Matricule de l'université de médecine de Montpellier (1503–1599). Genf 1957.

Grafton, Anthony: Worlds Made by Words. Scholarship and Community in the Modern West. Cambridge, MA 2011.

Granovetter, Mark S.: The Strength of Weak Ties. In: American Journal of Sociology, Vol. 78, No. 6. 1973, S. 1360–1380.

Greiner, Frank: Echos français de la Rose-Croix: rumeurs et roman. In: Œuvres et Critiques XXXVI, 1. 2011. http://periodicals.narr.de/index.php/oeuvres_et_critiques/article/viewFile/1171/1150 (Zugriff am 23. 06. 2017).

Grell, Ole Peter: Brethren in Christ. A Calvinist Network in Reformation Europe. Cambridge 2011.

—: Calvinist Exiles in Tudor and Stuart England. Aldershot 1996.

—: Thorius , Raphael. In: Oxford Dictionary of National Biography, Band 54. Oxford 2004, S. 585 f.

Gren , Friedrich Albrecht Carl: Entwurf einer neuen chemischen Nomenclatur, die auf keine Hypothesen gegründet ist. In: Neues Journal der Physik. Zweiter Band. 1795, S. 173–285.

Gross, Anthony: Norton , Samuel. In: Oxford Dictionary of National Biography, Band 41. Oxford 2004, S. 187–189.

Grosser, Susanne: Ärztekorrespondenz in der Frühen Neuzeit. Der Briefwechsel zwischen Peter Christian Wagner und Christoph Jacob Trew . Berlin 2015.

Gruner, August: Das Gymnasium Casimirianum in Coburg 1605–1930. Coburg 1930.

Guichenon, Samuel: Histoire généalogique de la royale maison de Savoie. Turin 1778.

Guyton de Morveau, Louis Bernard u.a.: Méthode de nomenclature chimique. Paris 1787.

Gundlach, Franz: Catalogus Professorum Academiae Marburgensis. Die akademischen Lehrer der Philipps-Universität in Marburg von 1527 bis 1910. Marburg 1927.

Guntau, Martin: Der Herausbildungsprozeß moderner wissenschaftlicher Disziplinen und ihre stadiale Entwicklung in der Geschichte. In: Berichte zur Wissenschaftsgeschichte, Band 10. 1987, S. 1–13.

Guntau, Martin und Laitko, Hubert: Entstehung und Wesen wissenschaftlicher Disziplinen. In: Guntau, Martin und Laitko, Hubert (Hg.): Der Ursprung der modernen Wissenschaften. Studien zur Entstehung wissenschaftlicher Disziplinen. Berlin 1987, S. 17–89.

Günther: Volckamer, Johann Georg. In: Allgemeine Deutsche Biographie Onlinefassung, Band 40. 1896. http://www.deutsche-biographie.de/sfz84003.html (Zugriff am 14. 01. 2014).

Haag, Eugène: La France protestante ou vie des protestants français qui se sont fait un nom dans l'histoire depuis les premiers temps de la réformation jusqu'à la reconnaissance du principe de liberté des cultes par l'Assemblée Nationale, 9 Bände. Paris 1846–1859.

Haage, Bernhard Dietrich: Alchemie im Mittelalter. Ideen und Bilder – von Zosimos bis Paracelsus. Düsseldorf und Zürich 1996.

Habermas, Jürgen: Kultur und Kritik. Verstreute Aufsätze. Frankfurt 1977.

—: Vorstudien und Ergänzungen zur Theorie des kommunikativen Handelns. Frankfurt 1984.

Hammerstein, Notker: Bildung und Wissenschaft vom 15. bis zum 17. Jahrhundert. München 2003.

—: Die historische und bildungsgeschichtliche Physiognomie des konfessionellen Zeitalters. In: Hammerstein, Notker (Hg.): Handbuch der deutschen Bildungsgeschichte, Band I. 15. bis 17. Jahrhundert. München 1996, S. 57–102.

Hannaway, Owen: The Chemists and the Word. The Didactic Origins of Chemistry. Baltimore 1975.

—: Turquet de Mayerne, Theodore. In: Complete Dictionary of Scientific Biography. 2008. https://www.encyclopedia.com/science/dictionaries-thesauruses-pictures-and-press-releases/turquet-de-mayerne-theodore (Zugriff am 21. 12. 2018).

Hardwick, Carles und Luard, Henry Richards: A Catalogue of the Manuscripts preserved in the Library of the University of Cambridge, Band 1. London und Cambridge 1856.

Harkness, Deborah E.: „Strange" Ideas and „English" Knowledge. Natural Science Exchange in Elizabethan London. In: Smith, Pamela H. und Findlen, Paula (Hg.): Merchants & Marvels. Commerce, Science, and Art in Early Modern Europe. New York 2002, S. 137–160.

Harris, Steven J.: Networks of Travel, Correspondence, and Exchange. In: Park, Katherine und Daston, Lorraine (Hg.): The Cambridge History of Science, Band 3, Early Modern Science. Cambridge 2008, S. 341–362.

Hartlaub, Gustav Friederich: Kunst und Magie: Gesammelte Aufsätze. Hamburg und Zürich 1991.

Hatch, Robert A.: Correspondence Networks. In: Applebaum, Wilbur (Hg.): Encyclopedia of the Scientific Revolution from Copernicus to Newton . New York und London 2000, S. 168–170.

Hausenblasova, Jaroslava: Oswald Croll and his Relation to the Bohemian Lands. In: Acta Comeniana, Band 15–16. 2002, S. 169–182.

—: Between Medicine and Politics: Oswald Croll's Activity in the Lands of the Bohemian Crown during the Reign of Rudolf II. In: Purs, Ivo und Karpenko, Vladimir (Hg.): Alchemy and Rudolf II. Exploring the Secrets of Nature in Central Europe in the 16th and 17th Centuries. Prag 2016, S. 367–380.

Hazon, Jacques-Albert: Notice des hommes les plus célebres de la faculté de médecine en l'université de Paris. Paris 1778.

Heilbron, Johan: A Regime of Disciplines: Toward a Historical Sociology of Disciplinary Knowledge. In: Camic, Charles u.a. (Hg.): The Dialogical Turn. New Roles for Sociology in the Postdisciplinary Age. Lanham 2004, S. 23–42.

Heinemann, Otto von: Christian I. In: Allgemeine Deutsche Biographie Onlinefassung. 1876. http://www.deutsche-biographie.de/sfz35412.html (Zugriff am 07. 02. 2014).

Hembry, Phyllis: The English Spa 1560–1815. A Social History. London 1990.

Henry, John: Craig , John (d. 1620?). In: Oxford Dictionary of National Biography, Band 13. Oxford 2004a, S. 950–951.

—: Craig , John (d. 1655). In: Oxford Dictionary of National Biography, Band 13. Oxford 2004b, S. 951–952.

Henze, Ingrid: Nr. 123 St. Stephani 1611. Inschriftenkatalog: Stadt Helmstedt. 2005. http://www.inschriften.net/helmstedt/inschrift/nr/di061-0123.html (Zugriff am 03. 02. 2014).

Hermelink, Heinrich: Die Matrikeln der Universität Tübingen, 3 Bände. Stuttgart 1906.

Heyer, Théophile: Lettres de Théodore Turquet de Mayerne au Petit Conseil de Genève. In: Mémoires et Documents publiés par la Société d'Historie et d'Archéologie de Genève, Band 15. Genf 1865, S. 182–209.

Heyl, Gerhard: Johann Casimir. In: Neue Deutsche Biographie Onlinefassung, Band 10. 1974. http://www.deutsche-biographie.de/sfz37586.html (Zugriff am 07. 09. 2013).

Hirai, Hiro: Le concept de semence dans les théories de la matière à la renaissance. Turnhout 2005.

—: The Word of God and the Universal Medicine in the Chemical Philosophy of Oswald Croll. In: Purs, Ivo und Karpenko, Vladimir (Hg.): Alchemy and Rudolf II. Exploring the Secrets of Nature in Central Europe in the 16th and 17th Centuries. Prag 2016, S. 381–385.

Hirsch, August: Amwald, Georg. In: Allgemeine Deutsche Biographie, Onlinefassung. 1875. http://www.deutsche-biographie.de/pnd119368390.html?anchor=adb (Zugriff am 12. 08. 2013).

—: Biographisches Lexikon der hervorragenden Ärzte aller Zeiten und Völker. 3. unveränd. Auflage. München und Berlin 1962.

—: Döring, Michael D. In: Allgemeine Deutsche Biographie, Band 5. 1877. https://www.deutsche-biographie.de/downloadPDF?url=sfz11532.pdf (Zugriff 24.02.2020).

—: Hofmann, Kaspar. In: Allgemeine Deutsche Biographie, Band 12. 1880. https://www.deutsche-biographie.de/sfz33245.html#adbcontent (Zugriff am 30. 10. 2017).

—: Minderer, Raymund M. In: Allgemeine Deutsche Biographie Onlinefassung, Band 21. 1885. http://www.deutsche-biographie.de/sfz63480.html (Zugriff am 29. 05. 2012).

Hoefer, Jean Chrétien Ferdinand: Nouvelle biographie générale, 46 Bände. Paris 1855–1866.

Hoffmann, Roald u.a.: Ockham's Razor and Chemistry. In: HYLE – International Journal for Philosophy of Chemistry, Band 3. 1997, S. 3–28.

Hohenheim, Theophrast von, gen. Paracelsus: Sämtliche Werke. I. Abteilung. Medizinische, naturwissenschaftliche und philosophische Schriften. Herausgegeben von Karl Sudhoff, 14 Bände. München und Berlin 1924–1933.

Hollweg, Jürgen: Salz – Weißes Gold oder Chemisches Prinzip?. Zur Entwicklung des Salzbegriffs in der Frühen Neuzeit. Frankfurt u.a. 2014.

Holmes, Frederic Lawrence: Eighteenth-century Chemistry as an Investigative Enterprise. Berkeley 1989.

Holstein, Kurt: Rothenburger Stadtgeschichte. Rothenburg ob der Tauber 2000.

Holzer, Boris: Netzwerke. Bielefeld 2010.

Homburg, Ernst: Chemistry and Industry: A Tale of Two Moving Targets. In: Isis. A Journal of the History of Science Society, Band 109. 2018, S. 565–576.

Hopkins, Clare: Kettell , Ralph. In: Oxford Dictionary of National Biography, Band 31. Oxford 2004, S. 454 f.

Hornung , Johannes: Cista Medica, qua in Epistolae Clarissimorum Germaniae Medicorum, familiares, & in Re Medica, tam quoad Hermetica & Chymica, quam etiam Galenica principia, lectu jucundae & utiles, cum diu reconditis Experimentis asservantur. Nürnberg 1626.

Hubicki, Wlodzimierz: Libavius (or Libau), Andreas. In: Dictionary of Scientific Biography, Band 7. 1981, S. 309–312.

—: Sendivogius , Michael. In: Complete Dictionary of Scientific Biography. 2008. http://www.encyclopedia.com/doc/1G2-2830903963.html (Zugriff am 24. 09. 2013).

Hufbauer, Karl: The formation of the German Chemical Community (1720–1795). Berkeley u.a. 1982.

Hunter, Michael: Boyle . Between God and Science. New Haven und London 2009.

Hutchins, Roger: Hammond [Hamond], John. In: Oxford Dictionary of National Biography, Band 24. Oxford 2004, S. 957 f.

Hyden-Hanscho, Veronika: Ego-Netzwerke zwischen Paris und Wien. Kulturvermittlung im 17. Jahrhundert am Fall Bergeret. In: Müller, Albert und Neurath, Wolfgang (Hg.): Historische Netzwerkanalysen. Innsbruck 2012, S. 72–98.

Jäck, Joachim Heinrich: Pantheon der Literaten und Künstler Bambergs. Bamberg 1812–1815.

Jansson, Maija: Turner , Samuel. In: Oxford Dictionary of National Biography, Band 55. Oxford 2004, S. 659.

Jaumann, Herbert (Hg.): Die europäische Gelehrtenrepublik im Zeitalter des Konfessionalismus. Wiesbaden 2001.

Jaumann, Herbert: Taurellus , Nicolaus. In: Neue Deutsche Biographie, Band 25. 2013. https://www.deutsche-biographie.de/sfz82203.html#ndbcontent (Zugriff am 30. 10. 2017).

Jeandel, Aurélien und Degueurce, Christophe: Jean Héroard , premier «vétérinaire» français et rédacteur du traité d'hippostologie. In: Bulletin de la Société Française d'Histoire de la Médecine et des Sciences Vétérinaires. 2009, S. 89–101.

Jöcher, Christian Gottlieb: Allgemeines Gelehrten = Lexicon, 4 Bände. Leipzig 1750–51.

Joly, Bernard: Etienne-François Geoffroy (1672–1731), a Chemist on the Frontiers. In: Eddy, Matthew Daniel u.a. (Hg.): Chemical Knowledge in the Early Modern World. Osiris, Band 29. Kingston 2014, S. 117–131.

Jung, Carl Gustav: Psychologie und Alchemie. Olten 1972.

Jürgensen, Renate: Bibliotheca Norica, Teil 2. Wiesbaden 2002.

Kahn, Didier: Alchimie et Paracelsisme en France à la Fin de la Renaissance (1567–1625). Genf 2007.

—: Towards a History of Joseph du Chesne's Manuscripts. In: Ambix, Band 60,1. 2013, S. 25–30.

—: Architecture, Réforme et Alchimie en Franche-Comté vers 1560. In: Caron, Richard u.a. (Hg.): Esotérisme, Gnoses & Imaginaire Symbolique: Mélanges offerts à Antoine Faivre. Löwen 2001a, S. 91–99.

—: Inceste, assassinat, persécutions et alchimie en France et à Genève (1576–1596): Joseph Du Chesne et Mlle de Martinville. In: Bibliothèque d'Humanisme et Renaissance, Band 63. Genf 2001b, S. 227–259.

—: Flamel. In: Priesner, Claus und Figala, Karin (Hg.): Alchemie. Lexikon einer hermetischen Wissenschaft. München 1998, S. 136–138.

—: Le fixe et le volatil. Chimie et alchimie de Paracelse à Lavoisier. Paris 2016.

—: L'interprétation alchimique de la Genèse chez Joseph Du Chesne dans le contexte de ses doctrines alchimiques et cosmologiques. In: Mahlmann-Bauer, Barbara (Hg.): Scientia et artes. Die Vermittlung alten und neuen Wissens in Literatur, Kunst und Musik. Wiesbaden 2004, S. 641–692.

Kalckhoff, Johann Christoph: Elisabethae Joannae Westoniae, Nobilis Anglae, & Poetriae longe celeberrimae, Opuscula. Frankfurt 1724.

Kant, Immanuel: Was heißt: sich im Denken orientiren? In: Berlinische Monatsschrift, Band 8. 1786, S. 304–330.

—: Metaphysische Anfangsgründe der Naturwissenschaft. Riga 1787.

Karpenko, Vladimir: Dee. In: Priesner, Claus und Figala, Karin (Hg.): Alchemie. Lexikon einer hermetischen Wissenschaft. München 1998, S. 106–108.

—: Transmutation: Miracles and Doubts. In: Purs, Ivo und Karpenko, Vladimir (Hg.): Alchemy and Rudolf II. Exploring the Secrets of Nature in Central Europe in the 16th and 17th Centuries. Prag 2016, S. 229–248.

Karpenko, Vladimir und Purs, Ivo: Edward Kelley: A Star of the Rudolfine Era. In: Purs, Ivo und Karpenko, Vladimir (Hg.): Alchemy and Rudolf II. Exploring the Secrets of Nature in Central Europe in the 16th and 17th Centuries. Prag 2016, S. 489–534.

Karrer, Klaus: Posthius, Johannes. In: Neue Deutsche Biographie Onlinefassung, Band 20. 2001. http://www.deutsche-biographie.de/sfz97014.html (Zugriff am 20.05.2012).

Kassell, Lauren: Paddy, Sir William. In: Oxford Dictionary of National Biography, Band 42. Oxford 2004, S. 317 f.

Keller, Katrin: Kurfürstin Anna von Sachsen (1532–1585). Regensburg 2010.

Keller, Vera: Cornelis Drebbel (1572–1633): Fame and the Making of Modernity. Dissertation Princeton University. Princeton 2008.

Kelley, Donald R: Introduction. In: Kelley, Donald R. (Hg.): History and the Disciplines. The Reclassification of Knowledge in Early Modern Europe. Rochester 1997, S. 1–9.

Kempe, Michael: Gelehrte Korrespondenzen. Frühneuzeitliche Wissenschaftskultur im Medium postalischer Kommunikation. In: Crivellari, Fabio u.a. (Hg.): Die Medien der Geschichte. Historizität und Medialität in interdisziplinärer Perspektive. Konstanz 2004, S. 407–429.

Kerstein, Günther: Hartmann(i), Johannes. Chemiker. In: Neue Deutsche Biographie Onlinefassung, Band 7. 1966. http://www.deutsche-biographie.de/sfz26261.html (Zugriff am 23. 05. 2012).

King, Helen: Peter Chamberlen. In: Oxford Dictionary of National Biography, Band 10. Oxford 2004, S. 970–972.

Klein, Joel A.: Alchemical Histories, Chymical Education, and Chymical Medicine in Sixteenth- and Seventeenth-Century Wittenberg. In: Meller, Harald u.a. (Hg.): Alchemie und Wissenschaft des 16. Jahrhunderts. Fallstudien aus Wittenberg und vergleichbare Befunde. Halle 2016, S. 195–204.

Klein, Ursula: The Laboratory Challenge. Some Revisions of the Standard View of Early Modern Experimentation. In: Isis. A Journal of the History of Science Society, Band 99. 2008, S. 769–782.

—: Technoscience avant la lettre. In: Perspectives on Science. 2005, S. 226–266.

—: Verbindung und Affinität. Die Grundlegung der neuzeitlichen Chemie an der Wende vom 17. zum 18. Jahrhundert. Basel u.a. 1994.

Knecht, Robert Jean: The French Wars of Religion 1559–1598. Harlow 1989.

Kneer, Georg, u.a. (Hg.): Bruno Latours Kollektive. Kontroversen zur Entgrenzung des Sozialen. Frankfurt 2008.

Koelbing, Huldrych M.F.: Stuppa [Stupanus], Johannes Nicolaus. In: Historisches Lexikon der Schweiz. 2011. http://www.hls-dhs-dss.ch/textes/d/D14657.php (Zugriff am 16. 05. 2012).

Kohler, Robert E: From Medical Chemistry to Biochemistry. Cambridge 1982.

Kohlndorfer-Fries, Ruth: Diplomatie und Gelehrtenrepublik. Die Kontakte des französischen Gesandten Jacques Bongars (1554–1612). Tübingen 2009.

Koldewey, Friedrich: Stucki , Johann Wilhelm. In: Allgemeine Deutsche Biographie, Band 36, Onlinefassung. 1893. http://www.deutsche-biographie.de/sfz81822.html (Zugriff am 25. 04. 2015).

Körber, Esther-Beate: Vormoderne Öffentlichkeiten. Versuch einer Begriffs- und Strukturgeschichte. In: Jahrbuch für Kommunikationsgeschichte, Band 10. 2008, S. 3–25.

—: Öffentlichkeiten der Frühen Neuzeit. Teilnehmer, Formen, Institutionen und Entscheidungen öffentlicher Kommunikation im Herzogtum Preußen von 1525 bis 1618. Berlin und New York 1998.

Körner, Michael (Hg.): Große Bayerische Biographische Enzyklopädie, 4 Bände. München 2005.

Krauße, Erika: Vorbemerkung. Der Brief als wissenschaftshistorische Quelle. In: Krauße, Erika (Hg.): Der Brief als wissenschaftshistorische Quelle. Berlin 2005, S. 1–28.

Krebs, Julius: Christian von Anhalt und die Kurpfälzische Politik am Beginn des Dreissigjährigen Krieges. Leipzig 1872.

Krempel, Lothar: Visualisierung komplexer Strukturen. Grundlagen der Darstellung mehrdimensionaler Netzwerke. Frankfurt 2005.

Krüger, Nilüfer: Supellex Epistolica Uffenbachii et Wolfiorum. Katalog der Uffenbach-Wolfschen Briefsammlung, Band 1. Hamburg 1978.

Krüger, Wolffgang: Catalogus et historiologia mille virorum, gente et mente, arte et marte, genio atque ingenio illustrium. Erfurt 1616.

Kühlmann, Wilhelm: Oswald Crollius und seine Signaturenlehre: Zum Profil hermetischer Naturphilosophie in der Ära Rudolphs II. In: Buck, August (Hg.): Die okkulten Wissenschaften in der Renaissance. Wiesbaden 1992, S. 103–123.

—: Parcelsismus und Häresie. Zwei Briefe der Söhne Valentin Weigels aus dem Jahre 1596. In: Wolfenbütteler Barocknachrichten, Band 18. 1991, S. 24–30.

—: Paracelsismus und Hermetismus: Doxographische und soziale Positionen alternativer Wissenschaft im postreformatorischen Deutschland. In: Trepp, Anne-Charlott und Lehmann, Hartmut (Hg.): Antike Weisheit und kulturelle Praxis. Hermetismus in der Frühen Neuzeit. Göttingen 2001, S. 17–39.

—: Der vermaledeite Promethus. Die antiparacelsistische Lyrik des Andreas Libavius und ihr historischer Kontext. In: Scientia poetica, Band 4. 2000, S. 30–61.

Kühlmann, Wilhelm und Telle, Joachim: Der Frühparacelsismus, 3 Teile. Tübingen (Teil 1 + 2), Berlin (Teil 3/1 und 3/2) 2001, 2004 und 2013.

—: Oswaldus Crollius . Alchemomedizinische Briefe 1585 bis 1597. Stuttgart 1998.

—: Oswaldus Crollius . De signaturis internis rerum. Stuttgart 1996.

Kuhn, Thomas S.: Die Struktur wissenschaftlicher Revolutionen. Frankfurt 1976.

Lachenicht, Susanne: Diasporic Networks and Immigration Policies. In: Mentzer, Raymond A. und Van Ruymbeke, Bertrand (Hg.): A Companion to the Huguenots. Leiden und Boston 2016, S. 249–272.

—: Hugenotten in Europa und Nordamerika. Migration und Integration in der Frühen Neuzeit. Frankfurt 2010.

Ladenburg, Albert: Khunrath , Heinrich. In: Allgemeine Deutsche Biographie Onlinefassung, Band 15. 1882. http://www.deutsche-biographie.de/sfz40816.html (Zugriff am 03. 02. 2014).

Lakatos, Imre: Falsifikation und die Methodologie wissenschaftlicher Forschungsprogramme. In: Lakatos, Imre und Musgrave, Alan (Hg.): Kritik und Erkenntnisfortschritt. Braunschweig 1974, S. 89–189.

Lamprecht, Harald: Neue Rosenkreuzer. Göttingen 2004.

Lane Furdell, Elizabeth: Bate , George. In: Oxford Dictionary of National Biography, Band 4. Oxford 2004, S. 294 f.

Larminie, Vivienne: Du Moulin , Lewis. In: Oxford Dictionary of National Biography, Band 17. Oxford 2004a, S. 185–187.

—: Wake , Sir Isaac. In: Oxford Dictionary of National Biography, Band 56. Oxford 2004b, S. 715–718.

Latour, Bruno: Science in Action. How to Follow Scientists and Engineers through society. Cambridge, MA 1987.

—: On Actor Network Theory: A Few Clarifications. In: Soziale Welt 47. 1996, S. 369–381.

—: Wir sind nie modern gewesen. Versuch einer symmetrischen Anthropologie. Frankfurt 2013.

Latour, Bruno und Woolgar, Steve: Laboratory Life. The Construction of Scientific Facts. Princeton 1986.

Law, John: Actor Network Theory and Material Semiotics. In: Turner, Bryan Stanley (Hg.): The New Blackwell Companion to Social Theory. Malden u.a. 2009, S. 141–158.

Le Febure (Le Fèvre), Nicolas: Neuvermehrter Chymischer Handleiter und guldnes Kleinod. Nürnberg 1685.

Lemercier, Claire: Formale Methoden der Netzwerkanalyse in den Geschichtswissenschaften: Warum und Wie? In: Müller, Albert und Neurath, Wolfgang (Hg.): Historische Netzwerkanalysen. Innsbruck 2012, S. 16–41.

Lenk, Leonhard: Höschel , David. In: Neue Deutsche Biographie Onlinefassung, Band 9. 1972. http://www.deutsche-biographie.de/sfz32968.html (Zugriff am 18. 08. 2013).

Lenoir, Timothy: Instituting Science. The Cultural Production of Scientific Disciplines. Stanford 1997.

Levere, Trevor H.: Transforming Matter. A History of Chemistry from Alchemy to the Buckyball. Baltimore 2001.

Lewis, G.: Turner , Peter. Oxford Dictionary of National Biography, Band 55. Oxford 2004, S. 652 f.

Libavius , Andreas: Alchymia triumphans. Frankfurt 1607.

—: Commentariorum alchemiae Andreae Libavii, 2 Teile. Frankfurt 1606.

—: Die Alchemie des Andreas Libavius . Ein Lehrbuch der Chemie aus dem Jahre 1597. Zum ersten Mal in deutscher Übersetzung. Gesamtbearbeitung Friedemann Rex. Weinheim 1964.

—: Examen philosophiae novae quae veteri abrogandae opponitur. Frankfurt 1615.

—: Neoparacelsica. Frankfurt 1594a.

—: Novus de medicina veterum tam Hippocratica, quam Hermetica tractatus. Frankfurt 1599.

—: Rerum chymicarum epistolica forma ad philosophos et medicos, 3 Bände. Frankfurt 1595–1599.

—: Theses de summo et generali in medendo scopo, quod nimirum in omni θεραπεύσει contraria contrariis sint remedia. Dissertation Universität Basel. Universitätsbibliothek Basel Magazin, Signatur: Diss. 13:34. Basel 1588.

—: Tractatus duo physici; prior de impostoria vulnerum per unguentum armarium sanatione Paracelsis usitata commendataque. Frankfurt 1594b.

Liebig , Justus: Chemische Briefe. Dritte ausgearbeitete und vermehrte Auflage. Heidelberg 1851.

Littleton, Charles G. D.: Delaune , Gideon. In: Oxford Dictionary of National Biography, Band 15. Oxford 2004, S. 716 f.

Löhlein, Georg: Besler , Basilius. In: Neue Deutsche Biographie Onlinefassung, Band 2. 1955. http://www.deutsche-biographie.de/sfz4213.html (Zugriff am 14. 01. 2014).

Long, Kathleen P. (Hg.): Gender and Scientific Discourse in Early Modern Culture. Ashgate 2010.

Lopez Pinero, Jose Maria: Paracelsus and his Work in 16th and 17th Century Spain. In: Clio Medica, Band 8, 2. 1973, S. 113–141.

Lordez, Pierre: Joseph Du Chesne , Sieur de la Violette. Médecin du Roi Henri IV. Chimiste, Diplomate et Poète. Thèse dactylographiée, Numero d'ordre: 460, Académie de Paris. Paris 1944.

Lorey, Wilhelm: Beyer , Johann Hartmann. In: Neue Deutsche Biographie Onlinefassung, Band 2. 1955. http://www.deutsche-biographie.de/sfz4318.html (Zugriff am 20. 05. 2012).

Luther, Martin: D. Martin Luthers Werke. Kritische Gesamtausgabe, Briefwechsel, 11. Band. Weimar 1948.

—: D. Martin Luthers Werke. Kritische Gesamtausgabe, Tischreden, 1. Band. Weimar 1912.

Lux, David S. und Cook, Harold J.: Closed Circles or Open Networks?: Communicating at Distance During the Scientific Revolution. In: History of Science, Band 36. 1998, S. 179–211.

Maclean, Ian: The Medical Republic of Letters before the Thirty Years War. In: Intellectual History Review, Band 18,1. 2008, S. 15–30.

MacPherson, Rob: Stuart , Ludovick. In: Oxford Dictionary of National Biography, Band 53. Oxford 2004, S. 196–198.

Macquer, Pierre Joseph: Chymisches Wörterbuch, 7 Bände. Leipzig, 1788–1791.

Macray, William D.: Catalogi Codicum Manuscriptorum Bibliothecae Bodleianae Partis Quintae. Oxford 1878.

Markgraf, Hermann: Rehdiger , Thomas. In: Allgemeine Deutsche Biographie Onlinefassung, Band 27. 1888. http://www.deutsche-biographie.de/sfz75871.html (Zugriff am 21. 08. 2013).

Martinon-Torres, Marcos: Some Recent Developments in the Historiography of Alchemy. In: Ambix, Band 58. 2011, S. 215–237.

—: The Archeology of Alchemy and Chemistry in the Early Modern World: An afterthought. In: Archeology International, Band 15. 2012, S. 33–36.

Matthews, Leslie G.: The Royal Apothecaries. London 1967.

Matthiae, Georg: Conspectus historiae medicorum chronologicus. Göttingen 1761.

Mauelshagen, Franz: Netzwerke des Nachrichtenaustauschs. Für einen Paradigmenwechsel in der Erforschung der ‚neuen Zeitungen'. In: Burckhardt, Johannes und Werkstetter, Christine (Hg.): Kommunikation und Medien in der Frühen Neuzeit. München 2005, S. 409–425.

—: Netzwerke des Vertrauens. Gelehrtenkorrespondenzen und wissenschaftlicher Austausch in der Frühen Neuzeit. In: Frevert, Ute (Hg.): Vertrauen. Historische Annäherungen. Göttingen 2003, S. 119–151.

Mauskopf, Seymour: Chemical Revolution. In: Hessenbruch, Arne (Hg.): Reader's Guide to the History of Science. London und Chicago 2000, S. 127–129.

Mayer, Hermann: Die Matrikel der Universität Freiburg i. Br. von 1460–1656, 2 Bände. Freiburg 1907–1910.

McClellan III, James E.: Science Reorganized. Scientific Societies in the Eighteenth Century. New York 1985.

McConnell, Anita: Emily , Edward. In: Oxford Dictionary of National Biography, Band 18. Oxford 2004, S. 406 f.

McEvoy, John G.: The Historiography of the Chemical Revolution. Abingdon 2016.

Meinel, Christoph: Theory or Practice? The Eighteenth-Century Debate on the Scientific Status of Chemistry. In: Ambix, Band 30. 1983, S. 121–132.

—: Zur Sozialgeschichte des chemischen Hochschulfachs im 18. Jahrhundert. In: Berichte zur Wissenschaftsgeschichte, Band 10. 1987, S. 147–168.

—: Die Rolle der Chemiegeschichte in der Wissenschaftskommunikation. In: Weitze, Marc-Denis u.a. (Hg.): Zwischen Faszination und Verteufelung: Chemie in der Gesellschaft. Berlin 2017, S. 85–102.

—: Artibus Academicis Inserenda: Chemistry's Place in Eighteenth and Early Nineteenth Century Universities. In: History of Universities, Band 7. 1988, S. 89–115.

—: Okkulte und exakte Wissenschaften. In: Buck, August (Hg.): Die okkulten Wissenschaften in der Renaissance. Wiesbaden 1992, S. 21–44.

Meinhold, Peter: Andreae , Jakob. In: Neue Deutsche Biographie Onlinefassung, Band 1. 1953. http://www.deutsche-biographie.de/sfz23322.html (Zugriff am 21. 10. 2013).

Meitzner, Bettina: Die Gerätschaft der chymischen Kunst. Stuttgart 1995.

Mentz, Georg: Die Matrikel der Universität Jena, Band 1. 1548 bis 1652. Jena 1944.

Merton, Robert King: Auf den Schultern von Riesen. Ein Leitfaden durch das Labyrinth der Gelehrsamkeit. Frankfurt 2017.

—: Science, Technology and Society in Seventeenth Century England. [Atlantic Highlands], New Jersey 1978.

Meyrink, Gustav: Die Abenteuer des Polen Sendivogius . Hamburg 2012.

Michaud, Louis-Gabriel: Biographie universelle ancienne et moderne. Nouvelle edition, 45 Bände. Paris 1854–1865.

Michelius, Joseph: Apologia chymica, adversus invectivas Andreae Libavi calumnias. Middelburg 1597.

Milton, Anthony: Laud , William. In: Oxford Dictionary of National Biography, Band 32. Oxford 2004, S. 655–670.

Mokyr, Joel: A Culture of Growth. The Origins of the Modern Economy. Princeton und Oxford 2016.

Moran, Bruce T.: Andreas Libavius and the Art of Chymia: Words, Works, Precepts, and Social Practices. In: Hunger Parshall, Karen u.a. (Hg.): Bridging Traditions. Alchemy, Chemistry, and Paracelsian Practices in the Early Modern Era. Kirksville 2015, S. 59–78.

—: Andreas Libavius and the Transformation of Alchemy. Sagamore Beach 2007a.

—: Eloquence in the Marketplace: Erudition and Pragmatic Humanism in the Restoration of Chymia. In: Eddy, Matthew Daniel u.a. (Hg.): Chemical Knowledge in the Early Modern World. Osiris, Band 29. Kingston 2014, S. 49–62.

—: Libavius the Paracelsian? Monstrous Novelties, Institutions and the Norm of Social Virtue. In: Debus, Allen G. und Walton, Michael T. (Hg.): Reading the Book of Nature. The other Side of the Scientific Revolution. Kirksville 1998, S. 67–79.

—: Paracelsus. An Alchemical Life. London 2019.

—: The Alchemical World of the German Court. Occult Philosophy and Chemical Medicine in the Circle of Moritz of Hessen (1572–1632). Stuttgart 1991.

—: The Less Well-known Libavius : Spirits, Powers, and Metaphors in the Practice of Knowing Nature. In: Principe, Lawrence M. (Hg.): Chymists and Chymistry. Studies in the History of Alchemy and Early Modern Chemistry. Sagamore Beach 2007b, S. 13–24.

Müller, Albert und Neurath, Wolfgang: editorial: historische netzwerkanalysen. In: Müller, Albert und Neurath, Wolfgang (Hg.): Historische Netzwerkanalysen. Innsbruck 2012, S. 5–13.

Müller-Jahncke, Wolf-Dieter: Georg am Wald (1554–1616). Arzt und Unternehmer. In: Telle, Joachim (Hg.): Analecta Paracelsica. Studien zum Nachleben Theophrast von Hohenheims im deutschen Kulturgebiet der frühen Neuzeit. Stuttgart 1994, S. 213–299.

—: Andreas Libavius im Lichte der Geschichte der Chemie. In: Jahrbuch der Coburger Landesstiftung. 1972, S. 205–230.

—: Libavius . In: Priesner, Claus und Figala, Karin (Hg.): Alchemie. Lexikon einer hermetischen Wissenschaft. München 1998, S. 221–223.

—: Winter aus Andernach. In: Kühlmann, Wilhelm (Hg.): Killy Literaturlexikon, Band 12. Berlin 2011, S. 465 f.

Müller-Jahncke, Wolf-Dieter u.a.: Arzneimittelgeschichte. Stuttgart 2005.

Munk, William: The Roll of the Royal College of Physicians of London, Band 1. London 1861.

Nance, Brian: Cademan , Sir Thomas. In: Oxford Dictionary of National Biography, Band 9. Oxford 2004a, S. 407 f.

—: Lister , Sir Matthew. In: Oxford Dictionary of National Biography, Band 33. Oxford 2004b, S. 987 f.

—: Turquet de Mayerne as Baroque Physician: The Art of Medical Portraiture. Amsterdam und New York 2001.

Naudé , Gabriel: Instruction à la France sur la vérité de l'histoire des Frères de la Roze-Croix. Paris 1623.

Netz, Robert: Turquet de Mayerne , Théodore. In: Historisches Lexikon der Schweiz. 2012. http://www.hls-dhs-dss.ch/textes/d/D14674.php (Zugriff am 21. 12. 2018).

Neumann, Carsten: Alchemie und Sternenglaube unter Herzog Ulrich. In: Berswordt-Wallrabe, Kornelia von (Hg.): Schloss Güstrow. Prestige und Kunst 1556–1636. Schwerin, 2006, S. 181–188.

Neumann, Hanns-Peter: Wissenspolitik in der Frühen Neuzeit am Beispiel des Paracelsismus. In: Jaumann, Herbert (Hg.): Diskurse der Gelehrtenkultur in der Frühen Neuzeit. Berlin und New York 2011, S. 255–304.

Neumann, Ulrich: Maier , Michael. In: Neue Deutsche Biographie Onlinefassung, Band 15. 1987. http://www.deutsche-biographie.de/sfz55763.html;jsessionid =DB86AC90B4908EC8C4AE0FB6A8C857D6 (Zugriff am 22. 12. 2014).

—: Mögling , Gelehrtengeschlecht. In: Neue Deutsche Biographie Onlinefassung, Band 17. 1994. http://daten.digitale-sammlungen.de/0001/bsb00016335/images/index.html?seite=629 (Zugriff am 20. 05. 2012).

—: Ruland (t), Martin der Jüngere. In: Neue Deutsche Biographie, Band 22. 2005. http://www.deutsche-biographie.de/sfz77337.html (Zugriff am 21. 05. 2012).

Neumeister, Sebastian und Wiedemann, Conrad: Res Publica Litteraria, 2 Bände. Wiesbaden 1987.

Neurath, Otto: Soziologie im Physikalismus. In: Erkenntnis, Band 2, Heft 1. 1931, S. 393–431.

Neurath, Wolfgang und Krempel, Lothar: Geschichtswissenschaft und Netzwerkanalyse: Potenziale und Beispiele. In: Unfried, Berthold u.a. (Hg.): Transnationale Netzwerke im 20. Jahrhundert. Wien 2008, S. 59–79.

Nevéus, Torgny: Uppsala, Universität. In: Müller, Gerhard (Hg.): Theologische Realenzyklopädie, Band 34. Berlin und New York 2002, S. 403–408.

Newman, William R.: Atoms and Alchemy. Chymistry and the Experimental Origins of the Scientific Revolution. Chicago 2006.

—: Geber . In: Priesner, Claus und Figala, Karin (Hg.): Alchemie. Lexikon einer hermetischen Wissenschaft. München 1998a, S. 145–147.

—: Gehennical Fire. The Lives of George Starkey , an American Alchemist in the Scientific Revolution. Boston 2003.

—: Robert Boyle , Transmutation, and the History of Chemistry before Lavoisier : A Response to Kuhn. In: Eddy, Matthew Daniel u.a. (Hg.): Chemical Knowledge in the Early Modern World. Osiris, Band 29. Kingston 2014, S. 63–77.

—: Thomas von Aquin . In: Priesner, Claus und Figala, Karin (Hg.): Alchemie. Lexikon einer hermetischen Wissenschaft. München 1998b, S. 359–360.

Newman, William R. und Principe, Lawrence M.: The Ethymological Origins of a Historiographic Mistake. In: Early Science and Medicine. 1998, S. 32–65.

Nicholls, Mark und Williams, Penny: Ralegh , Sir Walter. In: Oxford Dictionary of National Biography, Band 45. Oxford 2004, S. 842–859.

Nummedal, Tara E.: The Alchemist in his Laboratory. In: Feuerstein-Herz, Petra und Laube, Stefan (Hg.): Goldenes Wissen. Die Alchemie-Substanzen, Synthesen, Symbolik. Wolfenbüttel 2014, S. 121–128.

—: Alchemy and Authority in the Holy Roman Empire. Chicago und London 2007.

—: Alchemical Reproduction and the Career of Anna Maria Zieglerin . In: Ambix, Band 48. 2001, S. 56–68.

—: Practical Alchemy and Commercial Exchange in the Holy Roman Empire. In: Smith, Pamela H. und Findlen, Paula (Hg.): Merchants & Marvels. Commerce, Science, and Art in Early Modern Europe. New York 2002, S. 201–222.

Nye, Mary Jo: From Chemical Philosophy to Theoretical Chemistry. Dynamics of Matter and Dynamics of Disciplines, 1800–1950. Berkely 1993.

Ogilvie, Brian: Correspondence Networks. In: Lightman, Bernard (Hg.): A Companion to the History of Science. Chichester 2016, S. 358–371.

Ogilvie, Marilyn und Harvey, Joy (Hg.): The Biographical Dictionary of Women in Science. Pioneering Lives from Ancient Times to the Mid-20th Century. New York und London, 2000.

Padgett, John F. und Ansell, Christopher K.: Robust Action and the Rise of the Medici, 1400–1434. In: American Journal of Sociology, Band 98. 1993, S. 1259–1319.

Pagel, Julius Leopold: Ruland , Martin R. der Ältere. In: Allgemeine Deutsche Biographie Onlinefassung, Band 29. 1889. http://www.deutsche-biographie.de/sfz77336.html (Zugriff am 21. 05. 2012).

—: Schenck von Grafenberg, Johannes. In: Allgemeine Deutsche Biographie Onlinefassung, Band 31. 1890. https://www.deutsche-biographie.de/sfz78158.html#adbcontent (Zugriff am 06. 11. 2017).

—: Sebisch , Melchior. In: Allgemeine Deutsche Biographie Onlinefassung, Band 33. 1891. https://www.deutsche-biographie.de/sfz79841.html#adbcontent (Zugriff am 30. 10. 2017).

—: Weinrich , Martin. In: Allgemeine Deutsche Biographie Onlinefassung, Band 41. 1896. http://www.deutsche-biographie.de/sfz84852.html (Zugriff am 21. 08. 2013).

Pagel, Walter: Paracelsus . An Introduction to Philosophical Medicine in the Era of the Renaissance. Basel u.a. 1982.

—: Religion and Neoplatonism in Renaissance Medicine. London 1985.

Pailin, David A.: Herbert, Edward. In: Oxford Dictionary of National Biography, Band 26. Oxford 2004, S. 663–669.

Pal, Carol: Republic of Women. Rethinking the Republic of Letters in the Seventeenth Century. Cambridge 2012.

—: The Early Modern Information Factory. How Samuel Hartlib Turned Correspondence into Knowledge. In: Findlen, Paula (Hg.): Empires of Knowledge. Scientific Networks in the Early Modern World. Abingdon 2019, S. 126–158.

Pappi, Franz Urban: Die Netzwerkanalyse aus soziologischer Perspektive. In: Pappi, Franz Urban (Hg.): Techniken der empirischen Sozialforschung, Band 1: Methoden der Netzwerkananlyse. München, 1987, S. 11–37.

Partington, James Riddick: A History of Chemistry, 4 Bände. Nachdruck der Ausgabe 1961–1970. New York 1998.

Pasolini, Pier Desiderio: Caterina Sforza , Band 3. Rom 1893.

Passeron, Irène: La République des Sciences. Réseaux des correspondances, des académies et des livres scientifiques. In: Passeron, Irène (Hg.): La république des sciences. Dix-huitième siècle no. 40. Paris 2008, S. 5–27.

Pastenaci, Stephan: Platter , Felix. In: Neue Deutsche Biographie Onlinefassung, Band 20. 2001. http://www.deutsche-biographie.de/sfz96267.html (Zugriff am 29. 10. 2012).

Patin , Guy: Lettres choisies de feu. Köln 1691.

Patterson, T.S.: Jean Beguin and his Tyrocinium Chymicum. In: Annals of Science, Band 2. 1937, S. 243–298.

Paulus, Julian: Alstein . In: Priesner, Claus und Figala, Karin (Hg.): Alchemie. Lexikon einer hermetischen Wissenschaft. München 1998a, S. 44–45.

—: Kelley . In: Priesner, Claus und Figala, Karin (Hg.): Alchemie. Lexikon einer hermetischen Wissenschaft. München 1998b, S. 192 f.

—: Seton . In: Priesner, Claus und Figala, Karin (Hg.): Alchemie. Lexikon einer hermetischen Wissenschaft. München 1998c, S. 335–336.

Paulus, Julius: Alchemie und Paracelsismus um 1600. Siebzig Porträts. In: Telle, Joachim (Hg.): Analecta Paracelsica. Studien zum Nachleben Theophrast von Hohenheims im deutschen Kulturgebiet der frühen Neuzeit. Stuttgart 1994, S. 335–403.

Pelling, Margaret: Medical Conflicts in Early Modern London. Oxford 2003.

Penot , Bernard Gilles: Apologia Bernardi G. Penoti, A Portu S. Mariae Aquitani in duas partes divisa. Frankfurt 1600.

—: Bernardi Penoti a Portu S. Mariae Aquitani, de denario medico, quo decem medicaminibus, omnibus morbis internis medendi via docetur. Bern 1608.

Pethes, Nicolas und Richter, Sandra (Hg.): Medizinische Schreibweisen. Ausdifferenzierung und Transfer zwischen Medizin und Literatur (1600–1900). Tübingen 2008.

Peuckert, Will-Erich: Gabalia. Ein Versuch zur Geschichte der magia naturalis im 16. bis 18. Jahrhundert. Berlin 1967.

Pies, Eike und Neufang-Pies, Ingvild: Das Bild des Arztes. Ärzteportraits aus vier Jahrhunderten. Sprockhövel 2009.

Platter , Felix: Liber decretorum, Q2. Basel 1598.

Plitt, Johann Jakob: Nachrichten von der Oberheßischen Stadt Wetter und denen daraus abstammenden Gelehrten. Frankfurt 1769.

Poach, Andreas: Vom christlichen Abschied aus diesem sterblichen Leben des lieben theuren Mannes Matthei Rathenbergers der Artzney Doctors. Jena 1559.

Pomata, Gianna: Sharing Cases: The Observations in Early Modern Medicine. In: Early Science and Medicine, Band 15,3. 2010, S. 193–236.

Popper, Karl: Logik der Forschung. Zur Erkenntnistheorie der modernen Naturwissenschaft. Wien 1935.

Pötsch, Winfried R., u.a.: Lexikon bedeutender Chemiker. Leipzig 1988.

Poynter, F.N.L.: Gideon Delaune and his Family Circle. In: The Wellcome Historical Medical Library, Lecture Series No. 2. 1965, S. 1–30.

Prantl, Carl von: Krag , Andreas. In: Allgemeine Deutsche Biographie, Band 17. 1883. https://www.deutsche-biographie.de/sfz99043.html#indexcontent (Zugriff am 30. 10. 2017).

Prechtl, Peter und Burkard, Franz-Peter (Hg.): Metzler Lexikon Philosophie. Begriffe und Definitionen. Stuttgart 2008.

Priesner, Claus: Geschichte der Alchemie. München 2011.

—: Alchemisten, Magier, Goldmacher – Alchemie und Naturmagie zur Zeit Fausts. In: Meller, Harald u.a. (Hg.): Alchemie und Wissenschaft des 16. Jahrhunderts. Fallstudien aus Wittenberg und vergleichbare Befunde. Halle 2016, S. 253–270.

—: Sennert, Daniel. In: Neue Deutsche Biographie Onlinefassung, Band 24. 2010. https://www.deutsche-biographie.de/downloadPDF?url=sfz80055.pdf (Zugriff am 23.02.2020).

—: Johann Thölde und die Schriften des Basilius Valentinus. In: Meinel, Christoph (Hg.): Die Alchemie in der europäischen Kultur- und Wissenschaftsgeschichte. Wiesbaden 1986, S. 107–118.

Priesner, Claus und Figala, Karin (Hg.): Alchemie. Lexikon einer hermetischen Wissenschaft. München 1998.

Principe, Lawrence M.: Sir Kenelm Digby and his Alchemical Circle in 1650s Paris: Newly Discovered Manuscripts. In: Ambix, Band 60,1. 2013a, S. 3–24.

—: Decknamen. In: Priesner, Claus und Figala, Karin (Hg.): Alchemie. Lexikon einer hermetischen Wissenschaft. München 1998, S. 104–106.

—: The secrets of alchemy. Chicago 2013b.

Principe, Lawrence M. und Newman, William R.: Some Problems with the Historiography of Alchemy. In: Newman, William R. und Grafton, Anthony (Hg.): Secrets of Nature. Astrology and Alchemy in Early Modern Europe. Cambridge, MA 2001, S. 385–431.

Prinke, Rafal T.: New Light on the Alchemical Writings of Michael Sendivogius (1566–1636). In: Ambix, Band 63. 2016, S. 217–243.

Prinke, Rafal T. und Zuber, Mike A.: Alchemical Patronage and the Making of an Adept: Letters of Michael Sendivogius to Emperor Rudolf II and His Chamberlain Hans Popp. In: Ambix, Band 65. 2018, S. 324–355.

Prögler, Daniela: English Students at Leiden University, 1575–1650. Farnham 2013.

Pünjer, Bernhard: Major , Johannes. In: Allgemeine Deutsche Biographie Onlinefassung, Band 20. 1884. http://www.deutsche-biographie.de/sfz55819.html (Zugriff am 09. 09. 2013).

Purs, Ivo und Karpenko, Vladimir: Alchemy at the Aristocratic Courts of the Lands of the Bohemian Crown. In: Purs, Ivo und Karpenko, Vladimir (Hg.): Alchemy and Rudolf II. Exploring the Secrets of Nature in Central Europe in the 16th and 17th Centuries. Prag 2016, S. 47–92.

Purs, Ivo und Smolka, Josef: Martin Ruland the Elder, Martin Ruland the Younger, and the Milieu of the Emperor's Personal Physicians. In: Purs, Ivo und Karpenko, Vladimir (Hg.): Alchemy and Rudolf II. Exploring the Secrets of

Nature in Central Europe in the 16th and 17th Centuries. Prag 2016, S. 581–605.

Pursell, B.C.: Nethersole, Sir Francis. In: Oxford Dictionary of National Biography, Band 40. Oxford 2004, S. 442–444.

Quine, Willard Van Orman: Von einem logischen Standpunkt. Neun logisch-philosophische Essays. Frankfurt 1979.

Rampling, Jennifer M.: Transmuting Sericon: Alchemy as „Practical Exegesis" in Early Modern England. In: Eddy, Matthew Daniel u.a. (Hg.): Chemical Knowledge in the Early Modern World. Osiris, Band 29. Kingston 2014, S. 19–34.

Rath, Gernot: Fabricius Hildanus. In: Neue Deutsche Biographie Onlinefassung, Band 4. 1959. http://www.deutsche-biographie.de/sfz14088.pdf (Zugriff am 30. 07. 2014).

Ray, Meredith K.: Daughters of Alchemy. Women and Scientific Culture in Early Modern Italy. Cambridge, MA und London 2015.

—: Experiments with Alchemy: Caterina Sforza in Early Modern Scientific Culture. In: Long, Kathleen P. (Hg.): Gender and Scientific Discourse in Early Modern Culture. Farnham 2010, S. 139–163.

Reinhardt, Volker: Die Geschichte der Schweiz. Von den Anfängen bis heute. München 2013.

Reitmayer, Morten und Marx, Christian: Netzwerkansätze in der Geschichtswissenschaft. In: Stegbauer, Christian und Häußling, Roger (Hg.): Handbuch Netzwerkforschung. Wiesbaden 2010, S. 869–880.

Rex, Friedemann: Libavius (Li[e]bau), Andreas. In: Neue Deutsche Biographie Onlinefassung. 1985. http://www.deutsche-biographie.de/artikelNDB_pnd119522403.html (Zugriff am 16. 04. 2010).

Rey Bueno, Mar: „If they are not pages that cure, they are pages that teach how to cure." The Diffusion of Chemical Remedies in Early Modern Spain. In: Hunger Parshall, Karen u.a. (Hg.): Bridging Traditions. Alchemy, Chemistry and Paracelsian Practices in the Early Modern Era. Kirksville 2015, S. 133–158.

Rheinberger, Hans-Jörg: Begriffsgeschichte epistemischer Objekte. In: Müller, Ernst und Schmieder, Falko (Hg.): Begriffsgeschichte der Naturwissenschaften. Zur historischen und kulturellen Dimension naturwissenschaftlicher Konzepte. Berlin 2008, S. 1–9.

Rhode, Gotthold: Krakau, Universität. In: Müller, Gerhard (Hg.): Theologische Realenzyklopädie, Band 19. Berlin und New York 1990, S. 648–655.

Richelieu, Cardinal de: Mémoires, Band 10. Paris 1931.

Richter, A.: Degen, Jakob. In: Allgemeine Deutsche Biographie Onlinefassung, Band 5. 1877. http://www.deutsche-biographie.de/sfz9497.html (Zugriff am 14. 01. 2014).

Rieu, Guilielmus du: Album studiosorum academiae Lugduno Batavae MDLXXV-MDCCCLXXV. Hagae comitum 1875.

Riggenbach, Bernhard: Polanus von Polansdorf, Amandus. In: Allgemeine Deutsche Biographie Onlinefassung, Band 26. 1888. http://www.deutsche-biographie.de/sfz26642.html (Zugriff am 15. 02. 2014).

Ritter, Moriz: Die Gründung der Union 1598–1608. München 1870.

Robinson, Hastings: The Zurich Letters (Second Series). Cambridge 1845.

Roebel, Martin: Humanistische Medizin und Kryptocalvinismus. Leben und medizinisches Werk des Wittenberger Medizinprofessors Caspar Peucer (1525–1602). Freiburg 2012.

Rogent, Elies und Duran, Estanislau: Bibliografia de les Impressions Lullianes. Barcelona 1927.

Rohmer, Ernst: Frühneuzeitliche Gelehrtenkultur und kulturwissenschaftlicher Netzwerkdiskurs. In: Morgen-Glantz, Band 23. 2013, S. 17–41.

Romanelli, Raffaele (Hg.): Biondi, Gian Francesco. In: Dizionario Biografico degli Italiani. 2009. http://www.treccani.it/enciclopedia/gian-francesco-biondi/ (Zugriff am 11. 10. 2016).

Roos, Anna Marie: The Chymistry of „The Learned Dr Plot„" (1640–96). In: Eddy, Matthew Daniel u.a. (Hg.): Chemical Knowledge in the Early Modern World. Osiris, Band 29. Kingston 2014, S. 81–95.

Rossetti, Lucia: Matricula nationis Germanicae artistarum in gymnasio Patavino. Padua 1986.

Royal College of Physicians: Pharmacopoea Londinensis. London 1618.

Ruland, Martin: Lexicon alchemiae. Frankfurt 1612.

Ruska, Julius: Arabische Alchemisten. Heidelberg 1924.

—: Tabula Smaragdina. Heidelberg 1926.

—: Turba Philosophorum. Berlin 1931.

Ruthenberg, Klaus: Die Schwierigkeiten mit der Definition der Chemie. In: CLB Chemie in Labor und Biotechnik, Band 45. 1994, S. 303–306.

Sauerländer, Dominik: Eggs. In: Historisches Lexikon der Schweiz. 2002. http://www.hls-dhs-dss.ch/textes/d/D20438.php (Zugriff am 09. 11. 2017).

Schäfer, Volker: Morhard, Johannes. In: Neue Deutsche Biographie Onlinefassung, Band 18. 1997. http://www.deutsche-biographie.de/sfz65467.html;jsessionid=59C0B98216B74A6AFCF1EA381E1DF381 (Zugriff am 12. 12. 2014).

Schalk, Fritz: Studien zur französischen Aufklärung. Frankfurt 1977.

Schickler, F. de: Eglises du Refuge en Angleterre. Paris 1892.

Schmid, Magnus: Alberti (Norimbergensis), Salomon. In: Neue Deutsche Biographie Onlinefassung, Band 1. 1953. http://www.deutsche-biographie.de/sfz302.pdf (Zugriff am 28. 11. 2013).

Schmidt-Herrling, Eleonore: Die Briefsammlung des Nürnberger Arztes Christoph Jacob Trew (1696–1769) in der Universitätsbibliothek Erlangen. Erlangen 1940.

Schmieder, Karl Christoph: Geschichte der Alchemie. Halle 1832.

Schnalke, Thomas: Wissensorganisation und Wissenskommunikation im 18. Jahrhundert: Christoph Jacob Trew . In: Europäische Geschichte Online. 2012. http://www.ieg-ego.eu/de/threads/europaeische-netzwerke/intellektuelle-und-wissenschaftliche-netzwerke/europaeische-korrespondenznetzwerke/thomas-schnalke-wissensorganisation-und-wissenskommunikation-im-18-jahrhundert-christoph-jacob-trew (Zugriff am 09. 07. 2012).

Schneider, Walter: Coburg im Spiegel der Geschichte. Coburg 1985.

Schneider, Wolfgang: Lexikon alchemistisch-pharmazeutischer Symbole. Weinheim 1981.

Schnizlein, August: Andreas Libavius und seine Tätigkeit am Gymnasium zu Rothenburg. In: XVI. Jahres-Bericht des Vereins Alt-Rothenburg. 1913/1914, S. 56–77.

Schnurrer, Ludwig: Dr. med. Johannes Hornung aus Rothenburg. In: Die Linde. Blätter für Geschichte und Heimatkunde von Rothenburg, Band 60. 1978, S. 25–32.

—: Andreas Libavius (ca. 1558–1616). In: Veröffentlichungen der Gesellschaft für Fränkische Geschichte, Band 15. 1993, S. 85–106.

Schofer, Ulrike: Katalog der deutschen medizinischen Handschriften der Universitätsbibliothek Heidelberg aus dem Besitz von Kurfürst Ludwig VI. von der Pfalz. Heidelberg 2003.

Scholz, Hartmut: Zur Periodisierung des Entstehungsprozesses naturwissenschaftlicher Disziplinen, dargestellt am Beispiel der Entwicklung der Chemie. In: Deutsche Zeitschrift für Philosophie, Band 31. 1983, S. 89–97.

Schorn-Schütte, Luise: Geschichte Europas in der Frühen Neuzeit. Studienhandbuch 1500–1789. Paderborn 2013.

Schreiber, Heinrich: Geschichte der Stadt und Universität Freiburg im Breisgau, II. Theil. Freiburg 1859.

Schreiber, Roy E.: Hay , James. In: Oxford Dictionary of National Biography, Band 25. Oxford 2004, S. 1006–1009.

Schröder, Gerald: Crollius , Oswald. In: Neue Deutsche Biographie Onlinefassung, Band 3. 1957. http://www.deutsche-biographie.de/sfz8980.html (Zugriff am 15. 02. 2014).

—: Studien zur Geschichte der Chemiatrie. In: Pharmazeutische Zeitung Nr. 35. 1966, S. 1246–1251.

Schubert, Friedrich Hermann: Christian I. In: Neue Deutsche Biographie Onlinefassung, Band 3. 1957. http://www.deutsche-biographie.de/sfz35412.html (Zugriff am 07. 02. 2014).

Schütt, Hans-Werner: Auf der Suche nach dem Stein der Weisen. Die Geschichte der Alchemie. München 2000.

—: Alchemie als Nichtchemie zu Beginn der Neuzeit. In: Berichte zur Wissenschaftsgeschichte, Band 20. 1997, S. 147–158.

Schwackenhofer, Hans: Die Reichserbmarschälle, Grafen und Herren von und zu Pappenheim . Zur Geschichte eines Reichsministerialengeschlechtes. Treuchtlingen 2002.

Scouloudi, Irene: Sir Theodore Turquet de Mayerne , Royal Physician and Writer, 1573–1655. In: Proceedings of the Huguenot Society of London, Band 16. 1940, S. 300–337.

Seifert, Arno: Das Höhere Schulwesen. Universitäten und Gymnasien. In: Hammerstein, Notker (Hg.): Handbuch der deutschen Bildungsgeschichte, Band I. 15. bis 17. Jahrhundert. München 1996, S. 197–374.

Sennert , Daniel: De Chymicorum cum Aristotelicis et Galenicis consensu ac dissensu liber I. Wittenberg 1619.

—: Epistolarum medicinalium. In: Sennert , Daniel: Operum tomus sextus. Lyon 1676, S. 525–696.

Severinus , Petrus: Idea medicinae philosophicae fundamenta continens totius doctrinae Paracelsicae, Hippocraticae, & Galenicae. Basel 1571.

Shackelford, Jole: A Philosophical Path for Paracelsian Medicine. The Ideas, Intellectual Context, and Influence of Petrus Severinus (1540/2–1602). Kopenhagen 2004.

Shank, Michael H. und Lindberg, David C.: Mittelalter. In: Sommer, Marianne u.a. (Hg.): Handbuch Wissenschaftsgeschichte. Stuttgart 2017, S. 129–142.

Shapin, Stephen: The Scientific Revolution. Chicago 1996.

—: A Social History of Truth. Chicago und London 1994.

—: Understanding the Merton Thesis. In: Isis. A Journal of the History of Science Society, Band 79,4. 1988, S. 594–605.

—: The Man of Science. In: Park, Katharine und Daston, Lorraine (Hg.): The Cambridge History of Science. Band 3. Early Modern Science. Cambridge 2006, S. 179–191.

Shapin, Steven und Schaffer, Simon: Leviathan and the Air-Pump. Hobbes, Boyle , and the Experimental Life. Princeton 2018.

Sherwood Taylor, F. und Josten, C.H.: Johannes Banfi Hunyades 1576–1650. In: Ambix, Band 5. 1953, S. 44–52.

Siebenkees, Johann Christian: Materialien zur Nürnbergischen Geschichte. Nürnberg 1792.

Sigrist, René: Training Links and Transmission of Knowledge in 18th Century Botany: a Social Network Analysis. In: REDES – Revista hispana para el análisis de redes sociales, Band 21,7. 2011, S. 347–387.

Siraisi, Nancy G.: Communities of Learned Experience. Epistolary Medicine in the Renaissance. Baltimore 2013.

Smith, Pamela H.: Hermetik. In: Priesner, Claus und Figala, Karin (Hg.): Alchemie. Lexikon einer hermetischen Wissenschaft. München 1998, S. 176–177.

—: The Body of the Artisan. Art and Experience in the Scientific Revolution. Chicago 2004.

—: What is a Secret? Secrets and Craft Knowledge in Early Modern Europe. In: Long, Elaine und Rankin, Alisha (Hg.): Secrets and Knowledge in Medicine and Science, 1500–1800. Farnham 2011, S. 47–66.

Smith, Pamela H. und Findlen, Paula: Commerce and the Representation of Nature in Art and Science. In: Smith, Pamela H. und Findlen, Paula (Hg.): Merchants & Marvels. Commerce, Science, and Art in Early Modern Europe. New York 2002, S. I-XXV.

Soukup, Werner R.: Chemie in Österreich. Von den Anfängen bis zum Ende des 18. Jahrhunderts. Wien u.a. 2007.

Stahl, Andreas: Alchemistische Netzwerke in und um Wittenberg – Faust in Wittenberg?. In: Meller, Harald u.a. (Hg.): Alchemie und Wissenschaft des 16. Jahrhunderts. Fallstudien aus Wittenberg und vergleichbare Befunde. Halle 2016, S. 205–248.

Steiger, Christoph von: Jacques Bongars und seine Bibliothek. Universitätsbibliothek Bern. 1983. http://www.ub.unibe.ch/content/suchen__ finden/sondersammlungen/bongarsiana/jacques_bongars/index_ger.html (Zugriff am 18. 08. 2013).

Steinke, Hubert: Zwinger , Jakob. In: Historisches Lexikon der Schweiz. 2014a. http://www.hls-dhs-dss.ch/textes/d/D25309.php (Zugriff am 06. 11. 2017).

—: Zwinger, Theodor. In: Historisches Lexikon der Schweiz. 2014b. http://www.hls-dhs-dss.ch/textes/d/D14707.php (Zugriff am 06. 11. 2017).

Stelling-Michaud, Suzanne: Le livre du recteur de l'académie de Genève, 6 Bände. Genf 1959–1980.

Stichweh, Rudolf: Wissenschaft, Universität, Professionen. Soziologische Analysen. Bielefeld 2013.

—: Zur Entstehung des modernen Systems wissenschaftlicher Disziplinen. Physik in Deutschland 1740–1890. Frankfurt 1984.

Strohmeier, Renate: Lexikon der Naturwissenschaftlerinnen und naturkundigen Frauen Europas. Von der Antike bis zum 20. Jahrhundert. Frankfurt 1998.

Stuart-Fox, Martin: Evolutionary Theory of History. In: History and Theory, Band 38,4. 1999, S. 33–51.

Stuber, Martin u.a.: Exploration von Netzwerken durch Visualisierung. Die Korrespondenznetze von Banks, Haller, Heister, Linné, Rousseau, Trew und der Oekonomischen Gesellschaft Bern. In: Dauser, Regina u.a. (Hg.): Wissen im Netz. Botanik und Pflanzentransfer in europäischen Korrespondenznetzen des 18. Jahrhunderts. Berlin 2008, S. 347–374.

Sturm, Heribert: Biographisches Lexikon zur Geschichte der böhmischen Länder, 4 Bände. München u.a. 1974.

Suchodolski, Bogdan: Gorayski Marcjan. In: Historia nauki polskie, Dokumentacja bio-bibliograficzna. Indeks biograficzny tomu I i II, Band 6. 1974, S. 190.

Sutton, James M.: Henry Frederick, Prince of Wales. In: Oxford Dictionary of National Biography, Band 26. Oxford 2004, S. 560–564.

Tancke, Joachim: Promptuarium Alchemiae. Leipzig 1610.

Telle, Joachim: Alchemie II. Historisch. In: Krause, Gerhard und Müller, Gerhard (Hg.): Theologische Realenzyklopädie, Band 2. Berlin 1978, S. 199–227.

—: Croll, Crollius, Oswald. In: Kühlmann, Wilhelm (Hg.): Killy Literaturlexikon, Band 2. Berlin 2008, S. 504–506.

—: Der Splendor Solis in der frühneuzeitlichen respublica alchemica. In: Daphnis, Band 35. 2006, S. 421–448.

—: Johann Huser in seinen Briefen. Zum schlesischen Paracelsismus im 16. Jahrhundert. In: Telle, Joachim (Hg.): Parerga Paracelsica. Paracelsus in Vergangenheit und Gegenwart. Stuttgart 1991, S. 159–248.

—: Khunrath. In: Priesner, Claus und Figala, Karin (Hg.): Alchemie. Lexikon einer hermetischen Wissenschaft. München 1998, S. 194–196.

—: Kudorfer (Kudorff), Heinrich. In Ruh, Kurt u.a. (Hg.): Die deutsche Literatur des Mittelalters. Verfasserlexikon. Begründet von Wolfgang Stammler. 2. Auflage, Band 5. Berlin und New York 1985, S. 409 f.

—: Paracelsus als Alchemiker. In: Dopsch, Heinz und Kramml, Peter F. (Hg.): Paracelsus und Salzburg, Salzburg 1994, S. 157–172.

—. (Pseudo)-Lullus-Corpus. In: Lexikon des Mittelalters, Band. 6. 2009, S. 2 f.

—: Scultetus , Johannes. In: Kühlmann, Wilhelm (Hg.): Killy-Literaturlexikon, Band 10. Berlin 2011, S. 706.

Thou, Jacques Auguste de und Teissier, Antoine: Les éloges des hommes savans, 4 Bände. Leyde 1715.

Thrush, Andrew: Finch , Sir Heneage. In: Oxford Dictionary of National Biography, Band 19. Oxford 2004, S. 561–563.

Timmermann, Anke: Mit den Augen des Alchemikers: Die Geheimnisse alchemischer Texte, Objekte und Bilder neu betrachtet. In: Meller, Harald u.a. (Hg.): Alchemie und Wissenschaft des 16. Jahrhunderts. Fallstudien aus Wittenberg und vergleichbare Befunde. Halle 2016, S. 299–312.

Toepke, Gustav: Die Matrikel der Universität Heidelberg, 3 Bände. Heidelberg 1884–1889.

Toulmin, Stephen E.: The Evolutionary Development of Natural Sciences. In: American Scientist, Band 55. 1967, S. 456–471.

—: Kritik der kollektiven Vernunft. Frankfurt 1983.

Trevor-Roper, Hugh: Europe's Physician. The Various Life of Sir Theodore de Mayerne . New Haven und London 2006.

—: Mayerne , Sir Theodore Turquet de. In: Oxford Dictionary of National Biography, Band 37. Oxford 2004, S. 578–581.

—: Paracelsism Made Political. 1600-1650. In: Grell, Ole Peter (Hg.): Paracelsus . The Man and his Reputation. His Ideas and their Transformation. Leiden u.a. 1998, S. 119–133.

—: Renaissance Essays. Chicago 1985.

Trezzini, Bruno: Theoretische Aspekte der sozialwissenschaftlichen Netzwerkanalyse. In: Schweizerische Zeitschrift für Soziologie, Band 24. 1998, S. 511–544.

Trunz, Erich: Wissenschaft und Kunst im Kreise Kaiser Rudolfs II. 1576–1612. Neumünster 1992.

Turquet de Mayerne , Théodore: Apologia. In qua videre est inviolatis Hippocratis & Galen i legibus, remedia Chymicè preparata, tutò usurpari posse. La Rochelle 1603.

Underwood, E. Ashworth: A History of the Worshipful Society of Apothecaries of London. London u.a. 1963.

University of Cambridge: A Cambridge Alumni Database, ACAD. 2016. http://venn.lib.cam.ac.uk/Documents/acad/2016/search-2016.html (Zugriff am 5. 12. 2016).

Usher, Brett: Thornborough , John. In: Oxford Dictionary of National Biography, Band 54. Oxford 2004, S. 589–592.

Venn, John und Venn, J.A.: Alumni Cantabrigienses, 4 Bände. Cambridge 1922–1927.

Vries de Heekelingen, Herman de: Correspondance de Bonaventura Vulcanius pendant son séjour à Cologne, Genève et Bâle (1573–1577). Den Haag 1923.

Wachler, Albrecht W.J.: Thomas Rehdiger und seine Büchersammlung in Breslau. Breslau 1828.

Wackernagel, Hans Georg (Hg.): Die Matrikel der Universität Basel. 1460–1817/18, 5 Bände. Basel 1951–1980.

Wada, Mitsuji: La représentation des régions à l'assemblée générale protestante au 16e siècle: le cas de la province Saintonge-Aunis-Angoumois. In: Grandjean, Michel und Roussel, Bernard (Hg.): Coexister dans l'intolérance. L'edit de Nantes (1598). Genf 1998, S. 187–206.

Waldberg, Max von: Sandrub, Lazarus (Schnurr , Balthasar S.) In: Allgemeine Deutsche Biographie Onlinefassung, Band 32. 1891. https://www.deutsche-biographie.de/sfz77724.html#adb2content (Zugriff am 11.03.2019).

Wallis, Patrick: Atkins , Henry. In: Oxford Dictionary of National Biography, Band 2. Oxford 2004, S. 817.

Walravens, Hartmut: Schreck , Johannes. In: Neue Deutsche Biographie Onlinefassung, Band 23. 2007. http://www.deutsche-biographie.de/sfz116203.html (Zugriff am 04. 02. 2014).

Walter, Simon: Die Rosenkreuzer. In: Frank, Jacob (Hg.): Geheimgesellschaften. Würzburg 2013, S. 141–165.

Wangenmannn, Julius August: Eglin , Raphael. In: Allgemeine Deutsche Biographie Onlinefassung, Band 5. 1877. http://www.deutsche-biographie.de/sfz12633.html (Zugriff am 09. 02. 2014).

Waquet, Françoise: De la lettre érudite au périodique savant: Les faux semblants d'une mutation intellectuelle. In: XVIIe Siècle 140, no. 3. 1983, S. 347–359.

Wasserman, Stanley und Faust, Katherine: Social Network Analysis: Methods and Applicatons. Cambridge 1999.

Webster, Charles: Paracelsus . Medicine, Magic and Mission at the End of Time. New Haven und London 2008.

Weller, Thomas: Das „spanische Jahrhundert". In: Europäische Geschichte Online. 2010. http://ieg-ego.eu/de/threads/modelle-und-stereotypen/das-spanische-jahrhundert-16.-jhd/thomas-weller-das-spanische-jahrhundert-16-jahrhundert (Zugriff am 14. 11. 2017).

Wels, Volkhard: Die Tradierung alchemischen Wissens bei Michael Maier, Andreas Libavius und Oswald Croll. In: Burkard, Torsten (Hg.): Natur – Religion – Medien. Berlin 2013, S. 63–85.

—: Manifestationen des Geistes. Frömmigkeit, Spiritualismus und Dichtung in der Frühen Neuzeit. Göttingen 2014.

Wenzelburger, Theodor: Joachimi, Albert. In: Allgemeine Deutsche Biographie Onlinefassung, Band 14. 1881. https://www.deutsche-biographie.de/gnd102222681.html#adbcontent (Zugriff am 09. 10. 2016).

Wesel-Roth, Ruth: Erast, Thomas. In: Neue Deutsche Biographie Onlinefassung, Band 4. 1959. http://www.deutsche-biographie.de/sfz23271.html (Zugriff am 24. 08. 2014).

Weyer, Jost: Der Alchemist im lateinischen Mittelalter (13. bis15. Jahrhundert). In: Schmauderer, Eberhard (Hg.): Der Chemiker im Wandel der Zeiten. Skizzen zur geschichtlichen Entwicklung des Berufsbildes. Weinheim 1973, S. 11–41.

—: Die Entwicklung der Chemie zu einer Wissenschaft zwischen 1540 und 1740. In: Berichte zur Wissenschaftsgeschichte, Band 1. 1978, S. 113–121.

—: Geschichte der Chemie Band 1 – Altertum, Mittelalter, 16. bis 18. Jahrhundert. Berlin 2018.

White, Harrison C.: Identity and Control. A Structural Theory of Social Action. Princeton 1992.

White, Harrison C. et al.: Social Structure from Multiple Networks. I. Blockmodels of Roles and Positions. In: American Journal of Sociology, Vol. 81. 1976, S. 730–780.

Wieser, Matthias: Das Netzwerk von Bruno Latour. Die Akteur-Netzwerk-Theorie zwischen Science & Technology Studies und poststrukturalistischer Soziologie. Bielefeld 2012.

Will, Georg Andreas und Nopitsch, Christian Conrad: Nürnbergisches Gelehrten-Lexicon, 8 Bände. Nürnberg und Altdorf 1755–1808.

Williams, Noel: Last Loves of Henri of Navarre. London 1925.

Wißner, Adolf: Habrecht, Isaak. In: Neue Deutsche Biographie Onlinefassung, Band 7. 1966. https://www.deutsche-biographie.de/sfz25023.html (Zugriff am 10.01.2020).

Wolf, Christof: Egozentrierte Netzwerke: Datenerhebung und Datenanalyse. In: Stegbauer, Christian und Häußling, Roger (Hg.): Handbuch Netzwerkforschung. Wiesbaden 2010, S. 471–483.

Wolff, Fritz: Moritz der Gelehrte. In: Neue Deutsche Biographie Onlinefassung, Band 18. 1997. http://www.deutsche-biographie.de/sfz65505.html (Zugriff am 15. 02. 2014).

Wollgast, Siegfried: Tancke (Tanck[ius]), Joachim. In: Neue Deutsche Biographie Onlinefassung, Band 25. 2013. https://www.deutsche-biographie.de/sfz130360.html#ndbcontent (Zugriff am 11.03.2019).

Woolfson, Jonathan: Padua and the Tudors. English Students in Italy, 1485–1603. Toronto 1998.

Woolgar, Steve: Interests and Explanation in the Social Study of Science. In: Social Studies of Science, Band 11. 1981, S. 365–394.

Woysel, Carolus: Honorificae Memoriae, Matronae Nobilissimae, Lectissimae … Magdalenae Mentzelin. Göttinger Digitalisierungszentrum. 1637. http://gdz.sub.uni-goettingen.de/dms/load/pdf/?PPN=PPN591914174 (Zugriff am 26. 03. 2014).

Woyt, Johann Jacob: Gazophylacium Medico-Physicum. Leipzig 1751.

Wunschmann, Ernst: Trew, Christoph Jacob. In: Allgemeine Deutsche Biographie Onlinefassung, Band 38. 1894. http://www.deutsche-biographie.de/sfz82965.html (Zugriff am 09. 07. 2012).

Wurtz, Adolphe : Dictionnaire de chimie pure et appliquée, Band 1. Paris 1869.

Wurzbach, Constantin von: Zierotin, Ladislaus Welen. In: Biographisches Lexikon des Kaiserthums Oesterreich, Band 60. 1891. http://www.literature.at/viewer.alo?objid=12544&viewmode=fullscreen&scale=5&rotate=&page=135 (Zugriff am 28. 07. 2014).

Yates, Frances A.: Aufklärung im Zeichen des Rosenkreuzes. Stuttgart 1975.

Zeller, Rosemarie: Pantaleon, Heinrich. In: Historisches Lexikon der Schweiz. 2008. http://www.hls-dhs-dss.ch/textes/d/D12195.php (Zugriff am 05.11.2017).

Zedler, Johann Heinrich: Grosses vollständiges Universal-Lexicon Aller Wissenschafften und Künste, Band 14. Halle und Leipzig 1735.

Zetzner, Lazarus: Theatrum chemicum praecipuos selectorum auctorum tractatus de chemiae et lapidis philosophici antiquitate, veritate, iure, praestantia & operationibus, continens:, 5 Bände. Straßburg 1602–1622.

Zonta, Claudia: Schlesische Studenten an italienischen Universitäten. Stuttgart 2004.

Zwierlein, Cornel: Diachrone Diskontinuitäten in der frühneuzeitlichen Informationskommunikation und das Problem von Modellen ‚kultureller Evolution'. In: Brendecke, Arndt u.a. (Hg.): Information in der Frühen Neuzeit. Status, Bestände, Strategien. 2008, S. 423–453.

Zwinger , Theodor: De Chrysopoeia Variae Literatorum Epistolae. In: Miscellanea Curiosa Sive Ephemeridum Medico-Physicarum Germanicarum Academiae Caesaro-Leopoldinae Naturae Curiosum Decuriae III. Frankfurt und Leipzig 1700, Anhang S. 16–41.

11. Personenregister

A

Abu Ali al-Husain ibn-Abdallah ibn-Sina *Siehe* Avicenna 51
Abu Bakr Muhammad ibn-Zakariya al-Razi *Siehe* Rhazes 50
Adet, Pierre Auguste 243
Agricola, Georg 236, 385
Alberti, Salomon 83, 102, 280, 419
Albertus Magnus 53
Aleksei I. von Rußland 213
Aligre, Etienne I. d' 347
Alinge, Isaac d' 345
Alstein, Jacob 143, 215, 321, 414
Amplias, Johannes 337
Amwald, Georg 90, 93, 306, 337, 385, 402
Andreae, Jakob 70, 410
Anna von Anhalt-Bernburg 331
Anna von Dänemark (England) 169, 193, 195, 344, 346, 347, 360, 361, 364, 365
Anna von Dänemark (Sachsen) 17, 60, 386, 405
Aquin, d' 353, 357
Aragosius, Guillaume 120, 143, 319, 321
Aretaeus, Orontius 83, 287
Argenson, René d' 178
Argenterius, Chrysocomus 290
Aristoteles 22, 50, 51, 53, 54, 89, 102, 129, 135, 218, 248, 274, 381
Ashmole, Elias 186
Ashworth 344, 357
Asselineau, Pierre 357, 360, 391
Atkins, Henry 170, 171, 195, 357, 424
Aubert, Jacob 117, 118, 134
Aubery, Claude 143, 313, 321
August von Sachsen 16, 17, 60, 386

Augustinus von Hippo 218
Avicenna 51
Ayrer, Christoph Heinrich 102, 296, 300, 302, 390

B

Bacon, Francis 31, 36, 60, 232, 386
Banfi Hunyades, Johannes 193, 354, 357, 361, 421
Bankes, John 347, 389
Barbaro, Francesco 42
Barnaud, Nicolaus 143, 321
Baron de Coudrée *Siehe* Alinge, Isaac d' 345
Barvitius, Johann 149
Bate, George 180, 353, 354, 357, 407
Bathodius, Lucas 186, 193, 358
Baucinet, Guillaume 73, 110, 167, 197, 304, 337, 358
Baudinot, Urbain 256
Bauhin, Caspar 68, 76, 95, 96, 97, 101, 110, 111, 140, 143, 150, 197, 198, 199, 200, 201, 202, 271, 296, 302, 307, 322, 337, 390
Bauhin, Johann 322, 337, 390
Bausch, Leonhart 296, 302
Bave, Samuel 180, 352, 353, 358
Bayle, Pierre 42, 43, 387
Beguin, Jean 105, 182, 358, 387, 414
Beier, Ezechiel 102, 296, 302, 390
Berger, Johann 148, 337
Berger, Simon 143, 309
Beringhem, Madame de 346, 348, 349
Beringhem, Pierre de 346, 348, 349
Berthollet, Claude Louis 243
Besler, Basilius 109, 408
Besler, Hieronymus 109, 110, 296, 300, 302

Bethune (Beton), David 358
Béthune, Marguerite de 344
Beyer, Johann Hartmann 9, 72, 76, 77, 83, 90, 93, 108, 110, 147, 150, 167, 200, 275, 276, 283, 296, 302, 306, 337, 409
Beza, Theodor 114, 117, 121, 137, 167, 220, 312, 320, 321
Bierdümpfel, Johannes 101, 102, 110, 271, 389
Biondi, Gian Francesco 348, 418
Birckmann, Theodor 113, 139, 143, 322
Blanque, Sieur de la 309
Bodenstein, Adam von 55
Boerhaave, Herman 248, 388
Boetzelaer, Gideon van den 179
Boetzelaer, Margaretha Elburg van den 169, 343, 347
Boetzelaer, Rutger Wessel van den 343, 347, 388
Bombast von Hohenheim, Philippus Aureolus Theophrastus *Siehe* Paracelsus 53
Bonamicus, Ericius 289
Bongars, Jacques 77, 86, 308, 406, 421
Bonne 358
Borbonius, Matthias 337
Bornemann, Cosmas 92, 101, 102, 110, 269, 389
Bouthillier, Claude 345
Boyle, Robert 25, 243, 247, 256, 259, 403, 413, 421
Bracciolini, Poggio 42
Brasser 349
Brendel, Zacharias 72, 101, 270
Briot, Nicolas 358, 390
Brovaert, Johannes 358
Brulart de Sillery, Nicolas 117, 120, 123, 139, 320

Brunner aus Regensburg 160, 337
Brunner, Balthasar 110, 279
Buchner, Huldrich 72
Budé, Guillaume 114
Bueil, Jacqueline de 344, 346
Bulder, Hermann 337
Bulffius 322
Burgh (Byrche) 359
Burrel 344, 345, 349
Busrebert, Valeron de 187
Butler, William 348, 349, 359, 362, 386

C

Cademan, Thomas 229, 359, 412
Calendrinus, Caesar 338
Camerarius d.J., Joachim 75, 109, 110, 296, 300, 302, 305
Camerarius I d.Ä., Joachim 16
Camerarius II d.Ä., Joachim 72, 75, 79, 92, 110, 274, 275, 277, 278, 283, 296, 302, 305, 308
Camerarius, Balthasar 338
Camilli, Giovanni 322
Camillus, Claudius Furnius 290, 322
Carchesius (Kraus), Valentin 296, 302
Carmelita, Polycarp Strophius 290
Carnarius, Mathias 101, 214, 292
Carpio (Kaper), Johannes 338
Casaubon, Isaac 220
Casseri (Placentinus), Giulio 167, 338, 359, 395
Castelnau, Mlle de 350
Castelnau-Mauvissière, Jacques de 350
Castnerus, Johannes 297
Catherine del Piano 320
Cerutus, Benedictus 297, 302
César de Bourbon 361
Chabray, Gedeon 359

Chamberlen, Peter 359, 405
Chappeau, Jean 359
Chaume, Etienne 188, 189, 190
Cherler, Johann Heinrich 143, 309, 322
Chmielecius, Martin 101, 297, 303
Choqueux, Antoine 359
Christian I. von Anhalt Bernburg 126, 127, 140, 148, 149, 151, 152, 155, 157, 159, 161, 167, 279, 331, 332, 333, 334, 335, 338, 339, 401, 406, 420
Christian IV. von Dänemark 327
Cleodendrus, Christophorus 292
Clifford, Margaret 58
Clusius, Carolus 16, 205, 211, 386, 394
Coccius, Johann Baptist 291
Colbius (Kolb), Zacharias 164, 338
Colladon, Jean 175, 179, 181, 352, 353, 359, 360, 386
Colladoneus, Theodor 167, 338
Conrad von Pappenheim 147, 420
Copus (Kopp), Martin 322
Coq, Mlle de 348
Correggio 240
Cortese, Isabella 58
Craig, John (elder) 348, 360, 401
Craig, John (younger) 360, 401
Crato von Krafftheim, Johann 16, 139, 140, 143, 323, 394
Crell, Lorenz von 207
Crenandrus, Cosman 269, 288
Cressius (Kreß), Johann Georg 338
Croll, Johann 146, 149
Croll, Oswald 7, 10, 17, 23, 55, 104, 139, 140, 145, 146, 147, 148, 149, 150, 151, 152, 153, 154, 155, 156, 157, 159, 160, 161, 163, 164, 165, 166, 167, 173, 180, 181, 197, 198, 199, 200, 201, 202, 204, 209, 213, 214, 220, 221, 226, 229, 234, 235, 238, 241, 242, 245, 248, 252, 280, 282, 309, 323, 329, 330, 331, 332, 333, 334, 335, 336, 337, 338, 339, 340, 341, 360, 391, 401, 402, 406, 407, 420, 422, 425
Croll, Porphyrius 146
Cromwell, Oliver 353, 354, 357
Crusius, Martin 151, 167, 220
Cuno (Kuhn), Johannes 101, 276, 297, 303

D

Dansé 360
Darnell 360
Davisson, William 256
Dee, Arthur 193, 194, 212, 213, 346, 357, 360, 385, 386
Dee, John 404
Degen, Jakob 112, 418
Delaune, Gideon 194, 361, 408, 415
Delorme, Jean 310
Demokrit 50
Dienheim, Johann Wolfgang 88, 393
Digby, Sir Kenelm 121, 193, 354, 357, 361, 396, 416
Diodati, Theodore 361
Diokletian 48, 53
Dold, Leonhard 75, 77, 87, 88, 95, 96, 102, 110, 111, 281, 297, 302, 303, 305
Döring, Michael 16, 402
Du Chesne, Jacques 112
Du Chesne, Joseph 7, 9, 14, 21, 22, 23, 29, 55, 56, 73, 77, 91, 92, 95, 97, 105, 112, 113, 114, 115, 116, 117, 118, 119, 120, 121, 122, 123, 124, 125, 126, 127, 128, 130, 131, 132, 133, 134, 135, 136, 137, 138, 139, 140, 141, 142, 143, 144, 145, 146, 149, 150, 154, 155, 156, 161, 163, 165, 168, 169, 173, 178, 183, 185, 186, 187, 192, 193, 195, 197,

198, 200, 201, 202, 205, 209, 213,
214, 215, 217, 219, 220, 221, 222,
229, 233, 234, 239, 241, 242, 246,
304, 307, 309, 317, 318, 319, 320,
321, 324, 325, 338, 358, 361, 362,
363, 364, 365, 366, 373, 392, 393,
398, 404, 409
Dufour, [Franciscus] 361
Durant, Jacques Imbert 171, 179
Duval, Simon 361
Dyck, Anthonis van 173

E
Eberbergier 323
Edmondes, Sir Thomas 179
Eggs, Johann Friederich 143,
 323, 418
Egli, Raphael 128, 144, 310, 398, 424
Ehinger, Elias 68, 70
Eisenmenger, David 166, 167, 338
Elisabeth II. von England 172
Emily, Edward 354, 361, 410
Erasmus von Rotterdam 5, 44
Erastus, Thomas 56, 297, 302, 425
Ernst von Bayern 124, 126, 140,
 144, 150, 310, 339, 389
Esterim, Sieur d' 127, 144, 310
Etten, Andreas van 311

F
Faber, Georg 102, 110, 297
Faber, Tobias 289
Fabri de Peiresc, Nicolas Claude 16
Fabricius (Faber), Heinrich 323
Fabricius Hildanus, Wilhelm 9, 122,
 143, 171, 177, 321, 355, 362, 370,
 395, 417
Fabricius, Hieronymus 102,
 293, 317
Fabricius, Jacob 214
Fabricius, Johannes 101, 297, 303

Falaiseau, Adam 182, 349, 362
Faringdon 344
Ferdinand I. 139
Feurs, Germain de 184, 362
Fin, Jacques de la 117
Finch, Francis 349
Finch, Heneage 349, 423
Firmius, Caelestinus 289
Flamel, Nicolas 59, 404
Fleck, Georg 311
Fludd, Robert 239, 396
Fonpatour, Sieur de 127, 311, 362
Fonteius, Lucius 291
Fourcroy, Antoine François de 243
François de Valois 114, 116, 117,
 119, 139
Franz I. von Frankreich 167
Frey, Johann Ludwig 76
Friedrich I. von
 Württemberg 130, 363
Friedrich III. von der Pfalz 117, 126,
 127, 140, 311, 397
Friedrich V. von der Pfalz 343, 345,
 347, 349, 368
Friedrich Wilhelm I. von Sachsen
 Weimar 72
Fulgentius Scotus, Lampyrius 292

G
Galen 50, 54, 55, 80, 202, 205, 218,
 271, 274, 276, 284, 378, 381, 423
Galilei, Galileo 219
Garet, James Jr. 362
Gasto, Flaminius 311
Geber 52, 284, 392, 413
Genandius 323
Geoffroy, Etienne-François 404
Georg Friedrich von Baden-
 Durlach 73
Georg Rudolph von Liegnitz 311
Gessner, Conrad 205, 227, 392

Giffard (Gifford), John 362
Glossometra, Valerius
    Glycius 83, 292
Gobel, Johannes Georg 297, 303
Gorayski, Marcjan Goray de 193, 362, 422
Goumouins, de 345
Gramann, Johann 93
Gratianus 291
Greiffenhagen, Johannes 297, 303
Gren, Friedrich Albert Carl 258, 399
Grynaeus, Johannes 76
Guyton de Morveau, Louis Bernard 243, 400

H

Habrecht [II], Isaak 130, 372
Habrecht, Isaak 130, 425
Haghen, Hermann van der 143, 311
Hainzel, Johann Heinrich 128, 143, 144, 312
Haller, Albrecht von 16, 422
Hamelot 353, 362
Hamey, Baldwin jr. 363, 388
Hammond, John 363, 403
Hartlib, Samuel 16, 414
Hartmann, Johannes 57, 101, 103, 104, 109, 110, 119, 125, 133, 134, 135, 137, 138, 143, 145, 289, 312, 317, 405
Harvet, Israel 74, 304, 363
Harvey, William 24, 353, 356, 363, 397
Hassenfratz, Jean Henri 243
Hauenreuter, Johann Ludwig 143, 323, 363, 397
Hay, James 174, 346, 419
Hebenstreit, Georg 297, 302
Heinlein, Sebastian 109
Heinrich I. von Bourbon 117, 119, 366
Heinrich II. von Frankreich 167
Heinrich III. von Frankreich 114, 117, 348, 363
Heinrich III. von Navarra 117, 139, 425
Heinrich IV. von Frankreich 14, 56, 77, 86, 114, 115, 116, 117, 118, 138, 139, 145, 155, 168, 169, 170, 174, 206, 310, 312, 320, 321, 344, 346, 348, 349, 352, 361, 362, 363, 364, 365, 366, 367
Heinrich Julius von Braunschweig-Wolfenbüttel 329
Heintzius, Johannes 101, 297, 303
Helmont, Johan Baptista van 55, 219, 391
Henckelius, Ludovicus 101, 102, 269
Henri de La Tour d'Auvergne 367
Henri II. de Rohan 168, 173, 344, 345, 349
Henrich, Ernestus 297, 303
Henrietta Maria von Bourbon 175, 343, 344, 345, 347, 350, 359, 366
Henry Frederick Stuart 170, 362, 363, 366, 422
Herbert, Edward 349
Herden, Balthasar von 110, 289, 297, 303
Hermes Trismegistos 48, 80, 382
Héroard, Jean 348, 363, 403
Hertzbach, Johann 166, 338
Hess, Tobias 338
Heurnius, Johannes 292
Heuser, Cornelius 338
Heyden, Johannes 323
Hieronymus Scotus 292
Hiller, Johann 152, 160, 161, 166, 200, 280, 338
Hippokrates 22, 54, 196, 276, 284, 393, 423
Hochmann, Johannes 339

Hock von Zwaybruck,
  Theobald 149, 155, 331, 332, 333,
  334, 335, 339, 393
Hoffmann, Petrus 297, 303
Hofmann, Caspar 297, 303, 402
Hörner, Johann 160, 161, 339
Hornung, Johannes 8, 72, 73, 86, 96,
  102, 104, 296, 297, 302, 403, 419
Horst, Gregor 73, 76, 77, 109, 110,
  143, 298, 300, 302
Höschel, David 78, 97, 220, 308, 408
Hoskins, John 196
Howard, Francis 348
Hubner, Bartholomäus 72, 76, 101,
  276, 390
Huser, Johannes 55, 167, 339, 422
Hydrolytus, Theoleptus 291

I
Ingolstetter, Johannes 110, 298, 303

J
Jabir ibn-Hayyans 50
Jakob I. von England 170, 173, 174,
  344, 346, 347, 348, 353, 357, 360,
  363, 364, 365, 366, 367
Jakob VI. von Schottland 348,
  360, 365
Joachimi, Albert 169, 346, 350, 425
Joachimi, Isabella 169, 346, 350
Johann Casimir von der Pfalz 117
Johann Casimir von Sachsen-
  Coburg 68, 69, 78, 107, 402
Johann Friedrich I. von Sachsen 329
Johann I. von Pfalz-
  Zweibrücken 323
Junus, Justus 298, 302

K
Kant, Immanuel 237, 266, 404
Kaper (Carpio), Hans 148
Kappler, Florian 363

Karl Emanuel I. von
  Savoyen 120, 174
Karl I. von England 86, 171, 180,
  194, 344, 345, 346, 347, 348, 349,
  350, 352, 353, 354, 357, 358, 359,
  360, 363, 364, 365, 367
Karl II. von England 86, 352, 353,
  354, 357, 360
Karl von Zerotein 341
Keller, Isaak 139, 140, 324
Kelley, Edward 147, 163, 164, 165,
  339, 404, 414
Kepler, Johannes 16
Kettell, Ralph 344, 403
Khunrath, Heinrich 103, 104, 324,
  396, 407, 422
Klaproth, Martin Heinrich 207, 392
Kleopatra die Alchemistin 59
Konfuzius 245
Kopernikus, Nikolaus 54, 401
Koralek, Ludwig 148, 324, 339
Kragius, Andreas 211, 298, 303, 415
Kretschmer, Franz 83, 150, 152, 153,
  154, 155, 156, 160, 161, 163, 166,
  167, 200, 280, 282, 338, 339
Kudorferus, Henricus 240, 422
Kume, Johannes 324
Kuntsch (von Breitenwald),
  Jeremias 102, 290

L
La Brosse, Guy de 235
Landrivier 363, 371, 372
Laube, Georg 282, 283
L'Aubespine, Charles de 343, 345
Laud, William 345, 349, 411
Laurens, André du 169, 312, 364
Lavinius, Wenceslaus 143, 148, 165,
  167, 304, 324, 337, 339, 358
Lavoisier, Antoine 25, 243, 247, 249,
  259, 267, 387, 404, 413
Lawrence, Ernest 244

Le Fèvre (Le Febure),
    Nicolas 47, 407
Le Maçon, Antoine 167
Le Moyne, Sieur de 312, 353, 364
Le Pleurs 366
Leibnitz, Gottfried Wilhelm 16
Lémery, Nicolas 235
Leopold V. von Tirol 323
Leukipp 50
Libau, Andreas *Siehe* Libavius,
    Andreas 20
Libavius, Andreas 7, 8, 9, 17, 20,
    21, 22, 23, 24, 52, 56, 67, 68, 69,
    70, 71, 72, 73, 74, 75, 76, 77, 78,
    79, 80, 81, 82, 83, 84, 85, 86, 87,
    88, 89, 90, 91, 92, 93, 94, 95, 96,
    97, 98, 99, 100, 101, 102, 103, 104,
    105, 106, 107, 108, 109, 110, 111,
    112, 116, 118, 119, 120, 122, 124,
    134, 135, 136, 137, 138, 139, 140,
    141, 142, 143, 152, 195, 197, 198,
    199, 200, 201, 202, 203, 204, 209,
    211, 213, 214, 218, 220, 221, 228,
    229, 232, 233, 235, 236, 237, 238,
    239, 240, 241, 242, 244, 246, 248,
    255, 256, 269, 280, 287, 290, 292,
    293, 298, 302, 304, 305, 306, 307,
    308, 309, 312, 324, 364, 380, 388,
    389, 392, 396, 403, 406, 408, 411,
    417, 419, 425
Liddel, Duncan 214, 324
Liebig, Justus von 47, 268, 408
Limnaeus, Georg 101, 271, 272
Linck, Johannes 324
Lister, Matthew 181, 344, 347,
    364, 412
Lobbetius, Johannes 339, 342
Lobel, Matthias 364
Lobel, Paul 364
Loménie, Henri-Auguste de 347
Longray, Plessis de *Siehe* Mornay,
    Philippe Plessis de 343

Loss (Lossius), Friedrich 364
Lossius, Wolfgang 364
Louise de Lorraine-Vaudémont
    310
Ludwig I. von Anhalt-
    Köthen 151, 330
Ludwig XII. von Frankreich 120
Ludwig XIII. von Frankreich 174,
    178, 256, 310, 347, 348
Lull, Raimund 52

M

Maier, Michael 183, 235, 240,
    412, 425
Maius, Nicolaus 200, 278, 339
Major, Johannes 78, 97, 98, 220,
    308, 416
Margarete von Parma 209
Marggraf, Andreas
    Sigismund 207, 394
Maria die Jüdin 59
Maria von Medici 170, 310, 312,
    347, 353, 357, 364
Marianos *Siehe* Morienus 49
Marmet (Mermet),
    Ezéchiel 343, 344
Martin, Jean François 364
Martin, Richard 365
Martines, M. de 347
Martinville, Madame de 10, 58, 60,
    115, 120, 127, 128, 129, 130, 131,
    183, 186, 187, 188, 193, 219, 233,
    244, 247, 248, 319, 324, 365, 368,
    371, 372, 375, 376, 387, 404
Massonius, Timothaeus 339
Matthias 298
Maurice, Sieur de 114, 127, 313,
    353, 369
Maximilian II. 139, 147
Maximilian von Pappenheim 147
Mayerne, Adriana de 169, 175
Mayerne, Henri de 343, 345, 346

Mayerne, Jacob de 344, 345, 346, 349
Melanchthon, Philipp 69
Mersenne, Marin 16
Messinus, Peter Ludwig 150, 164, 339
Meurdrac, Marie 59
Meurer, Jacob Fridrich 298, 302
Michael I. von Russland 193, 213, 346, 360
Micheli, Joseph 71, 84, 87, 91
Mildmay, Sherrington 59
Minderer, Raymund 298, 302, 402
Mire (Myre), Louis de 365
Mock, Jacob 143, 325
Mögling, Daniel 76, 277, 283, 412
Monginot (de la Salle), François 352, 365
Montanus, Johannes 325, 423
Morhard, Johannes 278, 418
Morienus 49, 51, 129
Moritz von Hessen-Kassel 9, 57, 74, 105, 107, 115, 119, 123, 125, 126, 127, 128, 132, 134, 137, 138, 140, 144, 145, 214, 217, 313, 317, 325, 365, 411, 426
Moritz von Oranien 311
Mornay, Philippe Plessis de 343
Mosanus, Jacob 105, 119, 125, 126, 134, 135, 137, 138, 143, 313, 318, 325, 365
Moschatus, Olympius Virginius 83, 292
Mosellanus, Johannes 102, 291
Motte, Sieur de la 313
Moulin (Molinaeus), Louis du 353, 365, 407
Moulin, Pierre du 347
Muffet, Thomas 360
Müldener, Christoph 102, 288, 289
Muray 346

Mutillet (dit Cusin), Jean 344, 365
Mylius, Sebaldus 282

N

N.N. in Lyon 146, 153, 156, 157, 160, 161, 340
Nasmyth, John 365, 393
Naudé, Gabriel 188, 412
Naudin, Pierre 194, 349, 365
Neile, Richard 344, 396
Nethersole, Francis 347, 417
Neudo(e)rffer, Johann 102, 110, 298, 303
Newton, Isaac 48, 175, 401
Nithmanmerus 325
Norton, Samuel 319, 399

O

Oberndorffer, Johannes 109, 298, 301, 303
Oelhaf, Joachim 109, 388
Ottonaio, Cristofano dell' 365

P

Paddy, William 346, 366, 405
Palet 366
Palma, Georg 298, 301, 303
Palmer, Richard 366, 386
Pantaleon, Heinrich 101, 281, 389, 426
Paracelsus 22, 23, 27, 53, 54, 55, 63, 80, 85, 89, 103, 109, 115, 125, 126, 135, 140, 154, 156, 179, 210, 212, 219, 233, 234, 245, 246, 247, 259, 273, 274, 348, 349, 359, 378, 382, 388, 392, 398, 400, 402, 404, 409, 414, 422, 423, 424
Parcov, Franciscus 214, 325, 329
Patin, Guy 115, 414
Paulet 346
Pegandrus, Cosman 92, 269, 288

Peiskerus, Michael 280
Pena, François 366
Penodotus, Hieronymus 313
Penot, Bernard Gilles 9, 74, 93, 94, 110, 143, 150, 165, 167, 197, 304, 325, 340, 415
Perealdus, Eleazar 313
Perenelle 59
Peter I. von Rußland 212
Peter Wok von Rosenberg 148, 149, 152, 155, 159, 331, 333, 334, 335, 336, 337, 339, 340, 341
Petrini, Nicolai 83, 290
Philipon 186, 193, 325, 366, 372
Philiponus, Johannes 193, 325, 366
Philipp II. von Spanien 209, 210
Plancy (Plancius), A. 181, 366
Platter, Felix 57, 67, 68, 82, 101, 110, 113, 126, 139, 140, 143, 144, 197, 201, 202, 272, 313, 326, 340, 414, 415
Plot, Robert 257, 418
Poincteau, N. 366
Polant, Michael Daniel von 314
Polanus von Polansdorf, Amandus 140, 143, 314, 418
Poniet 366
Posthius, Johannes 93, 270, 298, 302, 405
Poterie (Poterius), Pierre de la 366
Priscus, Ulysses Mercurius 290
Pulcherius, Cosmam 288

Q

Quercetanus *Siehe* Du Chesne, Joseph 22

R

Raboteau 367
Raleigh (Ralegh), Sir Walter 367, 413
Rascalon, Wilhelm 326
Ratzenberger, Johann 326, 329
Ratzenberger, Matthäus 326, 415
Rehdiger, Thomas 79, 409, 424
Rembold, Erasmus 298, 302
Renéaulme, Paul 317, 367
Reschingeder, Theodor 298, 302
Reusner, Hieronymus 270, 326
Reutz, Franz 134, 314, 326, 367
Rhazes 50, 51, 52
Riberius, Michael 317
Ribit de la Rivière, Jean 56, 115, 367
Richardon, Sieur de 125, 314
Richelieu 175, 192, 343, 345, 417
Riolan d.Ä., Jean 57
Riolan d.J., Jean 57, 91, 92, 138, 390
Rivière, Lazare 367
Robin, Jean 340
Robot, Louise *Siehe* Martinville 115
Rösler, Andreas 298, 303
Röslin, Helisaeus 326
Rothmann, Johannes 109
Rotmund, Felix 367
Rotmund, Laurence 367
Rozeus, A. 314
Rubens, Peter Paul 173, 192, 196, 343
Rubiger, Johannes 101, 298, 303
Rucardus, Johannes 83, 280, 281, 391
Rudolf II. 105, 147, 148, 149, 163, 164, 280, 281, 326, 339, 340, 395, 401, 402, 404, 416, 423
Ruland d.Ä., Martin 281, 413, 416
Ruland d.J., Martin 88, 101, 103, 106, 143, 231, 232, 280, 326, 377, 412, 416, 418
Rumbaum, Georg 102, 110, 291
Rumler, Johann Wolfgang 367
Rumler, Uldaricus 367
Rumpf, Christian 368

Ruzé d'Effiat, Antoine Coiffier de 343, 345

S
Sabatier, Mademoiselle 187, 188, 219, 368
Sacharles, Nicholas 368
Sachetus, Hieronymus 298, 302
Sala, Angelus 159, 397
Salzmann, Johannes Rudolph 102, 298, 302
Sarrasin, [Philibert] 143, 314
Scaliger, Joseph 220
Schenck, Johann 88, 110, 143, 288, 299, 303, 327, 414
Scherbe, Philipp 110, 278, 279, 299, 303
Schilt, Hermann 314
Schmid, Ludovicus 299, 302
Schnitzer, Sigmund 73, 75, 76, 77, 86, 87, 95, 96, 101, 109, 110, 111, 299, 302, 303, 305
Schnurr, Balthasar 76, 306, 424
Scholz, Laurentius 279, 391
Schön, Michael 299, 303
Schreck (Terrentius), Johannes 327, 340, 424
Schröter, Adam 212
Scultetus *Siehe* Montanus, Johannes 325
Sebitz, Melchior 151, 340, 414
Séguin, Pierre 357, 368
Sehfridt (Seefried), Eucharius (d.Ä.) 281
Seidensticker 183
Senckenberg, Christian 9, 76, 150, 306
Sendivogius, Michael 89, 148, 163, 341, 403, 410, 416
Seng, Jeremias 88, 299, 301, 302, 303

Sennert, Daniel 16, 77, 102, 104, 392, 420
Servilius, Publius 288
Setonius Scotus, Alexander 88, 89, 415
Severinus, Petrus 23, 55, 104, 139, 140, 143, 211, 327, 420
Sforza, Caterina 59, 414, 417
Sigismund III. von Polen 109
Simlerus, Paulus 101, 110, 288, 299, 303
Sloane, Hans 175, 176
Smith, Franciscus 180, 352, 368
Soldanus, David 147, 341
Soner, Ernst 102, 299, 303, 395
Sørensen, Peder *Siehe* Severinus 55
Stahl, Georg Ernst 25, 190, 259
Stamler, Johann 101, 299, 303
Starkey, George 64, 413
Stellan, Plantius Trinummius 291
Sterpin, Jean Michel 327
Stieber, Bernhard 72, 88, 299, 303
Stoffel, Johann 167, 341
Stromaier, Petrus 299, 303
Stuart, Elisabeth 343, 345, 347, 349, 368
Stuart, Ludovic 348, 409
Stucki, Johannes Wilhelm 341, 406
Stuppa, Johann Nicolaus 68, 101, 139, 140, 282, 299, 302, 327, 405
Suchten, Alexander von 65
Sueppius, Daniel 299, 303
Sueur, Isaac le 368
Sydenham, Thomas 24

T
Tancke, Joachim 57, 103, 133, 143, 315, 388, 422, 426
Taurellus, Nicolaus 299, 301, 303, 403
Thelesius, Agathonus 287

Thölde, Johann 143, 399, 416
Thomas von Aquin 218, 413
Thorius (Thory), Raphael 368, 399
Thornborough, John 368, 424
Timin von Ottenfeld,
   Matthias 167, 341
Tomann, Caspar 182, 368
Tremouille, Charlotte de 358
Trew, Christoph Jacob 9, 17, 75, 77,
   90, 109, 305, 399, 419, 422, 426
Tricostus, Iunius Heraclius 291
Trougny, Guillaume
   Lenormand 185, 192, 362, 364
Trye, Anne 114, 116
Trye, Guillaume 114
Tschernembel, Georg Erasmus
   von 158
Turner, Peter 369, 408
Turner, Samuel 369, 403
Turquet de Mayerne, Maria 348
Turquet de Mayerne, Théodore 8,
   10, 24, 25, 29, 56, 73, 86, 115, 128,
   131, 167, 168, 169, 170, 171, 172,
   173, 174, 175, 176, 177, 178, 179,
   180, 181, 182, 183, 184, 185, 187,
   188, 189, 190, 191, 192, 193, 194,
   195, 196, 197, 198, 200, 201, 202,
   204, 205, 206, 207, 209, 212, 213,
   217, 219, 220, 221, 229, 234, 241,
   242, 246, 304, 312, 324, 325, 327,
   349, 352, 353, 354, 355, 356, 357,
   358, 359, 360, 361, 362, 363, 364,
   365, 366, 368, 369, 371, 373, 386,
   388, 398, 400, 402, 412, 420, 423
Turquet, Louis 167, 176
Turquet, Louise 167
Turquois 194, 369
Typha, Hippolitus 292

U
Uffenbach, Zacharias Konrad 77
Ulrich III. zu Mecklenburg 215, 412

V
Valdés, Fernando 210
Velen von Zerotein, Ladislaus 134,
   314, 326, 367, 426
Venatorius, Gulielmus 327
Vico, Giambatista 210
Vigani, John Francis 257, 391
Villanova, Arnaldus de 52, 125, 390
Vischer, Hieronymus 277, 299, 303
Vogel, Rudolph Augustin 215
Volckamer, Johann Georg 109, 400

W
Wagner, Peter Christian 17, 399
Wake, Isaac 344, 407
Waller, Erik 179
Wechinger, Zacharias 341
Weigel, Joachim 341, 406
Weigel, Nathanael 341, 406
Weigel, Valentin 341, 406
Weinrich, Martin 79, 292, 308,
   309, 414
Wentworth, Thomas 369
Weston, Elisabeth Johanna von 152,
   220, 336, 404
Wiburgius, Petrus
   Johannes 299, 303
Wilhelm IV. von Hessen-Kassel
   119
Wilhelm von Rosenberg 282,
   338, 339
Wilke, Andreas 74, 78, 97, 98,
   308, 388
Will, Georg Andreas 79
Willis, Thomas 24
Wind, Tobias 83, 102, 110, 269
Winter von Andernach, Johann 139,
   327, 411
Wolf, Hermann 101, 110, 125, 143,
   289, 315
Wolf, Johann Christian 77
Wolf, Johann Christoph 77

Woysel, Karl 327, 426
Wurtz, Adolphe 216, 426

Z
Zatzer, Lorenz 341
Zieglerin, Anna Maria 58, 413
Zinerus, Nicolaus 299, 302
Zinn, Johann Conrad 101, 102, 270, 272
Zosimos 48, 50, 247, 400

Zwinger, Jacob 68, 76, 77, 86, 88, 89, 90, 96, 98, 99, 101, 110, 111, 126, 135, 136, 137, 139, 140, 141, 143, 145, 198, 199, 200, 201, 233, 248, 287, 293, 299, 303, 307, 315, 318, 328, 421
Zwinger, Theodor 55, 57, 68, 110, 113, 125, 126, 137, 139, 140, 143, 144, 198, 199, 200, 201, 202, 318, 328, 398, 422, 427
Zwinger, Theodor (d.J.) 90